全国地层多重划分对比研究

（36）

江西省岩石地层

主　编：刘亚光

编　者：刘亚光　周殿超　陈胜高
朱正刚　凌联海　孙存礼
诸宝森　文子才　宋志瑞
张贤祥　李中兰　吴　洁

技术指导：杨明桂　龚由勋

中国地质大学出版社

内容简介

本书以现代地层学——地层多重划分概念为指导，遵循“全国地层多重划分对比研究”项目总体设计，在全面清理江西省自有地质调查史以来所建地层单位的基础上，依据岩石地层的含义和划分准则，确立了不同地质时期的岩石地层单位，阐述了不同单位的创名者、创名时间和地点、原始定义、演变历史、现在定义及划分标志等。同时，以现代生物及年代地层学的概念，叙述了生物和年代地层特征；以岩石地层为基础，编绘了某些时代的区域地层横剖面图，从而反映了不同地层实体的组成、结构和时空变化状况。对第四系地层参照岩石地层划分原则并结合成因，划分为冰川型、河湖型、残坡积型等地层单位，提高了其研究程度。

本书是江西省地层研究最新综合性成果，不仅对区域地质调查、矿产普查勘探具有重要指导意义，而且可为地质编图、科学研究、教学提供参考。

图书在版编目（CIP）数据

江西省岩石地层/刘亚光主编．—武汉：中国地质大学出版社，1997.9（2008.7 重印）
（全国地层多重划分对比研究；36）

ISBN 978-7-5625-1138-0

Ⅰ．江…
Ⅱ．刘…
Ⅲ．地层学-江西省
Ⅳ．P535.256

中国版本图书馆 CIP 数据核字（2008）第 062115 号

江西省岩石地层 江西省地质矿产厅 **编著**

责任编辑：刘粤湘 特邀编辑：宋长起 责任校对：胡义珍

出版发行：中国地质大学出版社（武汉市洪山区鲁磨路 388 号） 邮政编码：430074
电 话：(027) 67883511 传真：67883580 E-mail：cbb@cug.edu.cn
经 销：全国新华书店 http://www.cugp.cn

开本：787 毫米×1092 毫米 1/16 字数：624 千字 印张：24.5
版次：1997 年 9 月第 1 版 印次：2008 年 7 月第 2 次印刷
印刷：武汉市教文印刷厂 印数：601—1 100 册

ISBN 978-7-5625-1138-0 定价：72.50 元

序

100多年来，地层学始终是地质学的重要基础学科的支柱，甚至还可以说是基础中的基础，它为近代地质学的建立和发展发挥了十分重要的作用。随着板块构造学说的提出和发展，地质科学正经历着一场深刻的变革，古老的地层学和其他分支学科一样还面临着满足社会不断进步与发展的物质需要和解决人类的重大环境问题等双重任务的挑战。为了迎接这一挑战，依靠现代科技进步及各学科之间相互渗透，地层学的研究范围将不断扩大，研究途径更为宽广，研究方法日趋多样化，并萌发出许多新的思路和学术思想，产生出许多分支学科，如生态地层学、磁性地层学、地震地层学、化学地层学、定量地层学、事件地层学、化学地层学、气候地层学、构造地层学和月球地层学等等，它们的综合又导致了“综合地层学”和“全球地层学”概念的提出。所有这一切，标志着地层学研究向高度综合化方向发展。

我国的地层学和与其密切相关的古生物学早在本世纪前期的创立阶段，就涌现出一批杰出的地层古生物学家和先驱，他们的研究成果奠定了我国地层学的基础。但是大规模的进展，还是从1949年以后，尤其是随着全国中小比例尺区域地质调查的有计划开展，以及若干重大科学计划的执行而发展起来的。正像我国著名的地质学家尹赞勋先生在第一届全国地层会议上所讲：“区域地质调查成果的最大受益者就是地层古生物学。”1959年召开的中国第一届全国地层会议，总结了建国十年来所获的新资料，制定了中国第一份地层规范（草案），标志着我国地层学和地层工作进入了一个新的阶段。过了20年，地层学在国内的发展经历了几乎十年停滞以后，于1979年召开了中国第二届全国地层会议，会议在某种程度上吸收学习了国际地层学研究的新成果，还讨论制定了《中国地层指南及中国地层指南说明书》，为推动地层学在中国的发展，缩小同国际地层学研究水平的差距奠定了良好基础。这次会议以后所进行的一系列工作，包括应用地层单位的多重性概念所进行的地层划分对比研究、区域地层格架及地层模型的研究，现代地层学与沉积学相结合所进行的盆地分析以及1：5万区域地质填图方法的改进与完善等，都成为我国地层学进一步发展的强大推动力。为此，地质矿产部组织了一项“全国地层多重划分对比研究（清理）”的系统工程，在30个省、直辖市、自治区（含台湾省，不含上海市）范围内，自下而上由省（市、区）、大区和全国设立三个层次的课题，在现代地层学和沉积学理论指导下，对以往所建立的地层单位进行研究（清理），追溯地层单位创名的沿革，重新厘定单位含义、层型类型与特征、区域延伸与对比，消除同物异名，查清同名异物，在大范围内建立若干断代岩石地层单位的时空格架、编制符合现代地层学含义的新一代区域地层序列表，并与地层多重划分对比研究工作同步开展了省（市、区）和全国两级地层数据库的研建，对巩固地层多重划分对比研究（清理）成果，为地层学的科学化、系统化和现代化发展打下了良好基础。这项研究工作在部、省（市、区）各级领导的支持关怀下，全体研究人员经过5年的艰苦努力已圆满地完成了任务，高兴地看到许多成果已陆续要出版了。这项工作涉及的范围之广、参加的单位及人员之多、文件的时间跨度之长，以及现代科学理论与计算机技术的应用等各方面，都可以说是在我国地层学工作不断发展中具有里程碑意义的。这项研究中不同层次成果的出版问世，不仅对区域地质调查、地质图件的编测、区域矿产普查与勘查、地质科研和教学等方面都具有现实的指导作用和实用价值，而且对我国地层学的发展和科学化、系统化将起到积极的促进作用。

首次组织实施这样一项规模空前的全国性的研究工作，尽管全体参与人员付出了极大的辛勤劳动，全国项目办和各大区办进行了大量卓有成效和细致的组织协调工作，取得了巨大的成绩，但由于种种原因，难免会有疏漏甚至失误之处。即使这样，该系列研究是认识地层学真理长河中的一个相对真理的阶段，其成果仍不失其宝贵的科学意义和巨大的实用价值。我相信经过广大地质工作者的使用与检验，在修订再版时，其内容将会更加完美。在此祝贺这一系列地层研究成果的公开出版，它必将发挥出巨大社会经济效益，为地质科学的发展做出新的贡献。

程裕淇

前　言

地层学在地质科学中是一门奠基性的基础学科，是基础地质的基础。自从19世纪初由W史密斯奠定的基本原理和方法以来的一个半世纪中，地层学是地质科学中最活跃的一个分支学科，对现代地质学的建立和发展产生了深刻的影响，作出了不可磨灭的贡献，特别是在20世纪60年代由于板块构造学说兴起引发的一场“地学革命”，其表现更为显著。随着板块构造学的确立，沉积学和古生态学的发展，地球历史和生物演化中的灾变论思想的复兴和地质事件概念的建立，使地层学的分支学科，如时间地层学、生态地层学、地震地层学、同位素地层学、气候地层学、磁性地层学、定量地层学和构造地层学等像雨后春笋般地蓬勃发展，这种情况必然对地层学、生物地层和沉积地层等的传统理论认识和方法提出了严峻的挑战。经过20年的论战，充分体现当代国际地质科学先进思想的《国际地层指南》（英文版）于1976年见诸于世，之后在不到20年的时间里又于1979、1987、1993年连续三次进行了修改补充，陆续补充了《磁性地层极性单位》、《不整合界限地层单位》，以及把岩浆岩与变质岩等作为广义地层学范畴纳入地层指南而又补充编写了《火成岩和变质岩岩体的地层划分与命名》等内容。

国际地层学上述重大变革，对我国地学界产生了强烈冲击，十年动乱形成的政治禁锢被打开，迎来了科学的春天，先进的科学思潮像潮水般涌来，于是在1980年第二届全国地层工作会议上通过并公开出版了《中国地层指南及中国地层指南说明书》，阐述了地层多重划分概念。于1983年按地层多重划分概念和岩石地层单位填图在安徽区调队进行了首次试点。1985年《贵州省区域地质志》中地层部分吸取了地层多重划分概念进行撰写。1986年地质矿产部设立了“七五”重点科技攻关项目——“1∶5万区调中填图方法研究项目”，把以岩石地层单位填图，多重地层划分对比，识别基本地层层序等现代地层学和现代沉积学相结合的内容列为沉积岩区区调填图方法研究课题，从此拉开了新一轮1∶5万区调填图的序幕，由试点的贵州、安徽和陕西三省逐步推向全国。

1∶5万区调填图方法研究试点中遇到的最大问题是如何按照现代地层学的理论和方法来对待与处理按传统理论和方法所建立的地层单位？如果维持长期沿用的按传统理论建立的地层单位，虽然很省事，但是又如何体现现代地层学和现代沉积学相结合的理论与方法呢？这样就谈不上紧跟世界潮流，迎接这一场由板块构造学说兴起所带来的“地学革命”。如果要坚持这一技术领域的革命性变革，就要下决心花费很大力气克服人力、财力和技术性等方面的重重困难，对长期沿用的不规范化的地层单位进行彻底的清理。经过反复研究比较，我们认识到科学技术的变革也和社会经济改革的潮流一样是不可逆转的，只有坚持改革才能前进，不进则退，否则就将被历史所淘汰，别无选择。在这一关键时刻，地质矿产部和原地矿部直管局领导作出了正确决策，从1991年开始，从地勘经费中设立一项重大基础地质研究项目——全国地层多重划分对比研究项目，简称全国地层清理项目，开始了一场地层学改革的系统工程，在全国范围内由下而上地按照现代地层学的理论和方法对原有的地层单位重新明确其定义、划分对比标准、延伸范围及各类地层单位的相互关系，与此同时研建全国地层数据库，巩固地层清理成果，推动我国地层学研究和地层单位管理的规范化和现代化，指导当前和今后一个时期1∶5万、1∶25万等区调填图等，提高我国地层学研究水平。1991年地质矿产部原直管局将地层清理作为部指令性任务以地直发(1991)005号文和1992年以地直发(1992)014号文下发了《地矿部全国地层多重划分对比（清理）研究项目第一次工作会议纪要》，明确了各省（市、自治区）地质矿产局（厅）清理研究任务，并于1993年2月补办了专项地勘科技项目合同（编号直科专92-1)，并明确这一任务分别设立部、大区和省（市、自治区）三级领导小组，实行三级管理。

部级成立全国项目领导小组

组长	李廷栋	地质矿产部副总工程师
副组长	叶天竺	地质矿产部原直管局副局长
	赵　逊	中国地质科学院副院长

成立全国地层清理项目办公室，受领导小组委托对全国地层清理工作进行技术业务指导和协调以及经常性业务组织管理工作，并设立在中国地质科学院区域地质调查处（简称区调处）。

项目办公室主任	陈克强	区调处处长，教授级高级工程师
副主任	高振家	区调处总工，教授级高级工程师
	简人初	区调处高级工程师
专家	张守信	中国科学院地质研究所研究员
	魏家庸	贵州省地质矿产局区调院教授级高级工程师
成员	姜　义	区调处工程师
	李　忠	会计师
	周统顺	中国地质科学院地质研究所研究员

大区一级成立大区领导小组，由大区内各省（市、自治区）局级领导成员和地科院沈阳、天津、西安、宜昌、成都、南京六个地质矿产研究所各推荐一名专家组成。领导小组对本大区地层清理工作进行组织、指导、协调、仲裁并承担研究的职责。下设大区办公室，负责大区地层清理的技术业务指导和经常性业务技术管理工作。在全国项目办直接领导下，成立全国地层数据库研建小组，由福建区调队和部区调处承担，负责全国和省（市、自治区）二级地层数据库软件开发研制。

各省（市、自治区）成立省级领导小组，以省（市、自治区）局总工或副总工为组长，有区调主管及有关处室负责人组成，在专业区调队（所、院）等单位成立地层清理小组，具体负责地层清理工作，同时成立省级地层数据库录入小组，按照全国地层数据库研建小组研制的软件及时将本省清理的成果进行数据录入，并检验软件运行情况，及时反馈意见，不断改进和优化软件。在全国地层清理的三个级次的项目中，省级项目是基础，因此要求各省（市、自治区）地层清理工作必须实行室内清理与野外核查相结合，清理工作与区调填图相结合，清理与研究相结合，地层清理与地层数据库建立相结合，“生产”单位与科研教学单位相结合，并强调地层清理人员要用现代地层学和现代沉积学的理论武装起来，彻底打破传统观点，统一标准内容，严格要求，高标准地完成这一历史使命。实践的结果，凡是按上述五个相结合去做的效果都比较好，不仅出了好成果，而且通过地层清理培养锻炼了一支科学技术队伍，从总体上把我国区调水平提高到一个新台阶。

三年多以来，参加全国地层清理工作的人员总数达400多人，总计查阅文献约24 000份，野外核查剖面约16 472.6 km，新测剖面70余条约300 km，清理原有地层单位有12 880个，通过清查保留的地层单位约4721个（还有省与省之间重复的），占总数36.6%，建议停止使用或废弃的单位有8159个（为同物异名或非岩石地层单位等），占总数63.4%，清查中通过实测剖面新建地层单位134个。与此同时研制了地层单位的查询、检索、命名和研究对比功能的数据库，通过各省（市、自治区）数据录入小组将12 880个地层单位（每个单位5张数据卡片）和10 000多条各类层型剖面全部录入，首次建立起全国30个（不含上海市）省（市、自治区）基础地层数据库，为全国地层数据库全面建成奠定了坚实的基础。从1994年7月—11月，分七个片对30个省（市、自治区）地层清理成果报告及数据库的数据录入进行了评审验收，到1994年底可以说基本上完成了省一级地层清理任务。1995—1996年将全面完成大区和总项目的清理研究任务。由此可见，这次全国地层清理工作无论是参加人数之多，涉及面之广，新方法新技术的应用以及理论指导的高度和研究的深度都可以堪称中国地层学研究的第三个里程碑。这一系统工程所完成的成果，不仅是这次直接参加清理的400多人的成果，而且亦应该归功于全国地层工作者、区域地质调查者、地层学科研与教学人员以及为地层工作做过贡献的普查勘探人员。全国地层清理成果的公开出版，必将对提高我国地层学研究水平，统一岩石地层划分和命名指导区调填图，加强地层单位的管理以及地质勘察和科研教学等方面发挥重要的作用。

鉴于本次地层清理工作和地层数据库的研建是过去从未进行过的一项研究性很强的系统工程，涉及的范围很广，时间跨度长达100多年，参加该项工作的人员多达300～400人，由于时间短，经费有限，人员水平不一，文献资料掌握程度等种种主客观原因，尽管所有人员都尽了最大努力，但是在本书中少数地层单位的名称、出处、命名人和命名时间等不可避免地存在一些问题。本书中地层单位名称出现的“岩群”、“岩组”等名词，是根据1990年公开出版的程裕淇主编的《中国地质图（1∶500万）及说明书》所阐述的定义。为了考虑不同观点的读者使用，本书对有“岩群”、“岩组”的地层单位，均暂以（岩）群、（岩）组处理。如鞍山（岩）群、迁西（岩）群。总之，本书中存在的错漏及不足之处，衷心地欢迎广大读者提出宝贵意见，以便今后不断改正和补充。

在30个省（市、自治区）地层清理系统成果即将公开出版之际，我代表全国地层清理项目办公室向参加30个省（市、自治区）地层清理、数据库研建和数据录入的同志所付出的辛勤劳动表示衷心的感谢和亲切的慰问。在全国地层清理项目立项过程中，原直管局王新华、黄崇轲副局长给予了大力支持，原直管局局长兼财务司司长现地矿部副部长陈洲其在项目论证会上作了立项论证报告，在人、财、物方面给予过很大支持；全国地层委员会副主任程裕淇院士一直对地层清理工作给予极大的关心和支持，并在立项论证会上作了重要讲话；中国地质大学教授、全国地层委员会地层分类命名小组组长王鸿祯院士是本项目的顾问，在地层清理的指导思想、方法步骤及许多重大技术问题上给予了具体的指导和帮助；中国地质大学教授杨遵仪院士对这项工作热情关心并给以指导；中国地质科学院院长、部总工程师陈毓川研究员参加了第三次全国地层清理工作会议并作了重要指示与鼓励性讲话；部科技司姜作勤高工，计算中心邬宽廉、陈传霖，信息院赵精满，地科院刘心铸等专家对地层数据库设计进行评审，为研建地层数据库提出许多有意义的建议。中国科学院地质研究所，南京古生物研究所，中国地质科学院地质研究所，天津、沈阳、南京、宜昌、成都和西安地质矿产研究所，南京大学，西北大学，中国地质大学，长春地质学院，西安地质学院等单位的知名专家、教授和学者，各省（市、自治区）地矿局领导、总工程师、区调主管、质量检查员和区调队、地研所、综合大队等单位的区域地质学家共600余人次参加了各省（市、自治区）地层清理研究成果和六个大区区域地层成果报告的评审和鉴定验收，给予了友善的帮助；各省（市、自治区）地矿局（厅）、区调队（所、院）等各级领导给予地层清理工作在人、财、物方面的大力支持。可以肯定，没有以上各有关单位和部门的领导和众多的专家教授对地层清理工作多方面的关心和支持，这项工作是难以完成的。在30个省（市、自治区）地层清理成果评审过程中一直到成果出版之前，中国地质大学出版社，特别是以褚松和副社长和刘粤湘编辑为组长的全国地层多重划分对比研究报告编辑出版组为本套书编辑出版付出了极大的辛苦劳动，使这一套系统成果能够如此快地、规范化地出版了！在全国项目办设在区调处的几年中，除了参加项目办的成员外，区调处的陈兆棉、其和日格、田玉莹、魏书章、刘凤仁多次承担地层清理会议的会务工作，赵洪伟和于庆文同志除了承担会议事务还为会议打印文稿，于庆文同志还协助绘制地层区划图及文稿复印等工作。

在此，向上面提到的单位和所有同志一并表示我们最诚挚的谢意，并希望继续得到他们的关心和支持。

全国地层清理项目办公室（陈克强执笔）

目　录

第一章　绪　论……………………………………………………………………（1）
第二章　前震旦纪……………………………………………………………（9）
　第一节　岩石地层单位……………………………………………………（9）
　第二节　年代地层及生物地层 …………………………………………（44）
　第三节　区域地层对比 …………………………………………………（47）
第三章　震旦纪—志留纪 ………………………………………………（50）
　第一节　岩石地层单位 …………………………………………………（50）
　第二节　生物地层特征……………………………………………………（129）
　第三节　年代地层…………………………………………………………（145）
　第四节　区域地层对比及沉积环境………………………………………（149）
第四章　泥盆纪—中三叠世…………………………………………………（162）
　第一节　岩石地层单位……………………………………………………（162）
　第二节　生物地层特征……………………………………………………（226）
　第三节　年代地层…………………………………………………………（241）
　第四节　区域地层对比及沉积环境………………………………………（245）
第五章　晚三叠世—第三纪…………………………………………………（253）
　第一节　岩石地层单位……………………………………………………（255）
　第二节　生物地层特征……………………………………………………（311）
　第三节　同位素年龄值……………………………………………………（326）
　第四节　区域地层对比及形成环境………………………………………（327）
第六章　第四纪………………………………………………………………（338）
　第一节　庐山第四纪冰期划分……………………………………………（338）
　第二节　河湖区岩石地层划分……………………………………………（344）
　第三节　残坡积型岩石地层单位…………………………………………（349）
　第四节　关于洞穴堆积层…………………………………………………（350）
第七章　结　语………………………………………………………………（352）
参考文献………………………………………………………………………（356）
附录Ⅰ　江西省地层数据库的建库情况及功能介绍………………………（363）
附录Ⅱ　江西省采用的岩石地层单位………………………………………（367）
附录Ⅲ　江西省不采用的地层单位…………………………………………（374）

第一章
绪　论

一、目的与任务

现代地质科学的发展，冲击和改变着传统地质学，使地质学的各个领域正在发生深刻的变化。作为地质科学基础学科的地层学，其概念和划分方法是地层学的基础，在某种概念指导下，用某种方法划分地层，不仅反映了人们的认识水平和哲学思想，同时也反映了地层学乃至地质学的发展水平。以不同于传统地层学姿态出现的一种地质学的分支——理论地层学的问世，是地层学领域中的一个重大突破。它不仅研究岩层的属性，同时也研究岩层的物质特征，形成了以地层多重划分概念为基础的现代地层学。从而，丰富了地层学的内容，革新了传统地层学的哲学思想，深化并明确了不同种类地层单位的本质和彼此之间的关系。它对于促进地质找矿和地质科学的研究，提高和指导区域地质调查工作，以及规划工农业建设均具有实际意义。

但是，长期以来我国地层划分的概念和方法，一直受着传统的或统一地层学的影响和制约，地层学的研究偏重于地层年代顺序、化石内容及其反映的时代，强调时、空、岩的统一，而对于地层学研究的基础单位——岩石地层单位及其时空变化，则往往较少注重。因此，随着时间的推移，工作的深入，新资料不断地发现，认识上也因人因时而异，地层单位名称愈来愈多，出现不少同物异名或异物同名，给区域地质填图、综合编图及其他地质工作带来极大的困扰。

为了迅速改变此种情况，以适应我国现代化事业的发展，使我国地层学走向并纳入世界的先进行列，实现地质科学的现代化，地质矿产部直属单位管理局（简称地矿部直管局，下同）于1990年11月在贵州省贵阳市主持召开了“全国地层多重划分对比研究讨论会”。这是一次全国地层清理的动员大会。会后各省（市、自治区）地质矿产局积极地投入此项工作。由于该工作是一项科学性强、涉及面广、工作繁杂的系统工程，具有很强的实用性和针对性，同时又有广泛的系统性和严密的第序关系，因此，地矿部直管局经过一年多的准备，于1992年3月在北京主持召开了“地质矿产部全国地层多重划分对比研究项目第一次工作会议”，并于同年4月印发了《会议纪要》的通知（地直发〔1992〕014号）。通知明确指出：“根据地层多重划分观点和新成果、新认识，重新明确现有地层单位的划分、对比标准、定义、延伸范围及各类地层的相互关系，提高其科学性，消除混乱，使大家在地层单位的划分、命名、理解和应用上具有共同的语言；通过地层数据库的建立，促进地层学研究和地层单位划分与管理的规范化、现代化，以及指导大规模的1∶5万区调填图、中小比例尺地质编图，提高我国区域地层研究程度和水平，使我国区域地质填图和地层学研究跨入国际先进行列”。从而，明确了此次地层清理的目的与任务。

二、地层综合区划及区域地层发育概况

岩石地层是地层多重划分对比的基础，其发育程度及沉积特征与区域地质构造背景密切相关，因此岩石地层综合区划，既要考虑岩石地层的基本组合特征，又要考虑区域地质构造的性质。根据“全国地层多重划分对比研究”项目地层区划会议所确定的区划原则、区划界线、分区名称及符号，江西应隶属于华南地层大区（Ⅵ）。在省境范围内因其南北大地构造属性不同，地层发育程度及其沉积特征存有明显差异，故而南、北分属于两个地层区：北为扬子地层区（$Ⅵ_4$），南为东南地层区（$Ⅵ_5$）（图1-1）。

（一）扬子地层区（$Ⅵ_4$）

此区之大地构造单元为扬子陆块。其南部与东南地层区的分界原以绍兴-宜春大断裂为界。但从加里东运动后第一个盖层的发育程度及与下伏地层的接触关系分析，九岭南麓至北武夷山北缘一线以南，泥盆系发育良好，下统至上统皆存，与下伏地层为不整合关系，其北仅发育有上泥盆统，与下伏地层为平行不整合关系。因此与东南地层区的分界应划在宜春慈化—宜丰—高安—铅山—广丰一线，向西与湖南安化相接，向东与浙江绍兴相接。根据区域地质构造特征、岩性、岩相，尤其是考虑震旦纪至早古生代岩石地层特征的变化，将此区进一步划分为两个分区：北为下扬子地层分区（$Ⅵ_4^4$），南为江南地层分区（$Ⅵ_4^5$）。

隶属下扬子地层分区的地区位于省境西北部，大体包括瑞昌、德安、九江至彭泽一带。向西北延入湖北，向东北延入安徽。北部以扬子北缘断裂为界，南界由湖北的崇阳向东延入江西武宁的王音铺—德安—彭泽的乐观—安徽的安庆一线以远。此线以南隶属江南地层分区。

江南地层分区是扬子陆块东南缘的一个活动地带，处于扬子陆块与南华活动带的过渡地带。区内星子(岩)群、双桥山群是本省境内最古老的地层，时代为早—中元古代。其中双桥山群组成本分区的主体，大面积出露于九岭至鄣公山一带。其向西延入湖北、湖南等省，向东延入安徽、浙江省。它为一套厚逾万米，由泥、砂质岩石为主及火山细碎屑岩夹火山熔岩组成的复理石建造。中元古代末发生四堡运动，本区褶皱回返，从此由活动性转化为次稳定性。青白口纪之沉积受伸展型断陷盆地控制，为复陆屑建造。但因构造发展的不均衡性，北部的武宁、都昌等地沉积了以火山角砾岩或层凝灰岩为主的落可岽组和马涧桥组，而在东南部的怀玉山一带则以裂陷槽沉积的“登山群”为代表，岩性主要是砂、泥质岩石组成的复理石建造，夹有火山熔岩。随后为海陆交替相火山喷发，基性—酸性熔岩及火山碎屑岩组成了上墅组。

晚元古代晚期（800 Ma）发生晋宁运动，形成范围较大而相对稳定的扬子陆块，从此震旦纪至早古生代进入稳定性沉积时期。该时期以海相为主的沉积地层发育良好，沉积环境由下扬子地层分区过渡到江南地层分区，基本上受台—坡—盆地沉积环境的制约。早至晚震旦世由海相碎屑岩、硅质岩或碳酸盐岩组成。碎屑岩由东南向西北粒度逐渐变粗。早寒武世由东南向西北由硅质岩为主变为以细碎屑岩为主，而中、晚寒武世主要为深水碳酸盐岩沉

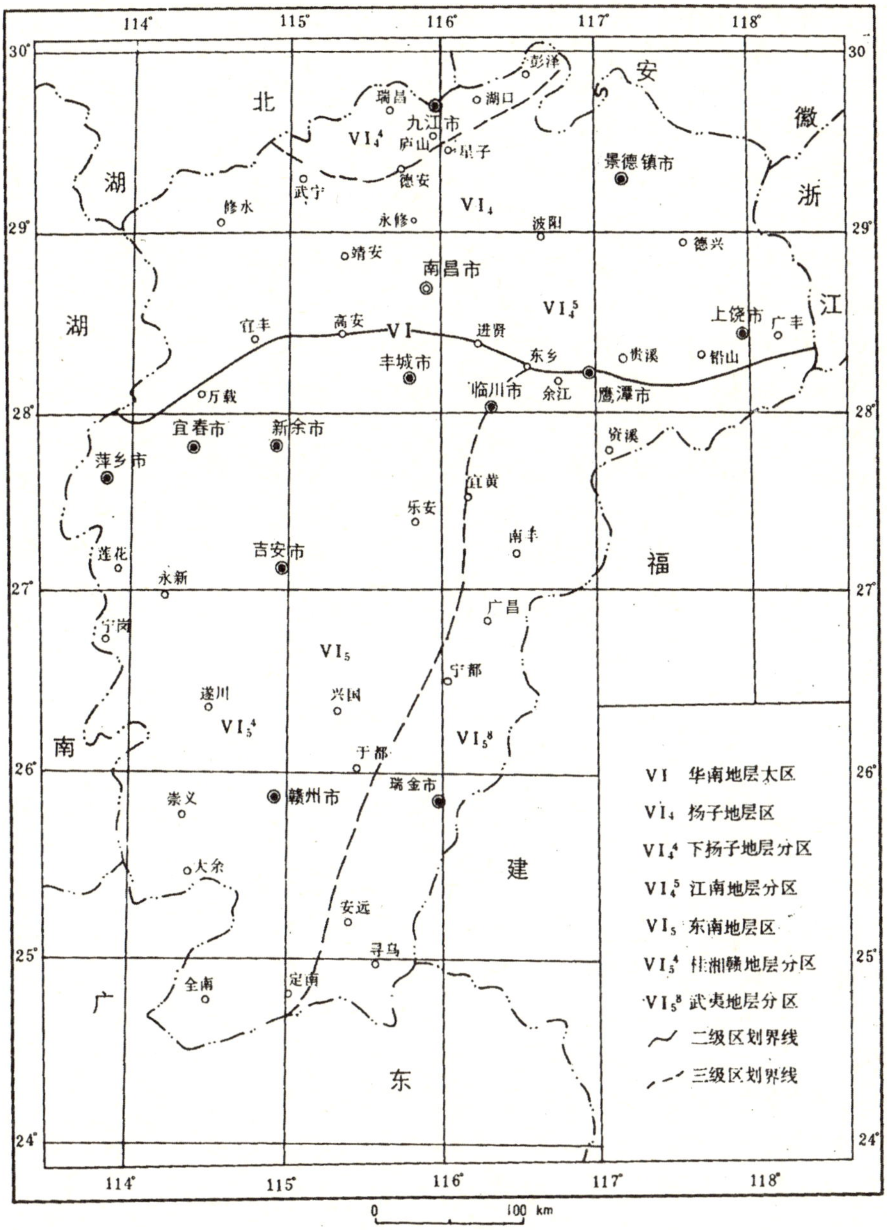

图 1-1　江西省岩石地层综合区划简图

积。奥陶纪则具有两种岩相：长江南岸的瑞昌至彭泽一带为碳酸盐岩介壳相，远离长江的修水、武宁以及怀玉山、玉山等地，则为钙泥质细碎屑岩为主夹有少量硅质岩、碳酸盐岩的笔石相。志留纪时全为碎屑岩沉积，由下而上粒度变粗，形成海退相序。

（二）东南地层区（$Ⅵ_5$）

本区大地构造单元属南华活动带。根据区域地层序列的总体特征及变质相等差异，省内西部隶属桂湘赣地层分区（$Ⅵ_5^4$），本分区向西扩展至桂东、湘中及粤北，南部界线由省南部边境的定南向西延至广东的连平—清远以远。省之东部隶属于武夷地层分区（$Ⅵ_5^8$），与桂湘赣地层分区的界线，为东乡-宜黄-宁都-定南大断裂。其向东扩展至闽西，向东南扩展至粤东北，由江西定南至广东兴宁一线以远。

东南地层区的褶皱基底为活动性沉积。为一套厚逾万米的浅海—次深海相砂泥质组成的复理石建造、硅质岩及笔石页岩建造，普遍遭受区域变质作用。以东乡-宜黄-宁都-定南大断裂为界，西部分区属于绿片岩相，东部分区为角闪岩相。

此区最古老的地层出露在西部分区，为晚元古代早期的浒岭组和神山组，岩性为次深海相砂泥质、泥质沉积，中夹细碧岩、石英角斑岩。东部分区为中、晚元古代的铁沙街(岩)组、周潭(岩)组和桃溪(岩)组,前者由绢云千枚岩夹细碧岩、角斑岩及大理岩组成;后二者由角闪岩相的片岩、片麻岩等组成。

晚元古代中期的库里组、上施组主要分布于西部分区,为火山质细碎屑岩及泥砂质复理石建造,其中库里组在赣中一带常夹酸性熔岩。东部分区以万源(岩)组为代表，由变粒岩夹少量片岩、片麻岩组成。

震旦、寒武、奥陶纪沉积在西部分区由东而西形成叠瓦状退覆式沉积序列。震旦纪以砂、板岩类复理石建造为主，底部为砂砾岩、含砾砂岩或含砾板岩及砂、板岩夹砾岩，顶部为硅质岩。寒武纪主要为砂、板岩组成的浊积岩沉积，由东向西层位升高。东部分区的震旦纪沉积以片岩为主夹变粒岩、大理岩等。寒武纪沉积由片岩、硅质板岩、变质粉砂岩等组成。奥陶纪沉积仅分布于赣西边境，为砂、泥质笔石相。志留纪沉积仅见于崇义，为复成分砾岩、砂岩及板岩组成。

加里东运动后晚古生代开始，南、北地层区进入统一的华南陆块发展阶段，均属稳定性沉积。泥盆纪至早石炭世初期，南、北两区尚存在一定的差异，虽然均以滨岸相陆源碎屑岩沉积为主，但南区发育完全并多以不整合关系覆于前泥盆系之上，而北区仅出现了晚泥盆世沉积，且以平行不整合关系覆于志留系之上。进入早石炭世中、晚期，南、北分异甚微，地层发育程度及沉积特征近乎一致，导致区划界线不明显。除湘赣边境之萍乡、永新指状海湾内见有少量碳酸盐岩外，其他地区均为陆源碎屑岩含煤建造。晚石炭世全为台地相碳酸盐岩。早二叠世早期以碳酸盐岩为主，晚期除下扬子地层分区、东南地层区的西北部萍乡至高安一带以碳酸盐岩为主外，其他地区均为硅、泥质相岩石。晚二叠世为含煤碎屑岩—碳酸盐岩或硅、泥质岩沉积。早三叠世由北而南由碳酸盐岩为主变为以细碎屑岩为主，中三叠世仅分布于赣中之浙赣铁路线附近，为浅海相的泥、砂质沉积。

印支运动的发生基本上结束了全省海侵历史。晚三叠世为海陆交替相含煤碎屑岩。早、中侏罗世为河湖相砂、泥质岩沉积，而晚侏罗世则以陆相火山喷发为特征。早白垩世承袭了晚侏罗世盆地的发展，中、酸性火山岩与河湖相碎屑岩相间呈层，晚白垩世以河湖相沉积为主，散布于全省若干个“红色盆地”中。第三纪承袭了晚白垩世的沉积，仍以红色碎屑岩为主。

三、对比研究的内容和要求

地层多重划分对比研究是以现代地层学理论为指导的。《国际地层指南》(1976)、《中国地层指南及中国地层指南说明书》(1981)(简称“中国地层指南”)以及地质矿产部全国地层多重划分对比研究项目第一次工作会议审定的《全国地层多重划分对比研究项目总体设计》是此次地层多重对比研究的指导性文献。学好上述文献，掌握不同种类地层单位的含义和划分准则，明确对比研究的重点、内容和要求，方能达到对比研究的目的，完成对比研究的任务。

江西地层对比研究，以地质矿产部1990年在贵阳召开的“地层多重划分对比研究讨论会”为界。此前由江西省地质矿产局（简称江西地矿局，下同）立项，立项课题名称为《江西省岩石地层单位统编及应用研究》（简称《江西岩石地层统编》，下同），并由江西调研队完成。由于当时受某些条件的限制，对省内立名的单位层型和袭用他省单位名称的次层型或主要参考剖面，均未进行实地核查，加之又缺乏统一的要求，所以对某些单位的名称采用、定义、划分标准等，难免遗留一些问题。

此后，即“江西省地层多重划分对比研究”，是“全国地层多重划分对比研究”项目的组成部分。研究内容包括各类地层单位的清理，以新的含义和划分准则进行划分与对比，重点是“中元古代至第三纪的岩石地层单位的划分与对比及与其他地层单位的对应关系”。根据这一内容和要求，结合江西地层研究具体状况，拟定以下对比研究方案：

(1) 以《国际地层指南》,《中国地层指南及中国地层指南说明书》为指导，以《江西省区域地质志》(1984) 及《江西岩石地层统编》(1991) 为基础，综合分析现有地层资料，对全省地层单位开展全面清理，查明名称的出处、原始定义及演变历史等，并填卡建档。

(2) 对选定或采用名称的单位层型剖面、候选次层型剖面，开展实地核查，重点是前震旦纪之变质岩系及中、新生代的红色岩系。查明并补充描述单位层型剖面的宏观岩石学特征及划分标志。

(3) 研究各类地层单位，尤其是岩石地层单位空间延展范围、变化特征，查明不同沉积组合在沉积盆地中的相环境位置。

(4) 按《中国地层指南及中国地层指南说明书》有关生物地层单位的类别及其含义清理现有生物地层资料，找出不足，补做生物地层工作。选择研究程度高、化石相对丰富的地层，如省内的奥陶纪、泥盆纪、石炭纪、二叠纪地层等，尔后，依据化石类型、分布、富集以及发展演化，划分组合带、延限带和顶峰带等生物地层单位。

(5) 年代地层单位是国际性或大区域性地层单位。省内往昔多以化石为依据建立的组，则带有年代单位阶的色彩，但不等于阶，应以年代地层单位的含义予以修订，避免无依据的将组对等转换为阶的作法。

(6) 按照岩石地层区划的原则，进行综合地层区划。在遵循“全国地层多重划分对比研究”项目地层区划工作会议所确定的Ⅰ、Ⅱ、Ⅲ级分区的基础上，依据地质构造特征和地层的基本特征，进一步划分Ⅳ级区（地层小区）。

(7) 通过以上清理，在充分考虑科学性、广泛性和优先权的前提下，确定的岩石地层单位名称，编制江西省岩石地层单位序列表。

8. 填写岩石地层单位登记卡，建立江西省地层数据库。

9. 编写《江西省岩石地层》研究专著。

四、基本工作方法和步骤

地层多重划分对比研究是一项科学性强、涉及面广、工作繁杂的系统工程，其成果在一定程度上可反映我省基础地质研究的整体水平。因此，本次对比研究中必须应用现代地层学、沉积地质学、古生物学、地质年代学、层序地层学等新理论、新成果、新技术，严格遵循《国际地层指南》和《中国地层指南及中国地层指南说明书》拟定的原则及“全国地层多重划分对比研究”项目办公室（以下简称“全国项目办”）有关规定和要求进行。本省对比研究先后划分六个阶段：

第一阶段：资料搜集及设计编写（1991年6月至12月）。

资料搜集包含地理、地质两方面的内容。前者含各类层型剖面、参考剖面所处的行政区域、地理位置、交通及地貌概况；后者含单位层型剖面的岩石组合及其基本层序、岩相划分标志、古生物及生态、接触关系及划分标志，单位层型厚度及纵、横变化，以及其他物理及化学特征等。同时注意搜集有关单位名称出处方面的资料，包括创名者、创名时间、标准地点、原始定义及演变历史等。

通过资料综合分析，编写设计，于同年8月提交江西省地矿局审批。

第二阶段：正层型、次层型剖面实地核查（1992年5月至1993年6月）。

核查的重点是延入他省的正层型剖面、主要参考剖面或次层型剖面。核查时对不同种类的层型要求进行严格的衡定，如：

原始命名的正层型剖面，因风化过甚或掩盖岩石层序难以辨认或划分标志不明时，要求在正层型剖面所在的地区选择并研究副层型或补充层型。

正层型剖面因故破坏，要在正层型剖面所在地指定新层型。

对于新建的地层单位要指定正层型剖面。

对于某些只有单位名称而无正层型剖面的，要在命名地区确立选层型剖面。

对于袭用他省单位名称的，要指定主要参考剖面或次层型剖面。

对于上述不同种类层型剖面的观察研究，均要求以岩层分层为基本描述单元。分层应以岩性及基本层序或沉积韵律为主，单一分层为辅。

第三阶段：编绘横剖面图及划分岩石地层单位（1993年7月至9月）。

以断代或纪为时限，选择不同地点的地层柱状图编绘区域横剖面图。在此阶段中编绘了晚元古代、震旦纪、寒武纪、奥陶纪、泥盆纪等不同沉积时期的区域横剖面图或柱状对比图。在此基础上划分了岩石地层单位，编制了江西省岩石地层单位划分对比表。并在全国项目办东南大区领导小组主持召开的前泥盆系现场研讨会及全省1∶5万区调学习班上广泛征求了意见。

第四阶段：填写岩石地层单位登记卡及建立江西地层数据库（1993年10月至1994年4月）。

保质保量填好岩石地层单位登记卡，是地层对比研究的核心，也是建立地层数据库的关键。

岩石地层单位划分后，经东南大区领导小组主持召开的多次会议讨论审定，按照全国项目办制定的《岩石地层登记卡片及地层数据库录入要求填写说明》，全面开展了填卡工作，在严格审查后进行微机录入，从而建立了江西省地层数据库。

第五阶段：编写研究报告及提供评审验收（1994年5月至9月）。

以单位卡片为依据，按照全国项目办拟定的《地层清理研究成果编写要求及编写提纲》，于5至7月编写《江西省地层多重划分对比研究》报告。8月5日至8日提供江西省地矿局初审，9月26日至10月1日提供东南大区主持评审。

第六阶段：修改研究报告出版稿（1994年12月至1995年5月）。

遵照全国项目办下发的“全国地层多重划分对比研究”项目（岩石地层清理项目）成果出版问题的通知（地科区字〔94〕020号）及其附件《关于我国三十个省（直辖市、自治区）地层多重划分对比研究报告出版体例及编排格式的要求》，以及中国地质大学出版社制定的“编著者细则”，对书稿进行全面检查和修改，以达到齐、清、定的要求。

五、取得的主要成果及完成的工作量

本项目从 1992 年 3 月正式开始，历时两年多，取得了以下成果：

（1）对江西省自有地质调查以来的地层单位名称及其含义进行了全面清理。清理了原有地层单位 353 个，清理后确定采用的岩石地层单位 138 个，建议不采用的地层单位 215 个，另外新建岩石地层单位 15 个。包括省内外层型共确立正式岩石地层单位 220 个（包括第四系），其中省内层型 153 个，省外层型 67 个。这些单位中包括群级单位 20 个，含省外 4 个；组级单位 182 个，含省外 63 个；段级单位 18 个。从而建立了江西省岩石地层序列表（表 1-1、表 6-1）。

（2）按照地层区划原则，编绘了《江西省岩石地层综合区划简图》（图 1-1）及不同断代地层的分区图（图 2-1、3-1、4-1、5-1）。

（3）以断代或纪为单位编绘了岩石地层区域横剖面图或柱状对比图，从而显示了岩石地层时空变化状态、变化规律，为区域地质制图、进而研究沉积环境以及沉积盆地的发展演化，提供了基础性资料。

（4）按生物地层单位的概念，清理了已有生物地层资料，对研究程度高、生物化石丰富的地层单位，试分了组合带、顶峰带及延限带，为确定地质时代、区域对比以及解释相环境提供了依据。

（5）建立了江西省岩石地层数据库，为我省不同地层单位的检索、查询、监控等提供了方便，从而使江西省地层研究纳入了科学的、现代化的管理系统。

（6）通过综合研究，建立了赣北“双桥山群”的岩石地层序列，由下而上确立了五个组，从而提高了该套变质岩系的研究程度。

（7）以沉积盆地发生—发展—衰亡之不同阶段及其相应形成的粗—细—粗沉积组合，对散布于全省各地的“红色盆地”进行统一划分，共划分两群五组，统一了划分标准，纠正了昔日以时间对比代替岩石对比的倾向。

（8）依据对比研究成果，编制了《江西省采用的岩石地层单位》（附录Ⅱ）和《江西省不采用的地层单位》（附录Ⅲ），为查询地层单位名称的创名者、创名时间、各类层型剖面地点、原始定义及现在定义以及不采用的地层单位的理由等提供了方便。

围绕上述成果，几年来共搜集不同时代的剖面 902 条，对比研究后选用 688 条，其中包括正层型剖面 104 条，副层型剖面 9 条，选层型剖面 21 条，参考剖面 554 条。实测剖面 4 条，计 7.6 km；实地核查剖面 71 条，计 321 km；踏勘剖面 2 条，计 35 km；填岩石地层登记卡片 200 套，计 2 720 份，其中封面 386 张，卡Ⅰ368 张，卡Ⅱ241 张，卡Ⅳ（剖面）887 张，卡Ⅳ（柱状图）670 张，卡Ⅴ168 张。另外，填写不采用的地层单位名称卡片 215 张。

上述成果和统计数据说明，地层对比研究是一项艰苦而复杂的工作。通过此项工作，基本上查清了江西地层单位的家底，理顺了关系，消除了混乱，为区调填图、地质编图、找矿、科研及教学等提供了科学而可靠的基础资料。

书中岩石地层单位的编号，是按全国岩石地层综合区划，即华南地层大区（06）加国标《GB 2260-86 中华人民共和国行政区划代码》，即江西代码“36”加单位由老至新的顺序号编列的。它与数据库软盘号码相同，便于检索、咨询。岩石地层单位的代号，是按照《沉积岩区 1∶5 万区域地质填图方法指南》149 页有关规定编写的。

此项研究成果是集体劳动的结晶，是在全国项目办陈克强、高振家、简人初等统一领导下，东南大区领导小组张永康、都洵、毕德昌等协调、指导下，江西省地矿局及其地质矿产调查研究大队（简称“江西调研队”，下同）关怀下取得的。

江西省地矿局（厅）杨明桂总工程师始终给予关心、指导，区调主管龚由勋教授级高级工程师具体主管此项研究工作。任务下达江西调研队，队总工程师温克佳（前期）、朱家安（后期）给予关心、指导，并委托总工办陈金华、廖瑞君两位副总工程师负责技术管理和组织协调工作。

项目组由 12 人组成。其中高级工程师 7 人，工程师 3 人，助理工程师 2 人。刘亚光任项目组负责人，下设 4 个断代组：前震旦纪组，组长周殿超，组员宋志瑞；早古生代组，组长陈胜高，组员诸宝森、李中兰；晚古生代组，组长朱正刚，组员吴洁；中、新生代组，组长凌联海，组员孙存礼、文子才、张贤祥。

本书由项目组集体编写。绪论、结语、泥盆纪及部分断代的区域地层对比及沉积环境由刘亚光执笔；前震旦纪由周殿超执笔；震旦纪由宋志瑞执笔；寒武纪由陈胜高执笔；奥陶纪由诸宝森执笔；志留纪由李中兰执笔；石炭纪、二叠纪由朱正刚执笔，吴洁协助；三叠纪由孙存礼执笔；侏罗纪、白垩纪由凌联海执笔；晚侏罗世火山岩系由张贤祥执笔；第三纪、第四纪由文子才执笔；地层数据库研建及功能介绍由温健执笔。

最后参加书稿修改者有刘亚光、孙存礼、凌联海及陈胜高。全书由刘亚光统纂定稿。

杨明桂、张守信、龚由勋、孙大中、邢裕盛、高振家、简人初、熊恩锡、马瑞士、魏秀喆、丘丽华、李锋、杨家騄、张利民、肖承协对本成果进行了评审。温健、蒋玉珍、张维吉、程惠娟承担卡片录入工作。书中插图及附表由江西调研队出版室清绘。在此一并表示感谢。

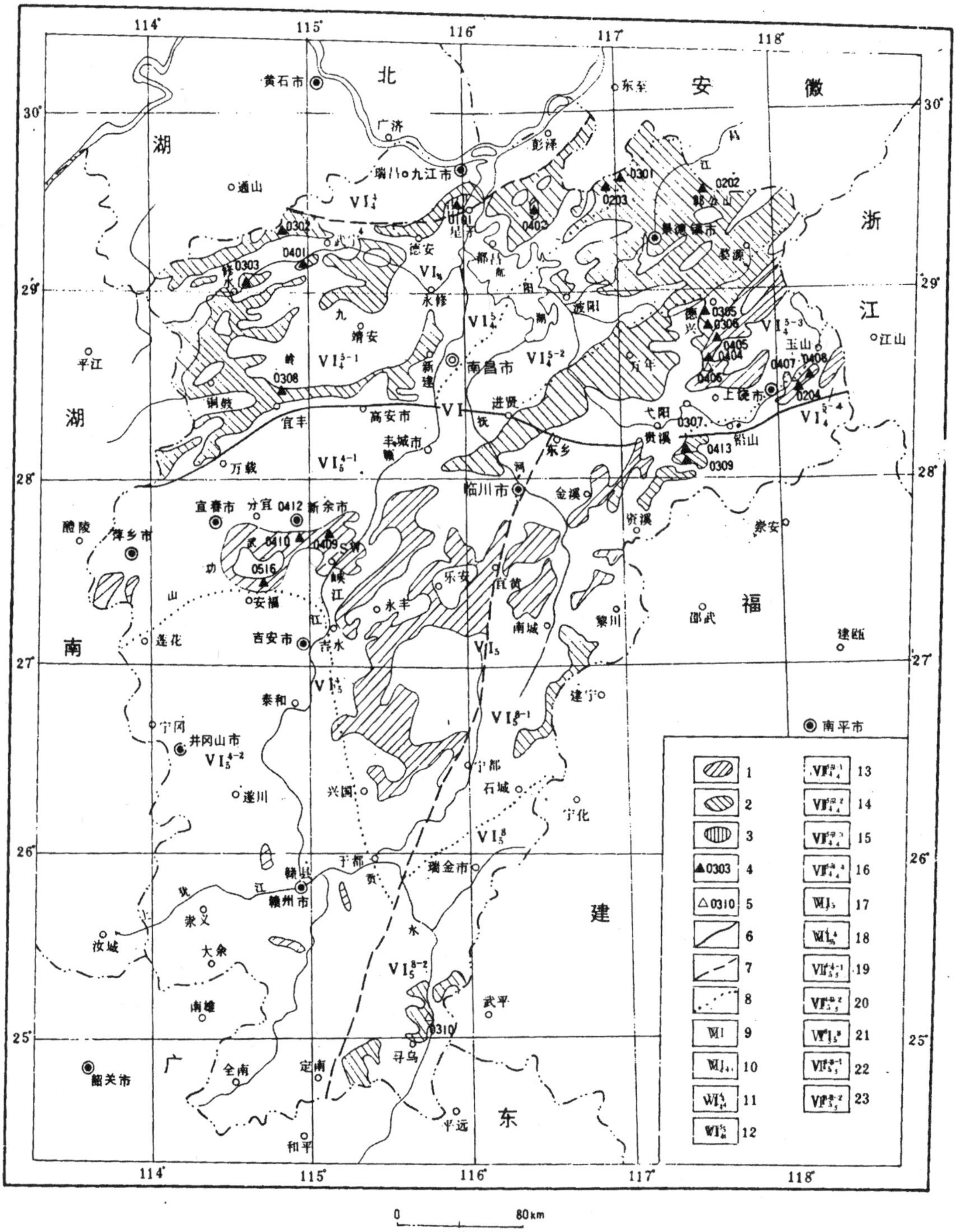

图 2－1　江西省前震旦纪地层分布及剖面位置略图

1. 上元古界露头区；2. 中元古界露头区；3. 下元古界露头区；4. 正层型剖面位置及编号；5. 次层型剖面位置及编号；6. Ⅱ级地层区界线；7. Ⅲ级地层（分）区界线；8. Ⅳ级地层（小）区界线；9. 华南地层大区；10. 扬子地层区；11. 下扬子地层分区；12. 江南地层分区；13. 九岭地层小区；14. 鄣公山地层小区；15. 怀玉山地层小区；16. 玉山地层小区；17. 东南地层区；18. 桂湘赣地层分区；19. 武功山-永丰地层小区；20. 井冈山-赣州地层小区；21. 武夷地层分区；22. 北武夷地层小区；23. 南武夷地层小区

岩、片麻岩、斜长混合花岗岩，间夹变粒岩及凸镜状大理岩等组成。底未出露，上与莲沱组为不整合关系。

表 2－1　江西省前震旦纪岩石地层单位序列对比表

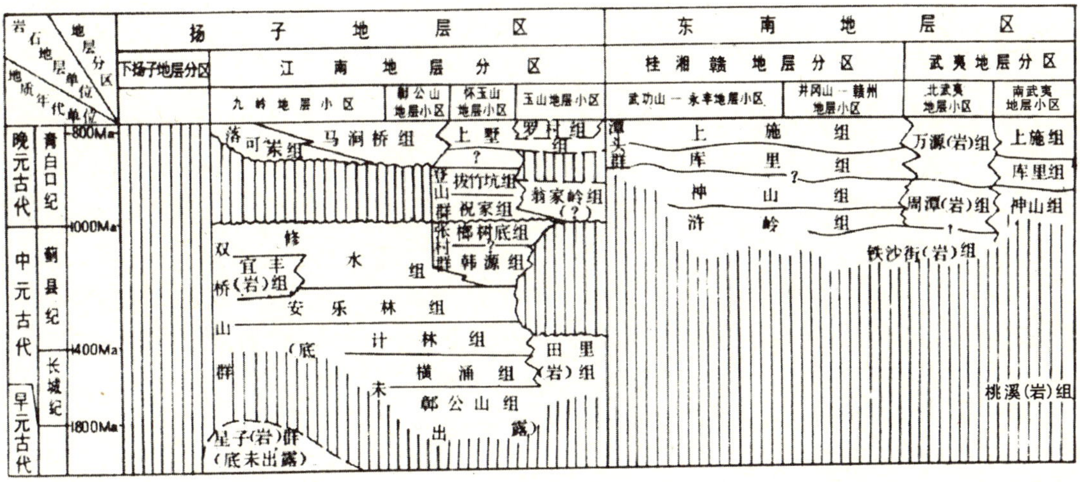

【层型】　正层型为星子县东牯山至栖贤寺剖面（115°59′，29°30′），由江西区测队1966年测制。

上覆地层：**莲沱组**　黄灰色厚层状石英砾岩、砂砾岩

～～～～～～～～～～ 不 整 合 ～～～～～～～～～～

星子（岩）群	总厚度＞3 176.97 m
19. 坡积物	＞160.00 m
18. 青灰色薄层状千枚岩夹厚层石英岩及变质砂岩。（未见顶）	255.69 m
17. 灰白色薄至厚层状石英岩夹片岩及千枚岩	304.07 m
16. 上部灰白色薄层状云母石英片岩夹灰白色石英岩；下部浅灰色石英岩夹云母片岩	251.90 m
15. 灰白至深灰色石榴石云母片岩，十字石石榴石云母片岩、石英岩	155.52 m
14. 深灰色薄片状方解绿帘变粒岩夹凸镜状大理岩	18.14 m
13. 灰白至深灰色薄至厚层状石榴石石英云母片岩、云母片岩及二云斜长片麻岩	108.07 m
12. 深灰至灰白色中层状石英岩夹石榴石云母片岩、云母片岩，偶夹磁铁石榴石黑云母石英片岩	407.86 m
11. 上部灰色薄层至厚层状云母石英片岩，下部为十字石石榴石云母片岩、电气石云母片岩夹石榴石绿帘角闪斜长片麻岩	367.66 m
10. 上部为灰至深灰色十字石石榴石云母片岩、石榴石云母片岩夹片麻岩；下部灰至深灰色云母片岩、含砾云母片岩，局部见一层砾岩	154.90 m
9. 灰至深灰色薄至厚层状石榴石云母片岩、石英云母片岩夹云母长石片麻岩及角闪岩	121.04 m
8. 深灰色石榴石云母石英片岩	141.24 m
7. 灰白色黑云斜长片麻岩、二云二长片麻岩	123.61 m
6. 上部灰白色混合岩化黑云二长片麻岩及角闪斜长混合岩；下部灰白色角闪云母长石片麻岩	176.75 m
5. 上部深灰色绿帘角闪斜长片麻岩；下部灰白色角闪黑云条痕混合岩	35.96 m

4. 黄白色中至细粒花岗岩，局部为斑状钠长石化伟晶花岗岩	28.56 m
3. 浮土	68.00 m
2. 灰白色细粒似斑状黑云混合花岗岩	40.00 m
1. 上部灰白色细粒云母斜长混合花岗岩、斜长混合花岗岩；下部为云母混合花岗岩夹浅灰色云母片岩、石英片岩。(未见底)	>285.0 m

【地质特征及区域变化】 上列剖面该(岩)群出露厚度大于 3 176.97 m。依其岩性可分三部分：下部以斜长混合花岗岩为主；中部主要为石榴石云母片岩、云母石英片岩、斜长片麻岩，局部夹石英岩、大理岩；上部为石英岩、千枚岩夹变质砂岩。反映变质程度由深至浅，属角闪岩相。

该(岩)群仅出露于庐山至星子一带，岩性稳定，其原岩建造以泥砂质为主夹硅质岩及少量基性火山岩、碳酸盐岩，反映其形成于大陆边缘海环境。剖面上不整合于莲沱组之下，区域内于星子隘口所见其上与双桥山群关系不明，实测者认为属构造置换之平行不整合接触。

【其他】 该群获锆石 U-Pb 单点年龄信息值 2 500～2 100 Ma 及至 1 700 Ma，结合其上覆接触关系，时代可归于早元古代。

本群某种岩层中含宝石级石榴石和十字石矿物。

双桥山群 $Pt_{1-2}\hat{S}$ (06－36－0201)

【创名及原始定义】 原名“上樵山层”，为王竹泉（1930）所创。创名地在武宁县横路之双桥山。“上樵山”即为“双桥山”同音之误。王氏所述“上樵山层”定义：“此层在武宁城北露布既广，与其上岩层之间亦甚明瞭故名。其下部之组成为绿色，中部为绿色薄层砂岩与灰质页岩相间，上部砾岩、白色硅质砂岩及燧石层等。时代属寒武纪之一部或属震旦纪。”

【沿革】 李毓尧（1930）改“上樵山层”为双桥山系时，将王氏“上部砾岩、白色硅质砂岩”划归于寒武纪（?），创称横路硐门砂岩，中下部归于震旦纪双桥山系，并认为二者为不整合（?）关系。盛莘夫（1942）赞同此意。自此至50年代中期，江西省广泛沿用双桥山系一名，其时代多归于前震旦纪。但是，第一届全国地层会议（1959）将湖南的板溪群用以代表我国南方震旦系之下的元古界，为此至 70 年代初期，双桥山系被板溪群代替，泛用于江西省。而江西区调队（1974）在重编江西省 1∶50 万地质图时，鉴于板溪群与双桥山系难以对比，故又沿用双桥山系，而将系改为群，称双桥山群。

【现在定义】 系指广布于省境北部扬子地层区的一套厚度巨大，由泥砂质及火山质碎屑为主组成的复理石建造。以岩性特征自下而上划分为鄣公山组、横涌组、计林组、安乐林组和修水组。

鄣公山组 $Pt_{1-2}\hat{z}$ (06－36－0202)

【创名及原始定义】 原名鄣公山群，为皖浙赣三省地层专题研究队④(1962)创立。创名地在江西婺源县之鄣公山。原始定义：为一套泥砂质复理石夹少量细碧-角斑岩建造，厚约 4 000 m。

【沿革】 鄣公山群自创名迄今历经变化，江西区调队（1983）在《江西省前震旦系》

④ 皖浙赣三省地层专题研究队，1962，皖浙赣三省前寒武系踏勘报告(油印本)。

中改称九岭群，下属引用皖南的地层名称，由下而上分为漳前组、板桥组、木坑组及牛屋组，归于中元古界。嗣后，《江西省区域地质志》(1984) 统归于双桥山群下亚群，时代为中元古代。马长信等⑤ (1990) 依据鄣公山群上下岩性、岩相及构造样式等特点，自下而上依序划分并立名皇后组、南山组、沱川组、塘坑组、清华组，时代统归于中元古代。此次对比研究降群为组，所指的鄣公山组，只相当于皇后组和南山组下部。

【现在定义】 整合于横涌组之下，主体岩性为灰绿色条带状石英云母片岩、云母绿帘石石英片岩、二云石英片岩、条带状绢云石英千枚岩、粉砂质千枚岩夹硅质板岩及少许细碧岩、角斑岩。下未见底，顶与横涌组底部的黑色板岩或千枚岩为划分标志。

【层型】 正层型为婺源县皇后—南山鄣公山剖面 (117°49′, 29°30′)，由赣东北地质大队马长信等 1990 年重测。

上覆地层：**横涌组** 灰黑色绢云千枚岩与粉砂质千枚岩互层

——————— 整 合 ———————

鄣公山组	总厚度＞1 513.32 m
22. 灰至灰绿色石英绢云千枚岩	72.69 m
21. 冲积层，见有石英绢云千枚岩之孤立露头	53.28 m
20. 深灰色粉砂质绢云千枚岩与黄绿色石英绢云千枚岩互层，具条带状构造	49.19 m
19. 浮土	140.02 m
18. 黄绿色页片状石英绢云千枚岩	18.80 m
17. 青灰、深灰色石英绢云千枚岩，火山碎屑含量 25%～30%，具条带状构造	90.95 m
16—14. 青灰色石英绢云千枚岩	58.15 m
13. 青灰色粉砂质绢云石英千枚岩夹薄层细碧岩至石英角斑岩	29.47 m
12. 灰绿色条带状石英绢云千枚岩夹细碧岩 (厚度约 0.4 m)	42.56 m
11. 青灰色粉砂质石英绢云千枚岩，含微量自形锆石及磷灰石	115.98 m
10. 灰绿色条带状石英云母千枚岩	49.03 m
9. 灰绿色绢云石英千枚岩夹 3 层厚度约 1.0 m 细碧岩	68.90 m
8. 黄绿色千枚岩夹灰绿色凝灰粉砂质千枚岩及石英绢云片岩	67.17 m
7. 灰绿色绢云千枚岩，上夹薄层 5～20 cm 粉砂质千枚岩	151.45 m
6. 灰绿色绿帘石英片岩夹灰绿色薄层钙硅板岩	84.85 m
5. 灰绿色绿帘云母石英片岩夹石英云母片岩	163.67 m
4. 灰绿色绢云绿泥绿帘石英片岩，石英为主，片理发育	55.46 m
3. 灰绿色云母石英片岩夹灰绿色硅质板岩	75.38 m
2. 灰绿色石英云母片岩，含星点状磁铁矿	16.32 m
1. 灰绿色糜棱岩化云母石英片岩。(未见底)	＞110.00 m

【地质特征及区域变化】 据层型剖面，本组岩性组合明显二分：下部以灰绿色绿帘石英片岩、绿帘云母石英片岩为主，夹硅质板岩；上部为青灰、灰绿色石英绢云千枚岩，粉砂质石英绢云千枚岩夹少量细碧岩、角斑岩。出露厚度 1 513.32 m。

本组在省区主要出露于皖赣交界的鄣公山地区，岩性稳定，呈北东向展布，组成鄣公山扇形复式背斜的核部。

⑤ 马长信等，1990，赣东北地区前震旦系（双桥山群）地层层序划分及时代对比研究报告（油印本）。

【其他】 本组岩层中普遍含星点状磁铁矿，含量一般在3%左右，有的密集成厚1 cm左右的条带，是本组特征之一，可与皖南"漳前铁矿"类比。其名称曾引用漳前组、皇后组及南山组，但从命名优先权考虑均晚于鄣公山群一名，故此次对比研究将群降为组，称鄣公山组。据马长信等⑤（1990）在其上部细碧岩进行的全岩Sm－Nd同位素等时线年龄测试，年龄值为1 938.6Ma，地质时代应为早元古代或至中元古代早期。

横涌组 Pt_2h (06－36－0203)

【创名及原始定义】 系江西区调队（1970b）开展1∶20万湖口幅所创，创名地在波阳县侯家岗乡横涌坝。指一套浅海相泥砂质复理石沉积。划分上、下两段：下段为浅灰至灰绿色凝灰质细砂岩夹深灰色条带状板岩；上段为浅灰色、蓝灰、灰绿色及紫红色条带状板岩夹粉砂岩、细砂岩。以杂色岩层发育与利安组相区别。

【沿革】 江西区测队（1964）开展1∶20万修水幅测图时将其和上覆利安组（安乐林组）下部划归于板溪群下亚群。江西区调队（1983）在《江西省前震旦系》中改称下阮组。马长信等（1990）又改创皮山桥组。现时的横涌组的含义只相当于原横涌组下段。下阮组、皮山桥组创名晚于横涌组，且划分标志不明显应停用。

【现在定义】 指整合于鄣公山组和计林组之间，主体岩性为灰、深灰色变余凝灰质砂岩、粉砂质板岩、条带状板岩夹粉砂岩及碳质板岩。沉积韵律发育而清晰，含微古植物。顶界与计林组底部红色岩层的出现为划分标志，底界以本组底部黑色板岩或含碳千枚岩的消失与鄣公山组分界。

【层型】 正层型为波阳县横涌剖面（116°56′，29°35′），由江西区调队1970年测制。

上覆地层：**计林组** 浅灰、灰绿及紫红色绿泥绢云板岩

——————整　合——————

横涌组	总厚度＞453.6 m
3. 浅灰至灰绿色绿泥绢云板岩，条带状构造发育	124.1 m
2. 浅灰至灰绿色厚层状变余凝灰质细砂岩、粉砂岩与浅灰、深灰色条带状凝灰质板岩、绢云绿泥板岩不等厚互层，板岩居多，韵律清晰，交错层发育	179.5 m
1. 浅灰至灰绿色巨厚层状变余凝灰质细砂岩夹深灰、黑色条带绢云板岩，韵律清晰，交错层发育。（未见底）	150.0 m

【地质特征及区域变化】 上述剖面表明，本组中下部由变余凝灰质细砂岩、粉砂岩组成沉积韵律，上部以板岩为主，出露厚度453.6 m。其中夹有黑色板岩是本组主要特征之一，亦是区别上下岩石地层单位的主要标志。黑色板岩含有微古植物化石：*Leiominuscula minuta*，*Protoleiosphaeridium infriatum*，*Zonosphaeridium minutum*，*Trachysphaeridium hyalinum*，*Lophosphaeridium rugosum*，*Archaeoacanthosphaeridium* sp.，*Asperatopsophosphaera* sp.。

本组分布于九岭北坡、鄱阳湖北岸及鄣公山南麓。由正层型剖面向西至修水燕山，厚度351 m，为砂、板岩互层，二者约各半。再西至武宁安乐林，岩性未变，出露厚度仅百米。由正层型剖面向东至浮梁县皮山桥，厚度988 m。再东至婺源县鄣公山、清华--带厚逾两千米，下与鄣公山组为整合接触。其岩性稳定，均为砂、板岩互层，且黑色含碳板岩增多。总之，本组岩性较稳定，厚度由西而东逐渐增大。

【其他】 本组原岩为砂、泥质复理石建造，常夹含火山岩，表明形成于较为活动的裂陷海环境。上列黑色板岩所产微古植物化石，显示的时代为中元古代，这与德安彭山同组中所夹细碧岩之 Rb－Sr 等时线年龄值（1 515±241 Ma）相一致，其时代应归于长城纪为宜。

计林组 Pt_2j （06－36－0301）

【创名及原始定义】 马长信（1984）创立，据马长信等（1992）介绍，创名地在江西波阳县莲花山乡计家林。原始定义：下段为紫红色薄层状条带状板岩与粉砂质板岩互层，夹红色变质细砂岩及粉砂岩；中段为灰绿色砂质板岩与细粒杂砂岩及黑色板岩互层；上段为紫红色板岩与粉砂质板岩互层，夹细砂岩、粉砂岩。以所含微古植物化石，定其时代为晚元古代。

【沿革】 相当于本组之沉积物，在不同时期、不同地点，名称的使用和时代的归属多有不同。江西区测队（1964）测制 1∶20 万修水幅时，称安乐林组，划归于其下段。江西区调队（1970）调查 1∶20 万湖口幅时又划归于横涌组上段。前后两幅均将其归于元古代。该队（1983）在《江西省前震旦系》，重新研究了武宁县安乐林剖面后，包含此段地层在内又创下阮组，归于中元古代。本次对比研究采用的计林组与原始定义一致，而其时代归于中元古代。

【现在定义】 系指整合于横涌组与安乐林组之间的一套以紫红色为特征的砂、板岩建造。主体岩性为紫红色条带状板岩、粉砂质板岩、变余细砂岩夹灰绿色砂质板岩、变余细砂岩、粉砂岩、黑色板岩及少许变细碧岩、角斑岩等。层面常具凹槽及流痕构造，含微古植物化石。上与安乐林组、下与横涌组，均以本组特有的紫红色岩层为划分标志。

【层型】 正层型为波阳县计林剖面（117°00′，29°38′），由马长信等 1990 年重测。

上覆地层：**安乐林组** 黄褐色凝灰质细粒杂砂岩

——————— 整　合 ———————

计林组	总厚度 2 022.24 m
38. 紫红色粉砂质板岩与紫红色绢云板岩互层，夹灰红、翠绿色细砂岩条带，层面上见凹槽流痕构造	134.95 m
37. 残坡积层	50.00 m
36. 紫红色板岩夹砂质板岩条带，时夹翠绿色粉砂质板岩条带	40.31 m
35. 冲积层	23.00 m
34. 暗紫红色粉砂质板岩，变质细砂岩互层	59.16 m
33. 紫红色粉砂质板岩与紫红色板岩及变质细砂岩互层	101.30 m
32. 残坡积层	75.00 m
31. 紫红色板岩夹同色粉砂质板岩，偶夹翠绿色板岩	67.28 m
30. 残坡积层	4.50 m
29. 紫红与黄绿色板岩互层，局部夹翠绿色板岩及粉砂质板岩	39.12 m
28. 紫红色板岩、粉砂质板岩夹厚 1～5 mm 灰红色变细砂岩条带	85.00 m
27. 残坡积层	45.00 m
26. 紫红色板岩与粉砂质板岩互层夹黄绿色板岩	76.60 m
25. 紫红色板岩与翠绿色粉砂质板岩互层	69.43 m
24. 紫红色板岩夹翠绿色板岩	74.43 m
23. 灰绿色粉砂质板岩夹紫红色板岩及变质细砂岩	82.00 m

22.	灰绿色粉砂质板岩与变质细砂岩互层	64.82 m
21.	灰绿色变质粉砂岩及细粒杂砂岩	62.82 m
20.	灰绿色变余细粒杂砂岩与板岩互层	113.63 m
19.	灰绿、青灰色粉砂质板岩与板岩互层，夹变质薄层细砂岩	19.32 m
18.	灰绿色变质细粒杂砂岩与粉砂质板岩互层	55.87 m
17.	灰绿色条带粉砂质板岩夹板岩、变质细砂岩	36.45 m
16.	灰绿色变质细粒杂砂岩与粉砂质板岩、板岩互层	31.50 m
15.	残坡积层	55.00 m
14.	灰绿色变质细粒杂砂岩与板岩互层	88.30 m
13.	灰绿色厚层变质细粒杂砂岩与粉砂质板岩、板岩互层	44.15 m
12.	灰绿色板岩夹杏仁状安山玄武岩	30.63 m
11.	紫红色板岩夹粉砂质板岩及细砂岩条带	14.66 m
10.	紫红色板岩，局部夹粉砂质板岩条带	57.74 m
9.	黄绿色板岩与粉砂质板岩互层	4.82 m
8.	紫红色板岩与紫红色粉砂质板岩互层，局部夹变质细砂岩	127.47 m
7.	黄绿色粉砂质板岩与板岩互层，夹少量变质细砂岩	86.10 m
6.	紫红色板岩夹绿色粉砂质、砂质板岩	101.88 m

——————— 整　合 ———————

下伏地层：**横涌组**

5. 深灰色中粗粒石英杂砂岩夹变细粒凝灰质杂砂岩、灰黑色绿泥绢云板岩

【地质特征及区域变化】　由正层型剖面可知，本组以紫红色为表征，由砂岩、粉砂质板岩、板岩组成复理石建造，厚 2 022.24 m。含微古植物化石，计有 *Leiominuscula minuta*, *L. orientalis*, *Leiopsophosphaera apertus*, *L. infriata*, *L. minor*, *Orygmatosphaeridium exile*, *Palaeomorpha punctulata*, *Polyporata obsoleta*, *Protoleiosphaeridium pusillum*, *Synsphaeridium conglutinatum*, *Taeniatum crassum*, *Trachymiunscula* sp., *Trachysphaeridium hyalinum*, *T. incrassatum*, *T. simplex*, *Trematosphaeridium noltedahlii*, *T. minutum* 等。

本组主要分布于省境西北部修水流域及鄱阳湖以北地区，呈北东向延伸。自正层型剖面向西延展至武宁安乐林一带，为一套边缘海沉积的细火山岩质碎屑岩系，其岩性为紫红、灰绿色变细屑沉凝灰岩与凝灰质板岩不等厚互层，偶夹凝灰质砾岩、细碧玢岩，厚 1 541 m。东至武宁瓜源则为紫红、猪肝、灰绿色绢云板岩夹砂质板岩，厚度仅 319 m，再东至正层型剖面位置之西的横涌，则为紫红、灰绿色绿泥绢云板岩，间夹变余凝灰质细砂岩及凝灰质粉砂岩，厚度 570 m，再东延至皖南，大致相当于木坑组上部层段。

综合上述，本组在区内是一套独具特色的碎屑岩，即习称的“古红层”，岩性稳定，延展性较好，是双桥山群划分和对比的良好标志。以往所采用的下阮组含义不明，不予采用，而安乐林组、横涌组重新按岩石地层单位厘定了含义，分别整合于计林组之上、下。

安乐林组　Pt_2a　(06－36－0302)

【创名及原始定义】　系江西区测队(1964a)开展 1：20 万修水幅测图时所创，创名地在武宁县澧溪乡安乐林。原始定义：下部为砂质夹泥质碎屑岩，韵律性较好；上部为泥质夹砂质碎屑岩，韵律性逊于上部。总厚 4 377 m。与上下单位均为连续关系，划归于前震旦系板溪

群。

【沿革】 江西区调队（1970）在《1：20万湖口幅区调报告》中新创横涌组及利安组以取代安乐林组，仍划归于板溪群。嗣后，该队（1983）在《江西省前震旦系》中，弃安乐林组一名，新建九岭群，将其划归于本群的下阮组，归属于中元古界。马长信等（1990）将大致与其相当的地层又新创三汊港组，归于晚元古代。本次对比研究遵循命名优先权的原则，采用安乐林组一名，而其含义略有扩展，底界下延至下伏计林组之红色岩系之顶界。

【现在定义】 整合于计林组红色岩系之上、修水组底砾岩之下的一套泥砂质复理石沉积。主体岩性为灰至深灰色凝灰质砂岩与绢云绿泥板岩、含碳凝灰质板岩互层。上部砂岩相对增多，由凝灰质砂岩夹绢云板岩组成韵律。上以修水组底部的砾岩为划分标志，下以计林组顶部的红色岩系顶界分界。

【层型】 正层型为武宁县澧溪乡安乐林剖面（114°49′，29°21′），由江西区调队1983年重测。

上覆地层：**修水组** 浅灰色巨厚层状凝灰质砂岩、变火山碎屑砾岩

——————— 整 合 ———————

安乐林组	总厚度 1 289.3 m
34. 深灰色厚至巨厚层状变余细屑凝灰岩夹薄层条纹条带绿泥绢云板岩	76.1 m
33. 灰绿、深灰色薄至中层状凝灰质板岩夹变余细屑沉凝灰岩	113.6 m
32. 深灰色巨厚层状变余细屑沉凝灰岩夹薄层条纹条带状凝灰质板岩	103.3 m
31. 深灰、灰绿色巨厚层状白云石化含菱铁矿变石英角斑质细屑沉凝灰岩，下部夹一层厚度 0.35 m 白云石化石英角斑岩和两层厚度 1～2 m 变细碧岩	445.5 m
30. 灰绿色厚至巨厚层状菱铁矿化变余粉屑沉凝灰岩夹菱铁矿化凝灰质千枚状板岩	45.6 m
29. 深灰、灰绿色厚至巨厚层状弱菱铁矿化变细屑沉凝灰岩夹少量凝灰质板岩	97.4 m
28. 风化后为黄白、黄褐色薄至中厚层状凝灰质板岩夹变余细屑沉凝灰岩	33.4 m
27. 深灰色厚至巨厚层状弱菱铁矿化变细屑沉凝灰岩夹薄层状凝灰质板岩及菱铁矿化粉砂凝灰质板岩	128.4 m
26. 深灰、灰绿色厚至巨厚层状变细屑沉凝灰岩夹灰绿色薄层状粉砂凝灰质板岩	80.0 m
25. 灰绿色薄层状粉砂凝灰质板岩夹中厚层状变余细屑沉凝灰岩	41.5 m
24. 深灰、灰绿色厚、巨厚层状变细屑沉凝灰岩与含菱铁矿条纹粉砂凝灰质板岩互层	124.6 m

——————— 整 合 ———————

下伏地层：**计林组**

23. 紫红色厚至巨厚层状含菱铁矿变石英角斑质细屑沉凝灰岩夹凝灰质板岩

【地质特征及区域变化】 正层型剖面所示，本组为深灰、灰绿色细屑沉凝灰岩为主，夹凝灰质板岩；上部夹少量变细碧岩和石英角斑岩。岩层中常具菱铁矿化。其中所含微古植物化石有：*Protoleiosphaeridium infrialum*，*Leiopsophosphaera minor*，*Zonosphaeridium minutum*，*Trachysphaeridium hyalinum*，*T. rugosum*，*Lophosphaeridium rugosum*，*Dictyosphaera sinica* 等。

本组呈近东西向至北东向展布于九岭北坡及鄱阳湖北岸，向东延伸至皖南称牛屋组。区内岩性较稳定，西部修水、武宁厚度为 1 258 m，东至波阳、都昌等地厚度达 3 735 m，由西而东变厚。

【其他】 本组为边缘海环境的泥砂质沉积。中含“瓦板岩”石材，是优质建筑和工艺

石料，为当地主要创汇矿产品之一。

修水组　Pt_2x　(06-36-0303)

【创名及原始定义】　康育义[⑥]（1962）所创，创名地在江西修水县义宁镇大坑。原始定义：主要分布在幕阜山地区，上部为灰绿、青灰色泥板岩及千枚状页岩，下部主要为灰黑色、灰色含碳板岩，底部为变质砾岩。砾石成分主要为石英，其次有来自下伏地层中的板岩及千枚岩碎块。在修水观音阁可见到此层砾岩与下伏高沙组呈不整合关系，上与程坊组底部呈整合接触。

【沿革】　江西区测队（1964）在《1∶20万修水幅地质图说明书》中将康氏的修水组、程坊组等统称为新民组。江西区调队（1973）开展1∶20万永修幅测图时，将与其相当的地层新创石城组；在《江西省前震旦系》(1983）中称此套地层为修水群，进而以岩性组合划分两组：下创观音阁组，上立浩山组，时代归于晚元古代。徐备[⑦]（1986）同意修水群及其时代归属的同时，将上部的浩山组一分为二，分别改称为程山亭组和东流坑组。马长信等（1990）研究赣东北地区前震旦系时，又将与其相当的地层创名乌石尖组，而江西调研队（1993）实测1∶5万库桥幅时，将相当于修水群之沉积物称为诸家群，并划分为下部牛头岭组、上部皮库组和程源组。根据创名的优先权和使用的广泛性，本次对比研究采用修水组一名，其内涵与江西区调队（1983）所称的修水群基本相同，时代归于中元古代。

【现在定义】　整合于安乐林组之上，不整合于莲沱组（或落可岽组）之下，为一套泥砂质类复理石建造。岩性为黄绿、灰、灰黑色凝灰质板岩夹粉砂质板岩、细屑沉凝灰岩，底部为凝灰质石英砾岩。与上覆震旦纪莲沱组或青白口纪落可岽组下以底部砾岩为标志，与安乐林组分界，二者为整合关系，与上覆地层莲沱组以不整合面分界。

【层型】　正层型为修水县城北大坑—观音阁剖面（114°34′，29°03′），由江西区调队1983年重测。

上覆地层：**莲沱组**　黄褐色厚层状凝灰质砾岩

～～～～～～ 不　整　合 ～～～～～～

修水组	总厚度 538.4 m
16. 紫红色薄层状凝灰质板岩夹凸镜状变细屑沉凝灰岩	12.5 m
15. 灰白、浅灰色薄至中厚层状凝灰质板岩夹粉屑沉凝灰岩	73.9 m
14. 深灰、浅灰色薄至中厚层状条纹状凝灰质板岩夹粉屑沉凝灰岩	15.9 m
13. 黄绿色薄至中厚层状条纹粉砂凝灰质板岩	34.7 m
12—9. 灰绿、青灰色薄至中厚层状条纹条带粉砂凝灰质或凝灰质板岩夹细屑沉凝灰岩	211.8 m
8. 灰绿色中至厚层状细屑沉凝灰岩夹薄层状粉砂凝灰质板岩	7.9 m
7. 黄绿、浅灰色薄至中厚层状粉砂凝灰质板岩夹一层厚约2.5 m灰褐色少斑英安岩	12.8 m
6. 灰黑、黑色薄层状凝灰质板岩夹深灰色中层状细屑沉凝灰岩	30.0 m
5—4. 灰白、浅灰色薄至中厚层状条纹状粉屑凝灰质板岩，上部夹一层厚2 m的变斑流纹岩，下部夹细屑沉凝灰岩。板岩中含微古植物：*Protoleiosphaeridium* sp.，*Trachysphaeridium* sp.，*Asperatopsophosphaera* sp.	82.9 m

⑥　康育义，1962，江西西北部前震旦系的划分。中国地质学会1962年年会论文摘要汇编，第二册（内刊）。
⑦　徐备，1986，赣西北中晚元古代地层及构造古地理（打印本）。

3. 深灰色薄至中厚层状变细粒凝灰质砂岩夹青灰色薄层条纹状粉砂凝灰质绢云板岩，夹中厚层状变凝灰质石英砾岩 18.4 m

2. 灰白色巨厚层状变凝灰质石英砾岩 35.1 m

1. 复成分巨砾岩，砾石大小不一，大者长轴近百厘米，长轴沿岩层倾向排列，巨砾之间充填有石英砾石，泥铁质胶结，底面凹凸不平 2.5 m

——————— 整 合 ———————

下伏地层：**安乐林组** 灰绿色厚层状变余凝灰质细砂岩与薄至中厚层状绢云板岩互层

【地质特征及区域变化】 上述剖面层序可分三部：下部为灰、灰白色砾岩，向上变为由凝灰质石英砾岩、凝灰质砂岩、凝灰质绢云板岩形成韵律层；中部主要为灰绿、灰色凝灰质板岩夹粉、细屑沉凝灰岩；顶部为紫红色凝灰质板岩夹凸镜状变细屑沉凝灰岩。总厚538 m。中部下层含微古植物化石：*Protoleiosphaeridium*，*Trachysphaeridium*，*Asperatopsophosphaera*。以修水组的层位及其上下接触关系，将其置于中元古代晚期。

本组分布于赣北修水流域、鄱阳湖北岸及赣东北地区。正层型剖面之西修水新民一带，为青灰、灰绿色板岩夹细砂岩、砂质板岩，由粗而细形成韵律，砂、板岩常具有条纹条带构造，构成清晰的水平纹理。底部为砾岩，其上为含砾板岩夹含砾石英砂岩。厚度3 738.5 m。向东至武宁瓜源岩性未变，中部板岩产微古植物，如：*Margominuscula rugosa*，*Protoleiosphaeridium infrialum*，*Leiozonosphaeridium sphaerotriangulatum*，*Pseudozonosphaera sinica*，*Trachysphaeridium rugosum* 等。下与安乐林组为整合接触，上与莲沱组为断层接触。出露厚度 725.4 m。在武宁落可岽上与落可岽组为整合关系。再东至都昌县乌石尖到景德镇西湖一带，粒度变细，主要为灰绿、青灰色及黄绿色千枚状板岩夹粉砂质板岩及变余细粒杂砂岩，底部为凝灰质含砾杂砂岩与粉砂质板岩、黑色板岩互层，杂砂岩中常见大小不等的板岩砾石。上不整合于莲沱组之下，下整合于安乐林组之上。厚度约 2 822 m。向东北至彭泽浩山，以灰、深灰色细屑沉凝灰岩、条纹条带凝灰质板岩为主，底部为灰白色凝灰质杂砾岩、含砾杂砂岩夹条纹条带凝灰质板岩，不整合（?）安乐林组之上、莲沱组之下，厚度2 479.3 m。

在赣东北地区，主要见于婺源至德兴一线以南，呈北东向延展，仍以变凝灰岩、千枚状板岩为主，下夹少许杂砂岩，底部常见砾岩夹砂板岩，最大厚度可达 3 761 m。

综合上述特征，本组应属大陆斜坡相。

宜丰(岩)组 Pt_2y (06－36－0308)

【创名及原始定义】 系江西区调队（1977a）开展 1∶20 万铜鼓幅测图时创立宜丰组，创名地在宜丰县敖桥乡槽上。在宜丰县芳溪、上山里、神坳一带出露最全，为一套厚逾两千余米泥砂质碎屑岩夹火山熔岩建造。主体岩性为深灰色变余凝灰质细砂岩、粉砂岩、千枚岩、板岩、片岩夹火山熔岩。上与西江组，下与花门组皆为连续关系。时代为元古代。

【沿革】 《江西省区域地质志》（1984）称其为双桥山群上亚群，《江西岩石地层统编》（1991）称宜丰组，依附于双桥山群。本次对比研究认为本组属有层无序单位，改称宜丰(岩)组。

【现在定义】 为一套沉积火山岩系。由深灰、灰、灰绿色钠长绢云石英片岩、绢云片岩、砂质绢云片岩，下夹多层细碧岩、辉绿岩，上夹多层石英角斑岩组成。本组上与修水组，下与横涌组均呈断层接触。

【层型】 正层型为宜丰县上山里—槽上剖面（114°50′，28°29′），由江西区调队 1977 年测制。

上覆地层：**修水组** 灰色绿泥绢云片岩夹中厚层砂质绢云片岩和钠长绢云片岩。部分岩石含黄铁矿晶体

════════ 断 层 ════════

宜丰(岩)组	总厚度 1 689.6 m
86—78. 深灰色钠长绢云石英片岩夹浅灰色变石英角斑岩	65.3 m
77. 灰色厚层粉砂质绢云片岩与薄层绢云片岩互层夹云英片岩，上为浮土	238.6 m
76—74. 深灰色变细碧岩与灰色厚层砂质绢云片岩互层	11.0 m
73. 深灰色厚层状砂质绢云片岩与绢云片岩互层夹变质砂岩，底部为厚 2.0 m 灰绿色变辉绿岩，具黄铜矿、黄铁矿化	43.0 m
72—70. 深灰色厚层状变余砂岩、粉砂质绢云片岩、绢云片岩互层，中夹厚 0.4 m 灰绿色变玄武岩	55.4 m
69. 青灰色厚层钠长绢云片岩与绢云片岩互层	46.1 m
68. 灰色厚层凝灰粉砂质绢云片岩与深灰色绢云片岩互层，间夹钠长绢云片岩及一层变辉绿岩	6.6 m
67—64. 灰色厚层钠长绢云石英片岩夹变玄武岩、变辉绿岩	98.5 m
63. 深灰绿色变钠长辉绿岩	10.2 m
62—60. 灰色厚层至巨厚层粉砂质绢云片岩、绢云片岩，中夹灰白色变石英角斑岩，下夹厚 1.0 m 变细碧岩及变辉绿岩各一层	122.5 m
59. 灰色粉砂质绢云片岩与变辉绿岩互层	6.5 m
58. 灰至深灰色厚层状粉砂质绢云片岩与绿泥绢云片岩互层	90.5 m
57. 深灰色块状变辉绿岩（黝帘次闪石岩）	12.5 m
56—48. 灰色中至厚层状砂质绢云片岩夹变辉绿岩（8 层）	151.8 m
47—41. 灰色厚层砂质、粉砂质绢云片岩夹深灰色变辉绿岩（4 层）	177.5 m
40. 灰色砂质绢云片岩与深灰色变辉绿岩互层	5.1 m
39. 灰色砂质绢云片岩夹两层厚 2 m 以下的深灰色变辉绿岩	40.0 m
38. 灰色变细碧岩	1.4 m
37. 灰色厚层石英长石云母片岩夹薄层绢云片岩	95.5 m
36. 深灰色钙质钠长绿泥片岩、变细碧岩、玄武岩与粉砂质绢云片岩互层，具碳酸盐化	11.0 m
35—33. 灰色厚层砂质云母片岩夹变辉绿岩	54.7 m
32. 灰色厚层砂质云母片岩与变辉绿岩互层	6.4 m
31. 灰色厚层绿泥绢云片岩夹千枚状绢云粉砂岩	22.0 m
30. 灰绿色变辉绿岩	2.0 m
29. 灰色厚层千枚状粉砂岩与千枚状板岩互层，具条带构造	56.0 m
28. 灰色厚层变凝灰岩、变余粉砂质凝灰岩夹条带状变余凝灰质粉砂岩及厚 0.3 m、0.8 m 变细碧岩各一层	3.6 m
27. 深灰绿色变细碧岩	3.5 m
26. 灰色条带状钠长石英片岩夹厚 1.0 m 变细碧岩一层	18.0 m
25. 灰绿色变细碧岩夹钠长石英片岩	3.0 m

24. 深灰色钠长石英片岩夹厚 2.0 m 左右两层变细碧岩	11.0 m
23. 灰色砂质云母片岩夹云母片岩	46.5 m
22—15. 灰色千枚状粉砂质绢云片岩夹深灰色变辉绿岩 4 层，层厚 0.9～2.0 m	70.6 m
14. 变辉绿岩	3.4 m
13. 灰色粉砂质绢云片岩夹云母片岩	6.0 m
12. 深灰色变辉绿岩	2.6 m
11. 灰色粉砂质云母片岩	2.6 m
10. 深灰色变辉绿岩	0.4 m
9. 灰色砂质云母片岩	57.0 m
8. 深灰色变辉绿岩	0.5 m
7. 灰色砂质云母片岩夹云母片岩	30.4 m
6. 深灰色变辉绿岩	0.4 m

断　层

下伏地层：**横涌组**　砂质云母片岩、变凝灰岩

【地质特征及区域变化】　由正层型剖面可知，本组岩性以片岩为主，上夹石英角斑岩，下夹辉绿岩、细碧岩，出露厚度 1 689.6 m。向西延伸至湖南浏阳升平，于相当本组之南桥组中获得微古植物：*Asperatopsophosphaera umishanensis*，*Leiofusa bicornuta* 等蓟县系常见分子。

本组分布于九岭南麓之宜春慈化、宜丰至高安一带。其岩性稳定，上下多为断层接触。西部慈化出露厚度 1 936 m，东至宜丰芳溪 936.5 m，再东至上山里厚度 1 700 m。

【其他】　本组夹含的细碧岩或变辉绿岩常见有黄铜矿、铅、锌矿化。宜丰上山里、芳溪变辉绿岩、石英角斑岩获 Rb－Sr 等时线年龄值为 1 400～1 300 Ma，K－Ar 法年龄值 596～440 Ma。根据 Rb－Sr 年龄值，结合微古植物化石所反映的时代，将本组归于蓟县纪。

张村群　$Pt_2\hat{Z}$　(06－36－0304)

【创名及原始定义】　原名张村组，系符鹤琴、李武显（1991）所创，正层型剖面位于赣东北德兴市张村一带。总体岩性为含火山质泥砂质复理石建造，下部夹火山碎屑岩、细碧-角斑岩。出露最大厚度 2 446 m，其时代归于中元古代晚期。以其岩层基本组合特征，进而划分两组：韩源组及椰树底组。

【沿革】　参见所属组的沿革。

【现在定义】　指位于双桥山群安乐林组之上，不整合于登山群之下的一套复理石建造。下部为青灰、灰黑色绢云板岩、千枚岩、沉凝灰岩、凝灰质砂岩、粉砂岩夹细碧—角斑岩；上部为青灰、灰绿、黄绿色砂、板岩或千枚岩组成韵律互层。以其上、下岩性组合的区别，分别创名韩源组及椰树底组。

韩源组　Pt_2hy　(06－36－0305)

【创名及原始定义】　由江西调研队（1994）在本次对比研究中创立，创名地在德兴市界田乡之韩源。其定义：整合于椰树底组青灰色细粒杂砂岩之下，下与双桥山群安乐林组以断层为界的一套泥砂火山质碎屑岩及细碧-角斑岩建造。其岩性组合为青灰、灰黑色变余沉凝灰岩、凝灰质板岩，含碳绢云千枚岩及变基性熔岩、细碧岩、石英角斑岩等。含微古植物

化石，时代属中元古代。

【沿革】 江西区调队（1982）命名此套地层为漆工组，1983年改称漆工群。宋瑞福等[8]（1981）称此地层为镇桥组及东坑组，江西地矿局（1984）统称双桥山群上亚群，马长信等（1990）又重新命名为浮溪口组和铁罗山组。总之，这套地层名称繁多，应用混乱，均不符合岩石地层单位含义，故新创韩源组一名。

【现在定义】 同原始定义。

【层型】 正层型为德兴市界田乡韩源—椰树底剖面（117°34′，28°48′），由江西调研队1985年测制。

上覆地层：**椰树底组** 青灰、浅灰条纹条带状微细粒岩屑砂岩

——— 整 合（?） ———

韩源组	总厚度 1 112.9 m
28. 上部为青灰、灰绿色变余中性熔岩夹凝灰质粉砂岩，下部为千枚状变余中性熔岩	62.8 m
27. 青灰、浅灰色碎裂绢云硅质板岩夹凝灰质砂岩凸镜体，含铁锰结核	68.6 m
26. 青灰、灰黑色条纹状含碳千枚岩夹薄层状变凝灰质砂岩	68.6 m
25. 青灰、浅灰色厚至巨厚层状变余石英角斑质凝灰岩	53.1 m
24. 灰黑、深灰色薄层条纹条带状含碳绢云千枚岩	422 m
23. 灰白、灰黑色中至厚层状变余石英角斑质凝灰岩	1.1 m
22. 浮土	45.6 m
21. 灰黑、青灰色薄层条纹状含凝灰质绢云黑云千枚岩夹千枚状凝灰质粉砂岩	14.3 m
20. 灰绿、深灰色变细碧岩	1.1 m
19. 浮土	14.1 m
18. 灰黑、深灰色薄层条纹条带状变余沉凝灰岩夹绢云千枚岩	6.1 m
17. 浮土	14.9 m
16. 青灰、深灰色中至薄层状变余酸性凝灰岩	12.7 m
15. 灰黑、深灰色薄层状碎裂绢云板岩	61.0 m
14. 浮土	34.6 m
13. 灰白、灰黄色碎裂绢云板岩	15.9 m
12. 灰黄、灰绿色变余中性熔岩	78.2 m
11. 浮土	14.3 m
10. 青灰、深灰色变余中基性熔岩	4.3 m
9. 上部青灰、灰绿色（风化呈灰白色）变余细屑沉凝灰岩；下部深灰至灰绿色中至厚层状碎裂变余沉凝灰岩，有弱黄铁矿化	16.4 m
8. 青灰、灰黄色变余不等粒岩屑杂砂岩，有弱黄铁矿化	2.1 m
7. 灰绿、青灰、深灰色变余基性熔岩	101.1 m

═══ 断 层 ═══

下伏地层：**安乐林组** 灰绿色变余细粒凝灰质长石岩屑砂岩，上部为浮土

【地质特征及区域变化】 上列正层型剖面所示，下部主要为变余沉凝灰岩、绢云千枚岩、板岩及细碧岩、中基性熔岩；上部主要为含碳绢云千枚岩、凝灰质千枚岩及石英角斑质

---

⑧ 宋瑞福等，1981，赣东北德兴地区前震旦系冰碛泥砾岩的发现及初步研究。赣东北地质情报，第1期。

凝灰岩。厚度大于 1 112.9 m。其中曾获两组全岩 Sm－Nd 法同位素等时线年龄值：(1 112.9±35) Ma，(1 034±24) Ma。所含的微古植物化石有 *Asperatopsophosphaera ellipsodalis*，*A. umishanensis*，*Leiofusa minuta*，*L. verrucosa*，*Leiominuscula minuta*，*L. orientalis*，*Leiopsophosphaera soilda* 等。根据年龄值和微古植物化石面貌，时代确定为中元古代蓟县纪。

本组主要见于弋阳中畈、德兴铁罗山、中村、茅桥、饶二、张村及婺源梅林等地，呈北东向展布。其岩性稳定，所差只是各地所含火山岩多寡不一。厚度在弋阳、德兴大于 1 110 m,东至婺源梅林达 1 393 m。

椤树底组　Pt_2l　(06－36－0306)

【创名及原始定义】　由江西调研队(1994)在本次对比研究中创名,创名地同韩源组,其定义:整合于韩源组之上,不整合于祝家组之下的一套泥砂质复理石沉积。其岩性为青灰、灰绿色、深灰色条纹条带状变余细粒岩屑杂砂岩、变余沉凝灰岩、粉砂绢云板岩夹凝灰质千枚岩,组成多个韵律层序。其粒序清晰,具鲍马序列特征。下以下伏地层韩源组顶部的中酸性熔岩为分界标志,上以不整合面与青白口纪祝家组之紫红色复成分砾岩分界。时代为中元古代晚期。

【沿革】　张家泉等[⑨]（1981）以德兴市花桥镇小浮溪—枫坡岭剖面为标准，将与本组相当的地层，创名小浮溪组，归于早震旦世。马长信等[⑤]（1990）称此为东坑组。江西调研队（1991）在《江西岩石地层统编》中重新起用小浮溪组，但时代归于晚元古代。因上述名称应用混乱，划分标志不一，有的命名剖面构造复杂，层序不清，难以厘定其含义，故立椤树底组代之。

【现在定义】　同原始定义。

【层型】　正层型为德兴市界岭乡韩源—椤树底剖面（117°34′，28°48′），由江西区调队1985 年测制。

上覆地层：**祝家组**　紫红、浅红厚至巨厚层状变余复成分砾岩

～～～～～～～～～～ 不 整 合 ～～～～～～～～～～

椤树底组	总厚度 829.4 m
36. 青灰、深灰色中至薄层状变凝灰质粉砂岩、变凝灰质细砂岩，砂岩见交错层理	64.7 m
35. 青灰、灰绿色薄层条带状变沉凝灰岩	101.7 m
34. 青灰、深灰色厚层变余中细粒长石岩屑杂砂岩	78.8 m
33. 青灰、深灰色薄层条带状含粉砂绢云板岩与凝灰质砂岩互层，局部含碳并见黄铁矿团块	85.8 m
32. 青灰、深灰色中至薄层条带状绢云板岩，局部夹凝灰质千枚岩	338.4 m
31. 灰黄、青灰色条带状凝灰质千枚岩	20.6 m
30. 青灰、浅灰色薄层条纹条带状含粉砂绢云千枚岩	66.7 m
29. 青灰、浅灰色中至薄层条纹条带状变余细粒岩屑杂砂岩夹变余微细粒长石岩屑杂砂岩	72.7 m

———————— 整　合(?) ————————

⑨ 张家泉等，1981，赣东北德兴地区震旦系划分意见。赣东北地质情报，第1期。

下伏地层：**韩源组**

28. 上部青灰、灰绿色变余中性熔岩夹凝灰质粉砂岩，下部为千枚状变余中性熔岩

【地质特征及区域变化】 正层型剖面所示，本组下部为条纹条带状变余微细粒岩屑杂砂岩与下伏韩源组顶部之中性火山熔岩分界；中部主要为条带状粉砂绢云板岩夹千枚岩；上部为沉凝灰岩、凝灰质细砂岩、粉砂岩，细砂岩含粒序层理、沙纹交错层理。总厚度829.4 m。

本组呈北东向展布于弋阳、德兴至婺源一带。其岩性稳定，为青灰、灰绿色细砂岩、粉砂岩、板岩夹沉凝灰岩组成韵律互层。由西南向东北厚度变化在820～1 200 m之间。

【其他】 本组属浊积相沉积序列。以弋阳漆工镇登（丁）山剖面为例，自下而上组成数以百计之正韵律，发育A、B、C、D；A、B、C或C、D等鲍马序列，属于裂陷槽之斜坡相沉积。

田里(岩)组 Pt_2t (06-36-0204)

【创名及原始定义】 原名田里组，余达淦（1990）创立，创名地在上饶县秦峰田里。原始定义：以云母石英片岩为主，间夹片理化白云岩、钙质白云母片岩，上被上墅组或志棠组不整合覆盖。时代为中元古代。

【沿革】 赣东北地质大队[⑩]（1977）称此变质岩为双桥山群；江西区调队（1983）在前震旦系总结中改称诸家组，时代均归于中元古代。本次对比研究认为该变质岩系属层状无序，故改称田里(岩)组。

【现在定义】 指不整合于翁家岭组（?）底砾岩之下，岩性为白云母片岩、白云母石英片岩夹石英岩、石墨片岩、含磁铁赤铁石英云母片岩、含锰白云岩等。顶以不整合面为界，底未出露。

【层型】 正层型为上饶县秦峰乡田里剖面（118°07′，28°28′），由江西区调队1980年测制。

上覆地层：**翁家岭组** 紫红色复成分砾岩

～～～～～～ 不 整 合 ～～～～～～

田里(岩)组	总厚度 986.1 m
9. 浅绿、灰绿色薄层含磁铁堇青云母石英片岩	71.0 m
8. 砖红、浅绿色中层变余细砂岩	42.4 m
7. 浮土	48.2 m
6. 灰绿、浅绿色薄层含磷灰石磁铁云母石英片岩	17.8 m
5. 灰紫色中厚层片理化含锰白云岩	41.8 m
4. 灰绿、深灰色中薄层云母石英片岩	216.5 m
3. 灰绿色薄层绿泥石英片岩	51.3 m
2. 浅绿、灰绿色薄层云母石英片岩	376.4 m
1. 灰绿色薄层钙质白云母片岩。(未见底)	120.7 m

⑩ 赣东北地质大队，1977，赣东北东部地区震旦系划分的初步意见。赣东北地质情报，第1期。

【地质特征及区域变化】 本组以云母石英片岩为主，上夹含锰白云岩及磁、赤铁石英岩，出露厚度 986.1 m。其原岩以泥质或泥砂质为主，夹碳酸盐岩，含铁硅质岩及硅质岩。

本组取得两个同位素年龄值：上部石英片岩之全岩 Rb－Sr 等时线年龄值为 924 Ma；下部云母石英片岩锆石 U－Pb 等时线年龄值 1 691 Ma，时代归于中元古代。

本组仅零星见于上饶田里及广丰社后一带。

铁沙街(岩)组 $Pt_2\hat{ts}$ (06－36－0307)

【创名及原始定义】 原名铁沙街群，系江西区调队（1979）开展 1∶20 万上饶幅测图时创立，1982 年江西区调队，在《1∶20 万上饶幅区域地质调查报告》中介绍。创名地在弋阳县旭光乡铁沙街。原始定义：不整合于周潭群之下，下段为细碧岩-碳酸盐岩组合及变火山碎屑岩；中段为细碧岩及石英角斑岩-火山碎屑岩组合；上段为基性熔岩-碎屑岩、基性熔岩-硅质岩及碳酸盐岩，以及石英角斑岩-凝灰岩组合。下部为上白垩统圭峰组超覆不整合掩盖。时代归于早震旦世。

【沿革】 《江西省区域地质志》（1984）将其归于晚元古代神山群中。江西区调队（1980）在开展 1∶5 万港口幅测图时，将铁沙街群含义扩大，划分为上下两个亚群，下亚群相当于原铁沙街群，上亚群为原上覆周潭群下部，时代归于前震旦纪。《江西岩石地层统编》（1991）又将铁沙街群改称为铁沙街组，周潭群称周潭杂岩，时代分别归于中元古代和中—晚元古代。

本组处于萍乡-绍兴断裂带内，因其内部构造复杂，层序不清，本次对比研究将铁沙街组改称铁沙街(岩)组。

【现在定义】 主体岩性以灰绿、青灰色千枚岩为主，间夹变粉砂岩、岩屑杂砂岩、含碳千枚岩和大理岩，中下部发育细碧岩和角斑岩。上与周潭(岩)组呈断层接触，下被白垩纪圭峰群红色砾岩超覆不整合掩盖，故未见底。

【层型】 正层型为弋阳县旭光乡铁沙街剖面（117°25′，28°16′），由江西区调队 1982 年测制。

上覆地层：**周潭(岩)组**

80. 灰绿色石榴石角闪斜长变粒岩

79. 浮土

═══════ 断 层 ═══════

铁沙街(岩)组	总厚度＞1 081.27 m
78. 青灰色千枚状变质粉砂岩。(未见顶)	30.11 m
77. 灰黑、青灰色绢云（白云）母千枚岩	24.06 m
76. 土黄色变质粉砂岩	20.07 m
75. 浅灰、灰黄色白云（绢云）母千枚岩夹千枚状砂岩	124.01 m
74. 硅化碎裂含碳千枚岩	22.49 m
73. 千枚岩夹千枚状变细粒岩屑杂砂岩，见残余层理	69.22 m
72. 灰绿色变质钠长玢岩脉	
71. 变余细粒杂砂岩	7.50 m
70. 浅灰—灰白色凸镜状大理岩	21.86 m
69. 石英岩，因构造作用破碎成角砾	24.04 m

68. 灰黄—青灰色绢云千枚岩	49.09 m
67. 绢云片岩及钠长岩脉	
66. 灰黄色片状千枚岩	12.42 m
65. 灰绿、青灰色石英角斑岩	34.92 m
64. 青灰—灰绿色泥砂质千枚岩	9.32 m
63. 千枚状变石英角斑岩	22.93 m
62. 变石英角斑岩，其中见超浅成变流纹斑岩	50.91 m
61. 砂质千枚岩	91.72 m
60. 千枚状变石英角斑岩，其中见有流纹斑岩（次火山岩）	37.02 m
59. 灰绿、紫灰、褐黑色变角斑岩，具弱千枚状构造	17.88 m
58. 灰绿色变细碧岩，发育气孔和杏仁构造	92.65 m
57. 灰绿色变角斑岩	15.31 m
56. 浮土	30.63 m
55. 深绿色厚层状变细碧岩，具变余气孔和杏仁构造，残余斑状结构	62.78 m
54. 绿灰色变角斑岩，具碳酸盐化	67.37 m
53. 绿泥阳起石化变基性岩脉，顺层侵入	24.00 m
52. 灰绿色变细碧岩	10.60 m
51. 绢云石英千枚岩，原岩为粉砂质泥岩，含碳	10.60 m
50. 深灰—浅灰色中厚层状大理岩，水平层理发育	200.00 m
49. 灰绿色变钠长斑岩脉	
48. 绿泥绢云千枚岩、绢云石英千枚岩夹变岩屑杂砂岩（有时含细砾），偶夹含碳千枚岩及不稳定变酸性熔岩。(未见底)	73.71 m

【地质特征及区域变化】 据正层型剖面，本组主体岩性为灰、青灰色千枚岩，夹变余火山岩、岩屑杂砂岩、大理岩等。所夹变余火山岩为基性至酸性，下部多夹细碧岩，中上部多为石英角斑岩。

本组分布于弋阳铁沙街、横峰至上饶之强盗山一带。前者岩性组合及上下接触关系同于前述，后者主要为深灰、灰黄色砂岩、板岩，中夹碳酸盐岩或大理岩，以及基、酸性火山熔岩。其下与震旦纪休宁组为断层接触，上与中—晚元古代浒岭组为整合接触。由南而北出露厚度变化在 1 000～1 300 m。

【其他】 该组属裂陷槽盆砂、页岩相及基性至酸性海底喷发岩相。岩石普遍遭受绿片岩相区域变质作用。所夹火山熔岩多具多金属矿化现象。其中细碧岩全岩样 Rb－Sr 同位素等时线年龄值为 1 159 Ma；石英角斑岩锆石 U－Pb 单点年龄信息值为 1 201 Ma、1 162 Ma、1 091 Ma，应属中元古代。

周潭(岩)组　$Pt_{2-3}\hat{z}t$　(06－36－0309)

【创名及原始定义】 原名周潭群，系江西区调队（1978）在 1∶20 万上饶幅调查时创立，1982 年，江西区调队在《1∶20 万上饶幅区域地质调查报告》中介绍。创名地在弋阳县周潭。原始定义：为一套浅海相复理石建造，后经区域变质及加里东期混合岩化作用，形成一套片岩、片麻岩、变粒岩、混合岩、片麻状花岗岩组合，称周潭群，代表中震旦世沉积。

【沿革】 《江西省区域地质志》(1984) 将其划归于早震旦世上施组，《江西岩石地层统编》(1991) 认为此套角闪岩相变质岩系原岩难以恢复，且剖面结构复杂，改称周潭杂岩，将其归于晚元古代至早震旦世。本次对比研究以上下岩性组合的区别，做重新划分，下部以片麻岩为主的层段，称周潭(岩)组，上部以变粒岩为主的层段立名万源（岩）组。

【现在定义】 为整合于万源(岩)组矽线石二云片岩之下的一套含石榴石黑云斜长片麻岩、含矽线石黑云斜长片麻岩、混合岩化黑云片麻岩、黑云斜长条痕混合岩、含石榴石黑云斜长变粒岩夹片岩、斜长角闪岩等组合。下未见底。

【层型】 正层型为弋阳县周潭乡周潭剖面（117°26′，28°12′），由江西区调队 1988 年重测。

上覆地层：**万源(岩)组** 深灰—灰白色矽线黑云片岩、矽线二云片岩

———————— 整 合(?) ————————

周潭(岩)组	总厚度>1 215.85 m
7. 深灰色细粒含石榴石黑云斜长变粒岩夹条痕混合岩化含石榴石黑云片麻岩	317.50 m
6. 深灰色条带状黑云斜长变粒岩夹深灰色含石榴石黑云斜长片麻岩	117.30 m
5. 片麻状黑云斜长花岗岩（慈竹岩体），内含石榴石黑云斜长变粒岩之捕虏体	330.00 m
4. 浅灰黄色含矽线黑云斜长条痕状混合岩	283.50 m
3. 混合岩化片麻岩、含矽线石榴石黑云斜长变粒岩、矽线黑云斜长片麻岩	110.60 m
2. 灰色条痕状斜长角闪岩	1.75 m
1. 浮土。(未见底)	55.20 m

【地质特征及区域变化】 本组以片麻岩、变粒岩为主，夹片岩、角闪岩。区域内与下伏铁沙街（岩）组为断层接触。组中下部斜长角闪岩获得 Sm-Nd 等时线年龄值（1 198.8±25.6）Ma，现考虑样品采于底部，故其时代属中—晚元古代。

本(岩)组断续见于北武夷山地区，岩性较稳定，出露厚度一般在千米左右。

桃溪(岩)组 Pt_2tx (06-36-0310)

【创名及原始定义】 为福建区域地质调查大队李兼海（1994）创名，创名地为福建省武平县东北约 31 km 之桃溪乡。系指闽西南一套火山—砂泥质复理石建造的变质较深的变粒岩、片岩组合。时代归于前震旦纪。

【沿革】 闽西南地区此套岩系相连于江西省会昌—寻乌一带。江西区调队（1973）在 1∶20万寻乌幅调查时，将此套中深变质岩系划归于寒武系，并分上、中、下三个组；《江西岩石地层统编》（1991）称其为过埠群，时代为早寒武世—早奥陶世。本次对比研究认为，江西的此变质岩系地处南武夷山区，变质程度较深，而且地层体与闽西南桃溪（岩）组相连，岩石组合相似，而非同于过埠群，故引用桃溪(岩)组一名。后者变质基性火山岩 Sm-Nd 全岩等时线年龄值（1 825±29）Ma；斜长变粒岩锆石一致性曲线年龄值为1 678.5Ma、1 777 Ma，时代归于中元代为宜。

【现在定义】 本组以岩性划分两个岩段：下岩段为斜长（或钾长、二长）变粒岩及黑云变粒岩、角闪斜长变粒岩、透辉变粒岩组合；上岩段为矽线黑云（或绢云）石英片岩、矽线二云片岩、矽线石英片岩组合。下未见底，上被白垩纪茅店组不整合掩盖。

【层型】 正层型在福建省武平县桃溪剖面。省内次层型为寻乌县罗珊乡上泊竹剖面（115°47′,25°07′），由江西区调队 1973 年测制。

上覆地层：**茅店组**　紫红色砾岩

～～～～～～～～ 不 整 合 ～～～～～～～～

桃溪(岩)组	总厚度>3 611.38 m
33—31. 黄绿、青灰色中厚层白云、黑云斜长片麻岩夹绢云粉砂质片岩及绢云片岩	551.04 m
30. 青灰色中厚层黑云斜长片麻岩夹黑云片岩	83.05 m
29. 浮土	192.31 m
28. 黄绿色厚层白云斜长片麻岩夹绢云片岩	160.20 m
27. 浮土	49.05 m
26. 暗灰绿色条痕状混合岩，局部夹眼球状混合岩	176.35 m
25. 暗灰色斑状—眼球状混合岩	32.90 m
24. 青灰色中厚层白云母片岩，局部夹片麻状变质长石石英细砂岩	187.94 m
23. 青灰色中薄层绢云粉砂质片岩及片麻状变质长石石英细砂岩	143.92 m
22. 浮土	160.95 m
21. 黄绿色中厚层粉砂质片岩	210.94 m
20. 青灰色厚层片麻状变质长石石英粗砂岩夹薄层绢云片岩	112.33 m
19—16. 青灰、灰绿色薄至厚层白云母斜长片麻岩，局部夹绢云片岩、长石石英砂岩	441.84 m
15. 灰绿色中厚层黑云斜长片麻岩夹绢云片岩	47.50 m
14. 灰绿色厚层片麻状变质长石石英砂岩夹黑色斜长片麻岩及绢云片岩	202.40 m
13. 灰绿色中厚层黑云斜长片麻岩夹绢云粉砂质片岩及片麻状变质长石石英粗砂岩	313.82 m
12. 灰绿色中薄层绢云片岩	33.98 m
11—8. 灰绿色中薄层黑云斜长片麻岩，上夹绢云片岩	170.91 m
7. 灰绿色中至薄层绢云千枚状粉砂岩和灰绿色薄层绢云粉砂质片岩互层夹少量灰黄色薄层片麻状变质长石石英砂岩	103.08 m
6. 灰绿色中厚层片麻状变质长石石英细砂岩	24.00 m
5. 灰绿色中厚层条带状黑云斜长片麻岩夹灰绿色中薄层绢云片岩	73.20 m
4. 浮土	23.78 m
3. 灰绿色中厚层黑云斜长片麻岩	36.83 m
2. 浮土	33.40 m
1. 灰绿色中薄层二云片麻岩。(未见底)	45.66 m

【地质特征及区域变化】　据上述剖面，本（岩）组以灰绿、青灰色中厚层、薄层状白云母或黑云斜长片麻岩、片岩为主，间夹变质长石石英细砂岩，具有混合岩化作用，并遭受角闪岩相区域变质作用。原岩为陆源泥砂质复理石建造夹少许基性火山岩，据此分析应形成于大陆边缘较稳定的广海盆地。时代归于中元古代。

本组主要见于寻乌至会昌一带，另在安远、宁都及瑞金也有见及。其岩性组合一致，顶底不全。

落可岽组　Qn*l*（06－36－0401）

【创名及原始定义】　原称落可岽砾岩，系江西区测队（1964）在开展 1∶20 万修水幅调查时创立，创名地在武宁县罗溪乡落可岽（又称老哈洞）。原始定义：不整合于板溪群之上，震旦系南沱组之下的一套灰绿和紫红色砾岩、砂岩，厚度 206.82 m。归于震旦系下部。

【沿革】　《华东地区区域地层表·江西省分册》（1980）称落可岽组，划归于前震旦系；《江西省区域地质志》（1984）改称落可岽群，时代归于晚元古代早期；刘鸿允（1991）

划归于硐门组下部，称落可岽段；《江西岩石地层统编》(1991) 称落可岽砂砾岩，代表晚元古代早期山间盆地沉积。本次对比研究沿用落可岽组。

【现在定义】 系指不整合于双桥山群灰绿色板岩之上、莲沱组紫红或灰白色砾岩或含砾砂岩之下，岩性以紫红色为主的凝灰质砾岩、凝灰质砂岩、层凝灰岩夹火山角砾岩及中酸性次火山岩。

【层型】 正层型为武宁县罗溪乡老哈洞（落可岽）剖面 (114°58′，29°09′)，由江西区测队 1964 年测制。

上覆地层：**莲沱组** 紫红色中—厚层状砾岩

~~~~~~~~~~ 不 整 合 ~~~~~~~~~~

落可岽组	总厚度 206.82 m
18. 黄褐—微紫红色厚层状豆粒层凝灰岩	1.85 m
17. 紫红色中—巨厚层状中砾岩	43.95 m
16. 黄绿色厚—巨厚层状凝灰质细砾岩	13.03 m
15. 紫红色中—巨厚层状凝灰质中砾岩	19.40 m
14. 紫红色中—巨厚层状中粗粒层凝灰岩，交错层理发育	46.24 m
13. 紫红色中厚层状含凝灰质细砾岩	7.23 m
12. 紫红色中—薄层状粗粒英安质层凝灰岩，水平层理发育	0.96 m
11. 紫红色巨厚层状含凝灰质细砾岩，砾石半滚圆—次棱角状	4.33 m
10. 灰绿色中厚层—巨厚层状火山角砾岩夹厚 2.0 m 含砾凝灰质砂岩	11.13 m
9. 灰绿色中厚层状中细粒凝灰质砂岩夹泥质条带，底部含砾	14.99 m
8. 灰绿色中厚层—厚层状凝灰质角砾岩夹厚 8 cm 灰绿色斑点绿泥石凝灰质板岩	13.07 m
7. 灰绿色厚层状凝灰质角砾岩	1.44 m
6. 浅黄绿色层状火山角砾岩	11.52 m
5. 灰绿色凝灰质角砾岩	11.92 m
4. 浅绿色叶蜡石化石英斑岩，见流动构造	0.97 m
3. 灰绿色凝灰质角砾岩	2.42 m
2. 黄绿色巨厚层状凝灰质角砾岩，中见细脉状黄铁矿	2.37 m

~~~~~~~~~~ 不 整 合 ~~~~~~~~~~

下伏地层：**双桥山群**

1. 灰绿色薄层状板岩

【地质特征及区域变化】 本组仅见于武宁县落可岽（老哈洞）。由正层型剖面可知，上部以紫红色凝灰质中、细砾岩为主，间夹层凝灰岩。砾岩分选性不好，砾石呈滚圆—半滚圆状，略具定向排列；下部以灰绿色火山角砾岩、凝灰质角砾岩为主。分选性差，砾石呈棱角—半棱角状，具定向排列。厚度 207 m。

【其他】 本组自创名以来，对其时代一直存有震旦纪和前震旦纪之两种不同认识。本次对比研究以其不整合于震旦纪莲沱组之下、双桥山群之上，将其归属于晚元古代青白口纪。在区域上与下述马涧桥组层位相当，但岩性组合不同，视两者为相变关系。

马涧桥组 Qn*m* (06－36－0402)

【创名及原始定义】 刘鸿允等（1987）所创，创名地在都昌县鸣山乡马涧桥。原始定义：为一套紫红色火山角砾岩、英安岩、安山质层凝灰岩、晶屑—岩屑层凝灰岩组成的类磨拉石建造。时代归于早震旦世。

【沿革】 江西区调队（1970）进行1∶20万湖口幅地质调查时，将此套沉积物归为落可岽组，为下震旦统；《江西省区域地质志》（1984）划归于落可岽群，时代置于晚元古代早期；刘鸿允等（1991）又将本组划归早震旦世硐门组（莲沱组）下部，称马涧桥段；《江西岩石地层统编》（1991）改称岩石地层单位之马涧桥层凝灰岩，归属于晚元古代早期。本次对比研究沿称马涧桥组，内涵与马涧桥层凝灰岩一致。

【现在定义】 系指不整合于双桥山群绢云板岩之上、莲沱组砂砾岩之下的一套紫红色安山质层凝灰岩夹晶屑层凝灰岩、英安岩，底部为火山角砾岩。

【层型】 正层型为都昌县鸣山乡马涧桥剖面（116°27′，29°27′），由江西区调队1970年测制。

上覆地层：**莲沱组** 灰白色厚层状砂砾岩

～～～～～～～～ 不 整 合 ～～～～～～～～

马涧桥组	总厚度 223.75 m
11. 紫红色中层状安山质层凝灰岩	24.10 m
10. 紫红色中层状晶屑—岩屑层凝灰岩，底部具条带状构造	49.84 m
9. 黄、紫红色中薄层状安山质层凝灰岩，中部具水平条带构造	22.69 m
8. 黄绿色中层状晶屑凝灰岩	13.29 m
7. 黄色凝灰质板岩	11.46 m
6. 紫红、黄白色安山质层凝灰岩，底部具条带构造	43.38 m
5. 黄、紫红色薄—厚层状晶屑层凝灰岩	26.25 m
4. 紫红色安山质岩屑层凝灰岩，偶含砂质板岩小砾石	15.99 m
3. 紫红色巨厚—厚层状安山质岩屑层凝灰岩与英安岩互层	8.92 m
2. 灰黄色英安岩夹一层厚 0.46 m 火山角砾岩	3.32 m
1. 底部为紫红色火山角砾岩，向上逐渐变为安山质岩屑层凝灰岩	4.51 m

～～～～～～～～ 不 整 合 ～～～～～～～～

下伏地层：**双桥山群** 紫红色绢云板岩

【地质特征及区域变化】 本组由紫红色安山质层凝灰岩、晶屑凝灰岩组成，间夹凝灰质板岩、英安岩，底部为火山角砾岩，不整合于中元古代双桥山群之上。

本组分布局限，目前所知分布于都昌马涧桥，向东延伸至赣皖交境之彭泽棺材山一带，相变为正常碎屑岩相，为紫红色中粗粒长石岩屑砂岩夹沉积角砾岩，厚度82.9 m，其下不整合于双桥山群之上，平行不整合于休宁组之下。按层位、岩性大致相当于皖南的邓家组或浙江的虹赤村组。时代为青白口纪。

登山群 Qn*D* (06-36-0403)

【创名及原始定义】 登山群一名首见于江西区调队（1985）《1∶5万德兴幅地质图说明书》中。创名地在弋阳县漆工镇祝家至登（丁）山。原始定义：不整合于双桥山群之上，震旦纪志棠组之下，由一套陆—陆源海相喷发—沉积火山岩系组成，属地槽晚期回返以后形成的山前坳陷堆积，自下而上分为：拔竹坑组，为富含火山灰的各类碎屑岩与多层透镜状熔岩组成，经受区域变质多已成为千枚岩和板岩类，厚度不下千余米；叶家组，为一套陆相火山杂岩系，由大量熔岩、火山碎屑岩和正常碎屑岩共同组成，厚度六百余米。地质时代属前震旦纪。

【沿革】 江西区调队（1980）进行 1∶20 万乐平幅调查时，将上述相当于拔竹坑组沉积归于漆工组，叶家组归于上墅组，认为二者之间为不整合接触，时代分属早、晚震旦世。《江西省区域地质志》（1984）舍弃两组，并称上墅群，归于晚元古代。嗣后，江西区调队周殿超等（1985）重新起用拔竹坑组和叶家组，并组为群，创祝家群。同年本队又创登山群一名取代了祝家群，其时代仍归于晚元古代。

登山群及下属两组自立迄今，广为沿用。此次对比研究中考虑拔竹坑组以沉积碎屑岩为主，而叶家组以火山岩为主，二者不具备统一岩石学特征，不能并组为群。所以，现称的登山群仅限于原拔竹坑组，以其岩性特征将其划分为两组：下称祝家组，系指原拔竹坑组下部滨海相紫红色粗碎屑岩；上称拔竹坑组，系指裂陷槽沉积灰绿色、黄绿色含火山质陆源碎屑岩夹变基性熔岩。

【现在定义】 系指分布于扬子地层区之怀玉山地层小区，不整合于张村群之上，整合于上墅组（原叶家组）之下的一套紫红色沉积粗碎屑岩至灰绿、黄绿色含火山质陆源碎屑岩夹变火山熔岩之组合。以其上下岩性、岩相的差异，划分为两组：祝家组、拔竹坑组。

祝家组 Qn$\hat{z}$ （06－36－0404）

【创名及原始定义】 原称祝家群，江西区调队[11]（1985）创立，创名地在弋阳县漆工镇祝家。原始定义：指不整合于前震旦系漆工群之上，平行不整合于震旦系之下的一套下部为碎屑岩夹火山熔岩，上部为火山岩夹碎屑岩的组合，时代为前震旦系。

【沿革】 祝家组由祝家群演变而来，而祝家群同年又被登山群所代替，并划分下部拔竹坑组，上部叶家组。现指的祝家组之含义仅为原拔竹坑组下部一套紫红色粗碎屑岩。

【现在定义】 系指不整合于中元古代枷树底组灰绿色绢云板岩之上，整合于拔竹坑组灰绿色凝灰质板岩、条带状板岩之下的一套灰紫、紫红色含砾粗粒凝灰质岩屑杂砂岩、凝灰质细砂岩、凝灰质板岩组成的韵律互层，底部为灰紫色变余复成分砾岩。

【层型】 正层型为弋阳县漆工镇祝家剖面（117°34′，28°39′），由江西区调队 1985 年测制。

上覆地层：**拔竹坑组** 灰绿色凝灰质板岩、砂岩

——————— 整 合 ———————

祝家组 总厚度 78.8 m

19. 紫红色厚层状含砾凝灰质粗粒岩屑杂砂岩、凝灰质板岩，见有逆粒序层理 34.7 m
18. 灰绿色中—厚层状变余含砾角斑质凝灰岩 3.2 m
17. 紫红色厚层状含砾角斑质凝灰岩夹凝灰质细砂岩。底部灰绿色变余复成分砾岩 40.9 m

~~~~~~~~ 不 整 合 ~~~~~~~~

下伏地层：**枷树底组**

16. 上部灰绿色绢云板岩，下部变余岩屑杂砂岩、板岩

---

⑪ 江西区调队，1985，江西北部地区震旦纪研究（油印本）。
~~~~~~~~

【地质特征及区域变化】 正层型剖面所示，本组以紫红色为主的砾岩—含砾砂岩—凝灰质板岩组成的韵律组合，属河流—滨海环境沉积。岩石受动力变质作用，砾石普遍压扁拉长呈竹叶状，构成本组划分对比另一标志。

本组主要分布于怀玉山地区上饶、弋阳、德兴一带。由正层型剖面向东北至德兴拔竹坑仍以紫红色砾岩、含砾砂岩、板岩为主，其中夹灰绿色、灰褐色变基性熔岩和变中酸性火山岩，厚度 288.58 m，至德兴杨梅岭变质砾岩或砂砾岩、含砾砂岩与粉砂质板岩组成韵律层，厚度 1 001.7 m。而向东南至上饶甘岭，岩石粒度变细，主要为紫红色细粒杂砂岩与粉砂质绢云板岩互层，未见底，出露厚度 209.3 m。

拔竹坑组 Qn*b* (06－36－0405)

【创名及原始定义】 江西区调队（1985）创立，创名地在德兴市绕二乡拔竹坑。原始定义：由富含火山灰之各类碎屑岩为主与多层凸镜状熔岩组成，经受区域变质已变成千枚岩和板岩类，厚度 1 600 m 左右。与下伏双桥山群上亚群呈角度不整合（?），与上覆叶家组呈整合接触。时代为晚元古代。

【沿革】 江西区调队（1980）将本组划归早震旦世漆工组，1982 年又将其划归中震旦世上墅组，而《江西省区域地质志》（1984）改称上墅群，归于上元古界。现修订后的拔竹坑组，只相当于登山群原拔竹坑组的上段。时代为青白口纪。

【现在定义】 指整合于祝家组紫红色凝灰质细砂岩之上和上墅组火山岩之下，主体岩性为灰绿、灰黄色变余中细粒岩屑砂岩、变凝灰质粉砂岩、变沉凝灰岩、粉砂质千枚岩夹变基性熔岩之组合。底部常夹含灰质白云岩，构成与下伏地层划分标志之一。

【层型】 正层型为德兴市绕二乡拔竹坑剖面（117°39′，28°45′），由江西区调队 1985 年测制。

上覆地层：**上墅组** 凝灰质角砾岩

——————— 整 合 ———————

拔竹坑组　　　　总厚度 1 376.71 m

33. 下部为灰绿色巨厚层状变余复成分砾岩，砾石成分多为火山熔岩；上部为灰绿色巨厚层状变中性熔岩	4.70 m
32. 灰绿、灰黑色巨厚层状变余中细粒岩屑杂砂岩与灰黄色厚层状变余细粒岩屑杂砂岩，灰白色薄层状砂质千枚岩组成韵律互层。其中夹多层变基性熔岩、变中酸性熔岩	371.94 m
31. 灰黄色中薄层状粉砂质千枚状板岩夹灰黑色薄层状板岩	34.30 m
30. 灰绿色、浅红色巨厚层状变余中—细粒岩屑砂岩夹浅灰色厚层状变余岩屑粉砂岩	122.40 m
29. 灰黄、灰色厚层条带状变余凝灰质细砂岩与紫红、灰绿色厚—中厚层状变余含砾凝灰质细砂岩互层	48.59 m
28. 灰绿色变中长玄武岩（碱性玄武岩）	16.83 m
27. 浮土	16.78 m
26. 灰黄、浅灰色厚层状变余凝灰质粉砂岩	6.72 m
25. 灰绿色巨厚层状变中长玄武岩（碱性玄武岩）	137.05 m
24. 灰、青灰色变余细屑沉凝灰岩与粉屑沉凝灰岩不等厚互层	75.47 m
23. 灰绿色厚层状变余凝灰质细砂岩	101.33 m

22. 灰绿色巨厚层状变细碧岩 13.01 m
21. 下部灰紫、灰绿色千枚状变余细—粉屑沉凝灰岩夹千枚状熔结凝灰岩，上部为浅灰绿色千枚状厚层凝灰质细砂岩 53.01 m
20. 灰绿色巨厚层状细碧岩 35.10 m
19. 灰紫、灰绿色厚—巨厚层状变余凝灰质细砂岩 27.38 m
18. 暗灰绿色巨厚层状细碧岩 8.04 m
17. 灰绿色变余凝灰质细砂岩 24.93 m
16. 浅灰绿色条带状变余细屑沉凝灰岩 25.24 m
15. 灰绿、灰黄色厚层弱千枚状凝灰质细砂岩 74.09 m
14. 灰紫、灰绿色条带状变余凝灰质细砂岩、凝灰质粉砂岩和细—粉屑沉凝灰岩呈韵律互层 43.16 m
13. 紫灰、灰黄色条带状变余细—粉屑沉凝灰岩 12.90 m
12. 紫红、青灰色厚层条带状变余凝灰质细砂岩、凝灰质粉砂岩互层，底部为白云石凝灰质细砂岩 48.52 m
11. 下部为灰绿色厚层状变余灰质白云岩与千枚状凝灰质细砂岩互层；上部为灰绿色条带状变余灰质白云岩与粉屑沉凝灰岩互层 38.09 m
10. 灰、青灰色厚层状变余含白云石凝灰质粉砂岩和凝灰质绢云板岩韵律互层 37.13 m

——————— 整　合 ———————

下伏地层：**祝家组**

9. 灰紫色厚层状凝灰质细砂岩

【地质特征及区域变化】　由正层型剖面可知，本组按岩性可分上、下两部：下部由灰绿、灰黄色变余凝灰质细砂岩、凝灰质粉砂岩及粉、细屑沉凝灰岩组成韵律互层，夹细碧岩；上部为灰绿、灰黄色变余中—细粒岩屑杂砂岩、粉砂岩或粉砂质千枚岩组成韵律层。总厚度为 1 376.71 m。

本组主要分布于扬子地层区怀玉山地层小区，呈北东向延伸。由正层型剖面向西至登山以灰绿、深灰色变余中、细粒岩屑杂砂岩为主，夹凝灰质板岩、辉长辉绿岩，厚度 680 m。东至上饶甘岭，则为砂、板岩互层，由灰绿色变质细粒杂砂岩与粉砂质绢云板岩组成韵律层，厚度 536.37 m。再东至德兴杨梅岭，岩石粒度明显变细，主要为青灰、灰绿色，偶为紫红色绢云千枚岩或变细屑沉凝灰岩，厚度仅 92.4 m。时代为青白口纪。

上墅组　Qnŝ　(06－36－0406)

【创名及原始定义】　系浙江省区域地质测量大队（1969）创名，创名层型地在浙江省萧山市高鸿尖直坞。原始定义：为一套陆相中基性—酸性火山岩，并可划分为两个岩性段：下段为中基性熔岩及火山碎屑岩组合；上段为酸性熔岩及火山碎屑岩组合。可与皖北的铺岭组对比。

【沿革】　上墅组一名引入我省赣东北地区，首见于江西区调队（1980）《1∶20 万乐平幅区域地质报告》中，当时将此套火山岩系定为晚震旦世。《江西省区域地质志》（1984）改称上墅群，含义包括现称的登山群，而在列举的德兴富家坞剖面，因断层逆覆尚包括现称的双桥山群修水组一部分。江西区调队（1985）将此火山岩系划归于登山群称叶家组，《江西岩石地层统编》（1991）又引用赣东北地质大队（1977）创名的桃源组，称桃源火山岩，归于晚元古代早期。本次对比研究沿袭上墅组一名，桃源组或桃源火山岩及叶家组均为上墅组同物异名，应停用。

【现在定义】　正层型地指晚元古代河上镇群最上部的一个地层单位，其上与震旦纪休宁组砂砾岩不整合接触，其下与红赤村组岩屑砂岩整合接触。其岩性组合，下部以杏仁状安山玄武岩为主，夹同成分集块凝灰角砾岩；上部以流纹岩为主，夹熔结凝灰岩，由下而上具双峰式特点的陆相火山岩。本省岩性、层位与之基本相同，故引用此名，惟不同者，上与休宁组为平行不整合接触。

【层型】　正层型为浙江省衢县上墅（华墅）剖面。本省次层型为弋阳县漆工镇祝家—登（丁）山剖面（117°34′，28°39′），由江西区调队 1985 年测制。

上覆地层：**休宁组**　紫红色复成分砾岩

——————— 平行不整合 ———————

上墅组	总厚度 897.7 m
61. 灰绿色厚—巨厚层状凝灰质绢云千枚岩，上部为云母石英片岩	100.6 m
60. 浅灰绿色绿泥绢云片岩（变基性熔岩）夹变沉凝灰岩	71.9 m
59. 肉红—粉红色硅化石英斑岩（斑状流纹岩）	59.7 m
58. 灰绿色块状气孔玄武岩，石英角斑质角砾凝灰岩	24.0 m
57. 上部为肉红色厚层状石英斑岩；中部为灰绿色玄武岩；下部为安山质英安岩	16.4 m
56. 灰绿色块状玄武岩，中部见有杏仁状细碧岩	58.1 m
55. 灰绿色—肉红色蚀变碎裂霏细岩	3.9 m
54. 灰绿色变安山质英安岩，中夹伊丁玄武岩、橄榄玄武岩	113.8 m
53. 灰白色流纹斑岩	5.9 m
52. 墨绿色杏仁状细碧岩	19.0 m
51. 灰白色块状花斑岩、杏仁状细碧岩	2.3 m
50. 墨绿色细碧岩	13.5 m
49. 灰绿色绢云绿泥片岩（变基性熔岩）	44.7 m
48. 灰白色块状花斑岩	4.2 m
47. 深灰绿色变橄榄玄武岩，具杏仁、气孔构造	15.1 m
46. 灰绿色杏仁状玄武岩	99.1 m
45. 灰绿色块状玄武岩、玄武安山岩	25.6 m
44. 深灰色块状细碧岩	27.6 m
43. 上部深灰色中—厚层状火山质砾岩，向上变为凝灰岩，下部为灰色层凝灰岩	67.4 m
42. 紫红色厚层—块状变细碧岩，底部为凝灰质角砾岩	124.9 m

———————— 整　合 ————————

下伏地层：**拔竹坑组**

41. 灰绿色中层状变余细粒岩屑杂砂岩

【地质特征及区域变化】　次层型剖面所示，本组下部以变细碧岩、玄武岩为主，下夹火山角砾岩、层凝灰岩；上部以变流纹斑岩、变石英斑岩、变安山质英安岩为主，中夹角砾凝灰岩及玄武岩。厚度 897.7 m。

本组广见于赣东北地区，因其相位不同，岩性变化较为显著。由次层型剖面向南至上饶管家，以中酸性火山碎屑岩为主，岩性为安山—英安质凝灰岩，偶夹熔结凝灰岩、凝灰熔岩及玄武岩等，厚度 3 041 m，为陆间盆地喷发-沉积。与上覆罗村组呈平行不整合接触，下未见底。再南至广丰县石龙，下部为细碧岩夹细砂岩、凝灰质砂岩；上部为安山质凝灰岩夹角斑岩，上不整合于罗村组之下，下未见底，但在其附近，见本组底部砾岩不整合于田里（岩）组之上。次层型剖面西部横峰迎山村为细碧（玢）岩与多斑英安岩互层，偶夹凝灰岩，整合于登山群之上，平行不整合于休宁组之下，厚度 884.3 m。次层型剖面向东延伸至上饶甘岭，下部以沉积碎屑为主，夹安山岩及熔结凝灰岩，上部为安山岩与粗安岩互层，上下关系与迎山村相同，厚度 363.28 m。再东至德兴杨梅岭，则以变流纹岩为主，夹变玄武岩、变安山岩及火山碎屑岩；上未见顶，下整合于登山群(?)之上，厚度 1 064.2 m。

【其他】　由上可知，本组由北而南，即从怀玉山地层小区至玉山地层小区，由海陆相逐渐过渡为陆相喷发为主。其环境由裂陷海盆过渡到陆间盆地相。次层型顶部变流纹岩获 Rb－Sr 法同位素年龄值为 816.83 Ma，广丰石龙参考剖面之下部流纹岩单锆石测定获 U－Pb 年龄值为（821.2 ± 9.2）Ma，其顶部熔结凝灰岩获全岩 Rb－Sr 等时线年龄值 736.65 Ma，故其时代归于青白口纪。

翁家岭组　Qn*w*　(06－36－0407)

【创名及原始定义】　赣东北地质大队[⑩]（1977）创名，创名地在广丰县下溪乡翁家岭。1988 年，杨明桂、吴安国、钟南昌在《华南中晚元古代地层划分、沉积建造特征及其地壳构造演化》一文中介绍。原始定义：与下伏前震旦系“双桥山群”呈高角度不整合，与上覆桃源组呈平行不整合，岩性为一套以紫红色砾岩、粉砂岩、砂质千枚岩为主，顶部为含锰泥灰岩及角砾状灰岩凸镜体。属震旦系下统。

【沿革】　江西区调队（1983）在《江西省前震旦系》中，将其划归于震旦系漆工群；《江西省区域地质志》（1984）连同上覆桃源组一并归于上墅群，归属晚元古代早期；《江西岩石地层统编》（1991）、管太阳等（1993），以及此次对比研究仍采用翁家岭组，时代归于青白口纪。

【现在定义】　系指不整合于田里（岩）组白云母片岩、石英片岩之上，平行不整合于上墅组火山岩之下的一套紫红、黄绿色粉砂岩、硅质板岩、海绿石粉砂质泥岩夹少量砂砾岩，时夹层凝灰岩，上部含泥质白云岩、含锰泥灰岩及砾屑灰岩凸镜体之沉积，底部为复成分砾岩。含微古植物化石。

【层型】　正层型为广丰县下溪乡翁家岭剖面（118°08′，28°27′），由赣东北地质大队 1977 年测制。

上覆地层：**上墅组**　紫红色凝灰岩

－－－－－－－ 平行不整合 －－－－－－－

翁家岭组	总厚度 356.5 m
17. 紫红色千枚页岩夹泥灰岩凸镜体	34.0 m
16. 紫红色中—细粒变质砂岩	7.0 m
15. 紫红色千枚页岩夹角砾状灰岩凸镜体和灰绿色海绿石粉砂质泥岩	38.0 m
14. 紫红色中—细粒变质砂岩	5.0 m
13. 棕褐色含锰泥灰岩	7.0 m
12. 紫红色千枚页岩	10.0 m
11. 紫红色粉砂质泥岩夹硅质岩和薄层钙质粉砂岩	85.0 m
10. 紫红色粗粉砂岩	9.5 m

9. 浅黄褐色砂砾岩	4.0 m
8. 浅黄褐色砂质千枚岩	5.5 m
7. 浅紫红色含砾粗粉砂岩	25.0 m
6. 浅黄色砂质千枚岩	6.0 m
5. 浅紫红色粗粉砂岩。局部含砾	28.0 m
4. 浅黄褐色砂砾岩	4.0 m
3. 紫红色粉砂岩	8.5 m
2. 浅灰绿色砂质千枚岩	4.0 m
1. 浅紫红色底砾岩。砾石成分主要为白云母石英片岩、石英白云母片岩、石英及变质火山岩等，磨圆度较好，分选性较差	76.0 m

~~~~~~~~~~ 不 整 合 ~~~~~~~~~~

下伏地层：**田里(岩)组**　浅绿、灰绿色白云母片岩、白云母石英片岩

【地质特征及区域变化】　据正层型剖面，本组下部由砾岩、砂砾岩或含砾粉砂岩与粉砂岩、砂质千枚岩组成韵律层；上部由中—细粒变质砂岩与千枚状页岩夹含锰泥灰岩、泥灰岩凸镜体组成韵律层。由下而上，由粗而细，属海侵序列之滨海环境沉积。产微古植物化石：*Leiopsophosphaera densa*，*Trachysphaeridium cultum* 等。时代为青白口纪。

本组仅出露于广丰翁家岭至三家村一带，呈北东向展布。在三家村以沉凝灰岩、硅质板岩为主，下夹碎屑灰岩，底部为含砾粉砂岩；上为白云岩夹硅质板岩。厚度变化在 250～360 m 之间。

罗村组　Qn*lc*　(06－36－0408)

【创名及原始定义】　系赣东北地质大队[10]（1977）创立，创名地在广丰县下溪乡罗村。1988 年，杨明桂、吴国安、钟南昌在《华南中晚元古代地层划分、沉积建造特征及其地壳构造演化》一文中介绍。原始定义：与下伏桃源组呈角度不整合，上与听门组为平行不整合，岩性以灰绿、黄绿色粉砂质泥岩为主，夹紫红色粉砂质泥岩、黄绿色钙质细砂岩，偶为灰黑色硅质岩，属震旦系中统。

【沿革】　江西区调队（1980）在 1∶20 万广丰幅调查和《江西省前震旦系》（1983）总结中，将其归属于震旦系志棠组下段。《江西岩石地层统编》（1991）仍称罗村组，认为属早震旦世滨海盆地沉积。管太阳等（1993）据微古植物化石，划归于上元古界。

【现在定义】　指平行不整合于上墅组火山岩和听门组紫红色砾岩、砂砾岩之间的湖泊相细碎屑岩沉积。岩性为灰绿、黄绿色薄层状泥岩、粉砂质泥岩，中部夹浅紫色灰岩瘤，底部为紫红色砾岩。含微古植物化石。

【层型】　正层型为广丰县下溪乡罗村剖面（118°10′，28°29′），由赣东北地质大队 1977 年测制。

上覆地层：**听门组**　灰紫色砾岩、砂砾岩

——————— 平行不整合 ———————

罗村组	总厚度 542.0 m
22. 黄绿色粉砂质泥岩夹紫红色粉砂质泥岩	12.5 m
21. 黄绿色泥岩	8.0 m
~~~~~~~~~~

20. 黄绿色粉砂质泥岩	21.5 m
19. 黄绿色泥岩	8.5 m
18. 黄绿色粉砂质泥岩	22.0 m
17. 黄绿色夹紫红色泥岩	7.0 m
16. 黄绿色粉砂质泥岩	19.0 m
15. 黄绿色粉砂质泥岩	97.0 m
14. 黄绿色钙质粉砂岩	5.5 m
13. 黄褐色粉砂质泥岩	18.0 m
12. 黄褐色钙质粉砂岩	6.0 m
11. 黄褐色粉砂质泥岩	15.0 m
10. 含褐铁矿、锰质粉砂质泥岩	1.0 m
9. 紫红色粉砂质夹浅紫红色灰岩瘤	16.0 m
8. 黄绿色粉砂质泥岩	15.5 m
7. 紫红、黄紫色粉砂岩	30.0 m
6. 灰绿、紫红色粉砂质泥岩夹薄层硅质岩、粉砂岩	47.5 m
5. 灰黑色硅质岩、粉砂质泥岩互层	7.5 m
4. 灰绿、紫红色粉砂质泥岩夹灰黑色薄层硅质岩条带	48.0 m
3. 黄褐、灰绿色及紫红色钙质粉砂岩夹钙质细砂岩及黑色硅质岩条带	80.0 m
2. 黄褐色粉砂岩夹紫红色粉砂岩	13.5 m
1. 紫红色砾岩，砾石成分以安山玢岩等变质火山岩为主，磨圆度较好，分选性较差	43.0 m

——————— 平行不整合 ———————

下伏地层：**上墅组**　黄褐、紫褐色安山—英安质凝灰岩

【地质特征及区域变化】　由正层型剖面可知，本组以黄绿色粉砂质泥岩为主，上夹钙质粉砂岩，下夹紫红色粉砂质泥岩、粉砂岩及黑色硅质岩，底部为砾岩，为大陆湖泊相。厚度 542 m。粉砂质泥岩含丰富的微古植物化石，计有 26 属 52 种，主要为：*Leiominuscula minuta*，*L. incrassata*，*Leiopsophosphaera apertus*，*L. infriata*，*L. incidum*，*L. laocata*，*L. minor*，*L. densa*，*Asperatopsophosphaera bavlensis*，*A. umishanensis*，*Pseudofavososphaera obsoleta*，*Triangumorpha minor*，*Liulaobeinella densa*，*Paleomorpha punctulata*，*Laminarites antiquissimus*，*Trachysphaeridium* sp.，*Eomycetopsis* sp.，*Siphonophycus* sp. 及 *Leiofusa* sp. 等，以其组合面貌为晚元古代青白口纪。

本组分布于广丰罗村、三家村及仁湖等地，呈北向延伸。在正层型剖面之东南仁湖以黄绿色泥质粉砂岩、凝灰岩、页岩为主，夹砂岩、砂砾岩，下与上墅组断层接触，出露厚度 308 m。东北至三家村以灰黄色、紫红色粉砂岩、页岩及沉凝灰岩为主，间夹少许薄层硅质岩及泥灰岩。平行不整合于上墅组之上、听门组之下。厚 606 m。

浒岭组　Qn*h*　(06－36－0409)

【创名及原始定义】　原名浒岭千枚岩，系江西调研队[12]（1991）所创，创名地在峡江县弋坪乡浒岭。原始定义：指位于寨里火山岩之上、神山黑色千枚岩之下，岩性为青灰、黄绿色粉砂质千枚岩、绢云千枚岩夹少量变余长石石英砂岩、粉砂岩之沉积。时代归于晚元古

---

⑫　江西调研队，1991，江西省岩石地层单位统编及应用研究。

代晚期。

【沿革】 江西区测队（1964）在1∶20万宜春幅调查时，归于神山组下段，划归元古界。江西调研队（1988）在1∶5万藤田镇幅调研时立名古县岩组，归于其下部，定其时代为晚元古代。此次对比研究改称浒岭组，内涵同浒岭千枚岩。

【现在定义】 指整合于神山组黑色含碳质千枚岩之下，岩性为灰黑、黄绿色粉砂质千枚岩、绢云千枚岩夹少量变余砂岩、粉砂岩。下未见底，上以神山组黑色千枚岩或板岩为划分标志。

【层型】 正层型为峡江县弋坪乡浒岭剖面（115°07′，27°43′），由江西区调队1977年测制。

上覆地层：**神山组** 深灰—灰黑色薄层含碳质绢云千枚岩夹黄绿色薄层粉砂质千枚岩和青灰色薄层绢云千枚岩

——————整 合——————

浒岭组 总厚度>1 847.14 m

7. 黄绿、黄白色厚层粗粒变余长石石英砂岩夹黑色薄层绢云千枚岩，底部为黄白色厚层粗粒变余长石石英砂岩 258.1 m
6. 上部灰—青灰色薄层含黄铁矿斑点千枚岩和粉砂质千枚岩为主，层间夹灰黑色薄层含碳千枚岩；下部青灰色薄层绢云千枚岩；底部黄绿色中层含黄铁矿斑点之绢云长石石英砂岩 188.4 m
5. 上部灰白色薄层含黄铁矿斑点绿泥绢云千枚岩夹灰黑色薄层粉砂质千枚岩及黄白色薄层粉砂岩；中下部青灰—灰白色薄层含黄铁矿斑点具微细条带之粉砂质千枚岩，夹黄白色中层细粒变余长石石英砂岩；底部黄绿色中层粉砂岩和细粒变余绢云长石砂岩 334.15 m
4. 黄绿、浅灰色中薄层粉砂质千枚岩夹灰色薄层粉砂质绢云千枚岩及灰绿色中层绿泥绢云长石石英砂岩，向上递变为灰绿色粉砂岩及灰黑色含碳千枚岩 206.39 m
3. 顶部灰黑色薄层含碳千枚岩；上部灰绿色薄层含黄铁矿斑点粉砂质千枚岩；下部黄色中厚层粗粒变余绢云长石石英砂岩，向上递变为灰绿色薄层绢云粉砂岩及灰黑色薄层千枚岩。三者呈不等厚韵律层 136.86 m
2. 上部青灰色薄层绢云片岩夹粉砂质千枚岩；中部灰绿—紫灰色薄层绿泥绢云片岩夹青灰色中薄层粉砂质千枚岩及灰紫色薄层绢云千枚状片岩；下部黄绿色中薄层绢云砂岩及灰黄色中层变余绢云长石石英砂岩，具泥砂质细条带，局部夹紫灰色中薄层绿泥绢云片岩 688.42 m
1. 青灰—灰黑色薄层黄铁矿斑点千枚岩。（未见底） 34.82 m

【地质特征及区域变化】 由正层型剖面可知，本组为槽盆相砂页岩复理石建造。由变余绢云长石石英砂岩、粉砂质千枚岩、千枚岩或黑色粉砂质千枚岩组成的韵律层。厚度大于1 847 m。

本组为桂湘赣地层分区出露最低的岩石地层单位。分布于赣中武功山地区以及吉水、永丰、兴国、于都等地。在正层型剖面东部丰城县洛市由砂岩、千枚岩或页岩组成韵律，未见顶底，出露厚度269.3 m。在东南部吉安东固一带，则以绢云千枚岩或绢云石英千枚岩为主，中、下部含微古植物化石：*Leiominuscula* sp.，*Leiopsophosphaera* sp.，*Pseudozonosphaera* sp.，*Margominusucula* sp.，*Orygmatosphaeridium* sp. 等。出露厚度495.5 m。

再向东南至吉水螺田以凝灰质千枚岩、板岩为主，夹变沉凝灰岩、变凝灰质砂岩，厚度 1 136.5 m。时代为青白口纪。

神山组　Qnŝ　(06-36-0410)

【创名及原始定义】　江西区测队（1964）在开展 1∶20 万宜春幅区测时所创。创名地在新余市珠珊乡神山。原始定义：分上、下两段，下段主要为灰黑色碳质绢云千枚岩夹黑色含碳千枚状砂岩及绿色变质片状砂岩；上段为灰绿色绢云千枚岩及深灰色砂质千枚岩夹碳质绢云千枚岩，归属前震旦系下部。

【沿革】　江西区调队（1977）在 1∶20 万新干幅调查时，将其归于神山组上段及上施组下部，为早震旦世。江西调研队（1988）在开展 1∶5 万藤田镇幅调查时，将永丰、吉水一带与之相当的地层划分岩石地层单位，创称古县岩组，并归其上部，时代为震旦纪。江西调研队（1991）[12]改称神山黑色千枚岩，并明确含义仅指原神山组下段。本次对比研究的神山组之含义同神山黑色千枚岩。

【现在定义】　系指整合于库里组灰白色绢云千枚岩之下，岩性以黑色碳质或含碳千枚岩、含碳粉砂质千枚岩或板岩为主，夹少许千枚岩和变余细砂岩。下未见底。

【层型】　正层型为新余市珠珊乡神山—白沙剖面（114°56′，27°43′），由江西区测队 1964 年测制。

上覆地层：**库里组**　上部灰绿色砂质绢云千枚岩。下部浮土掩盖

——————　整　合（?）　——————

神山组	总厚度>1 050.0 m
6. 灰黑色厚层碳质绢云千枚岩	441.5 m
5. 灰黑色厚层碳质绢云千枚岩夹千枚状碳质砂岩	118.5 m
4. 灰黑色厚层碳质绢云千枚岩	132.0 m
3. 暗灰绿色黑云绢云千枚岩夹千枚状砂岩	32.0 m
2. 灰—灰黑色碳质绢云千枚岩	241.0 m
1. 灰—棕灰色绢云千枚岩。(未见底)	85.0 m

【地质特征及区域变化】　本组为槽盆相沉积的碳质页岩，遭受绿片岩相区域变质作用，而形成碳质千枚岩或板岩。因其以“黑色”为表征，故有“黑神山”习称。正层型剖面出露厚度大于 1 050 m，东延至峡江浒岭整合于浒岭组和库里组之间，以灰黑色含碳或碳质千枚岩为主，夹黄绿色砂质千板岩，厚度 1 327.55 m。延至吉水县肖溪，为灰黑—深灰色千枚状绢云板岩夹少量变沉凝灰岩及变余杂砂岩，厚度 1 663.65 m，再东至永丰潭头，仍以深灰—灰黑色碳质千枚岩为主，夹二云片岩及粉砂质千枚岩，含微古植物化石：*Trachysphaeridium dengyingense*，*Micrhystridium* sp.，*Leiofusa naviculata*，*Laminarites* sp.，*Paleomorpha punctulata*，*Nucellosphaeridium* sp.，*Trachysphaeridium* sp. 等，厚度 284 m。时代划归青白口纪。

潭头群　QnT　(06-36-0411)

【创名及原始定义】　系江西调研队韩仲仁[13]（1987）所创，1994 年，彭作荣、韩仲仁

[13] 韩仲仁，1987，赣中前寒武系初步划分。地质科技动态，第 4—6 期。

在《赣中西部的潭头群》一文中介绍。创名地在永丰县潭头。原始定义：指整合于震旦系上施组之下，平行不整合（?）于神山组之上的一套浅灰白色变余沉凝灰岩夹中基性、中酸性及酸性火山熔岩，厚度 1 286 m。时代归于晚元古代早期。

【沿革】 本群广布于赣中地区，依岩性组合及其地层位置原为下述上施组之中、下部。江西调研队韩仲仁等（1987）在永丰潭头发现其中夹多层火山熔岩，创立新名为潭头群。1988 年该队开展 1∶5 万藤田镇幅调查时，将与之相当的地层改称岩石地层单位为螺田岩组。《江西岩石地层统编》（1991）以新余市神山—白沙剖面为正层型又称白沙千枚岩。白沙千枚岩地层位置与潭头群相当，主体岩性一致，仅名称使用不同，应停用。

【现在定义】 系指整合（?）于神山组黑色千枚岩或板岩之上，平行不整合于震旦纪古家组含砾千枚岩之下的一套含火山质泥砂碎屑岩夹火山熔岩建造。因其上下岩性组合差异自下而上划分为两组：库里组、上施组。

库里组　Qn*k*　(06-36-0412)

【创名及原始定义】 系江西调研队（1994）在本次对比研究中所创立，创名地在新余市良山镇库里。原始定义：即原神山组创名剖面的上段。岩石为灰绿、灰白、棕黄色绢云千枚岩、粉砂质绢云千枚岩夹黑色含碳千枚岩，细屑沉凝灰岩、硅质板岩等。

【沿革】 江西区调队（1964）创名神山组时，将其归于本组上段。嗣后，该队（1977，1983，1988，1989）多归称于上施组，时代为早震旦世。《江西岩石地层统编》改称岩石地层单位为白沙千枚岩，归于震旦纪。本次对比研究考虑白沙千枚岩与志留系白沙阶同名，故改称库里组。

【现在定义】 指整合（?）于神山组黑色千枚岩或板岩之上和上施组凝灰质千枚或层凝灰岩之下的一套千枚岩系。主体岩性为灰绿、灰白、棕黄色绢云千枚岩、粉砂质绢云千枚岩、二云砂质千枚岩夹少量黑云或绢云碳质绢云千枚岩。

【层型】 正层型为新余市良山镇库里—白沙剖面（114°56′，27°41），由江西区测队 1964 年测制。

上覆地层：**上施组**　千枚状粉砂岩

——————— 整　合 ———————

库里组	总厚度 2 424.5 m
26. 浮土	25.5 m
25. 棕黄色绢云千枚岩	5.5 m
24. 浮土	112.0 m
23. 灰绿、灰白色薄—厚层状绢云千枚岩，局部夹薄层砂质绢云千枚岩	63.5 m
22. 褐绿、灰色厚层斑点状黑云绢云千枚岩	150.0 m
21. 浮土	59.5 m
20. 褐灰、灰色厚层状二云砂质千枚岩	59.5 m
19. 斑点状黑云砂质千枚岩	166.0 m
18. 褐绿、棕黄、灰色绢云千枚岩夹砂质绢云千枚岩	58.0 m
17. 深灰色厚层状砂质绢云千枚岩与二云千枚岩组成韵律互层，底部具波痕	73.5 m
16. 深灰色绢云千枚岩，下部有一层砂质黑云绢云千枚岩	258.0 m
15. 浮土	148.0 m

14. 灰绿色绢云千枚岩	38.0 m
13. 浮土	212.0 m
12. 灰绿色厚层状绢云千枚岩，下部夹一层低碳质绢云千枚岩	151.0 m
11. 灰—深灰色斑点状黑云绢云砂质千枚岩、千枚岩，上部夹一层低碳质绢云千枚岩	269.0 m
10. 浮土	109.5 m
9. 灰绿色厚层斑点状砂质黑云绢云千枚岩夹绢云千枚岩	316.0 m
8. 灰绿色砂质绢云千枚岩	85.0 m
7. 浮土	65.0 m

———————— 整　合（?）————————

下伏地层：**神山组**

6. 灰黑色厚层状碳质绢云千枚岩

【地质特征及区域变化】　据正层型剖面，本组为槽盆环境泥质碎屑岩沉积，因遭受绿片岩相区域变质作用而变为千枚岩。厚度为 2 424.5 m。

本组在正层型剖面之西，萍乡东桥以灰绿、灰、灰白色粉砂质千枚岩为主，夹变石英角斑岩，厚度 790 m。向东至分宜县上施，以千枚状沉凝灰岩及凝灰质千枚岩为主，下未见底，出露厚度 636.4 m。含微古植物化石：*Archaeoellipsoides* sp.，*Conusmorpha bcevis*，*Leiopsophosphaera solida*，*Leiomarginata simplex* 等。向南至吉水县螺田为灰绿、灰白色凝灰质绢云板岩夹细屑沉凝灰岩，底部为灰白色厚层石英角斑质沉凝灰岩，厚度 3 458 m。再南至永丰县潭头主要为浅灰白色变沉凝灰岩夹多层中酸性熔岩，偶夹碳质绢云千枚岩，厚度 1 186 m。时代为青白口纪中期。

上施组　Qn$\hat{s}\hat{s}$　(06－36－0414)

【创名及原始定义】　江西区测队（1964d）在开展 1∶20 万宜春幅调查时所创。创名地在分宜县苑坑乡上施。原始定义：下与神山组连续过渡，上与下坊组呈假整合或整合。下部为厚层片状石英砂岩夹碳质绢云千枚岩、砂质绢云千枚岩；中部为灰绿色厚层状砂质、粉砂质千枚岩夹变质细砂岩；上部为灰绿色绢云千枚岩。归于元古界板溪群上部。

【沿革】　上施组自创名迄今，广为沿用，但在实际应用中其下界常有变更。江西区调队（1983）在《江西省震旦系》中，以及江西调研队（1988）在 1∶5 万东固幅调查时，将其下界置于现称的神山组顶部。而《江西岩石地层统编》（1991）又与原始定义一致。时代均归于早震旦世。本次对比研究从于这一意见，但其时代改归于晚元古代青白口纪晚期。

【现在定义】　指整合于库里组灰白色千枚岩之上，平行不整合于震旦纪古家组含砾千枚岩之下，岩性为浅灰、灰白色变余细粒凝灰质砂岩、凝灰质粉砂岩、沉凝灰岩、凝灰质板岩组成的互层，偶夹碳质板岩。含微古植物化石。

【层型】　正层型为分宜县苑坑乡上施剖面（114°43′，27°38′），由江西调研队 1989 年重测。

上覆地层：**古家组**　灰绿色厚层含砾凝灰质千枚岩为主，夹同色薄层状凝灰质绢云千枚岩，其上为同色中厚层含磁铁矿凝灰质绢云千枚岩

－－－－－－－ 平行不整合 －－－－－－－

上施组　　　　总厚度 983.26 m

25. 浅灰绿色中—厚层千枚状凝灰质石英云母片岩 121.44 m
24. 浮土 47.97 m
23. 灰、浅灰绿色风化呈褐色厚层千枚状变余细粒凝灰质砂岩，局部发育水平层理 31.38 m
22. 浮土 32.39 m
21. 灰白色风化呈黄褐色中—厚层粉砂质绢云千枚状板岩 34.61 m
20. 浮土 47.88 m
19. 灰、灰白、黄白、黄褐色中—厚层粉砂质绢云千枚状板岩夹同色中厚层含石榴石粉砂质绢云千枚状板岩 128.52 m
18. 浮土 106.46 m
17. 浅灰、灰白色中厚层含粉砂质绢云千枚状板岩为主。夹同色厚层变余细粒凝灰质砂岩。底部为灰白、黄褐色中厚层变余粉屑沉凝灰岩 42.49 m
16. 灰白色风化呈黄褐、黄白色中厚层含粉砂质绢云千枚状板岩 127.82 m
15. 风化呈黄褐、黄白、灰白色中厚层斑点状绢云板岩 103.33 m
14. 浅灰、灰白、黄白色中厚层斑点状绢云板岩为主夹同色中厚层千枚状变余凝灰质粉砂岩。产微古植物：*Trachysphaeridium dengyingense*，*Leiofusa naviculata*，*Paleomorpha punctulata* 等 39.40 m
13. 浅灰、灰色中厚层角岩化千枚状变余凝灰质粉砂岩、黄白色中厚层含粉砂绢云千枚状板岩及斑点状绢云千枚板岩不等厚互层 12.27 m
12. 深灰、灰黑色中厚层含碳斑点状绢云板岩为主夹浅灰色薄层变余细粒凝灰质砂岩。产微古植物：*Trachysphaeridium* sp.，*Leiofusa* sp.，*Paleomorpha punctulata* 等 11.01 m
11. 灰、浅灰色巨厚层千枚状变余细粒凝灰质砂岩 13.01 m
10. 灰、浅灰色中—厚层千枚状变余细粒凝灰质砂岩与深灰、灰黑色中薄层状凝灰质绢云斑点千枚岩、黑云绢云千枚状板岩不等厚互层 35.50 m
9. 深灰、灰黑色中厚层含碳凝灰质绢云千枚岩为主夹灰色薄层千枚状变余粉屑沉凝灰岩。产微古植物：*Leiominuscula minuta*，*Leiopsophosphaera solida*，*Trachysphaeridium simplex*，*T. dengyingense*，*Nucellosphaeridium* sp.，*Archaeoellipsoides* sp.，*Conusmorpha bcevis*，*Leiofusa* sp.，*Micrhystridium minimum*，*Leiomarginata simplex*，*Synsphaeridium* sp.，*Paleomorpha punctulata* 等 8.61 m
8. 灰、深灰色风化黄褐色中—厚层千枚状变余细粒凝灰质砂岩夹灰黑色中薄层凝灰质黑云绢云千枚状板岩，上部夹千枚状变余凝灰质粉砂岩。产微古植物：*Leiominuscula minuta*，*Trachysphaeridium dengyingense*，*Micrhystridium* sp.，*Leiofusa* sp.，*Archaeoellipsoides* sp.，*Synsphaeridium* sp.，*Paleomorpha punctulata* 等 34.17 m

——————— 整　合 ———————

下伏地层：**库里组**

7. 主要为浮土掩盖，上部为灰白色中厚层千枚状变余粉屑沉凝灰岩

【地质特征及区域变化】　据正层型剖面所示，本组下部由变余细粒凝灰质砂岩与凝灰质绢云千枚岩组成韵律；上部多由凝灰质粉砂岩与粉砂质绢云千枚岩组成韵律互层。岩层多具水平层理，见有粒序层理、斜层理，组成鲍马序列的基本层序。本组中下部获有较丰富的微古植物化石，计有：*Archaeoellipsoides* sp.，*Conusmorpha bcevis*，*Leiofusa naviculata*，*Leiominuscula minuta*，*Leiomarginata simplex*，*Leiopsophosphaera solida*，*Paleomorpha punctulata*，*Micrhystridium minimum*，*Nucellosphaeridium* sp.，*Trachysphaeridium dengyingense*，*T. simplex* 等。

本组广布于赣中南地区，岩性较稳定。在正层型剖面西部萍乡东桥由浅灰色凝灰质粉砂岩与粉砂质板岩或凝灰质板岩呈韵律互层，偶夹英安岩、白云质灰岩凸镜体，下整合于库里组砂质板岩之上，上不整合于古家组含砾凝灰质板岩之下，厚度 1 926 m。东至永丰县潭头，由灰绿、灰色不等粒凝灰质岩屑杂砂岩、凝灰质粉砂质千枚岩或绢云千枚岩呈韵律互层，厚度 587 m。赣南宁都县刘坊由变余砂岩、粉砂岩、绢云千枚岩组成互层，厚度544 m。其下未见底，上与沙坝黄组底部砂砾岩或含砾砂岩呈整合（?）接触。

【其他】 本组地质时代，以往多归于早震旦世，但从上述微古植物化石特征分析，及与湖南板溪群对比，现归于青白口纪晚期。

万源(岩)组 Pt_3Zw (06-36-0413)

【创名及原始定义】 由江西调研队（1994）在本次对比研究中所创，创名地在弋阳县周潭乡万源。系指江西省北武夷山地区，整合于周潭(岩)组片麻岩之上、震旦系洪山组矽线二云片岩之下的角闪岩相变质岩系。主体岩性为石榴石黑云斜长变粒岩、矽线石斜长变粒岩夹矽线石二云片岩、矽线石黑云片岩及少许黑云二长片麻岩。时代归于晚元古代。

【沿革】 江西区调队（1982）创称周潭群，将其划归本群上部，归于中震旦世。江西调研队（1988）在 1∶5 万港口幅调查时，将本群划分为上、下两个岩组，将其归于下岩组上部，而上岩组为现称的洪山组，时代为早震旦世。《江西岩石地层统编》（1991）认为周潭群岩性复杂，变质较深，层序难以理顺，改称周潭杂岩，确定其时代为晚元古代—早震旦世。实际周潭群上下岩石组合存在明显差异，下部以片麻岩为主，上部以变粒岩为主。按照岩石地层单位的含义和划分准则，将其划分为两个岩石地层单位，下称周潭(岩)组，时代归于中—晚元古代，上立万源(岩)组，时代定为晚元古代—早震旦纪。

【现在定义】 同原始定义。其底界以周潭(岩)组顶部之片麻岩的出现为划分标志，上与洪山组以本岩组变粒岩的消失为分界标志。均为整合接触。

【层型】 正层型为弋阳县周潭乡万源剖面（117°26′，28°12′），由江西调研队 1988 年测制。

上覆地层：**洪山组** 灰黑色瘤状矽线二云片岩

——————— 整 合 ———————

万源(岩)组	总厚度 569.6 m
12. 灰色风化呈黄褐色角岩化石榴石黑云斜长变粒岩	42.4 m
11. 石榴石黑云斜长变粒岩偶夹瘤状含矽线黑云片岩	21.4 m
10. 灰褐色角岩化瘤状矽线黑云斜长变粒岩夹弱角岩化瘤状矽线二云片岩	210.7 m
9. 灰褐色含石榴石黑云斜长变粒岩、含黄铁矿黑云斜长变粒岩	132.7 m
8. 深灰—灰色白云母化矽线黑云片岩、灰褐色含矽线二云母片岩	162.4 m

——————— 整 合 ———————

下伏地层：**周潭（岩）组** 深灰色细粒含石榴石黑云斜长变粒岩为主夹条带状混合岩化含石榴石黑云片麻岩和薄层状黑云片岩

【地质特征及区域变化】 由上可知，本(岩)组为变粒岩组合。厚度约 570 m。

本(岩)组在省内出露于北武夷山地区，岩性较稳定。正层型剖面之西南宜黄县尚源，变粒岩、片岩各占其半，呈互层，并夹少量变基性熔岩。整合于洪山组之下，下未见底，出露厚度 1 571 m。正层型剖面之南资溪县嵩市以片岩为主，夹变粒岩、混合岩。下未见底，出露厚度 912 m。

第二节 年代地层及生物地层

江西前震旦纪地层，因所获微古植物化石及同位素年龄资料少且不系统，故时代确定和划分对比方面，存有不同意见。在此情况下，仅据现有的同位素年龄值和古生物资料，讨论所述岩石地层单位的时代属性。

根据全国地层委员会 1990 年所公布的元古宙划分标准，元古宙所含晚元古代上限为 600 Ma，早元古代的下限为 2 500 Ma。其中 1 800 Ma 和 1 000 Ma，分别为早、中元古代和中、晚元古代的分界年龄值。前震旦纪的上限，即为震旦纪的下限，据昔日资料，这个界面即晋宁运动的不整合面，在我国东南部地区确定在 800 Ma 是合适的。

依据上述划分标准，对照江西已取得的成果资料，前震旦纪存在着两个明显的构造变革时期，一是表现在落可岽组和莲沱组之间的不整合面，另一是表现在落可岽组和双桥山群之间的不整合面，两个变革期分别发生于 800 Ma 和 1 000 Ma。近年来在庐山—星子一带又发现 1 800 Ma 左右构造变革的依据，如是，可以确定江西前震旦纪下限应早于 1 800 Ma，而上限为 800 Ma。因此，在这个时限内所形成的元古宙地层及其所属的不同岩石地层单位，可分别归于早元古代滹沱纪、中元古代长城纪和蓟县纪、晚元古代青白口纪。

1. 滹沱纪（Ht）

出露于庐山—星子一带的星子(岩)群，为一套遭受角闪岩相变质作用的石英云母片岩、十字石石榴石云母片岩夹斜长角闪岩、石英岩及大理岩。下未见底，上与双桥山群的接触关系，据尹国圣② (1993)《庐山专题研究初步成果简介》认为系九岭群（双桥山群下部）与星子杂岩〔星子(岩)群〕间为塑性改造型平行不整合，其底部具有巨厚层状复成分巨砾岩，应视为中条运动之表征。

星子(岩)群的地质年龄，目前仍在研究之中。但据地质矿产部天津地质矿产研究所赵风清③ (1993) 在《华南变质基底构造演化与成矿作用》一文中介绍：星子五里排糜棱岩化片麻状花岗岩中获两种锆石 U－Pb 法单点年龄信息，一种为结晶锆石，其信息值为 147 Ma、176.4 Ma、661 Ma；另一种为碎屑锆石，其信息年龄值 2 782 Ma、2 766 Ma。显然前一组数值是受后期构造变动干扰的结果，而后一组数值超越于早元古代。另外赵风清在星子县温泉之斜长角闪岩也获得两组锆石单点年龄信息值，一组为 2 193 Ma、2 186 Ma、2 180 Ma，另一组为 1 860 Ma、1 818 Ma、1 771 Ma。此两组年龄值应是代表星子(岩)群的时限。据此确定其上限为 1 800 Ma 左右，这与滹沱纪上限大体吻合。因采样的层位距底部还有一段距离，故下限推测至 2 300 Ma。

2. 长城纪（Ch）

相当长城纪的岩石地层单位，是双桥山群下部的鄣公山组和横涌组。前者为片岩、千枚岩组合，后者为砂、板岩互层。出露于北武夷山区的田里(岩)组变质较深，为片岩组合。

鄣公山组所产微古植物化石有 *Leiominuscula minuta*，*Leiopsophosphaera wulianensis*，*Polyporata obsoleta*，*Taeniatum crassum* 等。这一组合属种少而单调，其中 *L. minuta*，*P. obsoleta*，*T. crassum* 地质历程较长，见于长城纪—青白口纪，但本组合具有如下特点：

①膜壳为圆形、椭圆形占绝对优势；②壳薄，壳饰简单近光滑；③体小，直径在 5～20 μm 之间。这些特征显示了与蓟县纪、青白口纪的明显区别。其中 *L. wulianensis* 一种在组合中较为发育，就目前所知，在我国东南省区仅见于我省鄣公山组中，因此，暂作为本组合之代表。

横涌组位于鄣公山组之上，微古植物除前组合中的 *Leiominuscula minuta*，*Polyporata obsoleta* 外，增加了较多的新生分子。如：*Leiopsophosphaera apertus*，*L. densa*，*L. minor*，*L. solida*，*Trachysphaeridium hyalinum*，*T. simplex*，*T. minor*，*Lophosphaeridium rugosum*，*Quadratimorpha simplex*，*Protoleiosphaeridium infrialum*，*Zonosphaeridium minutum*，*Pseudozonosphaera* sp.，*Archaeoacanthosphaeridium* sp.，*Dictyosphaera sinica*，*D. macroreticulata* 等。总观此组合面貌，光球藻和球形藻占优势，膜壳直径 5～40 μm 为多，且表面构造出现了瘤面（如 *Lophosphaeridium*）、粗糙面（如 *Trachysphaeridium*）。同时，从单一的圆形或球形变成方形（如 *Quadratimorpha*）、网状体（如 *Dictyosphaera*）等几种形态。从而反映了这一组合已较前进化。其地质历程以长城纪—蓟县纪占优势，少部分可延至青白口纪—震旦纪。而其中的 *Archaeoacanthosphaeridium* 和 *Dictyosphaera macroreticulata*，目前所知在东南诸省仅见于我省的横涌组中，故可作为本组合代表。

本组除化石外，同位素年代信息有如下数值：在鄣公山组正层型剖面下部之细碧岩获 Sm－Nd 法等时线年龄值为（1 939.8±161.98）Ma；在德安县彭山相当横涌组之细碧岩获 Rb－Sr 法等时线年龄值为（1 515±241）Ma，此值落在长城纪时限范围内。另在德兴铜厂横涌组上部凝灰质千枚岩获 Rb－Sr 法等时线年龄值 1 401 Ma；北武夷山田里(岩)组正层型剖面之中部片岩中获 U－Pb 法等时线年龄值为 1 690 Ma，上部片岩获 Rb－Sr 法等时线年龄值为 924 Ma。

上述最大数值为（1 939.8±161.98）Ma。这一数值跨越了早、中元古代的界值，说明鄣公山组下部存在着滹沱纪的沉积。但因样品采自其下部，而这一数值又接近于 1 800 Ma，其上部应跨入长城纪。本纪中最小数值为 1 401 Ma，更接近于长城纪的上限值 1 400 Ma。所以单从同位素年龄信息分析，鄣公山组至横涌组的地质时限主要应为长城纪。但从微古植物分析，其上限应跨入蓟县纪。

3. 蓟县纪（Jx）

相当于本纪的岩石地层体，大致包括双桥山群的计林组、安乐林组，以及张村群等。

计林组所获微古植物化石共 16 个属种，其中 *Leiominuscula minuta*，*Leiopsophosphaera solida*，*L. minor*，*L. apertus*，*Polyporata obsoleta*，*Taeniatum crassum*，*Trachysphaeridium minor*，*T. hyalinum*，*T. simplex*，*Dictyosphaera sinica*，主要见于上述横涌组。另有少量分子，如 *L. minuta*，*T. crassum* 及 *Po. obsoleta* 见于鄣公山组中。其地质历程主要为长城纪至蓟县纪，少量上延至青白口纪至震旦纪。本组新出现的分子有 *Leiominuscula orientalis*，*Asperatopsophosphaera umishanensis*，*Paleomorpha punctulata*，*Protoleiosphaeridium pusilum*，*Synsphaeridium conglutinatum*，*Margominuscula antiqua*。这 6 个属种中除 *A. umishanensis* 及 *P. punctulata* 从长城纪或蓟县纪上延至震旦纪外，其他多为蓟县纪的常见分子。因此综合上下新老属种的时代特征，计林组应置于蓟县纪早期为宜。而其中的 *Pro. pusilum*，*Ma. antiqua* 两个分子，目前所知仅见于本组中，暂可作为其代表。

位于计林组之上的安乐林组之微古植物化石共6属7种。与计林组对比存在着较明显的差异。除 *Leiopsophosphaera minor*，*Trachysphaeridium hyalinum*，*Dictyosphaera sinica*，由计林组延续上来，其余 *Zonosphaeridium minutum*，*Protoleiosphaeridium infrialum*，*Lophosphaeridium rugosum* 见于横涌组。而 *Trachysphaeridium rugosum* 在本组首次发现，除见于本组外，还见于我省的潭头群和广东的云开群中，地质历程主要为蓟县纪至青白口纪。

综上所述，横涌组归于长城纪晚期或至蓟县纪初期，计林组归于蓟县纪早期，安乐林组紧覆于计林组之上，故其时代置于蓟县纪中期至晚期较为合理。

修水组与张村群地层位置大体相当，而前者主要见于赣西北修水流域，后者主要分布于赣东北地区，因地区和所获微古植物化石上下层位不同，故组合面貌有较大的区别。

修水组有2属7种，由 *Leiopsophosphaera*，*Trachysphaeridium* 组成组合，组成分子有 *L. minor*，*L. infriata*，*L. densa*；*T. incrassatum*，*T. chihsiensis*，*T. minor*，*T. planum*。组合分子一般个体较大，地质历程以蓟县纪至青白口纪的分子占多数，少数上延至震旦纪。

张村群共有11属10种，曾见于横涌组、计林组的有 *Asperatopsophosphaera umishanensis*，*Leiominuscula minuta*，*L. orientalis*，*Leiopsophosphaera solida*，*Paleomorpha punctulata* 及 *Trachysphaeridium*。新增加的分子有 *Asperatopsophosphaera ellipsodalis*，*Leiofusa minuta*，*L. verrucoss*，*Margominuscula tennela*，*Monotrematosphaeridium* sp.，*Trachyminuscula* sp.，*Trematosphaeridium* sp.。其中 *A. ellipsodalis*，*L. minuta*，*L. verrucoss*，*M.* sp.，*M. tennela* 仅见于本组中，构成了本组合的特征之一。

这一组合所显示的地质时代特征，是新老属种交替，由横涌组、计林组延生上来的属种，多系长城纪晚期或蓟县纪早期开始出现的分子，而新出现的分子又为蓟县纪至青白口纪所常见。所以综合新老分子的时代特征，将所在的张村群归于蓟县纪晚期是合适的。

同位素年代方面，张村群下部韩源组之火山熔岩夹层获 Rb－Sr 法等时线年龄值为1 159 Ma，该层锆石单点信息值为1 201 Ma、1 161 Ma、1 091 Ma。宜丰(岩)组细碧岩获 Rb－Sr 法等时线年龄值为1 300～1 400 Ma；北武夷山周潭(岩)组之斜长角闪岩 Sm－Nd 等时线年龄值为（1 198.8±25.6）Ma。这些年龄值均在蓟县纪时限范围内。与上述微古植物所反映的时代特征基本吻合。

4. 青白口纪（Qn）

省区青白口纪的地层发育，类型多样，名称各不相同。扬子地层区所见均不整合于中元古代沉积之上，上被震旦纪地层不整合或平行不整合覆盖，而东南地层区均未见底，上与震旦纪为整合或平行不整合接触。从而反映了是介于四堡运动与晋宁运动之间的沉积。这套沉积在赣西北为落可岽组、马涧桥组；在赣东北怀玉山地区为登山群及其之上的上墅组、罗村组。上墅组顶部的变流纹岩获 Rb－Sr 等时线年龄值为（817.6±83）Ma，该数值正落在青白口纪时限范围内。它在玉山地层小区覆于翁家岭组之上。翁家岭组含微古植物，有 *Leiopsophosphaera densa*，*L. pelucidus*，*Trachysphaeridium cultum*，*Synsphaeridium sorediforme*，*Majasphaeridium* cf. *carpogenum*，*Nucellosphaeridium* sp.，*Oscillatoriopsis* sp.，*Rhicnonema* cf. *crassivaginata* 等。位于上墅组之上的罗村组含微古植物，有 *Asperatopsophosphaera umishanensis*，*Orygmatosphaeridium exile*，*Granamarginata squamacea*，*Leiopsophosphaera densa*，*L. infriata*，*L. pelucidus*，*Paleomorpha punctulata*，

Leiominuscula minuta，*Angujoplanina rhombica*，*Leiofusa* sp.，*Trachysphaeridium minor*，*T.* cf. *rugosum*，*T. planum*，*T. cultum* 等。

上列两组微古植物计 16 属 19 种，其中翁家岭组 7 属 6 种，罗村组 9 属 13 种。总观其貌，圆形或卵形为主的属种衰减，代之而起的异形分子相对繁盛，衍生了较多的新生属种。翁家岭组地层位于罗村组之下，新生属种除了 *Leiopsophosphaera pelucidus*，*Trachysphaeridium cultum* 外，首次出现的有 *Majasphaeridium* cf. *carpogenum*，*Synsphaeridium sorediforme*，*Oscillatoriopsis* sp.，*Rhicnonema* cf. *crassivaginata*。罗村组除了一些续生属种外，初次出现的有 *Angujoplanina rhombica*，*Orygmatosphaeridium exile*，*Granamarginata squamacea*，由此可见，组别和上下层位不同，组合面貌存在一定的差别。总观其所显示的时代特征，具有广义的青白口纪面貌，不少延生或衍生分子见于湖南的板溪群之马底驿组或五强溪组、通塔湾组、广东的云开群上部以及江苏青白口纪地层中。而罗村组一些分子可上延至震旦纪。

位于翁家岭组和罗村组之间的上墅组是一套火山岩系。在其下部流纹岩中获锆石 U－Pb 法等时线年龄值为（821.2±9.2）Ma；顶部熔结凝灰岩获全岩 Rb－Sr 法等时线年龄值 736.65 Ma，均接近于青白口纪上限值（800 Ma），而与位居其上的罗村组之微古植物所显示的时代基本吻合。

东南地层区之青白纪地层出露广泛，自下而上包括浒岭组、神山组和潭头群等。

浒岭组所获微古植物较少，所见 5 属中，除了 *Orygmatosphaeridium* 一属为首次出现外，其余 4 属：*Leiominuscula* sp.，*Leiopsophosphaera* sp.，*Margominuscula* sp.，*Pseudozonosphaera* sp.，均由前述一些组延生而来。从其组合面貌分析，多为蓟县纪至青白口纪常见分子。

神山组整合覆于浒岭组之上，所获微古植物较后者丰富，且新生属种较多（7 属 4 种），*Leiofusa naviculata*，*Trachysphaeridium dengyingense*，*Micrhystridium* sp.，*Laminarites* sp. 及 *Nucellosphaeridium* sp.，*Trachyminuscula* sp. 为本组首次出现。其中前 4 个分子，见于皖、苏青白口纪地层或淮河群中，故将本组归于晚元古代是合适的。

潭头群在区内广泛连续于神山组之上，因此微古植物组合面貌基本相同，但因上下层位之别，也出现了一些新生属种，如 *Archaeollipsoides* sp.，*Conusmorpha bcevis*，*Leiomarginata simplex*，*Micrhystridium minimum* 等，构成了上下两组不同的特点。其组合面貌主要反映了青白口纪的色彩，部分下延至长城纪至蓟县纪，上延至震旦纪。

总之，本省不同组别的微古植物化石，随着地层位置的升高，新生分子不断出现，膜壳的直径由小变大，形态由圆形或球形，衍生为方形、棱形、核球形等，膜壳表面由光滑无饰衍生为粗糙、瘤状、刺状、多孔及网状等。这表明了它们是不同时代的产物。

第三节　区域地层对比

现代地层学中，岩石地层对比是岩石特征及地层位置的对比。元古宙历经四堡、晋宁两次大的运动，形成上、下两个区域不整合面，为岩石地层划分和地层位置的确定奠定了基础。岩石特征方面，扬子地层区和东南地层区之桂湘赣地层分区均以泥砂质碎屑岩为主，变质较浅，易与邻省区作比较，而武夷地层分区多属中深变质岩系，原岩面貌不清，与浅变质岩系对比则存在一定困难，在考虑地层位置前提下，结合各省地层清理之划分对比意见列于表 2－2 中。

表 2-2　江西省前震旦纪岩石地层单位与邻省对比表

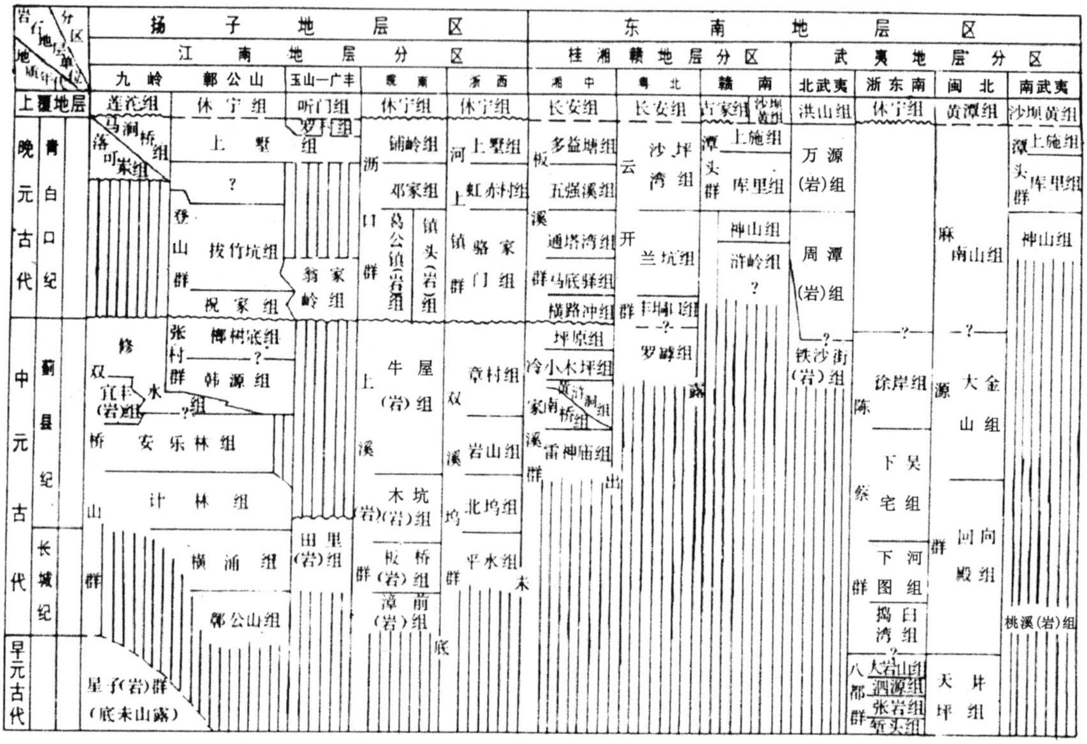

表中星子(岩)群是江西境内出露的最老地层，仅出露于庐山—星子一带。其岩性组合主要为云母石英片岩、石榴石或十字石片岩、二云或角闪片麻岩夹斜长变粒岩及大理岩等。根据天津地质矿产研究所（1994）所测锆石 U-Pb 同位素年龄值为 1 800～2 800 Ma，相当于早元古代至晚太古代。以其地层位置及岩性组合特征大致可和浙南的八都群及闽北的天井坪组比较，除其岩性组合大体相同外，八都群锆石 U-Pb 同位素年龄值为（1 878～2 641±9.4）Ma；天井坪组全岩 Sm-Nd 年龄值为（2 678±48）Ma。

双桥山群中的计林组为含紫红色层为特征的砂板岩沉积，区域上成为本群进一步划分和对比的标志。其下伏的横涌组、上覆的安乐林组均含灰黑色板岩夹层，三者组成“两黑夹一红”的剖面结构。该群向东北延伸至皖南与上溪(岩)群剖面层序一致。所属木坑组顶部为紫红色层，厚度 600 m 左右，其上牛屋(岩)组，其下板桥(岩)组也夹含灰黑色板岩，而岩群下部之漳前(岩)组与双桥山群下部鄣公山组层位、岩性相同，岩性均以千枚岩、片岩为主。因此，双桥山群从鄣公山组上至安乐林组与上溪(岩)群对比无可非议。但是相当修水组之沉积在上溪(岩)群似未见及，是否包含于本(岩)群牛屋(岩)组之中，值得注意。

湘中、湘西北冷家溪群之南桥组主要岩性为玄武岩、辉绿岩夹砂板岩，与我省的宜丰(岩)组岩性相同，且从其层型浏阳县脚板冲至宜丰在同一走向上，应属同一时期的产物，理应对比。南桥组之下的雷神庙组为一套灰绿色泥板岩、粉砂质板岩，按岩性层位对比，大致相当于我省安乐林组下部。其下相当于我省计林组及其以下各组的地层在湖南均未出露。

湖南青白口纪地层，湘北雪峰山地区称板溪群，至湘中称高涧群，两群都是不整合于武陵运动面之上，故可对比。前者划分为五个组（表 2-2），最底部的横路冲组为含石英砾石为主的复成分砾岩、含砾砂岩夹砂岩、板岩的岩石序列，其上的马底驿组以紫红色板岩为主夹钙质板岩、大理岩，素有“红板溪”之称。这两个地层体向东延伸至赣西北地区，其地层位置和岩石组合特征均与双桥山群之修水组相同。修水组下部为含石英砾石为主的复成分砾岩，向上变为凝灰质板岩、粉砂岩夹砾岩；中上部普遍发育一套以“紫红色”为特色的凝灰质板岩、粉砂质板岩夹灰绿色粉砂质板岩，所以分别与板溪群的横路冲组和马底驿组对比应无问题。值得指出的是，修水组与下伏安乐林组的关系多呈整合或平行不整合。这说明在中元古代蓟县纪晚期，随着地壳的抬升，因构造发展的不均衡性，古地理西高东低，水体向东退却，湖南处于剥蚀的同时，江西产生水下侵蚀并先沉积，而后随着海侵的到来，海平面上升，水体又向湖南漫侵，致使沉积物超覆于不整合面上，从而形成不整合面由江西向湖南穿时。因此，江西的修水组划归于中元古代末期，而板溪群的横路冲组和马底驿组归于晚元古代早期。

湘中的高涧群由下而上划分为石桥铺组、黄狮洞组、砖墙湾组及架枧田组。其中砖墙湾组以灰黑色条带状板岩、粉砂质板岩为主，素有“黑板溪”之称，而赣中地区的神山组，以灰黑色、黑色千板岩或板岩为主，习称“黑神山”，两者层位、岩性一致，故应对比。砖墙湾组之下的黄狮洞组，岩性为深灰、灰色钙质板岩、粉砂质板岩夹大理岩，按岩性、层位可和江西省的铁沙街(岩)组相比较，只是铁沙街（岩）组下部所夹的细碧岩 Rb－Sr 同位素年龄值为1 159 Ma,亦说明由江西向湖南穿时。

湘北板溪群上部称五强溪组和多益塘组。前者以石英砾岩或含砾砂岩、砂岩为主，底部平行不整合于通塔湾组之上，二者接触面命名“西晃山运动”。后者为粉砂质板岩、凝灰质条带状板岩夹变余凝灰岩及晶屑、玻屑凝灰岩，以其岩性可与赣北的落可岽组或马涧桥组对比，相应江西的落可岽运动只能和西晃山运动对比。另外，与这些单位相当的还有皖南的邓家组和铺岭组；浙西的虹赤村组和上墅组，以及江西中、南部的库里组和上施组。邓家组和虹赤村组均以紫红色砂砾岩、砂岩为主。赣东北上饶地区之登山群与上墅组之间存在着此套地层，只是因为在本次对比研究中忽略了这一单位，所以在江西省岩石地层单位序列对比表(表 1－1)、江西省前震旦纪岩石地层单位序列对比表（表 2－1）以及江西省前震旦纪岩石地层单位与邻省对比表（表 2－2）中，均与登山群与上墅组之间空留一格并加（?）以作问题。此问题在本书第七章（结语）中做了补充说明。

第三章
震旦纪—志留纪

江西震旦纪—志留纪地层发育齐全，分布广泛（图 3-1）。晋宁运动后，扬子地层区成为相对稳定的陆块，沉积物表现为次稳定型沉积特点。震旦系以复陆屑碎屑岩沉积为主，上部见碳酸盐岩或硅质岩；寒武系由下而上为碎屑岩、灰岩、瘤状灰岩；奥陶系由北而南由碳酸盐岩过渡为碎屑岩；志留系皆为碎屑岩。此时东南地层区仍保持槽盆环境，沉积物以非稳定型陆源复理石建造为主。但由于各区构造特征或沉积相位不同，同一地层区同一纪或期，岩性、岩相多有变化，故所采用地层单位名称不尽一致，所划分的地层分区、小区亦不尽相同（表 3-1）。

第一节　岩石地层单位

莲沱组　*Zl*　(06-36-0501)

【创名及原始定义】　系刘鸿允、沙庆安（1963）所创莲沱群演变而来。创名地点：湖北省宜昌市莲沱镇王丰岗。原始定义："南沱组冰碛岩之下，下部为紫红、棕紫及黄绿色粗—中粒长石石英砂岩及长石砂岩；上部主要为紫红色及灰白色凝灰质砂岩和紫褐色及黄绿色砂岩、砂质页岩，底部暗紫红色砾岩与下伏三斗坪群花岗岩角度不整合分界。"

【沿革】　本次对比研究将此名引入我省。此前，我省广泛采用硐门砂岩或硐门组，此名系李毓尧（1933）所创横路硐门砂岩演变而来。

【现在定义】　正层型地系指黄陵花岗岩与南沱组之间的一套紫红色—暗紫红色的中—厚层状砂砾岩、含砾粗砂岩、长石石英砂岩、石英砂岩、细粒岩屑砂岩、长石质砂岩夹凝灰质岩屑砂岩，含砾岩屑凝灰岩。由下往上碎屑粒度由粗变细，顶界与南沱组冰碛砾岩底面呈平行不整合接触；底界与黄陵花岗岩呈不整合接触。省内岩石与其一致，惟底部不整合于双桥山群或落可岽组或马涧桥组之上。

【层型】　正层型为湖北省宜昌莲沱大桥莲沱组下部剖面及宜昌王丰岗莲沱组上部剖面。省内次层型为修水县石门冲剖面（114°12′，29°08′），江西区调队 1985 年测制。

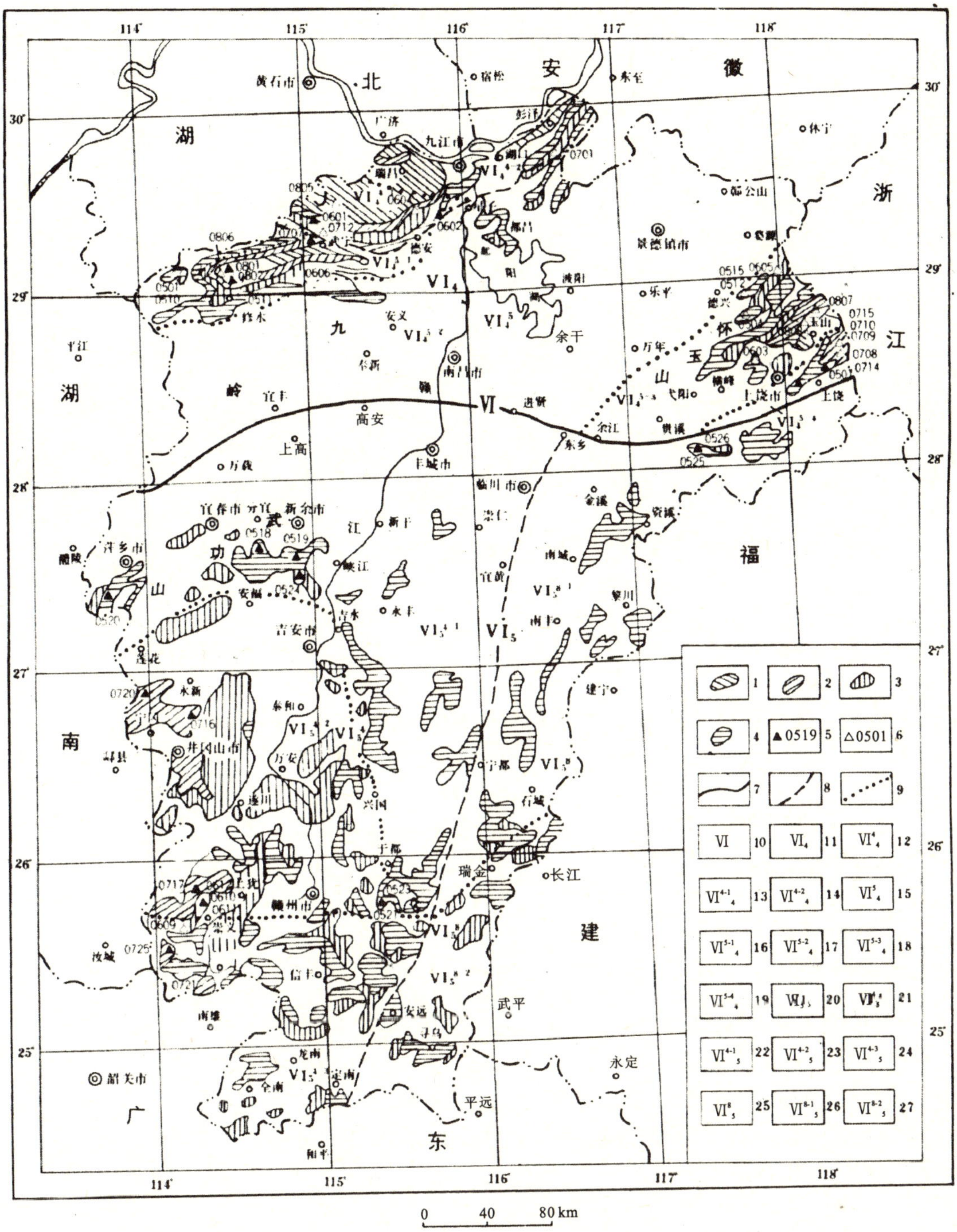

图 3-1 江西省震旦纪—志留纪地层分布及剖面位置略图

1. 志留系露头区；2. 奥陶系露头区；3. 寒武系露头区；4. 震旦系露头区；5. 正层型剖面位置及编号；6. 主要参考剖面位置及编号；7. Ⅱ级地层区界线；8. Ⅲ级地层（分）区界线；9. Ⅳ级地层（小）区界线；10. 华南地层大区；11. 扬子地层区；12. 下扬子地层分区；13. 王音铺地层小区；14. 彭泽地层小区；15. 江南地层分区；16. 武宁地层小区；17. 九岭-鄣公山地层小区；18. 怀玉山地层小区；19. 玉山地层小区；20. 东南地层区；21. 桂湘赣地层分区；22. 武功山-永丰地层小区；23. 井冈山-赣州地层小区；24. 大余地层小区；25. 武夷地层分区；26. 北武夷地层小区；27. 南武夷地层小区

表 3-1　江西省震旦纪—志留纪岩石地层单位序列对比表

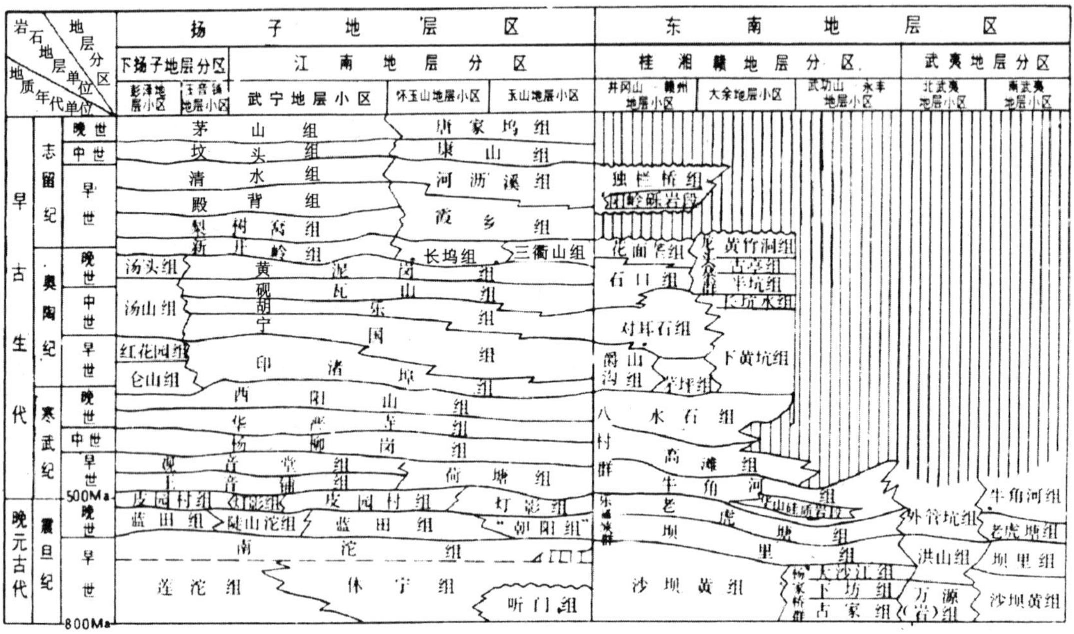

上覆地层：**南沱组**　暗灰、灰绿色中厚层含砾长石岩屑砂岩，含黄铁矿结核，底部砾少而小

———————平行不整合———————

莲沱组　　　　总厚度 195.21 m

12. 深灰、暗灰色厚层细粒长石岩屑砂岩夹含细砂碳质页岩　　3.38 m
11. 灰黑色中薄层状含碳粉砂质页岩　　7.57 m
10. 灰黑色中厚层状细粒长石岩屑砂岩与灰色泥质粉砂岩互层　　33.16 m
9. 暗灰色中厚层状细粒长石岩屑砂岩及含砂绢云板岩　　3.06 m
8. 灰白—暗灰色厚层状中细粒岩屑石英砂岩　　6.49 m
7. 浅灰、浅肉红色厚层粗粒含砾岩屑石英砂岩　　10.84 m
6. 灰白—暗灰色厚层岩屑长石砂岩、细粒岩屑杂砂岩　　36.26 m
5. 灰白色厚层状长石石英砂岩　　26.00 m
4. 灰白色厚层状粗粒含砾岩屑石英砂岩夹薄层状粉砂质泥岩　　30.03 m
3. 黄灰、浅灰色厚—巨厚层含砾岩屑石英砂岩及中粒岩屑石英砂岩　　32.74 m
2. 灰白、黄灰色含砾石英砂岩　　5.68 m

~~~~~~~~~~ 不　整　合 ~~~~~~~~~~

下伏地层：**修水组**

1. 灰绿色薄层细粒长石石英杂砂岩与薄层状板岩互层

【地质特征及区域变化】　次层型剖面下部由灰白色含砾砂岩、中—细粒石英或长石石英砂岩组成韵律互层；上部由暗灰、灰黑色细粒长石岩屑砂岩—粉砂岩或粉砂质页岩、碳质页岩组成韵律互层（图 3-2）。

本组见于修水—彭泽一带。由修水向东至武宁大源，由浅灰色中粗粒长石石英砂岩—细
~~~~~~~~~~

粒长石石英砂岩组成韵律互层。下与双桥山群为断层接触，出露厚度 261 m。再东至武宁县王音铺及其以东德安至彭泽以远，粒度变粗，多由灰白色石英砂砾岩—含砾长石石英砂岩组成，厚度变化在 100～160 m 之间。向南至修水潭坪、任家铺，岩性组合与次层型剖面基本一致，惟任家铺一带本组顶部出现深灰色板岩。厚 410～440 m。

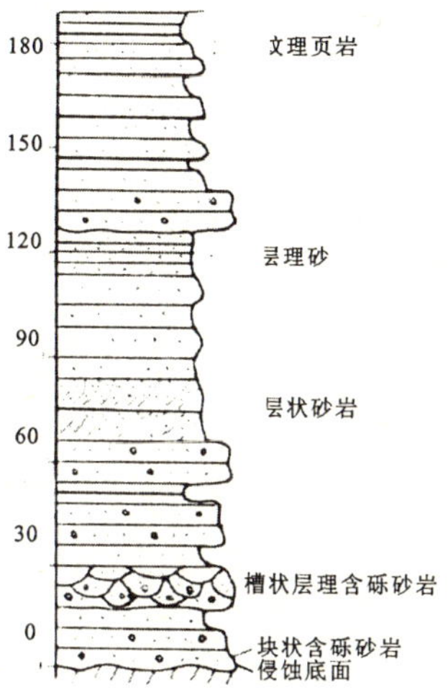

图 3－2　江西莲沱组河流—滨海沉积层序

南沱组　*Zn*　（06－36－0510）

【创名及原始定义】　原称南沱层，系 E Blackwelder(1907) 创名于湖北宜昌县王丰岗。指伏于大套石灰岩之下的砂质和泥质岩石。底部由长石石英砂岩和砾岩组成，下部呈紫褐色，向上渐变成白色和紫色石英岩，总厚 45 m；上部出露 35 m 厚的泥砾层或冰碛层。

【沿革】　李四光（1924）改称南沱层为南沱冰碛岩。江西区测队（1964a）首先将此名引入1∶20万修水幅区域地质调查中。底部及下部称南沱砂岩段，上部称南沱冰碛岩。该队（1980）在1∶20万乐平幅、广丰幅调查时，将赣东北地区与之相当的地层采用浙西的雷公坞组。赣东北地质大队（1983）在德兴银山—铜厂做 1∶5 万地质调查时，据冰期、间冰期将该组由下而上划分为三个组：下创榔口组、中立猛虎山组，上采用雷公坞组。该队（1991）又沿袭浙西的地层名称，由下而上称下涯埠组、洋安组、雷公坞组。虽然各家使用的名称不同，但其内容均是指位于莲沱组之上的冰成岩层。此次对比研究统一采用南沱组。

【现在定义】　系指介于莲沱组与陡山沱组之间的一套灰绿、紫褐色冰碛泥砾岩。在省内随地层分区或地层小区的不同，上覆、下伏地层亦不一致。在修水—彭泽一带下伏为莲沱组，上覆为陡山沱组或蓝田组，在九岭至怀玉山一带下伏为休宁组，上覆为蓝田组，而在上饶以南上覆为朝阳组。与下伏地层为平行不整合接触，与上覆地层为整合接触。

【层型】　选层型为湖北省莲沱王丰岗南沱组—陡山沱组剖面。省内次层型为修水县大椿乡石门冲剖面（114°11′，29°08′），江西区调队 1985 年测制。

上覆地层：**陡山沱组**　灰白—灰色粉晶白云岩，向上风化后呈黑色锰土

——————　整　合　——————

南沱组	总厚度 30.23 m
19. 浅灰色块状含砾细砂岩	2.33 m
18. 灰黑色块状冰碛含砂铁质泥岩、含砾长石岩屑杂砂岩、含砂凝灰质泥岩，含黄铁矿结核	12.20 m
17. 灰白—青灰色薄层状页岩	2.13 m
16. 灰黑色块状冰碛泥砾岩夹黑色页岩	3.55 m
15. 灰黑色薄层状页岩（板岩）	5.68 m
14. 灰—深灰色中薄层状含砾凝灰质页岩	0.96 m
13. 暗灰、灰绿色中厚层状含砾长石岩屑砂岩，含黄铁矿结核，底部砾少而小	3.38 m

－－－－－－－平行不整合－－－－－－－

下伏地层：**莲沱组**

12. 暗灰、深灰色厚层细粒长石岩屑砂岩夹含细砂碳质页岩（含碳砂质粉砂岩），含黄铁矿晶体

【地质特征及区域变化】 次层型剖面上、下部主要为灰黑色冰碛泥砾岩，中部为青灰、黑色页岩。厚度 30.3 m。东至武宁南坑段，厚度仅 0.45 m，仅见上部冰碛泥砾岩。再东至德安、都昌、彭泽以远，也多见上冰碛泥砾岩，其下常为深灰色板岩、页岩，偶夹白云质砂页岩或含锰层。厚度 2～40 m 不等。东南至怀玉山一带发育较好，多见上、下两套冰碛泥砾岩，其间常为灰黑色千枚状含碳页岩或夹白云质灰岩、铁锰层。厚 30～72 m 不等。而至上饶之南一般只见上部冰碛泥砾岩，为含砾沉凝灰岩、含砾泥板岩。厚 10～15 m。

陡山沱组 *Zd$\hat{s}$* （06－36－0511）

【创名及原始定义】 原称陡山沱岩系，由李四光（1924）创名于湖北省宜昌县陡山沱。原始定义：由页岩和薄层灰岩组成。其下部以页岩为主，向上依次为纹理石灰岩、鲕状灰岩、薄层状白云岩，厚 180 m。上以出现厚层角砾状石灰岩与灯影石灰岩分界，下以出现紫红、灰绿色冰碛砾岩与南沱冰碛层分界。

【沿革】 此名，江西区测队（1964）首先引入《1：20 万修水幅区调报告》，当时称灯影组陡山沱段。此后的使用者多称陡山沱组。惟《江西岩石地层统编》（1991）因省内以页岩为主，与正层型剖面含义不同，以修水县潭坪剖面为正层型剖面，改称潭坪页岩。

【现在定义】 正层型剖面以灰、灰白色白云岩为主。可分三部：下部为灰—褐灰色白云岩，含泥、硅质磷质结核；中部为灰黑色页片状含粉砂质白云岩；上部为灰、灰白色白云岩夹硅质岩，含燧石团块。厚 230 m。顶部以黑色碳质页岩与灯影组整合分界，底以含砾白云岩消失与南沱组整合分界。本省多以页岩或泥板岩为主，局部地段上、下常为灰岩或白云质灰岩。虽然岩性组合与正层型有一定差异，现考虑层位相当，为保持由莲沱组、南沱组至陡山沱组等岩石地层单位系统性，仍采用陡山沱组一名。上覆地层在修水附近广丰一带为灯影组，而武宁以东多为皮园村组。

【层型】 正层型为湖北省宜昌田家园子陡山沱组剖面。省内次层型为修水县潭坪剖面（114°37′，29°03′），由江西区测队 1964 年测制。

上覆地层：**皮园村组** 灰、灰黑、灰白及浅褐色硅质岩，具明显彩色条带

——————— 整　合 ———————

陡山沱组（潭坪组）	总厚度 26.78 m
28. 深黄、浅黄色绢云砂质页岩，局部含黄铁矿结核	10.11 m
27. 灰黑—浅灰色砂质页岩	9.35 m
26. 浮土	7.32 m

——————— 整　合 ———————

下伏地层：**南沱组**

25. 黄褐色冰碛砾岩

【地质特征及区域变化】 本组次层型剖面厚度 26.78 m，以深灰色页岩为主，向西延至修水小水岭为绢云泥板岩，厚度 13 m，东至武宁一带，上、下常为白云质灰岩，厚度 30 m左右。

灯影组 Z∈dy (06－36－0514)

【创名及原始定义】 原名灯影石灰岩，系李四光（1924）所立，创名地在湖北省宜昌县石牌灯影峡。为一套白色致密石灰岩，含有白云质，在灯影山峡厚约520 m。

【沿革】 江西区测队（1964）首先将此名引入《1∶20万修水幅区调报告》，当时归于灯影组之灯影段。本组延至上饶一带，江西区调队（1982）在1∶20万上饶幅调查时，将与之相当的层段划归于西峰寺组上部。此后，赣东北地质大队（1991）在开展1∶5万郑家坊幅区域调查时将其从西峰寺组肢解出来，称洲村灰岩。本次划分对比认为，地层位置和岩性特征与正层型剖面基本一致，故引用灯影组，本省停用洲村灰岩。

【现在定义】 正层型剖面灯影组岩性三分性明显：下部为灰白色碎屑白云岩；中部为黑色薄层沥青灰岩，含燧石条带及结核；上部为灰白色中—厚层状白云岩，含燧石层及燧石团块，生物化石有核形石、大型藻类及小壳化石等。省内多以白云岩为主，偶夹灰岩、页岩。其在赣西北修水下与陡山沱组绢云板岩，上与王音铺组碳质页岩均呈整合关系。

【层型】 正层型为湖北省宜昌市南沱—石牌青树包剖面。省内次层型为修水县小水岭剖面（114°34′，29°02′），由江西区调队1985年测制。

上覆地层：**王音铺组** 上部灰黑—黑色薄层含黄铁矿碳质页岩；下部灰褐色薄层含黄铁矿泥页岩夹凝灰质泥岩

——————— 整 合 ———————

灯影组	总厚度36.02 m
18. 深灰色薄层结晶灰岩夹微晶灰岩凸镜体	0.27 m
17. 灰白—灰色厚—巨厚层含白云石硅质岩	1.56 m
16. 深灰色薄层条带状灰质白云岩	9.30 m
15. 深灰色中层条纹状白云岩	2.17 m
14. 深灰色中薄层条纹状白云岩	6.13 m
13. 黑色薄层碳质硅质岩	3.82 m
12. 深灰—灰黑色中层砂屑白云岩	7.97 m
11. 浮土	2.56 m
10. 褐灰、灰色薄层微晶白云岩与深灰色钙质页岩呈不等厚韵律及互层	2.24 m

——————— 整 合 ———————

下伏地层：**陡山沱组**

9. 深灰色薄层含黄铁矿泥质绢云板岩

【地质特征及区域变化】 本组为深灰色中厚层状白云岩为主，顶为结晶灰岩及白云石硅质岩，下夹黑色薄层硅质岩，底为白云岩与钙质页岩不等厚互层。厚36 m。

本组主要见于赣西北修水地区和赣东北上饶至广丰地区。上饶台湖变为有机质粉晶灰岩，厚度60 m。下与蓝田组灰白色硅化石英岩，上与荷塘组硅质岩呈整合接触。由此向东南至广丰溪滩，为灰色厚—巨厚层状结晶白云岩夹肉红色鲕粒白云岩，厚度80 m，下与“朝阳组”灰黑色硅质磷块岩呈整合接触，上与荷塘组黑色含碳板岩呈平行不整合接触。而至上饶陈家源仍以白云岩为主，上夹钙质页岩，下夹硅质岩、硅质页岩，厚度26 m。上与荷塘组，下与朝阳组均呈连续过渡关系。

听门组　*Zt*　（06－36－0507）

【创名及原始定义】　系赣东北地质大队①（1977）所创，创名地在广丰县下溪乡听门。1988 年，杨明桂、吴安国、钟南昌在《华南中晚元古代地层划分、沉积建造特征及其地壳构造演化》一文中介绍。系指位于罗村组与流源组之间的一套河流相紫红色砂砾岩、杂砂岩夹细砂岩沉积。砂砾岩、砂岩中常见大型交错层理（图 3－3）。下与罗村组黄绿色粉砂质泥岩呈平行不整合接触，上与流源组不整合（?）接触。

【沿革】　江西区调队（1980）在 1∶20 万广丰幅调查及 1983 年做《江西省震旦系》总结时，均归于志棠组下部。1991 年《江西岩石地层统编》，复用此名，改称听门砂砾岩。

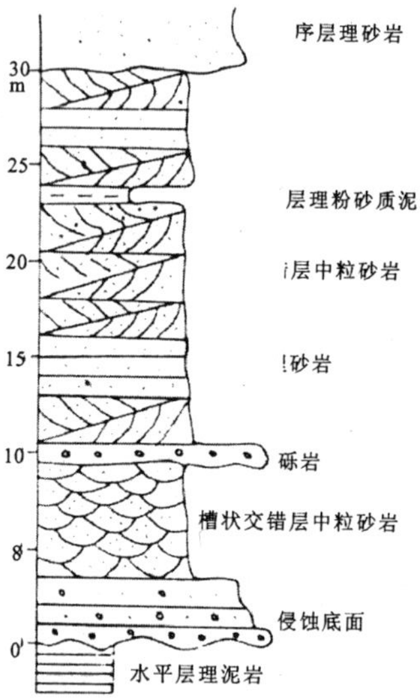

图 3－3　广丰听门组河流沉积层序

【现在定义】　系指平行不整合于罗村组黄绿色粉砂质泥岩之上，微角度不整合或平行不整合于休宁组（流源组）灰白色砾岩之下的一套紫红色砾岩、砂砾岩、杂砂岩夹粉砂岩、黄绿色粉砂质泥岩、页岩沉积。砂砾岩、砂岩常含槽状或板状层理。

【层型】　正层型为广丰县下溪乡听门剖面（118°12′，28°28′），由赣东北地质大队 1977 年测制。

上覆地层：**休宁组**　浅紫红色粗砂岩，底部为厚 1.0 m 底砾岩

～～～～～～～ 不　整　合 ～～～～～～～

听门组	总厚度 367.5 m
12. 紫红色厚层状中粒杂砂岩	34.8 m
11. 紫红色厚层状细粒杂砂岩夹薄层状粗粒杂砂岩	14.1 m
10. 黄绿色砂砾岩夹黄白色中粒杂砂岩	19.4 m
9. 浅紫红色含砾粗粒杂砂岩	32.4 m
8. 紫红色厚层状中粒杂砂岩间夹紫红色薄层泥质粉砂岩	98.5 m
7. 紫红色厚层状细粒杂砂岩	16.5 m
6. 灰紫色厚层状含砾粗粒杂砂岩	68.8 m
5. 浅紫红色厚层状中粒杂砂岩	1.6 m
4. 紫红色厚层状粗粒杂砂岩	38.0 m
3. 肉红色巨厚层状中粒杂砂岩	13.8 m
2. 灰紫色厚—巨厚层状中粒杂砂岩夹中厚层状砾岩及粉砂质泥岩	26.3 m
1. 灰紫色厚层状含砾粗粒杂砂岩、砂砾岩，底部有厚 0.2 m 底砾岩	3.3 m

－－－－－－平行不整合－－－－－－

下伏地层：**罗村组**　黄绿色粉砂质泥岩夹紫红色薄层粉砂质泥岩

① 赣东北地质大队，1977，赣东北东部地区震旦系划分的初步意见。赣东北地质情报，第 1 期。

【地质特征及区域变化】 正层型剖面由紫红色，局部为黄绿色含砾粗砂岩或粗粒杂砂岩与中粒杂砂岩形成韵律互层。厚度 367.5 m。

本组仅见于玉山地层小区，由正层型剖面向东延伸至广丰塘边乡阴家温，岩石粒度变细，多由紫红色中粒杂砂岩、细砂岩及页岩形成韵律互层，下与罗村组、上与休宁组均呈整合接触。

本组常由含砾砂岩、中—细粒砂岩组成韵律，岩层中普遍含有大型槽状层理、板状层理或楔状层理、平行层理，韵律底面常见冲刷构造，应属内陆河流相（图 3－3）。未获生物化石资料，地质时代有青白口纪和震旦纪之争，本次对比研究据区域对比及上下相序关系，置于震旦纪早期。

休宁组　*Zx*　(06－36－0504)

【创名及原始定义】 原称休宁砂岩，系李毓尧（1936）创名，指安徽休宁县蓝田一带，覆于下部千枚岩之上，被冰川砾岩覆盖的一套紫红、绿色砂岩，偶夹黄褐色泥质砂岩，其下为厚度 40 m 的底砾岩，全组总厚度约 600 m。

【沿革】 本次划分对比引入此名，与其相当的地层主要分布于省内江南地层分区。江西区调队（1973）在 1∶20 万永修幅调查时，将武宁南境相当的沉积划归为莲沱组。赣东北地质大队（1977）以广丰县下溪乡流源为命名地，以上饶县朝阳龙原弄剖面为代表创名流源组。此名创立之后，少为沿用。江西区调队在 1∶20 万广丰幅、乐平幅（1980）、上饶幅（1982），调查时以及在《江西省震旦系》（1983）总结和《江西省区域地质志》（1984）中，均引用浙西的志棠组，时代归于早震旦世。

【现在定义】 正层型休宁组是指整合于南沱组和沥口群之间，主体岩性为灰白、灰绿紫红色砂岩、粉砂岩与泥岩组成的韵律层段。含微古植物化石，总厚 1 394 m。本省岩性、层位与其一致，故采用此名。但下与上墅组，上与南沱组均为平行不整合接触。

【层型】 正层型为安徽省休宁县兰田休宁组剖面。省内次层型为上饶县华坛山乡甘岭剖面（117°46′，28°43′），由赣东北地质大队 1991 年测制。

上覆地层：**南沱组**　深灰色冰碛含砾砂页岩夹页岩

———————平行不整合———————

休宁组	总厚度 1 573.57 m
78. 浅灰—深灰色千枚状页岩	128.44 m
77. 灰色千枚状页岩夹细砂岩	31.50 m
76. 灰—深灰色千枚状页岩	69.37 m
75. 浅灰色千枚状硅质页岩	26.28 m
74. 灰绿色千枚状页岩	4.93 m
73. 浮土	22.20 m
72. 灰绿色千枚状含粉砂质页岩	70.91 m
71. 浮土	49.17 m
70. 灰色千枚状页岩	43.51 m
69. 灰绿色千枚状粉砂质页岩夹石英细砂岩	20.31 m
68. 浮土	13.90 m
67. 灰绿色千枚状硅质页岩夹页岩	179.32 m

66. 灰绿色千枚状含粉砂质页岩	67.41 m
65. 灰绿色千枚状含粉砂质页岩夹粉砂岩	69.76 m
64. 灰绿色千枚状页岩	8.17 m
63. 浮土	9.45 m
62. 浅灰绿色千枚状粉砂质页岩	5.21 m
61. 灰绿色千枚状页岩	8.70 m
60. 浮土	25.73 m
59. 灰绿色千枚状页岩夹变质中粗粒长石石英砂岩	12.24 m
58. 浅灰色变余中粗粒长石石英砂岩夹千枚状粉砂质页岩	22.76 m
57. 浮土	32.00 m
56. 灰绿色千枚状页岩	75.13 m
55. 浮土	16.99 m
54. 灰绿色千枚状页岩，中部夹粉砂质页岩	54.12 m
53. 灰绿色千枚状页岩	64.86 m
52. 灰绿色千枚状粉砂质页岩夹页岩	153.56 m
51. 灰绿色变余沉凝灰岩	28.76 m
50. 灰绿色硅化绢云母化沉凝灰岩夹千枚状页岩	34.88 m
49. 灰绿色千枚状粉砂质页岩	26.58 m
48. 浅灰绿色千枚状页岩	44.13 m
47. 浅灰绿色千枚状粉砂质页岩	17.80 m
46. 灰绿色千枚状页岩	25.67 m
45. 灰紫色变余中粒杂砂岩、粉砂岩组成韵律层	20.36 m
44. 灰紫色变余中粗粒杂砂岩、细粒杂砂岩组成韵律层	9.77 m
43. 紫红色变余含砾粗粒杂砂岩	29.80 m
42. 灰紫色变余粗粒砾质杂砂岩	6.52 m
41. 灰紫色变余粗粒杂砂岩	6.52 m
40. 灰紫色变余砾质粗粒杂砂岩	8.20 m
39. 灰紫色变余含砾粗粒杂砂岩	18.80 m
38. 灰紫色变余杂砂砾岩	9.85 m

———————平行不整合———————

下伏地层：**上墅组**

37. 灰紫色变质杏仁状安山岩

【地质特征及区域变化】　上列次层型剖面以岩性组合可分上、下两段：下段为灰紫色含砾粗粒杂砂岩或杂砂岩为主；上段为灰绿色千枚状页岩或粉砂质页岩为主，局部夹砂岩、粉砂岩及沉凝灰岩，相互之间组成韵律层。厚度 1 553.5 m。

本组主要见于江南地层分区九岭、怀玉山及上饶至广丰地区。由于沉积相位不同，由北而南岩性多有变化，武宁县石埚里下段常由紫红色凝灰质含砾砂岩、中粗粒凝灰质砂岩、凝灰岩构成韵律；上段多由灰绿、青灰色层凝灰岩、凝灰质板岩构成韵律，顶部为白云质砂岩、粉砂岩。岩层多呈中—厚层状。顶与南沱组为断层接触，下与双桥山群呈不整合接触，出露厚度 1 011 m。南至广丰下溪乡靠青坞一带，岩层粒度明显变细，层厚变薄，粗细相间，组成类复理石建造。下段主要由紫红色中—薄层状长石石英细砂岩、凝灰质粉砂岩或层凝灰岩构成韵律。底部为灰黄色石英砾岩、含砾石英粗砂岩。除下部砾岩、砂岩外，岩层普遍含水平层理。上段由灰黄色中厚层状长石石英细砂岩、青灰色薄层状粉砂岩或沉凝灰岩及凝灰质页岩或凝灰质硅质岩构成韵律。下与听门组呈不整合关系，上与南沱组呈平行不整合关系。总厚度 411 m。时代为早震旦世。

蓝田组 *Zlt* (06-36-0512)

【创名及原始定义】 原称蓝田系，系丁毅（1935）创名，钱义元等（1964）改称蓝田组，创名地点安徽省休宁县蓝田。原始定义：以泥质板状灰岩为主，夹有黑色碳质板岩。与其下"冰碛层"假整合接触，与其上皮园村组整合接触，厚 100～200m。

【沿革】 江西区测队（1964）开展 1∶20 万修水幅调查时，将与其相当地层划为灯影组陡山沱段。江西区调队（1970）进行 1∶20 万波阳幅调查时，改称陡山沱组。1980 年进行1∶20万乐平幅调查时，将赣东北地区一带的相当层位，岩性为碎屑岩、灰岩夹硅质岩及上部的硅质岩，引用浙西的名称，称西峰寺组。本次对比研究对原西峰寺组做了进一步划分，其下部岩性可与皖南蓝田组对比，故引用此名。

【现在定义】 系指整合于皮园村组之下、南沱组冰碛砾岩之上的地层。其底部为含锰灰岩，下部为黑色碳质页岩、泥岩，含藻类化石；中部为灰岩、泥灰岩、白云质灰岩；上部为粉砂质页岩、含钾页岩。

【层型】 正层型为安徽省休宁县蓝田蓝田组剖面。省内次层型为德兴市詹村乡槲口剖面（117°47′，28°56′），由江西区调队 1985 年测制。

上覆地层：**皮园村组** 风化呈灰白色绿帘石化细粒长石石英砂岩，底部为薄层硅质岩与砂岩互层

——————— 整 合 ———————

蓝田组	总厚度 425.8m
12. 灰黑色残余微晶砂屑白云岩，局部为藻类灰质细晶白云岩	18.6 m
11. 浮土	106.7 m
10. 黑灰色砂质绢云板岩	44.3 m
9. 灰黑色含硅含碳泥岩	90.2 m
8. 深灰色变余含粉砂泥岩	97.5 m
7. 变基性熔岩	17.3 m
6. 灰黑色中厚层状碳质硅质泥岩	40.8 m
5. 风化呈黄褐色薄层状含菱锰矿泥灰岩	10.4 m

——————— 整 合 ———————

下伏地层：**南沱组**

4. 灰黑色含砾泥岩

【地质特征及区域变化】 上列次层型剖面顶部为砂屑白云岩，底部为含菱锰矿泥灰岩，主体为灰黑色、深灰色碳、硅质泥岩、粉砂质泥岩、绢云板岩。整合于南沱组和皮园村组之间。总厚 426 m。

本组见于赣西北武宁至九江、彭泽和赣东北上饶一带。武宁南坑塅为凝灰岩、页岩夹硅质灰岩，厚度 13 m。东至都昌县大矶山一带，底部为含锰、含磷泥质灰岩，向上变为灰色、灰黑色、灰白色粉砂质页岩、碳质页岩，上夹泥质灰岩及一层钙质页岩，厚度 118 m。再南

至上饶吴坞，底部为灰白色细屑沉凝灰岩，中部为碳质页岩，间夹白云岩及泥岩，上部为钙质粉砂岩及沉凝灰岩，厚度 147 m。时代为晚震旦世。

本组含碳或碳质页岩中常含黄铁矿，上下岩层发育水平层理，应属内陆半闭塞台盆相沉积。

“朝阳组” $Z\hat{c}$ （06－36－0513）

【创名及原始定义】 由江西调研队（1994）在本次对比研究中创立，正层型为上饶县朝阳陈家源剖面。原始定义系指分布于广丰地层小区，整合于南沱组与灯影组之间的一套浅灰色白云岩，紫红色泥质粉砂岩、钙质细砂岩、灰绿色泥岩及含硅质岩及白云岩之沉积。著名的“朝阳式”磷矿赋存其中，故立“朝阳组”一名。时代为晚震旦世早期。

【沿革】 1977 年赣东北地质大队将此套地层归于陡山沱组。江西区调队（1980，1982）进行 1∶20 万乐平幅、广丰幅及上饶幅区调及编写《江西省区域地质志》（1984）等，均引用浙西的西峰寺组，归于晚震旦世。而《江西岩石地层统编》（1991）又创能坞组代表此套沉积。实则，陡山沱组与层型含义不同，而西峰寺组包括其上覆的灯影组，是个含义不明的单位。而能坞组之层型因构造破坏难以厘定其含义。所以，本次对比研究以其独特的岩性组合，尤以含磷矿著称，立“朝阳组”一名。

【现在定义】 同原始定义。

【层型】 正层型为上饶县朝阳乡陈家源剖面（118°05′，28°24′），由江西区调队 1985 年测制。

上覆地层：**灯影组** 灰色中厚层状微—粉晶白云岩，白云质微晶灰岩

——————— 整　合 ———————

“朝阳组”	总厚度 75.0 m
12. 灰、灰黑色砂屑白云质磷块岩夹白云质磷块岩、含砾砂屑含磷白云岩、砂屑含磷硅质岩及残余鲕粒含磷细晶白云岩	4.4 m
11. 灰色薄—厚层状砂屑磷质硅质岩、砂屑含磷硅质岩及鲕状硅质岩与含磷白云岩互层	10.2 m
10. 紫红色薄—中层状粉砂岩与含钙细砂岩互层	26.2 m
9. 灰绿色薄—中层状粉砂岩夹土黄色薄层钙质细砂岩	1.5 m
8. 紫红色厚层状粉砂岩及含锰质粉砂岩夹薄层石英细砂岩和微—粉晶白云岩	8.8 m
7. 灰白色块状硅化砾晶白云质灰岩、弱硅化细晶白云岩、细晶白云岩及含碳白云岩	11.6 m
6. 灰绿色厚层状含白云质粉砂岩夹薄层状含泥砂屑白云岩及白云质粉砂岩，上部为紫红色页岩夹白云质粉砂岩	6.4 m
5. 棕黑色薄层状强风化菱锰矿	0.4 m
4. 灰白色厚层状微—粉—细晶白云岩、含碳白云岩及含泥白云岩夹薄层白云质粉砂岩及白云质页岩和菱锰矿凸镜体	5.5 m

——————— 整　合 ———————

下伏地层：**南沱组**

3. 灰绿色厚层状变余含砾沉凝灰岩

【地质特征及区域变化】 本组按岩性可分三部：下部以白云岩为主，夹白云质粉砂岩；中部为钙质细砂、粉砂岩夹白云岩；上部为磷质或含磷质硅质岩至砂屑白云质磷块岩、含磷白云岩等。厚度 75 m。上下分别与灯影组、南沱组为整合接触。

本组主要见于上饶、玉山、广丰地区。在层型之东北广丰县溪滩大坞下部为白云岩及砂屑白云岩，上部鲕状白云岩夹鲕状硅质磷块岩，厚度约 60 m。而在广丰塘源磷矿区，下部为白云质灰岩，上部为鲕状硅质岩夹磷块岩，厚度 144 m。总观本组以白云岩、鲕状硅质岩、磷块岩为主，陆源碎屑岩常呈夹层出现。岩层中常见大型斜层理、平行或水平层理，是在高能水动力条件下形成，应属台地边缘滩相沉积。

皮园村组　*Zp*　(06－36－0515)

【创名及原始定义】　李捷（1930）创建皮园村砂岩，钱义元等（1964）改称皮园村组，创名地在安徽休宁县蓝田皮园村。原始定义：在蓝田组与黄柏岭组之间“以黑色条带交替的硅质岩为主，纵横变化较小，厚度也比较稳定，具有沉积层纹理与细小屈曲构造”的一段地层。厚约200 m。

【沿革】　与其相当的地层江西区测队或区调队（1964，1966，1970，1973，1980）在1：20万图幅调查时，将分布于赣西北地区的硅质岩归于灯影组或灯影组灯影段，而将分布于赣东北地区同层位的硅质岩归于西峰寺组上部。而《江西岩石地层统编》（1991）将原灯影组或灯影段硅质岩和原西峰寺组上部的硅质岩及其上覆的荷塘组合为一体，创称张家山硅质岩。

岩石地层单位的延展严格受层型的控制，因此，以上不论是归于灯影组或灯影组灯影段，或者张家山硅质岩，均不符合岩石地层单位的含义。因为灯影组之正层型为碳酸盐岩，而本组为硅质岩，张家山硅质岩又包括现划分的早寒武世荷塘组和晚震旦世皮园村组之两个不同时代、不同岩性组合的单位，所以不应成立。

【现在定义】　指整合于蓝田组或陡山沱组页岩之上、王音铺组或荷塘组石煤层之下的深灰色中—厚层状硅质岩夹薄层硅质岩及硅质页岩的地层。

【层型】　正层型为安徽省休宁县蓝田皮园村皮园村组剖面。省内次层型为德兴市詹村乡榔口剖面（117°47′，28°56′），由江西区调队 1985 年测制。

上覆地层：**荷塘组**　浅灰色弱云英岩化含砂泥岩与黑灰色含硅碳质板岩互层，局部碳质含量增多形成石煤层，含磷结核

——————— 整　合 ———————

皮园村组	总厚度 406.0 m
22. 黑灰色含黄铁矿硅质岩	96.6 m
21. 灰色厚层状硅质岩	15.9 m
20. 灰色厚层含砾屑微晶灰岩	46.9 m
19. 深灰色含黄铁矿硅质岩	1.7 m
18. 灰白色斜长花岗斑岩脉	5.0 m
17. 灰色含黄铁矿泥岩	5.8 m
16. 深灰色厚层状含碳硅质岩	35.5 m
15. 灰黑色厚层—块状含黄铁矿硅质岩	113.8 m
14. 灰黑色条纹状绿帘石化硅质岩	58.6 m
13. 风化呈灰白色细粒长石石英砂岩，底部为薄层硅质岩与砂岩互层	26.2 m

——————— 整　合 ———————

下伏地层：**蓝田组**

12. 深灰色残余微晶砂屑灰云岩，局部见藻类灰质细晶白云岩

【地质特征及区域变化】 次层型剖面中，本组以深灰、灰黑色硅质岩为主，底部夹细粒长石石英砂岩，上部夹微晶灰岩。整合于蓝田组和荷塘组之间。厚406 m，时代为晚震旦世。

本组主要分布于赣西北修水、武宁、瑞昌至彭泽一带及赣东北德兴、上饶、广丰地区。彭泽梁家山一带为深灰、灰色硅质岩，中夹硅质灰岩，顶底分别夹粉砂岩、碳质页岩，厚度215 m。向西至武宁南坑段为灰黑、灰色中—薄层状硅质岩夹含碳硅质页岩，厚度 57 m。再西至修水潭坪，下部为灰、灰黑色硅质岩；上部为灰黑、灰白色硅质页岩，下夹硅质岩，厚度60 m。向东至德兴双河口为灰黑色薄—中厚层状碳质硅质岩、硅质板岩夹灰黑色石英砂岩，厚度203 m。

本组主体岩性为硅质岩。赣西北地区常夹硅质页岩，岩层多呈薄—中厚层状，由黑白相间的条纹条带组成水平层理，另见小型交错层理，局部可见硅质砾岩或角砾岩。赣东北地区常夹陆源碎屑岩、碳酸盐岩，岩层多呈中—厚层状，除由条纹条带构成的水平层理外，亦常见交错层理。据岩性及沉积构造等，本组应为台盆相或台盆斜坡相沉积。

杨家桥群 *ZY* (06－36－0517)

【创名及原始定义】 据刘鸿允等（1991）在《中国震旦系》一书中介绍，原称杨家桥组，系颜美钟等（1962）创立，创名地在赣西安福县杨家桥。系指分布于武功山及邻近地区一套岩石组分复杂的硅铁质碎屑岩建造。

【沿革】 杨家桥组一名创立后，沿用较少，因属硅铁质建造，省内多以武功山地区的“下坊组”代之。刘鸿允等（1991）在《中国震旦系》一书中，将层型划分为三层：下称“下含砾层”，为黄绿色厚层状含砾凝灰质千枚岩，厚 24 m；中为铁矿层，由下部灰黄、灰绿色夹灰黑色含磁铁绢云千枚岩、含磁铁绿泥石千枚岩夹磁铁石英岩至上部白云质或含黄铁矿绢云千枚岩组成，厚度 177 m；上称“上含砾层”，由灰黑色碳质千枚岩夹含砾碳质千枚岩、向上含锰白云岩组成，厚度 28 m。

本次对比研究根据岩石组合特征，将刘氏等所划分的三个层，上升为三个组，下含砾层采用魏秀喆等[①]（1964）所立的古家组，中部含铁岩层采用江西区测队（1964）所创的下坊组，上含砾层创称大沙江组。并组为群，统称杨家桥群。

【现在定义】 指不整合或平行不整合于上施组绢云千枚岩之上、整合于坝里组砂、板岩之下一套含硅铁质碎屑岩建造。据岩性组合由下而上划分为古家组、下坊组和大沙江组。

古家组 *Zg* (06－36－0518)

【创名及原始定义】 原称古家砾岩，系江西区测队魏秀喆等[②]（1964）创建，1984 年，江西省地矿局在《江西省区域地质志》中介绍。创名地在分宜县松山乡古家。原始定义：系指下坊组下部含砾凝灰质千枚岩。

【沿革】 古家砾岩一名，自创名迄今，少为沿用。江西区测队（1964）在 1∶20 万宜春幅调查时，江西区调队（1983）在《江西省震旦系》总结中，以及《江西省区域地质志》

② 魏秀喆等，1964，试论江南地轴区震旦纪构造古地理特征——着重讨论江南地轴东段部分，江西省地质学会（1964）首届学术年会地质论文选集（第一集）（内部印刷）。

(1984）和《江西岩石地层统编》(1991)，均归于下坊组下部。

现考虑该套含砾岩石，与下坊组主体岩性、岩相不同，又是区域对比的良好标志，故将其重新划分出来，起用古家组一名。古家砾岩创名剖面和杨家桥群正层型剖面之“下含砾层”，同在武功山地区，且二者岩性层位相同。

【现在定义】 指不整合或平行不整合于上施组之上，整合于下坊组之下的含砾凝灰质千枚岩或凝灰质砾岩、含砾凝灰质板岩。顶、底均以砾质岩层为标志与上覆、下伏地层分界。

【层型】 正层型为分宜县松山古家剖面（114°40′，27°39′)，由江西区测队1964年测制。

上覆地层：**下坊组** 土黄色绿泥绢云千枚岩

——————— 整 合 ———————

古家组 总厚度23.6 m

1. 浅棕红色含砾凝灰质千枚岩 23.6 m

———————平行不整合———————

下伏地层：**上施组** 砖红色绢云千枚岩，底部为硅化角砾岩

【地质特征及区域变化】 本组分布广泛，发育良好。由正层型剖面向西至萍乡市东桥一带为浅灰绿色、灰白色含砾凝灰质板岩夹凝灰质砾岩，下夹石英角斑岩及变英安岩各一层，上夹三层碳酸盐化晶屑凝灰岩和一层火山角砾岩，厚度达1 039 m。向东至分宜县上施、安福县杨家桥，岩性与正层型剖面一致，为含砾凝灰质千枚岩。再东至吉水、永丰一带逐渐尖灭，为下坊组砂板岩互层代替。而由峡江向东南至兴国良村乃至于都银坑一带为含砾砂板岩。

本组与下伏上施组的关系，在萍乡东桥为不整合，往东逐渐变为平行不整合、整合。反映沉积古地理由西而东逐渐变低（由斜坡至盆地)，属于冰川—海洋环境沉积。

下坊组 *Zxf* (06-36-0519)

【创名及原始定义】 江西区测队（1964）开展1：20万宜春幅区调时创立。创名地在新余市下坊西边坑。原始定义：底部为深灰色含砾凝灰质砂岩、含砾凝灰质片岩；中部为磁铁矿层，矿石类型为条带状磁铁石英片岩、磁铁石英岩等；上部为碳质绢云千枚岩及含细脉状绢云千枚岩。不整合或平行不整合于下震旦统上施组之上，上整合于老虎塘组之下。

【沿革】 下坊组是著名的“新余式铁矿”的赋矿层位。因此，自创名以来，广为沿用。刘鸿允等（1991）所称的杨家组，其含义基本与原下坊组一致，均指武功山“新余式铁矿的赋矿岩系”。虽然杨家桥组创名早于下坊组，但创立后，后人很少使用，而下坊组应用广泛，并记载于不少地质文献中。本次对比研究中，将杨家桥组上升为群，下坊组作为其中一个组。其含义系指原下坊组中、上部。

【现在定义】 系指整合于古家组与大沙江组或坝里组之间，以含条带状磁铁石英岩为特征。主体岩性为灰绿色绢云千枚岩、砂质绢云千枚岩、绿泥绢云千枚岩、含磁铁绢云千枚岩、千枚状粉砂岩及灰黑色碳质绢云千枚岩，间夹条带状磁铁石英岩、磁铁石英片岩，偶夹碳酸盐岩凸镜体。顶底以出现砾质层或不等粒砂岩与上覆和下伏地层分界。

【层型】 正层型为新余市下坊西边坑剖面（114°54′，27°38′），由江西区测队1964年测制。

上覆地层：**坝里组** 砂质绢云千枚岩

——————— 整 合 ———————

下坊组	总厚度 144.5 m
7. 灰黑色碳质（次石墨质）绢云千枚岩	20.0 m
6. 灰绿—深绿色千枚状粉砂岩、砂质绢云千枚岩及绢云千枚岩互层，底部为绿泥千枚岩	81.0 m
5. 铁矿层：灰绿色硅铁质千枚岩	8.5 m
4. 灰—紫红色片状变质砂岩及石英岩	11.0 m
3. 铁矿层：条带状磁铁石英岩、石英砂岩及千枚岩	24.0 m

——————— 整 合 ———————

下伏地层：**古家组** 深灰绿色绢云含砾千枚岩夹绿泥绢云千枚岩，底部夹一层条带千枚状砂岩

【地质特征及区域变化】 本组为一套岩石组分较复杂的硅铁质建造。岩石组合中除条带状磁铁石英岩等铁矿层外，下部为变质石英砂岩、石英岩；上部主要为硅铁质千枚岩至绢云千枚岩。顶部因相变而缺失大沙江组，致使下坊组直接于坝里组整合接触。底以磁铁石英岩与古家组含砾千枚岩分界。

本组分布广泛，由武功山地区向东南经吉水至兴国良好、留龙，以及于都银坑一带地区。武功山地区其岩性较稳定，多以绢云千枚岩为主，夹含铁矿层，但厚度由西而东增厚，如西部萍乡青山湖厚40 m，向东分宜县船形上为厚365 m，上施厚108 m，新余县上石坑厚度最大，达676 m，其上部夹含锰白云岩。至吉水县井头，厚度126 m，其顶部为灰白色磁铁硅质岩，上与坝里组紫红色变质砂岩呈整合接触。南至兴国、于都其下部为长石硬砂岩、绢云千枚岩夹层凝灰岩、硅质岩和条带状含磁铁石英岩，厚约3 000 m；中部为绢云千枚岩夹层凝灰岩、含锰泥灰岩及白云质灰岩，厚度约670 m；上部为层凝灰岩及砂、板岩，厚大于千米。下与古家组，上与大沙江组均呈整合关系。

本组所含矿石类型由西而东存在一定差异，西部萍乡一带以赤铁矿为主，代表氧化环境，向东、向南主要为磁铁石英岩，代表弱还原环境。另外本组常含火山物质，西部多含凝灰质，东部常夹火山碎屑岩，反映由西往东火山作用加强。

大沙江组 *Zd* (06－36－0520)

【创名及原始定义】 由江西调研队(1994)在本次对比研究中所创，正层型剖面位于萍乡市东桥大沙江。指整合于下坊组千枚状板岩和坝里组长石石英砂岩之间，由浅灰、深灰色含砾细屑沉凝灰岩、含砾凝灰质板岩、碳质千枚岩或板岩夹含锰白云质灰岩、粉晶白云岩组成的地层。

【沿革】 由上可知，本组系刘鸿允等(1991)所称杨家桥组之“上含砾层”。本次对比研究将其独立出来，创称大沙江组。

【现在定义】 同原始定义。

【层型】 正层型为萍乡市东桥庙前—大沙江剖面（113°40′，27°26′），江西区调队

1983 年测制。

上覆地层：**坝里组** 褐灰色长石石英砂岩

——————— 整　合 ———————

大沙江组　　　　　　　　　　　　　　　　　　　　　　总厚度 1 043.33 m

46. 灰绿色砂质板岩、紫红色绢云千枚岩夹凝灰质千枚状板岩、含菱铁矿细屑沉凝灰岩，含微古植物化石　　607.39 m

45. 下部和上部均为浅灰绿色、灰色绢云千枚状板岩，中部夹灰黑色碳质板岩、浅灰色砂质板岩和变粉晶白云岩。碳质板岩中含丰富的微古植物化石　　299.73 m

44. 灰黑、褐灰色碳质板岩，含碳质、泥质、粉砂质板岩夹数层厚 0.3～1.5 m 的含锰白云岩。含碳板岩中局部见粒状菱铁矿　　68.71 m

43. 浅灰、褐灰色含砾、含菱铁矿变细屑沉凝灰岩　　27.50 m

42. 浅灰色含砾细屑沉凝灰岩与含碳千枚岩互层，夹一层含锰白云质灰岩　　40.00 m

——————— 整　合 ———————

下伏地层：**下坊组**

41. 褐灰色凝灰质千枚状板岩

【地质特征及区域变化】　上列正层型剖面以岩性层序可分上、下两部：下部为浅灰色含砾细屑沉凝灰岩夹含碳千枚岩及含锰白云质灰岩；上部为灰黑色碳质板岩、灰绿色绢云千枚岩，下夹粉晶白云岩，上夹含菱铁矿细屑沉凝灰岩。总厚度 1 042.9 m。其中第 45—46 层含微古植物化石，第 46 层有：*Trachysphaeridium obtrium*，*T. doushantuoense*，*Triangumorpha typiculis*，*T. minor*，*Leiofusa navicularis*，*L. olivifomis*，*Nephromorpha regularis*，*N. deviatus*，*Micrhystridium* sp.，*Ephippiomorpha pingxiangensis*，*Baculimorpha typiculis*，*B. brevis*，*Palaeomorpha* sp. 等，第 45 层有 *Bavlinella minuta*，*B. faveolata*，*B. reticulata*，*B. concentrica*，*B. maculata*，*Leiofusa oblongus*，*Leiominuscula* sp.，*Lophominuscula* sp.，*Polyedryxium* sp.，*Quadratimorpha minor* 等。上述微古植物化石，多为新种。除了 *Leiominuscula*，*Trachysphaeridium*，*Lophominuscula* 等少量外，多为异形藻属，如 *Triangumorpha*，*Leiofusa*，*Nephromorpha*，*Bavlinella*，*Quadratimorpha* 等。

本组分布与上述下坊组一致。其在武功山西部及南部边缘，以含砾千枚岩、板岩或含砾沉凝灰岩、含碳或碳质千枚岩、板岩为主，常夹含锰白云岩、白云岩。厚度由西而东由厚变薄，如萍乡东桥大沙江厚度 1 043 m，安福杨家桥厚度 28 m，吉安石湾厚度 3.5 m，向东南兴国、于都变为含砾长石石英砂岩，厚度变化在 100～200 m 之间。

【其他】　杨家桥群由下而上所划分的三组，如以地层位置和岩石组合与湘中对比，古家组可与长安组对比，下坊组与富禄组对比，大沙江组下部含砾岩层与古城组对比，上部夹含白云岩之层段与大塘坡组或洪江组对比。

沙坝黄组　$Z\hat{s}$　(06-36-0521)

【创名及原始定义】　江西区调队(1969)创建，创名地在于都县小溪沙坝黄。据江西区调队(1983)在《江西省震旦系》中介绍：本组为一套浅海相陆源碎屑岩建造。主要岩性为灰绿色巨厚层状中、粗粒长石石英变余砂岩、含砾粗砂岩、石英砂砾岩、含砾砂质板岩等组成。

下未见底，与上覆坝里组呈整合接触。出露厚度 408.9 m。时代属晚震旦世。

【沿革】 原创者将本组归于前寒武系。江西区调队（1983）改归于上震旦统。嗣后，江西调研队（1988）在 1∶5 万东固幅调查时，将其下部不含砾的砂、板岩划归于下震旦统上施组，中部含砾岩岩层及上部的砂、板岩互层，分别使用下坊组和老虎塘组。本次对比研究认为，沙坝黄组广布于赣南广大地区，按地层位置应与赣西杨家桥群对比，但岩性岩相组合及含矿性均有差异。故采用沙坝黄组。

【现在定义】 系指平行不整合于上施组长石石英砂岩、板岩之上，整合于坝里组岩屑砂岩之下，以发育砾质岩层为特征的中—粗粒碎屑岩。主体岩性为变余砾岩、砂砾岩、含砾砂岩及不等粒杂砂岩，常夹细砂岩、粉砂岩、板岩。

【层型】 正层型为于都县沙坝黄—坝里剖面（115°23′，25°46′），由江西区调队 1969 年测制。

上覆地层：**坝里组** 灰绿色巨厚层变余中粒岩屑砂岩夹薄层板岩

——————整 合——————

沙坝黄组 总厚度 280.6 m

6. 黄绿色巨厚层变余石英砂砾岩。向上过渡为灰绿色巨厚层变余中粗粒长石石英砂岩 62.9 m

5. 灰绿色巨厚层变余含砾粗砂岩 68.3 m

4. 灰绿色巨厚层变余含砾长石石英粗砂岩 73.1 m

3. 灰绿色巨厚层变余长石石英粗砂岩（局部含卵石细砾岩）夹黄褐色厚层变余含铁石英粗砂岩及板岩 76.3 m

———————平行不整合———————

下伏地层：**上施组**

2. 灰绿色巨厚层变余中粗粒长石石英砂岩夹黄绿色中厚层状板岩

【地质特征及区域变化】 正层型剖面中，含砾砂岩或砂砾岩之砾石成分以石英为主，板岩次之，砾径一般较小，变化在 0.2～0.5 cm 之间。岩层普遍具有正粒序层理。

本组普遍见于赣南地区，赣南于都、赣县、龙南等地以含砾砂岩、砂砾岩及砂岩为主。兴国，北至泰和、吉安等地，常由含砾砂岩、砂岩及板岩、千枚岩组成韵律互层。西至崇义关田、密溪一带，常为砂岩、板岩夹复成分砾岩，含砾砂岩。其厚度随地而异，正层型剖面厚 281 m，向北至兴国陈龙厚度最大，厚达 714 m，宁都刘坑厚 110 m，泰和小龙佐伯坑厚 161 m，吉安东固 262 m，西至万安、崇义厚达千米，西南至龙南出露厚度 10 m。

泰和佐伯坑获有丰富的微古植物化石：*Trachysphaeridium dengyingense*，*Leiofusa navicularis*，*Palaeomorpha punctulata*，*Laminarites antiquissimus*，*Triangumorpha minor*，*T. punctulata* 等。时代定为早震旦世。

乐昌峡群 *ZL* (06-36-0522)

【创名及原始定义】 广东省地质局 761 队 4 分队（1959）创立，创名地在广东省乐昌县新秦（沿武水峡谷）。系指寒武系八村群砂、板岩组合之下的一套浅变质岩系。顶以厚层状硅质岩与八村群分界。

【沿革】 本次对比研究引入此名。本省与之相当地层发育良好，广布于赣南广大地区，与广东八村群延展相连。江西区测队（1964）开展 1∶20 万宜春幅调查时，称该套变质岩系为老虎塘组，时代归于晚震旦世。江西区调队（1969）1∶20万于都幅调查时，创称坝里组，归于前寒武系。1974年1∶20万兴国幅调查时，将此套地层划分为上、中、下三部，时代统归于震旦纪。此后，该队（1983）所著《江西省震旦系》又把原置于寒武系底部的硅质岩段和老虎塘组，合并称老虎塘群，而《江西省区域地质志》（1984）又复称为老虎塘组。《江西岩石地层统编》（1991）根据上下岩性的差异，将老虎塘组进一步划分两组：下部以砂板岩为主，称坝里组，上部以硅质岩为特征，称老虎塘组。本次对比研究与广东省项目组协商后采纳此种意见，并将二组归称于乐昌峡群。

【现在定义】　指整合于杨家桥群或沙坝黄组之上、八村群之下的一套砂岩、粉砂岩夹板岩及硅质岩之沉积。下部以碎屑岩为主者，称坝里组，上部以硅质岩为特征者，称老虎塘组。

坝里组　*Zb*　（06-36-0523）

【创名及原始定义】　江西区调队（1969）创立，创名地为于都县小溪坝里。原指整合于沙坝黄组之上与早寒武世牛角河组之下一套厚—巨厚层状变余凝灰质砂岩、长石石英砂岩与粉砂质板岩、板岩夹硅质岩组成的类复理石建造。时代归于前寒武纪。

【沿革】　参见乐昌峡群的沿革。

【现在定义】　指整合于老虎塘组之下的一套变余长石石英砂岩、凝灰质砂岩、粉砂岩、沉凝灰岩或砂质板岩、千枚岩等组成的韵律互层。下未见底。

【层型】　正层型为于都县小溪乡鹅婆—坝里剖面（115°21′，25°46′），由江西区调队1969年测制。

上覆地层：**老虎塘组**　黄色薄—中厚层含硅质条带粉砂岩与板岩互层，顶部为长石石英细砂岩

——————整　合——————

坝里组	总厚度＞238.25 m
6. 灰黑色厚—巨厚层含白云母长石石英细砂岩	22.96 m
5. 灰色厚层含白云母长石石英细砂岩夹少量青灰色薄层泥质板岩	31.87 m
4. 灰色薄—中厚层泥质板岩与白云母长石石英砂岩互层	49.88 m
3. 灰黑、灰色巨厚层中粒白云母长石石英砂岩，底部有厚4 m的深灰色厚层中细粒石英砂岩	58.97 m
2. 深灰色厚—巨厚层状中细粒白云母长石石英砂岩，局部夹灰色薄层白云母粉砂质板岩	43.23 m
1. 青灰、灰色中厚层泥质板岩，中部夹厚2 m粉砂质板岩，底部为灰黄色中厚层含白云母细砂岩。（未见底）	31.34 m

【地质特征及区域变化】　上列剖面未见底，出露厚度238.25 m。为灰、深灰色白云母长石石英砂岩与粉砂质板岩或板岩组成韵律互层。

本组广布于赣中、南地区。岩性基本稳定，但厚度变化较大。其中分宜县船形上剖面未见顶，出露厚度1 814 m，泰和县佐伯坑，厚度598 m，下部夹含碳硅质泥灰岩，南至信丰县石门径厚度851 m。在以上地点及区域内所见均整合于大沙江组或沙坝黄组与老虎塘组之间。时代为晚震旦世。

泰和县佐伯坑获微古植物化石 *Leiominuscula minuta*，*Trachysphaeridium dengyingense*，*Leiopsophosphaera solida*，*Conusmorpha longa*，*Nephromorpha regularis*，*Triangumorpha punctulata*，*Palaeomorpha punctulata*，*Polyedryxium* sp. 等，本组合多为青白口纪至震旦纪常见分子，其中 *Polyedryxium* 主要见于震旦纪。

老虎塘组 *Zlh* (06－36－0524)

【创名及原始定义】 江西区测队（1964）在 1∶20 万宜春幅区调时创立，创名地在峡江县城上老虎塘（老屋场），指武功山区介于下坊组和所创寒武系里坑组之间的一套复理石建造。其下部为厚层状变质砂岩夹绢云千枚岩；中部为绢云千枚岩、千枚状砂岩夹碳质绢云千枚岩，局部夹凸镜状灰岩；上部为绢云千枚状砂岩夹片状石英岩，局部见石煤层。总厚度 2 612 m。时代归于晚震旦世。

【沿革】 参见乐昌峡群之沿革。

【现在定义】 指整合于坝里组砂、板岩之上，以硅质岩为特征的地层体，其间常夹岩屑杂砂岩、凝灰质板岩、含碳绢云千枚岩。上与牛角河组为断层接触。

【层型】 正层型为峡江县老虎塘剖面（114°52′，27°31′），由江西区测队 1964 年测制。

上覆地层：**牛角河组** 灰—深灰色千枚状砂岩、砂质绢云千枚岩及含碳绢云千枚岩夹变质砂岩

══════ 断 层 ══════

老虎塘组 总厚度 127.3 m

7. 灰、乳白色中厚层石英岩及条带片状石英岩（硅质岩）。中上部夹黑色含碳质绢云千枚岩、含碳砂质绢云千枚岩及绢云千枚岩 127.3 m

────── 整 合 ──────

下伏地层：**坝里组**

6. 灰绿色变质砂岩、千枚状砂岩及绢云千枚岩互层

【地质特征及区域变化】 以硅质岩为主，夹含碳绢云千枚岩。厚度 127 m。

本组广布于赣中、南地区，各地所见均以灰白色、浅灰色硅质岩为主，但所含硅质岩层数及其厚度多有变化。由正层型剖面往北至安福县双田，顶底各有一层硅质岩，间夹砂岩、千枚岩，厚度 646 m。南至泰和县佐伯坑，硅质岩十余层，厚度 994 m。赣南兴国山坑、崇义仙鹅塘、信丰石门径等地，均含数层硅质岩，厚度一般 200 m 左右。各地所见均整合于坝里组之上，牛角河组之下。时代为晚震旦世。

洪山组 *Zh* (06－36－0525)

【创名及原始定义】 原名洪山群，系江西区调队(1978)进行 1∶20 万上饶幅时创立，1982 年图幅出版时介绍，创名地在弋阳县周潭乡洪山。为一套含磷、硅铁质、碳质及碳酸盐岩建造。上部为石英岩、二云片岩、硅质岩夹磁铁矿层；中部含碳板岩、石墨片岩夹灰岩凸镜体；下部瘤状片岩、二云片岩、条带状石英岩夹磁铁矿、镜铁矿，底部冰碛砾岩。属晚震旦世沉积。

【沿革】 《江西省区域地质志》(1984) 以含铁矿和冰碛砾岩为据，划归下坊组。江西调研队（1988）开展 1∶5 万港口幅区调时仍称洪山群，据岩性划分为下、上岩组。《江西岩石地层统编》(1991) 改称洪山组，大致相当洪山群上岩组。而下岩组又以铅山县沙畈剖面为

层型创沙畈组，其含义以含碳酸盐岩或大理岩为特征。实则两组上下岩性一致，均以片岩为主，故本次对比研究采用洪山组，而取消沙畈组。

【现在定义】 系指整合于万源（岩）组与外管坑组之间，岩性为二云片岩、矽线二云片岩、石墨石英片岩、二云变粒岩夹含磁铁、黄铁矿二云变粒岩、片岩及大理岩凸镜体或透辉石岩、变余砾岩等。

【层型】 正层型为弋阳县周潭乡洪山剖面(117°26′,28°12′)，由江西调研队 1988 年重测。

上覆地层：**外管坑组** 深灰色薄—厚层状含硅碳质板岩。产 *Protospongia* (?) sp.

——————— 整 合 ———————

洪山组	总厚度 916.4 m
42. 灰白色厚层状含黄铁矿黑云石英岩	5.6 m
41. 深灰色含石榴石黑云石英斜长角岩	70.7 m
40. 灰白—白色含磁铁矿黄铁二云变粒岩	8.1 m
39. 灰黑色中厚层状角岩化白云母石墨石英片岩	7.0 m
38. 掩覆	35.0 m
37. 深灰色中厚—厚层状角岩化含黄铁矿石墨白云母石英片岩	45.8 m
36. 黄褐、深紫灰色薄—中厚层状角岩化石墨黑云母石英片岩	47.9 m
35. 浮土	85.4 m
34. 深灰色中厚—厚层状角岩化白云母石墨石英片岩	25.8 m
33. 灰黑色中薄层状碳质板岩	11.6 m
32. 浮土	39.8 m
31. 黄褐色二云片岩	2.5 m
30. 白—灰白色石英岩	8.0 m
29. 灰白、黄褐色单成分变质砾岩	0.9 m
28. 白—灰白色含白云母石英岩	12.5 m
27. 浮土	40.9 m
26. 黄褐色钾长变斑二云斜长变粒岩	44.7 m
25. 浮土	64.2 m
24. 黄褐色二云片岩、矽线二云片岩，偶见瘤状集合体	35.6 m
23. 黄褐色、新鲜面为灰白色白云斜长变粒岩	4.2 m
22. 灰绿色厚层状变质砾岩	5.7 m
21. 灰白色透辉石岩，原岩为含高镁的碳酸盐岩	16.6 m
20. 黄褐、灰绿色石榴变斑二云片岩	28.8 m
19. 变酸性斑岩	5.0 m
18. 浮土	40.0 m
17. 瘤状二云斜长石英片岩	16.1 m
16. 黄褐色变矽线二云片岩	4.7 m
15. 深灰色风化呈黄褐色瘤状矽线二云石英片岩	120.1 m
14. 黄褐色新鲜面为灰—深灰色瘤状矽线二云石英片岩	43.6 m
13. 灰黑色瘤状矽线二云片岩	39.6 m

——————— 整 合 ———————

下伏地层：**万源（岩）组**

12. 灰色风化面为黄褐色角岩化石榴石黑云斜长变粒岩

【地质特征及区域变化】 本组以二云片岩为主，夹变粒岩、石英岩，局部夹碳酸盐岩或大理岩，并夹变质砾岩二层，含镜铁矿或磁铁矿云英岩凸镜体，厚 916 m。

本组分布于北武夷山地区。由正层型剖面往东南至沙畈，为绢云片岩、大理岩、石英片岩组成互层，下夹变质砾岩一层，上夹含黄铁矿石英岩，厚度 381 m。往南西至贵溪大毛窠，为浅灰色石英岩与浅灰绿色片麻岩互层，上部夹橄榄大理岩、角砾岩各一层，厚度 496 m。正层型剖面西南金溪东岗山，以片岩、石英岩为主，中夹磁铁石英岩一层，以及矽卡大理岩若干层，厚度 580 m。再往西南至宜黄县黄店为片岩、变质粉砂岩夹石英岩、大理岩，并夹含三层条带状磁铁矿，厚度 317 m。

本组含铁岩系的原岩应为泥质、粉砂质及硅质岩夹碳酸盐岩。属浅海环境。

【其他】 本组以赋含磁铁矿、镜铁矿层为特征，省内习称"洪山铁矿"。该铁矿所在层位以往多认为与武功山区早震旦世之"下坊铁矿"（新余式铁矿）所在的下坊组对比。从本组正层型剖面可知，剖面下部第 22 层、上部第 29 层为变质砾岩，按岩性、层位包括其间的变粒岩、片岩，应与早震旦世南沱期对比，属上冰期的产物。而铁矿层位于第 29 层变质砾岩之上，层位与东南地层区桂湘赣地层分区的晚震旦世坝里组相当，故此"洪山铁矿"应归于晚震旦世早期为宜。

外管坑组 Z∈*w* (06－36－0526)

【创名及原始定义】 由江西调研队（1994）在本次对比研究中所创，创名地在弋阳县周潭乡洪山—外管坑。系由深灰至灰黑色矽线二云片岩、石墨石英片岩、含碳黑云石英岩、含碳条带状硅质岩组成的互层。下整合于洪山组黑云石英岩之上，上未见顶。

【沿革】 江西区测队（1971）开展 1∶20 万南城幅调查时归于寒武系下统。嗣后，江西区调队（1982）改称荷塘组，1983 年又改称牛角河群，时代均归于早寒武世。本次对比研究考虑本组岩性组合既不同于荷塘组含碳硅质板岩、硅质岩，又不同于牛角河群砂、板岩互层，故采用外管坑组。

【现在定义】 同原始定义。

【层型】 正层型为弋阳县周潭乡洪山—外管坑剖面（117°26′，28°12′），由江西调研队 1988 年测制。

外管坑组	总厚度＞352.5 m
47. 灰黑色中厚层状含黄铁矿黑云阳起石石英岩。(未见顶)	5.5 m
46. 黄褐色厚层状矽线二云片岩为主，少见云英片岩，局部角岩化，偶见矽线石和石英组成的瘤状集合体	124.4 m
45. 灰色中厚层状变余微粒石英砂岩	29.0 m
44. 灰—深灰色含碳质黄铁矿黑云石英岩	151.1 m
43. 深灰色薄—厚层状含碳硅质板岩。产 *Protospongia* (?) sp.	42.5 m

———— 整 合 ————

下伏地层：**洪山组**

42. 灰白—灰色厚层含黄铁矿黑云石英岩

【地质特征及区域变化】 本组主要由深灰、灰黑色二云片岩、石墨石英片岩、含碳黄铁矿石英岩及含碳硅质岩或硅质板岩组成。向西延展至宜黄县店上一带，以二云片岩、石墨片岩及含石墨石英岩为主，夹变余粉砂岩、片麻岩，上未见顶，出露厚度 683 m。时代为晚震旦世至早寒武世。

王音铺组 ∈*w* (06-36-0601)

【创名及原始定义】 原称王音铺系，为李毓尧（1933）创立，创名地在武宁县横路乡王音铺（黄鹰铺），指横路硐门砂岩之上、章源灰岩之下的燧石层、煤质页岩、耐火泥等，因未获化石，而与鄂皖浙比较，暂列为奥陶纪。

【沿革】 盛莘夫（1942）调查江西西北部地质时，以岩性分上下两部：下部为黄绿、灰色硅质页岩与燧石层，间夹灰色页岩；上部为碳质页岩、含石煤层与灰色页岩互层，定为早寒武世。江西区测队（1964）在 1∶20 万修水幅调查时，于其上部采到原始海绵骨针（*Protospongia*），并据区域对比，将石煤层之下硅质岩、硅质页岩归于震旦纪，石煤层及其上之碳质页岩归于早寒武世。自此赣西北震旦纪、寒武纪的界线始为确认。

【现在定义】 指整合于灯影组或皮园村组与观音堂组之间，由灰—灰黑色页岩为主，间夹含碳质页岩，偶夹含碳灰岩组成，底部常为石煤层。下以石煤层或高碳质页岩与灯影组白云岩或皮园村组硅质岩分界，上以灰黑、黑色页岩与观音堂组黄绿、灰绿色页岩分界。

【层型】 正层型为武宁县横路乡王音铺剖面（115°06′，29°25′），由江西区测队 1966 年重测。

上覆地层：**观音堂组** 黄绿色页岩

——————— 整 合 ———————

王音铺组	总厚度 251.90 m
13. 深灰色低碳质页岩	44.88 m
12. 灰黑色碳质页岩，产海绵骨针：*Protospongia* sp.	128.53 m
11. 浮土	38.80 m
10. 灰黑色薄层状硅质岩与碳质页岩	3.69 m

——————— 整 合 ———————

下伏地层：**皮园村组**

9. 黑色硅质岩，底部为薄层状硅质岩夹碳质页岩

【地质特征及区域变化】 正层型剖面所示，下部为灰黑色薄层硅质岩与碳质页岩互层；上部为灰黑色碳质页岩，产海绵骨针 *Protospongia*。厚 215.90 m。

本组主要分布于扬子地层区之修水—武宁—九江—彭泽一带。岩性稳定，均以灰黑、黑色碳质页岩为主，大致由武宁向东，其间偶夹有灰岩或灰质白云岩。厚度一般变化在 110～220 m之间。时代为早寒武世。

观音堂组 ∈*g* (06-36-0602)

【创名及原始定义】 原称观音堂层，系李四光（1931）创名于庐山（星子县隘口乡）观音堂村。原指黄绿、灰绿色页岩层，产 *Redlichia*，时代定为早寒武世。

【沿革】 江西区测队（1966）测制 1∶20 万瑞昌幅时，将其确定为王音铺组上覆地层，

改称观音堂组，定其时代为早寒武世。自此一直沿用至今。

【现在定义】 指整合于王音铺组含碳硅质页岩之上与杨柳岗组白云质灰岩之下，由黄绿、灰绿色页岩及粉砂质页岩或钙质页岩夹少量细砂岩组成，产三叶虫化石。

【层型】 正层型为庐山观音堂村剖面（115°54′，29°26′），由江西区调队 1970 年重测。

上覆地层：**杨柳岗组** 深灰色薄层条带状含碳白云质灰岩，产三叶虫 *Phalacroma* sp.

——————— 整 合 ———————

观音堂组 总厚度 146.48 m

10. 灰、灰绿色泥铁质绢云页岩，产三叶虫：*Redlichia* sp.，*R.* cf. *chinensis* 49.27 m

9. 上部黄绿色泥铁质绢云石英粉砂质页岩，产腕足类：*Lingula* sp.；下部黄绿色薄—中厚层状细砂岩，局部为泥铁质绢云粉砂质页岩 18.63 m

8. 黄绿、黄色泥铁质绢云页岩 78.58 m

——————— 整 合 ———————

下伏地层：**王音铺组**

7. 上部黑色绢云千枚状页岩；下部黑、灰黑色含碳硅质绢云页岩，产海绵骨针：*Protospongia* sp.

【地质特征及区域变化】 由上可知，本组以灰绿、黄绿色页岩、粉砂质页岩为主，产三叶虫 *Redlichia* cf. *chinensis*。厚度 146.5 m。

本组分布与王音铺组一致，呈近东西向断续出露于修水—武宁—彭泽一带。其岩性稳定，皆以黄绿、灰绿色页岩或粉砂质页岩为主，在武宁—德安一带常夹有泥晶灰岩。厚度由西而东变薄，变化在 160～300 m 之间。

荷塘组 ∈*h* （06-36-0603）

【创名及原始定义】 原称荷塘硅质页岩及石煤层。系卢衍豪等（1955）创立，创名地在浙江省江山市大陈东北 7.5 km 的荷塘村。原始定义：紫灰及淡灰色硅质页岩及石煤层和燧石层，厚度约 20 m。

【沿革】 此名首先由北京地质学院赣东北区测队（1961）引入我省，用以代表我省上饶地区下寒武统，从此一直沿用。但《江西岩石地层统编》(1991) 将本组及其下伏震旦系原西峰寺组上部硅质岩合称为张家山硅质岩，时代定为晚震旦世至早寒武世。本次对比研究恢复原始含义，仍称荷塘组。

【现在定义】 指平行不整合或整合于灯影组或皮园村组之上、杨柳岗组之下，由黑色薄层碳质硅质岩、碳质硅质页岩、石煤层等组成。下以石煤层或高碳质页岩与灯影组白云岩或白云质灰岩或皮园村组硅质岩分界，顶以碳质硅质岩与杨柳岗组白云岩或白云质灰岩分界。

【层型】 正层型为浙江省江山市荷塘村剖面。省内次层型为上饶县清水乡张家山剖面（117°56′，28°30′），由江西区调队 1981 年测制。

上覆地层：**杨柳岗组** 深灰色风化呈紫红色中厚—厚层状含白云石细晶灰岩，局部夹黑色中薄层状钙硅质板岩

——————— 整 合 ———————

荷塘组　　总厚度 173.57 m

4. 灰黑、深灰色中薄层状含碳硅质岩夹灰黑色薄层状含碳硅质板岩及含黄铁矿方解石碳质硅质板岩　　58.64 m
3. 深灰色薄层状含碳硅质板岩夹少量碳质板岩，产海绵骨针：*Protospongia* sp.　　4.57 m
2. 深灰色风化呈浅黄、灰白色薄层状含碳硅质岩夹深灰色薄层状碳质板岩　　80.36 m
1. 深灰色薄层状含黄铁矿碳硅质板岩夹高碳质板岩（石煤层）、含黄铁矿碳质板岩及含黄铁矿和磷结核　　30.00 m

——————— 整　合 ———————

下伏地层：**灯影组**　灰绿色中薄层状凝灰质板岩夹含黄铁矿微—粉晶白云岩，顶部为含黄铁矿微—粉晶白云岩

【地质特征及区域变化】　次层型剖面所示，底部为深灰色含黄铁矿碳硅质板岩夹高碳质板岩（石煤层），碳质板岩或石煤层中含较多的黄铁矿结核和磷结核，向上变为深灰、灰黑色中、薄层状含碳硅质岩夹碳硅质板（页）岩。产海绵骨针化石 *Protospongia* sp.。厚173.57 m。

本组分布于浙赣交界的上饶—德兴及玉山—广丰一带。其岩性稳定，厚度变化在 40～175 m之间。底部的石煤层或高碳质板（页）岩。时代定为早寒武世。

杨柳岗组　∈y　(06-36-0604)

【创名及原始定义】　卢衍豪等（1955）创名于浙江省江山市大陈东北杨柳岗村。原始定义以灰岩为主，间夹少量页岩。以岩性分三部：下部主要为深灰褐色厚层白云质灰岩及灰色中至厚层石灰岩；上部为深灰至黑色薄层状石灰岩夹少量页岩。时代为中寒武世。

【沿革】　王竹泉（1930）调查修水流域地质时，将修水—德安一带现称杨柳岗组至西阳山组的一套碳酸盐岩，统称为乌石门灰岩，归于寒武纪—奥陶纪。李毓尧（1935）又改称章源灰岩，归于奥陶纪。北京地质学院赣东北区测队（1961）将杨柳岗组、华严寺组和西阳山组引入我省赣东北地区后，为我省地质工作者广泛沿用。但因此套岩系各地出露程度不同，加之化石稀少，故在使用时，其组间的界线划分常有不同。本次对比研究根据省区不同剖面观察，华严寺组中不夹泥（页）岩，而杨柳岗组、西阳山组常夹有泥（页）岩而区别划定。

【现在定义】　指整合于荷塘组黑色硅质页岩或观音堂组黄绿色页岩之上、华严寺组条带状灰岩之下的一套由白云质灰岩、白云岩、灰色条带状泥质灰岩、微晶—粉晶灰岩夹钙质页岩等组成。底以白云质灰岩或灰质白云岩与荷塘组硅质岩或观音堂组灰绿色泥（页）岩分界，顶以白云质灰岩或夹泥（页）岩的泥灰岩与华严寺组分界。

【层型】　正层型为浙江省江山市杨柳岗剖面。省内次层型为德安县葛峰剖面（115°40′，29°29′），由江西区测队 1966 年测制。

上覆地层：**华严寺组**　灰、深灰色薄层状泥质条带灰岩，产三叶虫：*Glyptagnostus* sp.，*G. reticulatus*，*Agnostus* sp.，*Homagnostus*? sp.

——————— 整　合 ———————

杨柳岗组　　总厚度 261.57 m

5. 灰、深灰色薄层状泥质灰岩与深灰、灰黄色中厚层状灰岩互层，顶部夹有白云质灰岩　　69.18 m

4. 深灰、灰黑色钙质、碳质页岩夹扁豆状灰岩，产三叶虫：*Ptychagnostus* sp.，*P.*(*Triplagnostus*) sp. 34.7 m

3. 灰、深灰色中—薄层状灰岩夹灰色薄层泥质灰岩，产三叶虫：*Ptychagnostus* sp.，*P.*(*Triplagnostus*) sp.，*Fuchouia* sp. 30.90 m

2. 青灰、深灰色薄层状灰岩、泥质灰岩及中厚层状灰岩。产三叶虫：*Ptychagnostus* sp.；产海绵骨针：*Protospongia* sp. 104.03 m

1. 灰、灰白（微带肉红）色厚层状灰质白云岩 22.67 m

——————— 整　合 ———————

下伏地层：**观音堂组**　黄绿色块状砂质页岩

【地质特征及区域变化】　上列次层型剖面底部为灰、灰白色厚层状灰质白云岩，其上为灰、深灰色薄层状泥质灰岩与中厚层状灰岩不等厚互层。产三叶虫 *Ptychagnostus* 等，厚度 261.5 m。

本组主要见于修水—武宁—彭泽及上饶地区，呈北东东向延展。其岩性稳定，主要为灰、深灰色薄层状泥质灰岩夹中厚层状灰岩、钙质页岩。底部普遍为厚层白云岩。以含三叶虫化石为特征，有：*Arthricocephalus* sp.，*A.* cf. *fuyangensis*，*A. chauveaui*，*Fuchouia* sp.，*Homagnostus* sp.，*Ptychagnostus* sp.，*P. atavus*，*P. lundgreni*，*Phalacroma* sp.，*Linguagnostus* sp.，*Triplagnostus* sp.，*T.* cf. *gibbus* 及腕足类 *Obolus* sp.，*Homotreta* sp. 等。时代为早—中寒武世。厚度赣西北变化在 206～281 m 之间，赣东北地区变化较大，在 31～923 m 之间，一般为 129～168 m。

华严寺组　∈*hy*　(06-36-0605)

【创名及原始定义】　原称华严寺灰岩，系卢衍豪等（1955）创名于浙江省常山县城西杨家坞石崆山（原称天马山）华严寺。指杨柳岗组之上所覆盖的石灰岩地层。呈薄层状，深灰—黑色，具白云质。时代定为晚寒武世早期。

【沿革】　同杨柳岗组。

【现在定义】　指整合于杨柳岗组与西阳山组之间，为灰色薄—中厚层状泥质条带灰岩与微晶瘤状灰岩不等厚互层，夹层状灰岩，偶夹角砾灰岩组成。以产三叶虫为主，含少量腕足类化石。下以泥质条带灰岩与杨柳岗组顶部泥（页）岩或白云质灰岩分界，上以泥质条带灰岩与西阳山组底部页岩分界。

【层型】　正层型为浙江省常山县天马山剖面。省内次层型为德兴县暖水坑半路亭（田）剖面（117°53′，28°59′），由江西区调队 1980 年测制。

上覆地层：**西阳山组**　深灰色中薄层泥质条带灰岩夹灰色薄层钙质页岩，产腕足类：*Obolus* sp.，*Botsfordia*? sp. 及双壳类、三叶虫等化石

——————— 整　合 ———————

华严寺组 总厚度 130.2 m

10. 灰色中薄层（串珠）状灰岩夹泥质条带状灰岩 22.4 m

9. 灰色中薄层泥质灰岩夹灰色中薄层（小饼）状灰岩，产三叶虫：*Homagnostus* sp.，*Phalacroma* sp.，*Pseudognostus* sp.，? *Charchaqia* sp. 107.8 m

——————— 整　合 ———————

下伏地层：**杨柳岗组**

8. 灰色薄层状泥质灰岩夹钙质页岩及纯灰岩凸镜体，产三叶虫：*Niobella* sp.，*Onchonotina* sp.，*Proceratopyge* cf. *grabaui*，*Pseudoyuepingia* sp.，Komaspididae

【地质特征及区域变化】 次层型剖面本组厚度 130 m，下部为灰色中薄层状泥质灰岩夹瘤状（小饼状）灰岩，产三叶虫 *Homagnostus* sp.，*Phalacroma* sp.，*Pseudognostus*? 等；上部为灰色中薄层“串珠”状灰岩夹泥质条带灰岩。

本组分布与杨柳岗组一致。岩性岩相较稳定，厚度变化在 118～201 m 之间。

西阳山组　∈Ox　(06-36-0606)

【创名及原始定义】 原称西阳山页岩，系卢衍豪等（1955）创立，创名地在浙江省常山县西阳山，指华严寺组石灰岩之上以页岩为主的地层。由下而上页岩渐次增多，石灰岩逐渐减少，中上部仅夹少量薄层灰岩。总厚 85 m，其上与印渚埠组呈整合接触。时代为晚寒武世。

【沿革】 同杨柳岗组。

【现在定义】 指整合于华严寺组之上、印渚埠组或仑山组之下，由深灰—灰黑色泥质灰岩、瘤状灰岩、泥（页）岩不等厚互层或互为夹层组成。以产三叶虫化石为主。下以泥（页）岩与华严寺组条带状泥质灰岩分界，上以灰岩与印渚埠组底部之棕黄色页岩或仑山组底部的白云岩分界。

【层型】 正层型为浙江省常山县西阳山剖面。省内次层型为武宁县澧溪乡大源剖面（114°50′，29°18′），由江西区测队 1964 年测制。

上覆地层：**印渚埠组**　深灰—灰黑色泥质粉砂质页岩，底部见一层厚 0.5 m 的灰黑色钙质页岩，含小砾状灰岩体

——————— 整　合 ———————

西阳山组　　总厚度 207.78 m

27. 灰黑色泥质灰岩夹灰岩凸镜体，产海绵骨针及三叶虫化石碎片　　21.23 m
26. 灰黑色泥质灰岩夹灰岩凸镜体，其中含黄铁矿小晶体。产三叶虫化石碎片　　23.91 m
25. 灰黑色板状泥质灰岩夹较多的灰岩凸镜体，产三叶虫：*Charchaqia* sp.，*C.* cf. *norini*，*Agnostus* sp.，*Lotagnostus* sp.　　40.92 m
24. 灰黑色块状泥质灰岩夹灰岩小凸镜体，产三叶虫：*Agnostus* cf. *hedini*，*Lotagnostuspunctatus*，*Hedinaspis* sp.，*H. kueichouensis*　　26.33 m
23. 黑色含碳粉砂质页岩夹灰岩小凸镜体，产三叶虫：*Hedinaspis* sp.，*Charchaqia* sp.，*Lotagnostus* sp.，*L. punctatus*　　26.20 m
22. 黑色粉砂质页岩夹两层灰岩凸镜体　　13.98 m
21. 灰黑色泥质灰岩为主夹灰岩凸镜体　　24.20 m
20. 黑色条带状粉砂质页岩，上部夹灰岩凸镜体。页岩中含小铁质结核，产海绵骨针及三叶虫：*Proceratopyge fenghuangensis*　　31.01 m

——————— 整　合 ———————

下伏地层：**华严寺组**

19. 灰黑色中—中厚层状泥质条带灰岩

【地质特征及区域变化】 上列次层型剖面下部为黑色粉砂质页岩夹瘤状（或小凸镜状）灰岩；上部为灰黑色泥质灰岩夹瘤状灰岩。产三叶虫化石 *Proceratopyge fenghuangensis*，*Lotagnostus* sp.，*L. punctatus*，*Hedinaspis* sp.，*H. kueichouensis*，*Agnostus* sp.，*Charchaqia* sp.，*C.* cf. *norini* 等。厚度 207.78 m。时代为晚寒武世晚期至早奥陶世初期。

本组分布与上述两组一致。其岩性稳定，但厚度变化较大，修水—武宁厚 21～208 m，彭泽一带厚度约 30 m，上饶地区厚度变化在 30～451 m。

八村群　∈*B*　(06-36-0608)

【创名及原始定义】 系广东省地质局 761 队四分队（1959）创立，创名地在广东省曲江县欧家洞—老鼠寨。指整合于乐昌峡群之上和下黄坑组之下的一套长石石英砂岩、细砂岩、粉砂质页岩为主，夹黑色碳质页岩的地层体。

【沿革】 本次对比研究将此名引入。江西区测队魏秀喆等③（1966），将江西与其相当的地层，以岩性和生物化石组合划分为下寒武统牛角河群、中寒武统高滩群、上寒武统水石群。江西调研队（1988）在 1∶5 万营前幅调查时，将群降为组。《江西岩石地层统编》（1991）并组为群，以崇义县过埠乡水石—高滩—牛角河剖面为层型创过埠群。本次对比研究考虑，赣南与粤北毗邻，八村群创名时间优先于过埠群，故取前者而舍去后者。

【现在定义】 系指整合于震旦纪乐昌峡群之上，奥陶纪爵山沟组、茅坪组或下黄坑组之下，由砂、板岩组成的类复理石建造。以上下岩性组合的差异，由下而上包括牛角河组、高滩组、水石组。

牛角河组　∈*n*　(06-36-0610)

【创名及原始定义】 原称牛角河群，江西区测队魏秀喆等（1966）创立，创名地在崇义县城西之牛角河村。1980 年，江西省区域地层表编写组，在《华东地区区域地层表·江西省分册》一书中介绍。系指一套由黑色含碳硅质岩、硅质板岩、泥质板岩及灰色凝灰质砂岩、硬砂质长石石英砂岩组成的类复理石建造。下与二叠系雾林山组，上与高滩组均呈断层接触。

【沿革】 同八村群。

【现在定义】 指老虎塘组与高滩组之间，以灰—深灰色高碳质板岩（或石煤）、硅质板岩、粉砂质板岩及变质砂岩组成的砂板岩互层。产海绵骨针及无铰纲小型腕足类化石。下以石煤层或高碳质板岩与老虎塘组灰白色硅质岩分界，上以含碳硅质板岩或硅质板岩之夹层消失与高滩组灰、浅灰色厚—巨厚层状长石石英砂岩夹灰绿色板岩分界。区域观察上、下均呈整合接触。

本组之下部常夹一套深灰、黑色薄层状含碳硅质岩、碳硅质板岩之沉积，习称“黑硅”。为突出其特殊性，以作为区域对比标志，江西地矿局（1991）编著的《江西岩石地层统编》一书中，确定为正式岩石地层单位，称“华山硅质岩段”。

【层型】 本组之层型下与二叠系为断层接触，缺失下部岩性层序，而其附近华山—桐梓剖面下部华山硅质岩段出露较全，将二者合而组成本组的复合正层型，称崇义县华山—桐梓及牛角河剖面（114°17′，25°42′），由江西省区测队 1966 年测制。

---

③ 魏秀喆等，1966，江西南部龙山群的划分与对比（油印本）。

上覆地层：**高滩组** 灰绿色风化呈黄绿、紫红及褐黄色厚层变余细—中粒杂砂质石英砂岩

断 层

牛角河组 总厚度688.06 m

21. 灰黑色风化呈灰白、浅紫红色巨层状变余中细粒凝灰质砂岩 17.21 m
20. 深灰、灰黑色巨层状变余中细粒凝灰质砂岩与灰黑色薄层状含泥质硅质板岩不等厚互层，产海绵骨针 *Protospongia* sp. 10.74 m
19. 灰、灰绿色巨厚层状变余细粒凝灰质砂岩夹粉砂质板岩凸镜体。顶部灰色含凝灰质绢云板岩 14.38 m
18. 灰、灰绿色巨厚层状变余细粒沉凝灰岩与深灰色凝灰质绢云黑云千枚状板岩不等厚互层 27.84 m
17. 灰绿色巨层状变余细粒凝灰质砂岩夹板岩凸镜体，向上渐变为粉砂质板岩，顶部灰黑色巨厚层硅质岩，并含有粉砂及砂质结核 5.62 m
16. 灰、灰绿色巨厚层变余中细—中粒凝灰质长石砂岩夹灰黑色薄层状板岩，顶部灰黑色含碳硅质板岩，产海绵骨针 *Protospongia* sp. 37.00 m
15. 浮土 198.60 m
14. 绿灰色巨层状变余细粒凝灰质砂岩夹灰色板岩及粉砂质板岩凸镜体 29.34 m
13. 灰、灰绿色风化呈黄绿色巨层状粉砂质条带绢云黑云板岩及板岩夹深灰色薄—中厚层状变余凝灰质石英砂岩 16.42 m
12. 灰、灰黑色巨厚层状变余中细粒沉凝灰岩及凝灰质砂岩夹深灰色巨层状粉砂质板岩 25.04 m

整 合

华山硅质岩段

11. 灰、深灰色巨层状变余细—中粒凝灰质长石砂岩及沉凝灰岩夹灰黑色薄—中厚层碳质板岩及硅质岩凸镜体，局部有含磷粉砂质结核 37.16 m
10. 上部深灰色中厚—巨厚层变余微—细粒凝灰质砂岩夹灰黑色风化呈浅灰、深灰色薄层硅质板岩及燧石岩；下部灰绿色巨厚层状变余细粒长石砂岩 35.04 m
9. 深灰、灰黑色巨厚层变余细粒凝灰质砂岩与灰黑色薄—中厚层燧石岩及硅质板岩不等厚互层。产海绵骨针 *Protospongia* sp. 31.71 m
8. 上部灰黑色薄层燧石岩与灰黑色薄层状硅质板岩略等厚互层；下部灰黑色风化呈浅灰、灰色薄层状硅质板岩夹深灰色中厚—巨厚层变余细粒凝灰质砂岩；底部深灰色中厚层变余细粒凝灰质砂岩。产海绵骨针 *Protospongia* sp. 54.38 m
7. 上部灰黑色风化呈浅灰色薄层状硅质板岩夹深灰色薄层状燧石岩；下部深灰色中厚—巨厚层变余细粒凝灰质砂岩夹灰黑色燧石岩及硅质板岩。产海绵骨针 *Protospongia* sp. 16.70 m
6. 灰黑色风化呈浅灰色薄层状硅质板岩夹灰黑色燧石岩。产海绵骨针 *Protospongia* sp. 28.67 m
5. 灰黑色风化呈浅灰色薄层碳质硅质板岩夹黑灰色燧石岩，局部夹灰色薄层粉砂质板岩，顶部灰黑、黑色碳质板岩夹串珠状燧石岩及菱铁矿结核。产海绵骨针 *Protospongia* sp. 25.93 m
4. 灰黑色薄层硅质板岩与灰黑色薄—中厚层燧石岩互层，底部夹深灰色中厚层变余凝灰质砂岩。产海绵骨针 *Protospongia* sp. 28.62 m
3. 深灰色巨层变余细粒凝灰质砂岩，上部夹深灰色薄层砂质板岩 20.60 m
2. 上部灰黑色风化呈浅灰色薄层硅质板岩与灰黑色薄层燧石岩略等厚互层；下部深灰色巨厚层砂质板岩 9.46 m

1. 灰黑色风化呈浅灰色薄层状硅质板岩及燧石岩夹深灰色中厚层变余细粒凝灰质砂岩 17.60 m

═══════ 断　层 ═══════

下伏地层：**老虎塘组**　杂砂岩及千枚岩

【地质特征及区域变化】　由上可知，本组下部为华山硅质岩段，以深灰、灰黑色硅质板岩、燧石岩（硅质岩）为主，局部夹砂岩、砂质板岩；上部为灰、灰黑色中细粒凝灰质砂岩夹粉砂质板岩及少量含碳硅质板岩组成。上、下均为断层接触，出露厚度 688.06 m。

本组广泛分布于赣中、南地区，其中以复合层型剖面地崇义一带发育最好，研究程度较高。在这一地区出露良好的剖面，底部发育石煤层，整合于老虎塘组之上，向上为碳质长石石英杂砂岩和碳质粉砂岩互层，偶夹大理岩凸镜体，碳质粉砂岩中常含条带状或结核状黄铁矿，组成本组下部层段。此层段之上即为深灰、灰黑色薄层含碳硅质岩、含碳硅质板岩及碳质板岩组成的所谓“华山硅质岩段”，再上主要为深灰、灰色至灰绿色长石石英杂砂岩、粉砂岩、粉砂质板岩夹含碳硅质板岩、碳质板岩组成的鲍马序列。区域上，下与老虎塘组，上与高滩组呈连续过渡关系。岩层中见有粒序层理、小型沙纹交错层理、水平层理和块状层理等，属于次深海相—深海相沉积。厚度一般为 1 300～1 500 m。

由复合层型剖面地向东北至泰和小龙一带，为灰绿色砂板岩互层，板岩常见条带构造。相当华山硅质岩段之沉积，变为含碳千枚岩或碳质板岩。厚度 1 671 m。东至于都、兴国、瑞金一带，主要为灰、青灰色砂板岩互层，夹含碳或碳质板岩，相当于华山硅质岩段之沉积，多变为硅质板岩、燧石层与变余细粒砂岩互层。于都县小溪鹅婆厚度 2 146 m，兴国均村厚度1 090 m，瑞金年坑厚度 1 517 m。

华山硅质岩段　$\in^{h}$　(06-36-0609)

本段之创名、定义、层型以及地质特征及区域变化等，均在上述牛角河组论及，不再赘述。

高滩组　$\in gt$　(06-36-0611)

【创名及原始定义】　原称高滩群，为江西区测队魏秀喆等（1966）创立，创名地在崇义县过埠镇高滩村。1980 年，江西省区域地层表编写组在《华东地区区域地层表·江西省分册》一书中介绍。指介于整合于牛角河群之上、水石群之下的一套灰绿、灰色厚—巨厚层状长石石英砂岩为主，夹灰绿、灰色粉砂质板岩、板岩之沉积。下以厚层砂岩与夹含深灰、灰黑色碳质板岩为主的牛角河组相区别，上以其顶部的灰岩作为与水石组的分界。二者呈整合关系。

【沿革】　同八村群。

【现在定义】　指整合于牛角河组之上与水石组之下，以灰—灰绿色厚—巨厚层状变余长石石英砂岩为主，夹黑白相间条带状板岩、灰绿色板岩、粉砂岩等组成的韵律层。

【层型】　正层型为崇义县过埠镇高滩—杨梅塘剖面（114°16′，25°45′），由江西区测队 1966 年测制。

上覆地层：**水石组**　灰、灰绿、深灰色厚—巨厚层变余中细粒长石石英砂岩与深灰绿色粉砂质板岩互层

——————— 整　合 ———————

高滩组 总厚度 864.95 m

60. 上部灰黑色凸镜状结晶灰岩夹风化呈紫红、浅褐灰色薄层钙质板岩；下部灰绿、灰黑色条带状粉砂质绢云板岩。产小型腕足类化石碎片 22.43 m

59. 深灰色巨层变余细粒杂砂质长石砂岩 27.22 m

58. 上部灰白、灰黑色中厚层条带状板岩；下部灰、深灰色厚—巨厚层变余细—中粒长石砂岩与灰绿色粉砂质板岩及灰黑色板岩不等厚互层。产腕足类：*Homotretalisani*，*H. notens*，*Acrothele* sp.，*A. minuta*，*Obolus* sp. 42.98 m

57. 浮土（局部见变余细粒长石石英砂岩） 101.30 m

56. 上部风化呈黄绿色巨厚层变余细粒长石石英砂岩与灰绿色薄层状板岩及粉砂质板岩互层；下部灰绿色薄层板岩夹巨厚层变余中粒长石石英砂岩 47.85 m

55. 黑、白相间条带板岩。产腕足类：*Homotreta shantungensis*，*H. orientalis*，*H. pacifica*，*H.* ? *lisani*，*Acrothele chinensis*，*A. chinchienensis* 9.93 m

54. 上部浅灰绿色风化呈黄绿色厚—巨厚层变余细粒长石砂岩；下部灰绿色厚层变余长石砂岩与薄层板岩互层 23.27 m

53. 浮土 87.70 m

52. 黑、白色风化呈黄褐、土黄色与灰黑色相间条带板岩夹灰绿色薄层板岩及粉砂质板岩；下部风化呈黄白、黄褐色厚—巨厚层变余云母长石石英砂岩。产腕足类化石碎片 45.14 m

51. 黑、白色条带板岩及灰绿色千枚状板岩夹风化呈黄白、黄褐色变余细粒云母长石石英砂岩。产腕足类：*Obolus* sp.，*O. oboscurus*，*Acrothele* sp. 11.88 m

50—48. 灰绿色厚—巨厚层变余长石石英砂岩与薄层凝灰质板岩互层，下部风化呈黄绿色厚—巨厚层长石石英砂岩 89.11 m

47. 灰白、灰黑色条带状薄—中厚层凝灰质板岩。产腕足类：*Homotreta* sp.，*Paterina* sp.，*P. lucina*，*Acrothele* ? *fecunda*，*Obolus* sp. 3.56 m

46—45. 黄绿色厚—巨厚层变余细粒长石石英砂岩，局部夹薄层板岩。上部黄褐、黄绿色厚—巨厚层变余细粒长石石英砂岩与灰绿色薄层凝灰质板岩不等厚互层 134.00 m

44. 浮土 45.99 m

43. 灰绿色薄—厚层千枚状板岩夹风化呈黄白、黄褐色巨厚层变余细粒长石石英砂岩 48.50 m

42. 风化呈黄褐色厚—巨厚层状变余细粒长石石英砂岩夹灰绿色薄层状板岩，顶部夹灰白、灰黑色条带板岩。产腕足类：*Paterina* sp.（*P. orientalis*），*Homotreta* sp.，*Acrothele* sp. 65.08 m

41. 上部深灰色风化呈黄绿色厚—巨厚层变余细—中粒长石砂岩；下部灰绿色厚—巨厚层状变余长石砂岩夹灰绿色薄层板岩 59.01 m

═══════ 断　层 ═══════

下伏地层：**牛角河组**

40. 灰绿色薄—厚层板岩夹黄绿、灰绿色巨厚层变余细粒长石石英砂岩，中部夹一层黑、白色宽条带状板岩。产海绵骨针：*Protospongia* sp. 及腕足类化石碎片

【地质特征及区域变化】 正层型剖面下与牛角河组为断层接触，上与水石组呈整合接触，以厚层—巨厚层状变余细粒长石石英砂岩为主，夹黑白相间条带状板岩、灰绿色薄层状板岩，由下而上产有无铰纲腕足类，计有：*Homotreta* sp.，*H. lisani*，*H. noteus*，*H. shantungensis*，*H. orientalis*，*H. pacifica*，*Acrothele* sp.，*A. chinensis*，*A. chinchiensis*，*Obolus* sp.，*Paterina* sp. 等，下部并见有海绵骨针 *Protospongia* sp.。出露厚度 863 m。

本组主要见于于都、兴国至泰和一线以西地区。各地所见均以砂岩为主，夹条带状板岩、粉砂岩，形成鲍马序列。崇义县芦柴坑、高坌剖面砂岩常见粒序层理，底部含砾，底面可见槽模、重荷模，粉砂岩、板岩小型沙纹交错层理、水平层理，组成清晰的鲍马序列，说明属次深海浊流沉积。其厚度变化在 1 000～4 000 m 之间。

水石组　$\in\hat{s}$　(06-36-0612)

【创名及原始定义】　原名水石群，江西区测队魏秀喆等（1966）创名于崇义县过埠镇水石村。1980 年，江西省区域地层表编写组在《华东地区区域地层表·江西省分册》一书中介绍。指一套砂、板岩组成的类复理石建造。较之高滩组板岩相对增多，条带板岩远不及高滩组发育等特点与高滩组区别。

【沿革】　同八村群。

【现在定义】　指整合于高滩组之上、茅坪组之下，以灰绿、黄绿色板岩、粉砂质板岩或含条带板岩为主，夹灰绿色变余长石石英砂岩和少量长石砂岩组成，产腕足类化石。下与高滩组顶部凸镜状灰岩或钙质砂岩或含钙条带状板岩分界，上以钙质板岩或凸镜状灰岩与爵山沟组底部黄绿色石英砂岩或茅坪组硅质板岩分界。

【层型】　正层型为崇义县过埠镇水石村剖面（114°16′，25°45′），由江西区测队 1966 年测制。

上覆地层：**茅坪组**　灰绿色巨厚层板岩，局部夹少量黑灰色薄层条带状硅质板岩。产笔石：*Bryograptus* sp.，*Adelograptus* sp.，*Anisograptus* sp.

——————— 整　合 ———————

水石组	总厚度 2 387.86 m
68. 浮土，仅见中部风化呈灰白、黄绿色厚—巨厚层变余细粒长石石英砂岩夹灰、灰黑色薄—中厚层板岩。产腕足类化石碎片	249.00 m
67. 灰绿色厚层细粒火山碎屑砂岩夹板岩，顶部深灰—灰黑色板岩。产腕足类：*Lingulella* sp.，*Obolus* sp.	9.00 m
66. 上部灰绿、深灰色薄层千枚状板岩夹一层灰绿色变余细粒长石石英砂岩；下部灰绿、深灰色巨厚层变余细—中粒杂砂质石英砂岩	144.00 m
65. 灰绿、深灰色巨厚层变余细—中粒杂砂质石英砂岩夹灰绿、深灰色粉砂质板岩及粉砂质条带状板岩	33.00 m
64. 风化呈浅红、土黄、黄绿色厚—巨厚层变余长石杂砂质石英砂岩与灰绿—黑色厚—巨厚层条带状板岩组成韵律层	42.00 m
63. 灰绿色厚层变余细粒长石杂砂质石英砂岩夹灰绿色中厚层千枚状板岩，顶部夹黑灰色含碳板岩及灰绿色粉砂质板岩。产腕足类：*Lingulella manchuriensis*，*Obolus minimus*	33.00 m
62. 灰—深灰绿色风化呈黄绿色巨层板岩夹粉砂质板岩。产腕足类：*Lingulella liui*，*Acrothele* sp.	76.45 m
61—59. 上部黄绿色变余细粒长石石英砂岩与黄绿、灰绿色粉砂质板岩略等厚互层；下部黄绿、浅紫红色变余细粒长石石英砂岩夹灰绿色中厚层粉砂质板岩	60.18 m
58. 上部厚—巨厚层变余中细粒长石石英砂岩与灰白、黄绿色粉砂质板岩不等厚互层；中部灰白、浅紫红色粉砂质板岩；下部灰白、土黄、浅紫红色巨厚层变余中细粒长石石英砂岩、粉砂质板岩。产腕足类：*Lingulella* sp.，*L. manchuriensis*，	

L. liui，*Paterina* sp.，*Homotreta*? sp. 等　53.06 m

57. 上部风化呈灰白、黄绿、浅紫色板岩、粉砂质板岩夹黄绿色中厚层粉砂岩；下部深灰色风化呈浅黄绿、浅紫红色变余细粒长石砂岩，局部夹灰绿色薄层粉砂质板岩　93.81 m

56. 上部灰白、灰黑色条带状巨厚层板岩夹厚层状变余中细粒长石石英砂岩；中部灰色风化呈黄绿、浅紫红色巨厚层变余中粒长石石英砂岩与绿、深灰色粉砂质板岩及板岩略等厚互层；下部深灰色风化呈黄绿、浅紫红色粉砂质板岩夹粉砂岩。产腕足类：*Acrothele*? sp. 及 *Lingulella*? sp.　28.61 m

55. 上部灰白、灰色巨厚—厚层条带板岩；下部黄绿、紫红色变余中细粒长石石英砂岩与黄绿、深灰色板岩等厚互层，底部夹风化呈黄绿色变余砂岩凸镜体。产腕足类：*Acrothele* sp.，*Homotreta* sp，*Lingulella liui* 及双壳类　9.27 m

54—53. 顶部灰、灰黑色条带板岩夹灰色变余中细粒长石石英砂岩；上部风化呈浅灰、黄绿色粉砂质板岩与风化呈黄绿、浅紫红色变余中细粒长石石英砂岩互层；下部风化呈黄绿色变余细—中粒长石石英砂岩夹中厚层粉砂质板岩　151.71 m

52. 上部灰、浅黄绿色中—厚层粉砂绢云板岩；中部巨厚层变余中细粒长石石英砂岩与粉砂岩及深绿色绿泥绢云板岩等厚互层；下部巨厚层变余中细粒长石石英砂岩夹少量薄层板岩。产腕足类：*Lingulella* sp.，*L. liui*，*Acrothele*? sp.，*Homotreta*? sp. 及大量双壳类化石　28.23 m

51—50. 上部灰、灰绿色板岩夹黄绿色中厚层粉砂岩及粉砂质板岩；下部风化呈灰白、黄绿色厚—巨厚层变余中细粒长石石英砂岩与灰色风化呈黄绿、紫红色粉砂质板岩及板岩互层　81.52 m

49. 上部绿灰色风化呈黄绿色巨厚—厚层变余细粒长石砂岩与灰白—深灰色粉砂质板岩不等厚互层，顶为条带板岩；中部绿灰色风化呈黄绿色变余细粒长石砂岩与绿色粉砂质板岩互层；下部绿色厚—巨厚层板岩及粉砂质板岩夹粉砂岩凸镜体。产双壳类化石为主，腕足类：*Lingulella* sp.　33.17 m

48—45. 上部绿灰色风化呈黄绿色巨厚层变余细粒长石砂岩夹灰色薄—厚层粉砂质板岩及板岩；中部深灰色风化呈绿色巨层变余细粒长石石英砂岩夹绿色板岩、粉砂质板岩及粉砂岩；下部灰绿、深灰色厚—巨厚层变余细粒长石砂岩夹绿色粉砂质板岩、板岩。产双壳类及腕足类化石碎片　256.99 m

44. 上部灰绿、灰黑色风化呈黄绿色板岩及千枚状板岩夹风化呈浅紫红色粉砂岩及其凸镜体；下部深灰色风化黄绿色巨层状变余细粒含钙长石砂岩。产双壳类及腕足类：*Obolus* cf. *taianensis*，*Lingulella* sp.，*Acrothele* sp.，*A. recta*，*Homotreta* sp.，*H. pileata*，*H. lisani*，*H. orientalis*，*Botsfordia*? sp.　30.15 m

43. 上部灰黑色巨厚层含凝灰质绿泥绢云板岩；下部绿灰色巨厚层变余细粒含钙长石砂岩夹薄层粉砂质板岩。产双壳类、腕足类 *Lingulella* sp. 及海绵骨针 *Protospongia* sp. 等　14.59 m

42. 上部灰色巨厚层变余中细粒长石石英砂岩夹灰、灰黑色厚—巨厚层含粉砂岩碎屑板岩；中部巨厚层变余中细粒长石石英砂岩夹少量风化呈绿、浅紫红色粉砂质板岩；下部灰绿色巨厚层变余细粒长石砂岩夹粉砂质板岩凸镜体。产腕足类：*Lingulella*? sp. 及 *Homotreta*? sp. 等　35.57 m

41—39. 上部风化呈黄绿、紫红色粉砂质板岩夹变余中细粒长石砂岩；中部风化呈黄、浅灰及紫红色粉砂质板岩及板岩；下部呈风化灰白、黄绿带紫红色细—中粒长石石英砂岩、变余细粒杂砂质砂岩夹同色粉砂质板岩。产腕足类化石碎片　55.92 m

38. 浮土　72.04 m

37—36. 上部灰色巨厚层变余细粒杂砂质砂岩与风化呈灰绿、紫红色粉砂质板岩互层；中部灰绿、灰黑色粉砂质板岩；下部巨厚层变余细粒凝灰质杂砂岩夹灰黑色薄—中厚层含碳凝灰质板岩。产腕足类：*Lingulella*? sp. 41.61 m

35—34. 上部风化呈土黄、黄绿色凝灰粉砂质板岩与灰绿色巨厚层变余中细粒含长石杂砂岩相间；下部风化呈黄绿色巨厚层变余中细粒杂砂质砂岩，其中夹一层厚0.3 m粉砂质板岩。产腕足类：*Lingulella*? sp.，*L. liui*，*L. manchuriensis*，*Homotreta*? sp. 33.71 m

33. 上部风化呈土黄、浅紫红色粉砂质板岩；中部变余细粒长石砂岩与厚—巨厚层粉砂质板岩不等厚互层；下部风化呈黄绿色变余细—中粒长石砂岩夹厚—巨厚层粉砂质板岩。产腕足类：*Lingulella*? sp.，*Homotreta*? sp. 等及丰富双壳类化石碎片 27.47 m

32. 风化呈绿、浅紫色厚—巨厚层变余中细粒长石石英砂岩夹绿色粉砂质板岩及少量黑、白相间条带板岩。产双壳类及腕足类 *Obolus*? sp.，*Lingulella*? sp.，*Homotreta*? sp. 及 *Acrothele*? sp. 等 38.42 m

31—30. 灰色巨厚层变余中细粒长石杂砂岩夹少量灰绿色薄—厚层粉砂质板岩及灰黑色含碳凝灰质板岩。产腕足类：*Obolus* sp.，*Lingulella* ? sp. 32.59 m

29. 上部灰白、深灰色条带板岩及灰绿色粉砂质板岩夹一层风化灰色变余细粒长石石英砂岩；下部灰色风化呈绿色巨厚层变余细—中粒长石砂岩，近底部夹两层厚 20～30 cm 之绿色板岩。产腕足类：*Lingulella* sp.，*Homotreta*? sp. 28.86 m

28. 上部灰绿色绿泥绢云板岩及深灰绿色凝灰质板岩夹中厚层变余细粒砂岩；下部灰绿、深灰色巨厚层变余细粒长石杂砂岩夹黄绿色粉砂质板岩 29.85 m

27. 上部灰绿色粉砂质板岩；中部浅灰白、深灰色条带板岩；下部风化呈绿色巨厚层变余中细粒长石石英砂岩。产双壳类化石 9.85 m

26. 上部深灰绿色巨厚层含绿泥绢云板岩夹黄绿色中厚层变余粉—细砂岩；中部深灰色巨厚层变余中细粒长石石英砂岩与绿色粉砂质板岩略等厚互层；下部深灰色风化呈黄绿色巨厚层变余中粒长石砂岩。产腕足类：*Lingulella* sp. 39.18 m

25. 深灰色风化呈黄绿色巨厚层状变余细粒长石杂砂质石英砂岩与绿色粉砂质板岩互层。产双壳类及腕足类：*Lingulella* cf. *putilla*，*Homotreta*? sp. 24.81 m

24. 上部灰绿色绿泥绢云千枚板岩夹薄—中厚层粉砂岩；下部灰黑色风化呈灰白色凝灰质板岩夹深灰、灰黑色风化呈浅黄绿色中厚—厚层变余细砂岩及粉砂岩。产海绵骨针：*Protospongia* sp. 12.36 m

23—20. 风化呈黄褐微带紫色巨厚层变余中细粒长石石英砂岩与同色粉砂质板岩不等厚互层 77.11 m

19—18. 风化呈褐黄带浅紫红色巨厚层变余中细粒长石石英砂岩夹灰绿色风化呈黄绿、褐黄色厚—巨厚层粉砂质板岩 28.96 m

17. 上部风化呈灰白、黄绿、浅紫色薄层板岩；下部风化呈褐黄略带浅紫红色巨厚—厚层变余中细粒长石石英砂岩与粉砂质板岩略等厚互层 34.01 m

16—14. 上部风化呈深褐、灰白、浅黄、浅紫红色板岩及深灰绿色厚层粉砂质板岩夹风化呈褐黄带紫红色巨厚—厚层变余中细粒长石石英砂岩；下部风化呈黄绿带浅紫色巨厚—厚层状变余中细粒长石石英砂岩与风化呈灰白、黄绿、浅紫色粉砂质板岩不等厚互层。产腕足类：*Lingulella* sp.，*L. liui*，*Obolus* sp.，*Homotreta*? sp. 及双壳类化石 48.98 m

13. 风化呈黄绿、浅红色厚—巨厚层变余中细粒长石石英砂岩与风化呈灰白、黄绿、浅紫色粉砂质板岩、板岩及千枚状板岩不等厚互层。产腕足类：*Lingulella*? sp. 40.07 m

12—11. 灰白色变余细粒长石石英砂岩和变余中细粒长石砂岩与黄绿色粉砂质板岩、板岩略等厚互层　56.47 m

10. 风化呈灰白、浅绿灰色薄—厚层粉砂质绢云板岩夹厚层变余细粒长石石英砂岩，底部风化呈黄绿色变余中细粒长石石英砂岩。产双壳类及腕足类：*Lingulella*? sp.，*L.*？*liui*，*L.* cf. *putilla*，*L. maricia*，*Homotreta* sp.，*Acrothele*? sp.　23.4 m

9—8. 风化呈黄绿色变余中细粒长石石英砂岩与灰绿色风化呈黄绿、浅紫色粉砂质板岩互层　61.28 m

7. 上部灰、灰黑色厚层粉砂质绢云板岩；下部深灰色巨厚层变余细—中粒含钙长石砂岩夹灰绿色粉砂质板岩。产双壳类及腕足类：*Acrothele* sp.，*Obolus* sp.，*Lingulella*? sp.，*L. liui*，*Botsfordia*? sp. 等　50.0 m

6. 灰绿色风化呈黄绿色巨厚—厚层状变余中细粒长石石英砂岩与灰绿色板岩及粉砂质板岩不等厚互层，其中夹黑、白相间条带板岩。产双壳类及腕足类：*Lingulella* sp.，*L. manchuriensis*，*Obolus* sp.，*O.* cf. *taianensis*，*O. luanhsiensis*，*Botsfordia*? sp.　59.0 m

5. 上部灰、灰绿色巨厚—厚层状板岩夹凸镜状粉砂岩；下部灰、深灰绿色巨厚—厚层变余细粒含钙长石砂岩夹黄绿色粉砂质板岩　20.17 m

4. 灰、灰绿、深灰色厚—巨厚层变余中—细粒长石石英砂岩与深灰绿色粉砂质板岩互层　11.72 m

——————— 整　合 ———————

下伏地层：**高滩组**

3. 灰黑色凸镜状结晶灰岩夹风化呈紫红、浅褐灰色薄层钙质板岩

【地质特征及区域变化】　正层型剖面所示，下部以砂岩夹板岩为主，上部泥板岩相对增多，常为板岩夹砂岩，但总观是由砂板岩组成类复理石建造。砂岩多见粒序层理、平行层理，板岩多见水平层理，粉砂岩偶见小型斜层理。产无铰纲小型腕足类化石：*Lingulella manchuriensis*，*L.* cf. *putilla*，*L. liui*，*Obolus* sp.，*O.* cf. *taianensis*，*O. luanhsiensis*，*O. minimus*，*Acrothele* sp.，*A. recta*，*Homotreta* sp.，*H. pilenta*，*H. orientalis*，*H. lisani* 等，时代为晚寒武世。正层型剖面本组上与奥陶纪茅坪组呈整合接触，出露厚度2 388 m。

本组主要分布于赣西南崇义、上犹一带，各处所见岩性组合近乎一致，厚度变化在2 100～2 400 m之间。所含化石仍以无铰纲小型腕足类为主，但下伏高滩组最繁盛的 *Acrothele* 和 *Homotreta* 两属显著减少，代之以 *Lingulella* 和 *Obolus* 两属居于优势。

仑山组　∈O*l*　(06-36-0701)

【创名及原始定义】　原称仑山石灰岩，系由德人李希霍芬（F V Richthofen）(1912) 创名，丁文江 (1919) 介绍：“仑山位于镇江西南 25 km，……。在其山中遇有石灰岩一层。……。李希霍芬于此觅得化石数种。Frech 鉴定为下志留系即奥陶系是也。……”。

【沿革】　李毓尧 (1935) 在宁镇山脉地质调查时将原仑山灰岩上部划出汤山系。解放后穆恩之等 (1955) 研究南京汤山奥陶系由下而上划分为仑山石灰岩、汤山石灰岩、汤头层等。江西区测队 (1966) 将穆氏的划分首先引入《1：20 万瑞昌幅区测报告》，改称仑山群、汤山群、汤头组，分别归于奥陶系下、中、上统，并长期沿用。《江西岩石地层统编》(1991) 改称仑山白云岩，其下包括西阳山组顶部，其上包括现称的红花园组。时代归于早寒武世至早奥陶世。本次对比研究称仑山组，时代主要为早奥陶世并下跨晚寒武世晚期。

【现在定义】 系指整合于西阳山组灰黑薄层状泥质灰岩之上、红花园组灰白色巨厚层状灰岩之下的灰色厚层状灰质白云岩、白云岩、白云质灰岩偶夹灰岩组成的地层体。

【层型】 正层型为江苏省句容县仑山剖面。省内次层型为彭泽县乐观剖面（116°32′，29°41′），由江西区测队1970年测制。

上覆地层：**红花园组** 灰白色巨厚层结晶灰岩夹不规则旋涡状泥质条带

——————— 整 合 ———————

仑山组	总厚度 233.9 m
10. 白色巨厚层状白云岩	14.9 m
9. 灰白、灰色巨厚层状石灰岩	53.4 m
8. 灰白色白云质灰岩	31.2 m
7. 灰白—乳白色巨厚层状白云岩，其中夹一层厚26 m之乳白色风化呈褐色白云岩	95.0 m
6. 灰色中薄层状泥质灰岩与灰色中层状结晶灰岩互层。产三叶虫：*Eodrepanura hunanensis*，*Neoanomocarella quadrata*，*N. asiatica*，*Pemphigaspis*? sp.，*Proceratopyge* sp.，*Dorypygella posticostatus*，*Buttsia*? sp.，*Kormagnostus* sp.，*Remopleurides* sp.，*Homagnostus* sp.	24.3 m
5. 灰白色巨厚层状白云岩	13.9 m
4. 灰白色巨厚层钙质白云岩	1.2 m

——————— 整 合 ———————

下伏地层：**西阳山组**

3. 灰、灰黑色中层状泥质灰岩与灰色薄层微晶灰岩互层

【地质特征及区域变化】 由次层型剖面可知，本组主要由灰白色厚层—巨厚层状白云岩组成，上部夹一层厚层灰岩，下部夹一层泥质灰岩，其中产三叶虫，如 *Neoanomocarella quadrata*，*N. asiatica*，*Dorypygella posticostatus* 等，常见于湘、黔等省中、晚寒武世。赋存上述化石层位之上的白云岩为主的层段，应属于早奥陶世两河口期，化石层之下兼跨寒武纪沉积，其厚度233.9 m。

本组见于赣北瑞昌至彭泽一带。次层型剖面西南德安县吴山葛峰为灰白色细晶白云岩夹白云质灰岩或灰岩，厚度690 m，西至德安县聂桥蔡村以浅灰色薄至中层条带状泥质白云质灰岩为主，下未见底，出露厚度68 m。

红花园组 *Oh* （06-36-0702）

【创名及原始定义】 张鸣韶、盛莘夫（1940）在川黔边境地质调查时创立，创名地在贵州省桐梓县红花园附近。创立之后，为人引用，但所属论文《川黔边境奥陶纪笔石地层》正式发表为1958年。其原始定义是："整合于桐梓层之上，岩性为灰色厚层灰岩，厚40 m，含化石很丰富，有头足类 *Cameroceras hupehense*，海绵 *Archaeoscyphia chihliensis*，*Calathium kweichowense*，与北美Canadian下部相当，时代为下奥陶纪"。

【沿革】 本次对比研究引入此名。江西区测队（1966）在《1∶20万瑞昌幅区测报告》和《江西省区域地质志》(1984)中，将与其相当的地层归于仑山群上部。《江西岩石地层统编》(1991)将其一分为二，下部灰白色结晶灰岩划归于仑山白云岩上部，上部灰白色厚层灰岩划归于汤山灰岩下部。本次对比研究，将其独立出来，引称红花园组。

【现在定义】 指整合于仑山组之上、汤山组之下灰白色、灰色厚、巨厚层状灰岩、白云质灰岩、粉晶灰岩之沉积。下以仑山组厚、巨厚层状白云岩结束分界，上以汤山组底部紫红色中厚层灰岩或瘤状灰岩的出现分界。内含少量头足类、腕足类等化石。

【层型】 正层型为贵州省桐梓县红花园剖面。省内次层型为彭泽县乐观剖面(116°32′,29°41′)，由江西区测队1970年测制。

上覆地层：**汤山组** 紫红色中厚层小瘤状生物碎屑灰岩夹灰色泥质条带状灰岩

——————— 整 合 ———————

红花园组 总厚度 74.1 m

12. 灰白色巨厚层灰岩夹白云质灰岩。产头足类：*Dideroceras mui*，*Protocycloceras* sp.，Proterocameroceratidae 15.0 m

11. 灰白色巨厚层状结晶灰岩夹不规则旋涡状泥质条带 59.1 m

——————— 整 合 ———————

下伏地层：**仑山组**

10. 白色巨厚层白云岩

【地质特征及区域变化】 本组下部为灰白色巨厚层状结晶灰岩夹不规则泥质条带，上部为灰白色巨厚层状灰岩夹白云质灰岩，产头足类 *Dideroceras mui*，*Protocycloceras* 等。

本组分布与仑山组、汤山组、汤头组一致，见于瑞昌、德安至彭泽一带。西至德安葛峰，下为灰至灰白色厚层状灰岩，偶见泥、钙质条纹；上为灰至深灰色不规则之旋涡状灰岩、豹皮状灰岩，产头足类 *Kaipingoceras* sp.，*Kyminoceras* sp. 等，厚度 150 m。德安金家洞由灰白色厚层泥晶、粉晶灰岩组成，厚度约 80 m。时代为早奥陶世。

汤山组 *Ot* (06－36－0705)

【创名及原始定义】 原名汤山系，由李毓尧、李捷、朱森(1935)首创，创名地在南京市以东 20 km 之汤山。原始定义：底部常为灰黄或浅红之硅化岩，厚数米至数十米不等，岩性较坚硬，不易风化；上部是汤山系主体，岩性为灰黄或浅红色泥质灰岩及黄色页岩，向上页岩增多，以至全为页岩，厚约三四十米。根据所采头足类 *Vaginoceras* aff. *uniforme*，*Orthoceras chinensis* 及 F V Richthofen 采集。Frech 鉴定的 *Vaginoceras duplex*，腕足类 *Clitambonites squamata*，*Orthis* cf. *calligramma*，三叶虫 *Asphus* sp. 等，认为与长江上游之艾家山系相似，化石多与艾家山系上部之塔石层(宝塔灰岩)相同，故其年代为中奥陶纪晚期。

【沿革】 此名自江西区测队(1966)引入以来，长期改称汤山群使用。《江西岩石地层统编》(1991) 兼并其上的汤头组，统称汤山灰岩，时代归于 O_1—O_3。本次对比研究仍将其独立出来，恢复穆恩之等(1955)之含义，称汤山组。

【现在定义】 指整合于红花园组之上、汤头组之下，岩性为灰白色瘤状灰岩、生物碎屑灰岩及泥质灰岩为主，时夹薄层紫红色泥质条带灰岩，有时夹少量钙质页岩。下以红花园组顶部之白云质灰岩分界，上以汤头组底部之钙质页岩或泥质灰岩分界。

【层型】 正层型为江苏省江宁县汤山外圩剖面。省内次层型为彭泽县乐观剖面(116°32′,29°41′)，由江西区测队1970年测制。

上覆地层：**汤头组**　灰、灰绿色泥质灰岩夹泥灰岩条带

——————— 整　合 ———————

汤山组	总厚度 102.4 m
19. 灰白色微带绿色厚层网纹状灰岩夹灰色瘤状灰岩	6.0 m
18. 微带肉红色含生物碎屑灰岩夹紫红色泥质灰岩条带	15.0 m
17. 紫红色厚层瘤状泥质灰岩夹富含泥质灰岩条带灰岩。产头足类化石	29.8 m
16. 浮土	3.0 m
15. 紫红色瘤状泥质灰岩及瘤状生物碎屑灰岩。产头足类：*Maraendoceras* sp.，*Protocycloceras shansiensis*，*Michelinoceras dobaosense*，*Chisiloceras reedi*，*Dideroceras uniforme*，*D. wahlenbergi*	16.5 m
14. 灰白色巨厚层状结晶灰岩夹紫红色泥质灰岩	7.2 m
13. 紫红色中厚层小瘤状生物碎屑灰岩夹灰色条带状泥质灰岩	24.9 m

——————— 整　合 ———————

下伏地层：**红花园组**

12. 灰白色巨厚层灰岩夹白云质灰岩

【地质特征及区域变化】　次层型剖面下部以紫红色瘤状泥质灰岩、瘤状生物碎屑灰岩为主，下夹灰白色巨厚层状结晶灰岩，上夹泥质条带灰岩，其中产头足类：*Paraendoceras* sp.，*Protocycloceras shensiensis*，*Michelinoceras dobaosense*，*Chisiloceras reedi*，*Dideroceras uniforme*，*D. wahlenbergi*，属于牯牛潭期至大湾期。本组厚 102.4 m。

次层型剖面之西德安葛峰、金家洞剖面之岩性组合与其相同，尚产头足类 *Sinoceras*；腕足类 *Orthis*，*Glyptorthis* 及三叶虫 *Cyclopyge*，*Hamatocnemia* 等，厚度 250 m 以上。

应指出的是，位于葛峰东南的梅家畈剖面，含较多的小瘤状钙质页岩和灰绿、黄绿色钙质页岩，这可能与该剖面处于江南地层分区和下扬子地层分区之间处于台盆过渡地带有关。其中含头足类 *Lituites*，说明其时代属中奥陶世。

汤头组　Ott　(06－36－0706)

【创名及原始定义】　原称汤头层，由穆恩之、潘江（1955）创立，创名地在江苏省江宁县汤山乡汤头山南坡。原始定义：指原汤山灰岩上部的黄色石灰质页岩夹瘤状灰岩，厚 20 m。时代为上奥陶纪，下与汤山石灰岩，上与五峰页岩均系整合关系。

【沿革】　江西区测队（1964）引入之后称汤头组。《江西省岩石地层统编》（1991）改称汤山灰岩，其含义包括现称的汤头组。实则两者不仅时代不同，且岩性组合亦有明显差异，故仍恢复其原始含义，称汤头组。

【现在定义】　指整合于汤山组之上、新开岭组（五峰组）之下，青灰、灰绿色中薄层瘤状灰岩、泥质灰岩夹泥质条带灰岩及泥岩，部分地区以钙质页岩为主夹瘤状灰岩。产三叶虫及头足类，下与汤山组中至厚层状网纹状或瘤状灰岩分界，上以新开岭组黑色笔石页岩的出现作为分界标志。

【层型】　正层型为江苏省江宁县汤头村剖面。省内次层型为彭泽县乐观剖面（116°32′,29°41′），由江西区测队 1970 年测制。

上覆地层：**新开岭组** 灰黑—黑色风化灰白、青灰色页岩，下部灰黄色细砂岩。产笔石：*Glyptograptus lunshanensis*，*Orthograptus vesiculosus*，*Pristiograptus* sp.

——————— 整 合 ———————

汤头组　　　　总厚度 28.0 m

20. 灰、灰绿色瘤状泥质灰岩夹泥灰岩条带。产三叶虫：*Bumastus*? sp.，*Cyclopyge* sp.，*Hammatocnemis* sp.，*Nileus* sp.，*Pricyclopyge*? sp.，*Trinodus* sp.，*Zdicella* sp.，*Paraceraurus sinicus*；腹足类：*Cyclonema* sp.，头足类：*Michelinoceras* sp.　　28.0 m

——————— 整 合 ———————

下伏地层：**汤山组**

19. 灰白色微带绿色厚层网纹状灰岩夹灰色瘤状灰岩

【地质特征及区域变化】 次层型剖面为瘤状灰岩夹泥质条带灰岩，厚度 28 m。其中产丰富的三叶虫和头足类化石，如三叶虫 *Bumastus* sp.，*Hammatocnemis* sp.，*Nileus* sp. 等，角石 *Michelinoceras* sp.。

本组分布与上述组别相同。其中以乐观剖面灰岩较多，其他如德安朱家为灰岩夹钙质泥岩及含泥质瘤状灰岩，产三叶虫 *Hammatocnemis* sp.，*H. tetrasulcatus*，*Encrinurella*? sp.。整合于汤山组之上，平行不整合于梨树窝组之下，厚约 4.0 m。其南部德安县梅家畈为泥质灰岩、硅化泥岩，厚度 8.2 m，上与新开岭组呈整合接触。北部瑞昌县仙姑台下部为黄绿色硅质、钙质泥岩，上部为灰至青灰色薄—中层状瘤状灰岩，产三叶虫 *Hammatocnemis* sp.，*Lonchodomas* sp.，*Cyclopyge* sp.，*Geragnostus* sp.，*Dalmanitids* sp.，头足类 *Vaginoceras* sp.，*Michelinoceras* sp.，厚 53.6 m。以上各地所产化石少部分主要见于临湘期，而大多数为中—晚奥陶世所常见，且重要的 *Nankinolithus* 尚未发现。

新开岭组 OS*xk* (06－36－0707)

【创名及原始定义】 俞剑华、夏树芳、方一亭（1976）创名于武宁县宋溪乡新开岭。原始定义：为混合相地层，主要是黑色碳质页岩，风化后呈浅紫灰、土黄等色，化石有笔石、瓣鳃、腹足、板足鲎类。顶部产尖端小达尔曼虫、宋溪小达尔曼虫，因此本组大致相当于观音桥组、南郑组。但因产丰富笔石又有所不同，故新建新开岭组。时代为奥陶纪。

【沿革】 江西省区测工作早期，如 1∶20 万修水幅（1964）、瑞昌幅（1966）一向使用五峰组一名。1972 年 1∶20 万永修幅出版时搜编了俞剑华等人的研究成果，在五峰组之上增添了混合相的新开岭组。此种认识亦反映在《江西省区域地质志》(1984)中，而《江西岩石地层统编》（1991）鉴于上下岩性的一致性，将原五峰组、新开岭组及上覆梨树窝组底部兼并为一个单位，改称新开岭页岩，从而改变了原来的定义。本次对比研究同意后种意见。

【现在定义】 指整合于汤头组或黄泥岗组之上、志留纪梨树窝组之下的一套含碳含硅黑色笔石页岩。下与汤头组瘤状灰岩或黄泥岗组黄色页岩分界，上以梨树窝组底部黄绿色细砂岩夹粉砂岩作为分界标志。

【层型】 正层型为武宁县宋溪乡新开岭剖面（115°03′，29°18′），由俞剑华、夏树芳、方一亭 1976 年测制。

上覆地层：**梨树窝组**　棕黄色细砂岩与灰绿色页岩互层。产笔石：*Akidograptus* sp.

———— 整　合 ————

新开岭组　总厚度 40.38 m

115—114. 上部浅紫红色页岩；中部灰黑色页岩；下部棕黄色粉砂岩。产笔石：*Climacograptus* sp.，*Glyptograptus* sp.　1.87 m

113. 浅紫色页岩，底部有一层厚度 1 cm 硅质页岩。产笔石：*Akidograptus* sp.，*Orthograptus* sp.　0.33 m

112—111. 灰黑色页岩。产笔石：*Orthograptus* sp.，*Glyptograptus* sp.　3.56 m

110—109. 灰黑色碳质页岩，底部有两层厚度 1 cm 硅质岩。产笔石：*Glyptograptus tamariscus*，*G. lungmaensis*，*Diplograptus modestus*，*Akidograptus ascensus*　2.93 m

108. 黑色泥岩。产三叶虫：*Dalmanitina wuningensis*，*D.* cf. *mucronata*；笔石：*Paraorthograptus* sp.；腹足类：*Orthotheca* sp.，*Tropidodiscus* sp.；腕足类：*Fardenia* aff. *planissima*；双壳类：*Ctenodonta*（?）sp.；介形类：*Primitia* sp.，*Euprimitia* sp. 等　0.15 m

107—105. 黑色碳质泥岩。产笔石：*Climacograptus supernus*，*Orthograptus truncatus*，*O. truncatus* var. *abbreviatus*，*O. truncatus* var. *intermedius*，*Paraorthograptus* sp.；腕足类：*Oxoplecia*(?) sp.；腹足类：*Ophiletina*(?) sp. 及板足鲎类(?)化石　0.53 m

104—103. 灰棕色含砂质泥岩。产笔石：*Orthograptus truncatus*，*O. truncatus* var. *abbreviatus*，*O. truncatus* var. *intermedius* 及板足鲎类(?)化石　0.25 m

102. 黑色碳质泥岩。产笔石：*Paraorthograptus* sp.，*Climacograptus supernus*；腕足类：*Oxoplecia*（?）sp. 及最底部见 *Dicellograptus* 与板足鲎类（?）化石共生　0.15 m

101—98. 黑色含碳质硅质泥岩。产笔石：*Paraorthograptus typicus*，*Climacograptus venustus*，*C. hastatus*，*Dicellograptus* sp.，*Orthograptus* sp.，*Leptograptus* sp.　4.58 m

97. 褐黄色铁质层　0.11 m

96—95. 黑色含硅质粉砂质泥岩。产笔石：*Tangyagraptus typicus*，*Dicellograptus excavatus*，*D. complanatus* var. *ornatus*，*Climacograptus venustus*　2.45 m

94—92. 黑色含硅质粉砂质泥岩。产笔石：*Dicellograptus complanatus*，*D. szechuanensis*，*D. excavatus*，*D. tanuis*　13.3 m

91. 灰色粉砂质泥岩。产笔石：*Dicellograptus complanatus*，*D. szechanensis*　1.92 m

90—89. 灰白色粉砂质泥岩。产笔石：*Dicellograptus robustus*，*D. tenuis*，*D. excavatus*，*D. complanatus*　8.25 m

———— 整　合 ————

下伏地层：**黄泥岗组**

88. 黄绿色中厚层钙质泥岩。产三叶虫：*Nankinolithus* sp.

【地质特征及区域变化】　综合上列正层型剖面之岩性由下而上可归并 4 个层段：

(1) 灰白带褐红，向上稍带黑色之粉砂质泥岩，厚度 10.17 m。这一层段既不同于下伏黄泥岗组黄色钙质泥岩，亦与典型的新开岭组之黑色含碳硅质泥岩不同，具有明显过渡性质。但从岩性和生物相方面分析更接近于新开岭组。

(2) 黑色含硅粉砂质泥岩及黑色含碳硅质泥岩，厚度 20.44 m。其中所产笔石均是五峰阶常见属种，即原先五峰组的主体。

(3) 黑色碳质泥岩为主，下部夹硅质泥岩，具混合相，即俞剑华等当初所称狭义新开岭组，厚度 1.08 m。

(4) 以黑色页岩为主，下部夹少量碳质泥岩，向上逐渐过渡为浅紫及棕黄色粉砂岩及页岩。该层段原先从化石时代置于志留纪梨树窝组底部。厚 8.69 m。

新开岭剖面经南京大学师生研究及江西区调队补充，岩石及生物地层研究都达一定深度。本组属于笔石页岩相，代表一种滞留封闭盆地的沉积。其年代下部为五峰阶，上部跨入志留系。顶部所产笔石最重要的有 *Glyptograptus lungmaensis*，*G. tamariscus*，*Diplograptus modestus*，*Akidograptus ascensus*，其时代大致限于 L_1—L_2 带。

本组主要分布于修水、武宁至德安，其岩性稳定，厚度由西向东有变薄趋势，变化在 40～70 m 之间。时代为晚奥陶世—早志留世。

印渚埠组 Oy (06－36－0708)

【创名及原始定义】 原称印渚埠系，朱庭祜（1924）创建，由刘季辰、赵亚曾（1927）启用，创名地在浙江省桐庐县分水印渚埠。原始定义：以石灰岩为主，中间并包括板岩、砂岩、石英岩及千枚岩等。时代早奥陶世早期。

【沿革】 此名由江西区测队（1964）所测 1∶20 万修水幅首先引入，此后一直沿用，如 1∶20万永修幅（1973）、乐平幅（1980）以及 1∶20 万断代总结《江西省奥陶系》④（1983）及《江西省区域地质志》(1984）等。但多以化石为依据，属年代地层。本次对比研究以岩石特征为依据而划分的印渚埠组指页岩和灰岩瘤状组成的地层体。

【现在定义】 指整合于西阳山组之上、宁国组之下的一套含三叶虫、腕足类等介壳相岩层。系以青灰、灰绿色风化呈黄绿、黄色之泥页岩为主，间夹灰岩瘤或灰岩凸镜体的沉积。底以西阳山组泥质灰岩出现分界，顶以宁国组笔石页岩相的出现作为划分标志。

【层型】 选层型为浙江省桐庐市分水印渚埠剖面。省内次层型为广丰县大南能坞剖面（118°15′，28°32′），由江西区调队 1981 年测制。

上覆地层：**宁国组** 灰绿色中薄层泥质页岩与钙质页岩互层。产笔石：*Goniograptus* sp.，*Tetragraptus pendens*，*Didymograptus* sp. 等

——————— **整 合** ———————

印渚埠组	总厚度 337.35 m
16. 浅黄绿色中薄层钙质页岩	5.35 m
15. 浅黄色薄层状泥质页岩	13.3 m
14. 浅黄绿色厚层状泥岩。产三叶虫：*Nileus* sp.，*Niobella* cf. *chui*，*Symphysurus* (*Troedssonia*) *lubrica*；笔石：*Loganograptus* sp.，*Dichograptus* sp. 等	16.8 m
13. 灰绿色厚层泥质页岩	17.6 m
12. 紫红色薄—中厚层状泥岩夹灰绿色页岩。产三叶虫：*Geragnostus* (*Microagnostus*) aff. *vilonii*，*Niobella*? *chekiangensis*，*Asaphellus* sp. 等	9.8 m
11. 灰绿、紫红色薄层状泥岩。产三叶虫：*Basiliella* cf. *carinata*，*Niobella* sp.	39.0 m
10. 紫红、灰绿色中薄层泥质页岩	23.2 m
9. 紫红色薄层泥质页岩夹深灰色厚层灰岩。产笔石：*Didymograptus* sp.	75.5 m
8. 桔红色薄层泥质页岩夹浅灰色含钙页岩。产三叶虫：*Geragnostus* sp.，? *Parabolinelia argentinensis*，*Nannopelitis* cf. *modesta*，*Niobella* cf. *chui*；笔石：*Ade-*	

④ 江西省区调队，1983，江西省奥陶系（内部印刷）。

lograptus sp. , *A. asiaticus*, *Bryograptus lapworthi*, *Clonograptus* sp. , *Didymograptus filiformis*, *Pseudobryograptus* sp. 等 58.8 m

7. 灰绿、桔红色薄层状泥质页岩。产三叶虫：*Remopleurides* sp. 32.8 m

6. 土黄色中薄层钙质页岩。产腕足类：*Lingulella* sp. , *Acrotreta* sp. ；三叶虫：Shumardiidae 45.2 m

—————— 整 合 ——————

下伏地层：**西阳山组**

5—4. 深灰色中薄层状泥质灰岩夹瘤状灰岩。产三叶虫：*Lotagnostus punctatus*

【地质特征及区域变化】 由次层型剖面得知，本组以灰绿、黄绿色薄至中层状泥质页岩为主，其中夹一层深灰色厚层灰岩，厚度 337.35 m。产三叶虫及笔石化石，三叶虫主要有 *Nannopelitis* cf. *modesta*, *Basiliella* cf. *carinata*, *Geragnostus* sp. , *G.* (*Microagnostus*) aff. *vilonii*, *Asaphellus* sp. , *Niobella* cf. *chui* 等；笔石有 *Adelograptus* sp. , *A. asiaticus*, *Bryograptus* sp. , *B. lapworthi*, *Clonograptus* sp. , *Didymograptus filiformis* 等。时代为早奥陶世。

本组在赣西北分布于修水至德安一带。武宁新开岭，以灰绿、黄绿色泥岩或钙质泥岩为主，其间夹灰岩瘤及钙质结核，厚度约 300 m。产有丰富的三叶虫化石，主要有 *Euloma* sp. , *E. changshanense*, *Niobella chejiangensis*, *N. obsolata*, *N. boholini*, *Symphysurus kientchensis*, *S. nanshanensis*, *Asaphopsis welleri* var. *brivica*, *A. grandispinifer*, *Geragnostus crassus*, *Trinodus* sp. 等。时代为早奥陶世红花园期。东至德安车桥一带，为棕黄色泥页岩夹凸镜状灰岩、竹叶状灰岩。其下部常由灰白色凸镜状灰岩至竹叶状灰岩、钙质泥岩组成的韵律；上部为竹叶状灰岩、泥岩组成韵律，厚约百米。而在赣东北主要见于玉山至广丰，岩性组合以上述次层型为代表。由南而北厚度变化在 337～491 m 之间。

宁国组 O*n* (06－36－0709)

【创名及原始定义】 原名宁国页岩，由许杰（1934）创名，创名地在安徽省宁国县胡乐镇附近。原始定义：宁国页岩在暗色千枚状含三叶虫 *Ogygites* 富钙页岩之上，白色砂质页岩间或含有硅质薄层产中奥陶世笔石的岩层之下，下部为各种颜色（绿、暗蓝色及棕黄色）之泥质页岩，厚约 110 m，建立 *Didymograptus hirundo* 带；上部为淡黄色柔软之泥质页岩，计厚度 31 m，建立 *Amplexograptus confertus* 带。由此可知，创名者指的是年代地层。

【沿革】 在许氏创名宁国页岩之前，高平（1933）在玉山广丰进行地质矿产调查时创玉山页岩，据其中笔石当时认其时代为 Early Arenigian（早阿伦尼克）期。1966 年鞠天吟在赣北考察后指出高平的玉山页岩混杂了印渚埠组、宁国组至胡乐组，故玉山页岩经重新修订改称玉山组，其下称前村组。此一确认虽近合理，但因宁国页岩一名风行江南，江西省自 1：20万修水幅调查始直至 1989 年有关 1：20 万、1：5 万图幅多采用宁国组，惟有变化者，即 1：20 万永修幅（1973）及俞剑华等（1976），将宁国组上部灰色页岩至胡乐组底部黑色硅质页岩单独划出，采用盛莘夫（1963）所创的牛上组，代表 Llanvirnian（兰维尔）期，将其下的宁国组限定于 Arenigian（阿伦尼克）期。显然这是从年代地层考虑的。《江西岩石地层统编》（1991）按岩石地层复将宁国组改称玉山页岩，其含义包括原印渚埠组上部的泥（页）岩，顶至黑色硅质页岩出现为止。本次对比研究认为上述划分有理，但考虑宁国组一名应用广泛而采用宁国组。

【现在定义】 指整合于印渚埠组之上、胡乐组之下，以灰绿、黄绿色页岩为主，偶夹黑色碳质页岩（或泥岩）之建造。以含笔石化石为特征。底以印渚埠组页岩夹灰岩瘤出现为界，顶以胡乐组硅质页岩或薄层硅质岩出现为分界标志。

【层型】 正层型为安徽省宁国县胡乐镇皇墓—滥泥坞剖面。省内次层型为玉山县古城陈家坞剖面（118°21′，28°46′），由肖承协等1991年测制。

上覆地层：**胡乐组** 灰黑色薄层硅质岩夹黄绿色粉砂质页岩。产笔石：*Didymograptus ellesae*，*Amplexograptus confertus* 等

——————— 整　合 ———————

宁国组　　总厚度 49.28 m

18. 灰色页岩。产笔石：*Amplexograptus confertus*，*Didymograptus ellesae*，*Sinograptus aequalis*，*S. typicalis*，*Tetragraptus bigsbyi*，*Paraglossograptus latus* 等　　1.68 m

17. 黄绿、黄色页岩夹黄色薄层细砂岩。产笔石：*Loganograptus gracilis*，*L. logani*，*Didymograptus nitidus*，*Glyptograptus austrodentatus*，*G. sinodentatus*，*Pseudoclimacograptus wannanensis* 等　　3.63 m

16. 黑色碳质页岩与黄绿色页岩互层。产笔石：*Glyptograptus austrodentatus*，*G. austrodentatus americanus*，*Didymograptus extensus*，*Tetragraptus quadribrachiatus*，*Climacograptus forticaudatus*，*Tetragraptus immaturus*，*Tylograptus geniculiformis* 等　　9.46 m

15. 黄绿色页岩与黑色碳质页岩互层。产笔石：*Cardiograptus amplus*，*C. angustus*，*C. giganteus*，*Dichograptus changahanensis*，*Didymograptus nicholsoni*，*Phyllograptus anna*，*Pseudotrigonograptus ensiformis*，*Exigraptus uniformis* 等　　4.54 m

14. 黄绿色页岩与黑色碳质页岩互层。产笔石：*Oncograptus magnus*，*O. diversus*，*Cardiograptus*（*Procardiograptus*）*obesus*，*C.*（*P.*）*ovarus*，*Didymograptus hirundo*，*Acrograptus nicholsoni*，*Dichograptus norvegicus*，*D. jiangxiensis*，*Pseudotrigonograptus magnus*　　0.67 m

13. 黄绿色页岩夹黑色碳质页岩。产笔石：*Didymograptus hirundo*，*D. alatus*，*Pseudoisograptus dumosus*，*P. manubriatus janus*，*Exigraptus clavus*，*E. uniformis*，*Tetragraptus amii* 等　　4.58 m

12. 黄绿色页岩夹黑色页岩。产笔石：*Isograptus victoriae*，*I. victoriae lunatus*，*I. caduceus*，*I. devergens*，*Pseudoisograptus bellulus*，*P. hastatus*，*Phyllograptus sinicus*，*Didymograptus hirundo*，*D.* cf. *abnormis*，*D. devergens* 等　　2.36 m

11. 黄绿色页岩、粉砂质页岩夹黑色碳质页岩，顶部夹灰岩凸镜体。产笔石：*Azygograptus suecicus*，*A. lapworthi*，*A. flexilis*，*Phyllograptus angustifolius*，*P. anna*，*P. sinicus*，*Dichograptus gracilis*，*D. norvegicus*，*Didymograptus hirundo*，*Pseudobryograptus parallelus*，*Tetragraptus amii* 等　　3.1 m

10. 青灰色页岩夹黑色碳质页岩与薄层粉砂岩。产笔石：*Azygograptus suecious*，*A. lapworthi*，*A. fluitans*，*Loganograptus logani*，*Dichograptus octobrachiatus*，*D. separatus*，*Didymograptus hirundo*，*D. nitidus*，*Phyllograptus claviger*，*P. densus*，*P. elegans*，*P. hexianensis* 等　　1.67 m

9. 青灰色页岩与黄绿色粉砂质页岩互层。产笔石：*Didymograptus deflexus*，*D. abnormis*，*D. suecicus*，*Phyllograptus claviger*，*P. uniformis*，*P. hexianensis*，

Dichograptus separatus delicatus 等 2.38 m

8. 黄色页岩与黄绿色页岩互层。产笔石：*Didymograptus deflexus*，*D. abnormis*，*D. minutus*，*D. aequabilis*，*Phyllograptus anna*，*P. claviger*，*P. densus*，*Tetragraptus amii*，*T. pendens* 等 3.98 m
7. 浅黄色粉砂质页岩。产笔石：*Didymograptus deflexus*，*D. inflexus*，*D. extensus*，*D. pendens*，*Acrograptus pusillus*，*Phyllograptus claviger*，*P. anna*，*Tetragraptus hsui*，*T. pendens* 4.24 m
6. 黄绿色页岩与灰绿色页岩互层。产笔石：*Didymograptus protobifidus*，*D. parvus*，*D. eobifidus*，*Tetragraptus decipiens*，*T. hemirotundus*，*T. quadribrachiatus* 等 2.48 m
5. 灰绿色页岩。产笔石：*Didymograptus protobifidus*，*D. eobifidus*，*D. opimus*，*D. vacillans*，*Acrograptus nicholsoni* 等 0.63 m
4. 黄绿色页岩。产笔石：*Acrograptus filiformis*，*A. nicholsoni*，*A. pusillus*，*Adelograptus simplex*，*A. jiangxiensis*，*Dichograptus norvegicus*，*Didymograptus adamantius*，*D. aequus*，*D. suecicus* 等 0.24 m
3. 浅黄绿色粉砂质页岩。产笔石：*Acrograptus filiformis*，*A. nicholsoni*，*Adelograptus simplex*，*Tetragraptus decipiens*，*Didymograptus ensjoensis*，*D. saukros*，*D. sinensis*，*D. adamantinnus* 等 2.04 m
2. 紫红色页岩与黄绿色页岩互层。产笔石：*Etagraptus approximatus*，*E. pacificus*，*Adelograptus robustas*，*A. simplex*，*Tetragraptus decipiens*，*T. quadribrachiatus* 等 1.8 m
1. 杂色页岩。产笔石：*Adelograptus* sp.，*Clonograptus* sp. 0.4 m

———— 整 合 ————

下伏地层：**印渚埠组** 灰色页岩夹瘤状灰岩

【地质特征及区域变化】 上列次层型剖面，本组出露厚度 49.28 m。由下而上可分三部：下部黄绿色、黄色页岩为主，夹粉砂质页岩，厚约 18 m；中部为黄绿色页岩、粉砂质页岩与黑色碳质页岩互层，为本组主体，厚度 34 m；上部为黄绿色、黄色页岩，厚度 5.1 m。第 2 层见到了 N_1 带化石 *Etagraptus approximatus*，而第 1 层为杂色页岩，似亦应划入宁国组，所以本剖面底界至少低于 N_1 带。

陈家坞剖面代表江南地层分区南部之玉山地层小区，黑色碳质页岩较发育，厚仅 50 m 左右，表明为滞流还原环境之沉积。下扬子地层分区和江南地层分区之武宁地层小区，以武宁新开岭剖面为代表，主要为黄绿、灰绿色泥岩、粉砂质泥岩，水平层理发育，为浅海陆架环境，厚度 120 m 左右。

【其他】 本组顶底界均具穿时性，而尤以底界明显。底界在 N_1 之下的有上述陈家坞剖面及玉山毛家坞剖面（陈旭等，1964），玉山山头底剖面在 N_2 之下，安徽宁国县胡乐司底界在 N_3 之下，武宁新开岭及广丰能坞在 N_4 之下，与江西省相邻的浙江江山在 N_6 之下，龙游在 N_7 之下（陈旭等，1988），江西省姚家剖面可能与 N_7 同时。值得注意的是江山和龙游本组各厚 22 m，而上饶姚家桥剖面则胡乐组硅质页岩直接覆于印渚埠组钙质页岩之上，宁国组完全为印渚埠组所代替，这充分说明印渚埠组与宁国组存在着互为消长现象。

胡乐组 *Ohl* (06－36－0710)

【创名及原始定义】 原称胡乐页岩，许杰（1934）创立。许氏当时对其综合叙述是："居于宁国组淡黄色页岩之上，主要下奥陶世笔石均已绝迹，同时中奥陶世种类开始出现，岩性为白色砂质页岩，间或含有矽化薄层，全厚约 40 m，建立 *Glossograptus hincksii-Trigonograptus linealis* 带，紧接白色页岩之上为一层棕色柔软之泥质页岩，厚仅二米，建立 *Dicellograptus sextans-Climacograptus latus* 带，上述棕色之上为不纯之泥质灰岩，厚约 1 米”。很明显，胡乐页岩创名时具有年代地层性质。创名时未指定剖面，解放后，钱义元等 (1964) 在测制安徽宁国县胡乐司滥泥坞剖面时，指出滥泥坞剖面即许杰创名的标准剖面。

【沿革】 胡乐页岩创名后为皖、浙、赣三省广泛使用，但含义常有修订。早期修订主要是基于年代地层和生物带的垂向延限而变化。江西省自 1964 年将此名引进之后，其含义同样是以生物化石及其时代特征而确认的。所划分的胡乐组只是包括胡乐组本身的黑色硅质泥岩，而不包括连续其下原宁国组上部黑色硅质泥岩。《江西岩石地层统编》(1991) 从岩石地层考虑纠正了此种偏向，将上下硅质泥岩合而为一，统称胡乐组。本次对比研究同意此种意见。

【现在定义】 指整合于宁国组之上、砚瓦山组之下，主体岩性为黑色或灰黑色含碳质页岩夹薄层硅质岩，以含笔石为特征。底以黄色页岩的出现与宁国组分界，顶以瘤状灰岩、泥灰岩夹钙质页岩的出现与砚瓦山组分界。

【层型】 正层型为安徽省宁国县胡乐镇皇墓—滥泥坞剖面。省内次层型为玉山县古城白家坞剖面 (118°21′，28°46′)，由肖承协等 1991 年测制。

上覆地层：**砚瓦山组** 灰绿色瘤状灰岩。产头足类 *Sinoceras chinensis* 及珊瑚等

———— 整 合 ————

胡乐组　　总厚度 22.53 m

11. 土黄色页岩夹条带状粉砂质页岩。产笔石：*Dicranograptus sinensis*，*D. yangtzensis*，*Glyptograptus vikarbyensis*，*Orthograptus calcaratus*，*Climacograptus caudatus*，*Didymograptus robustus*，*Pseudozygograptus incurvus*，*Dicellograptus caduceus*，*D. gurleyi*，*D. sextans*，*D. intortus* 等　　1.72 m

10. 灰、灰白色粉砂质页岩夹黄色钙质粉砂岩。产笔石：*Nemagraptus gracilis*，*Leptograptus uniformis*，*Pseudozygograptus semicircularis*，*Dicellograptus smithi*，*Cryptograptus antennarius*，*Pseudoclimacograptus longus*，*P. scharenbergi*，*Climacograptus brevis*，*Orthograptus calcaratus* 等　　0.59 m

9. 紫灰色页岩与黑色硅质岩互层。产笔石：*Nemagraptus gracilis*，*N. surcularis*，*Leptograptus flaccidus trentonensis*，*Pseudozygograptus incurvus*，*Xiphograptus norvegicus*，*Didymograptus reflexus*，*Cryptograptus tricornis*，*Glossograptus hincksii*，*G. acantus*，*Dicellograptus divaricatus robustus*，*D. gurleyi*，*Glyptograptus opimus*，*Pseudoclimacograptus scharenbergi*，*Climacograptus antiquus*，*Dicaulograptus hystrix* 等　　2.3 m

8. 紫灰色薄层粉砂质页岩夹灰黑色页岩。产笔石：*Glossograptus hincksii*，*G. acantus*，*Didymograptus sagitticaulis*，*Leptograptus macer*，*Dicellograptus intortus*，*D. sextans*，*Pseudoclimacograptus scharenbergi*，*Climacograptus brevis*，*Orthograptus calcaratus*，*Amplexograptus innotatus* 等　　1.1 m

7—6. 灰黑色薄层硅质岩与灰黑色碳质页岩互层，下部夹黄色薄层状细砂岩及紫色页岩。产笔石：*Glossograptus hincksii*，*G. briaros*，*G. armatus*，*Didymograptus robustus*，*D. murchisoni*，*Abrograptus formosus*，*Cryptograptus tricornis*，*Glyptograptus pilus*，*G. teretiusculus*，*G. smilis*，*Pseudoclimacograptus scharenbergi*，

Climacograptus brevis, *C. forticaudatus*, *Orthograptus calcaratus*, *Amplexograptus aretus*, *A. differtus*, *A. perexcavatus* 等 2.85 m

5—4. 上部灰黑色薄层硅质岩夹黑色碳质页岩；下部灰色薄层硅质岩夹灰黄色粉砂岩及粉砂质页岩。产笔石：*Pterograptus elegans*, *P. flexuosus*, *P. scanicus*, *P. flabeliformis*, *Loganograptus logani*, *Tetragraptus erectus*, *Didymograptus murchisoni*, *D. tylotos*, *Cryptograptus tricornis*, *Glyptograptus longispinus*, *Pseudoclimacograptus wannanensis*, *Climacograptus uniformis*, *Amplexograptus calatus*, *Retiograptus compactus* 等 5.18 m

3. 灰白色粉砂质页岩夹灰黑色碳质页岩。产笔石：*Nicholsonograptus fasciculatus*, *N. sinicus*, *N. uniformis*, *Phyllograptus angustifolius*, *Cryptograptus graciliformis*, *Amplexograptus confertus* 等 2.49 m

2. 黄绿、灰白色粘土质页岩。产笔石：*Nicholsonograptus fasciculatus*, *N. uniformis*, *Pseudoclimacograptus wannanensis*, *Amplexograptus differtus* 等 0.83 m

1. 灰黑色薄层硅质岩夹黄绿色粉砂质页岩。产笔石：*Didymograptus ellesae*, *D. linearis*, *Amplexograptus confertus*, *Allograptus magnus*, *Tylograptus geniculiformis*, *Pseudoclimacograptus scharenbergi*；腕足类：*Lingulella* sp. 等 5.47 m

———— 整 合 ————

下伏地层：**宁国组** 黄绿色页岩。产笔石：*Didymograptus ellesae*, *D. linearis* 等

【地质特征及区域变化】 上列剖面本组厚度 22.53 m，可分三部：下部为灰黑色薄层硅质页岩与灰黄、灰白色粉砂质页岩、页岩互层，厚度 11.77 m；中部以黑色薄层硅质页岩为主，夹碳质页岩，是本组含硅最高、还原性最强的一段，厚度 8.45 m；上部灰白、土黄色粉砂质页岩、页岩夹黄色钙质粉砂岩，显示为与上覆地层之间的过渡层，因富产笔石，属笔石相，故列入本组。

赣东北玉山地层小区其他地点的岩性组合与次层型相似，赣西北武宁地层小区则变化较大，除新开岭剖面可与次层型比较外，由此向北向东均有变化，如北部武宁漳源主体为硅质泥岩，但夹较多钙质泥岩，厚度 25.8 m；东部德安车桥坳上全变为黄绿色含钙泥（页）岩，且化石极少，厚十余米。这种变化反映了由西向东由台盆相向陆架相过渡。本组厚度由东南向西北有变薄的趋势，一般变化在 20～40 m 之间，个别剖面，如广丰大南能坞剖面厚度达 166 m。

砚瓦山组 Oyw (06-36-0712)

【创名及原始定义】 原称砚瓦山系，刘季辰、赵亚曾（1927）创立，命名地在浙江省常山县东南之砚瓦山。原始定义："本系以出露于常山、江山之间之砚瓦山最负盛名故以名其层。上与风竹页岩及下与印渚埠石灰岩之关系均可窥探无余，全体概为绿色灰质页岩及含灰质结核之页岩相间成层，间夹有不纯石灰岩薄层。下部产三叶虫，上部产对笔石及直角石等化石"。

【沿革】 由上可知，原砚瓦山系包括了现今的胡乐组，甚至还可能包括部分宁国组在内。砚瓦山系的确认，归功于卢衍豪等（1955），他们以浙江江山新路亭剖面为代表指出："此处所指砚瓦山石灰岩专指以前砚瓦山层的中段瘤状灰岩，厚度约 54 m，呈绿色、紫红色，下部多为灰绿，上部多为紫红色，有时夹少许石灰质页岩，产头足类、三叶虫及介形类等化石，其时代为中奥陶纪后期，可与宝塔灰岩相比"。经修订的砚瓦山石灰岩，其岩性特征清楚，上下关系明确，地质时代也较确切，所以很快在皖、浙、赣三省区域地质调查中得

到推广使用。江西省以往均称砚瓦山组，而《江西岩石地层统编》(1991) 改称砚瓦山灰岩，实则一些地点常夹钙质泥（页）岩，故本次对比研究仍称砚瓦山组。

【现在定义】 系指整合于胡乐组之上、黄泥岗组之下，由瘤状或网纹状灰岩，或含有大量灰岩瘤的钙质泥岩组成的地层体。底与胡乐组黑色硅质岩或硅质页岩分界，上以黄泥岗组黄色泥页岩的出现分界。

【层型】 选层型为浙江省江山市夏坞剖面。省内次层型为武宁县新开岭剖面(115°03′,29°18′)，由俞剑华等 1976 年测制。

上覆地层：**黄泥岗组** 黄绿色中、厚层钙质泥岩。产三叶虫：*Nankinolithus* sp.，*Hammatocnemis* sp.，*Paraphillipeinella* sp.

——————— 整 合 ———————

砚瓦山组　　总厚度 9.50 m

82. 灰黑色薄层灰岩夹薄层瘤状灰岩。产三叶虫：*Dionide* sp.，*Cyclopyge* sp.，*Nileus* sp.；头足类：*Sinoceras* sp.，*Eurasiaticoceras* sp. 及介形类、腕足类等　　3.39 m

81. 灰黑色瘤状灰岩。产三叶虫：*Dionide* sp.，*Cyclopyge* sp.，*Nileus* sp.；介形类、腕足类等　　4.96 m

80. 棕黄色泥质灰岩夹薄层灰岩，产腕足类及介形类化石　　1.15 m

——————— 整 合 ———————

下伏地层：**胡乐组**

79. 土黄色泥岩。产笔石：*Dicellograptus* sp.，*Dicranograptus* sp. 等

【地质特征及区域变化】 次层型剖面，本组厚度 9.50 m，岩性为瘤状灰岩(凸镜状灰岩)为主，内含三叶虫 *Dionide* sp.，*Cyclopyge* sp.，*Nileus* sp.；头足类 *Sinoceras* sp.，*Eurasiaticoceras* sp.，以及腕足类、介形类。由此向东延伸至德安县车桥坳上，为浅灰色生物碎屑泥晶、粉晶灰岩夹黄绿色泥岩，底部为角砾状泥晶灰岩。厚度 26 m。赣东北玉山地层小区本组厚度普遍在百米以上，玉山南山王坊最厚达 300 余米，主要岩性为瘤状灰岩、泥质灰岩夹较多钙质页岩。

黄泥岗组 *Ohn* (06－36－0713)

【创名及原始定义】 原名黄泥岗页岩，系卢衍豪等 (1955) 创立，创名地在浙江省江山县城北 3 km 之黄泥岗村。原始定义：为紫红色石灰质页岩，共厚 45 m，富产三叶虫 *Nankinolithus*，*Phylacops*，*Remoplurides*，介形类 *Aechmina*，*Primitia* 等，由化石看来，黄泥岗页岩应与南京汤头层相当，属于上奥陶纪初期 (Caradocian) (Ashgillian)。当时，并建立了 *Nankinolithus* 带。

【沿革】 此名自江西区测队 (1964a) 引入以来，广泛沿用于 1∶20 万有关图幅中，以及《江西省区域地质志》(1984) 等，均称黄泥岗组。《江西岩石地层统编》(1991) 改称黄泥岗页岩，其内涵及时代均无变更。本次对比研究仍称黄泥岗组。

【现在定义】 指整合于砚瓦山组之上、新开岭组（赣西北)、长坞组或三衢山组之下，岩性为黄绿、灰绿色钙质泥岩或含钙泥岩，时含钙质结核，偶见少量瘤状泥灰岩或灰岩凸镜体，产三叶虫化石。底以钙质泥岩与下伏砚瓦山组薄层灰岩或瘤状灰岩分界，顶以钙质泥岩与新开岭组黑色笔石页岩或长坞组粉砂岩或三衢山组灰岩分界。

【层型】　选层型为浙江省江山市夏坞剖面。省内次层型为武宁县宋溪新开岭剖面(115°03′，29°18′)，由俞剑华等1976年测制。

上覆地层：**新开岭组**　灰白色稍带褐红色粉砂质泥岩。产笔石：*Dicellograptus complanatus*，*D. robustus*，*Glyptograptus* sp. 等

——————— 整　合 ———————

黄泥岗组　　　　　　　　　　　　　　　　　　　　　　　　总厚度 44.45 m

88—87. 黄绿色中厚层钙质泥岩。产三叶虫：*Nankinolithus* sp. 等　　16.25 m

86. 黄绿色中、厚层钙质泥岩夹钙质结核。产三叶虫：*Nankinolithus* sp. 等　　3.59 m

85. 黄绿色中、厚层钙质泥岩夹钙质结核。产三叶虫：*Hammatocnemis ovatus*，*H. decorosus*，*Nankinolithus* sp.，*Parisoceraurus rectangulus*，*Cyclopyge* sp.，*Dionide* sp.，*Remopleurides* sp.，*Amplex* sp. 及腕足类等　　4.91 m

84—83. 黄绿色中、厚层钙质泥岩。产三叶虫：*Nankinolithus* sp.，*Hammatocnemis* sp.，*Paraphillipsinella* sp.，*Dionide* sp.，*Remopleurides* sp.，*Cyclopyge* sp. 等　　19.7 m

——————— 整　合 ———————

下伏地层：**砚瓦山组**

82. 灰黑色薄层灰岩夹薄层瘤状灰岩。产三叶虫：*Dionide* sp.，*Cyclopyge* sp.，*Nileus* sp.；头足类：*Sinoceras* sp.，*Eunasiaticoceras* sp. 及介形类、腕足类

【地质特征及区域变化】　次层型剖面主体岩性为黄色钙质泥岩，厚44.45 m。产三叶虫化石 *Nankinolithus* sp.，*Hammatocnemis* sp.，*H. ovatus*，*H. decorosus* 等，其中代表性的 *Nankinolithus* 由下而上皆有产出，属晚奥陶世初期。

本组分布与上述奥陶纪其他组一致。由次层型剖面向南至武宁澧溪戴家，下部为灰绿色页岩夹灰岩结核，产三叶虫 *Hammatocnemis* sp.；上部为灰绿色粉砂岩与页岩互层。总厚度15.7 m。东至德安县车桥坳上变为黄色中厚层粉砂岩，厚度约6.5 m。东南玉山县南山王坊一带为黄、黄褐色千枚状钙质页岩夹钙质粉砂岩，岩层普遍发育水平层理，厚度698.5 m，上与长坞组呈整合接触。其东北下镇里村为钙质泥岩、粉砂岩互层，中偶夹泥灰岩凸镜体，产腕足类 *Rhynchotrema* sp.，*Paucicrura* sp.；三叶虫 *Bumastus shihtzupuensis* 等，上和三衢山组生物碎屑灰岩与钙质泥岩互层呈整合接触。南至广丰县大南仍为黄色钙质页岩偶夹凸镜状泥灰岩，产笔石 *Glyptograptus* sp.，三叶虫 *Birmarites* sp.，*Nileus* sp.，上未见顶，出露厚度21.4 m。

三衢山组　Osq　(06-36-0714)

【创名及原始定义】　原名三衢山石灰岩，为盛莘夫(1951)所立，创名地在浙江省常山县灰埠之三衢山。当时未测剖面，其原始定义："位于常山系石灰岩与印渚埠页岩之间，仅发现于余杭、常山及余杭荆山数处，层位相当北美奥陶纪坎拿大期，归属于奥陶统"。

【沿革】　三衢山石灰岩因呈孤立山头或小片出露，加之原始定义所述地层层位有误，而长期处于争议之中，其时代误认为寒武纪或中奥陶世砚瓦山组，甚至石炭系灰岩等。直至林宝玉(1960)从江山、玉山采获少量珊瑚化石之后，才初步得出属晚奥陶世的认识。为了进一步确认该灰岩的时代，林宝玉、邹鑫祜(1977)又系统地研究了江山、常山、玉山该灰岩中的化石，在确认属于晚奥陶世结论的同时，并认为与长坞组相当，二者为同期异相的沉

积。但应指出，林、邹二氏，以及江西区调队（1980）、《江西省区域地质志》（1984）出于年代地层划分，均将灰岩之上一套灰绿色泥质页岩、砂岩划归于本组上部。赣东北地质大队（1980）在1∶5万古城幅调查时将其单独划出，引称浙江的文昌组。本次对比研究将此文昌组划归于霞乡组，而现指的三衢山组限指下部以灰岩、上部以灰岩夹页岩为主体的地层体。

【现在定义】　系指整合于黄泥岗组之上、霞乡组之下的一套下部为灰白色厚层灰岩，向上变为灰色至灰黑色泥质条带灰岩、泥质灰岩夹页岩或页岩夹不规则状灰岩之沉积。常形成礁滩。中含珊瑚、头足类、腕足类、层孔虫、钙藻、三叶虫等，为一群造礁生物及附礁生物组合。其上下均以灰或灰绿、黄绿色页岩出现为界。

【层型】　正层型为浙江省常山县灰埠三衢山剖面。省内次层型为玉山县下镇外村剖面（118°23′，28°38′），由林宝玉、邹鑫祜1977年测制。

上覆地层：**霞乡组**　灰绿、黄绿色泥质页岩。产腕足类：*Lingula* sp.

——————　整　合　——————

三衢山组　　　　总厚度 168.1 m

9. 风化呈黄绿色钙质页岩夹凸镜状泥灰岩。产珊瑚：*Agetolitella xiazhenensis*，*Neowormspora jiangxiensis*；腕足类：*Mimella brevis*，*Strophomena planumbona gerontica*，*Rhynchotrema zhejiangensis*；头足类：*Michelinoceras* sp. 等　　43.2 m

8. 上部页岩；中下部灰黑色疙瘩状灰岩夹少量页岩。产珊瑚：*Agetolites huangi*，*A. intermedius*，*A. multibulatus*，*A. aguabilis*，*A. oculiporoides*，*Propora jiangxiensis*，*Agetolitella tenuis*，*A. concava*，*A. tashanensis*，*A. waicunensis*，*Sarcinula intermedia*，*S. jiangxiensis*，*Proheliolites minimus*，*P. minimus multitabulatus*，*Taeniolites zhejiangensis*，*T. jiangxiensis*，*Catenipora dianbiancunensis*，*Eofletcheriella primitiva*，*Heliolites tashanensis*，*H. minimus*，*Plasmoporella kiaeri multitabulata*，*P. compacta*，*P. breviceptata*；腕足类：*Sowerbyella sericea*，*Sterophomena planumbona elongata*，*Zegospira recurvirostris turgida*，*Cyclocoelia sectistriata*，*Rhynchotrema zhejiangensis*，*Mimella brevis*；头足类：*Orthonybyoceras* cf. *convingtonense*，*Ormoceras yushanense*，*Lyckholmoceras tashanense*，*Endoceras paliforme*，*Antiplectoceras kiangsiense*；三叶虫：*Remopleurides* sp.，*Illaenus* sp.，*Paraharpes*? sp. 及腹足类等　　29.6 m

7. 灰色疙瘩状灰岩，顶部泥质较多。产珊瑚：*Agetolites yushanensis*，*A.*? *sinensis*，*A. crassus*，*Agetolitella waicunensis*，*Sarcinula intermedia*，*S. minor*，*Stelliporella breviseptata*，*Acdalopora yushanensis*，*Heliolites sinensis*，*Plasmoporella microspinosa*；头足类：*Ormoceras yushanense*，*O. heckeri*，*Lyckholmoceras tashanense* 及腕足类等　　11.1 m

6—5. 上部泥质页岩与疙瘩状灰岩互层；下部灰黑色中厚层灰岩　　7.9 m

4. 深灰、灰黑色泥质页岩夹少量疙瘩状灰岩。产珊瑚：*Acdalopora yushanensis*，*Sarcinula intermedia*，*Plasmoporella cystosa*；头足类：*Beloitoceras* sp.，*Trocholites* sp.；三叶虫：*Remopleurides* sp.，*Paraharpes*? sp.，*Illaenus* sp. 及腕足类、腹足类、双壳类等　　20.0 m

3. 薄层泥质灰岩与页岩互层　　5.0 m

2. 灰色至灰黑色中厚—厚层状含泥质条带灰岩。产珊瑚：*Agetolites huangi*，*A. breviseptatus*，*A. triangulatus*，*A. yushanensis*，*A. multitabulatus*，*Eofletcheria minima*，*Heliolites tashanensis*，*Stelliporella caracolica*，*Parastelliporella colu-*

mella, *Plasmoporella xiaguanzeensis*, *P. covexotabulata maxima*, *P. cystosa*, *P. yanruiensis* 及腹足类、腕足类、头足类、三叶虫等化石碎片　　34.8 m

1. 灰白色厚层状灰岩　　16.5 m

═══════ 断　层 ═══════

水北组　黄褐色砂岩

【地质特征及区域变化】　由次层型剖面可知，本组下部为灰白色厚层状灰岩，向上以灰色瘤状灰岩为主，上部常夹页岩。化石十分丰富，是我国各地同期地层中珊瑚化石最丰富且研究最详细的生物地层。珊瑚在剖面中共 18 属 54 种，床板珊瑚和日射珊瑚各占一半。这两种珊瑚是当时最主要的造礁生物。因此，在玉山及至浙江江山、常山，常形成生物礁。除珊瑚外尚有较丰富的腕足类、头足类和层孔虫、三叶虫等。

本组主要见于玉山小区的北部，区域观察岩性较稳定，下与黄泥岗组页岩为连续过渡关系。但其厚度变化较大，次层型剖面下部与侏罗系水北组为断层接触，出露厚度 168 m；下镇里村上与石炭系藕塘底组呈不整合，厚度 61.5 m，玉山古城玉家坝和岩瑞洪家山剖面未见底，出露厚度前者 212 m，后者 404 m。正层型浙江常山县灰埠厚 1 500 余米。

长坞组　Oĉ　(06-36-0715)

【创名及原始定义】　原名长坞页岩，系卢衍豪等 (1955) 创名，创名地在浙江省江山市城北五里亭西北之长坞村。原始定义："此层页岩共厚 280 m，下与黄泥岗页岩为连续关系，上面为中石炭纪藕塘底层的底砾岩不整合覆盖。全体以黄绿色脆质页岩为主，间夹砂岩薄层。其化石难以采集，计有笔石 *Dicellograptus* cf. *complanatus*，*Orthograptus truncatus* cf. *abbreviatus*，三叶虫 *Geragnostus*，*Ampyx*，介形虫 *Primitia* 等。其时代为上奥陶纪后期 (Ashgillian)"。

【沿革】　长坞组一名首先由林宝玉等 (1977) 引入江西省，随之，江西区调队 (1980) 所测 1∶20 万乐平幅、《江西省区域地质志》(1984) 等均采用此名。至《江西岩石地层统编》(1991) 认为本单位仅见于玉山地区，出露不全，研究程度低，改为非正式岩石地层单位，称"长坞岩组"。本次对比研究认为"长坞岩组"为层型长坞组之延伸，应随浙江称长坞组。

长坞组在正层型地浙江甚为发育，厚度近 2 000 m。浙江地层清理组以岩石组合特征划分两段：下部以许杰 (1937) 所立的于潜系改称长坞组，是由灰色细砂岩、粉砂岩、泥岩组成的类复理石建造；上部为浙江省区域地质测量大队 (1965) 所立的文昌组，主要为黄绿色中—厚层石英长石中—细粒砂岩为主夹粉砂岩、泥岩组成。因我省研究程度低，不再划分。

【现在定义】　系指整合于黄泥岗组粉砂质页岩之上、霞乡组中—粗粒砂岩之下，由黄绿色细砂岩、粉砂岩、泥岩或页岩组成的类复理石韵律沉积。含腕足类、软体、三叶虫、笔石等，组成含笔石的介壳相。

【层型】　正层型被破坏。新层型为浙江省开化县大举—官旦头剖面。省内次层型为玉山县南山王坊剖面 (118°07′，28°47′)，由赣东北地质大队 104 队 1993 年测制。

上覆地层：**霞乡组**　灰白色巨厚层状中—粗粒石英砂岩

——————— 整　合 ———————

长坞组　　总厚度 1 972.7 m

43. 浅灰色千枚状粉砂质泥岩　104.0 m

42. 灰白、浅灰色薄层含泥屑细砂岩夹泥质粉砂岩　160.4 m

41—39. 黄褐色中薄—中层状钙质细砂岩与土黄、黄绿色薄层泥质粉砂岩互层，中部夹有浅灰色含泥砾钙质细砂岩　153.6 m

38. 灰白色薄层岩屑石英细砂岩与黄绿色泥质粉砂岩呈不等厚互层夹风化呈土黄色千枚状粉砂质页岩　106.1 m

37. 浅灰色千枚状粉砂质页岩夹灰白色含泥砾石英细砂岩　47.6 m

36. 浅灰色粉砂质页岩夹土黄色钙质粉砂岩　36.8 m

35—34. 灰绿色中厚—厚层含泥砾岩屑石英砂岩　84.7 m

33—32. 灰绿色含泥砾岩屑石英砂岩与黄绿色薄层钙质粉砂岩互层　101.9 m

31—30. 灰绿、黄绿色薄层钙质细砂岩与黄绿色薄层钙泥质粉砂岩互层，上部夹千枚状粉砂质页岩　202.8 m

29—28. 黄绿色薄层钙泥质粉砂岩夹灰绿色钙质细砂岩　85.7 m

27. 黄绿色薄层粉砂岩夹灰绿色细砂岩　36.7 m

26—24. 黄褐色薄层千枚状粉砂质页岩夹黄褐色薄层细粒杂砂岩及少量薄层粉砂岩　251.8 m

23—21. 上部灰白色薄—中层含少量泥砾石英砂岩与千枚状粉砂质页岩互层；中部灰白色含泥砾细粒石英砂岩；下部黄绿色千枚状粉砂质页岩　217.6 m

20—18. 上部黄褐色薄层状钙质石英细砂岩；中部黄褐色薄层状钙质石英细砂岩与黄绿色千枚状粉砂质页岩互层；下部黄褐色薄层状钙质石英细砂岩　77.5 m

17—15. 上部千枚状粉砂质页岩夹石英细砂岩；中部黄绿色千枚状钙质粉砂质页岩及粉砂质页岩夹石英细砂岩；下部千枚状含钙粉砂质页岩　141.1 m

14. 黄绿色粉砂质页岩与黄褐色钙质细砂岩互层　79.4 m

13. 黄绿色千枚状粉砂质页岩与灰绿色薄层状粉砂岩互层　85.0 m

———— 整　合 ————

下伏地层：**黄泥岗组**

12. 黄绿色千枚状钙质粉砂质页岩

【地质特征及区域变化】　次层型剖面以岩性可分上、下两部：下部由黄绿色、黄褐色粉砂岩、粉砂质页岩为主，夹钙质细砂岩、石英细砂岩；上部除黄绿、黄褐，尚见浅灰、灰白色，岩性为钙质细砂岩、泥质粉砂岩、砂岩中普遍含泥砾。由下而上沉积物逐渐变粗，形成海退相序。厚度 1 972.7 m。

本组仅分布在玉山地层小区，范围较小，主要见于玉山县境内，除次层型外，另在其西北妼姆一带见下部为青灰色页岩夹钙质粉砂岩，上部为青灰色泥页岩、钙质粉砂质页岩夹钙质或石英质细砂岩。厚 490 m。

爵山沟组　*Oj*　(06－36－0716)

【创名及原始定义】　系魏秀喆、肖承协、陈胜高、俞韬（1966）创立，创名地在井冈山市厦坪乡爵山沟。原始定义：为一套灰绿、黄绿色绢云绿泥砂岩、绿泥石石英砂岩夹灰绿色砂质板岩、板岩组成。其顶部与七溪岭组连续关系。未见化石，根据上覆的 *Didymograptus hirundo* 带的层位控制，可能相当于浙西的印渚埠组或皖南的谭家桥组。

【沿革】　高平、徐克勤（1943）在赣西地质调查时将区内一套浅变质岩系引用了“演吉岭系”一名，当时定为奥陶志留系。此后对这套变质岩系无人做进一步研究，笼统称前泥盆系。直至1966年经魏秀喆等人工作后，方对永新、宁冈一带的奥陶系有了较详细的划分，由下而上分出爵山沟组、七溪岭组、陇溪组、滞江组、石口组，时代包括整个早中奥陶世。爵山沟组实际上是岩石地层单位，后因受统一地层学的影响，《江西省区域地质志》(1984)曾不适当地将其推广到崇义地区。本次对比研究恢复其原意，分布范围仅限于永新、宁冈、井冈山一带。

【现在定义】 指整合于对耳石组之下，岩性为黄绿、灰白色变质细砂岩、绢云绿泥砂岩夹粉砂质板岩、板岩，具轻度变质。上以对耳石组硅质板岩出现分界，下未见底。

【层型】 正层型为井冈山市厦坪爵山沟剖面（114°16′，26°46′），由魏秀喆等1966年测制。

上覆地层：**对耳石组** 灰绿色含硅质板岩

——————整 合——————

爵山沟组	总厚度＞559.5 m
5. 黄绿色绢云绿泥砂岩夹灰绿色砂质板岩	115.0 m
4. 灰白—灰黄色变质细砂岩	35.0 m
3. 灰黄色中—厚层状细砂岩夹粉砂质板岩	289.0 m
2. 黄绿色绢云绿泥砂岩夹一层灰绿色板岩	80.0 m
1. 黄绿色绢云绿泥石石英砂岩夹灰绿色板岩。(未见底)	40.5 m

【地质特征及区域变化】 本组目前仅此剖面，出露厚度大于559.5 m。岩性以砂岩为主夹板岩。未获化石，以其层位可与下述茅坪组对比，属同期异相，其时代可能包括早奥陶世两河口期(新厂期)及红花园期。

本组仅见于湘赣边境的永新、宁冈、井冈山一带，属浊流沉积。区域资料上与水石组呈过渡关系。

茅坪组 *Om* (06－36－0717)

【创名及原始定义】 江西区测队魏秀喆等③(1966)创名，肖承协、夏天亮(1984)在《江西崇义早奥陶世笔石地层》一文中介绍。创名地为崇义县恩顺乡茅坪村。原始定义：皆为板岩，其中盛产笔石 *Clonograptus*，*Adelograptus* 及 *Anisograptus matanensis* 及其变种产于北美魁北克的马滩页岩，亦见于浙西江山印渚埠组，都属于早奥陶世早期，相当于欧洲 Tremadocian 期。

【沿革】 江西南部的龙山群为一套砂、板岩夹硅质板岩的浅变质岩系，其岩性单调，厚度巨大而化石稀少，历来研究程度很低。徐克勤、丁毅(1943)调查赣南钨矿地质时，将有关地层与湖南比较，分别创称汾坑系及大吉山层，时代分别归于奥陶纪—震旦纪及志留纪—奥陶纪，此后通常以汾坑系概括。广东省南岭地质队(1958)首先在粤北龙山群采到奥陶纪笔石，从而将龙山群引入赣南，时代定为前泥盆纪。张浅深、俞受鋆等(1964)从中发现了奥陶纪笔石等，将有关地层分称为印渚埠组、宁国组、胡乐组。后因区测工作需要，江西省区测队(1966)立题对龙山群做专题研究，其结果从震旦系至奥陶系建立了一套地层名称，除震旦系外，其中大部分名称沿用至今，茅坪组即为其中之一。当时创名时的茅坪组具年代地层性质，而《江西岩石地层统编》(1991)从岩石地层出发称茅坪板岩，其上限较原含义为高。本次对比研究的含义从属这种意见，而将茅坪板岩改称茅坪组。

【现在定义】 指整合于水石组之上、对耳石组之下一套灰绿色薄层板岩、粉砂质板岩、含碳绢云板岩，偶夹绿泥板岩所组成的地层体。上界以对耳石组黑色硅质板岩的出现分界，下以水石组灰绿色砂板岩出现分界。

【层型】 正层型为崇义县思顺茅坪剖面（114°11′，25°27′），由江西区调队 1981 年重测。

上覆地层：**对耳石组** 灰绿—深灰色巨厚层泥质绢云板岩夹灰绿—灰黑色含硅板岩

——————— 整 合 ———————

茅坪组	总厚度 621.79 m
16. 灰绿色厚—巨厚层含粉砂质绢云板岩夹灰黑色含碳绢云板岩。产笔石：*Didymograptus abnormis*，*D. filiformis*，*D. patulus*	51.90 m
15. 灰绿—深灰色厚—巨厚层含粉砂质绢云板岩夹灰黑色薄层状含碳泥质绢云板岩。产笔石：*Tetragraptus*（*Etagraptus*）*approximatus*，*T. flulicosus*，*Didymograptus protobifidus*，*Dichograptus octobrachiatus*，*Loganograptus* sp.	21.30 m
14. 灰绿色中厚层板岩。产笔石：*Adelograptus concinnus*，*A. simplex*，*A. victoriae*，*Kiaerograptus antiquus*，*Clonograptus* spp.，*Bryograptus chekiangensis*，*Tetragraptus bigsbyi*，*T. decipiens*，*T. serra*，*Didymograptus* spp.	7.12 m
13. 灰绿色中厚层板岩与灰黑色板岩互层。产笔石：*Adelograptus simplex*，*A. victoriae*，*Kiaerograptus* cf. *antiquus*，*Bryograptus* sp.，*Tetragraptus amii*	19.10 m
12. 灰绿、灰黑色厚层含硅板岩。产笔石：*Adelograptus asiaticus*，*Tetragraptus decipiens*	97.70 m
11. 灰绿色厚层硅质板岩夹灰黑色含硅板岩。产笔石：*Adelograptus asiaticus*，*A. concinnus*，*Tetragraptus decipiens*，*Clonograptus* sp.	20.60 m
10. 灰绿夹灰黑色厚层千枚状板岩	142.80 m
9. 灰绿色粉砂质板岩与灰黑色薄层板岩互层。产笔石：*Bryograptus* sp.	53.50 m
8. 灰绿色粉砂质板岩	53.50 m
7. 灰绿色薄层粉砂质板岩夹中厚层板岩。产笔石：*Clonograptus* sp.，*Bryograptus* sp.	59.50 m
6. 灰绿、灰黑色中薄层含硅板岩。产笔石：*Adelograptus* sp.，*Clonograptus* cf. *flexilis*，*Bryograptus* sp.	38.99 m
5. 灰绿、灰黑色中厚层粉砂质板岩。产笔石：*Adelograptus asiaticus*，*A. lapworthi*，*A. simplex*，*A.* cf. *victoriae*，*Clonograptus tenellus*，*Bryograptus xinchangensis*，*Anisograptus matanensis*，*Triograptus* spp.	26.99 m
4. 灰黑色中薄层粉砂质板岩。产笔石：*Anisograptus matanensis*，*A. guangdongensis*，*Staurograptus taishanensis*	2.89 m
3. 灰、灰黑色中薄层粉砂质板岩。产笔石：*Anisograptus compactus*，*A. delicatulus*，*A. matanensis*，*A. matanensis* var. *tetragraptoides*，*A. guangdongensis*，*A. richardsoni*，*Staurograptus dichotomus*，*S. taishanensis*，*S. tenuis*	25.90 m

——————— 整 合 ———————

下伏地层：**水石组**

2. 灰绿、灰色厚层状变石英细砂岩

【地质特征及区域变化】 正层型剖面所示，本组下部为灰黑、灰绿色粉砂质板岩夹灰黑色含硅板岩；中部为灰绿、灰黑色含硅板岩或硅质板岩互层；上部为灰绿色板岩夹含碳绢云板岩。岩层普遍含水平纹层理，属次深海滞流盆地相沉积。其中第 3—14 层主要由树笔石科和反称笔石科分子所组成，属新厂期（或两河口期），第 15—16 层以对笔石、四笔石及工笔石为主，属红花园期。总厚度 621.79 m。时代为早奥陶世。

本组主要分布于崇义县西北部和井冈山以南，岩性稳定，以板岩为主，井冈山市下七乡上官良厚度 687 m，上犹县寺下乡高屋厚度 412 m。

对耳石组 O*d* (06－36－0718)

【创名及原始定义】 江西区测队魏秀喆等（1966）创立，创名地在崇义县思顺乡对耳石村。原始定义："为黑色含硅质板岩及黑色板岩互层，中含泥铁质结核，因下为断层接触，出露厚度为 230 m。本组除产笔石外，还产大量三叶虫。笔石显示中奥陶世中晚期特色"。

【沿革】 江西区测队（1966）对赣南龙山群专题研究时，对崇义地区的奥陶系由下而上划分并创名茅坪组（O_1^1）、樟木曲组（$O_1^{2-4)}$）、茶亭组（O_2^1）、对耳石组（O_2^2）、上泮河组（O_3?）。《江西省区域地质志》(1984) 考虑永新—宁冈地区奥陶系研究较早，首先建立了笔石序列，故以此地区的爵山沟组、七溪岭组、陇溪组、滞江组及石口组代表赣南奥陶系的划分，并舍弃樟木曲组、茶亭组、上泮河组等名称。《江西岩石地层统编》(1991) 从岩石地层考虑重新起用对耳石组，但改称对耳石硅质板岩，其含义包括原七溪岭组至龙溪组，指以黑色硅质板岩为主的沉积。本次对比研究从属此种意见，但称对耳石组。

【现在定义】 指整合于茅坪组或爵山沟组之上、石口组之下，岩性由灰黑色中薄层状硅质板岩夹黑色或含碳质板岩所组成，纹层理发育，属笔石硅质岩相。上以出现砂、板岩复理石建造与石口组分界，下以出现灰绿色泥质板岩或砂、板岩复理石建造，作为与茅坪组或爵山沟组分界。

【层型】 正层型为崇义县思顺茅坪对耳石剖面（114°11′，25°47′），由江西区调队 1981 年重测。

上覆地层：**石口组** 灰绿色中厚层板岩夹黑色含硅质板岩。产笔石：*Orthograptus* cf. *apiculatus*，*O. quadrimucronatus*，*Climacograptus tatianae*，*Dicranograptus cyathiformis*，*Dicellograptus morrisi*，*D. angulatus*

——————— 整 合 ———————

对耳石组 总厚度 431.8 m

54—53. 灰黑色中厚层硅质板岩夹薄层粉砂质板岩及薄层板岩。产笔石：*Dicellograptus morrisi*，*D. antiquus*，*Climacograptus brevis* 等 33.1 m

52. 黑色中厚层硅质板岩与黑色薄层板岩互层。产笔石：*Climacograptus bicornis*，*Dicellograptus* sp. 等 12.5 m

51—50. 黑色中厚层硅质板岩。产笔石：*Dicranograptus clingani*，*Glyptograptus* sp. 等；三叶虫：*Cyclopyge* sp.，*Psilacella* sp. 23.9 m

49. 黑色中厚层硅质板岩夹黑色薄层板岩。产笔石：*Dicranograptus clingani*，*D. nicholsoni diapason*，*Dicellograptus maffatensis*，*Climacograptus spiniferus*，*Pseudoclimacograptus modestus* 等；三叶虫：*Emmrichops* sp.，*Ellipsothaphurus* sp. 等 6.7 m

48. 黑色中厚层板岩夹含硅板岩。产笔石：*Didymograptus serratulus*，*Dicellograptus caduceus*，*D. divaricatus*，*Dicranograptus clingani*，*D. brevicaulis*，*Climacograptus caudatus*，*C. brevis*，*Pseudoclimacograptus scharenbergi*，*Orthograptus calcaratus*，*O. whitfieldi* 等 9.8 m

47. 黑色板岩，向上变为含硅板岩。产笔石：*Didymograptus asymmetricus*，*D. euodus*，*D. sagitticaulis*，*Dicellograptus gurleyi*，*D. intortus*，*D. moddendorfi*，*Climacograptus antiquus*，*C. caudatus*，*C. uniformis*，*Glossograptus hystrix*，*G. notatus*，*Amplexograptus suni*，*Orthograptus calcaratus* 等 33.1 m

46. 黑色薄层碳质板岩与含硅质板岩互层。产笔石：*Didymograptus asymmetricus*，*D.* cf. *serratulus*，*Leptograptus ascensus*，*Dicellograptus divaricatus salopiensis*，*D. patulosus*，*D. smithi*，*Glossograptus notatus*，*G. hystrix*，*Pseudoclimacograptus modestus*，*Climacograptus brevis*，*C. minimus*，*Amplexograptus perexcavatus*，*Orthograptus intermedius*，*O. amplexicaulis*，*Retiograptus geinitzianus* 等 29.9 m

45. 黑色薄层硅质板岩夹黑色薄层板岩。产笔石：*Didymograptus euodus*，*Dicranograptus sinensis*，*D.* cf. *furcatus*，*Climacograptus brevis strictus*，*C. uniformis*，*Orthograptus whitfieldi* 等 6.2 m

44. 上部黑色薄层硅质板岩；下部黑色薄层板岩。产笔石：*Didymograptus sextansexilis*，*Dicranograptus sinensis*，*Pseudoclimacograptus scharenbergi* 2.7 m

43. 黑色中薄层硅质板岩。产笔石：*Dicranograptus sinensis*，*D. ramosus*，*D. ramosus longicaulis*，*Dicellograptus divaricatus*，*D. sextans*，*Amplexograptus perexcavatus*，*Climacograptus* cf. *uniformis* 等 6.6 m

42. 黑色薄层硅质板岩。产笔石：*Dicellograptus divaricatus salopiensis*，*D. gurleyi*，*Didymograptus* cf. *sagitticaulis*，*Dicranograptus ramosus* 等 2.7 m

41. 黑色中—厚层硅质板岩夹黑色薄层碳质、硅质板岩。产笔石：*Nemagraptus gracilis*，*Corynoides gracilis*，*Leptograptus latus*，*Didymograptus euodus*，*D. asymmetricus*，*D. serratulus*，*Pseudozygograptus incurvus*，*Dicellograptus gurleyi*，*D. amithi*，*D. divaricatus*，*Glossograptus hystrix*，*G. ciliatus*，*Glyptograptus euglyphus*，*Pseudoclimacograptus modestus*，*Climacograptus antiquus*，*C. bicornis*，*C. minimus*，*Amplexograptus arctus*，*A. perexcavatus*，*Orthograptus apiculatus*，*O. calcalatus* 等 8.1 m

40. 黑色薄层硅质板岩。产笔石：*Nemagraptus gracilis*，*Leptograptus* cf. *validus*，*Geitonograptus linealis*，*Didymograptus superates*，*Dicellograptus sextans*，*D. intortus*，*D. mui*，*Glossograptus armatus*，*G. ciliatus*，*Glyptograptus* cf. *vikarbyensis*，*Climacograptus caudatus*，*C. uniformis*，*C. brevis* 等 4.0 m

39. 黑色薄层含硅板岩 3.4 m

38. 黑色薄层板岩与含硅板岩互层。产笔石：*Didymograptus sagitticaulis*，*Leptograptusvalidus*，*Geitonograptus linealis*，*Dicellograptus gurleyi*，*D. smithi*，*D. divaricatus*，*Glossograptus armatus*，*Glyptograptus euglyphus*，*Climacograptus antiquus*，*C. bicornis* 等 16.1 m

37. 黑色中厚层硅质板岩 1.0 m

36. 黑色硅质板岩夹薄层板岩。产笔石：*Nemagraptus gracilis*，*Leptograptus yangtzensis*，*Didymograptus saperstes*，*Pseudozygograptus incurvus*，*Dicellograptus gurleyi*，*D. moffatensis*，*D. smithi*，*Climacograptus antiquus*，*C. brevis*，*Orthograptus upiandicus* 等 1.9 m

35. 黑色薄层硅质板岩和板岩。产笔石：*Glossograptus hincksii*，*G. hincksii robustus*，*G. minor*，*Glyptograptus euglyphus*，*Climacograptus brevis*，*Pseudoclimacograptus modestus*，*Diplograptus foliaceus* 等 8.4 m

34. 黑色薄层硅质板岩夹薄层板岩。产笔石：*Glossograptus hincksii robustus*，*G. gracilis*，*G. ciliatus*，*Glyptograptus teretiusculus*，*G. euglyphus*，*Climacograptus* cf. *antiquus*，*C. brevis*，*Diplograptus foliaceus* 等 4.4 m

33. 黑色含碳质板岩。产笔石：*Glossograptus* sp.，*Glyptograptus* sp.，*Dicellograptus* sp.，*Climacograptus* sp. 6.7 m

32. 灰黑色中薄层状含碳硅质板岩夹碳质板岩。产笔石：*Pterograptus elegans*，*Didymograptus murchisoni*，*Pseudoclimacograptus formosus* 等 10.3 m

31. 深灰—灰黑色中薄层含碳硅质板岩夹硅质岩。产笔石：*Pterograptus elegans*，*P. sinicus*，*Didymograptus putulus*，*Glossograptus* cf. *echinatus* 等 15.5 m

30. 灰黑色中薄层含碳硅质板岩及含碳泥质板岩。产笔石：*Pterograptus elegans*，*Didymograptus* cf. *nitidus*，*Phyllograptus* sp.，*Cardiograptus* sp. 等 14.6 m

29. 上部深灰—灰黑色薄层含黄铁矿含碳粉砂质泥质板岩与含碳板岩互层；下部深灰—灰黑色中薄层含碳泥质板岩与碳质硅质板岩互层。产笔石：*Nicholsonograptus fasciculata* var. *praelingans*，*Amplexograptus confertus*，*A.* cf. *modicellus*，*Didymograptus ellesae*，*Phyllograptus anna* 等 30.3 m

28. 深灰—灰黑色含碳粉砂质泥质板岩与含碳硅质板岩互层 19.7 m

27. 深灰—灰黑色泥质板岩、含碳泥质板岩夹含碳板岩。产笔石：*Clyptograptus austrodentatus*，*Cardiograptus amplus*，*Tetragraptus hemirotundus*，*Glossograptus* cf. *echinatus* 等 33.1 m

26. 深灰、灰黑色中薄层含碳泥质板岩与黑色含碳板岩互层夹含碳粉砂质板岩。产笔石：*Oncograptus magnus*，*Didymograptus abnormis*，*Isograptus chinghaiensis*，*Cardiograptus acutidens*，*Tetragraptus amii* 等 7.7 m

25. 上部灰绿色厚层泥质板岩夹灰黑色薄层含碳板岩；下部深灰—灰黑色泥质板岩夹灰黑色薄层状含硅板岩。产笔石：*Didymograptus abnormis*，*Isograptus gibberulus*，*Tetragraptus* cf. *harti* 等 10.3 m

24. 浮土 18.1 m

23. 灰黑色厚—巨厚层含碳泥质板岩夹中薄层含硅质板岩。产笔石：*Didymograptus abnormis*，*Isograptus gibberulus*，*Tetragraptus amii*，*Dichograptus erectus* 等 19.4 m

22. 灰绿—深灰色巨厚层泥质绢云板岩夹深灰—灰黑色含硅质板岩 31.6 m

——————— 整 合 ———————

下伏地层：**茅坪组**

21. 绢云板岩夹含碳绢云板岩

【地质特征及区域变化】 正层型剖面可分 4 个层段：(1)第 22—29 层，以板岩、含碳泥质板岩为主夹含硅质板岩，是与茅坪组之间的过渡层，厚 170.2 m。(2)第 30—44 层，为硅质板岩夹板岩，为本组含硅质较为丰富的层段，厚 66 m。(3)第 45—48 层，以碳质板岩与黑色板岩为主，夹硅质板岩，厚 79 m。(4) 第 49—54 层，硅质板岩及粉砂质板岩，其中第 49—51 层以硅质板岩为主，构成含硅又一高峰，且产丰富的三叶虫，组成整体笔石相中局部混合相层序，系属崇义县南部古亭一带长坑水组向北插入本组所致。厚 57.2 m。

由上可知，本组属于次深海滞留盆地沉积。以含丰富的笔石为主，在思顺乡茅坪本组下界大体在 *Didymograptus abnormis* 带之底，上界已进入 *Orthograptus quadrimucronatus* 带，其时代跨早—晚奥陶世，而在区域上顶、底具有明显穿时现象。

本组分布于永新—崇义，分布范围内岩性稳定，厚度由南至北变薄，变化在 250～450 m之间。

石口组　$O\hat{s}$　(06－36－0719)

【创名及原始定义】　魏秀喆、肖承协、陈胜高、俞韬（1966）创立，创名地在永新县滁江—石口。原始定义：由灰绿色细砂岩和板岩所组成，板岩多条带状构造，与滁江组比较砂岩略有增加，颜色稍有变浅，韵律层更显著。……。可建立四刺直笔石-有尾栅笔石带，属 Caradocian 期晚期，厚 3 126 m

【沿革】　原作为年代地层划分的石口组及其下伏的滁江组均为砂板岩沉积，创名之后被广泛使用。江西区调队(1983)[4]及《江西省区域地质志》(1984) 在沿用此两名称时，将其推广到崇义县至大余地区，以代替该地的上泮河组及下伏的对耳石组。我国南方的同期沉积大都为壳相，而此二组确为纯笔石相，从而使我国奥陶系笔石地层组成完整系列，因此，穆恩之 (1974) 以年代地层观念，称其为滁江阶和石口阶。肖承协 (1986) 重新研究了滁江—石口剖面，在原石口组之上补做了剖面，根据岩性与石口组的不同及化石特征，创立花面垄组，从此石口组有了顶界。《江西岩石地层统编》(1991) 从岩石地层考虑，将以砂板岩为主的滁江组与石口组合并，称石口组。本次对比研究同意这一意见，但在永新地区其顶部应包括《江西省区域地质志》(1984) 所称的"蒲陇组"下部砂岩夹板岩。

【现在定义】　指整合于对耳石组之上、花面垄组之下的一套灰绿、深灰色长石石英砂岩、岩屑杂砂岩、粉砂岩、粉砂质板岩等所组成的类复理石建造，上以灰黑色硅质板岩的大量出现作为花面垄组的底界，下以硅质板岩或硅质岩的出现作为对耳石组的顶界。

【层型】　正层型为永新县滁江—石口剖面（114°01′，26°52′），由魏秀喆等 1966 年测制。

上覆地层：**花面垄组**　黑、灰黑色含硅板岩夹变余粉砂岩及碳质板岩

——————— 整　合 ———————

石口组　　　　　　　　　　　　　　　　　　　　　　　　总厚度 3 068.5 m

36. 灰、灰黑色中厚层板岩与浅灰色中厚层变余粉砂岩互层夹少量粉砂质板岩及碳质板岩。产笔石：*Leptograptus macer*，*Dicellograptus complanatus*，*D. complanatus arkansasensis*，*D. excavatus*，*Climacograptus hastatus*，*C. supernus*，*C. tenuis*，*C. venustus*，*Orthograptus abbreviatus*，*O. truncatus* var. *intermedius*，*O. uniformis* 等　120.0 m
35. 灰、灰黑色中厚层板岩与浅黄褐、黄绿色变余粉砂岩互层夹灰黑色薄层碳质板岩。产笔石：*Leptograptus* sp.，*Dicellograptus* sp.，*Orthograptus* sp. 等　24.0 m
34. 黄褐色中厚层变余粉砂岩夹灰绿色薄层、中厚层板岩　70.0 m
33. 黄褐色中厚层变余粉砂岩与灰黑色中厚层板岩互层。产笔石：*Leptograptus extremus expansus*，*Dicellograptus graciliramosus*，*D. complanatus*，*Tanyagraptus* cf. *typicus*，*Climacograptus angustus*，*C. hastatus*，*C. supernus*，*Orthograptus abbreviatus*，*O. calcaratus* var. *minor*，*O.* cf. *truncatus* var. *intermedius* 等　53.0 m
32. 灰绿色厚层、中厚层变余细砂岩、灰褐色中厚层粉砂质板岩和黑色薄层碳质板岩。

产笔石：*Leptograptus flaccidus*，*Dicellograptus* cf. *szechuanensis*，*D. complanatus* var. *arkansasensis*，*D. hubeiensis*，*D. ornatus*，*D. excavatus*，*Climacograptus eximinus*，*Orthograptus uniformis* 等 28.0 m

31. 灰、灰绿色中厚层粉砂质板岩与板岩互层夹灰黑色薄层板岩。产笔石：*Dicellograptus* cf. *szechuanensis*，*D. ornatus*，*D. complanatus* var. *asiaticus*，*D. tenuis*，*Leptograptus macer*，*Climacograptus chiai*，*Pseudoclimacograptus anhuiensis*，*Orthograptus maxmu*，*O. truncatus* var. *intermedius*，*O. uniformis* 等 53.0 m

30. 灰黑色中厚层变余粉砂岩与厚层板岩互层夹厚层变余细砂岩 28.0 m

29. 灰黑色中厚层粉砂质板岩夹灰黑色薄层变余细砂岩 84.0 m

28. 灰黑色中厚层变余细砂岩夹灰黑色薄层板岩 69.0 m

27. 灰色中厚层细砂岩与黑色薄层粉砂质板岩互层夹碳质板岩。产笔石：*Climacograptus tatianae* 98.0 m

26. 灰色中厚层含长石细砂岩与灰黑色板岩互层夹碳质板岩。产笔石：*Orthograptus* cf. *quadrimucronatus*，*O.* cf. *apiculatus*，*Dicellograptus* cf. *angulatus*，*Leptograptus* cf. *capillaris*，*L. flaccidus macer*，*Climacograptus normalis*，*C. spiniferus*，*C.* cf. *tatianae* 等 208.0 m

25. 灰绿、青灰色中厚层粉砂质板岩与灰黑色板岩互层夹碳质板岩。产笔石：*Dicellograptus* cf. *tenais*，*Orthograptus* cf. *truncatus* 等 95.0 m

24. 黄绿色中厚、厚层变余细砂岩及粉砂岩与板岩互层夹青灰色薄层板岩。产笔石：*Climacograptus brevis strictus*，*Dicellograptus* spp.，*Orthograptus* sp. 235.0 m

23. 黄绿、青灰色厚层粉砂质板岩与变余砂岩互层夹灰黑色板岩。产笔石：*Dicellograptus graciliramosus*，*Orthograptus* cf. *truncatus*，*Glyptograptus jixiensis*，*Climacograptus brevis strictus*，*Paraorthograptus paucithecatus* 等 56.0 m

22. 灰白、黄绿色厚—中厚层变余细砂岩夹青灰色板岩 120.0 m

21. 浮土 90.0 m

20. 黄绿色中厚层含硅质细砂岩夹灰黑色薄层板岩和碳质板岩。产笔石：*Dicellograptus complanatus*，*D.* cf. *graciliramosus*，*Glyptograptus jixiensis* 等及少量三叶虫 47.0 m

19. 灰、灰绿色中厚层变余含长石细砂岩及粉砂质板岩夹薄层板岩 45.0 m

18. 黄绿色中厚—厚层细砂岩夹灰绿、灰黑色粉砂岩和板岩 56.0 m

17. 灰、灰绿色中厚层粉砂质板岩及细砂岩夹碳质板岩。产笔石：*Dicellograptus johustrupi*，*D. complanatus*，*Leptograptus flaccidus macer*，*L. extiemus expansus* 等 183.0 m

16. 铅灰、灰黑色中厚层板岩夹黄绿色粉砂岩及灰黑色碳质板岩 23.0 m

15. 灰绿色中厚层细砂岩及粉砂岩夹黑色薄层碳质板岩。产笔石：*Dicellograptus* sp. 11.5 m

14. 黄绿色厚—巨厚层变余细砂岩夹灰绿色中厚层粉砂质板岩及黑色薄层碳质板岩 46.0 m

13. 灰绿色中厚、厚层细砂岩夹粉砂质板岩及板岩。产笔石碎片 52.0 m

12. 灰褐、蓝灰色中厚层变余粉砂岩及砂质板岩 76.0 m

11. 灰褐色中厚层砂质板岩 20.0 m

10. 灰绿、灰白及肉红色中厚、厚层含长石细砂岩、粉砂岩 60.0 m

9. 灰绿色中厚、厚层板岩夹碳质板岩及含硅板岩 232.0 m

8. 灰黑、灰绿色板岩夹黑色薄层碳质板岩。产笔石：*Orthograptus quadrimucronatushanjiangensis*，*O. truncatus abbreviatus*，*O. intermedius*，*O. uplandicus nana*，*Leptograptus extremus expansus*，*L. flaccidus macer*，*L.* cf. *validus incisus*，*Dicel-*

lograptus complanatus，*D.* cf. *johustrupi*，*D. graciliramosus*，*D. nana*，*D. angulatus*，*Glyptograptus alternantis*，*G. jixiensis*，*Climacograptus brevis strictus*，*C. spiniferus*，*C. tatianae* 等 42.0 m

7. 灰一深灰绿色含长石石英细砂岩夹薄层粉砂质板岩及含碳质板岩 240.0 m

6. 灰绿色厚层细砂岩夹灰黑色板岩。产笔石：*Dicellograptus cauduceus*，*D.* cf. *divaricatus*，*Climacograptus diplacanthus* 等 375.0 m

5. 灰黑色粉砂质板岩与粉砂岩互层夹灰黑色薄层板岩。产笔石：*Dicellograptus divaricatus*，*Climacograptus diplacanthus*，*Diplograptus* sp.，*Retiograptus* sp. 等 129.0 m

——————— 整　合 ———————

下伏地层：**对耳石组**

4. 灰黑色中薄层燧石岩与硅质板岩互层

【地质特征及区域变化】 正层型剖面下部多由灰绿色细砂岩、粉砂岩或粉砂质板岩、板岩组成韵律互层，常夹碳质板岩，含硅板岩；上部多由粉砂岩或粉砂质板岩、板岩组成韵律，夹薄层碳质板岩，由下而上由粗变细，组成类复理石建造。上与花面垄组，下与对耳石组均为连续关系，厚度 3 068.5 m。富含笔石化石，其中 *Dicellograptus johustrupi*，*Orthograptus quadrimucronatus* 等为本组代表性分子。

本组分布于崇义北至井冈山、永新一带。崇义地区主要为灰、灰绿色变余长石石英砂岩夹绿泥绢云板岩、粉砂质板岩，厚度 100～200 m。

花面垄组　*Ohm*　(06－36－0720)

【创名及原始定义】 肖承协 (1986) 创立，创名地在永新县三湾花面垄。原始定义：为灰绿色、灰黑色变余细砂岩、粉砂质板岩、硅质板岩夹灰黑色薄层碳质板岩，富含黄铁矿，组成韵律的类复理石建造，厚逾千米。

【沿革】 最早涉及本组的是魏秀喆等 (1966) 测制的永新县滞江—石口剖面，因该剖面未测至顶，又未采到五峰期的笔石，所以所划分的石口组只代表晚奥陶世早期。自此，江西南部有无五峰期的地层一直为地层工作者所关注。《江西省奥陶系》(1981) 断代总结中，根据刘义仁[5](1976) 的报道在永新蒲陇一带石口组之上尚有千余米含笔石泥、砂质建造，其中含五峰期笔石，从而肯定了五峰期在赣南的存在。以此《江西省区域地质志》(1984) 创名“蒲陇组”。在此之前肖承协、夏天亮等 (1982) 重新研究了崇义茅坪剖面，以新采获的笔石指出剖面上部 40 m 属五峰期沉积，引用“五峰组”，并建立了 *Dicellograptus ornatus* 带。嗣后，肖承协 (1986) 又研究了永新梗背石口村花面垄剖面，创立花面垄组，并以此剖面为代表，以思顺剖面为参考，建立了 *Dicellograptus szechuanensis-Dicellograptus ornatus*，*Tangyagraptus typicus*，*Diceratograptus* 及 *Paraorthograptus* 四个笔石带。随后，黄枝高、肖承协、夏天亮 (1988) 发表专著，系统论述了崇义—永新中上奥陶统笔石，将上面四带归并为 *Dicellograptus anceps*－*Climacograptus supernus* 带，《江西岩石地层统编》(1991) 将“蒲陇组”、花面垄组舍弃，将其归于石口组。本次对比研究考虑花面垄组岩石组合与石口组不同，故重新起用，单独成组。

【现在定义】 系指整合于石口组之上的一套灰黑色含硅板岩、硅质板岩、碳质板岩夹

⑤ 刘义仁等，1976，湖南南部的晚奥陶世地层——兼论“滞江组”和“石口组”，湖南区测。

灰绿色砂岩、粉砂岩、粉砂质板岩之沉积。具纹层状水平层理，属笔石相类复理石建造。以出现黑色硅质板岩为本组的开始，上未见顶。

【层型】 正层型为永新县三湾乡梗背—石口村花面垄剖面（114°01′，26°50′），由肖承协 1986 年测制。

花面垄组 总厚度>597.0 m

16. 灰黑色薄、中厚层含硅质板岩与黄绿色中、厚层变余砂岩互层夹薄层含碳板岩。产笔石：*Dicellograptus* sp.，*Climacograptus* sp.，*Orthograptus* sp.，*Paraorthograptus* sp.。（未见顶） 106.0 m

15. 灰绿色中厚、厚层状变余砂岩夹灰黑色薄层含硅板岩及碳质板岩 54.0 m

14. 灰绿、灰黑色薄层、中厚层板岩夹灰绿色中厚层变余砂岩 41.0 m

13. 浅黄褐色中厚层变余粉砂岩夹灰绿色板岩、粉砂质板岩及碳质板岩。产笔石：*Dicellograptus* sp.，*Climacograptus* sp.，*Paraorthograptus* sp. 144.0 m

12. 灰黑色中厚、厚层状硅质板岩夹灰褐色厚层—巨厚层状变余砂岩及碳质板岩。产笔石：*Dicellograptus* sp.，*Climacograptus* sp.，*Paraorthograptus* sp. 122.0 m

11. 黑、灰黑色薄、中厚层状含硅板岩夹厚层状变余粉砂岩、砂岩及薄层状碳质板岩。产笔石：*Leptograptus macer*，*Dicellograptus complanatus arkansasensis*，*Climacograptus eximius*，*C. latus*，*Orthograptus angustus*，*O. truncatus*，*Paraorthograptus angustus* 130.0 m

——————— 整 合 ———————

下伏地层：**石口组**

10. 中厚层状板岩与变余粉砂岩互层夹少量粉砂质板岩及碳质板岩。产笔石：*Leptograptus macer*，*Dicellograptus complanatus* 等

【地质特征及区域变化】 创名人以年代地层划分将原剖面第 12—16 层称花面垄组，归于五峰阶，厚度 467 m。本次对比研究以岩石地层划分准则从第 11—16 层划于本组，厚度大于 597 m。其岩性为下部以灰黑色含硅板岩、硅质板岩为主，夹砂岩、粉砂岩、碳质板岩，上部以砂岩、粉砂岩、板岩为主，夹灰黑色碳质板岩、含硅板岩，产笔石化石，但未见重要标准化石，而其下伏地层中产 *Dicellograptus complanatus* 等五峰期早、中时重要带化石，所以正层型时代应为五峰期中、晚世。

本组分布于永新—崇义地区，由北而南硅质有所增高。出露厚度变化在 51～120 m。

下黄坑组 Ox (06－36－0721)

【创名及原始定义】 广东地质局 761 队 4 分队（1959）创立，首次见于《1∶20 万韶关幅区域地质测量报告》中，创名地在广东省曲江县下黄坑。原指曲江黄坑一带划分为灵溪岩系的含 Arenigian（阿伦尼克）期燕形对笔石及 Llanvirnian（兰维尔）期紧密围笔石群的黑色碳质页岩、硅质页岩为主的地层。下与寒武系八村群上部之浅灰色粉砂质页岩，上与龙头寨群下部之黑色硅质岩、硅质页岩均为连续沉积。

此名，原称灵溪岩系，后因灵溪附近皆为花岗岩体，故改名为下黄坑组。

【沿革】 江西省西南部之崇义、大余一带的奥陶系，以古亭断裂为界，南北存在较大差异。但以往视为同一沉积区将其等同起来，从而导致二侧难以对比。此次对比研究与粤北对比，始明确二者自成系统。断裂之北崇义茅坪一带为纯笔石页岩相，以南为板岩夹砂岩，

产大量壳相化石。因此，南部沉积引称下黄坑组。

此套地层，张浅深、俞受鋆（1964）划归于所创称的古亭群下部，时代置于震旦纪。江西区测队（1969）在1∶20万赣州幅调查时，将古亭群改称为古亭组，仍将其归于本组下部，并以上下层位关系，时代改归于上奥陶统。同时，将大余排牙下一带的沉积置于其下，称茶亭组，归于中奥陶统。实则二者为同期沉积，只因出露地点不同而误认为上下关系。本次对比研究以岩石地层划分原则，将原古亭群或古亭组解体，其下部归于下黄坑组，时代归于早—中奥陶世，上部划归于中—晚奥陶世，分别引入粤北的长坑水组及龙头寨群。

【现在定义】 系指整合于长坑水组之下一套灰黑、灰绿色绢云板岩夹灰黑、灰绿色变余长石石英砂岩，偶夹硅铁质结核之沉积。产笔石、三叶虫、腕足类等化石，属混合相。其与崇义北部茅坪组同期异相。

【层型】 正层型为广东省曲江县下黄坑老鼠寨剖面。省内次层型为大余县吉村乡排牙下剖面（114°15′，25°20′），由江西区测队1966年测制。

上覆地层：**长坑水组** 灰—深灰色风化呈灰白色厚—巨厚层变余石英砂岩与黑色条带状板岩互层，局部夹灰色巨厚层状硅质板岩

—————— 整　合 ——————

下黄坑组	总厚度＞516.9 m
23. 深灰色巨厚层变余长石石英砂岩	10.9 m
22. 深灰色风化呈灰绿色巨厚层含凝灰质绢云板岩。产腕足类化石碎片	30.7 m
21. 深灰—灰黑色巨厚层状板岩夹灰黑色硅质岩扁豆体。产三叶虫：*Cyclopyge recurva*，*Microparia* sp.，*Novakella* sp.；笔石：*Dicranograptus kansuensis*，*Climacograptus* sp.	9.1 m
20. 灰绿色风化呈黄绿色厚—巨厚层绿泥绢云板岩夹不规则泥质细砂岩团块	21.2 m
19. 灰绿色风化呈黄绿色厚—巨厚层板岩夹风化呈粉红色中薄层泥质砂岩	10.0 m
18. 深灰—灰黑色风化呈灰白色巨厚层绢云板岩夹灰色薄层泥质砂岩。产笔石：*Didymograptus* sp.，*Dicellograptus* sp.	17.9 m
17. 浮土	137.1 m
16. 灰绿色巨厚层状绿泥绢云板岩。产三叶虫：*Cyclopyge* cf. *recurva*；笔石：*Dicranograptus nicholsoni* var. *diapason*，*Orthograptus* sp.	20.6 m
15—14. 深灰色巨厚层状变余凝灰质石英砂岩，含大量灰黑色板岩，局部含泥铁质结核，底部含细小砾石	23.0 m
13. 上部灰绿—深灰色中—厚层粉砂质条带状板岩夹灰色变余长石石英砂岩；下部灰绿色风化呈灰白色巨厚层黑云绢云板岩	22.5 m
12—11. 灰绿—深灰色厚—巨厚层状变余长石石英砂岩与深灰色厚层粉砂质条带状板岩互层	18.3 m
10—9. 灰色巨厚层状变余细粒长石石英砂岩夹深灰—灰黑色粉砂质凝灰质板岩，下部灰绿色巨厚层绿泥绢云板岩	47.8 m
8—7. 上部深灰色厚层板岩与同色厚—巨厚层凝灰质砂岩互层；下部灰绿色巨厚层绿泥绢云板岩	19.4 m
6. 深灰色厚—巨厚层砂质条带凝灰质板岩与灰色变余长石石英砂岩互层	51.8 m
5. 灰绿—深灰色厚层板岩及灰绿色含粉砂质绿泥绢云板岩夹灰色变余长石石英砂岩	12.3 m
4. 灰色巨厚层变余细粒凝灰质长石石英砂岩	14.4 m

3. 灰绿色巨厚层粉砂质绿泥绢云板岩 22.6 m

2—1. 灰色厚—巨厚层变余细粒含凝灰质长石石英砂岩与深灰—灰黑色厚—巨厚层粉砂质条带状绿泥绢云板岩互层，顶部一层黑色薄层板岩。(未见底) 27.3 m

【地质特征及区域变化】 上列次层型剖面，以岩性特征可分上、下部：下部为砂岩夹板岩，上部板岩夹砂岩，产三叶虫 *Cyclopyge recurva*，*Microparia* sp.，*Novakella* sp.；笔石 *Dicranograptus nicholsoni* var. *diapason*，*Orthograptus* sp. 等。下未见底，出露厚度516.9 m。其在崇义古亭镇长径一带下与晚寒武世水石组呈整合关系。

本组与广东正层型剖面相比岩石颗粒偏粗，后者主要为黑色页岩、碳质页岩为主的序列，属笔石相，但未获 *Amplexograptus confertus*，地质时代为新厂期及早中宁国期，而江西省下黄坑组上部有 *Dicranograptus nicholsoni* var. *diapason*，所以上界要高于广东省，包括部分中奥陶世。时代大致为早奥陶世至中奥陶世初期。

本组主要分布于崇义县古亭—大余排牙下，岩性基本稳定，出露厚度200～520 m。

长坑水组 $O\hat{c}k$ (06-36-0722)

【创名及原始定义】 南颐(1962)创立，命名地在广东省始兴县长坑水。原始定义：指龙头寨群下亚群含 Caradocian (卡拉道克) 期纤细丝笔石化石群的一套黑色硅质岩、硅质页岩为主的地层。下与下黄坑组上部黑色碳质夹硅质页岩连续沉积，上与龙头寨群下亚群灰绿、浅灰色粉砂岩、板状页岩互层为整合关系。时代归于中奥陶世。

【沿革】 张浅深等(1964)将与其相当的沉积划归于古亭群中部，时代定为震旦系。江西区测队(1969)称对耳石组，归于中奥陶统，《江西岩石地层统编》(1991)改称对耳石硅质板岩。本次对比研究认为对耳石组或对耳石硅质板岩，主要分布于古亭-南康断裂以北，属纯笔石相，而本组见于断裂以南，属混合相。不惟地层分区不同，且岩性岩相亦存在较大差别，故采引长坑水组。

【现在定义】 是指整合于下黄坑组之上、龙头寨群之下，岩性以黑色硅质板岩、硅质岩为主，夹薄层板岩，灰黑色、灰色石英砂岩，产笔石、三叶虫及少量腕足类，属混合相。下以黑色硅质板岩、含硅板岩的出现作为本组的起始层位，上以这两种岩性的消失与龙头寨群分界。

【层型】 正层型为广东省始兴县长坑水剖面。省内次层型为大余县吉村乡排牙下剖面(114°15′，25°20′)，由江西区测队1966年测制。

长坑水组 总厚度>177.6 m

29. 黑色风化呈灰白色薄层含碳硅质板岩夹黑色微薄层板岩。产三叶虫：*Cyclopyge* cf. *recurva*；笔石：*Dicranograptus clingani*，*D. kansuensis* 等。(未见顶) 13.5 m

28. 浮土 31.4 m

27. 黑色风化呈白色薄层含碳硅质板岩与板岩不等厚互层。产三叶虫：*Cyclopyge recurva*，*Symphysops qidongensis*，*Microparia* (*Novakella*) sp.，*Psilacella hunanensis*，*Telephina* sp.，*Ellipsotaphrus* sp.；笔石：*Dicellograptus angulatus*，*D. sextans*，*D. sextans exilis*，*D.* cf. *gurleyi*，*D. divaricatus salopiensis*，*D.* cf. *moffatensis*，*Climacograptus uniformis*；腕足类：*Sowerbyella*? sp. 等 33.0 m

26. 灰绿色风化呈浅红色巨厚层板岩，顶部一层厚50 cm含铁锰层 26.8 m

25. 深灰—灰黑色风化呈浅黄色巨层粉砂质绢云条带状板岩夹风化呈浅黄色含凝灰质

石英粉砂岩　39.5 m

24. 灰—深灰色风化呈灰白色厚层—巨厚层状变余石英砂岩与黑色条带状板岩互层，局部夹灰色巨厚层状硅质板岩　33.4 m

——————— 整　合 ———————

下伏地层：**下黄坑组**

23. 深灰色巨厚层状变余长石石英砂岩

【地质特征及区域变化】　次层型剖面未见顶，出露厚度 177.6 m。下部为灰—深灰色条带状板岩夹硅质板岩，上部为黑色含碳硅质板岩夹板岩，所产三叶虫、腕足类时代较长无断代意义，而笔石 *Dicranograptus clingani*，是滁江阶上部带化石，*D. kansuensis*，*Dicellograptus moffatensis*，*D. angulatus*，亦多见于滁江阶，后者可上延至石口阶，其余化石虽可出现于胡乐阶中，但亦常见于滁江阶。所以本组主要是滁江期的沉积。时代为中奥陶世。

本组仅分布于崇义古亭、大余排牙下一带。在古亭长径一带，下与下黄坑组，上与半坑组均呈整合关系。其岩性稳定，厚度在 150～200 m 之间。

龙头寨群　*OL*　(06-36-0723)

【创名及原始定义】　广东地质局 761 队 4 分队 (1959) 以广东始兴长坑水剖面与曲江县灵溪甜鱼碌剖面创名。原始定义：指整合于下黄坑组（岩系）之上的一套硅质碳质页岩、砂质页岩的地层序列。分为三个亚群，下亚群为黑色硅质页岩、碳质页岩及浅灰、灰白色石英粉砂岩、绢云母页岩及石英砂岩；中亚群为白及灰色大理岩化粗晶石灰岩；上亚群为灰白、浅灰绿、紫红色砂岩夹页岩。总厚约 970 m。下亚群下部硅质页岩含 Caradocian 期的 *Nemagraptus gracilis* 带笔石。

【沿革】　群名为本次对比研究引入，相关的地层最早由徐克勤、丁毅 (1943) 创称汾坑系，笼统归于震旦系—奥陶系。张浅深等 (1964) 所测崇义县长径—古亭剖面是最早涉及崇义南部古亭地区的剖面资料，并以此建立了古亭群，当时给本群的定义：这套地层按其岩性可分为四部分：下部由深灰色灰绿色硬砂岩组成，内含黄铁矿；中部为黑色碳质板岩、硅质板岩与硬砂岩互层；上部为千枚状板岩及条带状板岩夹不纯灰岩凸镜体及少量硬砂岩；顶部为致密玄武岩、凝灰岩、凝灰质砂岩与灰黑色板岩互层，并有辉绿辉长岩层间侵入，在标准剖面及路线上均可见到与上覆地层下寒武统黑色碳质板岩和石煤层之间有一层底砾岩，两者呈平行不整合接触。可见厚度 1 707 m。时代归于震旦纪。

古亭群创立后对其认识不断有所改变。江西区测队 (1966) 进行赣南龙山群研究时，在相当于上部灰岩中采到若干化石，其中腕足类有 *Ancistrorhyncha* sp.，腹足类 *Lophospira*? sp.。*Ancistrorhyncha* 常见于浙江的文昌组，也见于长坞组及三衢山组，另在古亭石狮口采得珊瑚 *Palaeophyllum* sp.，为中—晚奥陶世。因此将长径—古亭剖面上部归于奥陶系，其中下部砂板岩复理石建造认为可能属寒武系，并指出与崇义地区相应地层不易对比。此后，江西区调队 (1969) 开展 1∶20 万赣州幅调查时，将古亭群改称古亭组并简单置于西山界组（相当石口组）之上，时代定为晚奥陶世，将南北不同相区的沉积混为一起。《江西省区域地质志》(1984) 复称古亭群，时代改为中—晚奥陶世，并单独列为一种类型与其北的滁江组、石口组并列，同时认为古亭群与粤北的龙头寨群相当。这种认识较为正确。但以上均将长径

—古亭剖面作为一个整体，内部未进行划分。依据当前的实际资料认为，张浅深等所述古亭群的下部大致相当于现划分的下黄坑组，中部大致相当于长坑水组，而其上部及顶部大致可与龙头寨群比较。至于张氏等所述上覆地层下寒武统黑山碳质板岩和石煤层间的一层底砾岩，可能为断层角砾，而所述石煤层为古亭灰岩底部黑色沥青质灰岩夹碳质板岩之误。江西区调队（1985）在 1∶5 万关田幅调查时，重新测制了长径—古亭剖面，以岩石组合特征做了新的划分，相当现在划分的下黄坑组及长坑水组归于上寒武统水石群，其上依序创称半坑组、古亭组及高草地组，时代分别定为早奥陶世、中奥陶世、晚奥陶世。其中古亭组的含义首次明确仅限于狭义的古亭灰岩。从而为本次对比研究奠定了基础。

【现在定义】　系指整合于长坑水组之上的一套深灰、灰、灰绿色细粒长石石英砂岩、绢云板岩、粉砂质板岩或千枚岩夹碳酸盐岩，上部夹含凸镜状砾岩之沉积组合。本群由下而上分为半坑组、古亭组、黄竹洞组。

半坑组　O*b*　(06－36－0724)

【创名及原始定义】　江西区调队（1985）在 1∶5 万关田幅区域地质调查时创名，创名地在崇义县古亭镇南半坑。原始定义：整合于水石群之上、伏于古亭组之下，岩性为灰色中薄层含碳绢云板岩、条纹条带粉砂质绢云板岩、绢云板岩，上部偶夹中细粒石英杂砂岩，水平层理发育，……，以次深海还原环境为主。

【沿革】　参见龙头寨群的沿革。

【现在定义】　指整合于长坑水组之上、古亭组之下的一套灰至灰绿色板岩、含碳绢云板岩、条纹条带状粉砂质板岩，上、下部常夹含细粒长石石英杂砂岩之沉积。区域变质加深时板岩常变为千枚岩。下以出现硅质板岩与长坑水组分界，上以出现灰岩与古亭组分界。

【层型】　正层型为崇义县半坑—古亭剖面（114°03′，25°35′），由江西区调队 1985 年测制。

上覆地层：**古亭组**　深灰色厚—巨厚层条带状大理岩化灰岩

——————　整　合　——————

半坑组	总厚度 400.9 m
30. 青灰色中薄层二云母千枚岩，顶部变余千枚状中细粒石英杂砂岩，中下部夹少量深灰—灰黑色薄层碳质绢云板岩。产海绵骨针（?）	227.1 m
29. 灰—灰绿色二云千枚岩、浅灰色粉砂质二云千枚岩夹灰—浅灰色中厚层变余细粒长石石英杂砂岩	76.7 m
28. 浅灰—灰色厚层变余千枚状中—细粒长石石英杂砂岩夹青灰色中厚层二云千枚岩，底部夹碳质绢云板岩	40.5 m
27. 浮土，零星见砂、板岩露头	56.6 m

——————　整　合　——————

下伏地层：**长坑水组**

26. 厚—巨厚层变余长石石英杂砂岩与深灰—灰黑色中薄层含硅碳质板岩互层，夹千枚状二云片岩及二云千枚岩

【地质特征及区域变化】　层型剖面所示，本组顶、底为千枚状中至细粒长石石英杂砂岩，主体为灰、灰绿、青灰色二云千枚岩、粉砂质二云千枚岩，上部下夹深灰—灰黑色薄层

碳质绢云板岩及条带状千枚岩，内含海绵骨针（?），粉砂质千枚岩中见小型斜层理，厚度 400.9 m。

本组分布范围小，仅见于古亭南部长径、半坑东至高草地一带，高草地一带主要为绢云板岩、粉砂质板岩，顶底多为砂岩夹板岩。厚度 236 m。

古亭组 Og (06-36-0725)

【创名及原始定义】 由龙头寨群之沿革可知，古亭组原称古亭群，由张浅深等（1964）所立，创名地在崇义县古亭镇。江西区调队（1985）将张浅深等所述上部灰岩夹层独立出来，称古亭组。系指狭义的古亭灰岩，其为黑色沥青质灰岩、浅灰色大理岩化细晶灰岩至深灰色生物碎屑灰岩、燧石灰岩等组成，下与半坑组砂、板岩为整合接触，上与高草地组推测为断层接触。时代定为中奥陶世。

【沿革】 参见群的沿革。

【现在定义】 指整合于半坑组粉砂质板岩之上和黄竹洞组板岩、砂岩之下的一套碳酸盐岩沉积。其底部为灰黑色沥青质灰岩夹碳质千枚状板岩，下部为大理岩化细晶灰岩，中部为生物碎屑灰岩及燧石灰岩，上部为灰白色角砾灰岩。下部产珊瑚，上部产腕足类及腹足类。

【层型】 正层型为崇义县古亭高草地剖面（114°05′，25°36′），由江西区调队 1985 年重测。

上覆地层：**黄竹洞组** 浅灰绿色薄层弱角岩化含粉砂质板岩。产笔石：*Dicellograptus* cf. *sextans*，*Climacograptus* sp.，*Amplexograptus* sp.

——— 整 合 ———

古亭组	总厚度 335.5 m
22. 浮土	128.5 m
21. 浅灰黑色中厚层硅灰岩化含碳含生物碎屑灰岩	11.7 m
20. 浅灰黑色中厚层含生物碎屑及燧石结核微晶灰岩。产腹足类：*Donaldiella* sp.	11.2 m
19. 浮土	41.1 m
18. 浅灰色中厚层大理岩化微晶砾屑灰岩	14.9 m
17. 浮土	32.5 m
16. 浅灰色竹叶状大理岩化细晶灰岩	18.5 m
15. 浅灰色巨厚层变余砂屑灰岩	14.0 m
14. 灰色中层大理岩化残余砂屑、砾屑细晶灰岩与变余砾屑灰岩相间排列，顶部有厚 10～15 cm 绢云板岩	3.3 m
13. 浅灰色巨厚层大理岩化残余砂屑细晶灰岩	24.3 m
12. 浅灰色厚层状大理岩	17.0 m
11. 浮土（剖面左侧相当层位见为黑色薄层沥青质灰岩）	18.5 m

——— 整 合 ———

下伏地层：**半坑组**

10. 浅灰色斑点板岩

【地质特征及区域变化】 上列正层型剖面顶底为浮土掩盖，所见岩层厚度 170 m。全为灰岩组成，下多大理岩化，上部含燧石，下产珊瑚化石 *Palaeophyllum*，腕足类 *Ancisto-*

rhyncha；上产腹足类 *Donaldiella* sp. 等。时代为晚奥陶世。

本组分布局限，仅见于崇义古亭—关田一带，古亭附近见其底部沥青质灰岩夹碳质千枚状板岩，下与半坑组浅灰色板岩为整合关系。石狮口以下部浅灰色大理岩化灰岩、结晶灰岩出露较好，东至关田墟因岩体吞蚀，只残留少量孤立露头。

黄竹洞组　Ohẑ　(06-36-0726)

【创名及原始定义】　江西区调队（1985）在1：5万关田幅调查时创名，创名于崇义县关田—黄竹洞剖面。原始定义：指整合于高草地组之上，寨仔下组之下的沉积碎屑岩沉积。按其岩性分为上下两部：下部为灰及青灰色粉砂质板岩、绢云板岩夹变余杂砂岩及数层砾岩凸镜体；上部为灰及灰绿色粉砂质板岩、含碳绢云板岩夹数层变余砾岩、砂砾岩及含砾板岩，板岩普遍含凸镜状小砂体及条纹条带构造。未获化石，以下伏高草地组含五峰期笔石，定其时代为志留纪。

【沿革】　江西区测队（1969）在1：20万赣州幅调查时，将此套地层定为震旦系，下部不含砾质层称震旦系下组，上部含砾岩夹层的称震旦系上组，但均无化石佐证。1985年在1：5万关田幅调查时将此套沉积创称下关群，自下而上划分三组：下创黄竹洞组，中立寨仔下组，上称仙鹅塘组，以其下伏高草地组含五峰期笔石化石。黄竹洞组砾岩夹层中又见有以"砾石状态"保存的角石化石（*Nautloidea*），定其时代为志留系。因江西南部乃至湘东南、粤北以往尚无志留系的报道，而引起有关地层工作者的关注。为证实这一认识，江西调研队⑤（1988）做了下关群专题研究，其结果认为黄竹洞组为晚奥陶世五峰期，而其上的寨仔下组、仙鹅塘组属震旦系，与黄竹洞组为断层接触，因此在停用这些地层名称的同时，并将原黄竹洞组及其下伏高草地组合并，改称花面垄组。本次对比研究同意这一合并，但本组与花面垄组岩性岩相难以对比，故启用黄竹洞组一名。

【现在定义】　指整合于古亭组之上，由灰色、灰绿色板岩及细粒长石石英杂砂岩组成的类复理石建造，偶夹砂砾岩凸镜体，上部发育了数层变余砾岩或含砾板岩。下以灰岩出现作为古亭组的顶界，上与震旦系为断层接触，故未见顶。

【层型】　正层型为崇义县古亭镇黄竹洞剖面（114°07′，25°37′），由江西区调队1985年测制。

黄竹洞组	总厚度＞2 234.2 m
62—60. 浅灰绿色厚层变余长石石英杂砂岩与浅灰色条带状粉砂质板岩不等厚互层夹粉砂岩。(未见顶)	158.5 m
59. 上部浅灰绿色变余细粒含菱铁矿石英杂砂岩与薄层粉砂质板岩互层；下部浅灰色中厚层变余中细粒长石石英杂砂岩与薄层条带状粉砂质板岩互层	39.7 m
58. 浅灰绿色变余细粒石英杂砂岩与浅灰色绢云板岩互层	73.1 m
57. 浅灰、灰绿色绢云板岩夹青灰、灰黑色含粉砂绢云板岩，含碳质含黄铁矿细晶绢云板岩中常夹粉砂质条带	169.0 m
56. 构造压碎岩、绢云板岩、片理化碳质板岩	64.9 m
55. 浅灰绿色条纹状含粉砂质绢云千枚岩及深灰、暗灰绿色碳质板岩	58.2 m
54. 中上部浅灰绿色绢云板岩夹少量变余细粒石英砂岩；下部浅灰色中细粒石英砂岩	

⑤　江西调研队，1988，江西省崇义地区"下关群"时代的研究（油印本）。

与浅灰绿色绢云板岩韵律互层 81.7 m

53. 浅灰色条纹条带状绢云板岩，底部灰白色块状变余细粒石英杂砂岩夹灰绿色含砾板岩或凸镜状粉砂质板岩 14.5 m

52—51. 浅灰、浅灰绿色变余硅质砾岩、含砾板岩、变余含砾不等粒石英杂砂岩、变余中细粒石英杂砂岩及深灰色凸镜状弱角岩化粉砂质绢云板岩组成多个韵律层 76.8 m

50. 浅灰色弱角岩化变余硅质板岩、含砾粉砂质板岩及粉砂质绢云板岩组成多个韵律层，偶夹含砾不等粒石英杂砂岩 25.6 m

49—45. 浅灰绿—灰色条纹条带状弱角岩化粉砂质绢云板岩，顶部夹凸镜状—条带状变余岩屑长石石英砂岩 393.5 m

44. 风化呈浅灰—浅黄色细粒变余长石石英杂砂岩 17.6 m

43. 浮土 27.9 m

42. 灰—灰绿色厚层状斑点云母板岩，上部夹砂质条纹条带板岩及含砾板岩 31.3 m

41. 浮土 28.3 m

40. 中薄层粉砂质绢云板岩及二云板岩，底部有厚 5 m 含砾板岩与含砾砂岩 29.6 m

39. 风化呈灰绿、灰褐色中薄层粉砂质板岩及绢云板岩 21.2 m

38. 浮土 36.2 m

37—36. 灰—青灰色中厚层条纹条带状粉砂质板岩与中薄层二云板岩，其中部夹细粒变余长石石英杂砂岩 175.6 m

35. 浮土 32.0 m

34. 灰、青灰色中厚层条带状粉砂质板岩、粉砂质二云板岩夹中薄层二云板岩及少量粒径 2～5 mm 变余碎屑石英杂砂岩 42.4 m

33. 浮土 41.7 m

32. 浅灰色中厚层变余中细粒岩屑石英杂砂岩与灰色中层条带状粉砂质板岩互层 14.1 m

31. 灰、深灰色中层状二云板岩夹少量中薄层条带状粉砂质板岩 22.0 m

30. 青灰—灰色粉砂质板岩、中薄层二云板岩夹中厚层变余中细粒长石石英砂岩，中下部夹近厚 2 m 细砾岩及变余含砾砂岩 80.9 m

29. 浮土 39.7 m

28. 灰色中层状中细粒变余长石石英砂岩夹二云板岩 19.2 m

27. 灰、青灰色二云板岩 54.1 m

26. 灰—青灰色中薄层千枚状绢云板岩夹条带状粉砂质板岩，顶部有厚1m变余细粒长石石英杂砂岩 41.6 m

25. 浮土 15.3 m

24. 灰—青灰色中层二云板岩及条带状粉砂质板岩偶夹中层长石石英杂砂岩 14.4 m

23. 浮土 30.4 m

22. 灰、深灰色中层二云板岩，上部夹变余岩屑石英杂砂岩 22.6 m

21. 中上部细砾岩—岩屑石英杂砂岩—粉砂质板岩—二云板岩；下部细砾岩—含砾砂质板岩—粉砂岩—粉砂质板岩组成韵律层 9.0 m

20. 灰色粉砂质绢云板岩及二云板岩 18.2 m

19. 浅灰绿色厚层变余细粒长石石英砂岩与薄层条纹条带状粉砂质板岩不等厚互层 23.7 m

18. 浅灰绿色薄层条纹条带状含粉砂质板岩偶夹变余石英杂砂岩 45.7 m

17. 浅灰绿色厚层变余含砾不等粒岩屑砂岩夹浅灰色薄层粉砂质板岩 19.0 m

16. 灰绿色变余粉砂岩与弱角岩化含粉砂质板岩互层 12.4 m

15. 浮土 22.5 m

14. 浅灰绿色中薄层弱角岩化含粉砂质板岩与薄层板岩互层。产笔石：*Dicellograptus complanatus*, *Climacograptus supernus*, *Orthograptus* cf. *amplexicauluis*, *Amplexograptus* sp. , *Glyptograptus* sp. , *Diplograptus* sp. 33.7 m

13. 浮土 49.1 m

12. 浅灰绿色薄层状弱角岩化含粉砂质板岩。产笔石：*Dicellograptus* cf. *sextens*, *Climacograptus* sp. , *Amplexograptus* sp. 7.3 m

——————整　合——————

下伏地层：**古亭组**

11—10. 浅灰黑色中厚层硅灰石化生物碎屑灰岩

【地质特征及区域变化】　正层型剖面上，因与震旦系坝里组为断层接触，故未见顶，出露厚度为 2 234.2 m。以岩石组合特征可分上、下两段：下段（第 12—14 层）即原关田幅所立高草地组，为浅灰绿色粉砂质板岩偶夹泥质板岩，产笔石：*Dicellograptus complanatus*, *D.* cf. *sextens*, *Climacograptus supernus*, *Orthograptus* cf. *amplexicaulis*, *Amplexograptus* 等，皆为五峰期之重要分子，时代为晚奥陶世晚期。上段为原黄竹洞组，可分上、中、下三部：下部以浅灰绿色含砾不等粒杂砂岩为主，夹条纹条带含粉砂质板岩及复成分砾岩；中部以灰、青灰色粉砂质板岩或粉砂质绢云板岩为主，夹中细粒石英杂砂岩，砂岩可见粒序层理，板岩由条纹或条带构成水平层理，并含凸镜小砂体；上部主要由浅灰或灰绿色硅质砾岩、含砾不等粒砂岩、粉砂质绢云板岩等组成的韵律互层，而其顶部砾岩消失，变为灰色细粒长石石英砂岩夹粉砂质板岩，砂岩见粒序层理或低角度斜层理。

本组见于崇义古亭-南康断裂以南之关田、古亭、黄竹洞一带。分布局限，与断裂之北同期沉积之岩石特征难以对比。

【其他】　本组因分布局限，岩性特殊，而化石稀少，其时代一直存在争议。下段因产有五峰期笔石，归晚奥陶世晚期无疑，但其上近 2 000 m 地层内，至今未获断代化石。原创者归志留系，江西调研队（1988）“下关群”专题研究否定了这一认识，改定为晚奥陶世，其理由：①原高草地组之笔石，如 *Dicellograptus complanatus*, *Climacograptus supernus*, *Orthograptus* cf. *truncatus*, *O.* cf. *amplexicaulis*, *Amplexograptus* sp. 及 *Glyptograptus* sp. 等，只相当于五峰期 W_1—W_2 带，由此上推黄竹洞组应为 W_3—W_6 带之沉积。②在层型之西所测的古亭牛岗剖面之第 8 层新采有笔石化石 *Pseudoclimacograptus*? sp. , *Climacograptus* sp. 及 *Glyptograptus* sp. ，第 5、6、7 层产几丁虫化石，有 *Conochitina* sp. ，其中包括 aff. *C. simplex*, cf. *C. micracanta*, cf. *C. elegans*。如单从这两点依据分析，将原黄竹洞组全部归于晚奥陶世依据颇显不足。这是因为：①虽然高草地组之笔石只相当于 W_1—W_2，但连续其上之黄竹洞组中下部以粉砂质板岩的层段厚逾千米，未获化石，可否包括 W_3—W_6 带之沉积，尚存疑义。②新采获的笔石及几丁虫代表的时代较长，为奥陶纪至志留纪，不足说明所在层位为奥陶系。③上部砾岩夹层所获以“砾石状态”保存的角石，经中国地质科学院赖才根鉴定为 *Nautloidea*，鉴定者认为“这是一种繁盛于奥陶纪的高级动物”，即以“砾石状态”保存，其产出层位自然高于奥陶系。另外，我国南方的五峰期地层，一般厚数十米，最厚可达数百米，而此处却大于 2 234 m，亦应是疑问。所以黄竹洞组上部有无志留纪之沉积，尚待进一步工作证实。

梨树窝组　*Sl*　(06－36－0801)

【创名及原始定义】　原名梨树窝群，系江西区测队(1964)创立，创名地在武宁县船滩梨树窝。原始定义：自下而上由石英砂岩夹薄层黑色页岩，逐渐过渡为黄绿色粉砂岩和页岩，构成一个完整的沉积旋回，在下部采得大量笔石化石，时代定为早志留世。

【沿革】　王竹泉(1930)将江西西北部志留系创崖山页岩。嗣后，李毓尧(1933)立滕岩页岩代替崖山页岩，时代仍归于早志留世，与此同时将上部地层分出创阳扶尖砂岩，归于泥盆纪—石炭纪。1942年，盛莘夫复称崖山页岩，并将阳扶尖砂岩的时代改归于志留系(?)。江西区测队(1964,1966)在修水、瑞昌一带进行区域地质测量时，确认上述单位均为志留系，据剖面岩性和化石组合，将其划分为下中上三统六个地层单元：下统梨树窝群，中统殿背组和桥头组，上统夏家桥组、西坑组及阳扶尖组。嗣后，《江西省志留系》⑥(1981)以及《江西省区域地质志》(1984)根据新获生物资料，并与区域对比，将殿背组、桥头组归于下统，夏家桥组归于中统，并因桥头组一名重名，而改为清水组，西坑组和阳扶尖组合称为西坑组仍归于上统，同时将梨树窝群降为组。这些意见确认之后，一直沿用至今。从岩性特性出发，本次对比研究的梨树窝组，已将其下部黑灰色粉砂岩、页岩划归于下伏新开岭组。

【现在定义】指整合于新开岭组之上、殿背组之下，岩性以黄绿色石英砂岩为主，夹粉砂岩、砂质页岩、泥岩，或由砂、泥岩组成韵律互层，产少量笔石化石。下与新开岭组灰黑或深灰色页岩、粉砂岩分界，上与殿背组黄绿色页岩分界。

【层型】　正层型为武宁县船滩梨树窝剖面(114°37′，29°14′)，由江西区测队1963年测制。

上覆地层：**殿背组**　灰黄色页岩夹薄层状砂岩

——————— 整　合 ———————

梨树窝组	总厚度 606.5 m
11. 薄层砂岩与砂质页岩互层夹薄—中厚层石英砂岩	75.7 m
10. 灰黄色砂质页岩	19.5 m
9. 灰绿色厚层砂岩、石英细砂岩	21.3 m
8. 灰黄色砂质页岩	9.6 m
7. 石英砂岩，局部夹薄层砂质页岩，底部有一层厚 60 cm 之灰色石英岩	28.1 m
6. 暗灰、浅黄色砂质页岩	39.3 m
5. 暗灰绿色泥质砂岩	13.6 m
4. 厚层状石英砂岩与页岩互层	26.4 m
3. 黄绿色厚层状粗砂岩夹灰绿色页岩，产笔石化石	92.0 m
2. 深灰色砂岩夹灰色页岩，产笔石：*Climacograptus yangtzeensis*，*C.* aff. *typicalis* *Glyptograptus kaochiapienensis*，*Rastrites longispinus* 等	278.0 m

——————— 整　合 ———————

下伏地层：**新开岭组**

1. 灰黑色粉砂岩与页岩互层

⑥　江西区调队，1981，江西省志留系(内部印刷)。

【地质特征及区域变化】 正层型剖面下部为深灰色中、薄层细粒砂岩夹页岩，向上岩性为黄绿色厚至中层状石英砂岩夹粉砂质页岩，二者呈韵律互层，厚度 606.5 m。东至武宁茶棋由灰绿色细砂岩和粉砂岩组成韵律互层，岩层层面可见凹凸印模，厚度 973.3 m。再东至德安县车桥一带，下部为黄绿色中薄层状细砂岩、粉砂岩互层，向上变为黄绿色中厚层状细砂岩夹粉砂质页岩，顶部常变为厚层状中细粒砂岩，砂岩层面可见不对称波痕构造，厚度约450 m。再东至湖口、彭泽一带，其底部多缺失黑色页岩，仍以黄绿色砂页岩为主，下与上奥陶统汤头组呈平行不整合关系。厚度 100～250 m。

本组化石主要见于下部，产笔石：*Climacograptus yangtzeensis*，*Glyptograptus kaochiapienensis*，*G.* cf. *persculptus*，*Rastrites longispinus*，*Akidograptus ascensus*，*Oristiograptus pesiculasus*，*Pristiograptus cyphus* 等，时代为早志留世早期。

殿背组 *Sd* (06-36-0802)

【创名及原始定义】 系江西区测队（1964）创名于武宁县船滩殿背村。原始定义：以灰绿色—黄绿色页岩为主，下部具有波纹构造之砂岩及页岩，为紧接梨树窝组之后的另一沉积旋回。上部与桥头组（清水组）之杂色层在岩性可明显区分，时代定为中志留世。

【沿革】 参见梨树窝组，惟有别者是《江西岩石地层统编》(1991) 曾改称殿背页岩。

【现在定义】 指整合于梨树窝组之上、清水组之下，以黄绿、灰绿色薄层泥（页）岩为主，夹少量薄层砂岩，产笔石、腕足类、双壳类化石。下以黄绿或灰绿色页岩与梨树窝组砂岩分界，上以紫红、黄绿色等杂色层的出现作为清水组底界。

【层型】 正层型为武宁县船滩殿背剖面（114°37′，29°14′），由江西区测队 1964 年测制。

上覆地层：**清水组** 黄绿、浅黄、淡红色页岩夹砂质页岩。局部含泥砂质结核

—————— 整 合 ——————

殿背组	总厚度 1 211.72 m
24. 灰绿色页岩	72.00 m
23. 灰绿色页岩夹薄层砂岩	22.70 m
22. 灰绿色页岩夹灰黄色砂质页岩	40.52 m
21. 黄绿色页岩夹薄层砂岩	26.69 m
20. 浮土，底部见灰绿色页岩	88.42 m
19. 黄绿色页岩夹不稳定砂质页岩	152.88 m
18. 灰绿色砂质页岩夹页岩	41.42 m
17. 灰绿色页岩夹浅黄色砂质页岩	42.65 m
16. 风化呈黄、浅黄及粉红色页岩	21.84 m
15. 灰绿色砂质页岩夹薄层砂岩。产笔石：*Monograptus* sp.；腕足类：*Plectatrypa*? sp.；双壳类：*Edmondia*? sp. (aff. *E.*? *mientienensis*)	83.00 m
14. 灰绿色砂质页岩夹薄层砂岩	32.60 m
13. 灰绿色砂质页岩夹薄层砂岩，向上变为砂质页岩	540.00 m
12. 灰黄色页岩夹薄层砂岩	47.00 m

—————— 整 合 ——————

下伏地层：**梨树窝组**

11. 薄层砂岩与砂质页岩互层，夹薄—中厚层石英砂岩

【地质特征及区域变化】 本组西从修水、武宁东至德安、彭泽，呈北东东向带状展布。其岩性稳定，主要由灰绿、黄绿色粉砂质泥（页）岩、泥岩夹少量细砂岩、粉砂岩组成韵律互层，一般是下部为细砂岩—砂泥岩混合层—粉砂质泥岩；中、上部由砂泥混合层—粉砂质泥岩、泥岩组成韵律互层。岩层普遍见水平层理、脉状层理，属于潮坪相沉积。其厚度由西向东减薄，如正层型剖面厚度 1 211.72 m，东至武宁茶棋 653 m，北至德安林泉 945 m，再东至德安车桥 530 m。除正层型剖面所产化石外，另在林泉朱家产笔石 *Pristiograptus*，*Climacograptus*，*Demirastrites* 等，时代为早志留世中期。

清水组　*Sq*　(06－36－0803)

【创名及原始定义】 江西区调队（1981）[6] 创名于武宁县桥头。1984 年，江西地矿局在《江西省区域地质志》中介绍。原始定义：为一套紫红色和灰绿色砂岩和页岩交互组成的杂色岩系。时代定为中志留世。

【沿革】 参见梨树窝组。

【现在定义】 指整合于殿背组灰绿色粉砂质泥岩之上、坟头组灰绿色含砾砂岩之下的一套以紫红色为特征，伴有黄绿色、青灰色、灰白色之砂泥岩沉积，产双壳类、腕足类等化石。

【层型】 正层型为修水县清水—武宁县桥头剖面（114°35′，29°11′），由江西区测队 1981 年重测。

上覆地层：**坟头组**　黄绿色含细小砾石砂岩

——————— 整　合 ———————

清水组	总厚度 943.8 m
29. 紫红色中—薄层砂岩夹紫红色页岩	48.2 m
28. 紫红色薄层砂岩与页岩互层，局部夹砂质页岩	43.3 m
27. 紫红色中层砂岩夹页岩	29.6 m
26. 紫红色泥质砂岩与云母砂质页岩互层	9.7 m
25. 浮土	24.1 m
24. 紫红色薄层砂岩与页岩互层	14.1 m
23. 浮土	16.9 m
22. 黄色石英质砂岩夹页岩	55.1 m
21. 薄层石英砂岩与紫红色页岩互层，局部夹青灰色页岩	31.2 m
20. 中薄层石英砂岩夹紫红色页岩	57.8 m
19. 青灰色中层石英砂岩夹紫红色薄层页岩	16.6 m
18. 石英砂岩夹薄层页岩	57.3 m
17. 黄绿、紫红色厚层石英砂岩	33.4 m
16. 浮土	8.3 m
15. 黄绿色中薄层砂岩夹薄层页岩	45.0 m
14. 厚层石英砂岩夹薄层页岩	42.9 m
13. 紫红色砂质页岩夹薄层砂岩，局部夹黄绿色页岩	22.0 m
12. 黄绿色石英砂岩与紫红色页岩互层	19.4 m
11. 黄绿色石英砂岩夹页岩	31.7 m
10. 浮土	30.1 m

9. 厚层—巨厚层石英砂岩 14.2 m

8. 紫红色砂质页岩 16.2 m

7. 黄绿、紫红色页岩夹砂岩 25.7 m

6. 中厚层石英质砂岩夹黄绿色页岩 31.9 m

5. 黄绿色砂质页岩夹薄层状砂岩，局部为泥质砂岩。产双壳类：*Modiolopsis* sp.，*Modiomorpha* cf. *crypta*，*M.* aff. *crypta* 93.8 m

4. 黄绿色页岩，局部夹厚 2 cm 的砂岩 27.9 m

3. 黄绿、紫红色砂质页岩，局部夹砂岩 19.2 m

2. 黄绿色页岩 4.6 m

1. 紫红、黄绿色云母泥质页岩，局部夹砂质页岩 73.3 m

——————— 整 合 ———————

下伏地层：**殿背组** 黄绿色页岩

【地质特征及区域变化】 正层型剖面，上部砂岩层面普遍发育波痕构造，砂质页岩见水平层理、透镜状层理，砂岩见板状等斜层理。厚 943.9 m。

本组广见于修水—彭泽一带，层位及岩性稳定，一般下部具潮坪特征，多由砂岩—砂泥岩混合层—粉砂质泥（页）岩组成基本层序，上部多由砂岩夹泥（页）组成。由下而上，剖面结构由细至粗，应属潮坪三角洲相。本组厚度变化较大，由正层型剖面向东至德安严家坂厚 485 m，爱民倪村厚 67.3 m，大屋陈家厚 713 m，再东至九江岷山厚 276 m。正层型剖面产双壳类，据化石时代和上下层位关系，时代置于早志留世晚期至中志留世初期。

坟头组 S*f* (06－36－0805)

【创名及原始定义】 原称坟头层，潘江（1956）所创，创名地在南京城东坟头村附近。它由原高家边层上部分出的。原始定义：为砂岩及砂质页岩，含 *Coronocephalus rex*，*Proetus lotilimbatus*，*Eospirifer tingi*，*E. hsiehi* 等化石，与下伏地层颇有区别，属渐变关系。时代属志留纪中晚世。

【沿革】 此名为本次对比研究引入，与其相当的地层，江西省一直沿用夏家桥组一名。江西区调队（1981）在《江西省志留系》中，将本组上部黄绿色细砂岩、砂质页岩划出，创称澧溪组，置于上志留统。《江西省区域地质志》（1984）复将澧溪组和夏家桥组同归于中志留统。本次对比研究，将二组合并，按创名之优先权，引入坟头组，而舍去夏家桥组及澧溪组之组名。

【现在定义】 指“下红层”清水组与“上红层”茅山组之间的一套地层。其上部为灰绿、黄绿色泥质粉砂岩或砂质页岩夹细砂岩；下部为黄绿、绿灰色粉砂质泥岩夹泥质细砂岩及含锰粉砂岩，底部常见一层含砾砂岩。上下均呈整合关系，均以紫红色碎屑岩层的出现，分别与茅山组、清水组分界。

【层型】 正层型为江苏省江宁县汤山镇坟头村—珠山剖面。省内次层型为武宁县荷州夏家桥剖面（115°10′，29°28′），由江西区测队 1964 年测制。

上覆地层：**茅山组** 紫红色长石石英砂岩与紫红色砂质页岩夹黄绿色长石石英砂岩及粉砂岩

——————— 整 合 ———————

坟头组 总厚度 226.8 m

3. 黄绿色砂质页岩，顶部夹薄层粉砂岩 51.4 m

2. 黄绿色薄层状细砂岩，偶夹黄绿色页岩。产腕足类：*Howellella tingi*，*H.* aff. *tingi*，*Eospirifer* sp. 40.9 m

1. 黄绿色页岩，偶夹薄层状砂岩。产三叶虫：*Coronocephalus rex*，*Latiproetus latilimbatus*，*Encrinurus* sp.；腕足类：*Howellella tingi*，*H.* aff. *tingi*，*H.* cf. *tingi*，*Poleumita*? sp.，*Negastrophia* sp.；双壳类：*Nuculites* sp.，*Ctenodonta* sp.，*Cypricordinia fentouensis*；腹足类：*Hormotoma* cf. *kiitsingensis* 134.5 m

——————— 整　合 ———————

下伏地层：**清水组**　黄绿色薄层砂岩夹黄绿、紫红色页岩

【地质特征及区域变化】　本组广布于修水—武宁—瑞昌—湖口一带，由西而东粒度由细变粗，次层型剖面之西武宁县澧溪下部为灰绿色厚层状砂岩，底部为含砾砂岩，中部黄绿、灰绿色页岩、粉砂质页岩夹少量砂岩，上部黄绿、灰绿色泥质或细粒长石石英砂岩夹粉砂质页岩。厚度 681 m。由下而上产有丰富的化石，计有三叶虫：*Coronocephalus rex*，*Encrinurus* sp.，*Latiproetus* sp.，*L. latilimbatus*，*Aristoharpes* sp.；腕足类：*Howellella tingi*，*Eospirifer hsiehi*，*Mutationella* sp.，*Nalivkinia* sp.，*Lingula* sp.；双壳类：*Modiolopsis* sp.，cf. *M. wuningensis* 等。次层型剖面之东至瑞昌高泉以灰黄色石英砂岩、细砂岩、粉砂岩为主，夹粉砂质页岩、页岩，厚 232.3 m；德安南山仍以黄绿色粉砂质泥页岩为主，偶夹含铁锰质细砂岩，产三叶虫、腕足类等，厚 855 m。再东至庐山一带，其中常夹有生物碎屑灰岩，偶夹磷块岩。岩层普遍见有水平层理，下部页岩中亦见透镜状或脉状层理，属潮下低能至陆架相沉积。其中含风暴流沉积层序。时代为中志留世至晚志留世。

茅山组　SD*m*　(06－36－0806)

【创名及原始定义】　原称茅山砂岩，系李毓尧、李捷、朱森（1935）创立，创名地在江苏省句容县茅山顶宫。原始定义：指暗紫或暗红色砂岩，成厚层状，底部具灰白色砂岩，厚度不一，自数米至百余米，有时甚至于无。时代定为中泥盆世。

【沿革】　李毓尧（1933）将大致相当的地层创称阳扶尖（羊虎尖）砂岩，定为泥盆—石炭纪。盛莘夫（1942）沿称此名，但时代改归志留系(?)。江西区测队（1964）进行 1∶20 万修水幅区测时，将其下界下延并创称西坑组。此名自创迄至本次对比研究。时代归于晚志留世。江西区调队[6]（1981）之《江西省志留系》依据本组中下部发现无颌类鱼化石，如 *Xiushuiaspis jiangxiensis*，*Galeaspis xikengensis*，以及植物化石 *Prototaxites*? sp.。因多鳃鱼、盔甲鱼以往仅见于我国西南早泥盆世地层中，而植物在欧洲晚志留世至早泥盆世均有发现，故将本组的时代归于早泥盆世。《江西省区域地质志》（1984）考虑本组与下伏地层为连续过渡关系，层位可与我国西南地区晚志留世"上红层"对比，又改归于晚志留世。最近，邵卫根、万红（1993）又据新获得的鱼化石及微古植物，认为其时代应置于晚志留世—早泥盆世。本次对比研究同意此种归属。

【现在定义】　指整合于坟头组之上、平行不整合于观山组之下的紫红、灰绿色相间的凝灰质细砂岩、粉砂岩，下部多夹泥（页）岩，向上砂质成分增高，粒度变粗，常变为中—厚层状凝灰质细砂岩为主，夹少量灰绿、紫红色粉砂岩及泥岩。下以紫红色层与坟头组分界，上以平行不整合面与观山组底部的石英砾岩或砂砾岩分界。

【层型】 正层型为江苏省句容县茅山顶宫剖面。省内次层型为修水县三都西坑剖面（114°31′，29°10′），由江西区调队1980年测制。

上覆地层：**观山组** 灰白色厚层状含砾石英砂岩

——————平行不整合——————

茅山组	总厚度 281.1 m
19. 深灰绿色巨厚层凝灰质细砂岩。产植物茎干化石	31.8 m
18. 灰绿色巨厚层凝灰质细砂岩夹暗紫色凝灰质粗粉砂岩	5.9 m
17—16. 黄绿色中—巨厚层凝灰质粗粉砂岩夹暗紫红色薄—中厚层凝灰质粉砂岩及凝灰质细砂岩。产植物、鱼类、腕足类化石碎片	39.7 m
15. 黄绿色凝灰质粗粉砂岩夹绿色巨厚层凝灰质细砂岩	2.7 m
14—13. 紫红、暗紫红、灰绿色中厚—巨厚层凝灰质粗粉砂岩，中下部见一层厚约50 cm的深灰色凝灰质石英细砂岩	34.4 m
12. 灰绿色巨厚层凝灰质细砂岩与紫红色凝灰质粗砂岩互层	18.0 m
11. 灰绿色巨厚层凝灰质细砂岩夹紫红色细粒杂砂质石英砂岩。产植物化石碎片	5.5 m
10. 紫红色中厚层凝灰质粉砂岩与灰绿—黄绿色凝灰质粗粉砂岩互层	11.6 m
9—8. 紫红、黄绿色薄—厚层凝灰质粉砂岩	8.4 m
7. 紫红色泥岩及凝灰质细砂岩与黄绿色泥岩及凝灰质细砂岩互层	72.1 m
6. 黄绿色中薄—巨厚层细粒长石杂砂质石英砂岩	2.5 m
5. 紫红色中薄层泥岩夹紫红色凝灰质细砂岩，偶夹黄绿色巨厚层凝灰质细砂岩	10.5 m
4. 紫红、黄绿色中薄—中厚层凝灰质细砂岩与泥岩互层	9.7 m
3. 紫红色薄—中厚层凝灰质粗粉砂岩与黄绿、绿灰色薄—中厚层凝灰质粗粉砂—细砂岩互层。产鱼化石 *Xiushuiaspis jiangxiensis* 及棘鱼类化石碎片	6.6 m
2. 紫红色凝灰质粗粉砂岩夹黄绿色凝灰质粗粉砂—细砂岩。产鱼化石 *Xiushuiaspis jiangxiensis* 及棘鱼类化石碎片	3.3 m
1. 紫红色凝灰质粗粉砂岩与紫红色泥岩互层。产鱼化石 *Galeaspis xikengensis*，*Xiushuiaspis jiangxiensis* 及棘鱼类化石碎片	18.4 m

———— 整 合 ————

下伏地层：**坟头组** 黄绿色厚层状凝灰质细砂岩

【地质特征及区域变化】 本组下部为紫红色、黄绿色凝灰质粉砂岩、泥岩为主，夹细砂岩，上部变为黄绿、灰绿色中—厚层状凝灰质细粒石英砂岩夹粉砂岩。粉砂岩多见水平层理，砂岩由下而上由平行层理过渡到板状或槽状层理。下产无颌类鱼化石 *Xiushuiaspis jiangxiensis*，*Galeaspis xikengensis* 及棘鱼类化石碎片，上产植物化石 *Prototaxites*? 等植物化石碎片。厚度281.1 m。

本组呈东西向至北东东向展布于修水—瑞昌—彭泽一带。东至武宁夏家桥下为黄绿色细砂岩与紫红色粉砂岩、砂质页岩互层，上为灰绿色中—厚层细砂岩夹少量薄层粉砂质页岩，厚度628.5 m。再东至庐山、湖口一带，砂岩增多，紫红色层相对减少，庐山常夹黑色碳质粉砂岩、页岩，厚近千米，湖口地区夹黄绿或紫红色薄层砂质页岩，厚度408.5 m。总之，从区域上分析，本组由下而上岩石粒度由细而粗，下部以水平层理发育，上部砂岩以板状、槽状等交错层理发育，砂岩层面普遍见有泥砾，属海退相序之平原三角洲相沉积。

霞乡组　OSx　（06－36－0807）

【创名及原始定义】　安徽317地质队（1965）创名于宁国县胡乐司西北约2.5 km的霞乡附近。原始定义：其岩性分为四部分：底部为黄色中厚层状中粗粒长石质砂岩；下部深灰色厚层块状砂岩夹黑色碳质页岩；中部为灰绿、暗绿色厚层至巨厚层细砂岩夹厚层状黄绿色粉砂质页岩；上部为灰绿色页岩及黄色砂质页岩。含笔石化石等，时代为早志留世。

【沿革】　浙赣边境江山—玉山一带的志留系，北京地质学院（1962）称仕阳群，划归早志留世。此名称未予沿用。至1984年前江西省内多以志留系代之。林宝玉等（1984）在《中国志留系》中将霞乡组一名引入江西省内，但未推广，赣东北地质大队（1988）在1：5万紫湖口幅调查时又创称卖柴岭组，时代归于早志留世。本次对比研究重新引入霞乡组，以代表赣北地区志留系下部一套不含紫红色夹层的碎屑岩。

【现在定义】　系指整合于长坞组灰色泥岩、细砂岩或三衢山组钙质页岩夹瘤状灰岩之上、河沥溪组灰绿色夹紫色砂岩、粉砂岩之下，岩性为灰绿、黄绿色长石石英砂岩、细砂岩、粉砂岩至砂质页岩组成的韵律互层。在上饶—玉山之北，其下整合于长坞组之上，以南整合于三衢山组之上。

【层型】　复合正层型为安徽省宁国县胡乐司霞乡和桃岭剖面。省内次层型为玉山县古城王家坝剖面（118°21′，28°43′），赣东北地质大队1988年测制。

上覆地层：**河沥溪组**　黄绿色细粒岩屑石英砂岩与紫红色泥岩及泥质粉砂岩

——————　整　合　——————

霞乡组	总厚度277.17 m
15. 灰绿色厚层细粒石英砂岩与黄绿色泥质粉砂岩互层	15.60 m
14. 灰绿色细粒石英砂岩	34.22 m
13. 黄绿色细粒岩屑石英砂岩与泥质粉砂岩互层，砂岩中含泥砾	17.73 m
12. 灰绿色粉砂质细砂岩与黄绿色泥质粉砂岩互层	56.06 m
11. 青灰色钙质粉砂岩	8.08 m
10. 黄绿色细粒岩屑石英砂岩与泥质粉砂岩互层，砂岩中含泥砾，产腕足类 *Lingula loulanensis*	17.32 m
9. 青灰色钙质粉砂岩，产腹足类 *Lophospira* sp.，*Straparollus* sp.，腕足类 *Lingula loulanensis*	11.74 m
8. 黄绿色泥质粉砂岩夹细粒岩屑石英砂岩及钙质粉砂岩凸镜体	36.81 m
7. 灰绿色粉砂质页岩夹薄层粉砂岩，上部黑色粉砂质页岩夹泥质粉砂岩，产腕足类化石碎片	52.61 m
6. 深灰绿色页岩	27.00 m

——————　整　合　——————

下伏地层：**三衢山组**

5. 黄绿色钙质页岩夹瘤状灰岩

【地质特征及区域变化】　次层型剖面下部以灰绿、黄绿色页岩、粉砂质页岩、粉砂岩为主，夹薄层细砂岩，除底部页岩，常由粉砂质页岩、粉砂岩夹细砂岩组成韵律互层，内产腕足类 *Lingula loulanensis*，腹足类 *Lophaspira*，*Straparollus*，时代属晚奥陶世晚期；上部以细粒石英砂岩为主，夹泥质粉砂岩及粉砂质泥岩，划归早志留世。厚度277.17 m。

本组分布于玉山县西北部横街、南山及东北部古城一带，岩性较稳定，但西北部岩石粒度相对较粗，其下部多为粉砂质页岩夹细砂岩，上部多变为中细粒石英砂岩或含砾砂岩。其厚度由东而西增大，变化在250～763 m之间。在不同地区其地质时代上略有不同，北部为早志留世，南部下跨晚奥陶世，上至早志留世。

河沥溪组 *Sh*　(06-36-0808)

【创名及原始定义】　原称河沥溪群，系安徽省地质局317地质队(1965)创名于安徽省宁国县河沥溪至仙霞的公路旁。原始定义：介于下伏霞乡组与上覆太平群之间的一套浅海相具有类复理石韵律的碎屑沉积。下部为灰绿、黄绿色中厚层粉砂岩、砂质页岩及砂岩；中部为黄绿、灰绿色页岩、砂质页岩与灰白、紫红色细砂岩互层；上部为灰绿色页岩、砂质页岩、粉砂岩互层。时代定为早志留世。

【沿革】　本次对比研究将此名引入，此前北京地质学院(1962)曾划归仕阳群。《江西省区域地质志》(1984)称志留系。林宝玉(1984)将霞乡组及河沥溪组等引入赣东北，时代定为早志留世，但后人未予沿用。赣东北地质大队(1988)又立卖柴岭组，以代表玉山地区的早志留世沉积。现考虑卖柴岭组其下整合于长坞组之上，其上平行不整合于泥盆纪西湖组之下，实应包括全部志留纪沉积。根据岩性组合特征对比，本区志留系下部可分别与皖南的霞乡组和河沥溪组做对比，所以考虑创名优先权，在引入霞乡组的同时，引入河沥溪组。

【现在定义】　指整合于霞乡组之上、康山组之下的一套黄绿、灰绿色夹紫红、浅红色中厚层韵律性碎屑岩。其岩性为岩屑石英砂岩、粉砂岩、粉砂质泥(页)岩、泥质粉砂岩夹细砂岩、泥岩。在江西省内以本组紫红色岩层的出现及消失，分别与下伏及上覆地层分界。

【层型】　正层型为安徽省宁国县河沥溪—仙霞剖面。省内次层型为玉山县南山剖面(118°03′，28°48′)，由赣东北地质大队1988年测制

上覆地层：**康山组**　灰绿色薄—中层中细—中粒岩屑杂砂岩夹灰绿色千枚状粉砂质页岩

——————　整　合　——————

河沥溪组	总厚度398.49 m
60. 粉红色千枚状粉砂质页岩，局部夹紫红色薄层状细粒含泥砾岩屑杂砂岩及浅肉红色薄层细粒石英岩屑砂岩、粉砂质页岩	59.29 m
59. 浅红色风化呈土黄色厚层细—中细粒石英岩屑砂岩与粉红色千枚状页岩互层，夹灰黄色薄层状粉砂岩	63.90 m
58. 粉红色千枚状粉砂质页岩与灰黄、黄绿色薄层粉砂岩组成条带状互层，夹紫红色含砾粉砂岩	54.58 m
57. 灰黄色薄—中层粉砂岩夹浅肉红色薄层岩屑杂砂岩	40.89 m
56. 紫红色厚层中粒含砾岩屑石英砂岩夹紫红色薄层含砾粉砂岩、浅红色风化呈浅土黄色薄层粉砂质泥岩及紫红色薄层中粒岩屑杂砂岩	71.97 m
55. 紫红色厚层中粒岩屑石英砂岩	37.97 m
54. 紫红色中层中粒石英砂岩夹浅肉红色薄层细粒岩屑砂岩	27.37 m
53. 褐红色粉砂质页岩	16.70 m
52. 紫红色厚—巨厚层中细—中粗粒石英岩屑砂岩与紫红色厚层中粒岩屑杂砂岩互层	25.82 m

——————　整　合　——————

下伏地层：**霞乡组**

51. 灰绿色风化呈黄绿色千枚状粉砂质页岩与浅灰色薄层细粉砂岩及灰绿色薄层石英

岩屑砂岩组成韵律互层为主，局部互为夹层

【地质特征及区域变化】 次层型剖面所示，本组是一个由粗至细粒的海侵相序，下部由紫红色中粒石英砂岩夹浅红细粒岩屑砂岩，偶夹粉砂岩组成；上部由粉红色千枚状粉砂质页岩、粉砂岩夹含砾粉砂岩、石英岩屑砂岩等组成，粉砂质页岩常见条纹条带，构成清晰的水平层理。厚 398.49 m。

本组分布与霞乡组一致，见于怀玉山南坡之玉山茗坑、南山及卖柴岭，以及玉山东北古城等地。由次层型剖面向南至茗坑，下为灰绿色细粒长石石英砂岩、含泥砾细砂岩、含砾中粗粒岩屑砂岩夹紫红、浅灰色泥岩；上部青灰色泥岩、紫红色粉砂质页岩夹细粒长石砂岩。上未见顶，出露厚度 390 m。东至玉山北山底，下为灰绿、紫色泥岩夹含泥砾粗至细粒岩屑砂岩，上为灰绿、紫红色粉砂质页岩、泥岩夹中细粒岩屑砂岩产双壳类 *Deceptrix* cf. *ciliensis*，*D.* cf. *paradox*，*Nuculites* sp. 及三叶虫、腕足类等。厚 695 m。东至古城王家坝，主要为黄绿色细粒砂岩与紫红色粉砂质泥岩、泥质粉砂岩形成韵律互层，泥质成分向上增多，上未见顶，出露厚度 176.8 m。总观本组由西而东粒度变细，厚度变小。时代为早—中志留世。

康山组　*Sk*　(06－36－0809)

【创名及原始定义】 原称康山层，系浙江省煤炭工业厅科学研究所⑦(1961) 创立，创名地在浙江省安吉县康山—郭笑山。原始定义：位于下伏凤山层、上覆泥盆纪茅山砂岩之间，岩性为黄绿色页岩与浅色细砂岩之互层。自下而上分为第一页岩、第二砂岩、第二页岩、第三砂岩、第三页岩。与下伏凤山层呈连续沉积，与上覆泥盆纪茅山砂岩为不整合。定为上志留统。

【沿革】 1984 年江西省这段地层统称志留系。林宝玉等 (1984) 将太平群引入省境，代表此套地层并与康山层对比，定为中志留统。赣东北地质大队 (1988) 划归于创称的卖柴岭组上部，归于早志留世。本次对比研究，根据岩性层位对比，引入康山组。时代仍归于中志留世。

【现在定义】 指整合于河沥溪组之上、唐家坞组之下的一套黄绿色中细粒岩屑砂岩夹灰绿色粉砂质页岩、泥质粉砂岩及粉砂质细砂岩之沉积。上下均以紫红色碎屑岩的出现，分别与下伏河沥溪组、上覆唐家坞组分界。

【层型】 正层型为浙江省安吉县康山剖面。省内次层型为玉山县南山剖面 (118°03′，28°48′)，由赣东北地质大队 1988 年测制。

上覆地层：**唐家坞组**　紫红色巨厚层细粒含泥砾石英岩屑砂岩夹浅灰绿色千枚状页岩

——————— 整　合 ———————

康山组	总厚度 112.24 m
62. 黄绿色薄层中—细粒石英砂岩夹灰绿色千枚状粉砂质页岩	80.74 m
61. 灰绿色薄—中层中细—中粒岩屑杂砂岩夹灰绿色千枚状粉砂质页岩	31.50 m

——————— 整　合 ———————

⑦ 浙江省煤炭工业厅科学研究所，1961，浙江安吉县志留系地层（内刊）。

下伏地层：**河沥溪组**

60. 粉红色千枚状粉砂质页岩，局部夹紫红色薄层细粒含泥砾岩屑杂砂岩及浅肉红色薄层细粒石英岩屑砂岩

【地质特征及区域变化】 次层型剖面所示，本组岩性为黄绿、灰绿色石英砂岩、岩屑杂砂岩夹灰绿色千枚状粉砂质页岩，厚度 112.24 m。

本组分布与上述二组一致，玉山西北岩性与次层型相近，厚度变化在 110～157 m 之间，向东北至古城王家坝一带，岩石粒度相对变细，下为黄绿色厚层粉砂质细砂岩，向上变为深灰绿色粉砂质泥岩，产腕足类：*Eospirifer* sp.，*E. sinensis*，*Levenea* sp.，*Leptaena* sp.，*L. cava*，*Hirnantia sagittilera*；三叶虫：*Encrinuroides* sp.，*Hyparoetus* sp.，厚度 121 m。时代归于中志留世。

唐家坞组 *St* (06-36-0810)

【创名及原始定义】 原称唐家坞砂岩，舒文博（1930）创名，创名地在浙江省富阳县西北 12 km 唐家坞。原始定义："唐家坞砂岩之层位，在凤竹页岩与西湖石英岩之间。自富阳西北之唐家坞至分水，砂岩发育，组成雄伟山岭。岩层厚逾五百米，颜色较深，间呈褐色，岩质粗硬，层垒其厚成块状。时代为志留系"。

【沿革】 唐家坞组一名，浙江区测队（1969）开展 1∶20 万衢县幅区调时首先引入玉山地区，其时代为早泥盆世。江西省地层表编写组（1980）沿用此名，时代改归于晚志留世。本次对比研究仍用唐家坞组，系指原唐家坞砂岩上部以含紫红色岩层为主的层段。

【现在定义】 指整合于康山组黄绿色砂、页岩之上，平行不整合于五通群西湖组灰白色含砾砂岩之下的灰绿色、紫红色中细粒岩屑长石石英砂岩夹少量粉砂质泥岩之地层。

【层型】 选层型为浙江省富阳市新店剖面。省内次层型为玉山县南山剖面（118°03′，28°48′），由赣东北地质大队 1988 年测制。

上覆地层：**西湖组** 灰白色含砾石英粗砂岩

———————平行不整合———————

唐家坞组	总厚度 588.51 m
73. 暗红色薄层含泥砾岩屑石英砂岩夹紫红色薄层砂质泥岩	100.61 m
72. 浅灰绿色中薄层中细粒石英砂岩夹暗红色薄层含泥砾中细粒岩屑石英砂岩	55.29 m
71. 浅灰色中薄层中粒含泥砾岩屑石英砂岩夹浅肉红色薄层岩屑长石砂岩	84.99 m
70. 灰白色细—中粒岩屑砂岩	19.27 m
69. 灰白色中薄层细粒石英岩屑砂岩	45.27 m
68. 紫红色中层状中细粒含泥砾石英岩屑砂岩	53.08 m
67. 紫红色中层中细粒含泥砾石英岩屑砂岩夹紫红色薄层泥质粉砂岩及泥岩凸镜体	115.54 m
66. 灰白色中层细粒岩屑石英砂岩夹粉红色千枚状粉砂质页岩及紫红色薄层细粒含泥砾岩屑石英砂岩	48.62 m
65. 紫红色厚层细粒含泥砾石英岩屑砂岩夹同色薄层细粒石英岩屑砂岩及粉红色千枚状粉砂质页岩	43.99 m
64. 紫红色中层中细粒含砾岩屑石英砂岩夹暗紫色厚层细粒含泥砾石英岩屑砂岩	5.09 m
63. 紫红色巨厚层细粒含泥砾石英岩屑砂岩夹浅灰绿色千枚状页岩	16.76 m

——————— 整 合 ———————

下伏地层：**康山组**

62. 黄绿色薄层中—细粒石英砂岩夹灰绿色千枚状页岩

【地质特征及区域变化】 次层型剖面以紫红色、灰白色中—厚层、巨厚层状中粗粒—细粒岩屑石英砂岩为主，间夹粉红、灰绿色薄层状砂质泥岩，砂岩层面或层理面普遍含有泥砾，构成本组特点之一。厚度 588.51 m。

本组分布范围与下伏康山组相同。其岩性稳定，厚度变化在 500～600 m 之间。本组未获化石，以层位及上下接触关系，推测其时代为晚志留世。

独栏桥组　　*Sdl*　　(06－36－0811)

【创名及原始定义】 系江西调研队⑧(1993) 创立，创名地在崇义县阳岭西侧之独栏桥村。指不整合于灵岩寺组之下的一套灰绿、黄绿色变余粉砂岩、杂砂岩、板岩，中夹厚层、巨厚层状变余砾岩、砂砾岩之沉积。所夹砾岩、砂砾岩称“阳岭砾岩凸镜体”，归于本组之中。产微古植物和几丁虫化石，时代归于晚寒武世至早奥陶世。

【沿革】 长沙地质勘探公司 220 普查队⑨(1956) 将同一地点、同一地层称阳岭统，时代定为前泥盆系。此后，江西区测队 (1969) 1∶20 万赣州幅地质测量时，称其震旦系上组。江西调研队 (1990) 进行 1∶5 万左拔幅调查时，复称阳岭群，定为晚志留世—早泥盆世。上述意见均无化石佐证。

阳岭统或阳岭群，以往习称“阳岭砾岩”。因其分布局限，岩性独特，多年来一直受到江西地质界重视，终因未获生物化石，时代一直是众说纷纭，莫衷一是。因而影响着赣西南一些重大基础问题的解决。为此，江西调研队 (1993) 立项研究，结果从中获得微古植物和几丁虫化石，定其时代为晚寒武世—早奥陶世。但是，时过不久，孙存礼、龚由勋 (1994) 从构造发展分析，认为阳岭砾岩“属于加里东造山带同造山期磨拉石相”，并结合微古植物中某些属种的时代偏重于志留系，故而改归于志留系。

【现在定义】 岩石组合特征及其划分同于原始定义。但本次对比研究将“阳岭砾岩凸镜体”改为地方性正式岩石地层单位，称“阳岭砾岩段 (S^{y})”(编号：06－36－0812)，属于独栏桥组中一个独立的次级单位。

【层型】 正层型为崇义县阳岭独栏桥剖面(114°17′,25°36′)，由江西调研队 1993 年测制。

上覆地层：**灵岩寺组**　紫红色巨厚层块状复成分砾岩

～～～～～～～～ 不　整　合 ～～～～～～～～

独栏桥组	总厚度 933.8 m
上段	375.9 m
14. 黄绿色中薄层粉砂质板岩夹黄绿色中层含砾不等粒岩屑杂砂岩	9.1 m
13. 浅紫红色中薄层粉砂质板岩为主，间夹少量黄褐色薄层粉砂岩	16.7 m
12. 黄绿色中厚层变余中、细粒岩屑石英砂岩，向上变为紫红、灰紫色粉砂岩及粉砂质板岩。产微古植物：*Ovulum saccatum*，*Micrhystridium lanarum*?，*Navifusa*	

⑧ 江西调研队，1993，赣西南阳岭砾岩的时代及沉积相（油印本）。

⑨ 长沙地质勘探公司 220 普查队，1956，江西西华山杨眉寺等区域地质普查报告（油印本）。

sp.，*Veryhachium* sp.，*Tylotopalla* sp.，*Leiovalia* sp. 和虫管遗迹化石　19.8 m

11. 黄褐、紫红色中薄层粉砂岩、粉砂质板岩，底部黄绿色中厚层变余含砾岩屑石英砂岩。含微古植物：*Leiominuscula minuta*，*Leiopsophosphaera* sp.，*Triangumorpha* sp.，*Aliumella* sp.，*Aranidium* sp.，*Leiofusa* sp.，*Veryhachium* sp.，*Ovulum saccatum*，*Tylotopalla* sp.，*Anguloplanina rhombica*　174.0 m

10. 灰紫、深灰色板岩，局部夹少量黑色含碳粉砂质板岩。含微古植物：*Ovulum saccatum*　36.7 m

9. 灰红、灰绿色中薄层变余微粒长石岩屑杂砂岩及粉砂质板岩。含微古植物：*Leiopsophosphaera* sp.，*Leiomarginata* sp.，*Micrhystridium spinosum*，*Veryhachium* sp.　45.6 m

8. 黄褐色中厚层变余中、粗粒岩屑石英杂砂岩、变余微粒长石岩屑杂砂岩与黄绿色粉砂质板岩不等厚互层。产几丁虫：*Hoegisphaera* sp. 和 *Calpichitina* sp. 等　74.0 m

——————— 整　合 ———————

阳岭砾岩段　总厚度 413.6 m

7. 灰绿色厚层块状复成分砾岩、中厚层变余含砾中、细粒长石岩屑杂砂岩与灰绿色中厚层变余中、细粒岩屑石英杂砂岩组成正粒序层反复出现。含微古植物：*Ovulum saccatum*，*Leiofusa* sp.，*Triangumorpha* sp.，*Turuchania* sp.　154.6 m

6. 灰绿、黄褐色变复成分砾岩和变余含砾岩屑杂砂岩　20.0 m

5. 灰绿色变余细碧岩　5.0 m

4. 上部黄绿色厚层状变余复成分砾岩、厚层状变余含砾中、细粒长石岩屑杂砂岩和同色中厚层杂砂质粉砂岩组成正韵律多次出现；下部黄绿色巨厚层块状变余复成分砾岩　234.0 m

——————— 整　合 ———————

下段　144.3 m

3. 黄绿色中、厚层变余中、细粒岩屑石英杂砂岩、变余粉砂岩和板岩。含微古植物：*Micrhystridium* sp.，*Tylotopalla* sp.，*Skiagia* sp.，*Leiominuscula minuta*，*Navifusa* sp.，*Veryhachium* sp.　26.1 m

2. 上部灰绿色粉砂质板岩；下部灰绿色中、薄层变余杂砂质粉砂岩　45.6 m

1. 黄绿色变余杂砂质粉砂岩　72.6 m

═══════ 断　层 ═══════

乐平组：灰黑色中厚层含碳粉砂岩、碳质粉砂岩夹黑色碳质页岩及煤线

【地质特征及区域变化】　本组在崇义县阳岭呈南北向展布，岩性组合可分三段：下段下部为黄绿色、灰绿色含砾粉砂岩、粉砂质板岩，由条纹组成水平层理，上部为黄绿色中细粒岩屑石英杂砂岩、变余粉砂岩和板岩组成韵律层，板岩中产微古植物 *Tylotopalla* sp.，*Skiagia* sp.，*Leiominuscula minuta*，*Navifusa* sp. 及 *Veryhachium* sp. 等；中段为本组之主体部分，即阳岭砾岩段，以黄绿、灰绿色巨厚层状复成分砾岩为主，夹厚层、中厚层含砾岩屑杂砂岩，两者组成韵律。厚度 413.6 m。实地所见，砾岩单层厚一般 3～5 m，最厚达 7～8 m。巨砾成分主要为中至细粒杂砂岩，砾径一般 10～30 cm，大者达 50～100 cm 不等，磨圆度较好，呈浑圆状或卵圆状，次为板岩和硅质岩砾石，砾径 1～5 cm，磨圆度较差，多呈次棱角状。其填隙物为杂砂质，致密而坚硬。其中砂岩中含微古植物化石 *Ovulum saccatum*，*Triangumorpha* sp.，*Turuchania* sp. 等；上段为黄绿色中—薄层状长石石英杂砂岩夹紫红色粉砂岩、粉砂质板岩及少量黄绿色粉砂质板岩及含碳粉砂质板岩，具水平层理。含丰富的微古植物化石，主要有 *Tylotopalla* sp.，*Navifusa* sp.，*Ovulum saccatum*，*Leio-*

valia sp., *Anguloplanina rhombica*, *Aranidium* sp. 等。出露厚度 933.8 m。

以往所知本组仅分布于崇义阳岭一带，在阳岭东坡长龙乡下山一带，因断层破坏，阳岭砾岩段出露厚度 559 m，仍以复成分砾岩为主，夹少量变余细粒岩屑杂砂岩及层凝灰岩，含微古植物，其组合面貌与独栏桥基本一致。据目前所知，类似阳岭砾岩之沉积，不只分布于阳岭，南至大余以及全南等地亦有类似沉积。其他地区，岩石特征、剖面结构、地层位置等均可和阳岭独栏桥剖面比较。

【其他】 独栏桥组之时代归属争论已久。最近，孙存礼、龚由勋（1994）以加里东造山带同造山期的观点，认为置于志留纪为宜。本书倾向于这一认识，其依据是：

（1）迄今，阳岭砾岩首次所获古生物化石仅为微古植物和少量的几丁虫化石。微古植物共 28 属 8 种，计有 *Acanthoidacrodium* sp., *Aliumella* sp., *A. baltica*, *Anguloplanina rhombica*, *Aranidium* sp., *Buedingshaeridium tremadoceum*, *Gniosphaeridium* sp., *Leiominuscula minuta*, *Leiopsophosphaera densa*, *Leiofusa* sp., *Leiovalia* sp., *Leimarginata* sp., *Micrhystridium lanceolatum*, *M. lanatum*, *M. spinosum*, *Margominuscula* sp., *Navifusa* sp., *Onondagella* sp., *Ovulum saccatum*, *Pirea* sp., *Pseudolunulidia* sp., *Skiagia* sp., *Symplassomorpha* sp., *Taeniatum* sp., *Turuchania* sp., *Trachysphaeridium* sp., *Triangumorpha* sp., *Trachydiacrodium* sp., *Tylotopalla* sp., *Veryhachium* sp.；几丁虫 *Hoegishaera* sp., *Calpichitina* sp.。

上列微古植物化石，是阳岭统创名以来首次获得，总观其貌，大都由青白口纪延伸上来，少部分可下延至蓟县纪或长城纪。值得提及的是，这一化石组合面貌与赣北早志留世清水组微古植物面貌基本一致。新生分子中 *Tylotopalla* 最具特征最有代表性，它不惟在本组中自下而上皆有出现，而且在志留系清水组及殿背组亦较丰盛。它是志留系的代表性类型，在英国是早志留世 Llandoverian 期和中志留世 Wenlockian 期特征分子之一。因此，其所在层位应置于志留系为宜。

（2）华南的志留系，穆恩之（1979）认为明显存在两个红层：下红层和上红层。江西相当于下红层为赣西北清水组及赣东北河沥溪组；上红层在赣西北为西坑组，赣东北有唐家坞组，而阳岭砾岩上部在不同部位均发育上百米至数百米的紫红色砂岩、粉砂质板岩。该红层在其下寒武—奥陶纪地层中未曾见及。因此，应为志留纪所具有，从而为本组归于志留系提供了另一依据。至于属上红层或下红层，目前难以定论，待进一步研究确定。

第二节　生物地层特征

一、震旦纪

本纪地层化石稀少，以微古植物化石为主，以其组合面貌自下而上大致可分如下组合：

①*Taeniatum*-*Turuchania* 组合

主要见于扬子地层区莲沱组、休宁组，计有 14 属 6 种，除由中元古代或青白口纪一些延伸分子外，如 *Leiominuscula minuta*, *Leiopsophosphaera densa*, *Trachysphaeridium* sp., *Palaeomorpha punctulata*, *Lophosphaeridium* sp., *Margominuscula* sp.，还出现了不少新的属种，如 *Turuchania* sp., *T.* cf. *verrucatum*, *Taeniatum* sp., *Angujopianina rhombica*, *Archaeoculpsodes* sp., *Trematosphaeridium* sp. 等，而其中 *Taeniatum* 和 *Tu-*

ruchania 两属较为特征，且数量较丰，似可作为本组合之代表。新生属种多见于湘、粤、苏等省早震旦世莲沱期地层中。

东南地层区本期所属单位，目前尚无资料。

②*Bavlinella-Leiofusa* 组合

产于扬子地层区南沱组和东南地层区的大沙江组。南沱组所获微古植物较少，计7属5种，总的组合面貌与下伏莲沱组或休宁组近乎一致，但也出现了一些新属种，如*Granomarginata prima*，*Bavlinella faveolata*。其中以后者为盛，显示了早震旦世南沱期的组合特点。

大沙江组微古植物较南沱组丰富，以正层型剖面为代表，计有14属19种。观其组合面貌，与莲沱组、休宁组至南沱组存在着明显差异，除了广泛分布 *Leiominuscula* 和 *Trachysphaeridium* 之少量分子外，以新生分子大量繁衍为特点，其中的 *Bavlinella* 和 *Leiofusa*，其丰度达到极盛程度，因此可称 *Bavilinella-Leiofusa* 组合。其成员有 *Bavlinella minuta*，*B. faveolata*，*B. concentrica*，*B. reticulata*，*B. maculata*，*Leiofusa oliviformis*，*L. oblongus*，*L. navicularis*，*Baculimorpha typiculis*，*Micrhystridium* sp.，*Nephromorpha regularis*，*N. deviatus*，*Ephippiomorpha pingxiangensis* 及 *Trachyminuscula* sp.，*Trachysphaeridium doushantuoense*，*T. obtrium*，*Polyedryxium* sp.，*Palaeomorpha* sp.，*Leiominuscula* sp.，*Lophominuscula* sp.，*Quadratimorpha* sp.，*Q. minor* 等，很显然此组合以含异形藻为特色，除两个组合代表外，尚有 *Polyedryxium*，*Baculimorpha*，*Quadratimorpha*，*Triangumorpha*，*Nephromorpha*，*Palaeomorpha*，*Micrhystridium* 等，其地质历程显示了早震旦世南沱期至晚震旦世陡山沱期的组合特征。

③*Nucellosphaeridium-Archaeromosus* 组合

主要见于扬子地层区的陡山沱组、灯影组。陡山沱组至灯影组的微古植物组合面貌较为复杂，不惟数量丰盛，突出的特点是出现了众多刺球亚群和棱面藻亚群的新类型，除了 *Bavlinella minuta*，*B. concentrica*，*B. faveolata*，*B. maculata*，*B. reticulata*，*Trachysphaeridium doushantuoense*，*Nephromorpha regularis*，*N. deviatus*，*Ephippiomorpha pingxiangensis*，*Baculimorpha typiculis* 等第二阶段延生属种外，衍生的新生分子有 *Nucellosphaeridium miltinueleum*，*N. baisaene*，*Gemmisphaera monogemutata*，*Baltishaeridium chaoyangense*，*Archaeoramosus chaogyangense*. *Baculimorpha bcevis* 等。此外还发现了原始海绵骨针 *Protospongia* sp.；几丁虫 *Chitinalike* 及藻类 *Collenia* 等，单从微古植物组合可与浙江西部的原西峰寺组，即蓝田组至皮园村组微古植物组合面貌可以比较，属晚震旦世。

东南地层区的坝里组和老虎塘组的微古植物获得的属种较少，计11属9种。以泰和县伯佐坑剖面为代表，有 *Leiominuscula minuta*，*Trachysphaeridium dengyingense*，*Leiopsophosphaera solida*，*Conusmorpha longa*，*Nephromorpha regularis*，*Triangumorpha punctulata*，*T. minor*，*Leiofusa navicularis*，*Micrhystridium* sp.，*Polyedryxium* sp.，*palaeomorpha* sp.。这一组合总体面貌显示了晚震旦世早期的组合特征。这可能说明东南地层区晚震旦世地层的顶界较扬子地层区低。

二、寒武纪

扬子地层区早寒武世早、中期地层以碳、硅质岩石为主，化石稀少，门类单调，早寒武世末期至晚寒武世以深灰色、灰黑色中薄层碳酸盐岩为主，夹有钙质泥页岩，化石相对丰富，三叶虫最盛。因与浙江西部同期地层相连，两地对比无疑，同属于卢衍豪、林焕令(1983)以浙江西部寒武系三叶虫为准所划定的寒武纪东南动物群区系。故本书采用浙西生物地层单位划分方案。

赣西北王音铺组和赣东北荷塘组的下部以产丰富的海绵骨针 *Protospongia* 为特征，按地层位置和岩石特征大致相当于浙江西部。①*Hunanocephalus* 带所控制的地层体。时代大致为筇竹寺期。荷塘组上部及赣西北观音堂组产少量的三叶虫 *Redlichia* sp.，*R. chinensis*，*Cheiruroides* sp.，*C. primigenius* 等，大致相当于浙江西部荷塘组上部②*Shabaella* 带或黔东北、川东南之 *Redlichia* 带，为早寒武世沧浪铺期。杨柳岗组底部的白云质灰岩产 *Arthricocephalus duyuenensis*，*A. chauveaui* 等，为浙江西部大陈岭组③*Arthricocephalus* - *Changaspis* 组合带分子，为龙王庙期。

中、晚寒武世动物群，卢衍豪、林焕令（1983）在浙江西部共分 12 个三叶虫带，其中第 4—7 带限于杨柳岗组，第 8—13 带限于华严寺组，第 14—15 带限于西阳山组。

本省杨柳岗组和华严寺组以彭泽县乐观剖面为代表，以德安县葛峰剖面为参考，与浙江西部对比如下（由老至新）：

徐庄期

④*Triplagnostus gibbus* 带：在上述两剖面本组下部均产丰富的带化石 *T.* sp. 及 *T. gibbus*，并见有 *Ptychagnostus* sp.，*Fuchouia* sp. 及少量腕足类 *Nisnsia* sp.，*Homotreta* sp. 共生。

⑤ *Ptychagnostus atavus* 带：省内产 *P. atavus*，*P. lundgreni*，*Linguagnostus* sp.，*Phalacroma* sp.。

张夏期

⑥*Pseudophalacroma triangularis* 带：省内见 *P. triangularis*，*P. dubium* 等。

⑦*Lejopyge armata* 带：本省见 *L. armata*，*L. laevigata*，*Diplagnostus* cf. *humilis*，*Fuchouia* sp.，*F.* cf. *manchuriensis*，*Goniagnostus* sp.，*Hypagnostus brevifrons*，*H. subeifer*，*Paradamesella jimaensis* 等。

崮山期

⑧*Lejopyge sinensis* 带：省内尚未见其代表，而其他组合分子有 *Buttsia* sp.，*Homagnostus* sp.，*Kormagnostus* sp.。

⑨ *Glyptagnostus stolidotus* 带，省内有 *G. stolidotus*，*Proceratopyge* cf. *grabaui*，*P.* aff. *conifrons*，*Pseudoyuepingia* sp.，*Pseudognostus idalis*，*Zunitagnostus*，另有腕足类 *Obolus* sp.，*Homotreta shantungensis*。

长山期

⑩*Glyptagnostus reticulatus* 带：省内获 *G. riticulatus*，*Pseudognostus* sp.，*P. vigilax*，*P. communis* 等。

⑪*Proceratopyge fenghwanganensis* 带：省内获 *P. fenghwanganensis*，*P.* cf. *grabaui*，*Pseudognostus idalis*，*Corynoxochus* cf. *plumula*，*Geragnostus* sp.。

⑫*Erixanium* 带：省内目前尚未获其代表，其他组合成员有 *Pseudognostus* sp.，*P. idalis*，*P. communis*。

⑬ *Pseudoglyptagnostus clavatus* - *Sinopraceratopyge kiangshanensis* 带：省内获

Pseudoglyptagnostus sp. , *Proceratopyge* sp. 。

西阳山组以武宁县大源剖面为代表，以上饶市朝阳冷井剖面为参考，其生物群与浙江西部对比如下：

风山期

⑭*Lotagnostus punctatus* 带：省内有 *L. punctatus*，*L. spictabilis*，*Charchaqia norini*，*Chekiangaspis chekiangensis*，*Promacropyge carinata*，*Hedinaspis* sp. ，*H. kueichouensis* 等。

⑮*Lotagnostus hedini* 带：省内有 *Neoanomocarella* sp. ，*N. quadrata*，*N. asiatica*，*Eodrepanura hunaensis* 等。

东南地层区寒武纪地层，为活动型类复理石砂泥质建造，依岩石组合由下而上划分为牛角河组、高滩组及水石组。生物化石稀少，门类单调，主要为无铰纲小型腕足类、古双壳类和海绵骨针。现自下而上分述如下：

（1）牛角河组：盛产海绵骨针 *Protospongia* sp. ，另在崇义县芦柴坑于其下部华山硅质岩段获得少量的腕足类，如 *Acrothela* sp. ，*Homotreta* sp. ，另有古双壳类。时代主要为早寒武世，但在本区东部如本组下部含晚震旦世微古植物，说明其底界由东向西穿时。

（2）高滩组：含有较丰富的小型腕足类，计有：*Homotreta* sp. ，*H. lisani*，*H. shantungensis*，*H. orientalis*，*H. pacifica*，*Acrothele* sp. ，*A. minuta*，*A. chinensis*，*A. chinchienensis*，*A. pentagonensis*，*A. fecunda*，*A. rara*，*Obolus* sp. ，*O. oboscurus*，*O. luanhsiensis*，*Paterina* sp. ，*P. lucina*，*P. labradorica* var. *orientalis*，*Lingulella* sp. ，*L. liui*，*Palaeobolus discus*，*Micromitra*? sp. ，*Botsfordia*? sp. 等。

这一小型腕足类动物群以 *Acrothele* 和 *Homotreta* 二属最盛，故可称 *Acrothele - Homotreta* 组合，时代为中寒武世。

（3）水石组：仍以小型腕足类为主，计有：*Lingulella* sp. ，*L. manchuriensis*，*L. liui*，*L. maricia*，*Obolus* sp. ，*O. luanhsiensis*，*O. minimus*，*O.* cf. *taianensis*，*Acrothele recta*，*Homotreta* sp. ，*H. pileata*，*H. lisani*，*H. orientalis*，*Botsfordia*? sp. ，*Paterina* sp. 及古双壳类等。

本组腕足类动物群与高滩组同类动物群，存在较明显的区别，高滩组最繁盛的 *Acrothele* 和 *Homotreta* 在本组相对减少，代之而起的是 *Lingulella* 和 *Obolus* 居于优势，因此可称 *Lingulella - Obolus* 组合，时代归于晚寒武世。

三、奥陶纪

江西奥陶纪地层沉积类型多种多样，既有陆源碎屑岩，又有碳酸盐岩，还有碎屑岩夹碳酸盐岩、硅质岩沉积。因此生物相伴随岩相的变化也存在多种类型，有纯笔石页岩相、壳相和混合相，其中以笔石相为主。南部自下而上建立的完整连续的笔石带，是对我国奥陶纪地层的划分对比做出的重要贡献，为笔石与壳相地层的对比起了重要作用。

1. 笔石

（1）新厂期

自从穆恩之（1974）在广东台山建立早奥陶世新厂期 *Staurograptus - Anisograptus*，*Aletograptus - Triograptus* 及 *Clonograptus tenellus - Adelograptus* 三个笔石带（X_1、X_2、X_3）以来，一直为各家所遵循。1976 年以来，先后有俞剑华、刘怀宝、肖承协、夏天亮等在武宁、崇义做过分带工作（表 3 - 2）。玉山地层小区仅在上饶姚家桥及广丰能坞剖面采到

Clonograptus tenellus，*C. flexilis*，*Adelograptus asiaticus*，*Bryograptus lapworthi* 等。

表 3-2 江西省及广东新厂期笔石一览表

<table>
<tr><td></td><td>穆恩之,1974
广东台山</td><td colspan="2">俞剑华等,1982
武　宁</td><td>肖承协等,1984
崇义茅坪</td></tr>
<tr><td>X_3</td><td>Clonograptus tenellus -
Adelograptus 带
C. flexilis
C. persistens
A. asiaticus
A. simplex
A. victoria</td><td colspan="2">Adelograptus asiaticus -
Clonograptus minimus 带
A. cf. tenuis
C. stipidiosus
Dictyonema asiaticum
D. euodum
Dendrograptus yini</td><td>Adelograptus victorae -
Kiaerograptus antiquus 带
A. asiaticus
A. concinnus
A. simplex
Bryograptus chejiangensis</td></tr>
<tr><td>X_2</td><td>Aletograptus -
Triograptus 带</td><td colspan="2">Aletograptus orientalis 带
A. flexibilis
Triograptus osloensis minor</td><td>Triograptusl - Clonograptus
tenellus 带
Adelograptus asiaticus
A. lapworthi
A. simplex
Bryograptus xinchangensis</td></tr>
<tr><td rowspan="2">X_1</td><td rowspan="2">Staurograptus -
Anisograptus 带
S. dichotomus
S. apertus
S. immaturus
A. zhongguoensis
A. guangdongensis</td><td rowspan="2">Staurograptus 带</td><td>Staurograptus dichotomus 亚带
S. orientalis
S. apertus
Triograptus osloensis minor
Anisograptus richardsoni</td><td rowspan="2">Staurograptus - Anisograptus
delicatulus 带
S. dichotomus
S. taishanensis
S. tenuis
A. matanensis
A. guangdongensis
A. richardsoni</td></tr>
<tr><td>Dictyonema flabelliforme
parabola 亚带
D. taojiangense
S. minutus
T. osloensis minor</td></tr>
</table>

此期笔石是正笔石式树形笔石占绝对优势。在其演化过程中，从寒武纪至奥陶纪起着承上启下的作用。俞剑华等（1982）所分的三带两亚带，除底部以网格笔石为主外，均以此类笔石为主。现以武宁地区为基础，采用俞氏等划分方案对新厂期笔石带加以叙述（自下而上）。

X_1：*Staurograptus* 带

包括两个亚带，下亚带 *Dictyonema flabelliforme parabola*，该亚带以网格笔石发育为特点，伴生的 *Staurograptus* 均是一些小型原始类型；上亚带 *Staurograptus dichotomus*，就所在剖面上的延续情况分析为延限带，共生的分子主要是反称笔石科的属种，其中以 *Staurograptus* 及 *Anisograptus* 最重要。控制地层厚度 9.1 m。

X_2：*Aletograptus orientalis* 带

此带厚 4 m。*Staurograptus* 至此灭绝，代之而起是 *Aletograptus* 及 *Triograptus*。肖承协等（1984）的 *Triograptus* - *Clonograptus tenellus* 带，从组合看较难与其对比，似乎更接近 X_3 带。

X_3：*Adelograptus asiaticus-Clonograptus minimus* 带

此带厚 46 m 左右。此带所占地层厚度大，但带化石仅占其地层一部分，为一上下界线不甚清楚的带。其下限大约以 *Aletograptus orientalis* 结束为底，上限不清，大致可以宁国期最底笔石带出现为顶。

以上 X_1、X_2 带控制的岩石地层为西阳山组顶部，X_3 带属印渚埠组。

(2) 宁国期

肖承协、黄学涔（1975）发表了以崇义牛皮湾剖面为代表的 9 个笔石带，同时指出华南地层区笔石不能与英国对比，而与澳大利亚一致。这 9 个笔石带组成了宁国期笔石带完整的序列，是华南区宁国期划分笔石带的基础。9 个带分称 N_1—N_9 带（表 3 - 3），多为延限带。现自下而上分述如下：

表 3 - 3　江西省东南地层区宁国期笔石一览表

	魏秀喆等，1966 永新、井冈山	肖承协、黄学涔，1975 崇义牛皮湾		肖承协、陈洪冶等，1988 崇义樟木曲	D E Thomas，1960 澳大利亚	
N_9	*Pterograptus elegans*	*Pterograptus elegans* 带		*Pterograptus elegans* 带	达里威尔组	*Diplograptus decoratus*
N_8	*Amplexograptus confertus*	*Amplexograptus confertus* 带	*Nicholsonograptus fasciculatus* 亚带	*Nicholsonograptus fasciculatus* 带		*Glyptograptus intersitus*
			Didymograptus ellesae 带	*Didymograptus ellesae* 带		
N_7	*Didymograptus hirundo*	*Glyptograptus austrodentatus* 带		*Glyptograptus austrodentatus* 带		*Glyptograptus austrodentatus*
N_6		*Cardiograptus amplus* 带		*Cardiograptus amplus* 带	亚坪组	*Oncograptus – Cardiograptus*
N_5		*Oncograptus magnus* 带		*Oncograptus magnus* 带		*Oncograptus*
N_4		*Didymograptus abnormis* 带		*Isograptus victoriae* 带	卡斯特门组	*Isograptus caduceus max*
						Isograptus caduceus victoriae
				Didymograptus deflexus 带		*Isograptus caduceus lunata*
N_3					桥塘组	*Didymograptus balticus*
	无化石	*Didymograptus protobifidus* 带		*Didymograptus protobifidus* 带		*Didymograptus protobifidus*
						Didymograptus protobifidus – Tetragraptus fruticosus
N_2		*Tetragraptus fruticosus* 带		*Tetragraptus fruticosus* 带	本地宫组	*Tetragraptus fruticosus*
	?					*Tetragraptus fruticosus – Tetragraptus (Etagraptus) opprox imatus*
N_1		*Tetragraptus (Etagraptus) approximatus* 带		*Tetragraptus (Etagraptus) approximatus* 带	郎斯菲尔德组	*Tetragraptus (Etagraptus) approximatus*

N_1：*Tetragraptus* (*Etagraptus*) *approximatus* 带

此带以工笔石（*Etagraptus*）为主，对笔石也较丰富，主要是短小的平伸类型。新厂期占统治的反称笔石科已经基本灭绝。*E. approximatus* 是广布全球、层位稳定的分子。亦是宁国阶底界的标志。在剖面上控制厚度 40 余米。

N_2：*Tetragraptus fruticosus* 带

以 *T. fruticosus* 首现作为本带开始，整体以四笔石与对笔石为主，对笔石以平伸类型占多数。在牛皮湾剖面至樟木曲剖面，厚 9.2 m～15.1 m。

N_3：*Didymograptus protobifidus* - *D. deflexus* 带

以 *D. protobifidus* 首现作为本带开始。这是一个以小型下垂对笔石存在为特色的笔石带。肖承协（1988）在 *D. abnormis* 带下部分出 *D. deflexus* 带（表 3 - 3）。*D. deflexus* 常见于扬子地层区，说明该种生态领域较广。本带控制的地层体厚约 50 m，其组成以四笔石及对笔石丰盛为特色，但前者多为一些标准性不强的种，后者十分丰富，以平伸类型居多。

N_4：*Didymograptus abnormis* 带

此带以 *Didymograptus abnormis* 为盛。肖承协等（1988）在此带上部分出 *Isograptus victorae* 带。此带在 N_4 带上部首现，至此其种群数量极盛，应为一顶峰带。所限地层厚度 35.2 m。

N_5：*Oncograptus magnus* 带

此带以 *Oncograptus* 首现至 *Cardiograptus* 首现为止。*Isograptus* - *Oncograptus* - *Cardiograptus* 属同一演化系列，因此本带在广大范围内具有很好的对比性，应属延限带。其中 *Tetragraptus*，*Didymograptus* 依然繁盛，但同时出现很多新属类，如 *Glossograptus*，*Cardiograptus*，*Cryptograptus*，*Exigraptus* 等。在崇义县牛皮湾本带厚 12.8 m。

N_6：*Cardiograptus amplus* 带

以 *C. amplus* 等大型心笔石出现作为本带开始，上延至 *Glyptograptus austrodentatus* 出现为止，属延限带。此带是 N_5 带的继续，但 *Cardiograptus* 显著大型化，且数量丰富，其中尤以 *C. amplus* 为最。*Isograptus* 明显衰减。在牛皮湾剖面本带厚 18.6 m。

N_7：*Glyptograptus austrodentatus* 带

G. austrodentatus 是世界性的种，出现频率高，具有重要而广泛的对比意义。其在牛皮湾剖面延限厚度 45.4 m。N_6 带中极为丰富的 *Cardiograptus* 至此明显衰落，只有个别小型种。胞管变形的中国笔石科成员，如 *Allopgraptus*，*Pseudotetragraptus*，*Tylograptus* 在本带首次出现。

N_8：*Amplexograptus confertus* 带

正笔石目三大类笔石在本带继续发展，但 *Tetragraptus* 开始减少，而中国笔石科如 *Tylograptus*，*Sinograptus* 较丰富，但 N_7 带之 *Glyptograptus austrodentatus*，*G. sinodentatus* 已经灭绝。本带在牛皮湾剖面厚 100.7 m，分上、下两个亚带：下亚带称 *Didymograptus ellesae* 亚带，以 *D. ellesae* 初现至 *Nicholsonograptus fasciculatus* 初现为止，厚 68.5 m；上亚带称 *N. fasciculatus* 亚带，以该笔石开始至 *Pterograptus elegans* 初现为止，厚 32.2 m。

N_9：*Pterograptus elegans* 带

本带以 *P. elegans* 出现开始，至 *Glyptograptus teretiusculus* 出现结束，故为延限带。其在牛皮湾剖面厚 13.5 m。*Pterograptus* 是对笔石中长有侧枝的类型，*P. elegans* 丰盛而具代表性，*P. sinicus*，*P. scanicus* 亦较常见，此外大量出现 *Glossograptus*，另有 *Phyllograptus*，*Glyptograptus*，*Climacograptus* 等。带化石 *P. elegans* 可能未延至顶部，顶部以下垂对笔石为特色。

以上 N_1—N_9 带所控制的岩石地层体，主要对耳石组，N_1、N_2 可延至茅坪组顶部，时代主要为早奥陶世，上延至中奥陶世。

扬子地层区江南地层分区笔石先后经俞剑华等（1976），陈旭等（1988）、肖承协等（1991）在玉山地区的研究，其基本面貌与上述东南地层区近于一致，只是个别带有所区别（表 3-4），现予以补充说明。

表 3-4 江西省扬子地层区宁国期笔石一览表

	陈旭、韩乃仁，1964 玉山古城		陈旭、杨达铨，1988 玉山古城山头底	肖承协等，1991 玉山古城陈家坞	俞剑华等，1976 武宁新开岭
N_9	*Pterograptus elegans* 带		?	*Didymograptus jiangxiensis* 带	*Pterograptus elegans* 带
				Pterograptus elegans 带	
N_8	*Amplexograptus confertus* 带	*Nicholsonograptus fasciculatus* 亚带		*Nicholsonograptus fasciculatus* 带	*Nicholsonograptus* 带
		Didymograptus ellesae 亚带		*Didymograptus ellesae* 带	*Sinograptus* 带
N_7	?		*Glyptograptus austrodentatus* 带	*Glyptograptus austrodentatus* 带	*Glyptograptus austrodentatus* 带
N_6	*Cardiograptus amplus* 带		*Cardiograptus amplus* 带	*Cardiograptus amplus* 带	*Cardiograptus amplus* 带
N_5			*Oncograptus* 带	*Oncograptus magnus* 带	*Didymograptus abnormis* 带
N_4	*Didymograptus praenuntius* 带		*Azygograptus suecicus* 带	*Isograptus victoriae* 带	
	Azygograptus suecicus 带			*Azygograptus suecicus* 带	
				Didymograptus deflexus 带	壳相
N_3			*Didymograptus deflexus* 带	*D. protobifidus* 带	
N_2			*D.（Acrograptus）filiformis* 带	*D.（A.）filiformis* 带	
N_1	*Tetragraptus（Etagraptus）approximatus* 带		壳　　相	*Tetragraptus（Etagraptus）approximatus* 带	

Tetragraptus approximatus 是世界性属种，其繁衍之时，生物地理分区不明显，此后我国可分扬子、华南两大生物地理区（世界上与此相应的为大西洋动物群及太平洋动物群），前者代表相对浅水的温带笔石群，后者代表相对深水的热带笔石群，而江南地层分区具有过渡性质，*Didymograptus filiformis*，*D. deflexus* 及 *Azygograptus suecicus* 均是属于扬子类型，但自 N_4 之后，南北笔石群近于一致，华南型笔石占据了主导地位。

东南地层区 *Didymograptus abnormis* 下部分出 *D. deflexus* 带，归入 N_3 带，余下的 N_4 带在玉山陈家坞除了 *Isograptus victoriae* 带，又在其下分出 *Azygograptus suecicus* 带（表 3-4），看来东南区 N_4 带亦应包括 *I. victoriae* 及 *A. suecicus* 两带。此二属种本不是同一生物地理区，是否具有严格的上下层位关系，尚需进一步验证。目前还是统称 *D. abnormis* 带，或称 *I. victorae*－*A. suecicus* 带。

Oncograptus 原是东南区的特有分子，在我国首次发现于江西省崇义县，而扬子地层区玉山地区少见，这是受沉积环境制约所致。肖承协等（1991）认为江南地层分区 *Cardiograptus amplus* 带（N_6）下部富含的 *Exigraptus* 层位可能与 N_5 带相当，因此，其层位只相当东南区同名带的中上部。

Didymograptus jiangxiensis 带是肖承协等（1991）在玉山陈家坞新建的笔石带，原归入 N_9 带上部，此带从性质上分析，属于上层下垂对笔石，在陈家坞剖面限定地层厚度 1.9 m，以前归入 *Pterograptus elegans* 带（5.18 m），但 *Amplexograptus* 及 *Orthograptus* 显著增多，其中包括 *Glossograptus hincksii*，所以 N_9 带具有很强的过渡性质。

（3）胡乐期

本期笔石在扬子地层区和东南地层区均发育，且面貌基本一致（表 3－5，3－6），现以肖承协等（1991）划分方案为基础，结合俞剑华等（1976）划分方案，自下而上叙述如下：

表 3－5　扬子地层区胡乐期笔石一览表

<table>
<tr><td rowspan="2"></td><td rowspan="2">俞剑华等，1976
武宁新开岭</td><td rowspan="2">肖承协等，1991
玉山白家坞</td><td>许杰，1934</td><td>钱义元等，1964</td><td>方一亨等，1989</td></tr>
<tr><td colspan="3">安　徽　宁　国　县　胡　乐　司</td></tr>
<tr><td>Hu3</td><td>Dicranograptus 带</td><td>Dicranograptus sinensis 带</td><td rowspan="2">Dicellograptus sextans – Climacograptus latus 带</td><td rowspan="2">Dicranograptus nicholsoni diapason</td><td>Dicranograptus sinensis</td></tr>
<tr><td>Hu2</td><td>Nemagraptus gracilis 带</td><td>Nemagraptus gracilis 带</td><td>Nemagraptus gracilis</td></tr>
<tr><td>Hu1</td><td>Glyptograptus teretiusculus</td><td>Glossograptus hincksii</td><td>Glossograptus hincksii – Trigonograptus linealis 带</td><td>Glossograptus hincksii</td><td>Glyptograptus teretiusculus</td></tr>
</table>

表 3－6　东南地层区胡乐期笔石一览表

<table>
<tr><td></td><td>魏秀喆等，1966
永　新</td><td>江西区测队，1966
崇　义</td><td colspan="2">肖承协等，1982
崇　义</td><td>黄枝高等，1982
崇　义</td><td>刘义仁等，1989
湖南祁东</td></tr>
<tr><td rowspan="2">Hu3</td><td rowspan="5">Dicranograptus nicholsoni diapascn 带</td><td rowspan="4">Dicranograptus nicholsoni diapason 带</td><td colspan="2" rowspan="2">Dicranograptus sinensis 带</td><td rowspan="2">Dicranograptus sinensis 带</td><td>Climacograptus bicornis 带</td></tr>
<tr><td>Dicellograptus divaricatus rigidus 带</td></tr>
<tr><td rowspan="2">Hu2</td><td rowspan="2">Nemagraptus gracilis 带</td><td>Amphigraptus divergens – Pseudoisograptus asturatus 亚带</td><td rowspan="2">Nemagraptus gracilis 带</td><td rowspan="3">（未测）</td></tr>
<tr><td>N. surcularis 亚带</td></tr>
<tr><td>Hu3</td><td>Glossograptus hincksii 带</td><td colspan="2">Glossograptus hincksii 带</td><td>Glossograptus hincksii – Glyptograptus cf. teretiusculus 带</td></tr>
</table>

Hu_1：*Glossograptus hincksii* – *Glyptograptus teretiusculus* 带

这两个笔石被各家分别用作带化石，因为二者在一些剖面中并不同时出现，其实二者的性质也并不一致，*G. hincksii* 是顶峰带，最早出现于 N_9 带，在 Hu_1 带较繁盛，而上延至 Hu_2 带。这是一个分异度较低、丰度较小的笔石带，但又是一个重要的、由均分笔石动物群向叉笔石动物群转折的时期，表现在一大批，如四笔石、中国笔石的分子等早奥陶世笔石灭绝，代之而起是新生的 *Dicellograptus* 及 *Dicranograptus* 等叉笔石动物群，且隐轴亚目及有轴亚目大增，其中以 *Amplexograptus*，*Pseudoclimacograptus*，*Climacograptus*，*Glyptograptus* 为代表的双笔石科最占优势。从性质看，应为组合带。

Hu_2：*Nemagraptus gracilis* 带

本带 *N. gracilis* 出现作为开始，*Dicranograptus sinensis* 出现终止，为延限带。*N. gracilis*是世界性的带化石，具有重要对比意义。H_{u1}带许多科、属灭绝，为本带的发展提供了生存领域。*Nemagraptus* 及 *Leptograptus* 均为本带首次出现，虽然种量不多，但独具特色，*Nemagraptus* 延限时间短暂，具很强的标准性，仅有少数种上延至 H_{u3}带。叉笔石动物群中的 *Leptograptus*，*Dicellograptus*，*Dicranograptus* 等较为繁荣，双笔石科的 *Glyptograptus*，*Pseudoclimacograptus*，*Climacograptus*，*Orthograptus* 继续发展。

Hu_3：*Dicranograptus sinensis* 带

此带以 *D. sinensis* 出现作底界，在扬子地层区上界被壳相地层代替，而在东南地层区于崇义思顺秤钩湾剖面与上覆地层为断层接触，所以上与滞江阶带笔石之间的更替关系不明。

此带与 Hu_2带既有继承性又有分异性。在 Hu_2得以发展的 *Dicellograptus*，*Pseudoclimacograptus*，*Climacograptus*，*Orthograptus* 继续发展，而 *Pseudozygograptus*，*Nemagraptus*，*Amplexograptus* 等一批繁荣于 Hu_2带的分子基本消失，相反的在 Hu_2带处于萌芽状态的 *Dicranograptus* 得以繁荣昌盛，成为本带的代表。但总观，与 Hu_2带相比，本带笔石群有所衰减，尤以扬子地层区为甚，在东南地层区 *Didymograptus*，*Pseudozygograptus*，*Amplexograptus*，*Glyptograptus* 仍有较多残存。

（4）滞江期和石口期

滞江期始又一次海退，扬子地层区之江南地层分区为介壳相沉积，笔石相沉积完全退缩到东南地层区。滞江阶、石口阶，这两个脱胎于组名的阶，都建于永新至宁冈，但创名地的永新县三湾乡滞江-石口剖面处于褶皱带内，构造复杂，故黄枝高、肖承协等（1988）详测了崇义思顺剖面以补充创名剖面之不足，现以该剖面为准采用黄、肖二氏划分方案介绍滞江、石口期笔石带（表3－7）。

表3－7　江西省滞江期、石口期笔石一览表

<table>
<tr><td rowspan="2"></td><td rowspan="2"></td><td rowspan="2">魏秀喆等，1966
永　新</td><td>肖承协等，1982</td><td>黄枝高等，1988</td><td colspan="2" rowspan="2">刘义仁、傅汉英，1989
湖南祁东</td></tr>
<tr><td colspan="2">崇　义　思　顺　秤　钩　湾</td></tr>
<tr><td rowspan="2">石口期</td><td>Sh_2</td><td rowspan="2">Orthograptus quadrimucronatus－Climacograptus caudatus 带</td><td>Dicellograptus johnstrupi 带</td><td>Dicellograptus johnstrupi 带</td><td rowspan="3">石口期</td><td>Dicellograptus johnstrupi 带</td></tr>
<tr><td>Sh_1</td><td>Orthograptus quadrimucronatus 带</td><td>Orthograptus cf. quadrimu－cronatus 带</td><td>Climacograptus pygmaceus 带</td></tr>
<tr><td rowspan="4">滞江期</td><td rowspan="2">Ha_2</td><td rowspan="2">Climacograptus caudatus 带</td><td rowspan="2">Dicranograptus clingani－Climacograptus spiniferus 带</td><td rowspan="2">Dicranograptus clingani 带</td><td>Climacograptus spiniferus 带</td></tr>
<tr><td rowspan="4">滞江期</td><td>Dicranograptus clingani 带</td></tr>
<tr><td rowspan="2">Ha_1</td><td rowspan="2">Climacograptus diplacantus 带</td><td rowspan="2">Pseudozygograptus chongyiensis－Climacogr. cf. wilsoni 带</td><td rowspan="2">Didymograptus asymmetricus－Glossograptus notatus 带</td><td>Climacograptus wilsoni 带</td></tr>
<tr><td>Climacograptus bicornis 带</td></tr>
<tr><td></td><td>Hu_3</td><td colspan="3">（略）</td><td>Dicellograptus divaricatus rigidus 带</td></tr>
</table>

Ha_1：*Didymograptus asymmetricus* – *Glossograptus notatus* 带

此带显示出有轴类双笔石科 *Climacograptus*，*Pseudoclimacograptus*，*Orthograptus*，*Amplexograptus*，*Glyptograptus* 及无轴类中的双头笔石科 *Dicellograptus*，*Dicranograptus* 等两大类占绝对优势。与世界各地相比，崇义地区的笔石具有特殊性，主要表现在 *Didymograptus*，*Pseudozygograptus* 及隐轴类 *Glossograptus*，*Cryptograptus* 等，在其他区已经灭绝的分子在此仍较兴盛。故为组合带。

Ha_2：*Dicranograptus clingani* 带

此带与 Ha_1 带相比，*Pseudozygograptus*，*Cryptograptus*，*Glossograptus* 等完全灭绝，而 *Dicranograptus* 较为发育，出现较多新种。此时占统治地位的是有轴类，尤以 *Climacograptus* 及 *Orthograptus* 为主，并伴有 *Glyptograptus*，*Pseudoclimacograptus*，*Amplexograptus*，还有 *Dicellograptus*。Ha_1 带常见的 *Dicellograptus caduceus*，*D. sextans*，*Pseudoclimacograptus scharenbergi*，*Climacograptus bicornis*，*C. caudatus* 等，此带仍然延续，另外还出现一些层位较高的分子，如 *Climacograptus spiniferus*，*Dicellograptus angulatus*，*Orthograptus intermedius*，还有 *D. clingani* 等。

随着 *Didymograptus*，*Corynoides* 及稳轴亚目的完全绝灭。至石口期几乎是清一色的双笔石科的分子，如 *Orthograptus*，*Climacograptus*，*Pseudoclimacograptus*，因此石口期是笔石衰弱时代。

Sh_1：*Orthograptus quadrimucronatus* 带

此带是以双笔石为主，而与叉笔石动物群并行发育的时期。生物组成中一部分是从滞江期上延的，如 *Dicellograptus smorrisi*，*Climacograptus brevis*，*Orthograptus intermedius* 等，但大多数是国外晚奥陶世常见分子。在湖南祁东双江口剖面相当本带的称 *Climacograptus pygmaceus* 带，因在该处 *Orthogr. quadrimucronatus* 跨时较长，从 *Climacogr. spiniferus* 带一直延续到顶部 *Dicellogr. johnstrupi* 带。

Sh_2：*Dicellograptus johnstrupi* 带

本带与 Sh_1 带大部分种是共同的。*Dicranograptus* 在本带中非常衰弱，几近绝迹，而涌现了一批新生分子，如带笔石 *D. johnstrupi*，无论是在崇义思顺，还是祁东双江口都是延限带，此外还出现了一批五峰期常见化石，如 *Leptograptus extremus*，*Dicellograptus graciliramosus*，*Glyptograptus yuanbaensis*，*Orthograptus yuanbaensis* 等，说明本带与五峰期存在继承关系。

（5）五峰期

江西省五峰期笔石研究最详细的是扬子地层区武宁新开岭，以及东南地层区崇义—永新地区（表 3－8）。

俞剑华等（1976）在武宁新开岭建立了 *Dicellograptus szechuanensis*，*Tangyagraptus typicus* 及 *Paraorthograptus* 三个带。在 *Paraorthograptus* 带之上，另有厚 1.08 m 由笔石、介壳组成混合相地层（狭义新开岭组），所以武宁地区相当穆恩之（1976）之 W_6 带被混合相的 *Dalmantina* 层所代替。

肖承协等（1982）在崇义思顺建立了 *Dicellograptus ornatus* 带，此带实际上相当穆恩之等（1976）所建立的 W_2 带。

肖承协等（1986）在永新石口建立了（1）*Dicellograptus* cf. *szechuanensis* – *D. ornatus* 带，（2）*Tangyagraptus* cf. *typicus* 带，（3）*Diceratograptus* 带，（4）*Paraorthograptus*

带（表3－8）。这四个带分别相当于穆恩之等所建立的 W_2—W_5 带。1988 年黄枝高等复将这四带合并为 *Dicellograptus anceps*－*Climacograptus supernus* 组合带。

2. 三叶虫

主要见于扬子地层区，次为东南地层区之大余地层小区。就地层而言，主要为印渚埠组、黄泥岗组，可跨西阳山组，连续性较差，加之多数化石时限长，其地层意义远低于笔石。

表 3－8　江西五峰期笔石一览表

俞剑华等，1976 武宁新开岭	肖承协等，1982 崇义思顺	肖承协等，1986 永新石口	黄枝高、肖承协等，1988 永新石口
Paraorthograptus 带 *Leptograptus* sp. *Dicellograptus* sp. *Glyptograptus* sp. *Climacograptus hastatus* *C. supernus* *C. venustus* *Orthograptus truncatus* *O. abbreviatus* *P. typicus*		*Paraorthograpths* 带 *Leptograptus macer* *Dicellograptus complanatus arkansasensis* *Climacograptus latus* *Orthograptus angustus* *Paraorthograptus angustus*	*Dicellograptus anceps*－*Climacograptus supernus* 带 *Leptograptus* sp. *Dicellograptus* sp. *Climacograptus* sp. *Paraorthograptus angustus* *Orthograptus* sp.
		Diceratograptus 带 *Dicellograptus complanatus* *D. excavatus* *Dicranograptus* sp. *Glyptograptus* sp. *Climacograptus hastatus* *C. tenuis* *Orthograptus abbreviatus* *O. uniformis* *Paraothograptus* sp.	*Dicellograptus anceps* *D.* cf. *angulatus* *D. complanatus* *D. graciliramosus* *Pseudoclimacogr.* sp. *Climacograptus mirimus* *C. supernus* *C. tatianae* *Amplexograptus* sp. *Orthograptus intermedius*
Tangyagraptus typicus 带 *Dicellograptus excavatus* *Glyptograptus* sp.		*Tangyagraptus typicus* 带 *Dicellograptus graciliramosus* *Climacograptus angustus* *C. supernus* *Orthograptus intermedius* *O. calcaratus minor* *Glyptograptus* sp.	*Dicellograptus complanatus asiaticus* *D. ornatus brevispinus* *Glyptograptus jixiensis* *Orthograptus* sp.
Dicellograptus szechuanensis 带 *D. complanatus* *D. excavatus* *D. ornatus* *D. robustus* *D. tenuis* *Climacograptus venustus* *Orthograptus* sp.	*Dicellograptus ornatus* 带 *D. complanatus* *D. graciliramosus* *D. forchammer* *Pseudoclimacograptus* sp. *Climacograptus normalis* *C. bicornis tridentatus* *Orthograptus* sp.	*Dicellograptus* cf. *szechuanensis*－*D. ornatus* 带 *Dicellograptus complanatus* *D. complanatus asiaticus* *D. excavatus* *D. hubeiensis* *D. ornatus* *Peudoclimacograptus anhuiensis* *Climacograptus eximinus* *C. chiai* *Orthograptus apiculatus* *O. maximus*	*Leptograptus macer* *L. extremus expansus* *Diceratograptus minus* *Dicellograptus angulatus* *D. complanatus asiaticus* *Climacograptus tatianae* *C. spiniferus minus* *Orthograptus pauperatus*

（1）早奥陶世

以武宁县新开岭剖面为代表，俞剑华等（1976）自下而上划分了四个带（表 3－9），其中前两个带由笔石及三叶虫共同组成。三叶虫除少数球接子外，主要是栉虫类及褶虫类分子。

①*Staurograptus* – *Hysterolenus* 带

其中三叶虫以 *Hysterolenus* 最重要，其次为 *Symphysurus wimani*，两者均是浙江西部

表 3－9　江西奥陶系三叶虫一览表

阶	武宁地层小区 武宁新开岭		玉山地层小区 玉山下镇、广丰能坞		瑞昌-彭泽地层小区 瑞昌仙姑台、彭泽乐观		崇义-大余地层小区 崇义思顺、大余排牙下	
五峰阶	新开岭组	*Dalmanitina* 带 *D. wuningensis* *D. mucronatus*	三衢山组	*Remopleurides* sp. *Illaenus* sp. *Boharpes* sp. *Paraharpes* sp. *Calymenesun* sp.				
临湘阶	黄泥岗组	*Nankinolithus* 带 *Cyclopyge* sp. *Paraphillipsinella* sp. *Parisoceraurus rectangulus* *Hammatocnemis ovatus* *H. decorosus* *Paraceraurus sinensis* *Birmanites shizhepuensis*	黄泥岗组	*Birmanites shizhepuensis* *Nankinolitus* sp. *Nileus* sp. *Cyclopyge* sp. *Pliomera* sp. *Hammatocnemis* sp. *H. decorosus*	汤头组	*Trinodus* sp. *Telephina* sp. *Paraceraurus sinensis* *Hammatocnemis tetrasulcatus* *Dalmanitina* sp.		
宝塔阶	砚瓦山组	*Nileus* sp. *Cyclopyge* sp.	砚瓦山组	*Xiushuilithus* sp. *Hammatocnemis* sp.	汤山组	*Cyclopyge* sp. *Hammatocnemis* sp.	长坑水组	*Cyclopyge rencurva* *Symphysopsis qidongense* *Psilacella hunanensis* *Ellipsotaphurus*
庙坡阶	胡乐组		胡乐组		汤山组		长坑水组	
牯牛潭阶	胡乐组		胡乐组		汤山组		下黄坑组	*Cyclopyge* sp.
大湾阶	胡乐组		胡乐组		汤山组			
红花园阶	印渚埠组	*Geragnostus crassus* 带 *Euloma changshanensis* *Niobella chejiangensis* *N. obsolata* *Symphysurus* 带 *S. kientchensis* *S. nanshanensis* *Asaphopsis grandisplnifer* *A. latilimbata*	印渚埠组	*Geragnostus vilonii* *Basiliella carinata* *Eoisotellus* sp. *Niobella chejiangensis* *Symphysurus labrica* *Jiuuiella laevigata* *Tahungshania* sp.				
新厂阶	印渚埠组	*Dictyonema* – *Szechuanella* 带 *Euloma ornatum* *Metayuepingia latilimbata*	印渚埠组	*Geragnostus* sp. *Psilocepharina* sp.				
新厂阶	西阳山组	*Staurograptus* – *Hysterolenus* 带 *Symphysurus wimani*		*Hysterolenus* sp.				

奥陶系最底部的标志性化石，时代相当新厂期笔石 X_1 或包括 X_2 带。岩石地层属于西阳山组上部。本带厚 20.93 m。

②*Dictyonema－Szechuanella* 带

本带三叶虫除 *Szechuanella* 外，尚含 *Euloma ornatum*，*Metayuepingia latilimbata*，*M. angustilimbata*，*Microparia* sp. 等。因化石连续性差，上下界线未严格划定，但因与笔石 *Adelograptus asiaticus* 共生，又在 *Aletograptus orientalis* 之上，故主体应为新厂期笔石 X_3 带。其上部以 *Dictyonema*，*Callograptus*，*Dendrograptus*，*Airograptus* 为主，无反称笔石科的分子，有属于宁国期 N_1 带沉积的可能。本带厚度 47.46 m。

③*Symphysurus* 带

本带组成分子有 *S. kientchensis*，*S. kientchensis ovata*，*S. nanshanensis*，*Niobella chejiangensis*，*N. obsolata*，*Asaphopsis grandisplnifer*，*A. latilimbata*，*Microparia* sp. 等。延限厚度 273.4 m。

④*Geragnostus crassus* 带

本带组成分子较少，主要有 *G. crassus*，*Trinodus* sp.，*Shumardia* sp.，*Niobella* sp.，*N. boholini*，*Microparia* sp.，延限厚度 45.07 m。

后两带大致相当于宁国期笔石 N_2—N_3 带。

以上四带除 *Staurograptus－Hysterolenus* 带外，其余三带主要限于印渚埠组。

此外，玉山-广丰地层小区印渚埠组三叶虫化石也较丰富，计有 *Symphysurus*，*S. labrica*，*Psilocepharina* sp.，*Niobella* sp.，*N. chejiangensis*，*Basiliella* sp.，*B. carinata*，*Geragnostus vilonii* 等，但至今尚未研究，因此与笔石带的对比关系不明。

（2）中奥陶世

中奥陶世早期扬子地层区以笔石相为主，三叶虫仅见晚期（宝塔期）砚瓦山组，数量较少，主要有 *Xiushuilithus* sp.，*Hammatocnemis* sp.，*Nileus* sp.，*Cyclopyge* sp. 等。东南地层区长坑水组所产三叶虫较多，有 *Cyclopyge rencurva*，*Symphysopsis qidongense*，*Psilacella hunanensis*，*Ellipsotaphurus* sp.，*Telephina* sp. 等。另在对耳石组产有 *Fsilacera* sp.，*Ellipsotaphurus* sp.（表 3－9）。

（3）晚奥陶世

晚奥陶世集中分布于扬子地层区。俞剑华等（1976）在武宁新开岭剖面建立了两个三叶虫带（表 3－9）。下带称 *Nankinolithus* 带，分布于黄泥岗组，厚 44.59 m。本组三叶虫动物群具高分异度，其成员有肋浆虫、栉虫、斜视虫、三瘤虫、手尾虫、瘤肋虫等，其中三瘤虫科最重要。*Nankinolithus*，*Parisoceraurus rectangulus*，*Hammatocnemis ovatus*，*H. decorosus* 等都是晚奥陶世临湘期之标准化石。但其中的 *Paraceraurus sinensis*，*Birmanites shizhepuensis*，常见于中奥陶世。从而说明砚瓦山组至黄泥岗组具有明显的继承性。

上带即称 *Dalmanitina* 带，此带分布于新开岭组上部，是笔石与介壳混合相。三叶虫成员主要有 *D. wuningensis*，*D. mucronatus*，而与三叶虫伴生的笔石主要是 W_5 带的分子。因上与梨树窝组为连续过渡关系，所以可以认为新开岭组不仅包括 W_5 带，而且包括一部 W_6 带之沉积。

此外三衢山组中的三叶虫是附礁生物，有 *Dulanospis* sp.，*Calymenesun* sp.，*Boharpes* sp.，*Remopleurides* sp. 等。

3. 头足类

头足类化石仅见于扬子地层区碳酸盐岩相沉积中。下扬子地层分区从红花园组至汤头组均有产出，但未做建带工作。

红花园组上部产有 *Dideroceras mui*，*Protocameroceras*，*Protocycloceras*，顶部产 *Kaipingoceras*，cf. *Richarsonoceras.*，其中 *Proterocameroceras* 是我国早奥陶世新厂期晚期代表性化石，也是世界 Tremadocian 期晚期标准化石。*Kaipingoceras* 常见于红花园期，所以本组时代应为新厂期晚期至红花园期，或至大湾期早时。

汤山组所产头足较丰富，下部产 *Paradendoceras* sp.，*Protocycloceras shansiense*，*Michelinoceras dobaosense*，*Chisiloceras reedi*，*Dideroceras uniforme*，*D. wahlenbergi*；上部产 *Michelinoceras* cf. *densum*，*M.* cf. *xuanxianense*，*M. elongatum* 及 *Orthoceras regulare*，*Sinoceras suni*，*Lituites* sp.，顶部产 *Michelinoceras densum*，*Cyclopyge*。总观这一头足类面貌，下部显示大湾期—牯牛潭期的色彩，其中的 *Proto. shansiense*，*Didero. wahlenbergi* 为牯牛潭期的代表分子。上部及顶部的头足类具庙坡期—宝塔期的特色。

汤头组所产化石寥少，有 *Michelinoceras* sp.，*Vaginoceras* sp. 等，按其所在层位归于临湘期。

此外，玉山县下镇外村三衢山组产 *Orthonybyoceras ornatulam*，*O.* cf. *convingtonense*，*Ormoceras beckeri*，*O. yushanense*，*Actinoceras* sp.，*Trocholites xiazhenense*，*Antiplectoceras kiangsie-nse*，*Endoceras paltiformes*，*Beloitoceras xiazhenense*，*Michelinoceras* sp.。时代大致为五峰期。

4. 腕足类

奥陶系腕足类所获较少，且分布分散多不系统，现以玉山县下镇外村及祝宅剖面为代表做一介绍。

印渚埠组以含三叶虫为主，腕足类多保存不好，仅有 *Schmidtites* sp.，另在武宁新开岭见 *Lingulella* sp.。

宁国组、胡乐组为笔石页岩相，不含腕足类。

砚瓦山组含 *Sowerbyella* sp.，*Xenorthis* sp.；黄泥岗组含 *Rhynchotrema* sp.。

三衢山组含较丰富的腕足类，计有 *Eospirifergerina* sp.，*Rhynchotrema zhejiangensis*，*Zygospira recurvirostris*，*Sowerbyella sericea*，*Sterophomena planumbona elongata*，*S. planumbona gerontica*，*S. planumbona chambliensis*，*Zegospira recurvirostris turgida*，*Cyclocoelia* sp.，*C. sectistriata*，*Mimella brevis* 等。时代为晚奥陶世晚期。

5. 珊瑚

奥陶纪地层的珊瑚化石，除东南地层区上奥陶统古亭组采获一属 *Palaeophyllum* 外，其余全部采自赣东北地区玉山三衢山组。经林宝玉等（1977）研究，本组成为我国晚奥陶世晚期珊瑚化石最丰富最典型的层段。其中的珊瑚丰盛程度及研究深度不惟国内独步，且与波罗的海沿岸、哈萨克斯坦、西伯利亚地台等地相比也无逊色。

玉山县下镇外村剖面为研究的主要剖面，作者当时指出："可视为晚奥陶世床板珊瑚与日射珊瑚一个标准剖面"。以此剖面为准，当时鉴定 23 属 86 种及亚种，其中 3 个新属、72 个新种及亚种。共总结为两个组合，上组合以含 *Agetolitella*，*Sarcinula*，*Taeniclites*，*Proheliolites*，*Wormispora*，*Acdalopora* 等属为特征；下组合以不含这些属为特征，而真正研究更清楚的是上组合，该组合中床板珊瑚称为 *Agetolites* - *Agetolitella* - *Sarcinula* 动物群（简称为

Agetolites 动物群），其中除这三属代表分子外，其他主要有 *Calapoecia*，*Rhabdotetradium*，*Tetradium*，*Eofletcheriella*，*Fletcheriella*，*Renschia*，*Eofletcheria*，*Kolymopora*。日射珊瑚为 *Taeniolites* - *Proheliolites* - *Plasmoporella* 动物群，除三属代表分子，尚含 *Stelliporella*，*Wormsipora*，*Acdalopora*，*Parastelliporella*，*Heliolites*，*Neowormsipora*，*Propora*，*Sibiriolites* 和 *Neosibiriolites* 等。

上列珊瑚动物群与哈萨克斯坦、波罗的海沿岸以及挪威南部等地可以对比，主要共同成员有 *Catenipora*，*Sarcinula*，*Stelliporella*，*Proheliolites*，*Plasmoporella*，*Fletcheris* 等。以上各地产珊瑚的地层都属于 Ashgillian（阿什及尔）期，即相当于五峰期，与长坞组为同期异相。

四、志留纪

江西志留系全为碎屑岩沉积，所获化石不多。早志留世早期为笔石相，中期同时具有笔石和壳化石，晚期至晚志留世以壳相为主，顶部产鱼类化石。

（1）早志留世

新开岭组是个跨时单位，其顶部为早志留世初期沉积，在武宁茶棋剖面产笔石 *Glyptograptus tamariscus*，*Climacograptus* sp.，*Diplograptus* sp. 等。其上梨树窝组仍以该剖面为代表，下部产 *Glyptograptus* cf. *persculptus*，*G. lungmaensis*，*Climacograptus minutus*，*Diplograptus modestus*；向上出现 *Glyptograptus* sp.，*G. tamariscus*，*Diplograptus* sp.，*Climacograptus* sp. 及 *Monograptus*。厚 218.8 m。其中 *G.* cf. *persculptus* 是华南早志留世龙马溪期最下部的笔石带化石，其余为该带中的组合分子。

剖面第 10 层，厚 65.2 m。含有丰富的笔石，下部有 *Akidograptus ascensus*，*Climacograptus* cf. *yangtzeensis*，*Monograptus* cf. *incommodus*，*Monoclimacis* sp.；上部有 *Orthograptus vesiculosus*，*Hedrograptus* sp.，*Glyptograptus* sp.，*Pseudoclimacograptus* cf. *hughasi*。其中 *A. ascensus* 和 *O. vesiculosus* 分别是龙马溪期沉积第 2、3 带的带化石。该剖面上段未获化石。

作为该剖面的补充，瑞昌市砂石岭剖面也产较丰富的笔石，下部含 *Glyptograptus persculptus*，*Akidograptus acumina*，*Orthograptus vesiculosus*，伴生的有 *Glyptograptus tamariscus*，*Climacograptus yangtzeensis*，*C. medius*，未见底，出露厚度 30.5 m；中部厚 246 m，未见化石；上部产笔石 *Pristiograptus cyphus*，*P. leei*，*Monograptus gemmatus*，*Rastrites longispinus*，顶部产 *Climacograptus tangshanensis*. 厚 477.6 m。其中 *P. cyphus*，*P. leei* 分别是龙马溪期第 4、5 带的带化石。

上列笔石群，分别在华中、华南龙马溪组、高家边组，以及粤桂地区的连滩组均有发现，时代为早志留世早期。

殿背组含少量的笔石、三叶虫、腕足类及双壳类，属混合相。在武宁县殿背剖面，底部有笔石 *Monograptus*? sp.；腕足类 *Plectatrypa*? sp.；双壳类 *Edmondia*? sp.。另在德安县林泉朱家一带，下部产笔石 *Pristiograptus* sp.，*Monograptus* sp.，*Climacograptus* sp.，*Demirastrites*，以及 *Pernerograptus* cf. *revolutus*。这些笔石化石由梨树窝组延续上来，其中 *P.* cf. *revolutus* 多见于华南龙马溪组或高家边组上部，时代为早志留世中期。

清水组及其相当的河沥溪组至今未见笔石化石，仅见少量的腕足类 *Lingula* sp.，*L.* cf. *huainerdi* 及双壳类 *Modiolopsis* sp.，*M. crypta*，*M. lavali*，*Modiomorpha* cf. *crypta*，*Deceptrix* cf. *ciliensis*，*D.* cf. *paradox*，*Palaeocilo* sp.，*Nuculites* 等。此一化石组合多为

华南白沙期至秀山期的常见分子，时代为早志留世晚期至中志留世早期。

（2）中志留世

坟头组含丰富的壳类化石，以武宁县澧溪剖面为代表，计有三叶虫 *Coronocephalus* sp.，*C. rex*，*Encrinurus* sp.，*Latiproetus* sp. 及 *Aristoharpes* sp.；腕足类 *Eospirifer hsiehi*，*Howellella tingi*，*Mutationella* sp.，*Nalivkinia* sp.，*Eygospira* sp.，*Nucleospira* sp.，*Striispirifer shiqianensis* 等；双壳类 *Orthonota* sp.，*Modiolopsis* sp.，*M. wuningensis*，*Actinopteria* sp.，*Pteroruitella* sp.，*Pelecypoda* sp.，*Leptodesma* sp.；腹足类 *Straparallus* sp.，*Pararaphistomia* sp.，*Hormotoma* sp.，*Eocryptaenia* 等。本剖面本组厚 343.9 m，三叶虫王冠虫类 *Coronocephalus* 和 *Encrinurus*（*Senticucullus*）普遍繁盛于本组上下。它是川黔地区秀山组、下扬子地层分区之坟头组普遍发育的类型，时代限于中志留世。腕足类、双壳类及腹足类由下而上在多层中与三叶虫共生，其中的 *Striispirifer shiqianensis* 或 *Howellella tingi* 是本组腕足类最具特征最有代表性的分子，与三叶虫组成 *Coronocephalus* - *Senticucullus* - *Striispirifer* 组合，时代大致为中志留世秀山期。

（3）晚志留世

茅山组生物化石组合，由三叶虫、腕足类、植物及无颌类鱼化石组成。以瑞昌市高丰蔡家垄剖面为代表，修水县三都西坑剖面作参考，前者下部产三叶虫 *Coronocephalus* sp.，*C. ovatus*，*Senticucullus*；腕足类 *Striispirifer* cf. *auminiplicatus*，*S. subeiensis*，*S. shiqianensis*，后者下部产无颌类 *Xiushuiaspis jiangxiensis*，*Sinogaleaspis*，*Galeaspis xikengensis* 及棘鱼类化石碎片，上部产植物 *Prototaxites*? sp. 及无颌类和腕足类化石碎片。

蔡家垄剖面的三叶虫、腕足类与下伏坟头组面貌一致，时代应为秀山期晚时之产物。三都剖面的无颌类（多鳃鱼、盔甲鱼）在我国仅见于云南的翠山群下部和广西的莲花山组，时代为早泥盆世初期，而上部的植物在我国目前仅见于赣北本组中，此属在欧洲晚志留世至早泥盆世地层均有发现。综合本组各类化石所在层位及其时代特征，应为中志留世末期至早泥盆世初期。大致包括中志留世秀山晚期至早泥盆世 Gedinnian（吉丁）期。

第三节　年代地层

一、震旦系

1. 关于震旦系底界

扬子地层区莲沱组或休宁组，在赣西北和赣东北分别不整合于双桥山群或平行不整合上墅组之上，应是晋宁运动的结果。上墅组顶部球粒英安岩，获全岩 Rb-Sr 法等时线年龄值为（817.6±8.5）Ma，覆于其上的休宁组底界自然小于此值，推测为 800 Ma。

东南地层区之杨家桥群或沙坝黄组，底部皆为砾质岩层，与下伏潭头群为平行不整合或整合。至今未获同位素年龄信息资料，但据地层位置可与湘中的长安组或湘南的泗洲山组对比。据唐晓珊[⑩]（1993）《论“湖南板溪群”及大地构造背景》一文介绍，后者获 U - Pb 法同位素年龄值为 827.9 Ma、Rb - Sr 法同位素年龄值 830 Ma。据此并结合杨家桥群、沙坝

⑩ 唐晓珊，1993，论“湖南板溪群”及大地构造背景。《华南地质基底构造演化与成矿作用》讨论会论文摘要集（油印本）。

黄组与下伏的关系，可以认为赣中、南区震旦系的下界较赣北区低，而大于 800 Ma。

2. 震旦系下统上界

扬子地层区将上述该统上界置于南沱组与陡山沱组或蓝田组之间。因代表冰成事件的南沱组，在华南地层大区皆可对比。据峡东震旦系正层型剖面资料，界限年龄值为 700 Ma。而在东南地层区将该统上界置于杨家桥群或沙坝黄组与坝里组之间，但因杨家桥群上部之大沙江组之上在西部萍乡东桥一带只有相当湘中的大塘坡组，而缺失洪江组（上砾质层）的沉积，向东部峡江、吉水缺失大沙江组，下坊组直接与坝里组整合接触，故此认为赣中区震旦系下统的上界，应在坝里组下部，而且由东向西穿时。

3. 震旦系的顶界

以往赣北将顶界置于灯影组或现称的皮园村组顶面，实质上是岩石地层单位的界面。据张敬礼（1990）研究毗邻的浙江西部江山寒武系剖面，其在灯影组顶部之含磷砾质白云岩、磷块岩中采获了 *Anabarites*，*Protohertzina* 等小壳化石，此是寒武系梅树村阶下部的 *Anabarites*－*Conotheca*－*Protohertzina* 组合带的代表分子。这说明灯影组或皮园村组是个跨时单位。关于这个界限值，据全国地层委员会（1980）公布的数值为 600 Ma，但因不同地点寒武系沉积的起始时间差异，界限值不可能相同，如湖南等地确定为 570 Ma。江西省目前缺乏这方面的资料，但据赣南地质调查队（1986）所测 1∶5 万小溪幅的资料，在于都鹅婆剖面原视为早寒武世牛角河组，发现较丰富的微古植物，除单球藻亚群、多面藻群等的属种外，还出现了众多刺球藻亚群、棱面藻亚群的分子，如 *Trachysphaeridium dengyingense*，*Bavlinella* sp.，*Conusmorpha brevis*，*Margominuscula* sp.，*Nucellosphaeridium* sp.，*Micrhystridium* sp. 等。这一微古植物组合具有陡山沱期至灯影峡期的面貌，而以波罗的藻（*Baltisphaeridium*）为代表的寒武系微古植物组合分子则未见及。说明于都一带以石煤层为底的牛角河组，并不是寒武系的下部层段，而是震旦纪晚期的沉积，这里的牛角河组是个跨时单位，进而说明赣南牛角河组或至高滩组由东而西是穿时的。

二、寒武系

江西寒武系的底界在震旦系顶界中已做讨论，这里从略。下统与中统的界线，扬子地层区杨柳岗组下部产有三叶虫 *Arthricocephalus*－*Changaspis* 组合带之分子 *A. duyuenensis*，*A. chauvenui*，年代为早寒武世龙王庙期，而其上又产有中统下部徐庄阶下部的 *Tripla-gnostus gibbus* 带化石，所以中、下寒武统的界线应划在这两个带之间，即穿越杨柳岗组下部。

寒武系中、上统的界线，同时关系到省内杨柳岗组与华严寺组的界线，以往一般置于杨柳岗组与华严寺组之间。而采用化石带划分，卢衍豪等（1983）划在杨柳岗组 *Lejopyge armata* 带与 *Lejopyge sinensis* 带之间。从岩石地层单位考虑两者都以灰岩为主，只是前者为灰岩夹页岩，后者无页岩夹层。在德安县吴山乡葛峰剖面，后者的底部出现了 *L. sinensis* 及 *Glyptagnostus stolidotus* 带之上的 *G. reticulatus* 带，另在德兴市暖水半路亭剖面上部出现了 *G. stolidotus* 带的成员，如 *Proceratopyge* cf. *grabaui*，*P. conifrns*，*Pseudogrostus idalis* 等。这说明中统和上统的界线，不是在华严寺组的底界，而是在杨柳岗组上部层位中。这条以化石带分界的界线，即为中统张夏阶与上统崮山阶的界线。但目前省区尚未获得 *L. sinensis* 带化石，仅见少量分子，如 *Buttsia*，这条界线在杨柳岗组上部的具体层位，有待继续研究后确定。

三、奥陶系

我国奥陶系建阶与国外对比基本解决。但因生物门类及其生物相不同，而按笔石相与壳相自下而上分别建立了两个系列的阶(期)(表 3-10)。

表 3-10　江西奥陶系年代地层对比表

年代＼相		笔石相	壳相			英国笔石相	
统	阶	时间带	阶	时间带		阶	时间带
上统	五峰阶		五峰阶	*Dalmanitina* 带	*Agetolitella* - *Sacinula* - *Plasmoporella* 组合	*Ashigillian*	*Climacograptus extraordinarius* *Dicellograptus anceps* *D. complanatus*
		W_{5-4} *Paraorthograptus* - *Diceratograptus* 带					
		W_3 *Tangyagraptus typicus* 带					
		W_{2-1} *Dicellograptus szechuanensis* 带					
	石口阶	Sh_2 *Dicellograptus johnstrupi* 带	临湘阶	*Nankinolithus* 带			*Pleurograptus lingani*
		Sh_1 *Orthograptus quadrimucronatus* 带				*Caradocian*	*Dicranograptus clingani* *Climacograptus wilson* *C. peltifer*
中统	潵江阶	Ha_2 *Dicranograptus clingani* 带	宝塔阶	*Sinoceras* 带			
		Ha_1 *Didymograptus asymmetricus* - *Glossograptus notatus* 带					*Nemagraptus gracilis*
	胡乐阶	Hu_3 *Dicranograptus sinensis* 带	庙坡阶				
		Hu_2 *Nemagraptus gracilis* 带				*Llandello*	*Glyptograptus teretiusculus*
		Hu_1 *Glossograptus hincksii* - *Glyptograptus teretiusculus* 带					
下统	宁国阶	N_9 *Pterograptus elegans* 带	牯牛潭阶			*Llanvirn*	*Didymograptus murchisoni* *D. "bifidus"*
		N_8 *Amplexograptus confertus* 带：*Nicholsonograptus fasciculatus* 亚带					
		Didymograptus ellesae 亚带					
		N_7 *Glyptograptus austrodentatus* 带	大湾阶			*Arenigian*	*Didymograptus hirundo* *Didymograptus nitidus* *D. deflexus* *Isograptus gibberulus*
		N_6 *Cardiograptus amplus* 带					
		N_5 *Oncograptus magnus* 带					
		N_4 *Isograptus victoriae* 带					
		N_3 *Didymograptus deflexus* - *D. protobifidus* 带	红花园阶	*Geragnostus crassus* 带 *Symphysurus* 带			
		N_2 *Didymograptus filiformis* - *Tetragraptus fluticosus* 带					*Tetragraptus approximatus*
		N_1 *Tetragraptus* (*Etagraptus*) *approximatus* 带					
	新厂阶	X_3 *Adelograptus asiaticus* - *Clonograptus minimus* 带	两河口阶	*Szechuanella* 带		*Tremadocian*	*Adelograptus hunnebergensis* *Clonograptus tenellus* *Dictyonema flabelliforme sociale*
		X_2 *Aletograptus orientalis* 带		?			
		X_1 *Staurograptus* 带：*Staurograptus dichotomus* 亚带					
		Dictyonema flabelliforme parabola 亚带		*Hysterolenus* 带			

1. 新厂阶/两河口阶

笔石相以 *Dictyonema flabilliforme parabola* 亚带（俞剑华等，1982）出现为底界。这条界线也是寒武系与奥陶系的分界。赣西北武宁地区这条界线在西阳山组内部。上界以出现 *Tetragraptus approximatus* 为界。

壳相以三叶虫 *Hysterolenus* 出现为底，赣北地区在仑山组内部，其下产 *Eodrepanura*，*Dorrypygella*，*Lotagnostus* 等三叶虫的地层属寒武系。其上界不清，在有笔石的地层可参照笔石带划定。

2. 宁国阶下部/红花园阶

笔石相以 *Tetragraptus* 及 *Didymograptus* 为主，以出现 *T. approximatus* 为底。在玉山县古城毛家坞、陈家坞底界大致与印渚埠组底界一致。而在赣西北一般在印渚埠组内部。在东南区这条界线一般在茅坪组内部，顶以 *Isograptus victoriae* 带的出现为界。在笔石和壳相混合沉积区底界可能在 *Symphysurus* 带与 *Szechuanella* 带之间。在壳相的扬子地层区因化石不足，界线不清，暂置于仑山组内部。

3. 宁国阶中部/大湾阶

宁国期中期是无轴笔石群和隐轴笔石群共同繁荣的时期。以 *Isograptus victoriae* 出现为底界。东南地层区茅坪剖面上此界线大致在茅坪组与对耳石组之间。在混合相区由于宁国组底界有大跨度穿时，不能一概而论。壳相区研究不详，暂置于红花园组与汤山组之间。

4. 宁国阶上部/牯牛潭阶

此期是对笔石群与隐轴笔石继续繁荣时期。可以 *Didymograptus ellesae* 亚带的始现为底界，以 *Glossograptus hincksii*/*Glyptograptus teretiusculu* 带的出现为顶界。混合相地区研究程度低，界线难以划定。壳相类型在汤山组中采到 *Protocycloceras shansiensis*，*Chisiloceras reedi*，*Dideroceras wahlenbergi* 带化石，说明有此期地层存在，但因上下所含化石不系统，具体界线不明。

5. 胡乐阶/庙坡阶

笔石相以 *Glyptograptus teretiusculus* 始现为底界，以 *Dicranograptus sinensis* 的消失为顶界。胡乐期是奥陶纪最大海侵时期，在上扬子地层分区也沉积了以笔石相为主相当于庙坡组的沉积，因此 *G. teretiusculus* 及 *Nemagraptus gracilis* 带在广大范围内可以对比，且限于硅质岩类的胡乐组及对耳石组。壳相仅限于九江、瑞昌附近的长江沿岸，因化石不足，难以厘定界线。赣南古亭一带的下黄坑组属于混合相地层，在粤北归于下奥陶统，而在大余县排牙下本组产笔石 *Didymograptus*，*Dicellograptus*，*Orthograptus* 等，尤其是 *Dicranograptus nicholsoni diapason* 等中奥陶统胡乐阶的特征性分子，说明这条界线在下黄坑组内部。

6. 潍江阶/宝塔阶

潍江阶底界尚不明确，大体以 *Dicranograptus sinensis* 灭绝，*Glossograptus notatus* 出现为界。此期笔石总的面貌与胡乐期有很大不同，对笔石群几乎灭绝，隐轴笔石中的 *Cryptograptus* 也仅有少数残存，只有双笔石科独占鳌头，辅以叉笔石类。此时期笔石相仅限于东南地层区，如对耳石组、石口组。长坑水组属混合相，三叶虫、笔石都很发育，其中 *Dicranograptus clingani*，*D. kansuensis*，*Dicellograptus angulatus*，*D. moffatensis* 主要定位于 Ha_2 带；*D. sextans*，*D. gurleyi*，*D. divaricatus salopiensis*，*Climacograptus uniforme* 与其共生，后者常见于 Ha_1 带中，总观其界线在 Ha_1 与 Ha_2 带之间也是可能的。其

中的三叶虫只有 *Symphysopsis qidongensis* 及 *Psilacella hunanensis*，见于湘中的宝塔组，其余时限较长。壳相地层在扬子地层区的砚瓦山组因位于笔石带 *Dicranograptus sinensis* 之上，所以底界大体与宝塔阶底界吻合。

7. 石口阶/临湘阶

石口阶与滟江阶笔石面貌基本一致，是 *Climacograptus*，*Dicellograptus*，*Orthograptus* 等少数几属兴旺的阶段。笔石相地层仅限于东南地层区之永新、崇义一带，岩石地层为石口组中上部。石口阶可以 *Orthograptus quadrimucronatus* 的出现为底界，但因石口组底界穿时，在崇义思顺剖面上这条界线比石口组底界还低 7.71m。壳相地层临湘阶历来以三瘤虫科的 *Nankinolithus* 为代表。它是地理上分布甚广的标准化石，遍布于上、下扬子地层分区，在江西省主要发育于黄泥岗组及汤头组中，时代为晚奥陶世早期。但是它与宝塔阶头足类的特征分子 *Sinoceras* 的兴替关系一直存有争议，而且重要的三叶虫 *Hammatocnemis* 也是两个时期都有，所以黄泥岗组或汤头组底界的精确年代是含混的。此种情况不限于江西省，也是壳相地层共同性的问题。

8. 五峰阶

本期地层不论笔石相还是壳相均称五峰阶。由于 W_1 带 *Pleurograptus lui* 很难见到，所以江西省笔石相地层以 *Dicellograptus szechuanensis* 的出现为底界。这条界线大体与新开岭组底界相一致。五峰阶的顶界也是奥陶系与志留系的分界线。在江西省东南区奥陶系上部被上覆地层不整合覆盖，尚无确切化石证明奥陶系最上部的地层存在。扬子地层区的新开岭组之 W_6 带或 W_5 带的一部分被壳相的 *Dalmanitina* 层所代替，一般以此层终止作为奥陶系与志留系的分界。但是在 *Dalmanitina* 层之上，又出现了笔石相，其中有 *Glyptograptus persculptus*，*Climacograptus* sp.，*C. yangtzeensis* 等，皆为早志留世的分子，其中 *G. persculptus* 是龙马溪阶下部的带化石，因此，其顶界是在新开岭组内部。

三衢山组上部产珊瑚 *Conchidium*，*Plasmoporella*，大致相当于五峰阶的 *Dicellograptus szechuanensis* 带（W_{1-2}）至 *Tangyagraptus typicus* 带（W_3），所以其顶界低于五峰阶的顶界。

四、志留纪

江西省志留纪地层主要见于扬子地层区。因所获生物化石少，且研究程度低，分期划带存在较大困难，只能据现有的化石结合区域地层对比讨论其大致时代。其内容已在生物地层特征一节中做了介绍，此处从略。

第四节　区域地层对比及沉积环境

一、区域地层对比

江西纵跨扬子、华南两大板块单元，南北两套沉积体系，在同一构造单元具有相同的地质发展史和建造特征。因此，不同单位向邻省延伸可互为对比（表 3-11）。

二、沉积环境

晋宁运动使扬子地层区上升为陆，并转化为相对稳定单元，成为震旦纪—早古生代沉积

表 3-11　江西省震旦纪—志留纪岩石地层与邻省对比表

地质年代		扬子地层区 湖南 湘西北	湘中	湖北 鄂西	鄂东南	江西 赣西北	赣东北	浙江 浙西北	浙西	安徽 皖南	皖中	东南地层区 湖南 湘东南	广东 粤西	粤东	江西 赣南	赣西	福建 闽西北	闽西南
志留纪	晚世	小溪峪组			茅山组	茅山组	唐家坞组	唐家坞组	唐家坞组	茅山组	茅山组		岭下组					
志留纪	中世	回星哨组 吴家院组		纱帽组	坟头组	坟头组	康山组	康山组	康山组	坟头组	坟头组		岭下组					
志留纪	早世	辣子壳组 溶溪组 马脚冲组 小河坝组 新滩组	珠溪江组 两江河组	纱帽组 罗惹坪组 新滩组	高家边组 新滩组	清水组 殿背组 梨树窝组	河沥溪组 霞乡组	河沥溪组 霞乡组	河沥溪组 霞乡组	高家边组	高家边组		连滩组 古墓组 大岗顶组		独栏桥组			
奥陶纪	晚世	龙马溪组	肖氏冲组	龙马溪组	龙马溪组	新开岭组 汤头组	长坞组 三衢山组 黄泥岗组	长坞组 三衢山组 黄泥岗组	长坞组 三衢山组 黄泥岗组	汤头组	汤头组	天马山组	兰翁组	龙头寨群：黄竹洞组、古亭组、半坑组	黄竹洞组 古亭组 半坑组	花面垄组 石口组		罗峰溪组
奥陶纪	中世	宝塔组 牯牛潭组	烟溪组	宝塔组 牯牛潭组	宝塔组 胡乐组	汤山组	砚瓦山组 胡乐组	砚瓦山组 胡乐组	砚瓦山组 胡乐组	汤山组 庙坡组 牯牛潭组	汤山组 庙坡组 牯牛潭组	烟溪组	东冲组	长坑水组	长坑水组	对耳石组		罗峰溪组 魏坊组
奥陶纪	早世	大湾组 红花园组 桐梓组	桥亭子组 南津关组 白水溪组 探溪组	大湾组 红花园组 桐梓组	留咀桥组	红花园组 仑山组	宁国组 印渚埠组	宁国组 印渚埠组	宁国组 印渚埠组	红花园组 仑山组	红花园组 仑山组	桥亭子组 爵山沟组	罗东组 罗洪组	下黄坑组	下黄坑组	对耳石组 茅坪组 爵山沟组		魏坊组
寒武纪	晚世	娄山关组	娄山关组	娄山关组	畈上组 通山组	西阳山组 华严寺组	西阳山组 华严寺组	西阳山组 华严寺组	西阳山组 华严寺组	娄山关组	娄山关组	小紫荆组	八村群 水石组	水石组	水石组	水石组	东坑口组	东坑口组
寒武纪	中世	覃家庙组 高台组	覃家庙组 高台组	覃家庙组 高台组	崇阳组	杨柳岗组	杨柳岗组	杨柳岗组	杨柳岗组	炮台山组	炮台山组	茶园头组	高滩组	高滩组	高滩组	高滩组	林田组	林田组
寒武纪	早世	清虚洞组 石牌组 牛蹄塘组	清虚洞组 石牌组 牛蹄塘组	清虚洞组 石牌组 牛蹄塘组	大屋组	观音堂组 王音铺组	荷塘组	荷塘组	荷塘组	黄柏岭组	冷泉王组	牛蹄塘组 香楠组	牛角河组	牛角河组	牛角河组	牛角河组	林田组	林田组
震旦纪	晚世	灯影组 陡山沱组	老堡组 金家洞组	老堡组 陡山沱组	老堡组 陡山沱组	灯影组 陡山沱组	皮园村组 蓝田组	灯影组 朝阳组	板桥组 灯影组 陡山沱组	皮园村组 蓝田组	皮园村组 灯影组 黄墟组	丁腰河组 埃岐岭组	乐昌峡群 老虎塘组 坝里组	老虎塘组 坝里组	老虎塘组 坝里组	老虎塘组 坝里组	三溪寨组	黄连组 南岩组
震旦纪	早世	南沱组 大塘坡组 古城组 富禄组 长安组	洪江组 大塘坡组 古城组 富禄组 长安组	南沱组 大塘坡组 古城组 莲沱组	南沱组 大塘坡组 古城组 莲沱组	南沱组 莲沱组	南沱组 休宁组 听门组	南沱组 休宁组	南沱组 休宁组	南沱组 休宁组	苏家湾组 周岗组	正园岭组 天子地组 泗洲山组	活道组 大绀山组	沙坝黄组	杨家桥群：大沙江组、下坊组、古家组	大沙江组 下坊组 古家组	宝石组 黄潭组	丁屋岭组 楼子坝组

基底。而东南地层区在相应上升的情况下，仍保持海洋环境。根据地层分布、岩性岩相变化分析，南、北虽属两个性质不同的构造单元，且加里东运动又经碰撞拼接，中间缺失一些相带，但仍可看出存在着成生联系。这种联系主要表现在，从扬子地层区至东南地层区随着地形的降低，不同时代的沉积构造格局，由滨岸斜坡向盆地相过渡。从而说明了当时的海侵主要是由南而北推进的，致使沉积物向北超覆。

（一）震旦纪

莲沱期初期，气候寒冷，随着晋宁运动的发生，导致差异升降，扬子地层区北部修水、武宁、瑞昌—彭泽一带为陆蚀区，缺失此时沉积。其南九岭—鄣公山隆起高耸于雪线以上而形成山岳冰盖，冰盖运移并擦底融化挟带着砂砾，于东南地层区盆地边缘浅水陆架之武功山地区，堆积了古家组冰碛砾岩，而雪线之下发生冰水泥石流作用，组成休宁组底部红色砂砾石层，而在玉山以南当时地势平缓，沉积了河流冲积相的听门组。上述地层按层位大致相当于震旦纪下冰期，可与桂、湘地区的长安组对比。

此时，赣南于都、兴国，因受武夷水下隆起的控制处于滨岸地带，代表地层为沙坝黄组下部，主要为石英质砂砾岩、含砾砂岩，可见楔状层理和双向斜层理。向西延伸至崇义一带，为砂、板岩组成的韵律互层，中夹数层复成分砾岩，砾石分选性、磨圆度较差，砾石表面可见刻痕及压裂现象等。表明这是一套在寒冷气候条件下，在次深海槽盆斜坡上形成的海洋和冰筏的混合沉积。这一斜坡带应与扬子陆块南缘的斜坡带相对应，中间部位西从宁冈，东至吉安—宜黄可能是当时盆地地带（图 3-4）。此带西部为寒武系、白垩系覆盖，仅在东部宜黄、金溪等地见砂、板岩夹基性熔岩，说明属裂陷槽盆性质。

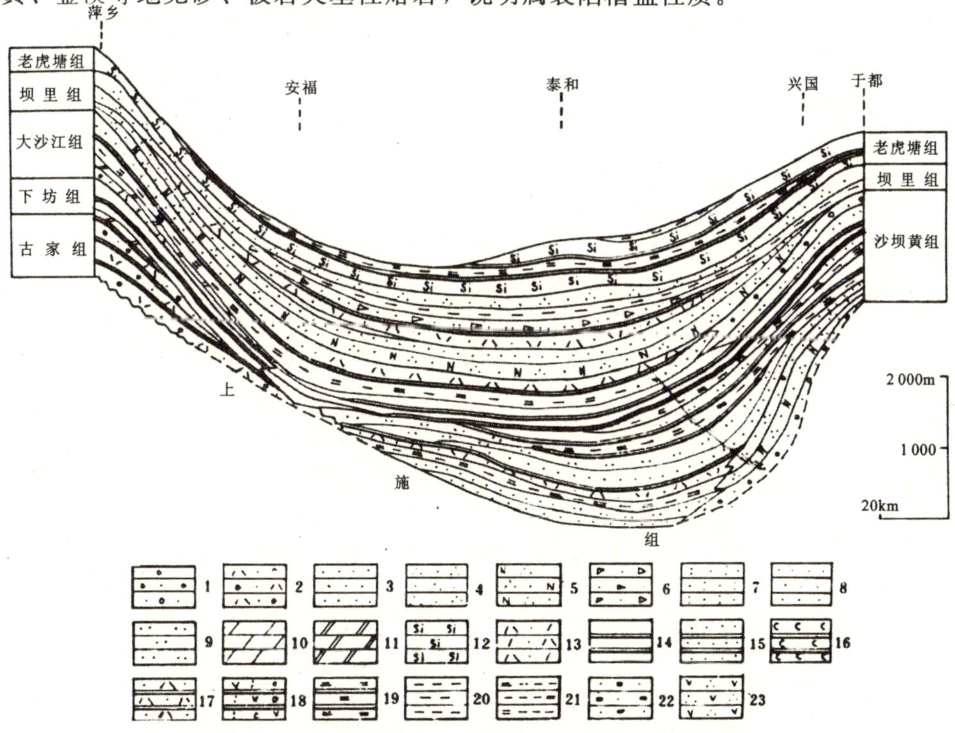

图 3-4　江西省萍乡—于都震旦纪岩石地层横剖面图

1. 砂砾岩；2. 含砾凝灰岩；3. 砂岩；4. 石英砂岩；5. 长石石英砂岩；6. 杂砂岩；7. 凝灰质砂岩；8. 细砂岩；9. 粉砂岩；10. 泥灰岩；11. 白云岩；12. 硅质岩；13. 凝灰岩；14. 板岩；15. 砂质板岩；16. 碳质板岩；17. 凝灰质板岩；18. 含砾凝灰质板岩；19. 绢云板岩；20. 千枚岩；21. 绢云千枚岩；22. 磁铁石英岩；23. 石英角斑岩

莲沱期晚期，东南区相对下降，海平面上升，扬子地层区被剥蚀夷平，海侵由南而北推进，沉积物逐渐向北超覆，分别形成槽盆相、盆地斜坡相、陆架相至滨岸相之沉积。

南部以沙坝黄组中部沉积为代表，其在崇义等地为深灰色、灰黑色泥质砂岩、粉砂岩、泥岩为主，岩层发育水平纹理，为槽盆边缘相。而东至于都、兴国等地，可能因处于武夷隆起边缘，水体较浅，沉积了含铁锰质细砂岩、粉砂岩、泥岩，偶夹硅质岩、凸镜状灰岩的类复理石建造，应属盆地斜坡相（图 3－4）。

中部以武功山地区的下坊组和上饶地区的休宁组为代表。前者为灰黑、灰色砂、泥质夹含锰碳酸盐岩硅铁质建造，应为浅水陆架相。后者因受裂陷控制，水体较深，沉积了灰、灰绿色薄层状凝灰质细砂岩、粉砂岩、沉凝灰岩、凝灰质页岩夹硅质岩、硅质页岩组成的复理石建造，岩层普遍发育水平纹层理。其下与下伏地层呈平行不整合或整合接触。这些特征表明应属盆地斜坡相至盆地相（图 3－5）。

北部修水—武宁及下扬子地层分区之瑞昌—彭泽，当时处于海域的滨岸（海滩）地带。以莲沱组为代表的地层，下部多为灰白色石英砾岩，含砾砂岩、砂岩，有槽状、楔状层理；上部为细砂岩、粉砂岩、粉砂质泥岩等组成的韵律互层，含沙纹波状层理、水平层理。由下而上组成海侵旋回，并上超不整合于双桥山群之上（图 3－5）。

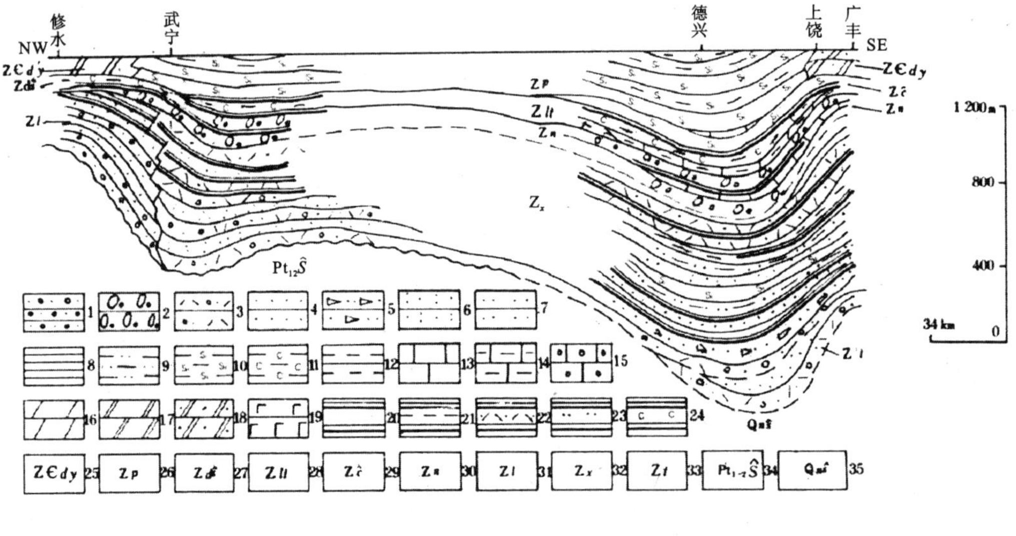

图 3－5　江西省修水—广丰震旦纪岩石地层横剖面图

1. 砂砾岩；2. 冰碛砾岩；3. 凝灰质砂砾岩；4. 砂岩；5. 杂砂岩；6. 凝灰质砂岩；7. 粉砂岩；8. 页岩；9. 粉砂质页岩；10. 硅质页岩；11. 碳质页岩；12. 泥岩；13. 灰岩；14. 泥质灰岩；15. 砾状灰岩；16. 泥灰岩；17. 白云岩；18. 砂质白云岩；19. 变基性熔岩；20. 板岩；21. 泥质板岩；22. 凝灰质板岩；23. 粉砂质板岩；24. 碳质板岩；25. 灯影组；26. 皮园村组；27. 陡山沱组；28. 蓝田组；29. “朝阳组”；30. 南沱组；31. 莲沱组；32. 休宁组；33. 听门组；34. 双桥山群；35. 上墅组

莲沱期之后，澄江运动发生，气候骤然变冷，南部的南岭、北部的九岭—鄣公山再度升隆，在雪线之上形成冰盖，运移至海洋成冰筏，冰筏融蚀，于东南区南部堆积了沙坝黄组上部砂砾岩，北部堆积了大沙江组含砾沉凝灰岩，含砾泥岩，向上变为碳质泥岩夹含锰白云岩、白云质灰岩。扬子地层区形成了南沱组，常由上下两个冰层和一个间冰层组成。冰层一般为含砾泥岩，间冰层多为含碳泥页岩，偶夹含锰白云质灰岩。沉积特征表明为滨海至浅海环境。按地层层位属于震旦纪上冰期。其下冰层相当于湘北、湘中的古城组，间冰层相当大塘坡组，上冰层相当南沱组（狭义）(表 3-11)。

陡山沱期，气候转暖，冰盖和冰筏消融，海平面迅速上升，形成新的海侵。海侵首先进入赣南地区，在北为扬子陆块、东为东南陆块控制的大陆斜坡地带的赣中、赣南广大地区总体沉积了以砂岩、粉砂岩、泥岩夹硅质岩、硅质泥岩的坝里组。其中砂岩发育粒序层理，粉砂岩或泥质粉砂岩发育小型沙纹斜层理，泥岩见水平层理，从而表明了这是一套具有鲍马序列的浊积相沉积。但是，由于各地古地理差异，沉积相位不同，赣西南崇义等地，坝里组下部砂板岩中滑移褶曲和滑塌断层非常发育，而且其中夹有多层砾岩凸镜体，砾石成分以白云岩、砂岩为主，分选性较差，而磨圆度较好，砾径一般 10～20 cm，大者达 30～50 cm，小者 3～5 cm。碳酸盐岩区域上多见于上冰期间冰层中，而在这里呈砾石出现于坝里组下部，说明这里存在一个较陡的斜坡带，因水体冲蚀致使下伏碳酸盐岩在斜坡水道堆积下来，成为浊积扇体内扇沉积。

湘赣边境萍乡、遂川等地的坝里组同样连续于间冰层之上，而缺失相当南沱组（狭义）的沉积，这可能是因为海侵到达较早或者冰筏沉积分布不均之故。

陡山沱期在扬子地层区东南缘上饶一带，表现为多种相型。玉山地层小区称“朝阳组”，其下部为鲕粒白云岩、白云质灰岩、白云质粉砂岩；上部为砾屑白云岩、粉砂岩夹含磷硅质岩、白云质磷块岩等，含斜层理和水平层理，表明属碳酸盐台地边缘滩相至台地边缘斜坡相。怀玉山地层小区称蓝田组，以含碳含硅泥岩为主，间夹基性熔岩，水平层理发育，含黄铁矿，应属受断裂控制的深水陆架相。北部修水、武宁—彭泽一带的陡山沱组以粉砂质页岩、页岩为主，间夹细砂岩、粉砂岩顶底常见白云质灰岩，表明为泻湖或海湾相。

灯影峡期承袭了陡山沱期沉积，海平面进一步上升。东南地层区代表地层为坝里组中上部，因水体加深，在砂、板岩组成的浊积岩相中或浊积岩中常夹含多层硅质岩，而且愈靠近盆地中心，如宁冈—泰和一带，硅质岩层相对增多增厚（图 3-4），说明属浊积扇体的外扇环境。

扬子地层区此期沉积仍和东南地层区存在着成生联系。除西北部修水和东南部广丰为碳酸盐台地相的白云质灰岩、灰岩夹白云岩外，北从武宁及下扬子地层分区东南至怀玉山地层小区皆为台盆相沉积。以灰黑色、灰色条纹条带状硅质岩为主，称皮园村组。其在怀玉山地层小区，西至南昌黄麻一带，多为黑色厚层硅质岩夹含碳质页岩，含丰富的黄铁矿晶粒，水平纹理发育，表明为盆地中心部位。西北修水—彭泽多为灰、灰黑色条纹条带硅质岩，除发育水平层理，还见多种形式的交错层理和滑移褶曲，而且一些地点，如瑞昌南义之南夹含砾状硅质岩或硅质砾岩，说明为盆地斜坡环境。东南地层区此期可能因前期沉积填平，水体相对变浅，处于上述盆地的陆架地带，以硅质岩为特征的老虎塘组，常夹含砂岩、泥岩，含水平波状层理。

（二）寒武纪

寒武纪继承震旦纪古地理，由东南区至扬子区水体由深而浅，由槽盆相向滨岸或台地相过渡。

牛角河期初期，受铜湾运动的影响，海平面下降，在崇义至上饶一带形成石煤层或碳质页岩、碳质粉砂岩，偶夹白云岩，富含黄铁矿，表明为滞流、还原环境下的闭塞海湾或盆地沉积。随后，海平面上升，水体相对流动性较好，沉积了华山硅质岩段，继之沉积了由砂岩、板岩组成的类复理石建造，常由砂岩、粉砂岩、粉砂质板岩、含碳硅质板岩组成建造层序。粒序层理、沙纹斜层理、包卷层理、水平层理及块状层理相继发育，组成鲍马序列，反映这是一套次深海盆地相至盆地下斜坡相沉积。

中寒武世高滩期，可能受郁南运动的影响，东南陆块上升，海平面相对下降，海水由东而西退覆约至于都之西（图 3-6），形成巨厚层—厚层岩屑杂砂岩、细砂岩、粉砂质板（页）岩、板（页）岩组成的鲍马序列。砂岩底面冲刷构造、槽模、重荷模构造相当发育。砂岩由含砾至不含砾，由粗而细组成明显的粒序层理，粉砂岩、板岩依次发育沙纹交错层理、水平层理等，表明属于次深海浊积扇体之中扇沉积。

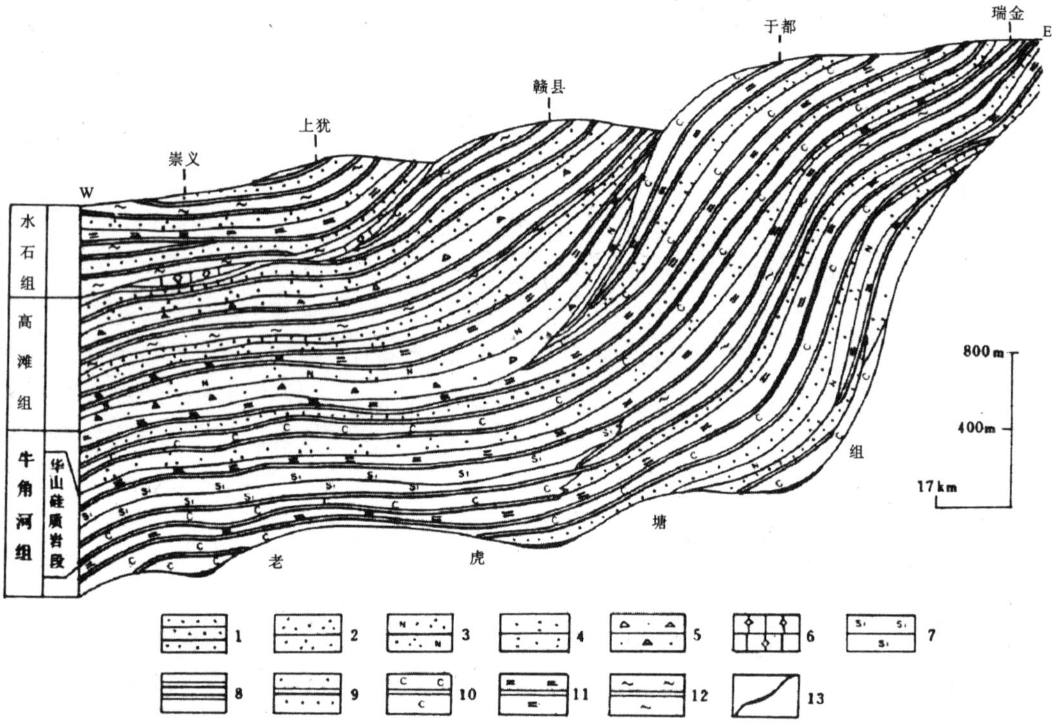

图 3-6　江西省崇义—瑞金寒武纪岩石地层横剖面图

1. 砂岩；2. 石英砂岩；3. 长石石英砂岩；4. 凝灰质砂岩；5. 杂砂岩；6. 结晶灰岩；7. 硅质岩；8. 板岩；9. 砂质板岩；10. 碳质板岩；11. 绢云板岩；12. 条带状板岩；13. 石煤层

晚寒武世水石期，海水继续向西退覆，以黄绿、灰绿色粉砂质泥板岩、板岩、粉砂岩夹细粒长石石英砂岩组成的类复理石韵律，常发育微细水平层理，砂岩具斜层理并含同生泥砾。这表明随郁南运动而导致的地壳上升，由早、中期边缘海槽盆斜坡向深水陆架环境过渡。

怀玉山南坡上饶—玉山之临湘—南山一带，是早古生代地层发育的地区。此处的寒武系，尤其是早寒武世荷塘组多被断层破坏，但向东延入浙西，根据开化—常山横剖面分析，正是荷塘组沉积的中心地带。荷塘组底部发育石煤层，其上由黑色硅质页岩夹硅质岩组成本组主体，厚度 470 m。其南上饶张家山一带，也是由黑色硅质岩和含碳硅质页岩组成。其底部石煤层厚近 40 m，全厚 177 m。此地层向西延伸至南昌黄麻岩性组合相同。其中均发育微细水平层理，富含黄铁矿，化石贫乏，仅有海绵骨针，属于静水、封闭还原环境下盆地或海沟沉积。这一海沟当时可能与西南崇义一带槽盆连成一体，岩石组合可与牛角河组底部的石煤层及其上的华山硅质岩段对比。

怀玉山及其以北荷塘组为深灰、灰黑色硅质岩，间夹泥晶白云岩、白云质灰岩组合，岩层除发育水平层理，还可见包卷层理、小型斜层理，厚 447 m，属盆地斜坡相沉积。

九岭—鄣公山水下隆起之北，是早寒武世王音铺组和观音堂组发育的地区。因受障壁作用，早期王音铺组以黑色页岩为主，偶夹白云质泥晶灰岩（图 3－7），页岩含海绵骨针化石，并含黄铁矿及钒、铀等元素。这些特征表明属海湾泻湖环境。晚期海平面上升，海域扩大，水体流畅，沉积了以灰绿色粉砂质页岩为主的观音堂组，含三叶虫、腕足类化石，属浅水陆架相。

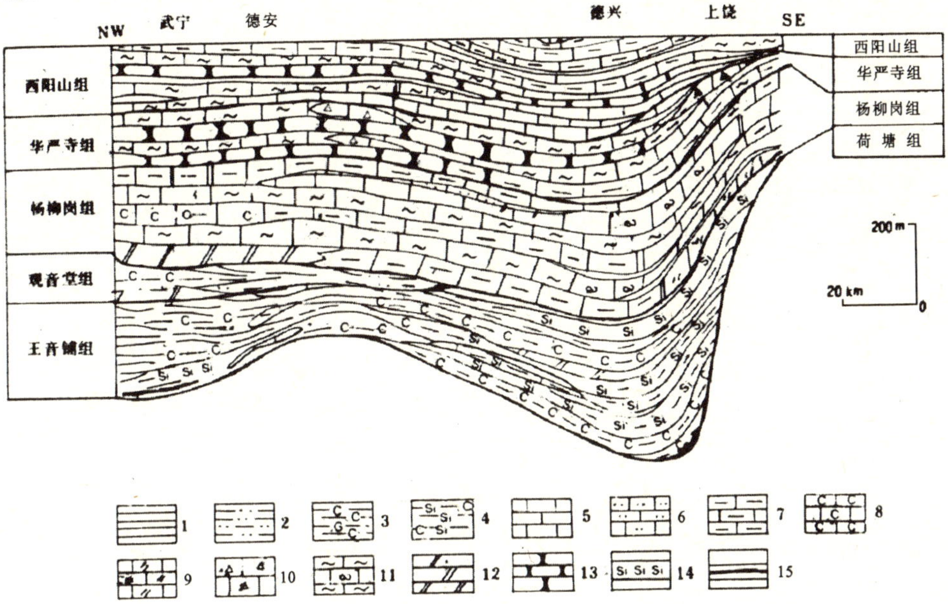

图 3－7　江西省武宁—上饶寒武纪岩石地层横剖面图

1. 页岩；2. 粉砂质页岩；3. 碳质页岩；4. 碳质、硅质页岩；5. 灰岩；6. 粉砂质灰岩；7. 泥质灰岩；8. 碳质灰岩；9. 白云质灰岩；10. 结晶灰岩；11. 条带状灰岩；12. 白云岩；13. 瘤状灰岩；14. 硅质岩；15. 石煤层

早寒武世末，因郁南运动，东南区沉积高滩组的同时，扬子区南部上饶—玉山为深水陆架，岩石以灰色薄层泥质灰岩、纹层灰岩为主夹碳质页岩及白云质灰岩，组成杨柳岗组下部层序。而中、北部此时为局限台地，以白云岩、白云质灰岩为主。

中寒武世，海域扩大，全区沦为广海陆架。杨柳岗组中、上部以纹层灰岩为主夹钙质页岩及瘤状灰岩，生物较少，仅见漂浮生活的球接子。至晚寒武世早期，即华严寺期，海盆继续沉降。在下扬子地层分区与江南地层分区交界地带，因周期性海流作用，形成深灰薄层纹层灰岩与瘤状灰岩组成韵律互层，上部夹数层砾屑灰岩或角砾灰岩，从而表明这是深水陆架及其斜坡相环境的产物。此种环境一直延续至西阳山期早时。

西阳山期晚时，海域缩小，水体相应变浅，瘤状和纹层灰岩逐渐减少，常由泥晶灰岩夹泥质页岩代替。三叶虫化石亦由漂浮型变为底栖型，反映由深水陆架斜坡相向浅水陆架相、滨岸过渡。

（三）奥陶纪

奥陶纪基本上承袭了寒武纪的沉积构造格局。下扬子地层分区属扬子海域的一部分，为碳酸盐岩相，其南之江南地层分区以细碎屑岩、硅质岩相为主，夹碳酸盐岩相。由北而南由台地相向盆地相过渡（图 3－8）。

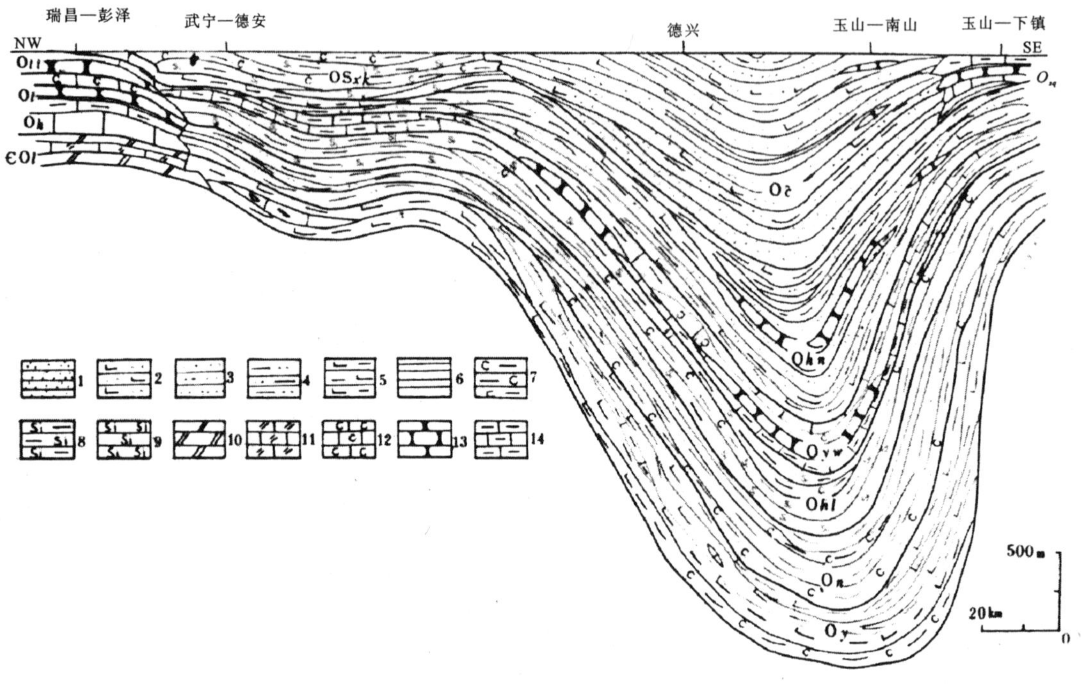

图 3－8　江西省瑞昌—玉山奥陶纪岩石地层横剖面图

1. 石英细砂岩；2. 钙质砂岩；3. 粉砂岩；4. 粉砂质页岩；5. 钙质页岩；6. 页岩；7. 碳质页岩；8. 硅质页岩；9. 硅质岩；10. 白云岩；11. 白云质灰岩；12. 含碳质灰岩；13. 瘤状灰岩；14. 泥质灰岩；∈O*l*. 仑山组；O*h*. 红花园组；O*t*. 汤山组；O*tt*. 汤头组；O*y*. 印渚埠组；O*n*. 宁国组；O*hl*. 胡乐组；O*yw*. 砚瓦山组；O*hn*. 黄泥岗组；OS*x*. 新开岭组；O$\hat{c}$. 长坞组；O*sq*. 三衢山组

下扬子地层分区早奥陶世早期（两河口期），为白云岩、白云质灰岩组成的仑山组，属于半局限台地相。代表了晚寒武世末，地壳一度上升，海平面相对下降的产物。随之，海平面上升，进入了红花园期。其下部堆积了灰白色巨厚层状结晶灰岩夹白云质灰岩，其上为厚层生物骨架灰岩，常见鲕粒，产角石，应属台地—台地边缘浅滩相。上部多变为灰至深灰漩涡状灰岩、豹皮状灰岩，属台地前缘斜坡相。

进入大湾期、牯牛潭期及至中奥陶世庙坡期至宝塔期，组成海侵—海退相序两个旋回。总体岩性下部为中厚层生物碎屑灰岩及厚层状结晶灰岩夹紫红色泥质灰岩及瘤状泥质灰岩，富含头足类，时代大致相当于大湾期，应属开阔台地相。中部主要为紫红色龟裂纹或网状灰岩夹紫色泥质条带，表明海域缩小，由台地相向局限台地相转化的特征。庙坡期的沉积在江西省不发育，局部见页岩夹泥质条带灰岩，可能属于陆架相带。至宝塔期主要为灰白色网纹灰岩夹瘤状灰岩，局部见砾屑和钙质团块，产角石、腕足类碎片及海百合茎化石等，可能属台地边缘浅滩—台地边缘斜坡相。上述相序均限于汤山组。时代包括早奥陶世晚期—中奥陶世。

晚奥陶世早期，即汤头组，盆地下降，相当于临湘期的沉积，主要为一套青灰、灰绿色中薄层状泥质灰岩与瘤状灰岩互层夹泥质条带灰岩及泥岩，岩层纹层理发育，产三叶虫、角石、腕足类等化石，属盆地边缘相。至晚奥陶世晚期（五峰期）全变为灰黑色硅质页岩，纹层理甚为发育，为笔石页岩相，反映为滞流、还原环境，属于非补偿的盆地相。

江南地层分区奥陶纪沉积，隶属浙赣海域的范围。总观，由北而南海水由浅而深，而至武夷隆起的边部又有超覆现象。

修水—武宁—德安一带的印渚埠组，是继晚寒武世末地壳一度上升，海平面下降的产物。但因古地形凹凸不平，西部武宁一带，水体较深为潮下低能环境，岩性以灰、灰绿色钙质泥岩为主，局部为灰岩瘤，含丰富的三叶虫化石。东至德安一带，由白云质灰岩、竹叶状灰岩至黄绿色钙质泥岩组成的韵律互层，产少量三叶虫、腕足类化石，这反映水体较浅，处于中低能潮坪环境。

德兴一带为青灰、灰绿色钙质页岩，中上部夹含钙质结核，纹层理发育，含三叶虫，为浅海陆架相。南至上饶及至广丰大南一带，本组下部多为灰绿色、灰钙质页岩偶夹泥灰岩，富含笔石、三叶虫化石，应属较深水陆架相；上部以深灰、灰黑色钙质页岩、碳质页岩为主，富含笔石，应属于水体较深、滞流还原环境的深陆架或盆地相。

按其化石所反映的时代特征，本组为早奥陶世新厂期至宁国期早时。

宁国期中、晚时的宁国组是继印渚埠组水体进一步加深的产物。北部武宁—德安一带，为棕黄色粉砂质泥岩，偶夹泥质细砂岩，其中武宁一带水体较深而平静，富产笔石，属笔石页岩相，为深陆架相。东部德安，水体较浅，厚度较小，笔石相对减少，为浅水陆架相。

南至德兴为深灰色粉砂质泥岩夹含碳质页岩，富含笔石，再南至玉山古城一带为含碳质页岩、碳质页岩相对增多，且由下而上笔石十分丰富，说明由北而南水体加深，是处于氧化还原滞流环境，应为深水陆架相。

早奥陶世晚期至中奥陶世早期的胡乐期是承袭宁国期晚时水体进一步加深的沉积。武宁及下扬子地层分区，多为硅质页岩或硅质泥岩夹粉砂质硅质泥岩，富含笔石，水平层理、水平波纹层理发育，应属盆地斜坡相。南至上饶—玉山一带变为灰黑色硅质页岩、硅质岩夹碳质页岩，水平纹层理发育，富含笔石，表明由北而南随水体的加深，处于静水、滞流还原环境之盆地相沉积。

中奥陶世晚期的砚瓦山组，代表了海平面下降的产物。北部多为灰黑、灰色薄层状泥质灰岩夹瘤状灰岩，产头足类、腕足类、三叶虫等化石，应属潮坪相。南部随水体加深，常变为灰黑色中厚层状生物碎屑灰岩或瘤状灰岩夹钙质页岩，产较丰富的三叶虫及头足类、腕足类，属于深陆架斜坡相。

晚奥陶世早期，修水—武宁为黄绿色钙质泥岩，含钙质结核，水平层理发育，产三叶虫为主的介壳化石，显示较宁静的环境，可能为潮下低能或浅海陆架相。东至德安水体变浅，常变为黄绿色粉砂岩或页岩与粉砂岩互层，厚数米，见脉状、凸镜状层理，应属潮坪相。

南至上饶、玉山北境，水体加深，岩性以灰黑色黄绿色钙质页岩、粉砂质页岩为主，夹钙质粉砂岩，厚近千米，水平层理发育，化石较少，可能属于深陆架边缘相。再南至玉山南境及广丰中部，岩性为灰绿、灰黄色钙质粉砂岩、钙质泥岩夹瘤状灰岩及泥灰岩凸镜体，产腕足类、三叶虫等，厚 30～50 m 不等，似属陆架斜坡相。

晚奥陶世晚期，即五峰期水体进一步加深，因九岭—鄣公山水下隆起的阻隔，其南北分成两种不同相的盆地。北部武宁—彭泽，为非补偿性盆地，沉积了厚仅数十米的黑色含碳硅质页岩夹碳质页岩，毫米级纹层理极为发育，表明属静水、滞流、还原环境。这种环境不适宜壳相底栖生物生存，笔石十分丰富。

南部至怀玉山地区以长坞组为代表。这是一套由砂岩、粉砂岩、粉砂质泥岩组成的类复理石建造，厚近千米。岩层中普遍发育小型斜纹层理、水平层理，并可见滑移小褶曲，表明这是陆架斜坡至深水陆架相沉积，以致形成具浊流特征的类复理石建造。该套沉积以南至玉山县南境，厚度减至数十米至百米，岩性仍以砂泥岩为主，但夹灰岩凸镜体、钙质粉砂质结核，说明由北部陆架斜坡相向南部浅海陆架相或潮坪相过渡。

东南地层区的奥陶纪，因受寒武纪末郁南运动的影响，进入残余海盆的发展阶段，海域退缩至湘赣或粤赣边境。同时，因受东西向、北东向断裂的控制，沉积发生南北分异（图3-9）。

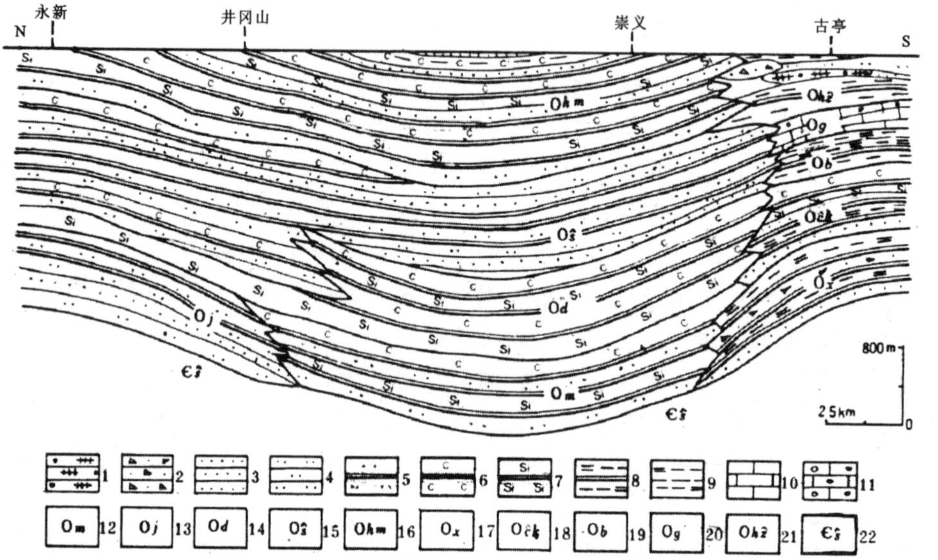

图3-9　江西省永新—崇义古亭奥陶纪岩石地层横剖面图

1. 复成分砾岩；2. 杂砂岩；3. 砂岩；4. 粉砂岩；5. 粉砂质板岩；6. 碳质板岩；7. 硅质板岩；8. 绢云板岩；9. 千枚岩；10. 石灰岩；11. 砾屑灰岩；12. 茅坪组；13. 爵山沟组；14. 对耳石组；15. 石口组；16. 花面垄组；17. 下黄坑组；18. 长坑水组；19. 半坑组；20. 古亭组；21. 黄竹洞组；22. 水石组

早奥陶世新厂期至宁国期早时盆地中心地带为茅坪组。该组为灰黑色至灰绿色粉砂质板岩夹灰黑色含硅板岩及含碳板岩，水平纹层理发育，产丰富的笔石，属半滞流盆地相。遂川断裂之北井冈山—永新一带的爵山沟组，为其同期异相沉积，由砂岩、粉砂岩、粉砂质板岩组成的类复理石建造，岩层具粒序层理、单斜纹层理及水平层理，具浊流沉积特征；古亭-南康断裂带之南的下黄坑组下部亦为砂岩、板岩组成的类复理石建造，沉积构造同样具有浊积岩特点。因此，南北均为盆地斜坡相。

进入宁国中期—胡乐期，海平面上升，古亭-南康断裂之北水体加深，沉积了对耳石组黑色、灰黑色硅质板岩夹碳质板岩建造，厚400～500 m，水平纹层理发育，含细脉及星散状黄铁矿，笔石化石极为丰富，说明为深海滞流或半滞流盆地相。断裂以南，为下黄坑组中上部，由凝灰质砂岩、粉砂岩、板岩组成的复理石建造，为盆缘斜坡相。

滞江期海平面下降，海域缩小，中部茅坪地区仍保持半滞流盆地相，对耳石组上部为黑色硅质板岩夹粉砂质板岩。因水体南移，南部沉积了长坑水组，为含碳硅质板岩与板岩互层，纹层理发育，含黄铁矿，富含笔石，这表明为盆地相。而其北部为石口组下部层序，为黄绿色细粒石英砂岩、粉砂岩及粉砂质板岩组成类复理石建造，应为盆地斜坡相。

晚奥陶世早期即石口期，海水进侵，海平面再度上升。但因构造发展的不均衡性，南部古亭地区断块抬升，盆地中心向北迁移，中部茅坪地区随着水体上升，石口组超覆于对耳石组之上，成为陆架斜坡带沉积。北部宁冈—永新地区石口组继续沉积，细砂岩—粉砂质板岩—板岩组成的类复理石建造中，常夹碳质板岩和含碳粉砂岩，且含较丰富的笔石。其厚度达2 700余米。表明这里下降幅度大，水体深，应属深水陆架相或深水盆地相。

此时，南部地区因基底抬升，下部沉积了砂板岩互层陆架斜坡相的半坑组，上部因水体较浅，变为碳酸盐岩台地，先期沉积了灰白色厚层灰岩、生物碎屑灰岩，产珊瑚、腕足类化石，后期沉积了深灰色中薄层燧石灰岩、条纹条带灰岩夹多层砾屑灰岩，条纹灰岩中并见有滑移小褶曲，表明从早至晚，由台地相过渡到台地前缘斜坡相。

晚奥陶世晚期，即五峰期，早时水体较深，中部茅坪地区，北部宁冈—永新一带的花面垄组下部多为黑色、灰黑色硅质板岩、碳质板岩夹粉砂质板岩、砂岩。因中部水深于北部，硅质板岩中常夹硅质岩。岩层中普遍发育水平纹层理，富含笔石。南部古亭此时发育了黄竹洞组下部的灰绿色粉砂质板岩（原高草地组），水平层理，产笔石。以上说明此时水体较深，中部属于盆地相，南、北为盆地边缘斜坡相带。

五峰期晚时，受加里东运动影响，海平面普遍上升。但因受同生断裂或断块的控制，中部茅坪地区仍显示水体较深，为深灰、灰黑色板岩和灰绿色绢云板岩；北部岩石粒度加粗，为灰绿色粉砂岩、砂岩夹灰黑色含硅板岩及碳质板岩；均含笔石化石，以水平层理为主，表明从中部向北由较深水陆架相向陆架斜坡过渡。

此时南部地区因断块抬升，黄竹洞组之中部地层，为一套砂岩、板岩组成的类复理石建造，常由石英砂岩—粉砂质板岩—板岩或由细砾岩—含砾砂质板岩—粉砂岩—粉砂质板岩组成韵律互层。粒序层理、平行层理、小型斜纹层理、水平层理，常随韵律的岩性变化而变化，说明是陆架斜坡相的沉积物。此套沉积之上，至黄竹洞组中上部，主要为一套灰、浅灰绿色粉砂质板岩、条纹条带状板岩，岩层普遍见蝌蚪状或凸镜状小砂体所组成的凸镜状层理，是属潮下低能环境的产物。

黄竹洞组的上部岩性组合发生明显的变化。其突出特点，是出现多层巨砾岩夹于砂岩、板岩之中。常由砾岩—含砾砂岩或含砾板岩—粉砂质板岩—板岩组成韵律互层。砾岩成分复杂，由多种岩石砾石组成，分选性较差，磨圆度差，区域上多呈大小不等的凸镜体产出。这说明是受同生正断裂控制，因地貌落差，由泥石流搬运至水盆地中的冲积扇体。因其韵律呈层，表明冲积扇是阵发性的，而后构造活动趋于稳定而与砂、板岩共同组成正旋回性的基本层序。砂岩、粉砂岩或粉砂质板岩，常见泥质条带，泥板岩仍见凸镜状小砂体，分别构成潮坪相的脉状或凸镜状层理。但是这种潮坪相沉积，可认为是在同沉积断裂差异升降的情况下，于盆地边缘形成的断陷陡崖的基础上发育起来的。

五峰期末，地壳上升，海水向西南退却，东南区大部分地区上升为陆，仅在赣西南崇义—大余—全南一带断陷盆地或低洼地区，沉积了志留系（?）类磨拉石建造。

综上可知，江西奥陶系由北而南因基底特征及沉积环境不同，沉积类型及沉积组合各有不同。各区岩石地层的变化及其与年代关系，以及南北两个地层区的对比，见图3－10。

（四）志留纪

晚奥陶世末海水退却，扬子地层区在海水尚存之际，志留纪的海侵随踪而至，因此，志留纪承袭奥陶纪古地理轮廓连续沉积。

武宁、下扬子地层分区因九岭—鄣公山水下隆起阻隔，在早志留世早期（龙马溪期）由较闭塞的海湾或盆地相发展为较开阔的陆架相。初时继承五峰期新开岭组沉积，于梨树窝组

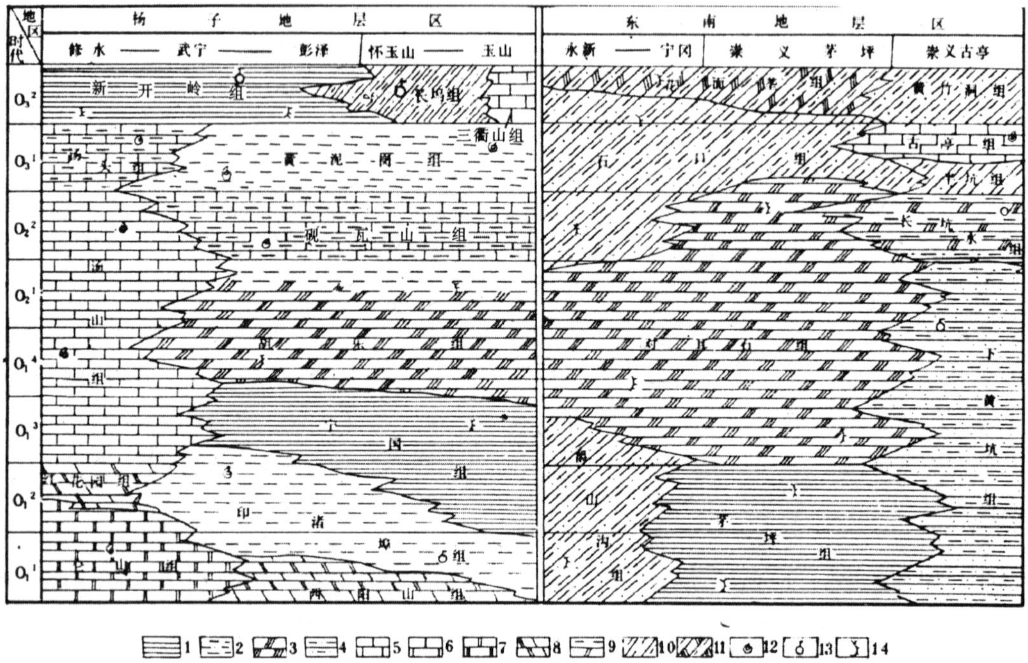

图 3-10　扬子地层区与东南地层区的江西省奥陶纪岩石地层单位对比关系图

1. 黑色笔石页岩（泥岩）；2. 钙质泥岩；3. 硅质页岩（板岩）；4. 砂岩、粉砂岩互层；5. 灰岩；6. 泥质灰岩；7. 白云岩；8. 白云质灰岩；9. 硅质板岩、粉砂岩互层；10. 泥砂质复理石；11. 泥砂质复理石夹硅质板岩；12. 壳相；13. 混合相；14. 笔石相

底部形成了黑色页岩，内含三叶虫，成为壳相的 *Dalmanitina* 层。这是由下伏笔石相向混合相转化的表征，也是继晚奥陶世后水体变浅而逐渐转为浅海陆架相的佐证。梨树窝组下部多由灰绿色薄层砂岩、粉砂岩组成韵律互层，具有类复理石沉积特征，可能属陆架斜坡相；中部为灰绿色中厚层长石石英细砂岩夹薄层粉砂质泥岩所组成。砂岩多具平行层理，泥岩具水平层理，应为陆架相；上部因水体变浅，出现砂岩、砂泥岩互层与泥岩组成的韵律互层，砂岩表面可见浪成波痕构造，表明进入潮坪相区。

早志留世中期（石牛栏期）的殿背组，是一套典型潮坪相沉积。由灰绿色泥页岩为主，夹灰、灰绿色长石石英砂岩、粉砂质泥页岩组成。该组的下部基本层序由长石石英砂岩—砂、泥岩互层—粉砂质泥岩构成。砂岩一般厚 1.0～1.5 m，中至细粒，多见平行或缓倾斜层理；砂岩、泥岩互层，厚 2～3 m，由单层 1～2 cm 粉砂岩或泥质细砂岩与粉砂质泥岩等厚互层，具水平或水平波状层理；粉砂质泥岩，厚一般 4～7 m，为薄层粉砂质泥岩，其上部常变为泥质页岩，具水平或波纹层理，以及凸镜状层理。这三个单层分别组成了潮坪相的砂坪、混合坪、泥坪。该组的上部砂坪减少以致消失，多由砂岩、泥岩复合层—泥坪组成，且细砂岩或粉砂岩层面多发育对称性的浪成波痕及不对称的水流波痕。这表明海岸平坦而水体较浅。

南部的怀玉山及玉山一带，相当龙马溪期至石牛栏期的沉积，称霞乡组。本组整合于奥陶纪末期或五峰期晚时的青灰色薄层泥质页岩之上，为一套灰绿色、黄绿色薄层状粉砂质泥岩夹黄绿色中薄层状粉砂岩或细砂岩。水平层理发育，内产腕足类、三叶虫等化石。其厚度由南部玉山南境至北境，由 300 m 至 762 m，且北境类复理石韵律性明显，砂岩可见粒序层，故推测由南而北由浅海陆架相向陆架斜坡相过渡。

早志留世晚期（白沙期），地壳上升，海水向西南退却，九岭—鄣公山水下隆起升隆以至晚时露出水面成为陆蚀地带，同时气候由温暖转为干燥。此期扬子地层区南北沉积组合近于一致，岩层均以夹含紫红色岩石为特征。北称清水组，从其由细至粗，由潮坪特征至河流特征的岩性层序分析，应为潮坪—三角洲相组合。其下部继承殿背组潮坪相，常由砂岩—砂、泥岩互层—粉砂质泥岩组成基本层序。砂岩多具平行层理，砂、泥互层之砂岩或粉砂岩，多见对称性波状沙纹层理，具对称波痕，且常见凸镜状、脉状等潮汐层理。反映是三角洲前缘部分。上部逐渐砂岩增多，单层厚度增大，变为灰白色厚层砂岩夹紫红、黄绿色粉砂质泥岩、粉砂岩，砂岩中可见板状或槽状交错层理，粉砂岩、泥岩见交互成层的波状纹理，反映是三角洲平原沉积。南部怀玉山、玉山一带河沥溪组，由细至粗的相序不明显，主要特征反映为砂、泥岩组合，见有以波浪、潮汐作用为主的砂、泥质条带的潮汐层理，应为潮坪相之沉积。

中志留世秀山期，是志留纪一次较大的海侵期。扬子地层区九岭—鄣公山水下隆起之北的坟头组，底部常见一层砂砾岩或含砾砂岩，代表海侵初始的海滩或滨岸沉积，随着海平面上升，其上逐渐为中薄层石英细砂岩、含锰钙质砂岩、粉砂岩、粉砂质泥岩夹含磷、含锰细砂岩，水平层理发育，盛产三叶虫、腕足类、双壳类等底栖生物化石。据近年研究，其中夹含风暴岩。这些特征说明属浅海陆架相。而其南部玉山一带主要为砂岩夹粉砂质泥岩，见斜层理、潮汐层理、应为滨岸或海滩环境。

晚志留世晚期或关底期至妙高期，地壳上升活动加剧，陆地扩大，水域缩小。扬子地层区北部的茅山组和南部的唐家坞组，均以河流三角洲相为主。由下而上由细变粗的岩石组合序列中，下部由灰绿色、紫红色细粒砂岩、粉砂岩夹粉砂质泥岩组成的三角洲前缘沉积，内含无颌类鱼化石及植物化石，并见生物扰动构造，砂岩层面常见泥砾；上部逐渐由中薄层砂岩变为厚层、巨厚层状砂岩夹粉砂岩，含泥砾，具大型板状、槽状交错层理，粉砂岩具波纹层理，表明属三角洲平原环境之沉积。

加里东运动的发生，海水退却，除了扬子地层区修水—武宁—彭泽一带，以及怀玉山、玉山等一些低洼地带残有海水，使泥盆系继承于志留系之上，其余广大地区褶皱回返为陆，从而结束了加里东期的历史。

第四章
泥盆纪—中三叠世

加里东运动后，扬子、东南地块连成一体，进入稳定型沉积时期。此期沉积岩系是一个巨大的沉积旋回。因地壳升降，包含泥盆纪—早二叠世、晚二叠世—早三叠世两个由陆源碎屑岩至碳酸盐岩的二级沉积旋回。中三叠世末，印支运动发生，从而结束了此期的历史。此期地层分布、分区及岩石地层序列，参见图 4－1、表 4－1。

第一节　岩石地层单位

五通群　DCW　（06－36－0922）

【创名及原始定义】　原称五通山石英岩，系丁文江（1919）创立，创名地在浙江省长兴县煤山镇西北之五通山。原始定义："为一厚度相当大的红色石英岩系，具有砂质页岩和杂色砂岩，厚度不少于 500 m，时代定为泥盆纪（?）"。

【沿革】　李星学（1963）在《中国晚古生代陆相地层》一书中，系统地论述了"五通山石英岩"的演化历史，并据生物群的时代特征及上下地层层位重新厘定了含义，将"五通山石英岩"或"五通系"等改称五通群，并以南京市龙潭观山、擂鼓台两剖面为层型，下分观山组和擂鼓台组，时代分别归于晚泥盆世早、晚期。而五通群之正层型剖面浙江长兴，下分西湖组、珠藏坞组，时代分别归于晚泥盆世与晚泥盆世末期至早石炭世。本省赣东北怀玉山、玉山地层小区为浙江五通群之延伸，故采用以上划分方案。赣西北修水—瑞昌—彭泽一带与苏、皖地区五通群之观山组、擂鼓台组岩石组合特征一致，故采纳李氏划分方案。

【现在定义】　指唐家坞组与叶家塘组之间的一套海陆相沉积。其下部西湖组由灰白色中至厚层状石英砂岩、含砾石英砂岩夹含砾石英砂砾岩和泥质粉砂岩组成；上部珠藏坞组由灰色与紫红色交替的含砾砂岩、砂岩、粉砂质泥岩组成。下与唐家坞组、上与叶家塘组均呈平行不整合接触。

西湖组　D*xh*　（06－36－0920）

【创名及原始定义】　原名西湖石英岩，系舒文博（1930）创立，创名地为杭州西湖。

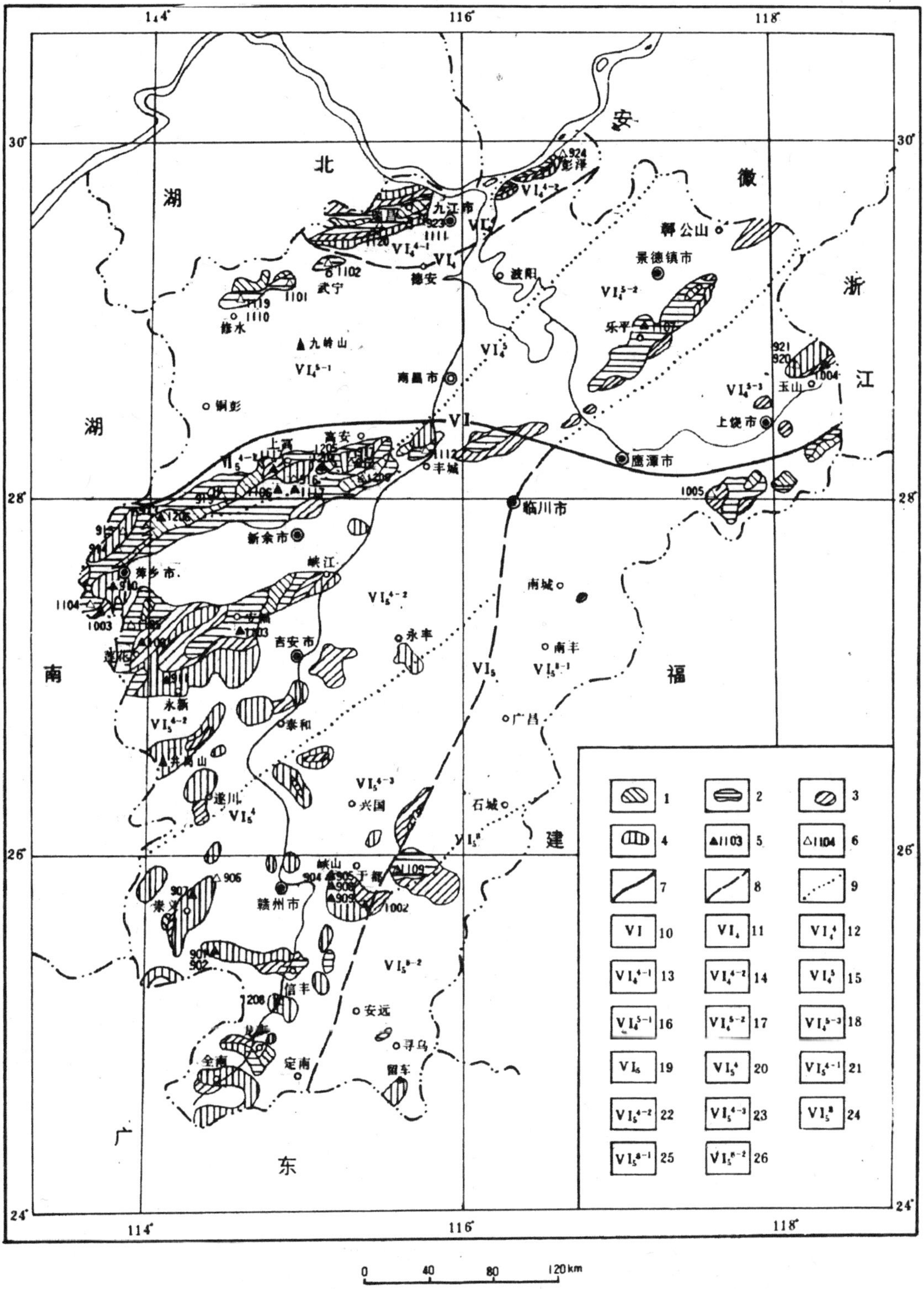

图 4-1 江西省泥盆纪—中三叠世地层分布及剖面位置略图

1. 下、中三叠统露头区；2. 二叠系露头区；3. 石炭系露头区；4. 泥盆系露头区；5. 正层型剖面位置及编号；6. 主要参考剖面位置及编号；7. Ⅱ级地层区划界线；8. Ⅲ级地层区划界线；9. Ⅳ级地层区划界线；10. 华南地层大区；11. 扬子地层区；12. 下扬子地层分区；13. 瑞昌地层小区；14. 彭泽地层小区；15. 江南地层分区；16. 九岭地层小区；17. 鄣公山地层小区；18. 上饶地层小区；19. 东南地层区；20. 桂湘赣地层分区；21. 上高-高安地层小区；22. 永新-丰城地层小区；23. 崇义-于都地层小区；24. 武夷地层分区；25. 北武夷地层小区；26. 南武夷地层小区

表 4-1　江西省泥盆纪—中三叠世岩石地层单位序列对比表

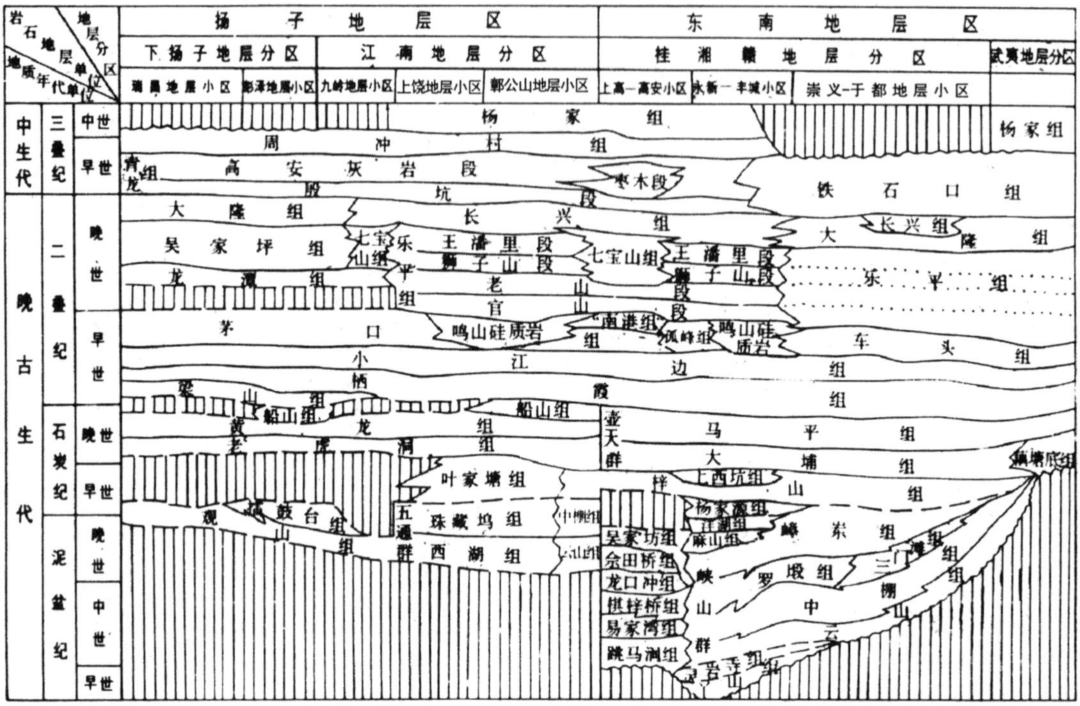

原始定义："唐家坞砂岩与飞来峰石灰岩之间的石英岩，厚约三百至四百公尺，而以出露于西湖附近者为最厚，颜色粉白与紫红。成为块状。其中部间夹紫色页岩薄层；上部含石英卵石而为石英质砾岩，卵石长数分至一寸，形状无定；顶部以薄层石英质砂岩与页岩之互层……"。

【沿革】　蒋声治等（1959）改称西湖层，时代归于泥盆石炭纪。浙江省区域地质测量队（1969）在 1∶20 万衢县幅区域地质调查报告》改称西湖组，时代归于晚泥盆世。江西区调队（1981）将西湖组含义扩大至珠藏坞组，时代仍为晚泥盆世。赣东北地质大队（1988）在《1∶5 万玉山幅区域地质调查报告》将西湖组置于晚泥盆世，平行不整合于早志留世沉积之上。

【现在定义】　指平行不整合于上志留统唐家坞组之上、整合于珠藏坞组之下的一套灰白色石英砾岩、砂砾岩、含砾粗粒石英砂岩夹紫红色砂岩、粉砂质泥岩的沉积。产植物化石。下以灰白色厚—巨厚层石英质砾岩与唐家坞组分界；上与珠藏坞组紫红色复成分砾岩、砂砾岩分界。

【层型】　选层型为浙江省杭州市钱塘江大桥旁剖面。省内次层型为玉山县紫湖乡大叶剖面（118°11′，28°51′），由江西区调队 1981 年测制。

上覆地层：**珠藏坞组**　灰紫色厚层—块状复成分砾岩与紫红色薄层状粉砂质页岩组成 3 个韵律

——————　整　合　——————

西湖组　　总厚度 242.1 m

44. 紫红色厚层粉砂岩、粉砂质页岩，底部见一层含砾石英砂岩　　40.9 m

43. 紫红色厚—块状含砾石英粗砂岩与同色细粒岩屑砂岩、粉砂质页岩组成 3 个韵律　17.2 m
42. 紫红色厚层不等粒岩屑石英杂砂岩与粉砂质页岩互层　16.8 m
41. 灰紫色厚—块状含砾石英粗砂岩与紫红色薄层粉砂质页岩组成韵律互层　12.1 m
40. 上部紫红色厚层千枚状不等粒岩屑石英杂砂岩夹含砾石英粗砂岩凸镜体；中部含砾粗砂岩；下部紫红色厚层粉砂质页岩　36.3 m
39. 紫红色块状含砾石英粗砂岩　3.0 m
38. 紫红色厚层粗粒石英杂砂岩夹含砾石英砂岩　30.1 m
37. 灰白色厚层石英砾岩与紫红色粉砂质页岩组成 3 个韵律　10.8 m
36. 紫红色厚—块状含砾石英粗砂岩，往上为粉砂质页岩　10.5 m
35. 紫红色厚—块状细粒岩屑杂砂岩与粉砂页岩组成 5 个韵律　5.9 m
34. 紫红、灰绿色厚—巨厚层状含砾石英粗砂岩　4.2 m
33. 灰白色石英砾岩　24.5 m
32. 灰白色厚—块状石英质砾岩夹石英粗砂岩，其上为粉砂质页岩　3.9 m
31. 灰白色厚层石英细砾岩　5.8 m
30. 上部灰白色石英细砾岩夹一层含碳粉砂质页岩；下部灰白色厚层石英质砾岩。产少量植物化石碎片　20.1 m

——————— 平行不整合 ———————

下伏地层：**唐家坞组**

29. 砖红色厚层中粒岩屑砂岩

【地质特征及区域变化】　上列次层型剖面所示，本组下部为灰白色厚层石英砾岩为主，夹少量石英粗砂岩及粉砂质页岩；上部为紫红色粉砂质页岩—含砾石英砂岩组成多个不等厚韵律互层。厚度 242.1 m。

本组仅呈北东向条带状展布于赣东北怀玉山南坡。岩性基本稳定，东部厚 242 m，向西部减至 178 m。

省内本组虽仅有植物化石碎片，但其为分布稳定的地层体，向东延至浙西采得：*Leptophloeum rhombicum*，*Sublepidodendron mirabile*，*Eolepidodendron wusihense*，*Hamatophyton verticillatum* 等我国晚泥盆世晚期重要植物组合，故本组时代归于晚泥盆世 Famennian（法门期）。

珠藏坞组　DCẑc　(06－36－0921)

【创名及原始定义】　系蒋声治等（1963）创立，创名地为浙江省常山县凌湖猪槽坞（珠藏坞）。原始定义："代表叶家塘煤系下伏的紫红色岩层……岩性上与西湖层和煤系都有一定的差别。……时代可能属于中石炭纪之下部或下石炭纪上部。"

【沿革】　浙江省区域地质测量队（1969）在《1∶20 万衢县幅区域地质调查报告》沿用珠藏坞一名，时代改为晚泥盆世。江西区调队（1981）将本套地层并入西湖组。赣东北地质大队（1988）《1∶5 万玉山幅区域地质调查报告》又根据上、下岩性特征划出珠藏坞组，时代归于晚泥盆世晚期。

【现在定义】　指整合于西湖组石英砂岩之上，平行不整合于叶家塘组含煤岩系之下的一套紫红色或夹灰白色之复成分砾岩、砂砾岩、含砾砂岩、砂岩夹紫红色粉砂岩及粉砂质泥岩。

【层型】　正层型为浙江省常山县凌湖猪槽坞剖面。省内次层型为玉山县路头棚上剖面

(118°08′，28°41′)，由赣东北地质大队 1988 测制。

上覆地层：**叶家塘组**　灰白色厚层砂砾岩、砾岩，底部黑色中粗粒岩屑石英砂岩、碳质页岩夹煤线

——————— 平行不整合 ———————

珠藏坞组	总厚度 75.17 m
16. 浮土	8.89 m
15. 紫红色薄层粉砂质页岩	2.88 m
14. 紫红色复成分砾岩	9.27 m
13. 紫红色中粗粒长石石英砂岩	12.27 m
12. 紫红色厚层砾岩	11.95 m
11. 紫红色薄层中细粒石英砂岩	6.18 m
10. 紫红色厚层砂砾岩	1.90 m
9. 紫红色中厚层石英细砂岩	0.95 m
8. 紫红色薄层铁质泥页岩	6.65 m
7. 紫红色厚层含砾粗砂岩	7.91 m
6. 浅紫红色厚层复成分砾岩	6.32 m

———————— 整　合 ————————

下伏地层：**西湖组**

5. 紫红色厚层中粒石英砂岩

【地质特征及区域变化】　本组以紫红色复成分砾岩为主，及砂砾岩、含砾砂岩、砂岩夹紫红色粉砂质或铁质泥页岩。厚度 75.17 m。

本组与西湖组形影相随，呈条带状展布于怀玉山南坡，但向东延伸至紫湖乡大叶，厚度增至 142 m，岩性为：下部紫红、灰白色石英质砂砾岩夹砂岩及粉砂质页岩，底部复成分砾岩；上部紫红色厚层细粒石英砂岩夹紫红色粉砂岩及粉砂质页岩，含大型斜层理及平行层理，未见顶。时代归于晚泥盆世至早石炭世初期。

观山组　D*g*　(06－36－0923)

【创名及原始定义】　系李星学（1963）创立，创名地为南京市龙潭观山。原始定义：中志留统坟头组之上，上泥盆统擂鼓台组之下一套砾质石英砂岩、石英砂岩为主的沉积，下与坟头组灰绿、灰黄色粉砂岩呈平行不整合关系，上与擂鼓台组整合关系。

【沿革】　1991 年前，对赣西北所出露的此套地层，各区调图幅均称五通组（群）。观山组一名是由《江西岩石地层统编》（1991）首次引入，并以下列次层型剖面为候选层型，厘定其含义为：紫红色、乳白色石英砂岩、长石石英砂岩夹砂砾岩及页岩，底部具石英砾岩。产植物化石 *Leptophloeum rhombicum*，属滨海砂砾滩相。其下平行不整合于上志留统至下泥盆统西坑组之上，上被上泥盆统至下石炭统擂鼓台组整覆。

【现在定义】　指平行不整合于茅山组长石石英砂岩之上，整合于擂鼓台组砂、页岩或平行不整合于老虎洞组白云岩、白云质灰岩之下的一套灰白色风化后常为淡紫红色的石英砾岩、砂砾岩、含砾砂岩夹细粒石英砂岩或偶夹砂质页岩沉积。

【层型】　正层型为江苏省南京市龙潭镇观山剖面。省内次层型为彭泽县龙城镇双峰尖洗衣沟剖面（116°35′，29°54′），由江西区测队 1967 年测制。

上覆地层：**擂鼓台组**　灰白、紫红色中厚层细粒石英砂岩与紫红、黄绿色薄层砂质页岩互层。产植物：*Sublepidodendron* cf. *wusihense*，*S. wusihense*，*S.* aff. *mirabile*，*Archaeocalamites arborescens*

——————— 整　合 ———————

观山组　总厚度 234.51 m

5. 紫红色厚层含砾石英砂岩夹少量紫色砂质页岩　9.80 m

4. 紫红色石英砂岩、石英砂砾岩夹紫红色石英砂岩。产植物：*Leptophloeum rhombicum*　21.81 m

3. 灰绿、黄绿、紫红色中厚—厚层长石石英砂岩夹砂质页岩　111.20 m

2. 乳白、紫红色厚—巨厚层中粗粒石英砂岩　73.90 m

1. 紫红色厚层石英砂砾岩夹石英砾岩、含砾粗砂岩　17.80 m

－－－－－－－ 平行不整合 －－－－－－－

下伏地层：**茅山组**　灰绿、紫红色厚层长石石英细砂岩

【地质特征及区域变化】　上列次层型剖面所示，本组厚 234.51 m。下部紫红、灰白色石英砾岩、砂砾岩、粗粒石英砂岩，厚约 90 m；上部紫红夹灰绿色含砾石英砂岩、石英砂岩夹砂质页岩，产植物 *Leptophloeum rhombicum*，为晚泥盆世代表性化石。

次层型剖面向西经湖口至九江寺垄，厚 14.28 m，为乳白色含砾石英砂岩，中、上部夹中、细粒砂岩、泥岩，含植物 *Sublepidodendron*，*Sphenophyllum*，*Lepidodendropsis arborescens*；再向西至德安白水，厚 3.5 m，为石英砾岩、砂砾岩偶夹含砾砂岩；再向西至武宁夏家桥，厚 1.4 m，为石英砾岩；再往西北至瑞昌市范镇乡高泉，厚 6.98 m，为灰白色含砾石英砂岩，石英砂岩组成，缺失本组上部地层及其上覆的擂鼓台组，上与老虎洞组呈平行不整合接触。

擂鼓台组　DC*l*　(06－36－0924)

【创名及原始定义】　系李星学（1963）创立，创名地为江苏省南京市龙潭擂鼓台。原始定义：观山组之上，金陵组之下，产植物、鱼化石为主的黄褐、灰色粉砂质页岩、粉砂岩、细粒石英砂岩，偶夹煤的沉积。厚 34～80 m。时代属晚泥盆世。

【沿革】　《江西岩石地层统编》(1991) 首次引入此名，并以本组所列次层型剖面为候选层型，厘定其含义为：整合于观山组之上、平行不整合于黄龙白云岩之下的一套细粒碎屑岩为主的沉积。其岩性为紫红、灰白色细粒石英砂岩、粉砂岩、砂质页岩，上部夹赤铁矿层，含丰富的植物化石，为晚泥盆世至早石炭世河口三角洲相沉积。

【现在定义】　指整合观山组含砾砂岩之上、平行不整合于老虎洞组白云岩之下的一套紫红、灰白色细粒石英砂岩、砂质页岩及粉砂岩。产植物化石。

【层型】　正层型为江苏省南京市龙潭镇东南擂鼓台剖面。省内次层型为彭泽县龙城镇双峰尖洗衣沟剖面（116°35′，29°54′），由江西区测队 1967 年测制。

上覆地层：**老虎洞组**　灰白、肉红色厚层白云岩

－－－－－－－ 平行不整合 －－－－－－－

擂鼓台组　总厚度 98.39 m

7. 白色厚—巨厚层石英砂岩夹少量黄褐色薄层砂质页岩、粉砂岩。产植物：*Sublepi-*

dodendron mirabile，*S.* cf. *mirabile* 等　30.00 m

6. 灰白、紫红色中厚层细粒石英砂岩与紫红、黄绿色薄层砂质页岩互层。产植物：*Eolepidodendron wusihense*，*E.* cf. *wusihense*，*Sublepidodendron* aff. *mirabile*，*Archaeocalamites arborescens*　68.39 m

———— 整　合 ————

下伏地层：**观山组**

5. 紫红色厚层含砾石英砂岩夹少量紫色砂质页岩

【地质特征及区域变化】　上列次层型剖面所示，本组厚 98.39 m，下部灰白、紫红色石英砂岩与砂质页岩互层；上部灰白色石英砂岩夹少量砂质页岩、粉砂岩，局部有薄层赤铁矿。其中所产化石主要有 *Sublepidodendron mirabile*，*Eolepidodendron wusihense*，*Archaeocalamites arborescens* 等早石炭世早期的常见分子。

本组仅分布于下扬子地层分区湖口至彭泽一带，湖口之西缺失，其下观山组直接与老虎洞组平行不整合接触。

丫山组　Dy　(06－36－0902)

【创名及原始定义】　原名丫山群，系重工业部中南地质局长沙地质勘探公司 220 普查队[①]（1955）创立，创名地为大余县黄龙乡丫山。原始定义：不整合于浮江群中亚群雷屋组之上，假整合于泥盆系中统铁扇关群之下的一套厚层状复成分卵石砾岩夹砾质砂岩及砂岩的沉积。厚 295.42 m。地质时代归志留纪。

【沿革】　本组自创名至今少为沿用，因此，无人在公开刊物上介绍。本次对比研究考虑其岩性独特，占据一定范围，在地质历史发展中具有特殊意义，故将群改组，起用此名。

【现在定义】　指不整合于寒武系牛角河组之上、平行不整合于灵岩寺组之下的一套厚、巨厚层状复成分砾岩为主，常为砾岩-砂砾岩-砂岩或粉砂岩韵律组合。下以不整合面与牛角河组分界；上与灵岩寺组底部紫红色复成分砾岩分界。

【层型】　正层型为大余县黄龙乡丫山剖面（114°23′，25°27′），由江西调研队 1992 年重测。

上覆地层：**灵岩寺组**　灰紫色厚层复成分砾岩与不等粒岩屑杂砂岩形成 4 个韵律

——————— 平行不整合 ———————

丫山组	总厚度 370.24 m
14. 大部浮土，仅底部见棕黄色中层细粒石英砂岩，上部见岩屑杂砂岩转石	124.44 m
13. 黄白色巨厚层复成分砾岩，偶夹黄白色细粒石英砂岩凸镜体	27.01 m
12. 黄褐色中层复成分砾岩、砂砾岩和黄白色中层细粒石英砂岩组成 2 个正韵律层	5.62 m
11. 黄褐色巨厚层砂砾岩	27.83 m
10. 黄白色巨厚层复成分砾岩、含砾中粒石英岩、不等粒岩屑杂砂岩组成韵律层	2.51 m
9. 棕黄、灰白色块状复成分砾岩与含砾砂岩组成韵律层	9.16 m
8. 灰紫色中层微—细粒岩屑砂岩	2.29 m
7. 浅紫色块状含砾杂砂岩	7.63 m

① 重工业部中南地质局长沙地质勘探公司 220 普查队，1955，江西省西华山—杨眉寺区域地质普查报告书（油印本）。

6. 灰绿色厚层复成分砾岩与紫灰、灰白色含砾粗砂岩互层　23.74 m

5. 浅紫色沉凝灰岩　4.19 m

4. 浮土　35.99 m

3. 灰白色块状含砾砂岩夹少量紫红色沉凝灰岩　7.05 m

2. 棕黄色块状复成分砾岩与凝灰质砂岩互层　35.04 m

1. 底部黄褐色复成分巨砾岩，向上为块状不等粒岩屑杂砂岩，偶夹凝灰质砂岩，沉凝灰岩　57.54 m

~~~~~~~~~~ 不 整 合 ~~~~~~~~~~

下伏地层：**牛角河组**　灰白、粉红色泥板岩夹细砂岩

【地质特征及区域变化】　上列正层型剖面所示，本组为灰绿色风化后常呈黄褐、黄白色厚—巨厚层状复成分砾岩、含砾砂岩，常夹粉砂岩、凝灰质砂岩、沉凝灰岩或凝灰质板岩。未获化石，根据与上、下地层接触关系及区域地层对比推测地质时代为早泥盆世。

本组主要见于大余、崇义一带、龙南及全南也有见及，常称“丫山系”或“丫山砾岩”，呈残留顶盖状展布于高山峻峰上。此套砾岩为复成分砾岩，在区域内变化不大，常由砾岩—含砾砂岩-砂岩-粉砂岩或粉砂质板岩组成正粒序韵律层段反复叠置的进积型斜坡相沉积。

灵岩寺组　*Dl*　(06－36－0903)

【创名及原始定义】　由江西调研队（1994）在本次对比研究中所创，创名地为大余县黄龙乡丫山至灵岩寺。原始定义:平行不整合丫山组或不整合于前泥盆系之上,平行不整合于中泥盆统云山组之下的一套灰紫色复成分砾岩、灰紫或黄白色含砾砂岩、砂岩、粉砂岩形成韵律组合,其上部砾岩消失多变为由灰绿、灰、紫红色砂岩、粉砂岩、沉凝灰岩及板岩组成复理石层。含植物化石。下以紫红色复成分砾岩与丫山组分界;上与云山组底部的石英砾岩分界。

【沿革】　1955 年重工业部中南地质局长沙地质勘探公司 220 普查队将该套平行不整合于丫山组之上的紫红色复成分砾岩、含砾砂岩及砂岩归于中、下泥盆统铁扇关群下部。此后至今，均归中泥盆统跳马涧组底部或陡水组底部。称下跳马涧或下陡水组。本次对比研究，根据层位、岩性组合特征创灵岩寺组。

【现在定义】　同原始定义。

【层型】　正层型为大余县黄龙乡丫山—灵岩寺剖面（114°23′，25°27′），由江西调研队 1992 年测制。

灵岩寺组　总厚度＞346.76 m

23. 上部浅灰绿色；下部黄白、浅紫红色沉凝灰岩（未见顶）　72.56 m

22. 黄白色厚层石英质细砾岩及细、中细粒岩屑石英杂砂岩组成数个韵律层　24.56 m

21. 紫灰、灰绿色中层复成分砾岩　26.60 m

20. 黄白色厚层石英质细砾岩及细、中细粒岩屑杂砂岩组成数个韵律层　39.90 m

19. 灰紫色中层复成分细砾岩与变中细粒岩屑石英砂岩组成 3 个韵律层　12.67 m

18. 灰白、黄白色厚层石英质细砾岩，向上过渡为含砾粗砂岩、细砂岩　19.12 m

17. 紫灰、紫红色中层复成分细砾岩、变中细粒凝灰质岩屑石英砂岩组成 9 个不等厚韵律层　69.64 m

16. 黄白色厚层石英质细砾岩、含砾不等粒岩屑石英杂砂岩、细粒岩屑杂砂岩组成 12 个韵律层　27.31 m
~~~~~~~~~~

15. 灰、紫红色厚、巨厚层复成分砾岩与不等粒岩屑杂砂岩组成4个韵律层　　54.40 m

——————— 平行不整合 ———————

下伏地层：丫山组

14. 大部浮土，底部棕黄色中层中、细粒石英砂岩

【地质特征及区域变化】　上列正层型剖面所示，本组为紫红、灰白、灰绿色复成分砾岩、石英细砾岩与中、粗粒岩屑杂砂岩互层，其顶部见灰绿、灰白、浅紫红色沉凝灰岩。

由正层型剖面向北延展至阳岭龙脑，本组厚133 m，由紫红色复成分砾岩、含砾砂岩、砂岩及粉砂岩组成韵律层，不整合于志留系（?）独栏桥组之上、平行整合于云山组之下；至崇义稍坑厚107 m，砾岩减少，由紫红夹灰白色含砾长石石英砂岩、砂岩组成基本层序；至上犹县铁扇关，厚度减至24 m，因下部不整合于加里东期花岗岩体之上，故多由花岗质含砂砾碎屑岩组成，平行不整合于云山组底部石英砾岩之下；至井冈山五里亭，厚57.5 m，为灰绿色石英砂岩夹复成分砾岩及细砂岩、粉砂岩，不整合于奥陶系灰绿色砂岩与板岩互层之上。

由正层型剖面向东延伸至信丰西牛鹅公头，厚度减至30.6 m，下部淡黄色厚层花岗质砂砾碎屑岩，不整合于加里东期龙回岩体之上；上部紫红、黄绿色粉砂岩、粉砂质页岩；顶部为云山组含砾长石石英砂岩覆盖，再东至于都峡山尖灭。

本组零星采得 *Protopteridium*? sp. 及 *Taeniocrada* sp. 等植物化石，时代归于中泥盆世早期，即大致相当于 Eifelian（艾菲尔期）。

峡山群　DC*X*　(06-36-0901)

【创名及原始定义】　原名峡山系，系陈国达、刘辉泗（1939）进行“江西贡水流域地质”调查时创立，创名地在于都县峡山圩。原始定义：以岩性分三部：下部灰白、灰绿色石英质粗砂岩及砾岩，与前泥盆系千枚岩系（仙凤系）呈不整合接触；中部为灰白、灰绿色粗砂岩夹紫褐或其他杂色砂、页岩；上部由黄褐色云母质砂岩及灰绿及其他杂色砂质页岩。总厚800 m以上。上与早、中石炭纪梓山煤系假整合关系。定其时代为泥盆纪。

【沿革】　峡山系改称峡山群，首见于李星学（1963）《中国晚古生代陆相地层》一书。此后，江西区测队刘亚光等②（1966），重新研究了该群标准剖面，以所获的生物化石结合岩性组合，将其划分为两群两组：下立云山群，归于中泥盆世；上称峡山群，归于晚泥盆世，并划分两组：下创中棚组，上立三门滩组，分别与南京五通群观山组、擂鼓台组对比。刘亚光（1988）复将云山群改称云山组，并将原三门滩组上部不含 *Leptophloeum rhombicum* 等晚泥盆世标准化石的层段，称华山岭组。1993年，刘氏又以岩石地层单位的含义为准则，将原三门滩组中、上部以“紫红色”为主的岩层层段，包括华山岭组改称为嶂岽组。至此，峡山群自下而上包括：云山组、中棚组、三门滩组及嶂岽组。这些组从正层型剖面向两侧延伸，遍布于赣中、赣南广大地区，地层位置及岩性特征稳定。

【现在定义】　以正层型剖面为准，现指的峡山群，系指不整合于前泥盆系之上，平行不整合于梓山组之下的一套陆源碎屑岩沉积。底部为石英质砾岩、砂砾岩、石英砂岩，组成云山组，向上出现两个“紫红色”层段，下紫红色为主的层段为中棚组，上紫红色为主的层

② 江西区测队刘亚光等，1966，江西峡山群、梓山群的新认识（油印本）。

段为嶂岽组，均以产植物、胴甲类鱼化石为主。其间以黄绿色粉砂质泥岩、钙质粉砂岩、砂岩，产腕足类等化石的层段为三门滩组。各组向西南延伸地质时代渐次变老，向东北延展地质时代渐次变新，变化时代为中泥盆世晚期至早石炭世早期，表明本群由西南向东北穿时。

云山组　DCy　(06－36－0904)

【创名及原始定义】　原名云山群，系刘亚光等②(1966)创立。周殿超、朱正刚(1978)在《江西泥盆系简介》一文中介绍。创名地为于都县峡山圩至中棚村之间之云山。原始定义：不整合于寒武系之上，整伏于峡山群之下。为灰白色块状石英质砾岩、厚层石英砂岩，顶部为灰绿色薄至中层状粉砂质泥岩。砾、砂岩甚为坚硬，所成山头称云山，由此而得名。顶部泥岩盛产植物化石，时代为中泥盆世。

【沿革】　陈国达、刘辉泗（1939）将其归于峡山系下部。徐克勤、丁毅（1943）改称峡山砂岩下部。1966 年创名云山群之后，江西区调队及省内外一些地质单位改群为组一直沿用此名，时代为中泥盆世。按地层位置及岩性特征，本组相当于跳马涧组底部。其同物异名有官山岭砂岩，应停用。

【现在定义】　不整合于前泥盆系之上、西部平行不整合于灵岩寺组之上，整合于中棚组之下的一套灰白、灰黄色厚—巨厚层石英质砾岩、含砾砂岩夹灰绿色粉砂岩及粉砂质泥岩之沉积，含植物化石，上与中棚组底部紫灰、紫红色砂岩、粉砂岩分界。

【层型】　正层型为于都县峡山至中棚剖面（115°15′，25°58′），由刘亚光等 1966 年测制。

上覆地层：**中棚组**　淡紫红色中层泥质粉砂岩。产植物：*Lepidodendropsis* sp.

——————整　合——————

云山组	总厚度 44.2 m
7. 灰白色厚层细粒长石石英砂岩夹灰绿色粉砂质泥岩	10.0 m
6. 灰白色厚层粗粒石英砂岩	11.0 m
5. 灰白色厚层粗粒石英砂岩夹灰白色厚层细粒石英砂岩	3.0 m
4. 灰白色厚层粗粒石英砂岩，底部为石英质砾岩	3.0 m
3. 灰绿色薄—中层粉砂质泥岩。产植物：*Barrandeina dusliana*，*Dawsonites jiangxiensis*，*Protolepidodendron* sp.，*Aneurophyton* sp.，*Bergeria* sp. 等	0.7 m
2. 灰白、灰绿色厚—巨厚层粗—细粒石英砂岩	2.5 m
1. 灰白色厚—巨厚层石英质砾岩	14.0 m

～～～～～～不 整 合～～～～～～

下伏地层：**牛角河组**　顶部深灰、灰绿色厚层状粉砂质板岩

【地质特征及区域变化】　上列正层型剖面所示，本组自下而上，由灰白色石英砾岩至细粒石英砂岩及粉砂质泥岩，构成海侵相序旋回沉积。包含两个基本层序，下层序厚度 17.2 m，上层序厚度 27 m，组合成正层型剖面厚度 44.2 m。下层序上部灰绿色粉砂质泥岩中产丰富植物化石，其中 *Barrandeina dusliana* 及 *Protolepidodendron* sp.，为中泥盆世晚期特征性化石。

正层型剖面向西至崇义县稍坑，本组平行不整合于灵岩寺组之上，厚度 29.7 m，为石英细砾岩夹细粒含长石石英砂岩；上犹县陡水，本组平行不整合于灵岩寺组之上，厚度

139.6 m，由浅灰、灰白色石英质细砾岩-含砾石英砂岩-石英砂岩-粉砂质板岩组成基本层序；井冈山五里亭，本组厚度 203 m，下层序为砾岩-石英杂砂岩-细粒石英砂岩，上层序粒度逐渐变细，由含砾石英杂砂岩-石英砂岩-粉砂质板岩或石英杂砂岩-粉砂质板岩构成；信丰县西牛，本组平行不整合于灵岩寺组之上，厚度 54.2 m，由石英砾岩-石英砂岩组成基本层序；兴国县狮子潭，本组不整合于寒武系之上，厚度 90.8 m，基本层序为石英砾岩-石英砂岩。

正层型剖面向东至于都县新山背一带，本组不整合于前寒武系上施组之上，厚度 113.6 m，由乳白色石英砾岩-砂砾岩-砂岩-粉砂质板岩构成基本层序。

中棚组　DCẑ　(06-36-0905)

【创名及原始定义】　系刘亚光等（1966）创立。周殿超、朱正刚（1978）在《江西泥盆系简介》一文中介绍。创名地为于都县罗坳镇中棚村。原始定义：云山群之上，峡山群下部一个组，为一套碎屑岩沉积，岩性下部为紫灰色泥质细砂岩、粉砂岩及粉砂质泥岩夹灰白色砂岩，底部为灰白色含砾石英粗砂岩；上部为灰白、灰绿色石英或长石石英砂岩夹紫红、淡绿色粉砂岩及粉砂质泥岩。产植物及胴甲鱼化石。上以出现富含腕足类的黄色钙质泥岩与三门滩组分界。

【沿革】　陈国达、刘辉泗（1939）将此套地层归于峡山系中部。徐克勤、丁毅（1943）称峡山砂岩，归袁坑系下部，时代定为中泥盆世。重工业部中南地质局长沙地质勘探公司 220 普查队（1955）归于铁扇关系下部，时代定为早—中泥盆世。江西区测队周殿超[③]（1974）将上犹县陡水的一套紫红色为主的页岩、泥质粉砂岩与砂岩互层创名陡水组与中棚组对比，时代归中泥盆世。创名者刘亚光（1993）运用岩石地层划分准则，将本组下界上移至紫红色岩层出现为底。本组同物异名有华山岭组、陡水组及水心组。

【现在定义】　指整合于云山组之上、三门滩组或罗埇组之下，下部紫红色细砂岩、粉砂岩及粉砂质泥岩夹灰白色砂岩；上部灰白色砂岩夹紫红、淡绿色粉砂岩及粉砂质泥岩。产植物及鱼化石。下以紫红色粉砂岩、粉砂质板岩与云山组灰白色石英砂岩分界；上与三门滩组钙质泥岩或罗埇组白云质石英砂岩分界。

【层型】　正层型为于都县峡山—中棚剖面（115°14′，25°57′），由刘亚光等 1966 年测制。

上覆地层：**三门滩组**　黄色薄层钙质泥岩。产腕足类：*Yunnanella* cf. *synplicata*，*Y.* cf. *supersynplicata* 等

——————　整　合　——————

中棚组　　　　　　　　　　　　　　　　　　　　　　　　　　　　　总厚度 532.0 m

29. 灰白、浅灰绿色石英长石质中—细粒砂岩夹灰绿色粉砂岩。产鱼：*Bothriolepis* sp.；植物：*Sphenopteridium*? sp.　　110.0 m
28. 灰白色长石粗砂岩夹细砂岩，具滑石化现象　　65.0 m
27. 灰白色长石质砂岩夹紫红色泥质粉砂岩。产鱼：*Bothriolepis* sp.；植物：*Leptophloeum rhombicum*，*L. suzhouense*，*Cyclostigma kiltorkense*；腕足类：*Lingula* sp.　　95.0 m
26. 白色厚层石英砾岩，向上变为长石砂岩　　5.0 m

---

③ 周殿超，1974，赣南泥盆、石炭纪的陆相地层（油印本）。

25. 紫色粉砂质泥岩夹长石砂岩 8.0 m

24. 灰白色厚层长石质粗砂岩 40.0 m

23. 紫色粉砂质泥岩夹长石质砂岩，底部产植物化石碎片 6.0 m

22. 灰白色块状细至中粒石英砂岩 16.0 m

21. 紫灰色泥质细砂岩、粉砂岩。产鱼：*Bothriolepis* sp. 及双壳类化石 16.0 m

20. 黄色长石质细砂岩 12.0 m

19. 紫色泥质细砂岩、粉砂岩 19.0 m

18. 灰白色长石质细砂岩 24.0 m

17. 紫灰色粉砂质泥岩夹长石石英细砂岩。产植物：*Ginkgophyton*? sp. 34.0 m

16. 黄白色长石细砂岩与紫红色泥质粉砂岩互层 15.0 m

15. 紫灰色细粒长石石英砂岩及粉砂质泥岩。产植物：*Pseudobornia*? sp.；鱼：*Bothriolepis* sp. 29.0 m

14. 紫色厚层石英粗砂岩 5.0 m

13. 淡绿色局部紫红色粉砂质泥岩 2.7 m

12. 灰白色厚层中—粗粒石英长石砂岩 7.0 m

11. 淡绿色中—厚层长石质细砂岩夹一层粉砂岩 7.6 m

10. 淡绿、紫红色薄—中层泥质粉砂岩。产植物：*Platyphyllum* cf. *williamsoni*，*Ginkgophyton*? sp. 1.7 m

9. 肉红、灰白色厚层粗粒石英砂岩，底部有一层厚度 1.5 m 的砂砾岩 6.0 m

8. 淡紫红、黄绿色中—厚层石英长石质粉砂岩。产植物化石碎片 8.0 m

——————— 整　合 ———————

下伏地层：云山组

7. 灰白色厚层细粒长石石英砂岩夹灰绿色粉砂质泥岩

【地质特征及区域变化】　上列正层型剖面所示，本组下部为砂岩—粉砂岩，中上部为砂岩-粉砂岩-粉砂质泥岩，组成一套“紫红或紫色”岩层为主的层段。产丰富的植物：*Leptophloeum rhombicum*，*Cyclostigma kiltorkense*，*Platyphyllum* cf. *williamsoni*，*Sphenopteridium* sp. 及鱼 *Bothriolepis* sp. 等。其中 *Leptophloeum rhombicum*，*Cyclostigma kiltorkense* 是李星学、蔡重阳（1979）创建的中国晚泥盆世早期，即 Frasnian（弗拉斯）期组合的代表分子，*Platyphyllum* cf. *williamsoni* 是该组合的重要分子。故本组归晚泥盆世早期无疑。

本组横向穿时性明显：正层型剖面向东北至于都县银坑，本组厚 125 m，由细砂岩-含碳粉砂质板岩组成基本层序。产 *Sublepidodendron mirabile*，*Eolepidodendron wusihense* 等，是我国早石炭世初期之常见分子。正层型剖面向北至丰城华山岭，原华山岭组相当于“下红层”之本组，厚 394 m，因位于古陆边缘粒度较粗，由石英砾岩-石英砂岩-粉砂岩组成基本层序。产 *Sublepidodendron mirabile*，*Eolepidodendron wusihense*，*Archaeocalamites* sp.，*Sphenopteridium* sp. 等我国早石炭世常见分子。正层型剖面向西南至信丰县西牛，本组厚度 369 m，由灰紫、紫红色砂岩-粉砂岩或砂岩-粉砂质页岩组成基本层序。上部产晚泥盆世早期标准植物化石 *Leptophloeum rhombicum*，*Platyphyllum* cf. *williamsoni* 等，下部产中泥盆世晚期植物：*Barrandeina* sp. 及鱼：*Bothriolepis* sp. 等；再向西北至崇义县稍坑，本组厚度 706 m，由砂岩-粉砂岩或砂岩-粉砂质板岩呈韵律组合。产 *Bothriolepis kwangtungensis* 及 *B. lochangensis*，即潘江（1979）、王俊卿（1984）创建的中泥盆世晚期鱼类化石组合代表；再向东北至上犹县陡水铁扇关，本组厚度 423 m，下部砂岩-粉砂岩，中上部砂岩-粉砂岩-粉砂质泥（板）岩组成。仅上部产鱼 *Bothriolepis* sp. 及 Antiarchi 类，但上覆的罗塅组采获了我国华南中泥盆世晚期 Givetian（吉维特）阶上部 *Emanuella-Temnophyllum* 组合带（A-Z）的重要分子 *Emanuella* sp. 和 *Ilmenia* sp. 等，故此处中棚组时代应为中泥盆世中期。综前所述，本组地质时代西老东新，南老北新，从中泥盆世中期穿时于早石炭世早期。因夹含紫红色岩层为特征，可称峡山群之“下红层”。

罗塅组　*Dld*　(06-36-0907)

【创名及原始定义】　系周殿超③（1974）创立。周殿超、朱正刚（1978）在《江西泥盆系简介》一文中介绍。创名地为崇义县茶滩乡罗塅村。原始定义：指下与陡水组连续沉积，上被产有弓石燕的上泥盆统所整覆，岩性为灰紫色含长石石英砂岩、石英砂岩、泥质砂岩夹同色或黄绿色泥质粉砂岩、板岩及多层灰白、灰色砂质白云岩、钙质砂岩及白云质砂岩等。产植物、腕足及鱼化石。厚 330 m。

【沿革】　廖士范（1954）调查湘赣边境区域地层时，袭用湘中之名称棋梓桥组。嗣后，刘亚光（1963）、江西区测（调）队（1964、1969、1974、1981）均沿用此名，指以白云岩、白云质灰岩为主的碳酸盐岩之沉积。江西区调队④（1982）在《江西省泥盆系》改称罗塅组，并从年代地层扩大其含义，将下部砂、页岩偶夹白云质灰岩及上部白云岩、白云质灰岩夹页岩之沉积统归于本组。

【现在定义】　指整合于中棚组之上、嶂岽组之下，以白云岩、砂质白云岩、白云质灰岩为主，时夹钙质砂、页岩的沉积。主要含腕足类化石。下与中棚组、上与嶂岽组均以碎屑岩出现作为划界标志。

【层型】　正层型为崇义县茶滩乡荒田坑—罗塅—稍坑剖面（114°21′，25°44′），由江西区调队 1969 年测制。

上覆地层：**嶂岽组**　上部灰紫色中厚层细—中粒长石石英砂岩夹中厚层泥质粉砂岩；下部紫红、浅灰色中厚—厚层含粗砂细粒石英砂岩及灰绿色细粒石英砂岩

——— 整　合 ———

罗塅组　　总厚度 24.93 m

32. 大部分为浮土，靠近上部为灰—深灰色中厚—巨厚层弱硅化灰质白云岩　　24.93 m

——— 整　合 ———

下伏地层：**中棚组**　灰紫、灰色中厚层状细—中粒石英砂岩夹黄绿色泥质粉砂岩

【地质特征及区域变化】　上列正层型剖面所示，本组为灰质白云岩组成，厚度 24.93 m。

由正层型剖面向北至上犹县陡水铁扇关，本组为白云质石英砂岩，产腕足类，未见顶，出露厚度 12.57 m；再向北至安福县横龙乡大平山，本组以白云岩为主，下部夹灰绿色粉砂岩及页岩，产胴甲类鱼化石，厚度 13.6 m；永新县洋湖，本组为灰色巨厚层状白云岩夹灰绿色粉砂质泥（板）岩。

---

④　江西区调队，1982，江西省泥盆系（内部刊物）。

本组由湘赣边境向东延展，由白云岩逐渐相变为钙质泥页岩及钙质粉砂岩，称三门滩组。相变界线推测大致在安福—遂川—上犹—龙南一线附近。

三门滩组　DC*s*　(06－36－0908)

【创名及原始定义】　刘亚光等（1966）创立。周殿超、朱正刚（1978）在《江西泥盆系简介》一文中介绍。创名地为于都县峡山乡三门滩圩。原始定义：指峡山群上部一个组，按岩性分三部：上部灰绿、黄绿色粉砂质泥岩夹同色长石石英砂岩，含植物；中部紫红色粉砂质泥岩及粉砂岩为主夹灰白、紫红色长石石英砂岩，含植物；下部黄色钙质泥岩、粉砂岩，向上变为含钙长石石英砂岩，富含腕足等。总厚度 616 m。

【沿革】　本组自创立迄今，为省内外地质工作者沿用。《江西岩石地层统编》（1991）中，将其称峡山组，时代归晚泥盆世；刘亚光（1993）进一步划分为：下部富含腕足类的海相地层称三门滩组；中、上部含植物化石，以紫红色为主的岩层，采用丁毅、徐克勤（1943）所创立的嶂崇系，改为嶂崇组。

【现在定义】　指整合于中棚组之上、嶂崇组之下的一套富含腕足类化石的黄绿、灰绿色钙质泥岩、钙质粉砂岩及钙质砂岩沉积。以此特征区别于下伏及上覆含植物化石的紫红及紫灰色岩层的中棚组及嶂崇组。

【层型】　正层型为于都县罗坳乡峡山—三门滩剖面（115°15′，25°28′），由刘亚光等 1966 年测制。

上覆地层：**嶂崇组**　灰白色厚层粗粒长石石英砂岩

——————　整　合　——————

三门滩组　　　　总厚度 40.0 m

31. 黄白、灰褐色含钙中粒长石石英砂岩夹细粒石英砂岩、粉砂岩，内夹铁质砂岩一层（铁矿）。产腕足类：*Yunnanella* sp.，*Cyrtospirifer* sp.；双壳类：*Cypricardella* ex gr. *bellastriata*，*C.* cf. *bellastriata*，*Goniophara* ex gr. *chemungensis*，*Modiomorpha*? sp.，*M.* ex gr. *rigina*，*Lunulicardium* cf. *ornatum*　18.0 m

30. 黄色薄层钙质泥岩夹钙质粉砂岩。产腕足类：*Yunnanella* sp.，*Y.* cf. *synplicata*，*Y.* cf. *supersynplicata*，*Y. hunanensis*，*Camarotoechia* cf. *hsikuangshanensis*，*Cyrtospirifer* cf. *sinensis*，*Tenticospirifer* sp.，*Atrypa* sp.，*Productella* cf. *linglingensis*，*Lingula* cf. *shlcatifera*；双壳类：*Pteronites cuheatue*，*P. palaformis*，*Myalina* sp. 等　22.0 m

——————　整　合　——————

下伏地层：**中棚组**

29. 灰白、灰绿色中—细粒石英长石砂岩夹粉砂岩。产鱼：*Jiangxilepis* sp.；植物：*Sphenopteridium*? sp.

【地质特征及区域变化】　上列正层型剖面所示，本组下部黄色钙质泥岩夹钙质粉砂岩；上部黄白色含钙中粒长石石英砂岩夹细粒石英砂岩、粉砂岩。粒度由细而粗组成海退相序之旋回层序。富产 *Yunnanella* 动物群，计有：*Y. hunanensis*，*Y.* cf. *synplicata*，*Y.* cf. *supersynplicata*，*Cyrtospirifer* cf. *sinensis*，*Productella* cf. *linglingensis*，*Atrypa* sp. 等，与其伴生的双壳类 *Modiomorpha* ex gr. *rigina*，*Lunulicardium* cf. *ornatum*，*Pteronites cuheatue*，*P. palaformis* 等，以上动物群为我国晚泥盆世晚期——锡矿山期代表化石和常见属

种。

正层型剖面西部信丰西牛，本组厚度 194 m，下部为细砂岩-粉砂岩，底部夹灰色细晶灰岩凸镜体，上部为细粒砂岩-粉砂岩-粉砂质（泥）页岩，顶部为砂岩，组成海退相序。产丰富的腕足类：*Yunnanellina* - *Yunnanella* 为代表的生物组合；兴国县狮子潭，本组厚度 77 m，由黄绿、灰绿色钙质砂岩、长石石英砂岩与粉砂岩或凝灰质粉砂岩组成基本层序，产 *Yunnanella* 动物群。

正层型剖面东部于都县银坑，本组厚度 64 m，由长石石英砂岩夹钙质砂岩组成，其间夹碳质粉砂质板岩和泥质灰岩。产植物：*Rhodea* sp.，*Sublepidodendron* sp.；至于都县河树下，本组厚度 21 m，其基本层序：下部为黄绿色钙质石英砂岩—黄绿色泥质粉砂岩；上部为灰绿色细粒石英砂岩-灰质细砂岩-粉砂岩-含碳页岩。产腕足类：*Spirifer* sp.，*Rhipidomella* sp. 等。

由上可知，由西向东，本组厚度变薄，粒度增粗，由晚泥盆世晚期 *Yunnanellina* -*Yunnanella* 动物群，逐渐变为早石炭世 *Spirifer*，*Rhipidomella* 及与植物 *Sublepidodendron*，*Rhodea* 等共生的生物群，说明本组从西至东，由老至新穿时，故本组时代为晚泥盆世至早石炭世。

嶂崇组　DCẑd　(06-36-0909)

【创名及原始定义】　原名嶂崇系，徐克勤、丁毅（1943）创立，创名地为于都县罗坳乡三门滩之嶂背崇（山峰）。原始定义：按岩性分三部，下部为紫红色砂岩夹砂质页岩，整合于峡山砂岩之上；中部为紫色及深紫蓝色页岩、砂质页岩及薄层砂岩；上部为紫色及黄色页岩夹有白色粘土质页岩数层。其中含植物化石，总厚度约 340～350 m，覆于其上者，则为乐平系及壶天灰岩。

【沿革】　徐、丁二氏之峡山砂岩和嶂崇系，即为陈国达、刘辉泗（1939）之峡山系。刘亚光等（1966），将峡山系再分时，将嶂崇系归于三门滩组中、上部。刘亚光（1993）又恢复了嶂崇系原义，改称嶂崇组。

【现在定义】　指整合于三门滩组或罗坳组之上、平行不整合于梓山组或整合于麻山组之下。其岩性以含醒目的“紫红色岩层”为特征。剖面结构多由灰白、灰绿色长石石英砂岩与紫红色泥质砂岩、粉砂岩及粉砂质泥岩构成韵律层。产植物化石为主及少量腕足类和鱼化石。

【层型】　正层型为于都县罗坳乡峡山—嶂背崇剖面（115°17′，26°57′），由周殿超等1982 年重测。

上覆地层：**梓山组**　灰白色厚层石英细砾岩

——————— 平行不整合 ———————

嶂崇组　　总厚度 436.16 m

60. 浅灰、灰绿色厚层粉砂岩及薄—中层粉砂质板岩夹细砂岩。产植物：*Stigmaria ficoides*，*Sublepidodendron mirabile*　　20.57 m
59. 灰绿色厚层粉砂岩夹少量碳质板岩　　4.86 m
58. 灰绿色厚层粉砂岩夹少量薄层板岩　　34.81 m
57. 黄绿色厚层中粒石英砂岩、灰绿色厚层细粒石英杂砂岩及少量粉砂岩。产植物：*Hamatophyton verticillatum*　　43.03 m

56. 紫红色厚层粉砂岩夹灰绿色粉砂质板岩 37.45 m

55. 灰绿、紫红色厚层中—细粒石英砂岩夹粉砂岩及粉砂质板岩 40.67 m

54. 紫红色薄层粉砂质板岩夹紫红色细粒石英杂砂岩，见钙质凸镜体。产植物化石 22.77 m

53. 灰白色薄层硅化粗粒石英砂岩 15.94 m

52. 紫红色薄层粉砂质板岩与薄层粉砂岩互层。产植物：*Leptophloeum rhombicum* 53.21 m

51. 紫红色薄—中层中粒石英砂岩 13.02 m

50. 紫红色薄层粉砂质板岩夹少量细粒石英砂岩及粉砂岩。产植物：*Leptophloeum rhombicum* 30.07 m

49. 灰白色厚层细粒石英砂岩 3.76 m

48. 紫红色薄—中层粉砂岩夹粉砂质板岩。产植物：*Leptophloeum rhombicum* 21.40 m

47. 紫红色厚层细粒石英杂砂岩 7.05 m

46. 紫红色薄层粉砂质板岩夹少量粉砂岩 3.74 m

45. 灰绿色厚层细粒岩屑石英砂岩及细粒石英砂岩夹粉砂质板岩。产植物：*Leptophloeum rhombicum* 4.05 m

44. 灰绿、紫红色厚层粗粉砂岩与粉砂质板岩互层，局部夹石英砂岩凸镜体。产植物茎干化石 27.99 m

43. 紫红色厚层细粒石英杂砂岩、粉砂岩及少量粗砂岩。产植物化石 18.30 m

42. 紫红色厚层细粒石英杂砂岩、粉砂岩及少量粉砂质板岩 5.76 m

41. 紫红色厚层砂质粉砂岩及粉砂质板岩夹少量细粒石英砂岩 15.38 m

40. 浅灰色厚—巨厚层细粒石英杂砂岩及粉砂质板岩 8.16 m

39. 紫红色厚层砂质粉砂岩夹细粒石英杂砂岩及粉砂质板岩 4.17 m

———— 整　合 ————

下伏地层：**三门滩组**

38. 灰白色厚—巨厚层细粒长石石英砂岩夹灰褐色细粒岩屑石英杂砂岩及少量碳质板岩

【地质特征及区域变化】　上列正层型剖面所示，本组下段为紫红色夹灰白色及灰绿色中、细粒石英砂岩-粉砂岩-粉砂质泥板岩组成基本层序，产 *Leptophloeum rhombicum*，厚 332.89 m；上段为黄绿、灰绿色中、细粒石英砂岩-粉砂岩-粉砂质板岩或粘土质泥（板）岩组成基本层序，产植物 *Sublepidodendron mirabile*，*Hamatophyton verticillatum*，*Stigmaria ficoides* 等，厚度 103.27 m。总的植物群面貌具有晚泥盆世晚期至早石炭世初期的色彩。

正层型剖面之西南信丰县西牛，本组厚度 233.9 m，由紫红色夹灰白色细粒石英砂岩—粉砂岩或粉砂质页岩组成基本层序。下产植物 *Leptophloeum rhombicum*，*Hamatophyton verticillatum*，上产 *Sublepidodendron mirabile*，*Eolepidodendron wusihense* 等晚泥盆世至早石炭世初期的生物群；正层型剖面之西北兴国县狮子潭，本组厚度 388.6 m，由灰白、灰绿色石英砾岩或长石石英砂岩与紫红色细砂岩、粉砂质板岩或含碳粉砂质板岩组成韵律层，产植物 *Sublepidodendron mirabile*，*Rhodea* sp.，*Lepidodendropsis* sp.，*Stigmaria ficoides* 等早石炭世化石；正层型剖面之西崇义县稍坑，本组厚度 113.7 m，由灰白或紫红色中细粒石英砂岩与灰紫色粉砂岩或粉砂质板岩组成韵律层，产鱼 *Bothriolepis* sp. 和植物 *Hamatophyton verticillatum* 晚泥盆世化石。

综上所述，本组以含紫红色岩层为特色，可称“上红层”，厚度变化较大，时代为晚泥盆世至早石炭世初期。

麻山组　Dm　(06－36－0910)

【创名及原始定义】　系江西调研队（1994）在本次对比研究中创立，创名地为萍乡市麻山。原始定义：指整合于嶂崇组之上、洋湖组之下，一套富含腕足类化石的钙质泥页岩、钙质粉砂岩、砂岩夹泥灰岩、灰岩或少量白云质灰岩或者碳酸盐岩与细碎屑岩互层的沉积。

【沿革】　廖士范（1954）调查湘赣边境地层时，将本组归于晚泥盆世早期佘田桥组，称“煤炭冲层”；刘亚光（1963）在其中发现云南贝等化石，修订为晚泥盆世晚期锡矿山组第三段；江西区调队周殿超[3]等（1974）将崇义一带相当此层位划归三门滩组，置于晚泥盆世晚期。

【现在定义】　同原始定义。

【层型】　正层型为萍乡市麻山剖面（113°46′，27°33′），由刘亚光等1963年测制。

上覆地层：**洋湖组**　灰白色石英砂岩夹页岩。产植物化石碎片

——————　整　合　——————

麻山组　总厚度49.0 m

5. 灰白色钙质页岩夹泥灰岩。产腕足类：*Yunnanella hunanensis*，*Y. supersynplicata*，*Y.* cf. *synplicata*，*Y. abrupta*，*Cyrtospirifer* cf. *triplisinosus*　49.0 m

——————　整　合　——————

下伏地层：**嶂崇组**

4. 紫红色厚层石英砂岩

【地质特征及区域变化】　上列正层型剖面所示，本组为钙质页岩夹泥灰岩，产*Yunnanella* 动物群，厚度49 m。

正层型剖面之南永新县洋湖，厚度75 m，为黑色钙质页岩夹灰岩，产云南贝动物群；再向南至崇义县稍坑，厚度424 m，下部为青灰色钙质细砂岩及白云质石英砂岩夹白云质灰岩，底部为结晶白云岩；上部为生物碎屑泥晶灰岩与钙质粉砂岩及细砂岩互层，上、下部均富含腕足类；层型剖面之东新余市大坑，厚只10 m，为硅质灰岩。

本组*Yunnanella* 动物群有：*Y. hunanensis*，*Y. supersynplicata*，*Y. synplicata*，*Y. abrupta*，*Cyrtospirifer subextensus*，*C. vicarii*，*C.* cf. *triplisinosus*，*Tenticospirifer tenticulum*，*T. supervilis*，*T. vilis*，*T. ninghsiangensis*，*Hunanospirifer wangi*，*H. ninghsiangensis*，*Camarotoechia hsikuangshanensis* 等我国华南晚泥盆世锡矿山期重要分子。

本组和上覆的洋湖组由西向东厚度逐渐变薄，大致尖灭于宜春—安福—万安—南康—龙南一线以西，说明泥盆纪末期随着地壳上升，海水由西向东进侵转向西退却，进而说明在此线之西当时可能存在一坡折带。

洋湖组　DCyh　(06－36－0911)

【创名及原始定义】　江西调研队（1991）在《江西岩石地层统编》中创立，创名地为永新县江畔乡洋湖。原始定义：指江西区测队（1966）原划分的佘田桥组及锡矿山组，主要为灰绿色，少量紫红色石英砂岩、石英杂砂岩及粉砂岩、泥岩夹少量含碳泥岩，有时还有泥灰岩或钙质泥岩。……以含鲕状赤铁矿为标志，产腕足类及珊瑚等。

【沿革】　此组是著称的“宁乡式铁矿”的赋矿层位，以往调查较多。廖士范（1954）

将其划归于余田桥组之煤炭冲层、井冲层、翻下层、荒塘层。铁矿赋含于翻下层中；地质部江西办事处（1958），称小崩坡层和上株岭层，铁矿赋含于上株岭层中，时代均归于晚泥盆世早期，即余田桥期。刘亚光（1963）在煤炭冲层中首次发现 *Yunnanella* 等腕足类化石，将煤炭冲层至荒塘层改归为锡矿山期。朱正刚（1989）在永新乌石山于翻下层上部发现四射珊瑚 *Complanophyllum minor*，*Ceriphyllum elegantum* 等，将翻下层改称翻下组，其上的荒塘层改称孟公坳组，时代均定为早石炭世。

【现在定义】　指整合于麻山组或嶂崇组之上的一套含腕足类、植物化石为主的灰、灰绿、灰白色细粒石英砂岩、粉砂岩及粉砂质泥岩，上部偶夹碳质泥岩，下部常夹鲕状赤铁矿之沉积。下与麻山组或嶂崇组顶部钙质页岩、灰岩或嶂崇组之紫色层分界；上未见顶。

【层型】　正层型为永新县江畔乡洋湖剖面（114°12′，26°57′），由周殿超等 1991 年测制。

洋湖组　　总厚度＞222.1 m

32. 灰色条纹状含碳粉砂岩夹碳质页岩。产腕足类：*Camarotoechia* sp.，*Spirifer* sp.，*Schellwienella* sp. 及双壳类、海百合茎、苔藓虫等化石（未见顶）	17.7 m
31. 灰色斑点状砂质粉砂岩夹灰、灰黑色碳质页岩，中间夹紫红色含铁绿泥石凸镜体。产腕足类：*Camarotoechia* sp.，*Schellwienella* sp.，*Lingula* sp.	7.8 m
30. 泥炭（或碳质页岩）夹灰绿色浅变质石英粉砂岩	14.1 m
29. 灰—灰黑色含碳质粉砂质板岩夹浅灰色浅变质粉砂岩。产植物化石碎片	16.8 m
28. 上部灰绿色巨厚层粉砂质石英杂砂岩夹同色、浅灰色砂质粉砂岩；下部灰绿色粉砂岩。产植物：*Hamatophyton verticillatum*，*Sublepidodendron* sp.	24.4 m
27. 浅灰、灰黑色含灰质粉砂质板岩	4.5 m
26. 紫红色石英岩夹灰绿色粉砂岩	18.6 m
25. 上部灰白色浅变质细粒石英砂岩及淡紫红色条纹条带状细粒岩屑石英杂砂岩；下部灰绿色粉砂岩	23.2 m
24. 灰绿色绢云板岩、浅灰色菱铁矿绢云板岩，上部黑色板岩。产植物化石碎片	18.0 m
23. 灰色含粉砂质板岩夹黄褐色含铁锰质粉砂岩。产腕足类：*Tenticospirifer* sp.，*Yunnanella* sp. 等	32.5 m
22. 灰白色变余细粒石英砂岩夹 1 层厚约 30 cm 淡黄褐色含铁锰质细粒石英砂岩。产腕足类：*Tenticospirifer*? sp.，*Cyrtospirifer* sp.	22.0 m
21. 灰白色细粒岩屑石英杂砂岩夹砂质粉砂岩。产少量植物化石碎片	22.5 m

——————　整　合　——————

下伏地层：**嶂崇组**

20. 紫红色细粒粉砂质石英杂砂岩，向上为粉砂质板岩

【地质特征及区域变化】　上列正层型剖面所示，本组未见顶，出露厚度 222.1 m，下部由灰白色细粒石英砂岩、粉砂岩及粉砂质绢云板岩组成，具水平及凸镜状层理，以含腕足类为主，有：*Yunnanella*，*Tenticospirifer*，*Cyrtospirifer*；上部由灰、灰绿色粉砂岩夹碳质页岩组成，以水平层理为主，下产植物 *Hamatophyton verticillatum* 及 *Sublepidodendron*，上产腕足类 *Spirifer*，*Schuchertella*，*Schellwienella* 等。其中 *Yunnanella* 及 *Hamatophyton verticillatum* 为晚泥盆世标准化石，而 *Schellwienella* 和 *Spirifer* 为石炭纪常见属类，因此本组时代归为晚泥盆世—早石炭世为宜。

正层型剖面向北至安福县横龙太平山，本组厚度 481 m，整合于嶂岽组之上，平行不整合于梓山组之下。其岩性由灰白色细粒石英砂岩、长石石英砂岩-粉砂岩-页岩组成韵律层，下部夹黄色钙质粉砂岩，产腕足类：*Cyrtospirifer* sp.，*C.* cf. *sinensis*，*Tenticospirifer* sp. 以及青灰、灰绿色粉砂质泥岩，产鱼类：*Asterolepis* sp.，Crossopterygii；中部深灰、灰色粉砂岩，产植物：*Sublepidodendron mirabile*，*Eolepidodendron wusihensis*，*Sphenopteris* sp.，*Lepidodendron* sp. 等；上部含钙长石石英砂岩，产 *Eochoristites* cf. *neipentaiensis*，*Fusella* sp. 等。由上所知，本处该组的生物群面貌反映从下而上，地质时代由晚泥盆世晚期至早石炭世早期。

再向北至萍乡市麻山，本组厚度 83 m，为灰白、灰黄色细粒石英砂岩夹粘土质绿泥石页岩及鲕状赤铁矿层。下产晚泥盆世晚期腕足类 *Cyrtospirifer subextensus*，*C.* cf. *sinensis*，*Tenticospirifer tenticulum*，*Camarotoechia* sp.，上产早石炭世早期珊瑚 *Zaphrentoides*? sp.，*Cystophrentis* sp.。下与麻山组顶部钙质页岩、灰岩，上与杨家源组底部的钙质页岩夹泥灰岩均呈整合接触。

正层型剖面向南至崇义县稍坑，本组未见顶，出露厚度 56.19 m，为灰、黄绿色细粒石英砂岩、泥质细砂岩及泥质粉砂岩。产植物 *Sublepidodendron* sp. 及双壳类 *Grammysioidea* sp.，*Modiomorpha* sp.。下与麻山组为整合关系。

跳马涧组　Dt　(06－36－0912)

【创名及原始定义】　原名跳马涧系，系田奇琇（1928）创立，创名地为湖南省长沙市跳马涧镇。原始定义："底未出露，上覆为岳麓山系，下部主要岩石为陆成之砂岩及泥质砂岩在泥质砂岩内植物遗迹甚多，中部为泥质砂岩及黄色页岩，富含瓣鳃及腕足类化石，上部主要岩石在底部者为互间之薄层状砂岩与页岩，不产化石，在顶部者为淡黄色与棕色页岩及砂质页岩，产腕足、瓣鳃、三叶虫类化石"。

【沿革】　跳马涧组和棋梓桥组、佘田桥组同时引用到江西，首次见于廖士范（1954）之《湘赣边境茶陵永新莲花区域地层概要》一文，此后江西区测队，在《1∶20 万永新幅、宜春幅、高安幅区域地质调查报告》均沿用上述名称，时代多置于中泥盆世早期。

【现在定义】　层型地指不整合于前泥盆纪地层之上、整合于易家湾组之下的一套含植物、鱼类等化石的紫红、灰白色石英砂岩、砾岩、粉砂岩及砂质页岩。省内上覆易家湾组仅见于萍乡，向东至上高、高安尖灭相变，为棋梓桥组整合覆于其上。

【层型】　正层型为湖南省长沙市跳马涧镇大屋湾剖面。省内次层型为高安市黄沙岗乡上寨剖面（115°24′，28°17′），由江西区测队 1964 年测制。

上覆地层：**棋梓桥组**　灰色石灰质白云岩。产腕足类：*Desquamatia hunanensis*，*D. kansuensis*，*D. alpha*，*Athyris subplara* 等

——————— 整　合 ———————

跳马涧组	总厚度 188.5 m
16. 紫红色泥铁质石英粉砂岩	5.0 m
15. 黄褐色钙质石英砾状砂岩	29.5 m
14. 灰色钙质砂岩	2.5 m
13. 黄褐色厚层砾状钙质石英砂岩	6.5 m

12. 黄褐色厚层石英砂岩　1.0 m

11. 黄褐色厚层泥灰岩　15.5 m

10. 紫黄色白云质砂岩（含砂白云岩）　8.5 m

9. 黄褐色厚层状长石绢云钙质石英粉砂岩夹一层灰绿色薄层泥质粉砂岩。产腕足类：*Atrypa* cf. *desquamata*，*Schizophoria striatula*，*S. kutsingensis*，*S. excellens*　14.5 m

8. 暗红色中厚层砂岩夹粉砂质页岩　27.5 m

7. 暗红色厚层砂岩夹紫红色薄层泥质粉砂岩　5.5 m

6. 紫红色中层泥质粉砂岩夹紫红色泥岩及厚 1 m 的暗红色细砂岩　17.5 m

5. 紫红色泥铁质绢云页岩夹薄层粉砂质页岩　10.5 m

4. 紫红色薄层泥质粉砂岩，近顶部夹紫红色薄层泥铁质细砂岩　13.5 m

3. 紫红色中层砾状泥铁质长石石英砂岩夹厚度 2 m 紫红色泥质粉砂岩　12.0 m

2. 灰白色厚层石英砾岩　6.0 m

1. 黄白色厚层石英砂砾岩　13.0 m

～～～～～～～ 不 整 合 ～～～～～～～

下伏地层：**双桥山群**　黄绿色薄层状板岩

【地质特征及区域变化】　上列次层型剖面所示，本组厚度 188.5 m，底部为灰白色石英砾岩；下、中部由紫红色长石石英或泥质砂岩—粉砂岩或粉砂质页岩组成基本层序，产少量胴甲类（Antiarchi）化石；上部为黄、黄褐色钙质石英砾状砂岩—石英砂岩或钙质砂岩—紫红色泥铁质粉砂岩，偶夹灰褐色泥灰岩或含砂白云岩。中部钙质石英粉砂岩中含腕足类化石 *Atrypa* cf. *desquamata*，*Schizophoria striatula*，*S. kutsingensis*，*S. excellens*，皆为中泥盆世晚期常见化石。

易家湾组　*Dyj*　(06－36－0913)

【创名及原始定义】　原名易家湾页岩，系田奇瑪（1938）创立，创名地为湖南省湘潭市易家湾。原始定义：指跳马涧组之上，棋梓桥组之下的一套以页岩夹灰岩地层。

【沿革】　江西省境内，以往将此套地层划归棋梓桥组下部，习称“下棋梓桥组”，或划归跳马涧组顶部，此次对比研究，首次将易家湾组引入省内。

【现在定义】　指整合于跳马涧组之上、棋梓桥灰岩或榴江组之下的一套富含腕足类、双壳类和珊瑚的页岩、泥灰岩夹泥质灰岩和生物碎屑灰岩。

【层型】　选层型为涟源县茅塘沙河剖面。省内次层型为萍乡市鸡符乡塘背剖面（113°46′，27°52′），由赣西地调队 1988 年测制。

上覆地层：**棋梓桥组**　灰黑色中厚层状粉晶灰岩

———————— 整 合 ————————

易家湾组　总厚度 30.96 m

3. 灰黑色薄层含碳泥质灰岩　4.13 m

2. 浅灰色薄—中层泥质灰岩　26.83 m

———————— 整 合 ————————

下伏地层：**跳马涧组**

1. 紫红色薄层粉砂质泥岩

【地质特征及区域变化】 上列次层型剖面所示，本组厚度 30.96 m，下部浅灰色泥质灰岩；上部灰黑色含碳泥质灰岩。

本组次层型剖面向东延展至萍乡市万石，厚度 25.6 m，下部由紫红色含粉砂钙质泥岩-泥质灰岩组成基本层序，夹含生物泥质灰岩及粉晶灰岩；中部为灰黄色泥灰岩及灰紫色含砂泥质灰岩；上部为石英粗砂岩—含泥粉砂质细砂岩—泥质灰岩—泥晶灰岩，夹一层泥晶生物灰岩；顶部为含碳泥质灰岩夹含生物粉晶灰岩。

本组向东延展至上高、高安一带逐渐尖灭消失。

棋梓桥组 D*q* (06-36-0914)

【创名及原始定义】 原名棋梓桥灰岩，系田奇瑪、王晓青、许原道（1933）创立，创名地为湖南省湘乡市棋梓桥镇万罗山。原始定义："位于佘湖山砂岩和龙口冲层之间，通体悉为灰岩，厚度达 300 余米。"

【沿革】 由廖士范（1954）首次引进湘赣边境，嗣后 1∶20 万区域地质调查及其他地质工作，凡有此岩性所处相当层位者均用此名。本次对比研究，以湖南对比研究成果为基础，续用此名。

【现在定义】 指易家湾组或黄公塘白云岩或跳马涧组之上；龙口冲组或巴漆组或佘田桥组或长龙界组之下的一套富含珊瑚、层孔虫及腕足类等底栖生物化石的厚、巨厚层状灰岩、白云质灰岩或夹白云岩之碳酸盐岩地层。

【层型】 正层型为湖南省湘乡市棋梓桥镇万罗山剖面。省内次层型为萍乡市上粟万石剖面（113°47′，27°49′），由赣西地调队 1989 年测制。

上覆地层：**龙口冲组** 灰黄色薄层钙质粉砂岩夹紫红色薄层生物泥灰岩。产竹节石化石

——————— 整　合 ———————

棋梓桥组	总厚度 89.49 m
50. 灰色薄—中层含生物泥晶灰岩。产苔藓虫、叠层石	3.42 m
49. 灰色厚层粉晶灰岩。产层孔虫：*Anostylostroma* sp. 及单体珊瑚、腹足类、柱状叠层石等化石	4.56 m
48. 灰、深灰色厚—巨厚层含白云质粉晶灰岩。产苔藓虫及单体珊瑚化石	19.50 m
47. 灰色中厚层粉晶灰岩	5.40 m
46. 深灰色厚层粉晶灰岩。产少量苔藓虫化石	6.89 m
45. 灰色薄—中层粉晶灰岩	5.38 m
44. 灰色厚层粉晶灰岩。产少量半球形叠层石	2.20 m
43. 灰色厚层含生物粉晶灰岩。产海百合茎及苔藓虫等化石	0.60 m
42. 灰色厚层含生物粉晶灰岩。产半球形叠层石	4.00 m
41. 灰色厚层白云岩化粉晶灰岩	7.77 m
40. 灰色厚层粉晶灰岩。产少量藻及腕足类化石碎片	6.60 m
39. 灰色厚层泥晶生物灰岩。产叠层石及少量单体珊瑚化石	0.50 m
38. 灰色中厚层砾状灰岩。产少量半球状叠层石	0.71 m
37. 深灰色厚层含白云岩粉晶灰岩。产藻类化石	1.42 m
36. 浅灰色厚层含生物白云质粉晶灰岩。产藻类化石	1.78 m
35. 灰色厚层含生物粉晶灰岩。产藻类及单体珊瑚化石	1.78 m

34. 深灰色厚层白云质粉晶灰岩。产单体珊瑚、半球状叠层石及藻类化石　0.94 m
33. 灰色中层泥晶生物灰岩。产藻、珊瑚、苔藓虫及叠层石化石　0.50 m
32. 深灰色厚层含白云质粉晶灰岩。产珊瑚化石　2.74 m
31. 深灰色厚层泥晶灰岩。产珊瑚、腹足类及腕足类化石碎片　0.86 m
30. 深灰色厚层含生物粉晶灰岩。产层孔虫：*Gerronostroma* sp. 及珊瑚、藻类等化石　0.86 m
29. 灰色中厚层含生物泥晶灰岩。产藻、腹足类、珊瑚及苔藓虫等化石　0.58 m
28. 深灰色厚层含白云质粉晶灰岩。产珊瑚、叠层石及层孔虫：*Gerronostroma* sp. 等化石　1.94 m
27. 灰色中厚层泥晶生物灰岩。产珊瑚、藻及苔藓虫等化石　0.36 m
26. 深灰色厚层白云质粉晶灰岩，上部灰色厚层含生物泥晶灰岩　1.51 m
25. 深灰色中层生物泥晶灰岩。产藻、苔藓虫及珊瑚化石碎片　0.14 m
24. 深灰色中厚层含白云质粉晶灰岩　0.50 m
23. 灰色中层泥晶生物灰岩　0.36 m
22. 深灰色中层含白云粉晶灰岩　0.50 m
21. 灰色中厚层泥晶生物灰岩。产珊瑚、苔藓虫及藻类化石　0.22 m
20. 深灰色中厚层白云岩化粉晶灰岩，中部见凸镜状生物泥晶灰岩　0.43 m
19. 浅灰色中层泥晶生物灰岩。产苔藓虫、藻及珊瑚化石　0.14 m
18. 灰色厚层粉晶灰岩。产藻、珊瑚化石　1.60 m
17. 深灰色薄层生物泥晶灰岩　0.40 m
16. 灰色厚层含生物粉晶灰岩。产珊瑚、苔藓虫化石　2.40 m

——————— 整　合 ———————

下伏地层：**易家湾组**

15. 灰黑色薄层含碳泥质灰岩夹薄—中层含生物粉晶灰岩

【地质特征及区域变化】　上列次层型剖面所示，本组厚度 89.5 m，下部由粉晶灰岩—泥晶灰岩组成基本层序；上部以粉晶灰岩为主夹少量泥晶灰岩及砾状灰岩。含腕足类、珊瑚、层孔虫、藻类化石等。

本组向东延至高安市上寨，本组厚度 17.5 m，为灰色厚层状灰质白云岩。富含腕足类：*Emanuella* sp.，*Ilmenia* sp.，*Desquamatia hunanensis*，*D. kansuensis*，*D. alpha*，*Athyris subplana*，*Schizophoria* sp. 等，皆为我国中泥盆世东岗岭阶上部常见分子，其中 *Emanuella* 及 *Ilmenia* 是代表性分子，故本组时代为中泥盆世晚期晚时。

本组分布局限于萍乡—高安一带，受“湘赣指状海湾”控制，西部萍乡一带厚度 90～124 m，以粉晶灰岩为主夹泥晶灰岩，含珊瑚、腕足类及层孔虫等大量底栖生物化石，下部整合于易家湾组之上，属浅海台地相沉积；东部 17.5 m，以灰质白云岩为主，含腕足类化石，下部整合于跳马涧组之上，属局限台地相。

龙口冲组　*Dlk*　(06-36-0915)

【创名及原始定义】　原名佘田桥系龙口冲段，系田奇瑞、王晓青、许原道（1933）创立，创名地为湖南省湘乡市棋梓桥镇龙口冲。原始定义：“位于棋梓桥灰岩与佘田桥系之间，……主要岩性为砂岩及薄层状砂岩与页岩互层。内夹泥质灰岩层，厚度达 160 m”。

【沿革】　谭正修等（1987）在《论棋梓桥灰岩》一文中，将龙口冲段提升为龙口冲组；1988 年赣西地调队在 1∶5 万上粟市区域地质调查时，仍将省内此套地层归于棋梓桥组。本次对比研究从其中分出并引进此名。

【现在定义】 指整合于棋梓桥灰岩之上、七里江灰岩或佘田桥组之下的一套含腕足类、珊瑚、双壳类等的粉砂岩、粉砂质页岩夹灰岩、泥质灰岩的地层。本省层位、岩性组合与之一致，故引用此名。

【层型】 正层型为湖南省湘乡市龙口冲剖面。省内次层型为萍乡市上粟市马良剖面（113°46′，27°51′），由赣西地调队1989年测制。

龙口冲组	总厚度＞443.46 m
60—59. 灰—深灰色薄层钙质粉砂质泥岩。产竹节石（未见顶）	9.95 m
58. 灰色薄层钙质粉砂质泥岩。产竹节石	16.82 m
57—54. 灰、深灰色薄层细粉砂质泥灰岩，局部夹薄层粉砂质泥岩及泥岩条带。产竹节石、腕足类及海百合茎等	25.48 m
53. 灰色薄层泥质生物灰岩。产竹节石、腕足类及双壳类	2.49 m
52. 浅灰—灰色薄层细粉砂质泥灰岩。产竹节石	2.90 m
51—49. 灰、深灰色薄层钙质粉砂质泥岩。产竹节石	15.78 m
48. 灰色薄层细粉砂质泥灰岩。产竹节石及少量腕足类	1.38 m
47—46. 灰色薄层钙质细粉砂质泥岩。产竹节石	30.40 m
45. 灰色薄层细粉砂质泥岩。产腕足类及竹节石	1.80 m
44—43. 灰色薄层钙质粉砂质泥岩。产竹节石	3.60 m
42—38. 灰、深灰色薄层粉砂质泥灰岩。产竹节石	33.03 m
37. 灰色薄层细粉砂质泥岩。产竹节石	3.83 m
36. 深灰色薄层钙质泥质细粉砂岩。产竹节石	4.18 m
35—34. 深灰色薄层钙质细粉砂岩，局部夹细砂岩条带。产竹节石	8.43 m
33. 灰—深灰色薄层钙质粉砂质泥岩	2.95 m
32. 灰色薄层钙质细粉砂岩。产竹节石	3.28 m
31. 深灰色薄层钙泥质细粉砂岩。产竹节石	1.64 m
30. 灰—深灰色薄层钙质细粉砂质泥岩。产竹节石及海百合茎	3.28 m
29—28. 灰色薄层钙质、泥质粉砂岩。产竹节石	11.91 m
27. 灰、深灰色薄层钙泥质细粉砂岩夹细粉砂质泥岩条带	5.72 m
26. 灰色薄层钙质细粉砂质泥岩，局部夹钙质细粉砂岩条带。产竹节石	4.96 m
25—24. 灰、灰黑色薄层细粉砂质泥灰岩。产竹节石	6.87 m
23. 灰色薄层钙质细粉砂岩。产竹节石	3.43 m
22. 灰色薄层钙泥质细粉砂岩。产竹节石	2.00 m
21—20. 灰、深灰色薄层粉砂质泥灰岩。产竹节石	2.58 m
19. 灰、深灰色薄层细粉砂质泥岩。产竹节石	0.72 m
18. 灰、深灰色薄层钙质细粉砂岩，局部夹薄层粉砂质泥岩。产竹节石	4.31 m
17—16. 灰、深灰色薄层钙泥质细粉砂岩，局部夹细粉砂岩条带。产少量竹节石	29.70 m
15. 灰色薄层粉砂质泥灰岩	6.90 m
14. 灰色薄、中层泥灰岩，局部夹钙质细粉砂质泥岩	9.48 m
13. 灰色薄层细粉砂岩	16.58 m
12—11. 灰、棕灰、深灰色薄层钙质粉砂质泥岩	61.30 m
10. 棕灰色薄层钙质泥质细粉砂岩。产腕足类、海百合茎等	3.55 m
9. 浅灰—棕灰色薄层钙质泥岩	7.10 m

8. 灰—棕灰色薄层钙质泥质细粉砂岩　26.38 m
7. 浅灰—灰色薄层钙质细粉砂质泥岩，局部夹泥灰岩条带　54.29 m
6. 灰、棕灰色薄层钙质泥岩，局部夹钙质细砂岩条带　4.52 m
5. 浅灰、灰色薄层钙质粉砂质泥岩，局部夹棕灰色泥灰岩条带。产竹节石　9.94 m

——————— 整　合 ———————

下伏地层：**棋梓桥组**

4. 灰色厚层含白云粉晶灰岩

【地质特征及区域变化】　上列次层型剖面所示，本组未见顶，出露厚度 443.46 m，下部由钙质泥质细粉砂岩-钙质粉砂质泥岩-钙质泥岩-粉砂质泥岩组成基本层序，厚度 249.65 m；中部由钙泥质细粉砂岩夹钙质细粉砂质泥岩及少量钙质细砂岩组成，厚度 46.35 m；上部粉砂质泥岩与粉砂质泥灰岩互层夹少量泥质生物灰岩，厚度 147.46 m。本组水平纹理及条带构造发育，产丰富的竹节石及少量腕足类、双壳类等。

赣省本组仅见于萍乡—高安小区西部，由次层型剖面至东南萍乡市鸡符乡塘背，出露厚度仅有 160.84 m，下部为粉砂质泥岩夹泥质砂岩；上部为泥质灰岩。下整合于棋梓桥组之上，上未见顶。

佘田桥组　D$\hat{s}$　(06－36－0916)

【创名及原始定义】　原名佘田桥系，系田奇瑪、王晓青、郭昭仪（1929）创立，创名地为湖南省邵东县佘田桥镇。原始定义：指跳马涧系“之上”，锡矿山系“之下”与欧洲之 Frasnian 相当的地层，上部为页岩与薄层灰岩互层……中部上段为薄层泥质页岩，内夹灰质页岩，下段则为厚层状黑色灰岩……，下部上段为页岩，内夹薄层灰岩，下段为厚层页状灰岩，内夹带状灰岩，总厚约 400 m。

【沿革】　佘田桥组一名自 50 年代初引进江西省以来，广为沿用，但以往系指湘赣交界晚泥盆世早期一套海陆交互相碎屑岩沉积，与佘田桥组层型之原始含义或现在定义均不符，属同名异物。

【现在定义】　指龙口冲组或七里江灰岩或榴江组或棋梓桥组之上，长龙界组或吴家坊组之下的一套富含菊石、牙形刺、腕足类、珊瑚以泥灰岩或页岩为主夹灰岩的地层。

【层型】　正层型为湖南省邵东县佘田桥镇造仁堂剖面。省内次层型为上高县七宝山矿高栋山剖面（114°54′，28°16′），由岳文哲等 1977 年测制。

上覆地层：**吴家坊组**　灰白色中厚层中粒石英砂岩

——————— 整　合 ———————

佘田桥组　总厚度 110.77 m

9. 黄绿色钙质页岩与紫红色粉砂岩互层　5.53 m
8. 黄绿色钙质页岩夹棕黄色钙质粉砂岩。产腕足类：*Cyrtospirifer* sp. 等　6.73 m
7. 灰白、浅灰色厚层灰岩与灰白色叶片状含泥质灰岩互层　23.54 m
6. 灰白、浅灰色中—厚层灰岩夹少量片状灰岩　16.75 m
5. 浅灰色叶片状—薄层状泥质灰岩夹一层厚度 30 cm 珊瑚礁灰岩。产珊瑚：*Alveolites* sp.，*Thamnopora* sp.，*Aulopora* sp.　10.79 m

4. 浅灰色中—厚层含泥质灰岩与页片状泥质灰岩互层。产珊瑚：*Thamnopora* sp. 8.83 m

3. 浅灰色厚层含泥质灰岩。产珊瑚：*Alveolites* sp.，*A. parvus*，*Thamnopora* sp. 29.57 m

2. 灰色厚层含泥质灰岩与浅灰色薄层泥质灰岩互层。产珊瑚：*Thamnopora* sp.，*Disphyllum* sp. 等 9.03 m

═══════ 断 层 ═══════

茅口组

1. 灰岩

【地质特征及区域变化】 上列次层型剖面所示，本组出露厚度110.77 m，以碳酸盐岩为主，下部泥质灰岩夹一层珊瑚礁灰岩，产珊瑚：*Alveolites* sp.，*A. parvus*，*Aulopora* sp.，*Thamnopora* sp.，*Disphyllum* sp. 等，厚度58.24 m；中部中—厚层灰岩夹含泥质灰岩，厚度40.75 m；上部黄绿色钙质页岩与紫红色粉砂岩互层夹棕黄色钙质粉砂岩，富含腕足类：*Cyrtospirifer* sp. 等，厚度12.26 m。下与茅口组为断层接触，上与吴家坊组呈整合关系。

省内本组只见于萍乡-高安地层小区。在次层型剖面东侧上高县铜鼓岭，上部厚层灰岩夹薄层灰岩；中部页片状灰岩；下部片状灰岩，产珊瑚：*Disphyllum irregulara*，*Thamnopora polyforata*，*T. cervicornis*，*Alveolites parvus*，*Aulopora* sp.，*Alveolitella* sp. 等，其中 *Disphyllum irregulara* 为粤桂边境上泥盆统天子岭组及贵州上泥盆统下部标准化石，*Alveolites parvus*，*Thamnopora cervicornis* 为内蒙古、俄罗斯、北美 Frasnian（弗拉斯）阶的标准分子。故本组应为晚泥盆世早期沉积。

吴家坊组 DC*w* (06－36－0917)

【创名及原始定义】 赵汝旋、张采繁等（1978）创立，创名地为湖南省桃江县河淇水乡吴家坊。原始定义："棋梓桥组以上，岳麓山组之下，下部为灰白色石英砂岩，上部为灰白、灰黄、微红、紫红色砂岩、粉砂岩夹含砾砂岩、砂砾岩，厚达600 m。含鱼类、植物为主……。益阳、长沙等地含腕足类，代表佘田桥期滨海碎屑沉积相"。

【沿革】 此一单位名称为此次对比研究引进，此前，1964年1∶20万高安幅将此套地层归于晚泥盆世早期佘田桥组。

【现在定义】 指棋梓桥组或易家湾组之上、岳麓山组或锡矿山组之下，一套含植物、鱼、腕足类等，以砂岩、粉砂岩为主的地层。

【层型】 正层型为湖南省桃江县河淇水乡吴家坊剖面。省内次层型为高安市黄沙岗乡上寨剖面（115°24′，28°17′），由江西区测队1964年测制。

吴家坊组 总厚度＞195.0 m

23. 土黄色绢云粉砂质页岩夹褐黄色砂岩。产腕足类：*Chonetes* sp.，*Athyris* sp.；植物：*Sublepidodendron* sp.（未见顶） 8.0 m

22. 灰紫色厚层细粒砂岩 4.0 m

21. 灰紫色页岩夹薄层细砂岩 4.0 m

20. 黄灰色砂质页岩夹砂岩 8.0 m

19. 黄灰色页岩 2.0 m

18. 土黄色砂质页岩，下部夹黄绿色砂岩	18.0 m
17. 浅黄色砂质页岩夹黄绿色细砂岩。产腹足类及双壳类化石	17.0 m
16. 灰紫色砂质页岩	3.0 m
15. 黄白色厚层含长石石英砂岩	2.0 m
14. 灰紫色绢云泥质石英粉砂岩	6.0 m
13. 紫红色石英砂岩夹泥质粉砂岩	20.0 m
12. 暗绿色泥质灰岩，局部夹钙质砂岩或砂质泥灰岩	2.0 m
11. 灰黄色薄层石英砂岩	6.0 m
10. 灰绿色薄层泥灰岩。产腕足类化石	2.0 m
9. 浅紫色或黄色泥铁质石英粉砂岩-细砂岩	4.0 m
8. 灰白、灰黄色中层石英砂岩	8.0 m
7. 紫红色长石石英粉砂岩夹灰紫色砂质页岩	14.0 m
6. 灰紫色砂质页岩	10.0 m
5. 灰紫色石英砂岩夹砂质页岩	8.0 m
4. 灰紫色砂质页岩	6.0 m
3. 灰白色中层石英砂岩	15.0 m
2. 紫红色千枚状页岩	8.0 m
1. 灰白色石英砂岩	20.0 m

——————— 整　合 ———————

下伏地层：**棋梓桥组**　灰白色厚层石灰质白云岩。产腕足类：*Desquamatia alpha*，*D. kansuensis*，等

【地质特征及区域变化】　上列次层型剖面所示，本组下部由灰白、灰紫红色石英砂岩-砂质页岩组成韵律层，按岩性、层位大致相当于湘赣边境的嶂岽组，时代为晚泥盆世早期；中部暗绿、灰绿色泥质灰岩与薄层石英砂岩不等厚互层，局部夹砂质泥灰岩或钙质砂岩，产腕足类化石，以其层位、岩石组合应相当于麻山组，时代为晚泥盆世晚期早时；上部以页岩或砂质页岩为主，夹少量砂岩及粉砂岩，产腕足类：*Chonetes* sp.，*Athyris* sp.，植物：*Sublepidodendron* sp. 及双壳类等我国南方晚泥盆世晚期或至早石炭世早期常见化石，以层位可与赣西的洋湖组对比。

本组在该剖面整合于棋梓桥组之上，上高县七宝山、铜鼓岭等地发育的以碳酸盐岩相的余田桥组，至此相变为本组。这说明随着水体变浅，此处已临近滨岸。

杨家源组　Cy　(06-36-1001)

【创名及原始定义】　由江西调研队(1994)在本次对比研究中创名，创名地为莲花县坊楼乡杨家源。原始定义：指整合于洋湖组之上，梓山组之下，岩性为灰黑—黑色灰岩、泥灰岩夹少量薄层页岩、碳质页岩(钻孔中本组中上部局部地区夹数层硬石膏及白云岩)。产䗴、珊瑚及腕足类等化石。因本组以碳酸盐岩为特征与以碎屑岩为主的下伏洋湖组及上覆梓山组易于划分。

【沿革】　廖士范（1954）调查湘赣边境的茶陵、永新、莲花地质时创称大节湖灰岩；湖南区域地质测量大队（1966）将莲花一带的此套地层划分为下部刘家塘组，上部石磴子组；江西区调队（1974）将遂川一带此套地层归于石磴子组；朱正刚（1981）等又将永新乌石山的此套地层归刘家塘组；《江西岩石地层统编》（1991）复称大节湖灰岩，但在创名层型

地湖南已停用，故新立杨家源组。

【现在定义】 同原始定义。

【层型】 正层型为莲花县坊楼乡杨家源剖面（113°53′，27°16′），由湖南省区测队1966年测制。

上覆地层：**梓山组** 黄色页岩

——————— 整 合 ———————

杨家源组	总厚度 226.39 m
17. 灰黑色中厚层灰岩。产珊瑚：*Syringopora* sp.，*Heterocaninia* sp.	9.50 m
16. 灰黑色致密灰岩与泥质灰岩互层	9.90 m
15. 灰黑色中厚层泥质灰岩	15.90 m
14. 灰黑色薄—中厚层致密灰岩	4.20 m
13. 浅黄色厚层白云岩	26.65 m
12. 灰黑色中厚层致密灰岩	1.68 m
11. 黄白色泥质白云岩	1.68 m
10. 灰黑色中厚层灰岩夹泥质灰岩。产珊瑚：*Kueichouphyllum* sp.，*Syringopora* sp.，*Caninia* sp.	37.40 m
9. 灰黑色中层泥质灰岩。产腕足类：*Rhipidomella* sp.	18.10 m
8. 灰黑色中厚层泥质灰岩	16.60 m
7. 灰—灰黑色绢云板岩夹薄—中层泥质灰岩。产腕足类：*Eochoristites* cf. *neipentaiensis*，*Spirifer* sp.	11.90 m
6. 浅灰、灰色中厚层致密灰岩	9.50 m
5. 灰黑色致密泥质灰岩。产腕足类：*Spirifer* sp.，*Schuchertella* sp.；海百合茎：*Cyclocychcus* sp.	6.88 m
4. 灰黑色厚层致密灰岩	1.30 m
3—2. 灰黑色厚层白云岩	6.40 m
1. 上部灰褐色砂质板岩；下部浅灰、浅黄色钙质页岩夹薄—中层泥灰岩。产腕足类：*Spirifer* sp.	48.80 m

——————— 整 合 ———————

下伏地层：**洋湖组** 灰褐色砂质页岩

【地质特征及区域变化】 上列正层型剖面所示，本组厚度 226.39 m。下部泥质灰岩为主夹板岩、钙质页岩及致密灰岩、白云岩。产腕足类：*Spirifer* sp.，*Rhipidomella* sp.，*Eochoristites neipentaiensis*，*Schuchertella* sp.；海百合茎：*Cyclocychcus* sp.，厚度 153.14 m；上部灰黑色致密灰岩与泥质灰岩互层夹浅黄色泥质白云岩。产珊瑚：*Syringopora* sp.，*Heterocaninia* sp.，*Kueichouphyllum* sp.，*Caninia* sp.，厚度 73.26 m。时代为早石炭世。

本组主要分布于湘赣边境萍乡、莲花、永新、遂川以及粤赣边境的全南等地。遂川之北岩性以碳酸盐岩为主，产珊瑚、腕足类、三叶虫，厚度 15～83 m，以南钙质泥页岩、砂岩、粉砂岩增多，以含腕足类为主，厚 63～84 m。其下与洋湖组，上与梓山组均呈整合接触。

梓山组 Cz (06-36-1002)

【创名及原始定义】 原称梓山煤系，王绍文（1930）创立，创名地为于都县城东梓山墟。原始定义："梓山煤系……时代为石炭系"。

【沿革】 本组曾用名进贤煤系（谭锡畴等，1930）；仙姑岭煤系（陈国达，1940）；滕田煤系（刘辉泗，1940）；张采繁、刘亚光（1964）据植物群面貌将本组划分为：佛岭组、张公庙组。时代定为早石炭世晚期 Visean（维宪）期至 Namurian（纳缪尔）期。自 60 年代，除了湘赣边境将与其相当的地层引用湖南测水段之外，其他地区广泛沿用梓山组。最近，谢文伟（1992）研究了东乡枫林剖面后，将本组上部含腕足类等化石的层段创称枫林组，中下部仍称梓山组。本次对比研究认为，这是石炭纪一套含煤碎屑岩系，统归于梓山组。本次对比研究据创名优先权，将晚于梓山煤系之同物异名的藤田煤系、进贤煤系、仙姑岭煤系、王八山煤系、枫林组、张公庙组、佛岭组等名称予以停用。

【现在定义】 系指赣西整合于杨家源组之上、上西坑组之下；赣中平行不整合于中棚组（原华山岭组）之上、赣南平行不整合于嶂岽组之上，而普遍整合于大埔组之下的一套含煤地层。其下部为灰白色石英质细砾岩或砾岩、粗砂岩、中细粒砂岩夹少量粉砂岩、页岩；中部为灰、灰绿色砂岩、粉砂岩、粘土页岩夹黑色含碳粉砂岩、碳质页岩、煤层；上部以细砂岩、粉砂岩、粘土岩为主。中下部以产植物化石为主，上部以产腕足类化石为主。

【层型】 创名人未指定层型，本书指定选层型为于都县罗坳镇三门滩剖面（115°18′，25°56′），由江西区测队 1969 年测制。

梓山组	总厚度＞89.41 m
19—18. 上部紫红色粉砂岩；下部黄色厚层细砂岩（未见顶）	3.83 m
17—16. 上部黄色薄层粉砂质页岩夹粉砂岩；下部灰黄色中层粉砂岩	10.30 m
15. 上部灰黑色泥质页岩；下部灰黄、灰紫色粉砂质页岩	2.44 m
14. 碳质页岩夹劣质煤层。产腕足类：*Chonetes* sp.，*Dictyoclostus* sp.，*Productus* sp.	2.90 m
13. 灰色泥质页岩夹灰黑色碳质页岩。产双壳类：*Aviculopecten* sp.；植物：*Lepidodendron* cf. *aolungpylukense*，*Sphenopteris* sp.，*Neuropteris gigantea*，*Mariopteris* sp. 等	3.46 m
12. 上部灰绿色薄层粉砂岩夹细砂岩；下部灰黑色页岩	6.83 m
11. 上部灰黑色粉砂质页岩夹灰色薄层细砂岩；下部中层状石英细砂岩。产植物：*Archaeocalamites* sp.，*Cardiopteridium* sp.，*Sphenopteris* sp.，*Neuropteris* sp.，*N. gigantea*，*Sphenophyllum* sp.	3.60 m
10. 黑色碳质页岩夹劣质煤层	5.90 m
9. 浮土，仅顶部为灰黑色粉砂质页岩、底部中薄层状页岩。产植物：*Stigmaria ficoides*	4.60 m
8. 黑色碳质页岩夹劣质煤层。产植物：*Sphenopteris* sp.，*Lepidophyllum* sp.，*Neuropteris gigantea*	6.26 m
7. 灰黄—灰黑色中厚层砂岩	2.78 m
6. 灰紫色薄层粉砂岩间夹灰黑色页岩。产植物化石碎片	1.98 m
5. 灰黑色薄层泥质页岩夹少量粉砂质页岩。产植物：*Neuropteris* sp.，*N. gigantea*，*N. kepingiana*，*Trigonocarpus* sp.，*Mariopteris* sp.，*Cardiopteridium* cf. *spetsbergense*，*Rhodeopteridium* cf. *hsianghsiangense*，*Sphenophyllum tenerrimum*，*Archaeocalamites* sp.，*Stigmaria ficoides*，*Adiantites* sp.	3.42 m
4. 灰绿色薄层粉砂岩。产植物：*Neuropteris* sp.，*Archaeocalamites* cf. *scrobiculatus*，*Rhodeopteridium* sp.	5.79 m

3. 浅灰绿色中薄层中粒砂岩　10.11 m

2. 灰白色中厚层细粒石英砂岩　8.01 m

1. 灰白色厚层石英细砾岩　7.20 m

——————— 平行不整合 ———————

下伏地层：**嶂岽组**　灰绿色粘土岩

【地质特征及区域变化】　上列选层型剖面所示，本组出露厚度 89.41 m。为一套含煤碎屑岩沉积，属滨海沼泽相。产腕足类：*Chonetes*，*Productus*，*Dictyoclostus*；植物：*Lepidodendron* cf. *aolungpylukense*，*Neuropteris gigantea*，*N. kepingiana*，*Sphenopteris*，*Sphenophyllum tenerrimum*，*Mariopteris*，*Archaeocalamites* cf. *scrobiculatus*，*Cardiopteridium* cf. *spetsbergense*，*Stigmaria ficoides*，*Lepidophyllum*，*Trigonocarpus*，*Rhodeopteridium* cf. *hsianghsiangense*，*Adiantites* 等化石。

本组为我省石炭纪重要含煤地层。其中赣中泰和、永丰、丰城、进贤等地发育良好，三分性明显，中、下部为含煤层段，属滨海沼泽相，上部一般不含煤，属潮坪相。厚度变化在 276～627 m 之间。东部余江、乐平、贵溪，以及赣南瑞金、于都等地，本组发育次之，厚度达 164～611 m；西部莲花、永新、遂川、全南等地，本组原划为测水段，厚度 11～438 m，岩性三分不明显，以石英砂岩、粉砂岩、粉砂质页岩为主夹碳质页岩，偶夹砾岩，煤层不发育，厚度薄，稳定性差，为泻湖海湾相沉积。区域上在永丰、于都等地所见本组上覆为大埔组，二者为整合关系。

上西坑组　Cŝ　(06－36－1003)

【创名及原始定义】　系江西调研队（1991）创立于《江西岩石地层统编》，创名地为萍乡市麻山乡上西坑。原始定义：指一套泥砂质较高的硅质岩沉积。由灰白色中厚层状硅质岩夹石英砂岩、粉砂岩、页岩所组成。产腕足类化石。其上界未见顶，其下界与梓山组整合接触。

【沿革】　1967 年湖南区测队在进行 1∶20 万株州幅的萍乡地区工作时称梓门桥段。《江西省区域地质志》（1984）沿用此名。湖南省地质科学研究所（1988）改称梓门桥组。本次对比研究认为梓门桥段或梓门桥组皆以灰岩为主，而本组以硅质岩为主，故按《江西岩石地层统编》（1991）意见采用上西坑组。

【现在定义】　指整合于梓山组之上、大埔组之下的一套灰白色中厚层状硅质岩夹石英砂岩、粉砂岩、页岩，产腕足类化石。顶、底均以硅质岩与上覆碳酸盐岩、下伏碎屑岩分界。

【层型】　正层型为萍乡市麻山乡上西坑剖面（113°47′，27°34′），由湖南省区测队 1967 年测制。

上西坑组　总厚度＞23.6 m

34. 灰白色厚层状硅质岩（未见顶）　8.5 m

33. 紫红色页岩　2.1 m

32. 白、灰白色中层硅质岩　3.0 m

31. 薄层粉砂岩　2.0 m

30. 紫红色页岩夹砂岩　3.0 m

29. 灰白色中层硅质岩。产腕足类：*Echinoconchus* sp.，*Chonetes papitionacea*，*Linoproductus* sp.　5.0 m

——— 整　合 ———

下伏地层：**梓山组**

28. 灰白色厚层石英砂岩

【地质特征及区域变化】　上列正层型剖面未见顶，区域上与大埔组为整合接触，以硅质岩为底与下伏梓山组整合分界，出露厚度 23.6 m。为一套含泥砂质较高的硅质岩沉积，属内陆海台盆相。产腕足类：*Echinoconchus*，*Chonetes papitionacea*，*Linoproductus* 等早石炭世常见分子。本组现仅发现出露于萍乡市上西坑一带。

叶家塘组　Cyj　(06-36-1004)

【创名及原始定义】　原称叶家塘煤组，系蒋声治等（1963）创名，创名地点在浙江省开化叶家塘村。原义指"代表煤系地层，相当卢衍豪、穆恩之等（1955）藕塘底层之中部下段和下部上段"，"基于 *Neuropteris gigantea* 乃系中石炭纪标准化石，因此笔者等认为本煤系的地质时代属于中石炭纪。"

【沿革】　《江西省区域地质志》（1984）称梓山组；赣东北地质大队（1987）将此名引入省内称叶家塘组；《江西岩石地层统编》（1991）又改称梓山组；本次对比研究认为本组岩石组合特征、含煤性以及上覆、下伏地层均难与梓山组对比，故采用叶家塘组。

【现在定义】　指平行不整合于珠藏坞组之上、整合于老虎洞组之下的一套黑色泥岩、砂质泥岩和灰色砂岩及砂砾岩夹煤层。含植物化石。下以珠藏坞组顶部紫红色砂岩、泥岩与叶家塘组底部灰黑色砂岩和泥岩互层分界；上以叶家塘组顶部灰黑色砂岩、泥岩互层与黄龙组灰、浅灰色白云质灰岩分界。

【层型】　正层型为浙江省开化县叶家塘剖面。省内次层型为玉山县王坊乡铁板坑剖面（118°10′，28°48′），由赣东北地质大队 1987 年测制。

上覆地层：**老虎洞组**　灰白、浅灰色微粒白云质灰岩

——— 整　合 ———

叶家塘组	总厚度 53.02 m
10. 灰色杂砂砾岩	7.95 m
9. 青灰色粉砂质页岩夹黄绿色长石石英细砂岩	10.28 m
8. 灰黄色铁质长石石英细砂岩	2.80 m
7. 灰白色含砾石英砂岩	9.32 m
6. 灰、浅灰色杂砂岩	9.33 m
5. 紫红、暗紫色铁质页岩	2.18 m
4. 灰、浅灰色细一中粒钙质杂砂岩	0.57 m
3. 紫红色千枚状页岩	2.44 m
2. 浅绿、浅灰色岩屑砂岩或中细粒杂砂岩	1.75 m
1. 灰、微带绿色杂砂质砾岩	6.40 m

－－－－－－－ 平行不整合 －－－－－－－

下伏地层：**珠藏坞组**　紫、紫红色蚀变铁质砂质页岩

【地质特征及区域变化】 上列次层型剖面所示，本组厚度53.02 m。下部灰、浅绿色砂砾岩及杂砂岩夹页岩，厚度22.67 m；中部灰白色含砾石英砂岩与青灰色粉砂质页岩夹灰黄、黄绿色长石石英细砂岩，厚度22.4 m；上部灰色杂砂砾岩，厚度7.95 m。

本组为陆相含煤建造，主要分布于玉山县东南部。王家坞含泥页岩多，含砾长石石英砂岩少，厚度96 m；横街镇清溪，砾岩、砂砾岩为主夹高碳质页岩及厚度3 m之煤层，呈平行不整合覆盖于珠藏坞组之上，厚度135 m。以其层位时代归于早石炭世至晚石炭世初期。

藕塘底组　*Co*　(06－36－1005)

【创名及原始定义】 系卢衍豪等（1955）创立，创名地为浙江省江山市岸滩村牛（藕）塘底村东。原始定义："包含岩层为砂岩、页岩夹灰岩凸镜体，全厚475 m，其下不整合覆盖在晚奥陶世长坞页岩之上，其上与船山组石灰岩交界处被掩盖。时代属中石炭纪，相当于黄龙石灰岩"。

【沿革】 1961年北京地质学院在1∶20万上饶幅调查时将该名引入省内；1982年江西区调队重测此幅时，创名叶家湾组；1986年江西地质科学研究所重测叶家湾剖面时，再称藕塘底组，直至本次对比研究。

【现在定义】 指不整合于前泥盆系变质岩系之上、整合于黄龙组灰岩之下的一套灰、紫红色砂砾岩、砂岩及泥岩互层夹白云岩及灰岩凸镜体沉积。产䗴、珊瑚、牙形刺、腕足类、藻类等化石。

【层型】 新层型为浙江省江山市岸碓剖面。省内次层型为铅山县港东乡叶家湾剖面（117°34′，28°07′），由江西地质科学研究所1986年测制。

上覆地层：**黄龙组** 灰白色中厚层泥晶灰岩。产䗴：*Triticites* sp.

——————— 整　合 ———————

藕塘底组	总厚度256.56 m
72. 灰白色中厚层中粒石英砂岩，底部含砾	6.00 m
71. 灰黄色薄层钙质泥岩	0.76 m
70. 灰白色中厚层微晶灰岩夹瘤状泥晶灰岩凸镜体。产䗴：*Fusulinella* sp.，*Fusulina* sp.，*Beedeina* sp.，*Pseudostaffella* sp.，*Ozawainella* sp.	11.10 m
69. 棕黄色含粉砂质泥岩与浅黄色钙质泥岩互层	19.01 m
68. 灰黄色薄层钙质细砂岩与粉砂岩互层。产腕足类：*Rugosochonetes* sp.，*Schuchertella* sp.	29.14 m
67. 棕黄色中厚层中粗粒石英砂岩、含钙质团块及少量石英砾岩	28.45 m
66—63. 上部灰黑色厚层泥晶灰岩及瘤状泥晶灰岩；中部深灰色钙质泥岩及含铁质粉砂质泥岩；下部灰紫色含铁质中细粒石英砂岩夹薄层含海百合茎硅质岩；底部灰紫色含砾石英粗砂岩	35.08 m
62. 风化呈褐黄色厚层含粉砂质泥岩。产腕足类：*Rugosochonetes* sp.	3.09 m
61—59. 褐黄、白色薄层中粒石英砂岩与桔黄色薄层钙质细砂岩互层	4.33 m
58. 灰绿色块状粉砂质泥岩。产腕足类：*Rugosochonetes* sp.；腹足类：*Aviculopecten* sp.	1.85 m
57. 黄色厚层硅质岩	4.28 m
56. 灰色薄—微层含生物屑微晶灰岩。产䗴：*Fusulina* sp.，*Wedekindellina* sp.，*Pseudostaffella* sp.，*P. kremsi*，*P. sphaeroidea*，*Ozawainella vozhgalica*；腕足类：*Martinia* sp.	1.63 m

55. 灰色薄—中厚层硅质岩 2.46 m

54. 灰黑色薄层棘屑泥晶灰岩及泥晶棘屑灰岩，上部白云岩夹硅质岩。产䗴：*Fusulinella* sp.，*Pseudostaffella* sp.，*P. khotunensis*；珊瑚：*Amplexus* sp. 6.49 m

53. 黄色厚层钙质细粉砂岩，顶部黑色粉砂质泥岩 2.47 m

52—51. 上部灰黑色厚层蓝绿藻屑微晶灰岩；下部黑色含生物屑微晶灰岩 4.35 m

50. 灰黑色薄层泥晶化生物屑微晶灰岩。产腕足类：*Neospirifer orientalis*，*Eomarginifera* sp.，*Enteletes lamarcri*，*Phricodothyris* cf. *asiatica*；珊瑚：*Amplexus* sp. 1.60 m

49. 灰黑色厚层藻灰岩 3.52 m

48. 灰色巨厚层生物屑亮晶微晶灰岩。产腕足类：*Brachythyrina* sp.，*Dictyoclostus* sp.；珊瑚：*Konincophyllum* sp.，*Syringopora tushanensis*，*Caninia*；䗴：*Beedeina pseudokonnoi* 1.92 m

47. 浮土 8.65 m

46. 灰—灰白色厚层石英砂砾岩 2.65 m

45—43. 上部灰白色厚层岩屑石英砂岩；中部灰色中厚层细粉砂岩；下部白色中厚层中粗粒含砾石英砂岩 4.80 m

42—41. 白、浅灰色薄层细粒石英砂岩夹浅褐色钙质细粉砂岩 2.96 m

40—39. 上部褐色薄层粉砂岩及泥岩；下部红色薄层铁质中、细粒石英砂岩 2.49 m

38. 浮土 10.42 m

37. 灰绿色中厚层石英岩状含砾石英砂岩 1.98 m

36—35. 灰绿、褐绿色中层中细粒石英砂岩及白云母石英砂岩，上部含云母石英砂岩 2.98 m

34. 灰色块状生物屑泥晶灰岩 1.49 m

33. 深灰、棕灰色厚层含生物粉屑微晶灰岩。产䗴：*Fusulinella* sp.，*Millerella marblensis*，*Profusulinella* sp.，*Fusiella* sp.，*Schubertella* sp.；腕足类：*Choristites weiningensis*，*Linoproductus planata*，*Cleiothyridina* sp.；腹足类：*Platyconcha* sp.，*Callistadia* sp.，Bellorephontidae；牙形刺：*Ozarkodina* sp.，*Spothognathodus* sp. 5.52 m

32. 浅灰、棕色薄层、块状藻屑亮晶灰岩 1.20 m

31. 灰白色薄—中层含灰质微晶白云岩。产䗴：*Pseudostaffella* sp.，*Fusiella* sp. 1.04 m

30—29. 上部灰色薄—中层生物介屑、粉屑微晶灰岩；下部亮灰色薄层含生物粉屑微晶灰岩夹砂粉砂岩凸镜体 3.76 m

28—27. 上部灰白色厚层具纹层富藻泥晶白云岩；下部浅灰色厚层含石英砂粒微晶白云岩 2.24 m

26. 亮灰色厚层含生物粉屑微晶灰岩 2.80 m

25. 灰色生屑微晶灰岩。产䗴：*Fusulinella fluxa*，*F. pseudocolaniae*，*F.* cf. *fluxa*，*F. vozhgalensis*，*Beedeina mayiensis*，*B. pseudokonnoi*，*B. konnoi*，*B. kirovi*，*B. pseudonytvica*，*Beedeina* sp.，*Fusiella typica*，*Profusulinella* sp.；藻：*Ungdarellaceae* sp. 等 0.40 m

24—23. 上部灰—黑灰色条带状藻屑泥、微晶灰岩；下部亮灰色厚层蓝绿藻微亮晶灰岩 1.56 m

22. 浅灰色中层含少量石英粉屑藻泥晶白云岩。产䗴：*Fusulinella praebocki*，*F. laxa*，*F. simplicata*，*F. colaniae*，*F. paracolaniae*，*F. obesa*，*F.* cf. *pseudobocki*，*F.* cf. *vozhgalensis devenxa*，*F.* cf. *paracolaniae* 0.67 m

21. 灰白色厚层含生物屑泥晶灰岩。产䗴：*Profusulinella ovata* 3.81 m

20. 灰白色薄—厚层粉晶、细晶白云岩夹一层含石英白云岩 5.43 m

19. 灰白色薄—中厚层生物屑灰岩。产腕足类：*Choristites* sp.；珊瑚：*Lithostrotionella* sp.，*Caninia* sp.；牙形刺：*Idiognathodus delicatus*；藻类：*Bereselleae* sp.，*Eflugella* sp.，*Ungdarella* sp.；䗴：*Profusulinella simplex*，*P. ovata*，*P. prolibrovitchi*，*P. prisca*，*P. eolibrovichi*，*P. trisulcata*，*P. wangyui yentaiensis*，*P. subovata*，*P. prisca sphaeroidea*，*P. mutabilis*，*Taitzehoella taitzehoensis*，*T. taizehoensis extensa*，*T. pseudolibrovitchi*，*Fusulinella pseudobocki*，*Schubertella lata elliptica* 2.18 m

18. 灰色薄层灰质微晶白云岩。产䗴：*Schubertella lata*，*S. obscura* 0.20 m

17. 深灰色中厚层生物屑微晶灰岩，底部为厚 5 cm 钙质石英砂岩。产䗴：*Profusulinella wangyui*，*P. prixoidea*，*P. copiosa*，*P. ovata*，*P. prisca*，*P. tinanica*，*P. paratimanica*，*Taitzehoella taitzehoensis*，*T. librovitchi*，*T. pseudolibrovitchi*，*Pseudostaffella timanica*，*P. composita*，*Schubertella magna*，*S. obscura*，*S. lata*，*Millerella marblensis*，*M. minuta*；藻类：*Beresella* sp.，*Ungdarella* sp. 等 1.25 m

16. 灰色中厚层生屑微晶灰岩，下部薄层页岩 1.42 m

15. 灰黑色中厚层泥状白云岩 1.00 m

14. 顶部 5 cm 含石英粉砂质层纹灰云岩；上部棕色厚层含生屑泥晶灰岩；下部灰色薄层含生屑泥晶灰岩夹泥灰岩或钙质页岩。产䗴：*Profusulinella wangyui*；腕足类：*Neospirifer orientalis*，*Choristites* sp.；珊瑚：*Caninia* sp.；牙形刺：*Idiognathodus humerus*，*Gnathodus* sp. 3.67 m

13. 灰黑色薄层团粒微晶灰岩 0.58 m

12—11. 上部风化呈棕褐色钙质泥岩，含海百合茎及腕足类、虫迹化石；下部黄绿色钙质细粉砂岩 1.06 m

10. 风化呈浅黄色中粗粒含砾石英砂岩偶夹细粒岩 3.38 m

9—7. 上部灰白色薄层细粒石英砂岩；中部灰紫色粉砂质泥岩；下部风化呈褐色薄层不等粒微含钙质石英砂岩；底部页片状页岩 9.42 m

6—5. 上部紫褐色中层中粒石英砂岩；下部灰白色中层粗粒含砾石英砂岩 2.69 m

4—2. 上部风化呈紫红色薄层细粒含云母石英砂岩；中部灰白色中厚层中粒石英砂岩；下部灰白色中厚层中粗粒含砾石英砂岩 2.19 m

1. 浅灰色中层石英砂砾岩 0.30 m

~~~~~~~~~~ 不 整 合 ~~~~~~~~~~

下伏地层：**周潭（岩）组**　片岩、片麻岩

【地质特征及区域变化】　上列次层型剖面所示，本组厚度 265.56 m，为一套滨滩相碎屑岩夹碳酸盐岩沉积。产䗴：*Fusulinella paracolaniae*，*F. pseudocolaniae*，*F. pseudobocki*，*F. praebocki*，*F. obesa*，*F. laxa*，*F. simplicata*，*F. colaniae*，*F. fluxa*，*F. vozgalensis*，*Profusulinella ovata*，*P. simplex*，*P. paratimanica*，*P. prisca*，*P. tinanica*，*P. subovata*，*P. mutabilis*，*P. copiosa*，*Pseudostaffella kremsi*，*P. sphaeroidea*，*P. timanica*，*P. composita*，*Ozawainella vozhgalica*，*Fusiella typica*，*Beedeina pseudokonnoi*，*B. mayiensis*，*B. konnoi*，*B. kirovi*，*Millerella marblensis*，*M. minuta*，*Fusiella typica*，*Taitzehoella taitzehoensis*，*T. pseudolibrovitchi*，*Schubertella lata elliptica*，*S. magna*，*S. obscura*；珊瑚：*Syringopora tushanensis*，*Caninia* sp.，*Amplexus* sp.，*Konincophyllum* sp.；腕足类：*Enteletes lamarcri*，*Neospirifer orientalis*，*Phricodothyris* cf. *asiatica*，*Choristites weiningensis*，*Linoproductus planata*；牙形刺：*Idiognathodus delicatus*，*I. humerus*，
~~~~~~~~~~

Gnathodus sp.，*Ozarkodina* sp.；藻类：*Eflugella* sp.，*Beresella* sp.，*Ungdarella* sp. 等晚石炭世早期生物群。

本组主要分布于上饶、铅山、广丰一带，岩性、岩相变化不大，厚度变化为：铅山县天子坪厚度 387.5 m；广丰县塘边厚度 210.3 m。

老虎洞组 *Cl* (06－36－1006)

【创名及原始定义】 原名老虎洞白云岩，夏邦栋（1959）创立，创名地为江苏省南京市城东温水镇青龙山老虎洞。原始定义：指原黄龙灰岩下部一层白云岩……，岩性为灰、浅灰或暗灰色具细粒状断口，表面具溶蚀坑的白云岩，与上覆粗晶灰岩之间有层底砾岩，与下伏和州组的泥质灰岩，上下之间均为平行不整合。时代早石炭世末或中石炭世初期。

【沿革】 1959 年后，苏、皖地质工作者，对此套白云岩的层位、时代及生物群详细研究后，多认为其为早石炭世晚期至晚石炭世早期的穿时岩石地层单位，赣省也多称或归于黄龙组下部；1991 年《江西岩石地层统编》改称黄龙白云岩。此次对比研究认为黄龙组或黄龙石灰岩是位于老虎洞白云岩之上的专用地层名称，用黄龙白云岩一名，代替老虎洞白云岩或老虎洞组，其含义与原含义不符，故改为老虎洞组。鉴于层型地江苏省，现黄龙组专指灰岩地层，故黄龙白云岩应停用。

【现在定义】 指平行不整合于擂鼓台组或观山组砂岩之上、整合于黄龙组灰岩之下的一套以白云岩为主夹少量白云质灰岩、灰质白云岩，偶夹灰岩。产䗴、腕足类、珊瑚等化石。

【层型】 正层型为江苏省江宁县大连山老虎洞剖面。省内次层型为九江市庐山区新合乡王家村剖面（115°46′，29°35′），由江西调研队 1992 年测制。

上覆地层：**黄龙组** 浅灰、烟灰色厚层角砾状细晶灰岩

——————— 整 合 ———————

老虎洞组	总厚度 33.8 m
2. 浅灰、灰白色厚—巨厚层细晶白云岩	5.6 m
1. 浅灰色巨厚层含砾砂屑微晶白云岩	28.2 m

－－－－－－－ 平行不整合 －－－－－－－

下伏地层：**擂鼓台组** 灰白色厚层石英细砂岩

【地质特征及区域变化】 上列次层型剖面所示，本组厚度 33.8 m，以白云岩为主的内陆海局限碳酸盐岩台地相沉积。时代早石炭世晚期至晚石炭世早期。

本组零星出露，散布赣北，岩性较稳定。瑞昌市洪家泉厚 49.08 m，采得䗴：*Pseudostaffella sphaeroidea*，*Fusulinella* sp.，*F. bocki*；德安杜家厚 9.9 m，平行不整合于观山组砂质细砾岩之上。

黄龙组 *Ch* (06－36－1007)

【创名及原始定义】 原称黄龙石灰岩，李四光、朱森（1930）创立，创名地为江苏省句容市龙潭镇以西黄龙山。原始定义：根据岩性和化石的特点从旧含义的栖霞石灰岩中分出，属中石炭统，因该石灰岩构成……黄龙山的主体，又风化后表面呈土黄色而得名。其岩

性是带粉红色细结构的块状灰岩，底部是由带绿色致密灰岩组成，若干层位中产 *Fusulinella*，*Fusulina*，腕足 *Choristites*，厚 102 m，呈现典型的莫斯科阶有孔虫动物群，其层位相当华北本溪系。

【沿革】 江西区测队（1964）所测 1∶20 万修水幅首次引用黄龙组，代表中石炭统。江西区调队（1970）在 1∶20 万湖口幅调查时于彭泽镜子山剖面下部灰岩中发现 *Fusulina*，*Fusulinella* 上部灰岩采获 *Triticites* 等䗴类化石，以此划分出黄龙组和船山组，分别归于中、上石炭统。《江西岩石地层统编》（1991）将两组合称船山灰岩。本次对比研究为便于与苏、浙、皖对比，仍按层型地划分方案，分黄龙组和船山组，时代统归于晚石炭世。

【现在定义】 指整合于老虎洞组之上，在修水、武宁至九江平行不整合于梁山组或栖霞组之下，在湖口至彭泽、乐平等地整合于船山组之下的一套浅灰、灰白色厚层、块状微晶灰岩、生物碎屑灰岩夹泥灰岩及白云质灰岩。产䗴、珊瑚等化石。

【层型】 新层型为江苏省江宁县金丝岗剖面。省内次层型为武宁县夏家桥剖面（115°10′，29°28′），由江西区测队 1965 年测制。

上覆地层：**梁山组** 粉砂岩夹薄煤层

——————— 平行不整合 ———————

黄龙组　　　　　　　　　　　　　　　　　　　　　　　总厚度 17.94 m

18. 灰白、肉红色厚层细晶灰岩及白云质灰岩。产䗴：*Fusulinella* sp.，*Fusulina* sp.，*F. truncatulina*，*Aljutovella* sp.，*Schubertella* sp.，*Profusulinella* sp.　　17.94 m

———— 整　合 ————

下伏地层：**老虎洞组**

17. 灰白带微红色或浅肉红色厚层白云质灰岩及灰岩，下部夹白云岩

【地质特征及区域变化】 本组只限于扬子地层区，大致以湖口—永修一线为界，赣西北修水、武宁东至九江仅存本组中、下部地层，上与梁山组为平行不整合；赣东北彭泽、乐平等地上与船山组为整合关系。其岩性均以灰白、浅灰色厚层状生物碎屑灰岩为主，夹白云质灰岩。厚度赣西北一般为 12～20 m，赣东北 50～150 m 不等。以产䗴类化石为主，主要有：*Profusulinella*，*Fusulinella*，*Fusulina*，*Schubertella* 等，皆为晚石炭世早期的代表性化石。

船山组　Cĉ　(06－36－1008)

【创名及原始定义】 原称船山石灰岩，丁文江（1919）创名于江苏省句容县赣船山剖面。原始定义："L_2 石灰岩中含有孔虫。故有以有孔虫石灰岩名之。然含有此虫者之石灰岩并非专属此层。故余名之曰船山石灰岩。因李氏（Richthofen）捡得有孔虫 *Schwagerina* 后为之记。即在船山，其上盖有二叠纪化石之煤系。船山石灰岩为上石炭统"。

【沿革】 本组名自 60 年代初 1∶20 万区测工作引入我省，沿用至今。

【现在定义】 指位于黄龙组之上、栖霞组之下一套灰、深灰色为主，夹浅灰色厚层生物碎屑灰岩、微晶灰岩，含燧石团块，夹少量白云质灰岩、碳质页岩。产䗴 *Triticites* 等及少量珊瑚、腕足类。与上覆栖霞组呈平行不整合接触，与下伏黄龙组呈整合接触。

【层型】 正层型为江苏省句容县赣船山剖面。省内次层型为彭泽县镜子山剖面

(116°37′，29°48′)，由江西区调队 1970 年测制。

上覆地层：**栖霞组** 灰黑色薄层含碳灰岩，产䗴、珊瑚、腕足类等化石

——————— 平行不整合 ———————

船山组 总厚度 49.6 m

6. 灰色厚至巨厚层状生物碎屑灰岩，含䗴类 *Quasifusulina* sp.，*Eoparafusulina* sp.，*E.* cf. *maoshanensis*，*E. cotracta*，*E.* cf. *ovata*，*Triticites* sp.，*T.* cf. *parvulus*，*T. pusillus*；珊瑚：*Amygdalophyllum* sp.，*Caninia* sp.，*Ivanovia* sp.，*Lithostrotionella* sp.，*Pseudozaphrentoides* sp.，*Pseudocaniophyllum* sp. 29.3 m
5. 灰色、肉红色厚层状灰岩，含䗴类：*Trticites* sp.，*T.* cf. *parvulus*，*T. pusillus*，*Quasifusulina* sp. 20.3 m

———————— 整 合 ————————

下伏地层：**黄龙组** 灰白色巨厚层状灰岩，产䗴类 *Profusulinella*，*Fusulinella*

【地质特征及区域变化】 次层型剖面所示岩性组合为深灰、浅灰色厚层至中层状生物碎屑灰岩、细晶灰岩及含燧石团块灰岩，产䗴类化石，主要有 *Triticites*，*Quasifusulina*，*Rugosofusulina* 等，皆为上石炭统下部的常见化石。

本组主要分布于赣东北地之彭泽、乐平等地，岩性稳定，皆以灰、浅灰色厚层至中层状生物碎屑灰岩、细晶灰岩为主，含燧石团块，产䗴、珊瑚及腕足类化石。彭泽厚度 50 m 左右，而乐平一带厚达 441 m。

壶天群 *CH* (06-36-1009)

【创名及原始定义】 1932 年田奇瑰、王晓青创名壶天石灰岩，创名地在湖南省湘乡县壶天镇。原始定义："壶天石灰岩为灰白色块状石灰岩，间含硅质，层理往往不明，以在湘乡县之壶天镇出露最为整齐，故名。全层总厚约达 200 m，直接覆于梓门桥石灰岩之上……，其时代或包有中上石炭纪两层，因其适位于下二叠纪石灰岩与梓门桥灰岩之间也"。

【沿革】 壶天灰岩创立之后，广为沿用。1962 年杨敬之等改称壶天群。湖南区域地质测量队在 1：20 万攸县幅（1965）调查时将壶天群一分为二，下部块状白云岩，认为属中统，沿用黄龙组；上部以灰岩为主夹白云岩，认为属上统，沿用船山组。这一划分一直沿用至 80 年代末《湖南省区域地质志》（1988）。黄维沛等⑤（1990）沿用广西的大埔白云岩和马平灰岩，分别指壶天群下部以白云岩为主和上部以灰岩为主的地层。本省东南地区与湖南同属于一个地层区，且省际相连，故采用壶天群，下分大埔组、马平组。

【现在定义】 指整合于梓门桥组灰色薄层泥灰岩夹硅质岩之上、栖霞组深灰色含燧石灰岩或梁山组含煤地层之下的一套块状白云岩、灰质白云岩夹白云质灰岩（大埔白云岩）及灰岩、白云质灰岩夹白云岩（马平灰岩）的地层。

大埔组 *Cd* (06-36-1010)

【创名及原始定义】 原称大埔白云石层，张文佑（1941）创立，创名地为广西壮族自

⑤ 黄维沛等，1990，湖南省岩石地层清理与研究（油印稿）。

治区柳城县大埔镇。原始定义："……位于燕子系上部的灰岩层状灰岩之上，黄龙灰岩之下的一套灰白色粗粒白云岩"。

【沿革】 1967年湖南区测队将萍乡、莲花一带的此套地层归下石炭统上部梓门桥段；1964年后，江西1：20万区调凡涉及该地层者均归于中石炭统黄龙组下部。1991年《江西岩石地层统编》，将其相当地层改称黄龙白云岩。本次对比研究为便于与毗邻的湖南将与华南地区中南诸省对比，将省境东南地层区此套白云岩称大埔组。岩性层位相当于扬子地层区的老虎洞组。鉴于黄龙白云岩不符合命名规范，本省应停用。

【现在定义】 指整合于梓山组石英砂岩之上、马平组灰岩之下的一套灰白色厚层块状白云岩及灰质白云岩夹少量白云质灰岩及灰岩。产腕足类、䗴类等化石。

【层型】 选层型为广西壮族自治区柳城县大埔镇杨柳村剖面。省内次层型为弋阳县曹溪乡芳湖村剖面（117°10′，28°45′），由江西区调队1981年测制。

上覆地层：**马平组** 灰白、灰黑色厚层泥晶灰岩夹含生物碎屑团粒泥晶灰岩，产䗴类、珊瑚

——————— 整 合 ———————

大埔组	总厚度 585.60 m
9. 灰红色厚层细晶—粉晶白云岩	385.64 m
8. 灰红色厚层含生物碎屑微晶—泥晶白云岩。产䗴类：*Profusulinella* sp.，*Fusulinella* sp.，*Fusiella* sp.，*Schubertella* sp.，*Pseudostaffella* sp.	53.34 m
7. 灰色厚层粉晶白云岩。产䗴类：*Fusulinella* sp.，*Profusulinella* sp.，*Pseudostaffella* sp.，*Aljutovella* sp.	116.16 m
6. 灰红色巨厚层含团粒微晶白云岩，上部夹灰岩凸镜体	14.70 m
5. 灰红色厚层含砂屑泥晶砾屑白云岩	0.80 m
4. 紫白色巨厚层中晶白云岩	10.05 m
3. 浮土	4.91 m

——————— 整 合 ———————

下伏地层：**梓山组**

2. 灰红色厚层条带状细粒岩屑石英杂砂岩

【地质特征及区域变化】 上列次层型剖面所示，本组厚度585.60 m，以白云岩为主夹极少量砾屑白云岩的内陆海局限碳酸盐岩台地相沉积。

本组在赣中南地区厚度31～586 m，岩性较稳定，仅莲花县高州、永丰县陶塘乌牛峰等地，白云岩中夹少量灰岩及泥灰岩。产䗴类：*Profusulinella*，*Fusulinella*，*Fusiella*，*Schubertella*，*Pseudostaffella*，*Aljutovella*；腕足类：*Productus*，*Linoproductus*，*Spirifer*，*Camarotoechia*，*Schellwienella*，*Dictyoclostus*，*Chonetes*，*Marginifera*，*Echinoconchus* 等。其时代为早石炭世晚期至晚石炭世早期。

马平组 *Cm* (06－36－1011)

【创名及原始定义】 原称马平灰岩，丁文江（1928）创立，创名地为广西壮族自治区柳州市（原马平县）附近。原始定义：指黄龙组之上、栖霞组之下的一套灰白色中厚层生物屑灰岩为主，白云质灰岩、白云岩为次的地层。

【沿革】 高平、徐克勤（1940）将永新一带此套灰岩划分为上梅田灰岩和下梅田灰岩；徐克勤、丁毅（1943）称赣南的此套灰岩为壶天灰岩；1962年刘亚光⑥研究了高安鸡公岭剖面，划分了中统黄龙组，上统船山组，嗣后，在1∶20万区调时均按此划分；1991年《江西岩石地层统编》改称船山灰岩。本次对比研究将船山灰岩改称船山组，限于扬子地层区使用，而东南地层区以灰岩为主的黄龙组和船山组合称马平组。

【现在定义】 整合于大埔组白云岩或平行不整合于梓山组砂岩之上、整合于栖霞组沥青质灰岩之下的一套浅灰—灰白色中厚层状—块状含燧石结核及团块灰岩夹少量白云质灰岩及白云岩。产䗴、珊瑚及腕足类等化石。

【层型】 选层型为广西宜山县庆远镇马脑山—乌龟岭剖面。次层型为宜春市寨下乡石灰岭剖面（114°30′，28°07′），由江西区调队1977年测制。

上覆地层：**栖霞组** 深灰—灰黑色致密块状燧石条带灰岩，底部灰白、棕黄色细砾状灰岩。产䗴：*Schwagerina lianyuanensis*，*Pseudofusulina* sp. 等

——————— 整 合 ———————

马平组 总厚度 291.77 m

27. 灰色厚层细晶质含生物灰岩 3.31 m

26. 灰白色致密灰岩、含生物灰岩，底部夹一层微晶白云质灰岩。产䗴类：*Sphaeroschwagerina* sp.，*Eoparafusulinella* sp.；珊瑚：*Arctophyllum* sp.，*Pseudozaphrentoides* sp. 19.66 m

25. 深灰色致密厚层含燧石条带生物灰岩。产䗴类：*Sphaeroschwagerina* sp.，*S. glomerasa*，*Zellia* sp. 及少量珊瑚 10.65 m

24. 灰白色致密厚层含生物灰岩。产䗴类：*Schwagerina vulgaris* var. *watanabi*；珊瑚：*Timania damianensis* 41.22 m

23. 灰白色致密厚层隐晶质灰岩。产䗴类：*Sphaeroschwagerina* sp.，*Eoparafusulina* sp.，*Schwagerina* sp.；珊瑚：*Koninckocarinia* sp. 4.72 m

22. 灰白色致密厚层生物灰岩，底部夹一层致密块状灰岩。产䗴类：*Pseudoschwagerina* sp.，*Rugosofusulina* sp.，*Pseudofusulina* sp.，*Schwagerina* sp.，*Schubertella* cf. *cylindrica* 27.49 m

21. 浅灰色粗粒白云质灰岩与深灰色生物灰岩互层。产䗴类：*Pseudoschwagerina* sp.，*Rugosofusulina* sp. 9.07 m

20. 深灰色致密块状生物灰岩。产䗴类：*Pseudoschwagerina* sp.，*Rugosofusulina* sp.，*Schubertella* sp. 2.59 m

19. 浅灰色块状中粒含白云质灰岩夹两层灰白色隐晶质灰岩。产䗴类：*Triticites chui* var. *robustatus*，*Triticites* sp. 7.70 m

18. 浅灰—灰色巨厚层含生物灰岩夹一层灰色致密纯灰岩。产䗴类：*Schwagerina* sp.，*Eoparafusulina* sp.，*Schubertella* sp.，*Pseudoschwagerina* sp.，*Rugosofusulina*；珊瑚：*Pseudozaphrentoides* sp. 13.28 m

17. 灰白色块状隐晶—微粒纯灰岩，局部夹白云质灰岩凸镜体。产䗴类：*Triticites pseudosimplex*，*T.* ? *minirnas*，*Quasifusulina tenussima*，*Rugosofusulina valida* 22.59 m

---

⑥ 刘亚光，1962，江西高安地区"壶天灰岩"的划分和对比。地质科技情报，第5期，江西地质科学研究所（内刊）。

16. 灰白色致密块状隐晶质生物灰岩。产䗴类：*Triticites parvulus*，*T. lalaotuensis*，*T.* cf. *huanlienhsiaensis* 19.50 m

15. 灰白色含生物灰岩与灰色厚层粗晶灰岩互层，粗晶灰岩内含少量细晶白云岩。产䗴类：*Triticites* sp.，*Quasifusulina* sp.，*Q.* cf. *longissima*，*Ozawainella* sp.，*Schubertella* sp. 41.57 m

14. 灰白色厚层致密条纹状硅质白云岩夹两层中层状含角砾灰质白云岩。产䗴类：*Triticites* sp.，*Ozawainella* sp. 13.65 m

13. 浅灰色厚层致密条纹状硅质白云岩夹中厚层中晶灰岩，顶部为厚 2 m 的白色纯灰岩。产䗴类：*Protriticites* sp.，*Schubertella* sp. 9.84 m

12. 灰白色厚层致密含生物灰岩。产䗴类：*Protriticites* sp.，*Schubertella* sp.，*S. lata* var. *elliptica* 8.92 m

11. 浅灰色巨厚层砾状碎屑白云岩 16.93 m

10. 灰白色致密块状微晶灰岩。产䗴类：*Fusulina* sp.，*Fusulinella pseudobocki*，*Aljutovella suscincta*，*Eostaffella* sp.，*Profusulinella* sp. 19.08 m

——————— 整　合 ———————

下伏地层：**大埔组**

9. 浅灰色厚层中晶白云岩

【地质特征及区域变化】　上列次层型剖面所示，本组厚度 291.77 m，以生物灰岩为主夹白云岩及白云质灰岩的内陆海碳酸盐岩台地相沉积。产䗴类：*Sphaeroschwagerina glomerasa*，*Eoparafusulina*，*Zellia*，*Ozawainella*，*Schwagerina vulgaris* var. *watanabi*，*Protriticites*，*Pseudoschwagerina*，*Rugosofusulina valida*，*Pseudofusulina*，*Schubertella* cf. *cylindrica*，*S. lata* var. *elliptica*，*Triticites chui* var. *robustatus*，*T. pseudosimplex*，*T. parvlus*，*T. lalaotuensis*，*T.* cf. *huanlienhsiaensis*，*Quasifusulina tenussima*，*Q.* cf. *longissima*，*Fusulina*，*Fusulinella pseudobocki*，*Eostaffella*，*Profusulinella*，*Aljutovella suscincta*；珊瑚：*Arctophyllum*，*Pseudozaphrentoides*，*Timania damianensis*，*Koninckocarinia* 等晚石炭世分子。

本组散布于赣东南地区，岩性稳定，厚度 100～400 m，最厚在于都金鸡山达 893 m。

梁山组　*Pl*　(06－36－1101)

【创名及原始定义】　原名梁山煤系，赵亚曾、黄汲清（1931）创立，创名地为陕西省汉中梁山。原始定义：黑色页岩、含有劣质的无烟煤及植物化石痕迹，直伏含有 *Tetrapora*（即 *Hayasakaia*）的巫山石灰岩之下，而和志留纪笔石页岩直接接触。

【沿革】　1933 年李毓尧称瑞昌市南义镇王家铺风雨亭的此套煤系为王家铺煤层；1964 年 1∶20 万修水幅区调时称梁山组；1980 年 1∶20 万乐平幅区调时称梁山段；《江西岩石地层统编》(1991) 又称王家铺组；本次对比研究仍用梁山组。王家铺煤系命名晚，故本省停用。

【现在定义】　平行不整合于黄龙组灰岩之上、整合于栖霞组灰岩之下的一套石英砂岩、钙质粉砂岩、碳质页岩、硅质页岩夹灰岩凸镜体及煤层。产腕足类及植物化石。

【层型】　正层型为陕西省南郑县梁山剖面。省内次层型为武宁县澧溪乡蔡家坪剖面（114°49′，29°15′），由江西区测队 1964 年测制。

上覆地层：**栖霞组** 暗灰色中薄层状含燧石灰岩。产腕足类：*Spiriferella* sp.

———————— 整 合 ————————

梁山组	总厚度 15.6 m
14. 暗黄色中厚层含铁质石英细砂岩	1.2 m
13. 浅灰—灰白色薄层粘土质页岩	2.9 m
12. 暗黄—灰白色粉砂岩。产腕足类：*Orthotichia* sp.，*Dictyoclostus* sp.，*Schuchertella* sp.	1.1 m
11. 粘土质页岩	1.4 m
10. 灰白色厚层生物碎屑灰岩。产珊瑚：*Wentzellophyllum kueichowensis*	1.4 m
9. 暗黄、暗灰色铁质石英细砂岩。产腕足类：*Dictyoclostus* sp.，*Orthotichia* sp.，*O. morganiana*	1.6 m
8. 灰白—浅灰色薄层粘土质页岩	1.6 m
7. 暗黄色砂质页岩	1.0 m
6. 暗黄—暗灰色粉砂岩	1.9 m
5. 灰白色含长石石英粉砂岩。产腕足类：*Orthotichia* sp.，*O.* aff. *indica*	1.5 m

——————— 平行不整合 ———————

下伏地层：**黄龙组**

4. 灰白色薄层灰岩与页岩

【地质特征及区域变化】 上列次层型剖面所示，本组厚度 15.6 m，下部粉砂岩与页岩互层，厚度 6 m，上部铁质石英细砂岩及粘土页岩夹生物碎屑灰岩及粉砂岩，厚度 9.6 m。

本组主要分布于修水流域及乐平、玉山等地，厚 2～64 m，以砂、泥质细碎屑岩为主，有时夹生物碎屑灰岩及煤层。产珊瑚：*Wentzellophyllum kueichowensis*；腕足类：*Orthotichia morgoniana*，*O.* aff. *indica*，*Urushtenoidea* cf. *obscura*，*Cancrinella* cf. *truncata*，*Neospirifer* cf. *fasciger*，*Dictyoclostus semireticulatus*，*Linoproductus cora*，*Plicatifera lipoensis*，*Martinia* cf. *mongolia*，*M.* cf. *semiplana* var. *lata*，*Streptorhynchus pelargonatus*，*Paeckelmannia geinitziana*，*Uncinunella jabiensis* 等早二叠世化石。属内陆潮坪相沉积。

栖霞组 *Pq* (06－36－1102)

【创名及原始定义】 原指栖霞灰岩，李希霍芬（F V Richthofen）（1912）创立，创名地为江苏省南京市东郊栖霞山。原始定义：指南京栖霞山泥盆系五通砂岩与南京砂岩（即钟山层）之间一大套深灰—暗灰色夹燧石结核厚层灰岩、灰岩及泥灰岩等序列，产珊瑚、腕足类和海绵等化石。定其时代为下石炭纪，南京砂岩为上石炭纪。

【沿革】 李四光、朱森（1932）将原栖霞灰岩所定的上硅质层至臭灰岩作为栖霞灰岩。李毓尧（1933）调查江西修水流域地质时，将包括栖霞灰岩在内早二叠世灰岩统称“赤颜寺灰岩”。高平、徐克勤（1940）调查赣西地质创称“笔架山灰岩”，而盛莘夫（1942）始称修水流域此灰岩为栖霞灰岩。江西区测队（1964）和陈旭等⑦（1965）改称栖霞组，本次对比研究从之。创名较晚的赤颜寺灰岩及笔架山灰岩，本省均停用。

⑦ 陈旭等，1965，江西修水流域早二叠世地层及生物群。南京大学地质系论文集。

【现在定义】 指在赣北整合梁山组或平行不整合黄龙组之上，赣中、南整合于马平组之上；而在全省均整合于小江边组碳质页岩之下的一套黑色含燧石结核或条带灰岩、沥青质臭灰岩夹少量硅质岩，其下部有时夹黑色叶片状灰岩。产珊瑚、䗴及腕足类化石。

【层型】 正层型为江苏省南京市栖霞山大凹（洼）剖面。省内次层型为武宁县宋溪乡新开岭剖面（115°05′，29°18′），由南京大学陈旭等1965年测制。

上覆地层：**小江边组** 黑、灰黑色含碳页岩、间夹黑色灰岩凸镜体或团块，顶部见棕黑色粘土质页岩。产腕足类、苔藓虫及少量三叶虫

——————— 整 合 ———————

栖霞组 总厚度 104.52 m

6. 深灰、灰黑色致密中层—块状含燧石结核及条带灰岩。产䗴：*Nankinella* sp.，*Sphaerulina* sp.；珊瑚：*Polythecalis yantzeensis*，*Allotropiophyllum* sp.，*Corwenia* (*Yatzengia*) *asiatica*，*Sinopora* sp. 58.99 m
5. 灰黑色中—厚层致密灰岩，顶部块状灰岩。产䗴：*Nankinella* sp.；珊瑚：*Wentzellophyllum volzi*，*Cystomichelinia* sp.，*Sinopora* sp.，*Allotropiophyllum* sp. 13.09 m
4. 深灰色致密块状含泥质灰岩夹少量灰紫色页岩。产䗴：*Misellina* sp. 及腕足类等 30.80 m
3. 黑色致密薄—中层状灰岩与灰紫色页岩互层。产珊瑚：*Protomichelinia multiseptata*，*Cyctomichelinia sichaunensis* 等 1.64 m

——————— 整 合 ———————

下伏地层：**梁山组**

2. 土黄色泥质页岩。产腕足类：*Neospirifer* cf. *tasciger*，*Dictyoclostus semireticulatus* 等

【地质特征及区域变化】 上列次层型剖面所示，本组厚度104.52 m，以灰岩为主夹页岩。

本组零星出露于全省，厚度变化在61～293 m，以黑色含燧石结核或条带沥青质臭灰岩为特征，夹页岩及少量硅质岩，属内陆海局限碳酸盐岩台地相沉积。产䗴类：*Misellina claudiae*，*Nankinella hupehensis*，*Schawagerina chihsiaensis*，*Staffella moellerana*；珊瑚：*Polythecalis hochowensis*，*P. yangtzeensis*，*Wentzellophyllum volzi*，*Corwenia asiatica*，*Protomichelinia multiseptata*，*Michlinopora siyangensis*；腕足类：*Neoplicatifera huangi*，*Kiangsiella tingi*，*Spiriferella kueichowensis* 等早二叠世化石。

小江边组 P*x* (06－36－1103)

【创名及原始定义】 原名小江边灰岩，王竹泉（1920）创立，创名地为安福县小江边。原始定义：於敖城系之上……则见有石灰岩，厚约四十公尺，色黑富含动物化石。

【沿革】 江西区测队（1964）在1∶20万修水幅调查时归于茅口组下部；1966年后，江西省均称小江边组而沿用至今。

【现在定义】 整合于栖霞组之上、茅口组或鸣山硅质岩或车头组或孤峰组之下的一套灰黑色钙质页岩及碳质泥（页）岩夹大量灰岩凸镜体及少量薄层泥灰岩。产䗴、珊瑚、腕足类及菊石化石。顶、底均以灰黑色碳质页岩夹灰岩凸镜体与上覆、下伏地层分界。

【层型】 创名人未指定层型，本书指定选层型为安福县小江边剖面（114°37′，27°13′），由江西区测队1966年测制。

上覆地层：**鸣山硅质岩** 灰、灰白色中层硅质岩。产䗴：*Schwagerina* sp.

——————— 整 合 ———————

小江边组　　总厚度 273.44 m

18. 黑色碳质页岩夹凸镜状灰岩。产䗴：*Schwagerina* sp.；腕足类：*Ambocoella* cf. *longa*，*Argentiproductus chianensis*，*Orthotichia derbyi* var. *nana*，*O. indica*，*O.* cf. *ckerbyi*，*O. chekiangensis*，*Neoplicatifera huangi*，*Urushtenoidea* sp. 等　36.30 m
17. 灰色厚层灰岩。产䗴：*Codonofusiella* sp.，*Reichelina* sp.，*Schwagerina* sp.　3.30 m
16. 黑色薄层灰岩夹少许碳质页岩。产腕足类：*Ambocoella longa*，*Notothyris*? sp.，*Orthotichia* cf. *morganiana*，*Urushtenoidea obscura*，*U. pseudomedusa permica*　17.30 m
15. 灰色钙质页岩与凸镜状灰岩互层。产腕足类：*Argentiproductus chianensis*，*Dictyoclostus* sp.，*Chonetella*? *chonetoides*，*Echinoconchus punctiformis*，*Kiangsiella* aff. *tingi*，*Orthotichia derbyi*，*Repidomella* sp.，*Monticulifera sinensis*　1.34 m
14. 黑色中层硅质岩　8.00 m
13. 灰色泥质钙质页岩夹薄层泥质灰岩。产腕足类：*Orthotichia indica*　55.30 m
12. 深灰色中层灰岩。产䗴：*Codonofusiella* sp.，*Schwagerina* sp.　3.60 m
11. 浮土　41.80 m
10. 灰色薄层钙质页岩夹薄层灰岩。产腕足类：*Athyris* cf. *subepasa*，*Neoplicatifera huangi*，*Uncinunellia timarensis*，*Urushtenoidea* cf. *macens*，*U. chaoi*，*Repidomella* sp.　21.20 m
9. 黑色碳质页岩。产腕足类化石碎片　35.10 m
8. 深灰色薄层灰岩。产䗴类化石　5.90 m
7. 灰色钙质页岩。产腕足类：*Argentiproductus chianensis*，*Ambocoella* cf. *longa*，*Chonetella*? *chonetoides*，*Echinoconchus punctiformis*，*Neoplicatifera huangi*，*Orthotichia derbyi* var. *nana*，*O. indica*，*Urushtenoidea chaoi*　21.60 m
6. 灰黑色钙质页岩夹凸镜状灰岩。产腕足类：*Dictyoclostus*? sp.，*Phicodothyris* sp.，*Urushtenoidea* sp.　22.70 m

——————— 整 合 ———————

下伏地层：**栖霞组**

5. 灰色厚层灰岩。产䗴类：*Codonofusiella* sp.，*Schwagerina* sp.

【地质特征及区域变化】 上列选层型剖面所示，本组厚度 273.44 m，以碳质页岩及钙质页岩夹凸镜状灰岩为特征，其中夹有薄—厚层状灰岩。

本组零星分布于全省，厚度 34.5～273 m，岩性变化不大，为内陆海泻湖潮坪相沉积。产䗴：*Codonofusiella*，*Parafusulina lungtanensis*，*P. yabei*，*P. quasilinea*，*P. bosii*，*Schwagerina longipertica*，*S. biconis*，*S.* cf. *chihsiaensis*；珊瑚：*Lophophyllum* cf. *multiseptatum*，*Hayasakaia infundibula*；腕足类：*Pygmochonetes jiangxianensis*，*Orthotichia derbyi*，*Neoplicatifera huangi*，*Kiangsiella tingi*，*Echinoconchus punctifomis*，*Urushtenoidea chaoi*；菊石：*Altudoceras* 等早二叠世化石。

茅口组 P*m* (06－36－1104)

【创名及原始定义】 原名茅口灰岩，乐森珥（1929）创立，创名地为贵州省六枝特区郎岱镇西南茅口河西岸至打铁关的“茅田希瓦格䗴石灰岩”：上部为富含化石的黑色致密灰岩，下部为浅色薄层灰岩，含纺缍䗴科新希瓦格䗴（*Neoschwagerina*）、有孔虫（*Dolioli-na*）及珊瑚。时代为下二叠统，伏于富含 *Lyttonia* 的中二叠统煤系（轿子山煤系）之下。

【沿革】 李毓尧（1933）将修水此套灰岩划为赤颜寺灰岩上部；高平、徐克勤（1940）称宜春、永新的此套灰岩为狮子形灰岩；湖南区测队（1967）首次称萍乡地区此灰岩为茅口组，此后多沿用此名，但《江西省区域地质志》（1984）称赣中的此灰岩为狮子形组。《江西岩石地层统编》（1991）称茅口灰岩。本次对比研究仍称茅口组。赤颜寺灰岩及狮子形灰岩少为后人沿用，且创名均晚于茅口灰岩，故本省停用。

【现在定义】 整合于小江边组碳质页岩夹灰岩凸镜体之上、乐平组官山段碎屑岩或“南港组”泥灰岩之下的一套浅灰色厚层状灰岩夹少量薄层硅质岩。产䗴、珊瑚及腕足类等化石。

【层型】 选层型为贵州省郎岱县洒志剖面。省内次层型为萍乡市正山剖面（113°45′，27°40′），由湖南省区测队 1967 年测制。

上覆地层：**乐平组** 黑色页岩夹碳质页岩。产植物化石

——————— 整 合 ———————

茅口组 总厚度 280.8 m

13. 灰、浅灰色厚—巨厚层灰岩。产䗴：*Yabeina* sp.，*Neomisellina* sp.，*Verbeekina* sp.，*Neoschwagerina* sp.，*N.* cf. *leei*，*Schwagerina* sp.，*Sumatrina* sp.，*Parafusulina* sp. 98.3 m
12. 灰、灰白色厚层灰岩夹灰色硅质岩。产䗴：*Parafusulina* sp. 26.9 m
11. 深灰色硅质岩夹灰色厚层灰岩。产䗴：*Parafusulina* sp.；海百合茎：*Cyclocyclicus* sp. 24.2 m
10. 灰色厚层灰岩 11.3 m
9. 灰、深灰色中层灰岩。产腕足类：*Chonetes* sp.，*Martinia* sp.，*Schizophoria indica* 39.6 m
8. 深灰色中厚层灰岩夹深灰色薄—中层泥灰岩。产腕足类：*Transnndtia gratiosus*，*Plicatifera* sp.，*Urushtenoidea* sp.，*Martinia* cf. *mongolica*，*Chonetes* cf. *hardrensis* var. *nantanensis*，*Linoproductus* sp. 5.7 m
7. 灰、深灰色厚层—巨厚层灰岩。产䗴：*Schwagerina* sp. 9.0 m
6. 深灰色薄—中层灰岩 27.6 m
5. 灰、深灰色中层灰岩与深灰色中层硅质岩互层 7.6 m
4. 灰色厚层含硅质团块灰岩。产䗴：*Neoschwagerina* sp. 8.4 m
3. 深灰色中层灰岩 6.9 m
2. 灰、深灰色中层含碳泥质隐晶质灰岩 15.3 m

——————— 整 合 ———————

下伏地层：**小江边组**

1. 深灰黑色泥质页岩夹薄层灰岩或灰岩凸镜体

【地质特征及区域变化】 上列次层型剖面所示，本组厚度 280.8 m，以中层—巨厚层状石灰岩为主夹少量硅质岩及泥灰岩。

本组主要分布于萍乡—高安，以及修水、瑞昌—彭泽一带。厚 221～584.7 m，岩性较稳定，皆以灰色厚层状含燧石灰岩为主。局部地区，如九江市新合乡王家村在该组中部夹厚

8 m 紫灰—棕红色含锰硅质岩、含生物碎屑泥质硅质岩及薄层状泥灰岩。本组为内陆海碳酸盐岩台地相沉积。产䗴：*Yabeina*，*Neoschwagerina*，*Verbeekina*，*Sumatrina*，*Chusenella*，*Kahlerina*，*Codonofusiella*，*Nankinella*，*Pseudodoliolina*，*Minojapenella*，*Parafusulina* 等；珊瑚：*Ipciphyllum subtimorica*，*Yatzengia hupeiensis*，*Paracaninia*，*Michelinopora abnormis*，*Timorphyllum*，*Michelinia*，*Tetraporinus*，*Hungophyllum* 等；腕足类：*Martinia*，*Transnndtia gratiosus*，*Plicatifera*，*Chonetes hardrensis* var. *nantanensis* 等；牙形刺：*Neogondolella idahoensis*，*N. wangi*，*Gnathodus* 及藻类等早二叠世晚期化石。

孤峰组　Pg　（06－36－1105）

【创名及原始定义】　原名孤峰镇石灰岩，叶良辅、李捷（1924）创立，创名地点为安徽省泾县孤峰镇。原始定义："为黑色灰质页岩及硅质甚富之灰岩等，间于栖霞灰岩与龙潭煤系之间，底部黑色灰质页岩含化石极丰富，其最著者为菊石及贝类……"。

【沿革】　湖南区测队（1964）称江西省莲花一带相当原当冲层上部含铁锰质硅质泥岩、硅质岩、泥灰岩称当冲层。江西区调队和江西 901 大队（1978）从属这一意见，并将下部黑色页岩夹泥灰岩或灰岩凸镜体的层段划为小江边组。本次对比研究考虑湖南停用当冲组，而改称孤峰组，本省从之。

【现在定义】　整合于小江边组钙质泥岩之上、乐平组官山段不含锰碎屑岩之下，以含锰或硅质与上、下地层区别的赤黑、黄褐色薄层状含锰硅质泥岩、硅质岩、硅质页岩与泥灰岩组成的地层体。产腕足类等化石。

【层型】　正层型为安徽省泾县孤峰镇胡家村剖面。省内次层型为莲花县坊楼乡马家坳水库剖面（113°53′，27°16′），由江西区调队和 901 队 1978 年测制。

上覆地层：**乐平组**　浅灰紫色粗粉砂岩与细砂岩互层

———————— 整　合 ————————

孤峰组	总厚度 52.43 m
13. 浅灰色页片状泥岩	4.57 m
12. 紫红—灰黄色薄层泥岩	1.33 m
11. 灰白色薄层泥岩	5.43 m
10. 灰白—棕黄色钙质泥岩与泥灰岩互层，底部出现含锰粉砂岩。产双壳类：*Palaeoneilo sunanensis* 及腕足类、菊石化石等碎片	3.68 m
9. 棕褐色薄层锰质泥灰岩。产菊石化石碎片	4.88 m
8. 棕褐、灰色薄层含锰泥灰岩夹薄层泥灰岩	1.75 m
7. 棕褐、浅灰色薄层含锰泥灰岩，底部见凸镜状灰岩。产腹足类：*Euomphalus* sp.	2.12 m
6. 灰色薄层灰岩夹深灰色薄层凸镜状硅质岩与灰白—浅黄色薄层泥灰岩互层	3.08 m
5. 棕色薄层锰质泥灰岩夹薄层硅质岩及薄层粉砂岩	7.48 m
4. 棕褐色锰土或锰质泥灰岩、含锰硅质岩及薄层硅质岩	2.64 m
3. 棕褐色含锰质粉砂岩与泥岩互层	3.47 m
2. 棕褐色含锰硅质泥岩	4.24 m
1. 棕褐黄色薄层含锰硅质粉砂岩夹硅质泥岩。产腕足类：*Cancrinella* cf. *circularia*	7.49 m

———————— 整　合 ————————

下伏地层：**小江边组**　杂色钙质泥岩

【地质特征及区域变化】 上列次层型剖面所示，本组厚度 52.43 m，下部棕褐色薄层状含锰硅质粉砂岩、含锰硅质泥岩、锰质泥灰岩、锰质泥岩夹硅质岩、泥灰岩及灰岩，厚度 41.10 m；上部薄层泥岩，厚度 11.33 m。

本组仅分布于莲花一带，厚度 37～52 m，岩性稳定，为一套含锰泥、页岩及硅质岩为主夹泥灰岩及灰岩，属内陆海台盆相沉积。产腕足类：*Cancrinella* cf. *circularia*，*Martinia*，*Chonetes*，*Squamularia*，*Plicatifera*；腹足类：*Euomphalus*；双壳类：*Palaeoneilo sunanensis* 等化石。本组局部风化淋滤富集为铁锰矿。

“南港组” P*n* (06－36－1106)

【创名及原始定义】 系江西调研队（1991）在《江西岩石地层统编》中创立，创名地为上高县南港狮形下。原始定义：茅口组上部原称上泥质岩段。岩性为含碳质之泥质页岩、砂岩、粉砂岩为主，有时夹少量硅质岩及灰岩凸镜体。产腕足类、珊瑚及䗴类等化石。

【沿革】 江西区调队（1976）在 1∶20 万铜鼓幅调查将原归于茅口组的地层进一步划分为三段：下泥岩段、灰岩段和上泥岩段。《江西省二叠系》（1982）、《江西省区域地质志》（1984）均将下泥岩段划归小江边组，灰岩段和上泥岩段合称为狮子形组。1984 年赣西地质调查大队调查 1∶5 万上高幅、南港幅，将上泥岩段命名为章江组。1991 年《江西岩石地层统编》命名南港组并正式启用。章江组自创迄今，未曾引用，故本省停用。

【现在定义】 整合于茅口组灰岩之上，整合或平行不整合于乐平组官山段砂岩之下的一套不含燧石之泥页岩为主的沉积，岩性为含碳质之泥质页岩、砂岩、粉砂岩为主，有时夹少量硅质岩及灰岩凸镜体。产腕足类、珊瑚、䗴等化石。

【层型】 正层型为上高县南港乡狮形下—洲上剖面（114°51′，28°23′），由江西区调队 1977 年测制。

上覆地层：**乐平组** 棕黄色中厚层中粒含长石石英砂岩，上部夹粉砂岩及粉砂质页岩，底部含铁石英砂岩及黑色燧石角砾岩。产植物：*Taeniopteris* sp.，*T.* cf. *szei*，*Sphenopteris* sp.

——————— 平行不整合 ———————

“南港组” 总厚度 76.47 m

36. 黑色中厚层含碳泥质灰岩夹少量含碳钙质页岩。产䗴：*Schwagerina* sp.，*Pseudodoliolina* sp. 3.74 m
35. 黑色含碳钙质泥岩夹少量中厚层泥灰岩及凸镜状含燧石结核灰岩，中部夹少量钙质粉砂岩。产腕足类：*Urushtenoidea chaoi szechuanensis*，*U. crenulata*，*Neoplicatifera huangi*，*Manticulifera sinensis*，*Kiangsiella tingi*，*Acasarina indica*，*Lepitodus* sp.，*Linoproductus* sp.，*Phricodothyris* sp. 等 15.20 m
34. 深灰、灰黑色含碳钙质页岩夹中层状含燧石结核灰岩。产䗴：*Schwagerina* sp.，*Chusenella* sp.；珊瑚：*Waagenophyllum* sp. 34.20 m
33. 灰黑色含碳钙质页岩夹含燧石条带状、饼状灰岩及少量钙质粉砂质页岩 16.67 m
32. 深灰色中层泥质灰岩与灰黑色钙质页岩互层。产少量䗴化石 6.66 m

———— 整 合 ————

下伏地层：**茅口组**

31. 灰色巨厚层—块状含燧石结核灰岩。产䗴：*Schwagerina* sp.，*S. longipectica*，*Neoschwagerina* sp.，*Pseudodoliolina* sp.，*Verbeekina* sp.

【地质特征及区域变化】 上列正层型剖面所示，本组厚度 76.47 m，以灰黑色含碳钙质泥、页岩、泥质灰岩夹钙质粉砂岩及钙质粉砂质页岩及灰岩凸镜体。

本组分布范围狭小，仅见于上高及宜春，厚度 60～130 m，岩性变化不大，为含碳泥、页岩夹砂岩、粉砂岩及灰岩凸镜体，属内陆海泻湖相沉积。产䗴：*Chusenella*，*Schwagerina*，*Neomisellina lepida*，*Pseudodoliolina*；珊瑚：*Waagenophyllum*；腕足类：*Urushtenoidea chaoi*，*U. crenulata*，*Neoplicatifera huangi*，*Acosaria indica*，*Kiangsiella tingi*；植物：*Calamites*，*Taeniopteris*，*Gigantopteris*，*Protoblechum* 等化石。

鸣山硅质岩 P$m\hat{s}$ (06-36-1107)

【创名及原始定义】 原名鸣山层，刘季辰（1926）创立，创名地为乐平市城南七公里之鸣山煤矿区。原始定义：……大部分为石英砂岩及砂质页岩，岩性较硬，不易风化，恒成百公尺左右之山岭……此层属煤系之底层，时代隶属石炭纪。

【沿革】 1964 年前，后人证实为硅质岩之后，广称之鸣山层；1964 年之后，1∶20 万区调并入茅口组；但安徽区测队（1971）将赣省婺源北部的此硅质岩称孤峰组；《江西省区域地质志》（1984）将其归入狮子形组；《江西岩石地层统编》（1991）称鸣山硅质岩至今。

【现在定义】 整合于小江边组碳质页岩夹凸镜状灰岩之上、乐平组官山段砂岩或局部为南港组页岩夹灰岩之下的一套深灰—黑色硅质岩、硅质页岩夹少量微晶灰岩、钙质页岩（以地表岩性为据）。产䗴、珊瑚及腕足类化石。

【层型】 创名人未指定层型，本书指定选层型为乐平市双田乡甲路坞剖面（117°10′，29°06′），由江西区调队 1980 年测制。

上覆地层：**“南港组”** 黑色钙质泥岩夹黑色薄层泥灰岩

———— 整 合 ————

鸣山硅质岩	总厚度 45.9 m
21. 深灰—灰黑色薄—中层硅质灰岩，向上过渡为黑色硅质岩	8.2 m
20. 灰色薄层硅质岩夹黑色钙质页岩	20.4 m
19. 黑色中、薄层硅质岩，局部夹黑色含碳灰岩	11.2 m
18. 黑色薄层硅质岩夹黑色含碳硅质页岩，局部夹中层状硅质岩。产腕足类：*Neoplicatifera minor*	3.6 m
17. 黑色薄—中厚层硅质岩，局部夹深灰色含硅质页岩	2.5 m

———— 整 合 ————

下伏地层：**小江边组**

16. 灰色薄层致密灰岩夹灰黑色钙质页岩及似层状黑色硅质岩。产腕足类：*Orthotichia* sp.，*Spinomarginifera sintanensis* 等

【地质特征及区域变化】 上列选层型剖面所示，本组厚度 45.9 m，下部为黑色薄—中厚层硅质岩夹硅质页岩；上部灰—灰黑色薄—中层状硅质岩夹钙质页岩及少量含碳灰岩，顶部为硅质灰岩。

本组分布于宜春、乐平、安福、吉安、泰和及上饶南部等地，厚度 10～92 m，岩性稳定，主要为硅质岩，夹少量泥、页岩及灰岩，属内陆海台盆相沉积。产䗴：*Schwagerina*，*Neoschwagerina*，*Neomisellina*；腕足类：*Neoplicatifera minor* 等化石。按层位大致相当茅口组。

车头组　Pĉ　(06－36－1109)

【创名及原始定义】　系江西调研队（1991）《江西岩石地层统编》时创立，创名地为于都县车头乡段屋。原始定义：代表江西南部原划下二叠统上部沉积。为一套以含磷铁硅质结核为特征之灰黑色硅、砂、泥质粉砂岩的细碎屑岩沉积。主要岩性为灰黑色含碳质页岩、泥岩、硅质岩、粉砂岩，普遍含磷铁硅质结核。产菊石、腕足类、植物等化石。

【沿革】　赣东北地质大队[8]（1963）称铅山县新安埠煤矿的此套地层为湖塘组；江西区调队（1969）在 1∶20 万赣州幅调查时划为龙潭组下部；而 1∶20 万寻乌幅（1973）划为茅口组；煤田勘探公司[9]（1976）将此层划入彭家段；在 1∶20 万上饶幅（1982）称安州组中段；《江西省区域地质志》（1984）划为安州组。《江西岩石地层统编》（1991）将赣东北此套地层称湖塘组，赣南新创车头组。本次对比研究认为，尽管各家所立名称不同，但其层位、岩性大体一致，故统称车头组。彭家段、安州组、上饶组、湖塘组均为同物异名。

【现在定义】　整合于小江边组碳质页岩或鸣山硅质岩之上、乐平组砂岩、粉砂岩屑之下的一套含磷铁结核之黑色含碳页岩、泥岩、硅质岩、粉砂岩沉积，下部有时含凸镜状灰岩。产菊石、腕足类、植物化石。

【层型】　正层型为于都县车头乡段屋剖面（115°34′，26°01′），由江西区测队 1972 年测制。

上覆地层：**乐平组**　灰白色中厚—巨厚层石英粗砂岩和石英细砂岩夹少量长石砂岩和粉砂岩，局部为含砾砂岩

——————　整　合　——————

车头组	总厚度 165.63 m
14. 黄绿、紫红色厚层粉砂岩夹薄层页岩和砂岩。产腹足类：*Euomphalus* sp. 及介形类等	43.23 m
13. 灰黑色含碳页岩和泥岩夹灰黑色含磷硅质结核，局部夹灰绿色白云母长石砂岩凸镜体。产植物：*Taeniopteris* sp.，*Pecopteris* sp.，*Calamites* sp.	88.50 m
12. 灰黑色含碳质泥质粉砂岩和微含硅质页岩	8.40 m
11. 灰黑、灰绿色厚层硅质粉砂岩	2.50 m
10. 灰黑色厚层含薄层泥砂质条带和结核硅质岩	17.60 m
9. 灰黑色厚层页岩和硅质粉砂岩	3.90 m
8. 灰黑色厚层条纹状含磷结核碳质页岩、泥岩。产头足类：*Paragastrioceras* sp.，*Altudoceras* sp.；腕足类：*Echinoconchus* sp.	1.50 m

——————　整　合　——————

⑧　赣东北地质大队，1963，江西铅山县新安埠雾林山煤矿区地质勘探综合报告（油印本）。

⑨　江西省煤田地质勘探公司，1976，江西省晚二叠世含煤地层的特征及找矿方向的初步探讨。

下伏地层：**小江边组**

7. 灰黑色厚层钙质页岩夹泥质灰岩，产丰富腕足类

【地质特征及区域变化】 上列正层型剖面所示，本组厚度 165.63 m，为一套含磷铁硅质结核为特征的灰黑色硅、砂、粉砂及泥页岩等细碎屑岩沉积。

本组分布于东南地层区上饶南部，南至永丰、于都、信丰等地。为一套碳硅质粉砂泥页岩沉积。饶南地区厚 40～192 m 岩性为黑色薄—中层状含黄铁矿水云母页岩夹碳质页岩、泥岩、粉砂岩，含菱铁矿结核，下部有时夹凸镜状灰岩；赣中永丰一带下部为硅质岩、硅质泥岩夹含锰灰岩，中部为页岩夹砂岩，上部以粉砂岩、页岩为主，夹含锰粉砂岩，厚 100～150 m，赣南，厚 135～233 m，岩性类似于正层型剖面。为内陆海台盆—泻湖相沉积。产菊石：*Waagenoceras*，*Altudoceras*，*Mexicoceras*，*Paragastrioceras*，*Paraceltites*，*Shouchangoceras*；腕足类：*Echinoconchus*，*Martinia*，*Crurithyris*，*Striatifera*；䗴：*Schwagerina*；植物：*Taniopteris*，*Pecopteris*，*Calamites*，*Annularia gracilescens* 等化石。

龙潭组 Plt (06-36-1110)

【创名及原始定义】 原名龙潭煤系，丁文江（1919）创立，创名地为江苏省南京市附近龙潭。原始定义：……这一含煤地层为龙潭煤系，时代为二叠纪。其上为二叠或三叠纪张公岭石灰岩，下为上石炭统船山石灰岩。

【沿革】 王竹泉（1930）将修水流域此套含煤地层命名为老虎山煤系；江西区测队（1964）在 1∶20 万修水幅调查称龙潭组；南京大学陈旭等（1965）将修水流域此套含煤地层归入吴家坪组下段；《江西岩石地层统编》（1991）称老虎山组；本次与大区统一协调称龙潭组。

【现在定义】 平行不整合于茅口组灰岩之上、整合于吴家坪组含燧石结核灰岩或七宝山组硅质岩之下的一套深灰色薄层状泥质灰岩、黑色硅质岩及碳质页岩有时夹薄层煤，下部粉砂质粘土富含黄铁矿结核，产腕足类、介形虫及植物化石。

【层型】 选层型为江苏省江宁县淳化镇天宝山剖面。省内次层型为修水县清水岩（四都）乡清水岩石岭下—蓝家村剖面（114°36′，29°06′），由陈旭等 1965 年测制。

上覆地层：**吴家坪组** 灰、浅灰带肉红色中—厚层灰岩，富含肉红色燧石结核。产䗴：*Codonofusiella schubertelloides*，*C.* cf. *paradoxica*；腕足类：*Edriosteges poyangensis*，*Squamularia elegantula*，*Spinomarginifera* sp.，*Waagenoconcha* sp.

——— 整 合 ———

龙潭组 总厚度 1.93 m

3. 深灰色薄层泥质灰岩夹少量黑色硅质岩及碳质页岩。产腕足类：*Urushtenoidea* cf. *obscura*，*Leptodus tenus*，*Streptorhynchus* sp.，*Marginifera* sp.，*Spinomarginifera* sp.，*Argentiproductus* sp.，*Dictyoclostus* sp.，*Chonetella* sp.，*Squamularia* sp.，*Martinia martiniopsis*，*Dielasma* sp.，*Oldhaminella* sp.；双壳类：*Aviculopecten* sp. 1.23 m
2. 银灰色粉砂质粘土，富含灰绿色黄铁矿结核。产植物化石碎片 0.60 m
1. 褐铁矿层 0.10 m

——————— 平行不整合 ———————

下伏地层：**茅口组** 灰、深灰色块状含沥青质及少量燧石结核灰岩。产䗴：*Neoschwagerina* sp.，*Yabeina* sp.，*Neomisellina* sp.

【地质特征及区域变化】 上列次层型剖面所示，本组厚度 1.93 m。分布于修水流域，厚度为 1.9～20.8 m，为一套含薄煤或碳质页岩的细碎屑岩夹硅质、泥质灰岩之沉积，属内陆海碎屑岩潮坪相。产腕足类：*Urushtenoidea* cf. *obscura*，*Leptodus tenus*，*Martinia martiniopsis*，*Marginifera* 等；植物：*Cordaites*；双壳类：*Aviculopecten* 等。

吴家坪组 P*w* (06－36－1111)

【创名及原始定义】 原名吴家坪灰岩，卢衍豪（1956）创立，创名地为陕西省汉中南郑县城西北 12 km 之吴家坪。原始定义：……以此层代表梁山地区上二叠统中上部沉积。

【沿革】 王竹泉（1930）称修水流域此套地层为北山石灰岩；江西区测队1964年在 1∶20 万修水幅调查时称龙潭阶上段；南京大学陈旭（1965）首次于修水流域引入吴家坪组，并分上、下两段；1986 年在 1∶5 万瑞昌幅调查时下段称龙潭组，上段称长兴组；1990 年在 1∶5 万邹桥幅调查时将上段称吴家坪灰岩，相当于本次对比研究的吴家坪组。

【现在定义】 整合于龙潭组页岩之上、大隆组硅质岩之下的一套含燧石结核或似层状燧石层之厚层灰岩。产䗴、珊瑚、腕足类等化石。

【层型】 选层型为陕西省南郑县梁山吴家坪剖面。省内次层型为德安县傅山乡傅山剖面（115°32′，29°28′），由陈旭 1965 年测制。

上覆地层：**大隆组** 灰白、土黄及浅紫色板状硅质岩夹黑色薄层燧石岩。产腕足类：*Chonetinella substrophomenoides*，*Stenoscisma* sp.，*Marginifera* sp.，*Dielasma* sp.，*Antiquatonia* sp.

——————— 整 合 ———————

吴家坪组 总厚度 23.19 m

5. 灰带肉红色中厚层燧石结核灰岩。产腕足类：*Edriosteges poyangensis*，*Squamularia grandis*，*S. elegantula*，*Dictyoclostus* cf. *tartaricus*，*D. margaritatus* 等；珊瑚：Michelinidae，*Sinopora* sp.；䗴：*Codonofusiella* sp.，*Reichelina* sp. 3.07 m
4. 黑色薄层燧石岩夹一层灰岩。产腕足类：*Chonetes* sp. 及腹足类化石 1.79 m
3. 灰带肉红色块状燧石结核灰岩。产腕足类：*Squamularia waageni*，*Dictyoclostus margaritatus*；䗴：*Nankinella* sp. 12.01 m
2. 深灰色厚层含燧石结核灰岩。产䗴：*Codonofusiella* sp.，*Reichelina* sp. 6.32 m

——————— 整 合 ———————

下伏地层：**龙潭组**

1. 粘土页岩、碳质页岩、钙质页岩、黑色不纯灰岩及凸镜状煤层。产植物及腕足类化石碎片

【地质特征及区域变化】 上列次层型剖面所示，本组厚度 23.19 m，为灰—黑色含燧石结核或似层状燧石层灰岩。

本组分布于赣西北武宁、瑞昌、德安等地厚 12～44 m，岩性稳定，为一套含燧石结核碳酸盐岩沉积，属内陆海碳酸盐岩台地相。产䗴：*Codonofusiella*，*Reichelina*，*Nankinella*；珊瑚：*Michelinia*，*Sinopora*，*Tachylasma*，*Paracaninia*；牙形刺：*Neogondolella subcarinata*；腕足类：*Dictyoclostus margaritatus*，*D.* cf. *tartaricus*，*Squamularia grandis*，*S. elegantula*，*S. waageni*，*S. inaequilateralis*，*Edriosteges poyangensis*，*Spinomarginifera* cf. *kueichowensis* 等化石。

乐平组 *Plp* (06-36-1112)

【创名及原始定义】 原名乐平系，黄汲清（1932）创立，系指江西乐平一带晚二叠世含煤地层。经记载："乐平盆地之化石初为 Richthofon 所发现，经数人研究，知其属二叠纪。此处地层发育不全，上下关系难以论定，幸乐平系在贵州甚为发达，地层完全，可鉴研究"。

【沿革】 我省最早研究本地层者当推王竹泉（1920），在调查安福、吉安、永新一带煤田地质时，于安福县枫田墟创名"枫田系"，以代表晚二叠世含煤地层，并采集我省首块菊石化石 *Anderssonoceras*。高平、徐克勤（1940）将赣西地区晚二叠世地层采用黄氏"乐平（煤）系"一名。冯景兰（1950）在乐平鸣山煤矿区调查煤田地质时，将乐平煤系改称乐平组自下而上划分并创立四个段级单位：官山砂岩、老山煤系、狮子山砂岩、王潘里系。此后，后人以段称之，为广大地质工作者沿用至今。而阎俊峰、尚冠雄（1964）、江西区测队（1964）1∶20 万宜春幅、江西区调队（1978）1∶20 万铜鼓幅等，据全国第一届地层会议的精神，将赣中地区乐平组改称龙潭组，组下仍沿用冯氏所划分四段。赣东北地质大队（1963）将上饶南部及赣南乐平组由下而上划分三段：即彭家段、童家段、雾林山段。《江西省区域地质志》（1984）将饶南地区的乐平组划分下部安州组，上部雾林山组，而李富玉（1986）又改称下部上饶组，上部雾林山组。《江西岩石地层统编》（1991）将冯氏四个段上升为四个组，而饶南及赣南统称"雾林山煤系"，并作为非正式岩石地层单位。本次对比研究将省内中、南部二叠系含煤地层统称乐平组，赣中地区恢复冯氏所划分的四个段，饶南及赣南地区暂不分段。雾霖山煤系创名较晚，枫田系沿用不广，均应停用。

【现在定义】 整合于茅口组灰岩或车头组含菱铁矿结核碳质页岩或鸣山硅质岩或南港组含碳泥质页岩之上、长兴组灰岩或大隆组硅质岩之下的一套海陆交互相之碎屑岩为主的含煤沉积。产菊石、角石、腕足类、植物等化石。

【层型】 创名人未指定层型，本书指定选层型为丰城市上塘镇仙姑岭煤矿剖面（115°46′,28°16′），由赵金科 1978 年测制。

上覆地层：**长兴组** 深灰色厚层含燧石结核灰岩。产腕足类：*Leptodus* sp.，*Oldhamina* sp.；珊瑚：*Tachylasma* sp.

———————— 整 合 ————————

乐平组 总厚度 445.3 m

王潘里段 77.8 m

10\. 灰、深灰色钙质砂岩、石英细砂岩与粉砂岩、泥岩互层，夹煤层。产腕足类：*Lingula* sp.，*Hustedia* sp.；植物：*Lepidodendron oculusfelis*，*Lobatannularia heianensis* 16.5 m

9\. 灰、深灰色细粒粉砂岩及泥岩夹灰色薄层细砂岩，夹煤层。产植物：*Taeniopteris*

densissima，*Pecopteris taiyuanensis*，*Lepidodendron oculusfelis* 35.4 m

8. 灰色中厚层细砂岩夹深灰色薄层细粒粉砂岩及泥岩，含煤层。产植物：*Neuropteris* sp.，*Pecopteris taiyuanensis*，*Lobatannularia* sp.；腕足类：*Lingula* sp. 25.9 m

狮子山段 37.5 m

7. 浅灰、灰白色细—中粒石英砂岩。产腕足类：*Schellwienella* sp. 17.5 m

6. 浅灰色中厚层细粒石英砂岩夹少量粉砂岩。产腕足类：*Chonetinella substrophomenoides*，*Orthotetina* sp. 20.0 m

老山段 180.0 m

5. 灰黑色薄层泥岩夹粉砂岩。产腕足类：*Marginifera* sp.；菊石：*Pseudogastrioceras* sp.，*Konglingites tumidus* 100.0 m

4. 灰黑色泥岩夹钙质砂岩。产腕足类：*Chonetinella substrophomenoides*，*Tyloplecta* cf. *yangtzeensis*；菊石：*Neoganides paulus*，*Pseudogastrioceras jiangxiensis*，*Metagastrioceras fengchengense*，*Retiogastrioceras speciosus*，*R. compressum*，*Planodiscoceras grotiosus*，*P. longilobatum*，*Leptogyroceras dongshenlingense*，*L. compressum*，*Fengchengoceras tricarinatum*，*Lenticoceltites fengchengensis*，*Anderssonoceras simplex*，*A. robustum*，*Xiangulingites orbilobatus*，*X. acutus*，*X. applanatus*，*Pericarinoceras robustum*，*Araxoceras kiangsiense*，*Prototoceras venustum*，*P. plicatum* 40.0 m

3. 灰、深灰色泥岩、粉砂岩夹钙质砂岩，含煤层。产腕足类：*Tyloplecta* cf. *yangtzeensis*，*Leptodus* sp.，*Hustedia* sp.；植物：*Gigantopteris nicotianaefolia*，*Pecopteris latiuense* 40.0 m

官山段 150.0 m

2. 灰白色厚层中—粗粒长石石英砂岩夹粉砂岩及泥岩，含煤层。产植物：*Cladophlebis* cf. *permica*，*Taeniopteris multinervis*，*Gigantopteris* sp. 80.0 m

1. 灰、深灰色薄层粉砂岩及泥岩夹中厚层细砂岩。产植物：*Pecopteris* sp.，*Annularia* sp. 70.0 m

———— 整 合 ————

下伏地层：茅口组　灰岩

【地质特征及区域变化】　上列选层型剖面所示，本组厚度 445.3 m，为一套海陆交互相碎屑岩含煤沉积。属内陆海陆源碎屑潮坪相。

从北至南，本组厚度从薄至厚，赣西及赣中，厚 100～445 m，饶南厚度 538 m，赣南千米以上。由赣中至赣南陆源碎屑成分逐渐增加，生物化石由海相为主过渡为以陆相为主，厚度由薄至厚。赣西及赣中袁水流域可划分官山段、老山段、狮子山砂岩段、王潘里段；赣中锦江流域可划分为官山段及老山段；饶南及赣南暂不分段。

官山段　P^g　(06－36－1113)

【创名及原始定义】　原名官山砂岩，冯景兰（1950）创立，创名地为乐平市鸣山煤矿区官山村。原始定义："……以褐红色、砂粒细至均匀的砂岩为主，风化后成红褐色的被膜，层厚达三十公尺；……上以整合的关系与老山煤系相接，故有将此层列入煤系内，称之为底砂岩者"。

【沿革】　本组引用甚广，含义、界线大同小异，惟赣东北地质大队将饶南的此段称为彭家段。赵金科（1977）发表彭家段 *Schouchangoceras*，*Altudoceras* 等菊石，时代显示早二叠世晚期。李文恒（1981）在本段上部采到 *Neoschwagerina*，*Verbeekina* 等䗴科化石。次后诸宝森（1981）、邓光先等（1981）均在省内本段灰岩凸镜体夹层中采到 *Neomisellina multivoluta* 等早二叠世晚期䗴类化石，因此官山段为早二叠世晚期至晚二叠世早期的跨时单位。

【现在定义】 整合于茅口组灰岩或车头组含菱铁矿结核碳质页岩或鸣山硅质岩或南港组含碳泥质页岩之上、老山段细碎屑岩之下。以大量出现长石石英砂岩、石英砂岩为特征，主要岩性为灰白色厚—中厚层状中—粗粒长石石英砂岩、石英细砂岩为主夹少量粉砂岩及砂质页岩、泥岩及煤层（A 煤组），个别地区夹硅质灰岩凸镜体或灰岩。产䗴、菊石、腕足类及植物化石。

【地质特征及区域变化】 本段分布于萍乡—乐平一带及莲花—安福等地。岩性稳定，属滨海河口三角洲—河流冲积相沉积。厚度 20～320 m，赣中薄、赣西厚，局部地段可相变缺失。产䗴：*Neomisellina multivoluta*，*Neoschwagerina*，*Verbeekina*，*Schwagerina hupehensis*，*S.* cf. *longitermina*；腕足类：*Chonetes*；菊石：*Schouchangoceras*，*Shangraoceras*，*Altudoceras*，*Mexicoceras*，*Paratongluceras*；植物：*Pecopteris taiyuanensis*，*Taeniopteris densissima*，*Cladophlebis permica* 等化石。

老山段 P^{l} (06-36-1114)

【创名及原始定义】 原名老山煤系，冯景兰（1950）创立，创名地为鄱乐煤矿老山矿区。原始定义："以黄色红色的砂岩及灰黑色页岩为主，砂岩通常呈薄层状，每层厚只半公尺左右，可与狮子山块状砂岩辨别；老山煤系下部，在老山三公尺大煤层之上约十二公尺处，有绿灰色不纯净的灰岩一层，厚约一公尺，富含 *Lophophyllum*，*Productus*，*Leptodus*，*Squamularia*，*Chonetes*，*Lyttonia* 等化石。俗称"螺丝包子"或"菊石层"。

【沿革】 自创迄今，广为沿用，通称老山段，惟 1978 年赵金科称老山亚组。

【现在定义】 整合于官山段厚层长石石英砂岩之上、狮子山段砂岩或七宝山组硅质灰岩之下的含煤细碎屑岩沉积。岩性为灰黑、深灰色泥岩、粉砂岩、钙质细砂岩、碳质细砂岩、粉砂质页岩夹灰岩及煤层（B 煤层）。产腕足类、菊石及大量植物化石。

【地质特征及区域变化】 本组分布于莲花、萍乡至乐平一带，厚 80～479 m，以含煤细碎屑岩沉积为主，属内陆海深水碎屑岩潮坪相。产菊石：*Konglingites*，*Araxoceras*，*Xiangulingites*，*Anderssonoceras simplex*，*Fengchengoceras*，*Prototoceras*，*Retiogastrioceras*，*Neoganites* 等；腕足类：*Tyloplecta yangtzeensis*，*Productus harridus*，*Marginifera*，*Hustedia*，*Haydanella kiangsiensis*，*Chonetinella substrophomenoides*，*Spinomarginifera kueichowensis* 等；植物：*Gigantopteris nicotianaefolia*，*Taeniopteris densissima*，*Pecopteris taiyuanensis* 等。

狮子山段 P^{s} (06-36-1115)

【创名及原始定义】 原名狮子山砂岩，冯景兰（1950）创立，创名地为乐平市鸣山煤矿区王潘里村。原始定义："是整合连续在老山煤系上的一层块状黄红色砂岩，厚八至十五公尺，每成明显石崖……"。

【沿革】 自创名迄今，广为沿用。

【现在定义】 整合于老山段之上、王潘里段之下，以本段砂岩为主，与上、下分界。

其岩性为灰白—浅灰色中厚—厚层状细—中粒长石石英砂岩、石英砂岩为主偶夹少量铁质页岩。产腕足类、双壳类、植物化石。

【地质特征及区域变化】 本段分布于赣西、赣中等地，厚17～64 m，以厚层细—中粒砂岩为主，地貌上常形成陡峭山脊，为野外填图的良好标志。属内陆海陆源碎屑潮坪相沉积。产腕足类：*Chonetinella substrophomenoides*，*Orthotetina*，*Schellwinella*，*Marginifera* 等，以及双壳类及植物等化石。

王潘里段 P^w (06－36－1116)

【创名及原始定义】 原名王潘里系，冯景兰（1950）创立，创名地为乐平市鸣山煤矿区王潘里村。原始定义："……因在二叠纪狮子山砂岩之上，所以也叫作上煤系，以和老山煤系或下煤系区别。本系以页岩及砂岩为主，整合连续于狮子山砂岩之上，厚达八十余公尺……含有薄煤五层，完整化石：*Schellwienella acutangula*，*Leptodus nobilis*，*Spinomarginifera* cf. *jisuensis*，*Transenndtia gratisus*，*Marginifera*，*Martinia* 等化石"。

【沿革】 创名后广为沿用，通称王潘里段。

【现在定义】 整合于狮子山砂岩段之上、长兴组灰岩或大隆组硅质岩之下的一套含煤碎屑岩沉积。岩性为灰、深灰色细砂岩、粉砂岩、粉砂质页岩、碳质页岩夹煤线或煤层（C煤组）。产腕足类及植物化石。

【地质特征及区域变化】 本段广泛分布于赣中、赣西一带，厚度37～76 m，岩性及层位均较稳定，属内陆海陆源碎屑潮坪相沉积。产腕足类：*Waagenites barusinensis*，*W. soochowensis*，*Chonetinella substrophomenoides*，*Chonetes tennilirata*，*Neophricodothyris waagen*，*Orthotetina ruber*，*Dictyoclostus margaritatus*，*Leptodus nobilis*，*Schellwienella acutangula*，*Spinomarginifera* cf. *jrouensis*，*Transenndtia gratiosus* 等；植物：*Pecopteris taiyuanensis*，*Taeniopteris denaissima*，*Lepidodendron oculusfelis*，*Lobatannularia heianensis* 等化石。

七宝山组 Pqb (06－36－1117)

【创名及原始定义】 原名乐平组七宝山段，江西区调队岳文浙[⑩]（1978）创立，诸宝森（1988）在《就乐平组的穿时论东吴运动》一文介绍，创名地为上高县七宝山铁矿。原始定义：代表万载至高安地区乐平组上部相关地层，岩性为深灰色薄至中厚层状硅质岩及硅质灰岩夹硅质页岩、白云岩、瘤状灰岩、钙质泥岩、细砂岩、粉砂岩。产菊石、䗴、鹦鹉螺、腕足类等化石。其上界与长兴组、其下界与乐平组老山段连续沉积。

【沿革】 1964年在1：20万宜春幅调查时归入龙潭组上段；刘庆民（1965）称上高的该套地层为乐平组中、上段；江西区测队[⑪]（1967）所编《江西省区域地层表》称新塘段；罗新民、张尊启（1988）将七宝山矿区此段称钟古段及枧溪段；《江西岩石地层统编》（1991）称七宝山组引用至今。新塘段、枧溪段及钟古岭段，均因含义不清，又未指定层型剖面，故省内停用。

---

⑩ 岳文浙，1978，江西省锦江流域二叠系。江西区测，第1期（内刊）。

⑪ 江西区测队，1967，江西省区域地层表（内部印刷）。

【现在定义】 整合于乐平组老山段含煤碎屑岩之上、长兴组灰岩之下的一套深灰色薄至中厚层硅质岩及硅质灰岩夹硅质页岩、白云岩、瘤状灰岩、钙质泥岩、细砂岩及粉砂岩。产菊石、腕足类、鹦鹉螺、䗴等化石。

【层型】 正层型为上高县七宝山剖面（114°55′，28°10′），由江西区测队 1977 年测制。

上覆地层：**长兴组** 浅灰—灰色中—厚层含燧石结核隐晶质灰岩。产䗴：*Palaeofusulina* sp.

———————— 整 合 ————————

七宝山组	总厚度 294.94 m
24. 深灰色薄—中层泥岩、中厚层泥灰岩夹扁豆状硅质岩，顶部为深灰色薄层硅质岩。产菊石：*Konglingites* sp.，*Jinjiangoceras* sp.，*Huananoceras* sp.，*Pseudogastrioceras* sp.；腕足类：*Araxathyris araxensis*，*Martinia* sp.，*Squamularia* sp.，*Tyloplecta yangtzeensis*，*Uncinunellina timorensis*	128.22 m
23. 深灰色薄—中厚层硅质岩	1.57 m
22. 灰黄、紫红色片状—薄层状钙质泥岩夹硅质岩凸镜体	1.18 m
21. 灰—灰黑色薄—中厚层硅质岩夹瘤状灰岩和钙质泥岩。产腕足类：*Martinia* sp. 及少量菊石化石	23.48 m
20. 黄褐色薄层钙质细砂岩及粉砂岩夹硅质岩。产腕足类：*Araxathyris* sp.，*A. araxensis*，*Asioproductus* sp.，*Chonetella robilis*，*Martinia* sp.，*Neopallerella* sp.，*Phricodothyris* sp.，*Oldhamina* sp.，*Punctospirifer multiplicatus*，*Tyloplecta yangtzeensis*，*Squamularia* sp.，*S. elegantula*，*Spinomarginifera lopingensis*，*Waagenites* sp.，*W. soochowensis* 等；菊石：Araxocératidae，*Konglingites* sp.	52.63 m
19. 灰色中厚层含燧石结核灰岩夹硅质岩	32.13 m
18. 灰—灰黑色中厚层硅质岩夹凸镜状灰岩	24.39 m
17. 灰—灰黑色页岩夹厚 0.37 m 黑色高碳质页岩。产菊石：*Huananoceras* sp.，*Jinjiangoceras* sp.，*Konglingites* sp.，Araxoceratidae	12.31 m
16. 灰黑色薄层碳质泥灰岩	1.49 m
15. 灰—浅灰色薄—中厚层钙质泥岩，上部夹黑色含碳页岩；下部夹硅质泥岩。产菊石：*Konglingites* sp.，*Jinjiangoceras* sp.，*Pseudogastrioceras* sp.，*Huananoceras* sp.，Araxoceratidae；鹦鹉螺：*Pleuronautitus* sp. 及鱼鳍化石	9.80 m
14. 深灰色薄层硅质岩	7.74 m

———————— 整 合 ————————

下伏地层：**乐平组老山段**

13. 灰白色薄层细粉砂岩，向上过渡为钙质细粉砂岩

【地质特征及区域变化】 上列正层型剖面所示，本组厚度 294.94 m，以硅质岩为主，夹钙质泥岩及泥灰岩、细砂岩、粉砂岩，属内陆海台盆硅质岩相沉积。

本组仅分布于锦江流域，厚度 63～295 m，以硅质岩、硅质灰岩、钙质白云岩为主夹硅质页岩、灰岩、页岩、砂岩及粉砂岩。产䗴类：*Codonofusiella*，*Reichelina changsingensis*，*Sphaerulina*；腕足类：*Tyloplecta yangtzeensis*，*Uncinunellina timorensis*，*Spinomarginif-*

era lopingensis，*Waagenites soochowensis*，*Dictyoclostus margaritatus*，*Spiriferella pentagnalis*，*Squamularia elegantula*；珊瑚：*Paracaninia sinensis*，*Lophophyllidium*，*Lophocarinophyllum*，*Liangshanophyllum*；菊石：*Prototoceras*，*Anderssonoceras*，*Konglingites*，*Jinjiangoceras*，*Sanyangites*，*Pseudogastrioceras*，Araxoceratidae，*Huananoceras*；牙形刺：*Neogondolella liangshanensis*，*N. bitteri*，*Xaniognathus elogantus*，*Anchingnathus minutus*；鹦鹉螺：*Pleuronautilus* 等化石。本组顶、底以硅质灰岩或硅质岩或硅质页岩与上、下地层区分。

长兴组 P̂cx （06－36－1119）

【创名及原始定义】 原称长兴灰岩，葛利普（Grabau，1924）创名，命名地点在浙江省长兴。原义为长兴石灰岩指含煤地层之上产 *Oldhamina* 化石的石灰岩。

【沿革】 1964 年 1∶20 万宜春幅首次引用长兴组；《江西岩石地层统编》（1991）称长兴灰岩，其包括吴家坪组上段灰岩及龙潭组（乐平组）上段灰岩部分，成为广义的长兴灰岩。

【现在定义】 整合于乐平组砂岩、泥岩或七宝山组硅质灰岩之上、整合于青龙组灰岩底部泥岩或铁石口组泥岩之下的一套灰色中厚层状微晶至粉晶灰岩，局部含燧石结核或条带的碳酸盐岩台地相沉积。产䗴、珊瑚、腕足类等化石。

【层型】 选层型为浙江省长兴县葆青剖面。省内次层型为修水县清水岩乡四都石岭下剖面（114°36′，29°06′），由陈旭 1965 年测制。

上覆地层：**青龙组** 青灰、黄灰色致密薄—中层状灰岩

——————— 整 合 ———————

长兴组 总厚度 106.43 m

16. 浅灰色块状灰岩。产珊瑚：*Waagenophyllum resimiseptatum*，*W. resimiseptatum parcitabulum*；䗴：*Palaeofusulina* sp.，*Sphaerulina* sp.，*Reichelina* sp. 14.10 m
15. 浅灰色厚层含少量灰白色燧石结核灰岩。产䗴：*Palaeofusulina* sp.；腕足类：*Crurithyris* sp. 等 7.85 m
14. 灰色中厚层含燧石结核灰岩。产䗴：*Palaeofusulina* sp. 14.94 m
13. 浅灰色中层灰岩。产䗴：*Palaeofusulina fusiformis*，*P. cylindrica* 1.00 m
12. 灰、暗灰色薄—中层夹燧石条带灰岩。产䗴：*Palaeofusulina* sp. 16.10 m
11. 暗灰色薄、中层沥青质灰岩夹少量薄层硅质岩。产腕足类：*Leptodus nobilis*，*Squamularia* sp. 25.19 m
10. 杂色板状硅质岩。产腕足类：*Stenoscisma mutabilis*，*Terebratuloidea*，*Cleiothyridina* sp.；双壳类：*Aviculopecten* sp. 5.30 m
9. 杂色板状硅质岩夹黑色薄层燧石层及薄层沥青质灰岩。产腕足类：*Waagenites wongiana*，*W. soochowensis*，*W. chonetoides*，*W.* cf. *barusiensis*，*Stenoscisma* cf. *globulina*，*Terebratuloides* cf. *depressa*，*Squamularia* sp.，*Cleiothyridina* sp.，*Uncinunellina* sp.；三叶虫：*Phillipsia* sp. 苔藓虫及鱼类化石碎片 2.80 m
8. 灰白、浅紫、灰色板状硅质岩。产腕足类：*Waagenites wongiana*，*W. soochowensis*，*Chonetella chonetoides*，*Chonetinella substrophomenoides*，*Stenoscisma* cf. *mutabilis*，*Spinomarginifera kueichowensis*，*Schizophoria* sp.，*Squamularia* sp. 7.40 m
7. 暗灰色薄、中层沥青质灰岩夹少量薄层硅质岩。产䗴：*Reichelina* sp. 11.75 m

———————— 整　合 ————————

下伏地层：**吴家坪组**

6. 深灰色薄、中层灰岩。产䗴：*Codonofususiella* cf. *paradoxica*，*C. schubertelloides*

【地质特征及区域变化】　上列次层型剖面所示，本组厚度 106.43 m，为一套碳酸盐岩沉积为主，上部以含燧石结核中厚层微晶—粉晶灰岩为主；下部灰岩夹沥青质灰岩、硅质灰岩及硅质岩。属内陆海碳酸盐岩台地相沉积。

本组省内广泛出露，厚度变化较大，上高—丰城一带厚 141～282 m；莲花一带厚 5 m 左右；赣南一般厚 20 m 左右。岩性变化不大，修水流域两分明显，上部以灰岩为主夹少量燧石结核，产䗴及珊瑚化石为主；下部以硅质岩为主夹沥青质灰岩，产腕足类为主并有少量菊石。

本组所产化石丰富，有䗴：*Palaeofusulina minima*，*P. sinensis*，*P. fusiformis*，*Nankinella minor*，*N. quasihunanensis*，*Reichelina* 等；珊瑚：*Waagenophyllum resimiseptatum*，*Lophophyllidium*，*Lianshanophyllum* 等；腕足类：*Leptodus nobiles*，*Chonetella chonetoides*，*Stenoscisma mutabilis*，*Waagenites wongiana*，*Spinomarginifera kueichowensis* 等；牙形刺：*Neogondolella liangshanensis*，*N. subcarinata*，*Ellisonia taicherti*，*Auchignathus minutus*，*Hindeodelia* 等化石。时代为晚二叠世晚期。

大隆组　*Pdl*　(06－36－1120)

【创名及原始定义】　原名大埞层，张文佑、陈家天（1938）创立，创名地为广西合山市大隆村。原始定义：岩性分上下两部分，上部为灰色黄灰色、绿灰色硅质页岩、灰质页岩及砂岩；下部为暗色硅质页岩夹白灰色及杂色页岩砂岩等。时代为二叠三叠纪，其上与三叠系为整合接触，下与合山层为连续沉积。

【沿革】　赵金科、张文佑（1959）将层型地大埞层改称大隆组并确定其时代为晚二叠世晚期；湖南区测队（1966）称江西省莲花一带此套地层为大隆组。此后江西省区调队对该套地层均称大隆组。《江西岩石地层统编》（1991）将饶南及赣南该层位的含硅质碎屑岩偶夹硅质及硅质灰岩创称龙南组。龙南组与本组大同小异，因其创名较晚，故以大隆组代之。

【现在定义】　整合于吴家坪灰岩或乐平组含煤碎屑岩之上；整合于青龙组浅色泥灰岩、泥岩或铁石口组浅色碎屑岩之下的一套硅质岩为主夹硅质灰岩凸镜体及泥页岩。产菊石及双壳类化石。

【层型】　正层型为广西壮族自治区合山市大隆村剖面。省内次层型为瑞昌市和平山杨段剖面（115°21′，29°32′），由江西区调队 1982 年测制。

上覆地层：**青龙组**　深蓝绿色中厚层含粉砂钙质泥岩，底部灰绿、浅绿色薄层状粘土岩。产腕足类：*Waagenites barusiensis*，*Fusichonetes*

———————— 整　合 ————————

大隆组　　　　总厚度 8.66 m

8. 上部灰褐色薄层粉砂质泥岩；下部灰色薄层中粗粒含砾钙质岩屑砂岩夹凸镜状微晶灰岩。产牙形刺：*Neogondolella carinata*，*N. orientalis*，*N. subcarinata*，*N. deflecta*，*N. changxingensis*，*Prionidella* cf. *olecrescens*，*Enahtiognathus*，*Xaniongnathus* sp.，*X. elongatus*　　0.36 m

7. 灰色薄层含碳含硅质灰岩间夹黑色灰质页岩，顶部夹亮晶含生物碎屑灰岩。产牙形刺：*Enahtiognathus ziegleri*，*Metalonchodina mediocrosa*，*Xaniognathus elongatus*，*Cypridodella* sp.，*Neogondolella carinata*，*N.* ? *orientalis*，*N. deflecta*，*N. olicerocarinata* 5.00 m

6. 灰黑色薄层含碳质硅质岩与灰色微层粉砂碳质泥岩互层 1.40 m

5. 深灰、黑色薄层含碳硅质岩与碳质页岩互层 1.90 m

——————— 整　合 ———————

下伏地层：**吴家坪组**

4. 灰—深灰色中薄层生物碎屑泥晶灰岩。产牙形刺：*Neogondolella rosenkrantzi*，*N. changxingensis*；腕足类：*Linoproductus coracarbigny*，*Cliothyridina* sp.；䗴：*Nankinella* cf. *minor*，*Sphaerulina* sp.，*Schubertella* sp.；珊瑚：*Tachylasma elongatum*

【地质特征及区域变化】　上列次层型剖面所示，本组厚度 8.66 m，为一套含硅、硅质岩沉积，属内陆海台盆相沉积。

本组除了赣北修水、赣中锦江流域和赣南信丰等地为长兴灰岩代替外，其余广大地区皆有其分布。其岩性稳定。瑞昌—德安一带以含碳硅质岩、硅质灰岩为主，夹页岩及泥岩，以产腕足类、牙形刺为主，厚度 9 m 左右。萍乡及莲花一带以薄层硅质岩为主，以富含腕足类及双壳类为特征，厚约 10 m 左右。上饶地区以含硅质泥岩及碳质泥岩为主，产菊石 *Huananoceras*，*Sinoceltites*，*Pseudotirolites* 及少量腕足类，厚 17 m 左右。崇义、龙南一带以含硅、硅质板岩为主，亦产菊石 *Pseudotirolites*，*Pleuronodoceras*，*Tapashanites* 及腕足类等，厚度变化在 9～13 m 之间。综合各地生物化石计产菊石：*Pseudotirolites*，*Pseudogastrioceras*，*Sinoceltites*，*Huananoceras*，*Pleuronodoceras*，*Tapashanites*；牙形刺：*Neogondolella deflecta*，*N. carinata*，*N. orientalis*，*N. subcarinata*，*N. changxingensis*，*Enahtiognathus ziegleri*，*Xaniongnathus elongatus*；腕足类：*Dictyoclostus margaritatus*，*Transenndtia* cf. *gratiosus*，*Schellwienella regularis*，*S. ruber*，*Crurithyris pigmaea*，*Plicatifera* 等化石。

青龙组　Tq　(06－36－1202)

【创名及原始定义】　原名青龙层，刘季辰、赵汝钧（1924）创立，创名地为江苏省南京市东面 50 公里之青龙山。原始定义：为一套厚层序的薄层石灰岩和钙质页岩而言。时代暂定为上二叠纪。

【沿革】　Grabau（1924）称青龙石灰岩；李毓尧（1935）认为青龙灰岩及大冶灰岩都属下三叠统。60 年代以前曾用青龙灰岩，60 年代初始多采用大冶组。本次对比研究用青龙组取代大冶组。

【现在定义】　整合于大隆组黑色硅质泥岩或长兴组厚层灰岩之上、整合于周冲村组白云岩之下的一套从泥岩至灰岩为主的海相沉积。下部棕黄、黄绿色泥岩为主夹少量泥灰岩，产双壳类、菊石、腕足类、牙形刺及介形虫等化石；上部为青灰、灰色中薄层灰岩间夹少量粉砂岩、泥岩和砾（砂）屑灰岩。产双壳类和牙形刺化石。自下而上包括殷坑段、高安灰岩段、枣木段。

殷坑段 T^y (06-36-1203)

【创名及原始定义】 原名殷坑组，安徽省贵池地区地层研究队（1965）创立，创名地为安徽省贵池县殷坑东面的和龙山。原始定义：整合于大隆组或长兴组之上、和龙组之下一套泥、页岩为主的沉积。岩性为黄绿、灰绿色钙质泥岩夹泥灰岩、灰岩或呈互层。产丰富的双壳类和菊石化石。厚 82～286 m。

【沿革】 该段地层，历来本省均置于大冶组下部，本次对比研究引称殷坑段。

【现在定义】 整合于长兴组灰岩或大隆组黑色硅质泥岩之上、整合于高安灰岩段或枣木段灰岩之下的一套黄绿色粉砂质泥岩、钙质粉砂质泥岩夹泥灰岩及灰岩。产丰富的双壳类、菊石。

【层型】 正层型为安徽省贵池县殷坑东和龙山剖面。省内次层型剖面为高安县相城剖面（115°10′，28°12′），由孙存礼等 1988 年测制。

上覆地层：**周冲村组** 灰白色角砾白云岩

——————— 整 合 ———————

青龙组 总厚度 182.18 m

高安灰岩段 厚度 65.86 m

10. 灰色中薄层灰岩 25.79 m

9. 灰色薄层灰岩。产牙形刺：*Neohindeodella* sp.，*Neospathodus* cf. *dieneri*，*Ozarkodina* cf. *tortilis*，*Cypridodella conflexa* 40.07 m

——————— 整 合 ———————

殷坑段 厚度 116.32 m

8. 灰色中薄层灰岩，下部夹有少量灰黑色粉砂质泥岩 70.40 m

7. 黄褐色粉砂质泥岩。产双壳类：*Claraia tridentina*，*C. stachei* 30.00 m

6. 黄褐、黄绿色薄层粉砂质泥岩。产双壳类：*Claraia stachei* 5.54 m

5. 黄褐色薄层粉砂质泥岩。产双壳类：*Claraia griesbachi*，*Leptochondria minima*，*Towapteria scythica*，*Eumorphotis* sp.；腕足类：*Crurithyris* sp. 2.08 m

4. 土黄色薄层粉砂质泥岩。产双壳类：*Claraia wangi*，*C. fujianensis*，*Poribositra baoqingensis*，*Eumorphotis* sp. 2.08 m

3. 黄褐色薄层粉砂质泥岩。产双壳类：*Claraia wangi*，*C. guizhouensis*，*C. wangi minor*，*C. griesbachi*，*Eumorphotis* sp.，*Leptochondria minima*；腕足类：*Lingula fuyungensis*，*Crurithyris* sp. 1.60 m

2. 黄绿色薄层粉砂质泥岩。产双壳类：*Pteria ussurica variabilis*，*P. ussurica concentrica*，*Bakevellia* sp.；腕足类：*Crurithyris* cf. *lungtanica*，*Acosarina* sp.，*Paryphella* sp.；介形类：*Hollinella tingi* 1.66 m

1. 黄褐色薄层粉砂质泥岩。产双壳类：*Pteria ussurica variabilis*，*Unionites* sp.，*Towapteria scythica*，*Bakevellia* sp.；腕足类：*Lingula* sp.，*Crurithyris* sp.；介形类：*Hollinella tingi* 2.96 m

——————— 整 合 ———————

下伏地层：**长兴组** 浅灰、灰白色薄层硅质岩夹灰岩。产䗴：*Palaeofusulina sinensis*

【地质特征及区域变化】 上列次层型剖面所示，本段厚度 116.32 m，下部黄褐、黄绿色粉砂质泥岩，厚45.92 m，上部灰岩夹灰黑色粉砂质泥岩，厚70.4 m。产双壳类：*Claraia tridentina*，*C. stachei*，*C. griesbachi*，*C. wangi*，*C. fujianensis*，*C. guizhouensis*，*C. wangi minor*，*Leptochondria minima*，*Towapteria scythica*，*Poribositra baoqingensis*，*Pteria ussurica variabilis*，*P. ussurica concentrica* 等；腕足类：*Lingula fuyungensis*，*Crurithyris* cf. *lungtanica*，*Paryphella* sp.；介形类：*Hollinella tingi* 等化石。属浅海陆架相沉积。

本段岩性、厚度变化较大；瑞昌南义，下部泥砂质页岩为主，见 *Claraia* 及 *Waagenites* 与 *Hypophiceras* 共生；上部薄层泥晶灰岩与薄层泥岩互层，厚 48.74 m；修水四都为薄层灰岩夹页岩，厚 10.4 m；景德镇仙搓，下部灰、灰黄色薄层微晶—粉晶灰质白云岩与泥黄色薄层伊利石、绿泥石粘土岩互层，中部灰色薄层微晶—粉晶含白云石灰岩夹钙质泥岩，上部灰色薄层微晶灰岩。产牙形刺：*Hindeodus parvus*，*Isarcicella*，*Gondolella* 等化石，厚 8.2 m；宜春柏木，下部钙质页岩夹少量灰岩凸镜体，上部泥质灰岩夹页岩。产丰富的双壳类化石。厚 69.6 m；萍乡桐木，下部含粉砂质泥岩夹钙质粉砂质泥岩，中部细粉晶白云岩夹钙质粉砂质泥岩，上部含黄铁矿细粉晶灰岩。产丰富的双壳类及腕足类化石。厚 21 m。本段由萍乐坳陷带锦江流域以南逐步相变为以泥、粉砂岩为主的铁石口组。

高安灰岩段 T^g (06-36-1204)

【创名及原始定义】 原名高安灰岩，江西调研队（1991）创立，创名地为高安县相城。原始定义：铁石口组之上的一段不含或少含白云岩，以灰岩为特征的岩石体，其中灰岩可以为泥灰岩，可以有少量白云质灰岩，常夹少量粉砂岩、粉砂质泥岩。产牙形刺和双壳类。下与铁石口组、上与相城白云岩均以不同特点的灰岩相区分。

【沿革】 60—80 年代省内均划为大冶组上段或嘉陵江组；孙存礼（1988）划为铁石口组上部；《江西岩石地层统编》（1991）称高安灰岩；本次对比研究划归青龙组高安灰岩段。

【现在定义】 属青龙组上部，整合于殷坑段泥岩之上；整合于周冲村组白云岩之下的一套青灰色中、薄层灰岩夹少量粉砂岩和页岩。产牙形刺化石。

【层型】 正层型为高安相城剖面见殷坑段（06-36-1203）。

【地质特征及区域变化】 高安相城正层型剖面所示，本段厚度 65.86 m，为泥晶、微晶灰岩，产牙形刺的碳酸盐岩台地相沉积。

本段岩性较单调稳定，厚度略有变化：瑞昌和平山—德安塘山一带较全，其下部泥晶灰岩含牙形刺；上部中厚层微晶灰岩。厚度 269.5 m。武宁船滩，本段上部夹紫红色页岩，厚度 68.3 m，宜春柏木，此段以中厚层灰岩为主夹少量薄层泥质灰岩和粉砂岩，产双壳类化石，厚度 591 m。本段生物群主要有：牙形刺：*Neohindeodella* sp.，*N. triassica*，*Neospathodus* cf. *dieneri*，*Ozarkodina* cf. *tortilis*，*Cypidodella conflexa*，*Lonchodina muelleri* 等化石。

本段灰岩是质量较好的水泥、建筑材料、冶金熔剂及玻璃原料。

枣木段 T^z (06-36-1206)

【创名及原始定义】 由江西调研队（1994）在本次对比研究中创立，创名地为萍乡市桐木乡枣木水库边黄毛畈。原始定义：属青龙组上部，为高安灰岩段同期异相沉积。整合于殷坑段或高安灰岩段之上、周冲村组泥晶白云岩之下的一套砾屑、砂屑灰岩及含鲕粒灰岩为特征的重力流沉积。岩性为灰色厚层砾屑灰岩、砂屑灰岩和粉（泥）晶灰岩夹含鲕粒灰岩、粉砂岩和泥岩等。产双壳类、腕足类和介形类化石碎片。

【沿革】 江西区调队（1980）及赣西地调队（1988）等均将本段划为大冶组；此次对比研究因岩性岩相特殊，特创名枣木段。

【现在定义】 同原始定义。

【层型】 正层型为萍乡市桐木乡枣木黄毛畈剖面（114°57′，27°55′），由赣西地质调查大队 1988 年测制。

上覆地层：**周冲村组** 灰色厚层状泥晶白云岩

——————— 整 合 ———————

青龙组	总厚度 361 m
枣木段	厚度 340 m
39. 深灰色薄—中层泥晶灰岩夹条带状泥质灰岩	25 m
38. 灰色薄—中层含泥晶灰岩夹紫红色薄层泥灰岩	41 m
37. 灰紫色薄层或眼球状泥晶灰岩夹含泥含生物碎屑泥晶灰岩	11 m
36. 灰色中—厚层粉晶灰岩，顶及底部夹条带状泥岩及泥灰岩	31 m
35. 灰、棕灰色中—厚层极细粒石英砂岩	37 m
34. 灰色薄—中层钙质粉砂岩	3 m
33. 浅灰、灰色薄—中层泥灰岩。产双壳类化石	31 m
32. 浅红、浅灰、灰色厚—巨厚层砾屑灰岩	7 m
31. 灰色薄层砾屑灰岩夹灰色薄层钙质粉砂质泥岩	6 m
30. 灰、深灰色薄—中层泥晶灰岩	11 m
29. 灰、深灰色中层砾屑灰岩与薄层泥质灰岩不等厚互层	11 m
28. 灰、深灰色薄层泥岩夹泥灰岩	12 m
27. 灰色薄—中层含藻鲕泥晶凝块石灰岩	8 m
26. 深灰色薄层粉屑微晶灰岩夹深灰色中层砾屑灰岩	5 m
25. 深灰色纹层状至薄层状亮晶砂屑灰岩夹薄层状微晶灰岩	4 m
24. 浅灰、灰色中—厚层亮晶薄斑点灰岩	4 m
23. 深灰色纹层状或极薄层状粉晶灰岩，下部砾屑灰岩与细粉晶灰岩互层	4 m
22. 浅灰、深灰色巨厚层砾屑灰岩，底部为竹叶状灰岩	4 m
21. 灰、深灰色薄层—中层亮晶含介屑、砂屑灰岩夹深灰色微晶灰岩	9 m
20. 浅灰、灰、深灰色巨厚层砾屑灰岩	6 m
19. 灰色薄层泥晶灰岩夹深灰色薄层泥质灰岩	2 m
18. 浅灰、灰色巨厚层砾屑灰岩	3 m
17. 浅灰、灰色薄—中层泥晶灰岩与深灰色薄层含砾屑砂屑灰岩不等厚互层	10 m
16. 浅灰白色与深灰色巨厚层砾屑灰岩	11 m
15. 深灰色极薄层或纹层泥晶灰岩与深灰色纹层钙质粉砂质泥岩不等厚互层	8 m
14. 灰白、浅灰、深灰色巨厚层砾屑灰岩，下部为亮晶鲕粒灰岩	11 m
13. 灰、深灰色薄—中层粉晶灰岩夹深灰色薄层泥晶灰岩，上部夹一层厚 0.15 m 含砾屑亮晶砂屑灰岩	4 m
12. 灰、深灰色薄层粉晶灰岩夹灰色纹层泥质灰岩	9 m
11. 浅灰、灰、深灰色巨厚层砾屑灰岩	1 m
10. 灰、深灰色薄层细粉晶灰岩夹纹层条带状泥质灰岩	1 m

9. 浅灰、灰、深灰色巨厚层砾屑灰岩　2 m

8. 灰、深灰色薄层泥晶灰岩　2 m

7. 浅灰、深灰色厚—巨厚层砾屑灰岩　2 m

6. 灰、深灰色薄层粉晶灰岩夹深灰、灰黑色纹层状钙质泥岩　3 m

5. 浅灰、深灰色巨厚层砾屑灰岩　1 m

——————— 整　合 ———————

下伏地层：**殷坑段**

4. 灰、深灰色薄层细粉晶灰岩，层间夹厚 0.5～5 mm 的泥质条带

【地质特征及区域变化】　上列正层型剖面所示，本段厚度 340 m，下部深灰色厚层砾（砂）屑灰岩和薄层粉晶灰岩及泥灰岩呈互层出现，间夹少量砂岩和泥岩；上部主要为中薄层泥晶灰岩和泥灰岩。属台缘斜坡碳酸盐岩相沉积。

周冲村组　$T\hat{z}$　(06－36－1205)

【创名及原始定义】　江苏地质一队（1972）于南京周冲村创名。岩性由石膏、硬石膏、白云岩、白云质灰岩、灰岩等组成，局部含少量自然硫。岩石中普遍含角砾，角砾圆度中等，大部分系同生砾，地表未出露，埋深一般在负 150 m 以下，厚度 600～800 m，化石有双壳类。下与黄马青组紫红色粉砂质泥岩整合，上与水家边组（范家塘组）杂砾岩不整合接触。

【沿革】　50 年代末到 80 年代，赣省内该地层均称嘉陵江组（群）；孙存礼（1988）改称相城组；《江西岩石地层统编》(1991）改称相城白云岩；本次对比研究考虑嘉陵江组以白云岩为主体，而本省下部常夹灰岩，上部多变为灰岩而岩性、层位与周冲村组大体一致，而创名时间优先于相城组，故统一称周冲村组。

【现在定义】　整合于青龙组灰岩之上、杨家组红色碎屑岩之下的一套灰白、紫红色厚层白云岩和白云质灰岩为主，夹灰岩。产牙形刺化石。

【层型】　正层型为南京周冲村石膏矿钻孔资料综合而成，未测剖面。省内次层型为高安县相城剖面（115°10′，28°12′），由孙存礼等 1988 年测制。

上覆地层：**杨家组**　黄色薄层粉砂岩。产双壳类：*Unionites albertii*

——————— 整　合 ———————

周冲村组　总厚度 205.93 m

15. 白、灰白色厚层鲕粒白云岩及亮晶砂屑鲕粒白云质灰岩　25.99 m

14. 灰色巨厚层白云质鲕粒灰岩。产牙形刺：*Neogondolella* sp.，*Neohindeodella* sp.，*Parachirognathus* sp.，*Pachycladina symmetrica*　42.48 m

13. 灰白色厚层含白云质亮晶鲕粒灰岩及白云岩　36.81 m

12. 上部粉红色巨厚层白云岩；下部灰色厚层细晶灰岩　94.11 m

11. 浅红、灰白色巨厚层白云岩，底部角砾状白云岩　6.54 m

——————— 整　合 ———————

下伏地层：**青龙组高安灰岩段**

10. 灰色中薄层灰岩

【地质特征及区域变化】　上列次层型剖面所示，本组厚度 205.93 m，白云岩及白云质

灰岩为主夹细晶或鲕粒状灰岩。属局限海台地边缘鲕粒滩相。

本组主要分布于赣中及赣北，厚度及岩性均变化较大，高安向北至德安白水，厚度大于174 m，下部肉红色厚—巨厚层粉晶灰岩夹灰白色鲕粒状白云质灰岩；上部肉红色薄层微晶灰岩及泥晶灰岩夹泥质灰岩及灰岩角砾岩；德安塘山，厚度269.6 m，浅肉红、灰白、青灰色厚—巨厚层灰质白云岩及含白云质灰岩夹角砾状泥晶灰质白云岩及角砾状白云质灰岩；瑞昌横山，厚度488.9 m，下部主要为灰白色厚层白云质灰岩及灰色薄层灰岩呈互层，中部灰白色白云岩偶夹黄色钙质页岩，上部灰色中、薄层灰岩；万载及景德镇等地零星出露。本组产牙形刺：*Neogondolella*，*Neohindeodella*，*N.* cf. *triassica*，*Pachycladina* cf. *obligu*，*P. symmetrica*，*Lonchodina* cf. *hubeiensis*，*Parachirognathus* 等化石。

铁石口组　T*t*　(06-36-1208)

【创名及原始定义】　原名铁石口系，徐克勤、丁毅（1943）创立，创名地为信丰县铁石口。原始定义：全体由浅黄色页岩、黄绿色页岩及紫色页岩构成，中部夹有灰岩，灰岩中亦夹有页岩。产菊石化石。厚约300公尺上下。底部直接覆于二叠纪灰岩之上，或不整合于乐平煤系之上。

【沿革】　江西区测队（1969）称铁石口组；孙存礼（1988）研究铁石口剖面后，下部称铁石口组，上部称源溪组；《江西岩石地层统编》（1991）沿用铁石口组至今。

【现在定义】　整合于大隆组硅质岩或长兴组灰岩之上、杨家组红色岩系之下的一套以细碎屑岩为主夹少量灰岩的陆架相沉积。岩性为黄褐、灰绿色中、薄层状泥岩、钙质粉砂岩、粉砂质泥岩和页岩，中、上部夹灰岩。产菊石、双壳类和牙形刺化石。

【层型】　创名人未指定层型，本书指定选层型为信丰县铁石口剖面（114°54′，25°9′），由孙存礼等1988年测制。

铁石口组	总厚度>468.39 m
23. 上部为淡红、黄色粉砂岩与粉砂质泥岩互层。产双壳类：*Unionites* sp.；下部为浮土掩盖，局部见灰色薄层泥晶灰岩。产牙形刺：*Neohindeodella raridenticulata*，*Prioniodella decrescens*，*P. ctenoides*，*Neogondolella* sp.（未见顶）	75.51 m
22. 粉红色粉砂岩与粉砂质泥岩互层。产菊石：Paranoritidae；双壳类：*Entolium discites*	69.49 m
21. 灰色灰质砾岩夹薄层含砾微晶灰岩，上部粉砂质粉晶—微晶灰岩。产牙形刺：*Neospathodus homeri*，*N. triangularis*，*Prioniodella ctenoidesmata*，*Hadrotontina* sp.	6.24 m
20. 黄、粉红色粉砂岩与黄色粉砂质泥岩互层。产双壳类：*Entolium* sp.	94.81 m
19. 粉红色含铁粉砂岩夹黄绿色赤铁矿泥岩。产菊石：Paranoritidae	38.92 m
18. 粉红色粉砂岩与黄绿色含粉砂质泥岩互层。产少量菊石：Paranoritidae	13.68 m
17. 粉红色砂岩、黄绿色粉砂质粉晶灰岩及黄绿色泥晶灰岩交互出现。产牙形刺：*Neohindeodella triassica*，*N.* sp.	22.23 m
16. 粉红色粉砂岩、杂色含粉砂质页岩及黄褐色含粉砂铁质页岩，三者组成多个韵律层，产双壳类：*Claraia hubeiensis*，*C. concentrica*	12.29 m
15. 浮土	17.19 m
14. 粉红色钙质粉砂岩与黄绿色含粉砂泥岩呈近等厚互层，产双壳类：*Claraia* cf. *angulata*，*C. concentrica*	31.81 m
13. 黄色钙质粉砂岩夹少量红褐色含粉砂铁质页岩。产双壳类：*Claraia aurita*，	

C. griesbachi，*C. concentrica*，*C. dieneri*；菊石：Gyronitidae　18.35 m

12. 灰绿色含钙粉砂质泥岩与粉砂质页岩互层。产双壳类：*Claraia stachei*，*C. stacheialata*，*C.* cf. *radialis julfensis*；菊石：Gyronitidae　10.90 m

11. 灰白、黄绿色含钙粉砂质泥岩夹褐灰色钙质页岩，层内夹串珠状微晶灰岩结核。产双壳类：*Claraia stachei*；牙形刺：*Hindeodella triassica*，*Neospathodus dieneri*，*Neohindeodella triassica*，*Neogondolella* sp.　8.32 m

10. 黄绿色钙质泥岩与褐黑色粉砂质微晶灰岩，内含串珠状灰岩结核。产双壳类：*Claraia fukianensis*，*C.* cf. *angulata*，*C.* cf. *tridentina*，*C. concentrica*；牙形刺：*Hindeodella* cf. *multihamata*，*Hibbardella triassica*，*Hindeodella suevica*，*Ozarkodina tortilis*，*Prionidella ctenoides*　11.00 m

9. 黄绿色含黄铁矿微晶灰岩及黄色含砂屑条带粉砂质泥岩夹串珠状含微晶灰岩结核。产双壳类：*Claraia griesbachi*，*C. wangi*，*C. hunanica*，*C. fukianensis*　10.91 m

8. 灰绿色中层含粉砂质泥岩，间夹串珠状砂屑灰岩结核。产菊石：*Hypophiceras* sp.；双壳类：*Claraia bijioensis*，*C. fukianensis*；腕足类：*Crurithyris speciosa*，*Paryphella nasafa*　6.88 m

7. 深灰色薄层钙质粉砂质泥岩，内含似层状砂质灰岩凸镜体。产菊石：*Hypophiceras* sp.；双壳类：*Claraia wangi*，*C. greisbachi*；腹足类：*Polygyrina* sp. 及植物化石碎片　17.50 m

6. 黄绿色中层钙质粉砂岩间夹砾状泥质灰岩凸镜体。产腹足类：*Polygyrina* sp.；双壳类：*Claraia* cf. *wangi*，*Pteria ussurica variabilis*，*Claraia tumida*，*C. griesbachi*，*C. radielis*，*Towapteri scythicum*，*Chlamys* (*Praechlamys*) *waxingensis*，*Eumorphotis* sp.；介形类：*Hollinella tingi*，*Bairdia* sp.　0.89 m

5. 黄绿色薄层钙质粉砂岩间夹砂屑灰岩凸镜体。产腕足类：*Fusichonetes pigmaca*，*Acosarina minuta*；双壳类：*Claraia* sp.；介形类：*Callicythere* sp.　0.84 m

4. 黄绿色粉砂岩。产腕足类：*Acosarina minuta*，*Fusichonetes* sp.，*Paryphella orbicularis*；牙形刺：*Neohindeodella* sp.，*Parachirognathus* sp.；菊石：*Hypophiceras* sp.　0.21 m

3. 黄绿色粉砂质页岩。产腕足类：*Acosarina minuta*，*Spinomarginifera* sp.，*Fusichonetes* sp.；牙形刺：*Hindeodella* sp.，*Euantiognathus* sp.，*Prioniodella* sp.；介形类：Kirkbyidae　0.16 m

2. 黄绿色钙质粉砂岩及粉砂质页岩间夹砂质灰岩凸镜体。产牙形刺：*Prioniodella ctenoides*，*Anchignathodus* cf. *parvus*，*Neogondolella* sp.，*Neohindeodella teicherti*；介形类：*Bairdia* sp.；腕足类：*Paryphella sparsiplicata*，*Acosarina minuta*，*Oldhamina* sp.，*Cruthyris speciosa*，*Waagenites* sp.，*Fusichonetes pigmaca*　0.23 m

1. 灰黄色粘土岩　0.03 m

——————— 整　合 ———————

下伏地层：**长兴组**　灰色生物碎屑灰岩。产䗴：*Palaeofusulina minima*，*P. simplex*；腕足类：*Squamularia squamularioides*，*Neochonetes aulatrophomenoides*；牙形刺：*Neogondolella subcarinata changxingensis*，*N. orientalis*，*N. deflecta* 及珊瑚、苔藓虫等。

【地质特征及区域变化】　上列选层型剖面所示，本组厚度大于468.39 m，为灰绿、粉红色粉砂岩、粉砂质泥岩和粉砂质页岩为主，下部夹灰岩凸镜体，中、上部夹厚层灰岩，底部为黄色粘土岩。属陆浅海沉积。

本组主要分布于信丰、龙南、崇义、莲花、新余和上饶等地。崇义县左溪，厚度大于382.5 m，为斑点粉砂质板岩与粉砂岩；铅山县局里，厚度1 062 m，下部灰色薄层粉砂岩、粉砂质泥岩和页岩相间，上部以细屑岩中出现大量鲕粒砾屑灰岩和陆屑粉晶灰岩为特征；莲花石背，厚度大于1 375 m，以含钙砂泥岩、含砂或粉砂质灰岩和泥灰岩为特征的浅海陆架相沉积；新余下村，厚度305 m，以细碎屑岩为主。

本组产牙形刺：*Neospathodus komeri*，*Neohindeodella triassica*，*Prioniodella ctenoidesmata*，*Hindeodella triassica*，*Neospathodus dieneri* 等；腕足类：*Fusichonetes pigmaca*，*Paryphella orbicularis*，*Crurithyris speciosa* 等；菊石：*Hypophiceras*；双壳类：*Entolium discites*，*Claraia hubeiensis*，*C. aurita*，*Towapteria scythica* 等；介形类：*Hollinella tingi*，*Callicythere* 等化石。

杨家组　Ty　(06－36－1209)

【创名及原始定义】　原名杨家群，江西区测队（1964）1∶20万高安幅创立，创名地为高安县太阳乡杨家。原始定义：大冶组之上一套红色碎屑岩系。岩性为紫红色页岩、粉砂岩、含海相瓣鳃类化石，厚达1 150 m，底部与大冶组为整合接触。顶部在灰埠、陶坡见与安源群为不整合接触。

【沿革】　江西区调队（1982）在《1∶20万上饶幅区调报告》中改称为杨家组沿用至今。

【现在定义】　整合于周冲村组白云岩或铁石口组绿色细碎屑岩系之上；不整合于安源群煤系地层之下的一套紫红色细碎屑岩系。岩性以紫红色泥（页）岩、粉砂岩为主，中、下部为细砂岩。产双壳类、叶肢介和植物等化石。

【层型】　正层型为高安县太阳乡杨家剖面（115°17′，28°08′），由江西区测队1961年测制。

杨家组	总厚度>1 255 m
39. 紫红色泥质铁质绢云长石石英粉砂岩夹紫色页岩（未见顶）	10 m
38. 紫色页岩	170 m
37. 紫色泥铁质绢云长石石英粉砂岩	10 m
36. 紫色绢云页岩夹棕黄色绢云粉砂岩	50 m
35. 紫色含铁质云母长石石英粉砂岩	25 m
34. 紫色页岩	85 m
33. 紫色泥铁质绢云粉砂岩	35 m
32. 紫色页岩	50 m
31. 棕色泥铁质绢云粉砂质页岩	55 m
30. 紫红色页岩夹黄绿色页岩凸镜体。产双壳类：*Myalina* sp.，*Gervillia* sp.，*Myalinella* sp.，*Anodontophora* sp.，*Posidonia* cf. *ussurica*，*P. wengensis*，*Mytilus eduliformis*；叶肢介：*Enestheria* sp.	50 m
29. 紫色泥铁质绢云页岩	35 m
28. 紫、灰绿色泥铁质绢云页岩	150 m
27. 紫色页岩夹紫色薄层变余泥铁质绢云长石石英粉砂岩	110 m
26. 紫色页岩与棕黄色泥铁质绢云长石石英细砂岩互层	30 m

25. 紫色页岩夹紫色含铁质绢云长石石英粉砂岩。产植物：*Neocalamites* sp. 105 m

24. 紫色含铁质绢云长石石英细砂岩 15 m

23. 棕红色页岩 110 m

22. 砖红色含铁质绢云长石石英砂岩 15 m

21. 紫色泥铁质绢云页岩，底部夹细砂岩 40 m

20. 黄绿色泥铁质绢云粉砂质页岩 30 m

19. 黄绿色泥铁质绢云页岩及石英粉砂岩。产双壳类：*Entolium* cf. *discites*，*Myophoria* cf. *laevigata ovalis*，*M. laevigata ovalis*，*M. orbicularis*，*M. elongata*，*Leptochodria*? sp.，*Posidonia*? sp.，*Anodontophora* aff. *letticus*，*Claraia* sp.，*C. hunanica*，cf. *Mysidiopteria circularis*，*Pecten* cf. *ussuricus*，*P.* cf. *liscaviensis*，*Pleuronectites* sp.，*Bittner*；腹足类：Planorbidae 30 m

18. 黄绿色页岩，下部夹两层蓝灰色粉砂岩 30 m

17. 蓝灰色薄层状粉砂岩 15 m

———— 整　合 ————

下伏地层：**周冲村组**

16. 淡灰、肉红色灰岩

【地质特征及区域变化】　上列正层型剖面所示，本组厚度大于 1 255 m，未见顶，而在高安灰埠见安源群不整合其上。其岩性为紫红色泥（页）岩、含铁质长石石英细砂岩、粉砂岩为主，近底部发育灰绿、青灰色细碎屑岩。属三角洲相沉积。

本组分布较局限，仅见于萍乡、上高、高安及铅山等地，岩性大同小异，厚度变化较大。萍乡桐木，厚度 348 m，为细碎屑岩沉积；万载大桥，厚度 59.69 m，为黄绿色粉砂岩、泥岩和少量细砂岩，底部含少量灰岩凸镜体；铅山县仑山岗，厚度 287.9 m，为粉砂质泥岩、泥岩及长石杂砂岩互层，夹粉砂岩。

本组产双壳类：*Entolium* cf. *discites*，*Elegantarca* cf. *subatreata*，*Mytilus eduliformis praecursor*，*M. eduliformis*，*Posidonia ussurica*，*Unionites spicatus*，*U. fassaensis*，*U. eanalensis*，*Laternuia jidiensis*，*Promyalina yueshanensis* 等。

第二节　生物地层特征

生物地层单位是根据生物化石类型、分布和化石的某些特征（富集程度、演化过程等）而统一在一起，并区别相邻地层的四维空间地层体。江西泥盆纪至中三叠世地层化石较为丰富，有植物、鱼类、腕足类、珊瑚、䗴类、菊石、双壳类、牙形刺、苔藓虫、竹节石、海百合茎、介形类、孢子等。本书仅以研究程度高、断代意义明显的门类予以阐述。

一、泥盆纪

1. 植物

自下而上分叙如下：

(1) *Psilophytites*－*Taeniocrada* 组合带（A.－Z.）

本组合目前见于赣西南之中泥盆世早期灵岩寺组。以井冈山五里亭剖面为代表，并结合大余丫山—灵岩寺、崇义阳岭龙脑及铅厂大杉坪剖面化石资料，组合主要分子有：*Psilo-*

phytites, *Taeniocrada*, *Protopteridium*? 等，这些属类曾见于滇、桂、湘等省早泥盆世晚期至中泥盆世早期地层中。考虑我省本组合的地层其下不整合于前泥盆系之上，上与中泥盆世晚期的 *Protolepidodendron scharyanum* – *Barrandeina dusliana* 植物组合为连续过渡关系，故将本组合所在地层归于中泥盆世早期，即 Eifelian 期。

(2) *Protolepidodendron scharyanum* – *Barrandeina dusliana* 组合带（A. – Z.）

本组合成员相对丰富，分布广泛，以于都峡山剖面为代表（图 4 – 2)，结合上犹陡水、信丰等剖面，其组合面貌与李星学、蔡重阳（1979）所建立的 *P. scharyanum* – *B. dusliana* 组合带进行对比。除组合代表分子外，在上述剖面中，尚产：*Pseudosporochnus*，*Taeniocrada* cf. *decheniana*，*Lepidodendropsis arborescens*，*Lepidodendropsis*，*Dawsonites jiangxiensis*，*Bucheria*，*Aneurophyton*，*Hostimella*? 等。其所控制的地层体为东南地层区桂湘赣地层分区之永新-崇义地层小区的云山组、中棚组，以及于都地层小区信丰、于都峡山之云山组。其地质时代为中泥盆世晚期，即 Givetian 期。

(3) *Leptophloeum rhombicum* – *Cyclostigma kiltorkense* 组合带（A. – Z.）

本组合广见于赣南晚泥盆世早期地层中。以于都峡山剖面为代表，其成员有：*Leptophloeum rhombicum*，*L. suzhoense*，*Cyclostigma kiltorkense*，*Platyphyllum* cf. *williamsoni*，*Pseudobornia*?，*Ginkgophyton*?，*Archaeosigillaria*?，*Sphenopteridium*，*Sphenopteris* 等。其中 *L. rhombicum* 最具特征，较为丰盛，而与 *C. kiltorkense* 是李星学、蔡重阳（1979）所创建的 *L. rhombicum* – *C. kiltorkense* 组合带之代表。*P.* cf. *williamsoni* 是该带的重要分子。其所控制的地层体为东南地层区于都、信丰、兴国等地的中棚组及赣西、湘赣边境的嶂岽组。地质时代大致为晚泥盆世早期，即 Frasnian 期。

(4) *Leptophloeum rhombicum* – *Sublepidodendron mirabile* 组合带（A. – Z.）

本组合见于全省不同剖面中，如赣北彭泽洗衣沟剖面、赣中丰城华山岭剖面、赣南于都峡山剖面、信丰西牛剖面等。以于都峡山剖面嶂岽组层型剖面下部为代表（图 4 – 2)，主要产有 *Leptophloeum rhombicum*，*Sublepidodendron mirabile*，*Eolepidodendron wusihense*，*Lepidodendropsis*，*Hamatophyton verticillatum* 等，其中 *L. rhombicum* 在层型剖面地区极为丰富，常呈单一属种出现。在于都峡山及信丰西牛等地所控制岩石地层体为嶂岽组下部，赣中丰城华山岭为云山组、赣北彭泽为观山组。地质时代大致为晚泥盆世晚期，即 Famennian 期早、中时。与李星学、蔡重阳（1979）所创建的 *L. rhombicum* – *Sub. mirabile* 组合之含义一致。

(5) *Hamatophyton verticillatum* 顶峰带（Ac. – Z.）

本带目前主要见于赣南地区。以信丰西牛鹅公头剖面为代表，另见于于都峡山剖面、崇义中营剖面。该植物始见于赣西南湘赣边境崇义晚泥盆世早期的嶂岽组，上延至中营剖面晚泥盆世晚期较为丰富，但常与 *Sublepidodendron mirabile*，*Eolepidodendron wusihense*，*Lepidodendropsis hirmeri* 等共生，而向东延伸至信丰西牛及于都峡山，位于 *Leptophloeum rhombicum* – *Sublepidodendron mirabile* 组合带之上，常呈“清一色”出现，达到了极为富集的程度。其所在岩石地层体为信丰、于都峡山嶂岽组上部。地质时代为晚泥盆世 Famennian 期晚时。

2. 腕足类

本省此类化石首见于中泥盆世晚期地层中，由中世至晚世数量增多，不同世、期均有其代表性属种，据此可划分如下生物地层单位。自下而上，分叙如下：

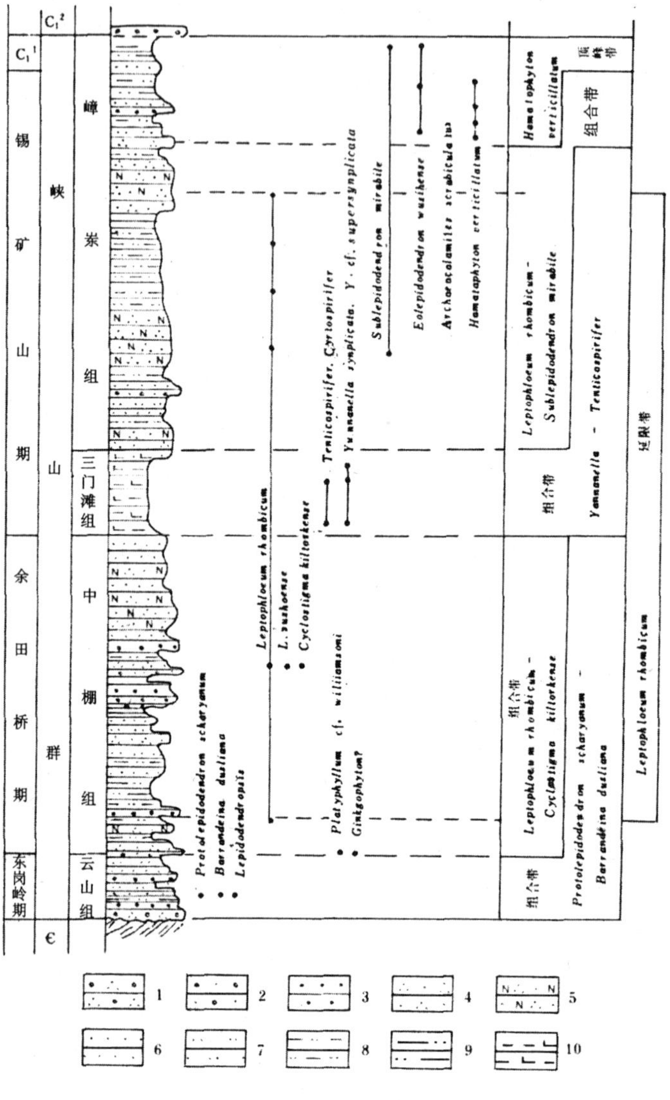

图 4-2　于都峡山群生物地层带划分

1. 石英砾岩；2. 砂砾岩；3. 粗砂岩；4. 石英砂岩；5. 长石石英砂岩；

6. 细砂岩；7. 粉砂岩；8. 泥质粉砂岩；9. 粉砂质泥岩；10. 钙质泥岩

(1) *Desquamatia*-*Schizophoria* 组合带（A. -Z.）

本带以东南地层区桂湘赣地层分区之上高-高安地层小区高安上寨剖面为代表，下部见有 *Atrypa* cf. *desquamata*，*Schizophoria striatula*，*S. kütsingensis*，*S. excellens*；上部产 *Desquamatia hunanensis*，*D. alpha*，*D. kansuensis*，*Athyris subplana*，*Emanuella*，*Ilmenia*，*Stringocephalus*?。见于上高-高安地层小区跳马涧组上部并上延至棋梓桥组中下部，时代为中泥盆世 Givetian 期中时。

(2) *Ilmenia*-*Emanuella* 延限带（R. -Z.）

位于上组合带之上，为个体较小的 *Ilmenia*，*I. sinensis*，*Emanuella takwanensis* 组成。

二者共存延限，主要产于上高-高安小区棋梓桥组上部及赣西罗塅组及中棚组（原陡水组）顶部，时代为Givetian期晚时。

（3）*Cyrtospirifer sinensis* - *Tenticospirifer* 组合带（A. - Z.）

此带广见于赣西地区，以崇义县稍坑剖面为代表，以萍乡麻山剖面为参考，主要分子有 *Cyrtospirifer sinensis*，*C. subextensus*，*C.* cf. *triplisinosus*，*Desquamatia*，*Tenticospirifer supervilis*，*T. tenticulum*，*T. hsikuangshanensis*，另有 *Hunanospirifer wangi*，*H. ninghsiangensis*，*Camorotoechia*，*Productella* 等。化石所在岩石地层为赣西的嶂崇组，赣西南麻山组下部以及上高-高安地层小区吴家坊组。地质时代为晚泥盆世早期，大致相当于Frasnian期。

（4）*Yunnanellina* - *Yunnanella* 组合带（A. - Z.）

此带广见于赣西、赣西南地区。因赣西南全南、崇义等地海侵来之较早，本带之代表 *Yunnanellina* 首先出现，而后 *Yunnanella* 相继发育，并广见于赣西、赣南地区。以崇义稍坑剖面为代表，以萍乡麻山、于都峡山—三门滩剖面为参考，本带主要分子有 *Yunnanellina*，*Yunnanella abrupta*，*Y.* cf. *synplicata*，*Y. hunanensis*，*Y. abrupta* var. *globosa*，*Y. abrupta* var. *media*，*Y. supersynplicata*，伴有 *Cyrtospirifer* cf. *triplisinosus*，*C. subextensus*，*Tenticospirifer supervilis*，*T. pellizzarii*，*T. tenticulum*，*Hunanospirifer ninghsiangensis*，*Productella*，*Camarotoechia* 等。化石所在岩石地层为赣西的麻山组，赣南、赣西南之三门滩组。地质时代为晚泥盆世Famennian期早时。

相当于Famennian期晚时沉积，省内腕足类较少，多见于湘赣边境一带，主要为 *Cyrtospirifer*，*Tenticospirifer* 一些属种，而其他广大地区多为植物化石所代替。

3. 珊瑚

Thamnopora - *Disphyllum* 组合带（A. - Z.）

东南地层区桂湘赣地层分区之上高-高安地层小区，因受湘赣指状海湾控制，此处的佘田桥组以灰色厚层灰岩、泥质灰岩为主，内含较丰富的床板珊瑚：*Thamnopora*，*T. polyforata*，*T. cervicornis*，*Alveolites*，*A. parvus* 及四射珊瑚 *Disphyllum*，*D. irregulare*，另有套板珊瑚 *Thecostegites*，曲形假内沟珊瑚 *Pseudozaphrentis* cf. *curvata* 伴生。以上高县七宝山矿高崇山剖面为代表，以铜鼓岭剖面为参考建立本组合带，化石所在岩石地层位于佘田桥组中、下部。地质时代大致相当于晚泥盆世佘田桥期或Frasnian期早、中时。

4. 鱼类

泥盆纪是鱼的时代。泥盆纪江西处于华南海域的滨岸地带，因而鱼化石较为丰富。据不完全统计，已见产地20余处，仅中泥盆世至晚泥盆世之含鱼化石层位为20层。主要为盾皮鱼纲之胴甲类，另见少量节甲类。因上下层位中属种不同，自下而上可分如下组合。

（1）*Hunanolepis* - *Bothriolepis sinensis* 组合

目前这一组合主要见于粤赣或湘赣边境的全南、崇义、井冈山等地。产于中棚组中下部，成员主要为 *Bothriolepis*，*B. sienensis*，*Hunanolepis*。按组成内容可与潘江（1979）、王俊卿（1984）建立的 *H. tieni* - *B. sienensis* 组合对比。时代为Givetian期早、中时。

（2）*Bothriolepis lochangensis* - *B. kwangtungensis* 组合

此组合见于崇义罗塅、安福太平山及泰和梅花陂。位于前一组合之上，即中棚组上部。除组合代表 *B. lochangensis*，*B. kwangtungensis* 外，尚有他种形态的 *Bothriolepis* 及节甲类破碎骨片。此一组合系潘江（1979）、王俊卿（1984）建于粤北韶关一带的上桂头组顶部，本省化石内容和所在层位可与之对比，时代为 Givetian 晚期。

(3) *Changyanophyton hupeiensis* 组合

目前该组合仅见于赣西南的崇义，赣南信丰西牛及于都峡山等地。除 *C. hupeiensis* 之外，尚含若干形态的 *Bothriolepis*。其所在岩石地层为赣西南地区的嶂岽组、赣南的中棚组、时代大致为晚泥盆世早期，即 Frasnian 期。

(4) *Asterolepis-Remigolepis* 组合

广见于赣中、南区。除组合代表外，尚有 *Jiangxilepis* 等共生。其所在岩石地层为赣西安福太平山、永新乌石山及全南小幕、崇义铅厂、烧斗等地的洋湖组，赣南见于三门滩组，时代大致相当于晚泥盆世 Famennian 期。

二、石炭纪

我省石炭纪生物化石丰富，门类较多，研究较详，主要门类有䗴、珊瑚、腕足类及植物等（表 4-2）。

1. 䗴

此类化石始现于杨家源组上部。早石炭世为一些构造简单，分异度低的原始属种；晚石炭世构造逐渐复杂，分异度高，成为石炭纪地层划分对比的重要标准化石。李四光、陈旭（1930）、张遴信（1962）、盛金章等（1976）、王建华（1983）、芮琳（1987）等，先后在不同地区进行分带建组工作的基础上，刘亚光⑥（1962）、陈重泰⑫（1963）、王云慧等（1981）、朱正刚⑬（1981）、宋炜（1989）等及江西地质科学研究所⑭（1986）在省内不同剖面上进行分带研究工作，䗴化石组合序列基本建立，结合区域地质调查成果，据䗴自下而上划分如下生物地层单位（表 4-2）。

(1) *Eostaffella* 顶峰带（Ac. -Z.）

此带主要见于湘赣边境之萍乡、永新及全南一带。以永新乌石山剖面为代表，下部始见于杨家源组上部（原石磴子组），经梓山组，上至大埔组下部（原梓门桥组）较为丰盛，构成顶峰带。由下而上皆有 *Eostaffella* 出现，其属种有 *E. pseudostruvei* var. *angusta*，*E. protvae*。地质时代为早石炭世大塘期至德坞期。

(2) *Pseudostaffella* 顶峰带（Ac. -Z.）

此带广见于赣中萍乡至宜春、上高、高安、上饶南部地区。以上高石坎尾剖面为代表，以 *Pseudostaffella* 出现为底界，以 *Profusulinella* 开始繁盛为顶界，上延至 *Fusulinella-Beedeina* 带中，但延伸数量远比下部少，故定本带为顶峰带。其主要成员有 *Pseudostaffella* sp.，*P. sphaeroidea* var. *cuboides*，*P. parirenovkenensis*。此带见于大埔组至马平组下部，时代主要为晚石炭世滑石板期，向上数量减少可延至达拉期。

(3) *Profusulinella* 顶峰带（Ac. -Z.）

此带广布于全省。以德安傅山剖面为代表，以高安鸡公岭剖面为参考划分此带。其中在赣北黄龙组下部，赣中藕塘底组中部及赣南马平组下部极为丰盛，构成顶峰带。向下、向上丰度降低。其组成分子有 *Profusulinella rhomboides*，*P. atelica*，*P. convoluta*，*P. parva*，

---

⑫ 陈重泰，1963，江西德安傅山黄龙灰岩䗴类。南京大学论文集。

⑬ 朱正刚，1981，江西泥盆—石炭系界线划分，江西区调队（油印本）。

⑭ 江西地质科学研究所，1986，江西北部石炭纪大塘期—威宁期岩相古地理及含矿性研究（内部印刷）。

表 4-2 江西省石炭系生物地层带划分表

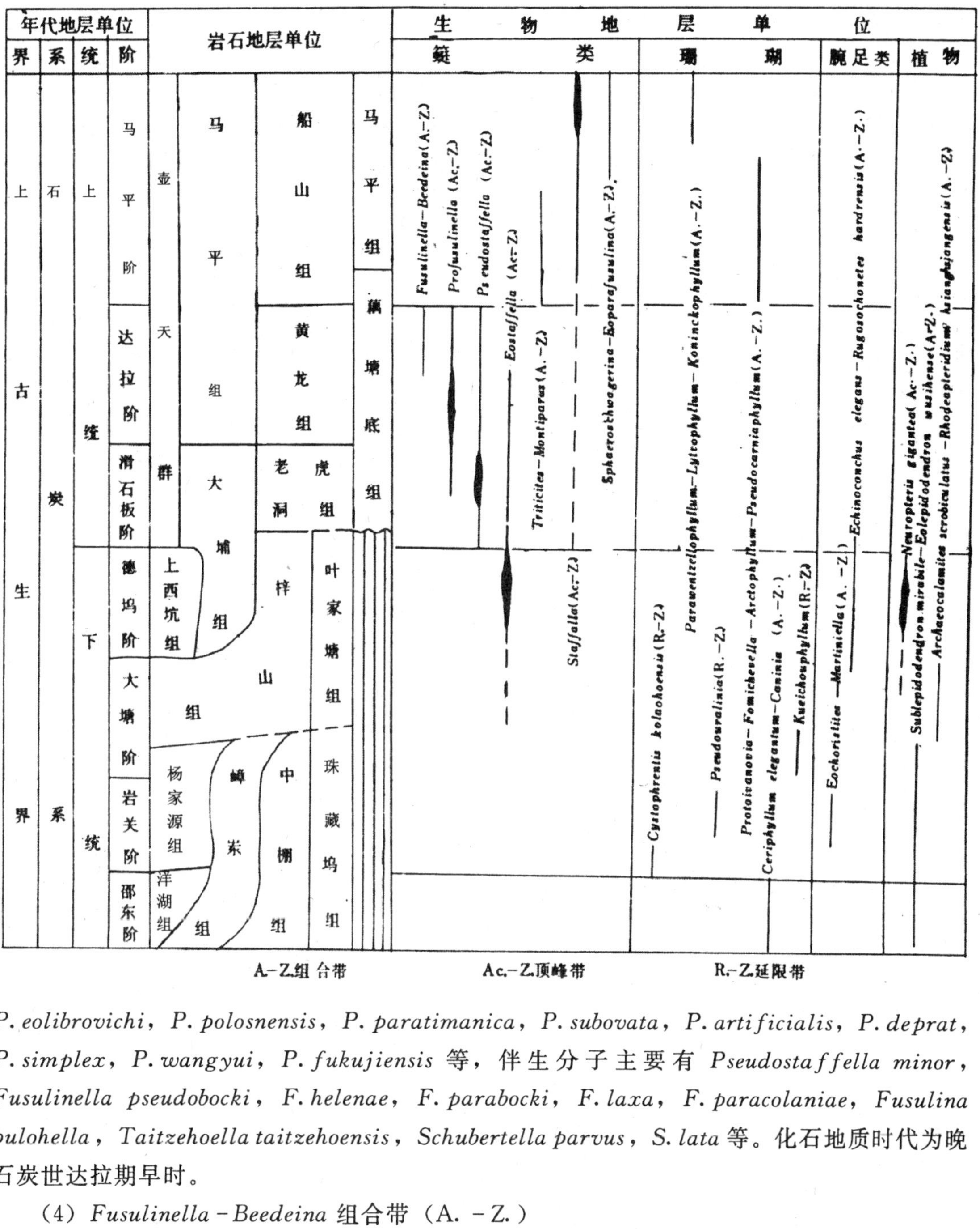

P. eolibrovichi, *P. polosnensis*, *P. paratimanica*, *P. subovata*, *P. artificialis*, *P. deprat*, *P. simplex*, *P. wangyui*, *P. fukujiensis* 等，伴生分子主要有 *Pseudostaffella minor*, *Fusulinella pseudobocki*, *F. helenae*, *F. parabocki*, *F. laxa*, *F. paracolaniae*, *Fusulina pulohella*, *Taitzehoella taitzehoensis*, *Schubertella parvus*, *S. lata* 等。化石地质时代为晚石炭世达拉期早时。

(4) *Fusulinella*-*Beedeina* 组合带（A.-Z.）

此带广布于全省。以 *Profusulinella* 带膨胀减弱为底界，以 *Fusulinella*, *Beedeina* 或 *Fusulina* 消失为顶界划分本组合带。以铅山叶家湾剖面为代表，以上饶坑口剖面为参考，主要分子有 *Fusulinella parabocki*, *F. laxa simplicata*, *F. colaniae*, *F. paracolaniae*, *F. obesa*, *F.* cf. *pseudobocki*, *F.* cf. *vozhgalensis devexa*, *F.* cf. *paracolaniae*, *F. fluxa*,

F. pseudocolaniae, *F.* cf. *fluxa*, *F. rara*, *F. bocki*, *F. schwagerinoides*, *F. fittsi*, *F. provecta*, *Beedeina cheni*, *B. mayiensis*, *B. pseudokonnoi*, *B. konnoi*, *B. kirovi*, *B. pseudonytuica*, *B. schellwieni*, *B. provecta* 等，伴生分子有 *Fusulina pankheuensis*, *F. pakhrensis*, *F. kolyasmica*, *F. provecta*, *Pseudostaffella sphaeroidea*, *P. larionovae*, *P. ozawai*, *P. paradoxa* 等。本带按组合由下而上可划分三个亚带：*Fusulinella praebocki* 亚带；*Beedeina mayiensis* 亚带和 *Fusulina - Pseudostaffella sphaeroidea* 亚带。此三个亚带可分别和南京金丝冈黄龙组的 *F. parabocki* 亚带、*Beedeina cheni* 亚带和 *Fusulina quasicylindrica* 亚带对比。其在省内岩石地层为藕塘底组中、上部及黄龙组上部、马平组中、下部。地质时代大致为晚石炭世达拉期晚时。

（5）*Triticites - Montiparus* 组合带（A. - Z.）

此带广见于赣中、南区，赣北彭泽一带。以赣中高安鸡公岭剖面为代表，下以 *Triticites* 或 *Montiparus* 出现为底界，上以 *Eoparafusulina* 或 *Pseudoschwagerina* 首次出现为顶界。其主要分子有 *Montiparus* sp.，*M.* cf. *tuobaensis*，*M.* cf. *cervioalis* 等；*Triticites pseudosimplex*，*T. lalaotuensis*，*T.* cf. *powwowensis*，*T.* cf. *variabilis*，另有 *Protriticites*，*Quasifusulina*，*Ozawainell* 等伴生。其所在岩石地层为马平组中上部，时代为晚石炭世马平期早时。

（6）*Eoparafusulina - Sphaeroschwagerina* 组合带（A. - Z.）

此带分布与上带相同。以宜春寨下石灰岭剖面为代表，主要分子有 *Eoparafusulina*，*Sphaeroschwagerina*，*S. glomerasa*，*Pseudoschwagerina*，伴有 *Triticites chui* var. *robustatus*，*Quasifusulina* 等，所在岩石地层为马平组上部，时代为马平期晚时。

2. 珊瑚

江西省石炭纪珊瑚化石的研究和确认，主要始于 1∶20 万区域地质调查工作。在所获丰富实际材料的基础上，经过 1∶20 万《江西省石炭系》（1983）[15]、朱正刚（1989）、朱正刚、赵嘉明（1992）等的研究，组合序列初步建立，自下而上拟分如下生物地层单位（表 4 - 2）。

（1）*Ceriphyllum elegantum - Caninia* 组合带（A. - Z.）

此带主要分布于赣西萍乡、永新，赣西南全南等地。以永新乌石山剖面为代表，主要分子有 *Ceriphyllum elegantum*，*Caninia*，*Complanophyllum minor*，*Zaphrentoides*，均为四射珊瑚化石，其特点：个体小，构造简单，鳞板多不发育。因多产于泥岩或砂质灰岩中可表明受岩相控制的结果。所在岩石地层为洋湖组中上部，时代晚泥盆世 Famennian 期至早石炭世“邵东期”。

（2）*Cystophrentis kolaohoensis* 延限带（R. - Z.）

见于湘赣边境萍乡、永新等地。以萍乡上株岭剖面为代表，主要产 *Cystophrentis kolaohoensis*，*Kueichowpora tushanensis*。化石所在岩石地层为杨家源组下部，时代为早石炭世岩关期早时。

（3）*Pseudouralinia* 延限带（R. - Z.）

分布与 *Cystophrentis* 延限带一致。以永新乌石山剖面为代表，以萍乡麻山剖面为参考，主要产有 *Pseudouralinia*，*P.* cf. *tangpakouensis*，*Syringopora ramulosa*，*Caninia* 等，化

[15] 江西区调队，1983，江西省石炭系（内部刊物）。

石所在岩石地层为杨家源组中部，时代为早石炭世岩关期晚时。

(4) *Kueichouphyllum* 延限带（R. –Z.）

分布于湘赣边境。以莲花杨家源剖面为代表，主要产 *Kueichouphyllum*，另伴有 *Syringopora*，*Heterocaninia* 等。根据区域对比，将其定为延限带。其所在岩石地层为杨家源组上部，时代为大塘期早时。

(5) *Protoivanovia* –*Fomichevella* –*Arctophyllum* –*Pseudocarniaphyllum* 组合带（A. –Z.）

此带见于全省。以彭泽镜子山剖面为代表，以于都禾丰、乐平涌山剖面为参考，本组合由 *Protoivanovia penzeensis*，*P. dupliformis*，*Fomichevella hoeli*，*F. longiseptata*（sp. nov.），*Arctophyllum jiangxiense*（sp. nov.），*Pseudocarniaphyllum jiangxiense*（sp. nov.），*Amygdalophylloides multiseptatus*，*Carniaphyllum gortanii*，*Timania* sp.，*Chuanshanophyllum* 等组成。化石所在岩石地层为马平组中上部或船山组下部，时代为晚石炭世马平期早时。

(6) *Parawentzellophyllum* –*Lytvophyllum* –*Koninckophyllum* 组合带（A. –Z.）

该组合分布及代表性、参考性剖面均同于第 5 带。其由 *Parawentzellophyllum lepingense*（sp. nov.），*Eokepingophyllum acolumellum*，*Lytvophyllum flexuosum*（sp. nov.），*Koninckophyllum caninophylloidea*，*Stereostylus annae*，*Peiraphyllum anguiporum*（sp. nov.），*Koninckocarinia wenhuashanensis*，*Carinthiaphyllum eostrotionidea* 等组成。化石所在岩石地层为马平组上部，时代为马平期晚时。

3. 腕足类

腕足类化石因所获系统性差，研究程度低，故本次对比研究自下而上划分两个生物地层单位（表 4 – 2）。

(1) *Eochoristites* –*Martiniella* 组合带（A. –Z.）

主要见于赣西萍乡、永新、莲花、安福、全南等地。以萍乡麻山剖面为代表，主要为 *Eochoristites neipengtaiensis*，*Eochoristites*，*Martiniella chinglungensis*，*Fusella*，*Camarotoechia* cf. *kinglingensis*，*Schuchertella* 等。化石所在岩石地层为杨家源组中部，时代为岩关期晚时。

(2) *Echinoconchus elegans* –*Rugosochonetes hardrensis* 组合带（A. –Z.）

该带广见于赣中、南广大地区。以丰城佛岭剖面为代表，组成分子有 *Echinoconchus elegans*，*E.* aff. *subelegans*，*Chonetes semireticularis*，*Rugosochonetes hardrensis*，*Kansuella kansuensis*，*Cancrinella untatus*，*Buxtonia* cf. *scabricula*，*Spiriferina* cf. *insculpta*，*Neospirifer* 等，化石所在岩石地层为梓山组上部或上西坑组，时代为早石炭世德坞期。

4. 植物

石炭纪以沉积碎屑岩为主的地层一般均含较丰富的植物化石。经多年的综合研究，自下而上可划分为如下生物地层单位（表 4 – 2）。

(1) *Sublepidodendron mirabile* –*Eolepidodendron wusihense* 组合带（A. –Z.）

此带广见于全省不同地区，以丰城华山岭剖面为代表，以于都峡山剖面为参考，主要组成分子有 *Sublepidodendron mirabile*，*Eolepidodendron wusihense*，*Lepidodendron*，*Stigmaria ficoides*，*Lepidodendropsis hirmeri*，*Lepidostrobus grabaui*，*Archaeocalamites* cf. *scrobiculatus*，*Sphenophyllum*，*S.* cf. *subtenerrium*，*Sphenopteridium*，*Adiantites* 等。

该组合继承于晚泥盆世 Famennian（法门）期之 *Leptophloeum rhombicum - Sublepidodendron mirabile* 组合带或 *Hamatophyton verticillatus* 顶峰带之上，以晚泥盆世标准分子，如 *L. rhombicum* 消失，以 *Sub. mirabile*，*Eo. wusihense* 等出现作为其底界。其所在岩石地层在赣西见于洋湖组上部，其上以杨家源组为界；赣北见于擂鼓台组或观山组上部，上以老虎洞组出现为顶界。赣中丰城、进贤、峡江、永丰、吉水等地主要产于中棚组；赣南于都、信丰、兴国等地见于嶂岽组上部或顶部。因地层由西而东的穿时，至武夷山边缘，可见于中棚组至嶂岽组，均以梓山组出现为顶界。地质时代为早石炭世岩关期或相当于 Tournaisian（杜内）期早时。

（2）*Archaeocalamites scrobiculatus - Rhodeapteridium hsianghsiangensis* 组合带（A. - Z.）

此带广见于赣中、南区。以丰城佛岭剖面为代表，以东乡枫林、于都三门滩剖面为参考，本组合以 *Archaeocalamites*，*Rhodeapteridium*，*Cardiopteridium* 为丰盛，其主要组成分子有 *A. serobiculatus*，*R. hsianghsiangensis*，*C. spetsbergense*，*Lepidodendron obovatum*，*Sphenophyllum* cf. *tennermum*，*S. cuneifolium*，*Adiantites*，*A. ungeri*，并见有少量的 *Neuropteris* 共生。所在岩石地层为梓山组下部，时代为大塘期或 Visean 期。

（3）*Neuropteris gigantea* 顶峰带（Ac. - Z.）

该组合带分布与上带相同，多见于同一剖面中。以丰城佛岭剖面为代表，以于都三门滩剖面为参考，组成以 *Neuropteris* 一属为优势的组合。其主要组成分子 *N. gigantea*，*N. kaipingiana*，*N.* cf. *grangeri*，*N. heterophylla*，*N. pseudogigantea*，*N.* cf. *soretii*，*Mariopteris acuta*，*M. acuta* cf. *obtusa*，*Sphenopteris obtusiloba*，*Lopinopteris intercalata*，*Lepidodendron yuduense*；*L. aolungpylukense*，*Mesocalamites* 等，其所在岩石地层为梓山组中上部，时代为早石炭世大塘期或 Visean 期晚时至德坞期。

三、二叠纪

江西省二叠纪地层生物化石甚为丰富，且门类繁多。主要有䗴、珊瑚、牙形刺、腕足类、菊石、植物等（表 4 - 3）。

1. 䗴类

自下而上，分叙如下：

（1）*Darvasites ordinatus - Schwagerina cushmani* 组合带（A. - Z.）

布于赣中南区，以上高县南港狮形山剖面为代表，以高安鸡公岭剖面为参考，主要组合分子有 *Darvasites ordinatus*，*D. ordinatus cheni*，*D. sinensis*，*Schwagerina cushmani*，*S. cushmani robusta*，*S. cushmani longa*，*Pseudofusulina lianyuanensis*，*P. hunanensis*，*P. parviflucta*，*Eoparafusulina*。所在岩石地层为栖霞组下部，时代为早二叠世栖霞期早时。

（2）*Misellina claudiae* 延限带（R. - Z.）

此带分布全省。以上高南港剖面为代表，以高安鸡公岭、彭泽镜子山剖面为参考，主要分子有 *Misellina claudiae*，伴生有 *Schwagerina* cf. *chihsiaensis*，*Parafusulina yunnaensis*，*Pseudofusulina*，*Sphaerulina*，*Nankinella* 等，所在岩石地层为栖霞组中下部，时代为早二叠世栖霞期中时。

（3）*Parafusulina* 顶峰带（Ac. - Z.）

表 4－3　江西省二叠系生物地层带划分表

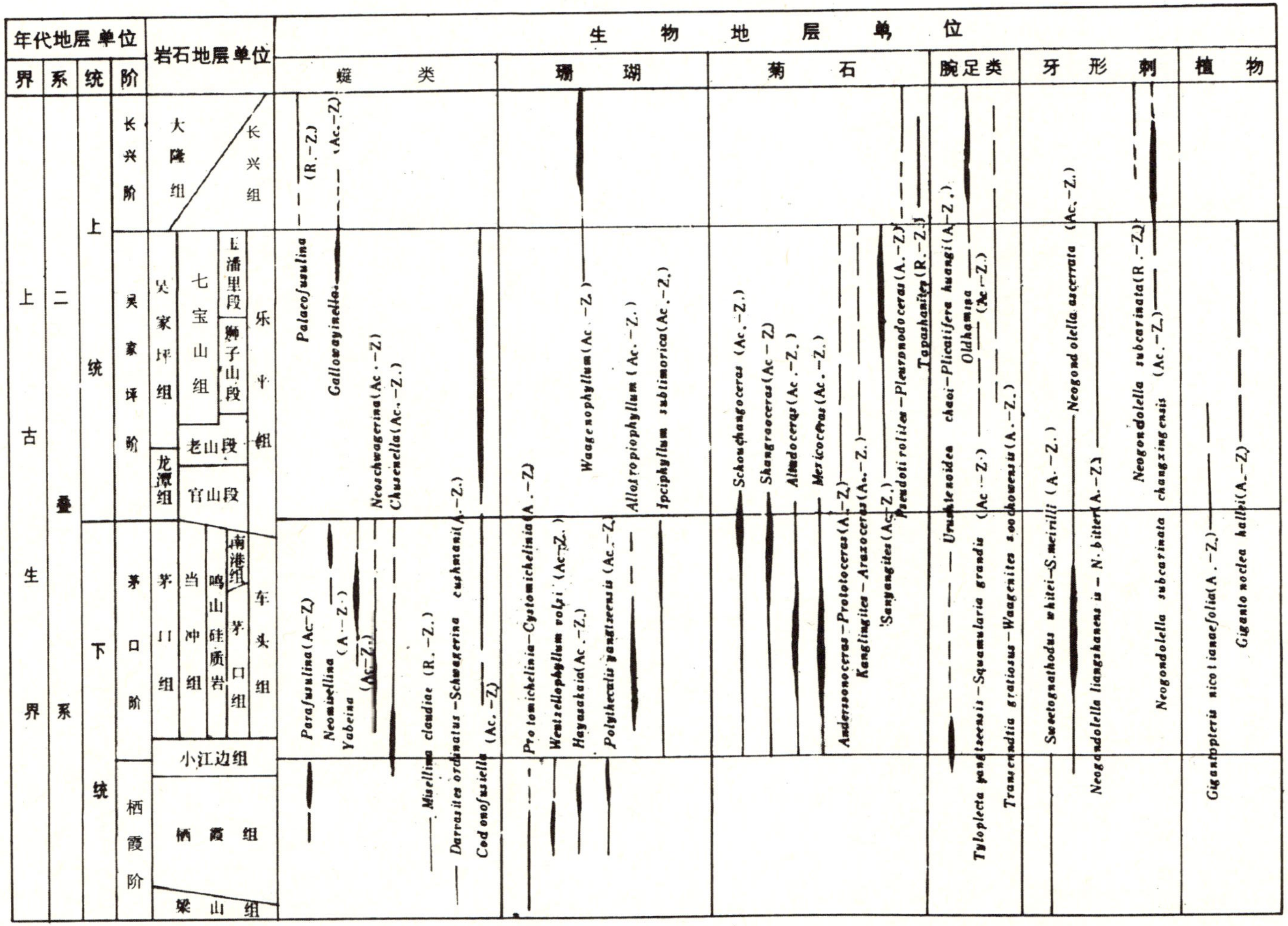

此带见于全省。以宜春麻里坑—新桃剖面为代表，主要分子有 *Parafusulina*，*P. yabei*，*P. quasilina*，*P.* cf. *undulata*，*P.* cf. *shaksgamensis*，*P. multiseptata*，*P. bösei*，*P. lungtanensis*，*P. dainellii*，伴生有 *Schwagerina* cf. *chihsiaensis*，*S. longipertica*，*S. licornis* 等。所在岩石地层为栖霞组上部至小江边组下部，地质时代为栖霞期晚时。

（4）*Chusenella* 顶峰带（Ac. －Z.）

分布于全省。以武宁县双溪新开岭剖面为代表，主要分子有 *Chusenella sinensis*，*C. ishanensis*，*C. tieni*，伴生有 *Schwagerina chihsiaensis*，*S. pseudochihsiaensis*，*S. crassa* 等。所在岩石地层为小江边组上部至茅口组下部，时代为早二叠世茅口期早时。

（5）*Neoschwagerina* 顶峰带（Ac. －Z.）

分布于全省。以上高县南港狮形山剖面为代表，主要分子有 *Neoschwagerina wagerina*，*N. haydeni*，*N.* cf. *craticulifera*，伴生有 *Verbeekina verbeeki*，*Paraschwagerina*，*Pseudofusulina* 等。所在岩石地层为茅口组中下部，时代为早二叠世茅口期早、中时。

（6）*Yabeina* 顶峰带（Ac. －Z.）

分布于赣北、赣中地区。以宜春新塘剖面为代表，以萍乡正山剖面为参考，主要产 *Yabeina*，*Y. gubleri*，伴生有 *Neoschwagerina leei*，*Neomisellina*，*Verbeekina*，*Chusenella* 等。所在岩石地层为茅口组或鸣山硅质岩中上部，时代为茅口期中时。

（7）*Neomisellina* 顶峰带（Ac. －Z.）

分布于赣北、赣中地区。以上高县章江南港剖面为代表，主要分子有 *Neomisellina lepida*，*N. compacta*，*N. sphaeroidea*，*N. douvillei* 等。所在岩石地层为茅口组上部或南港组，时代为茅口期晚时。

（8）*Codonofusiella* 顶峰带（Ac. －Z.）

主要见于赣中、赣北区。以德安傅山剖面为代表，主要产 *Codonofusiella*，结合其他剖面，有 *C. paradoxica*，*C. schubertelloides*，*C. pseudolui*，*C. kueichowensis*，*C.* cf. *maslennikovi* 等，常伴有 *Reichelina* 等。该带在我省始见于栖霞组上部、小江边组，但数量较少，至吴家坪组极为富集，成为顶峰带，另在七宝山组也较丰盛。地质时代为晚二叠世吴家坪期。

（9）*Palaeofusulina* 延限带（R. －Z.）

本带广见于全省，以带化石的出现延限和富集为特色而区别于上、下。以上高县十字路剖面为代表，主要产 *Palaeofusulina*，*P. minima*，*P. sinensis*，*P. laxa*，*P. fusiformis*，*P. pulla*，*P. nana*，伴有 *Sphaerulina* 等。本带在省内可分两个亚带，下亚带以 *Gallowayinella* 相对富集为特征，主要成员有 *G. meitienensis*，*G. guidingensis*，*G. fusiformis* 等。岩石地层主要为长兴组下部，局部地区下跨七宝山组顶部，时代为晚二叠世吴家坪期晚时至长兴期。上亚带以 *Palaeofusulina* 为主，限于长兴组。

2. 珊瑚

二叠纪珊瑚化石经王云慧等（1989）、朱相水（1991）等研究，生物地层序列基本建立，综合区域性资料，现自下而上做如下划分。

（1）*Protomichelinia*－*Cystomichelinia* 组合带（A. －Z.）

分布于全省。以武宁双溪新开岭剖面为代表，主要产 *Protomichelinia*，*Cystomichelinia*，计有 *P. multiseptata*，*C. sichaunensis* 等，其所在岩石地层为栖霞组下部或至梁山组，为早二叠世栖霞期早时。

(2) *Wentzellophyllum volzi* 顶峰带（Ac. -Z.）

分布同上。以上高南港狮形山为代表，结合其他剖面，产 *Wentzellophyllum volzi*，*W. volzi alpha*，*W. kueichowense*，伴生有 *Polythecalis hochowensis*，*P. rosiformis*，另有 *Cystomichelinia*，*Protomichelinia*，*Allotropiophyllum* 等，所在岩石地层为栖霞组中部，时代为栖霞期中时。

(3) *Hayasakaia* 顶峰带（Ac. -Z.）

分布同上。以带化石相对富集为特征，以上高南港狮形山剖面为代表，参考上高至高安其他地区剖面，主要产 *Hayasakaia infundibule*，*H. elegantula*，伴生有 *Protomichelinia*，*Tetraporinus*，*Allotropiophyllum* cf. *sinensis* 等。其所在岩石地层主要为栖霞组中上部，时代为栖霞期中晚时。

(4) *Polythecalis yangtzeensis* 顶峰带（Ac. -Z.）

分布同上。以武宁县双溪新开岭剖面为代表，主要产 *Polythecalis yangtzeensis*；伴生有 *Allotropiophyllum*，*Yatsengia*，*Corwenia* (*Yatsengia*) *asiatica*。其所在岩石地层主要为栖霞组上部，时代为栖霞期晚时。

(5) *Allotropiophyllum* 顶峰带（Ac. -Z.）

主要见于赣北下扬子地层分区及赣中地区。以上高县南港狮形山剖面为代表，除 *A. suleiformis* 相对富集外，伴生分子有 *A.* cf. *sinensis*，*Michelinopora siyangensis*，*Yatsengia*，*Hungophyllum* 等。所控制的岩石地层主要为茅口组下部。

(6) *Ipciphyllum subtimorica* 顶峰带（Ac. -Z.）

分布同上带。*I. subtimorica* 顶峰带与 *Timorphyllum raphiseptatum* 顶峰带，共存延限至茅口组中上部膨胀繁盛，构成顶峰带。以武宁县双溪新开岭剖面为代表，主要产 *Ipciphyllum subtimorica*，*I. timorica*，*I. fexuasa*，*I. subtimorica* var. *kwangsiensis*，*Timorphyllum raphiseptatum*，伴生有 *Allotropiophyllum sinensis*，*Michelinopora siyangensis* 等，所在岩石地层主要为茅口组中上部，时代为茅口期晚时。

(7) *Waagenophyllum* 顶峰带（Ac. -Z.）

分布于赣北修水、赣中萍乐坳陷带西段。以修水县四都许井埚剖面为代表，主要分子有 *Waagenophyllum*，*W. kueichowensis*，*W. jiangxiense*，*W. resimiseptatum*，*W. resimiseptatum parcitubulum*，*W. resimiseptatum minum*，*W. huangi*，*W. pulchrum*，*W. pulchnon*；伴生有 *Liangshanophyllum xiushuiense*。其所在岩石地层主要为长兴组，地质时代为晚二叠世长兴期。

3. 腕足类

我省二叠纪腕足类化石，以早二叠世小江边组最为发育，其次为晚二叠世乐平组，其他组段所获量少且不系统。小江边组分布全省各地，岩性主要为含碳质泥页岩夹凸镜状灰岩，以产丰盛而保存完好的腕足类为特色。以本组层型安福小江边剖面为代表，以于都车头段屋剖面为参考，主要产 *Urushtenoidea*，*U. chaoi*，*U. obscura*，*U. pseudomedusa permica*，*Neoplicatifera huangi*，*N. minor*，*Kiangsiella tingi*，*Argentiproductus chianensis*，*Orthotichia indica*，*O. chekiangensis*，*Spinomarginifera sintanensis*，*Echinoconchus punctiformis*，*Waagenoconcha yuduensis*，*Chaoina multicostata*，*Meekella jiangxiensis*，*Megaderbyia trunsversalis*，*Tyloplecta grandicostata*，*T. nankingensis*，*Dictyoclostoidea kiangsiensis*，*Squamularia calori*，*Titanothyris subplicata* 等，上述化石在剖面中的分布为

主，下部以 *Urushtenoidia chaoi* 为盛，常伴有较丰富的 *Waagenoconcha yuduensis*，中上部多见 *Neoplicatifera huangi*，综合其组合特征，可建 *U. chaoi* – *N. hangi* 组合带。时代主要为栖霞期末时至茅口期早时，向上逐渐减少。

乐平组腕足类主要产于老山段中部，所谓 B_4 煤层顶板灰岩或钙质粉砂岩、细砂岩夹灰岩岩中，其中最具特征者，是形体较大的 *Tyloplecta yangtzeensis* 和 *Squamularia grandis*，因此，以此二化石为代表，建立 *T. yangtzeensis* – *S. grandis* 组合带。该带之上腕足类化石一般形体变小，具有代表性者，为 *Transenndtia gratiosus* 及 *Waagenites soochowensis*，故以此建立 *T. gratiosus* – *W. soochowensis* 组合带。该带所控制的地层为老山段中上部上至狮子山段、王潘里段。上下两带共生的腕足类有 *Leptodus*，*Chonetinella substrophomenoides*，*Productus harridus*，*Haydanella kiangsiensis*，*Spinomarginifera kueichowensis*，*Marginifera*，*Schellwinella* 等。两带分别限于吴家坪期中时和中、晚时后者至长兴期逐渐减弱。长兴组以产 *Oldhamina* 为特征，下部始见于乐平组上部而到长兴组数量丰盛，故定为顶峰带（Ac. –Z.）。

4. 菊石

由上可知，二叠纪地层以碳酸盐岩相为主者，生物化石主要为䗴、珊瑚，次为腕足类，而由含磷、铁锰结核的硅质岩、硅质页岩、粉砂岩、含碳质页岩组成的车头组，则以含菊石为主。据赵金科（1977）、李富玉（1986）对上饶地区本组菊石的研究，相当于早二叠世茅口期的菊石，由下而上可分为 *Mexicoceras* 带、*Shangraceras* 带及 *Schouchangoceras* 带，其性质为顶峰带。

乐平期或吴家坪期的菊石化石，根据赵金科（1978）对我省丰城仙姑岭、分宜黄茅剖面的研究，结合区域地质调查成果，自下而上分为 *Anderssonoceras* – *Prototoceras* 组合带；*Konglingites* – *Araxoceras* 组合带；*Sanyangites* 顶峰带。

长兴期的菊石，赵金科（1978）在《华南晚二叠世头足类》一文中提出建立 5 个带。据我省对瑞昌和平山、上饶应家、莲花马邦山、崇义佐溪、龙南龙脑等地大隆组菊石的研究，可拟建上、下两带：下带 *Tapashanites* 延限带；上带为 *Pseudotirolites* – *Pleuronodoceras* 组合带，分别相当于赵氏所建晚二叠世菊石带第 6 带和第 7 带。

此外，我省牙形刺化石的研究也有新的进展。林水秀⑯（1981）对我省萍乡桐木、焦源、鸡冠山栖霞组中、上部，建立了 *Swectognathodus whitei* – *S. meirilli* 组合带。另在德安曾家岭也产 *S. whitei*。可与芮琳（1981）在扬子区所建的 *S. whitei* – *Neogondoella bisselli* 组合带对比。

德安曾家岭剖面茅口阶至长兴阶的此类化石均较发育。茅口组以 *Neogondoella ascerrata* 最为丰盛，建顶峰带；吴家坪阶以 *N. liangshanensis* – *N. bitter* 为主，共同构成组合带，可与芮琳（1981）建于扬子区吴家坪阶的 *N. liangshanensis* 上带和 *N. bitter* 下带对比。长兴阶上带为 *N. subcarinata*，为延限带，下带为 *N. subcarinata changxingensis*，为顶峰带，也可与芮琳所建长兴阶相应的带对比。

植物化石发育于乐平组，可大体归纳为两个组合带：*Gigantopteris nicotianaefolia* 带；*Gigantonoclea hallei* 带。前者主要分布于官山段至老山段下部，后者主要分布于王潘里段。

---

⑯ 林水秀，1981，江西萍乡早二叠世牙形刺。江西地质学会论文集（内刊）。

四、早、中三叠世

江西早、中三叠世生物化石丰富，计有菊石、双壳类、牙形刺、腕足类、介形类、叶肢介等。据全省30余条剖面的化石资料，初步自下而上拟建6个生物组合带（表4-4）。

（1）*Anchignathodus parvus* - *Crurithyris speciosa* - *Towapteria scythicum* 组合带（A.-Z.）

该组合广见于全省。其层位稳定，产于赣南铁石口组底部和青龙组殷坑段下部。以信丰铁石口剖面（第1—5层）为代表,以宜春柏木剖面为主要参考,主要组合分子有牙形刺 *Anchignathodus parvus*, *Neohindeodella teicherti*, *Prioniodella ctenoides*；腕足类 *Crurithyris speciosa*, *Paryphella sparsiplicata*, *Acosarina minut*, *Waagenites barusiensis*；双壳类 *Towapteria scythicum*, *Claraia*, *Bakevellia costata*, *Promyalina minuta*；介形类 *Hollinella tingi*；菊石 *Otoceras*? 等。这一生物组合面貌表明:其中既有晚二叠世孑遗分子,又有三叠纪新生分子,同时还出现了被公认的相当于下 Griesbachian 期的 *Anchignathodus parvus*, *Otoceras*? 带化石,因此其时代应为早三叠世 Griesbachian 期初时。并可与杨遵仪、殷鸿福等（1984）所命名的二叠、三叠系间过渡层动物群 *Waagenites barusiensis* - *Towapteria scythicum* - *Anchignathodus parvus* - *Hollinella tingi* 组合对比。

（2）*Hypophiceras* - *Claraia wangi* 组合带（A.-Z.）

广见于赣南铁石口组下部，赣中、北殷坑段上部。以信丰铁石口剖面（第6—9层）为代表，除组合代表分子外，尚含双壳类 *Claraia griesbachi*，*C. hunanica*，*C. fukianensis*，*Pteria ussurica variabilis*，*Eumorphotis*；腹足类 *Polygyrina*；菊石 *Ophiceras*，*Lytophiceras* 及介形类 *Hollinella tingi*，*Bairdia* 等。以 *C. wangi* 出现和消失为组合带的底、顶界，以菊石 *Hypophiceras* 和 *Ophiceras* 的发育为特征。时代为 Griesbachian 期晚时。

（3）*Neospathodus dieneri*（牙形刺）- *Claraia stachei* 组合带（A.-Z.）

广见于赣中、南部。以信丰铁石口剖面（第10—12层）为代表，与组合代表共生的有 *Claraia stachei alata*，*C.* cf. *redialis julfensis*，*C. fukianensis*，*C.* cf. *angulata*，*C.* cf. *tridentina*，*C. concentrica*，*Gyronitides*，*Hindeodella triassica*，*Neohindeodella triassica*，*Neogondolella*，*Hibbardalla triassica*，*Ozarkodina tortilis*，*Prioniodella ctenoideamata* 等。时代大致相当于 Indian 期晚时。

（4）*Flemingites* *Eumorphotis multiformis* - *Claraia aurita* 组合带（A.-Z.）

分布于赣中、赣南区。以上饶黄沙剖面为代表，以新余下村、莲花石背剖面为参考，下部产 *Claraia aurita*，中下部盛产 *Flemingites*，*Eumorphotis multifomis*。其他组合分子有 *Claraia aurita haueri*，*C. concentrica*，*C. hubeiensis*，*Pteria trigona*，*Cruciella*，*Myoconcha* 等。其所在岩石地层为铁石组中部，时代大致相当于 Indian 期晚时至 Olenekian 期早时。

（5）*Tirolites* - *Neospathodus homeri* - *Pteria* cf. *murchisoni* 组合带（A.-Z.）

分布与第4带一致。以上饶黄沙剖面为代表，信丰铁石口剖面及莲花石背剖面为参考，以大量出现 *Pteria* cf. *murchisoni*，*Eumorphotis inaequicostata*，*Entolium discites*，*Neospathodus homeri* 及 *Tirolites* 为特色，其他成员有 *Neohindeodella raridenticuluta*，*Claraia* cf. *punjabiensis*，*Prioniodella decrescens*，*P. ctenoides*，*Unionites*，*Hadrotontina*，*Worthenia* 等。该组合与杨遵仪等（1984）所建立的双壳类 *Pteria* cf. *murchisoni* - *Eumorphotis*

表 4-4 江西省下、中三叠统生物地层带划分表

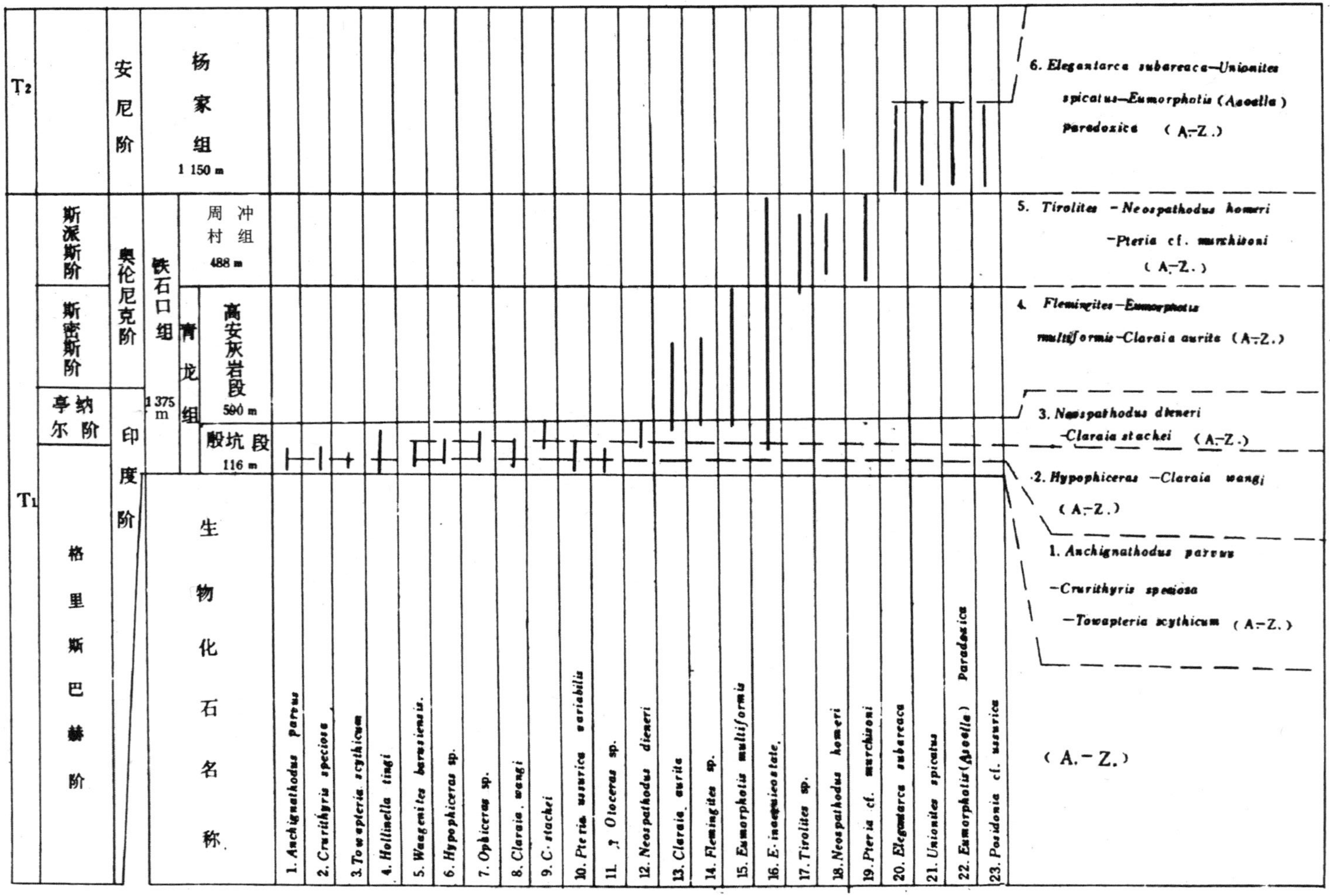

inaequicostata 带相当。产于铁石口组上部，时代为早三叠世 Spathian 期。

(6) *Elegantarca subareaca* - *Unionites spicatus* - *Eumorphotis* (*Asoella*) *paradoxica* 组合带（A. - Z.）

主要分布于赣中地区。以万载大桥剖面为代表，以高安杨家剖面为参考，主要盛产 *Elegantarca subareaca*，*Unionites* 和 *Eumorphotis* (*Asoella*) *paradoxica* 为特征。其他成员有 *Posidonia* cf. *ussurica*，*P. wengensis*，*Mytilus eduliformis praecursor*，*M. eduliformis*，*Unionites albertii*，*E.* (*A.*) *illyrica*，*E.* (*A.*) cf. *subillyrica*，*Volsella* cf. *triquetra*，*Entolium* cf. *discites*，*Myophoria* cf. *laevigata ovalis*，*Laternula jidiensis*，*Promyalina yueshanensis* 等。组合中克氏蛤、正海扇大量衰减，取而代之的是大量出现麻山海扇，多射脊式褶翅蛤群、弱海扇、蚌形蛤和海浪蛤等。其层位稳定，产于杨家组下部，时代大致为中三叠世 Anisian 期。

第三节　年代地层

年代地层的划分，主要是界、系、统、阶界线的划分。阶是基本单位。统的上、下界线，是所含的上、下阶的顶、底界线，系、界等也是如此。因此，阶的界线确定，是划分年代地层的关键。目前我国泥盆纪—中三叠世地层，虽然大都建立了阶，但一些阶的界线层型，因化石门类时代的差异，尚有争议。本书所讨论的年代单位的界线，主要是以现有生物化石为依据而划分的。

一、泥盆系

泥盆系在东南地层区之赣中、南区普遍不整合于前泥盆系之上，其底界因不整合面由西而东穿时，沉积起始时间因地而异。而在扬子地层区之赣西北、赣东北地区，现归于晚志留世至早泥盆世的茅山组或唐家坞组，因是连续过渡关系，其界线仍是一个问题。现自下而上，分叙如下：

（一）四排阶

相当本阶的地层，是省内赣西南区下泥盆统的丫山组。其下不整合于下寒武统牛角河组之上，上被含有中泥盆世应堂期或 Eifelian 期 *Psilophytites* - *Taeniocrada* 植物组合的灵岩寺组平行不整合覆盖。因此，其上卜界线基本可以划定。

（二）应堂阶

相当本阶地层，是赣西南地区的灵岩寺组，主要分布于崇义、大余、遂川、井冈山及信丰等地，中产 *Psilophytites* - *Taenicrada* 植物组合，上被含 *Protolepidodendron scharyanum* - *Barrandeina dusliana* 组合的中泥盆统云山组平行不整合覆盖。

（三）东岗岭阶

相当本阶的地层，早期为赣西、赣西南地区的云山组和中棚组（陡水组），中产中泥盆世东岗岭期早时的 *Protolepidodendron scharyanum* - *Barrandeina dusliana* 植物组合，上被碳酸盐岩相的罗坳组整合覆盖。晚期为赣南于都、兴国、信丰一带的云山组，仍产 *P. scharyanum* - *B. dusliana* 组合，但尚含丰富的 *Lepidodendropsis*，该属始于中泥盆世，晚泥盆世普遍存在，极盛于早石炭世，而在于都峡山剖面与 *B. dusliana* 共生，可称之 *B. dusliana* - *Lepidodendropsis* 组合。该组合之上直接被含晚泥盆世早期 *Leptophloeum rhombicum - Cyclostigma kiltorkense* 植物组合的中棚组整合覆盖，归于本阶晚期应无问题。其界线应在两个植物组合之间。

此外，相当本阶晚期的沉积物，赣中为中泥盆统上部的棋梓桥组，下含 *Desquamatia - Schizophoria* 组合带；上含 *Ilmenia - Emanuella* 组合带，在赣西地区内被产 *Cyrtospirifer sinensis* 上泥盆统下部的佘田桥组或吴家坊组整合覆盖。

（四）佘田桥阶

相当本阶的地层赣西为嶂崇组、赣中为佘田桥组或吴家坊组；赣南为中棚组，前三者产 *Cyrtospirifer sinensis* 腕足类组合，后者产 *Leptophloeum rhombicum - Cyclostigma kiltorkense* 组合。嶂崇组或吴家坊组、佘田桥组，下以产于东岗岭阶上部的 *Ilmania - Emanuella* 腕足类组合的消失为底界，中棚组以 *Barrandeina dusliana - Lepidodendropsis* 植物组合消失为底界，上以出现 *Yunnanellina - Yunnanella* 腕足类组合为顶界。

（五）锡矿山阶

相当本阶的地层赣西、赣西南为麻山组和洋湖组中下部，赣南为三门滩组和嶂崇组中下部。底均以 *Yunnanellina*，*Yunnanella* 出现为界，顶界赣西地区应以 *Cystophrentis* 珊瑚带之底为界，赣南地区以 *Hamatophyton verticillatus* 植物的消失为界。

二、石炭系

按古生物延限、延伸范围与区域对比，自下而上划分为六个阶（表 4 - 2）。至于“邵东阶”目前根据湖南对比研究的成果，产有 *Ceriphyllum elegantum*，*Caninia dorlodoti* 带化石的地层，主要为晚泥盆世锡矿山阶或 Famennian（法门）阶的沉积物，此处不做讨论。

（一）岩关阶

本阶相当的地层，赣北包括擂鼓台组中、上部，赣南包括嶂崇组上部，赣西包括洋湖组上部和杨家源组中下部。赣北以 *Leptophloeum rhombicum* 植物消失为其底界，赣南以 *Hamatophyton verticillatus* 消失为底界，赣西以 *Cystophrentis* 的出现为其底界。

（二）大塘阶

省内大塘阶与岩关阶的界线，赣西位于杨家源组上部，以 *Kueichouphyllum* 带的始现为界。其他地区相当本阶的地层为梓山组中下部，含 *Archaeocalamites scrobiculatus - Rhodeapteridium hsianghsiangensis* 和 *Neuropteris giantea* 两个植物组合，其下以区域性平行不整合为界。

（三）德坞阶

赣西的上西坑组（原梓门桥段）产腕足类 *Echinoconchus*，*Chonetes papitionacea*，下与含煤建造梓山组（原测水组）分界。莲花杨家源之大埔组下部（原梓门桥组）白云岩夹泥灰岩、泥岩，产有珊瑚 *Lonsdaleia*，*Caninia* 等；永新乌石山相应的地层产䗴 *Eostaffella*，珊瑚 *Neoclisiophyllum*，均是德坞阶常见属类。底界即为上西坑组、大埔组的底界。

相当于此阶地层，在赣中、赣南广大地区为梓山组上部。含腕足类 *Echinoconchus elegans - Rugosochonetes hardrensis* 组合，时代为德坞期。顶以䗴 *Pseudostaffella* 带的出现为界。

（四）滑石板阶

本阶底界在赣西北及赣中，均以出现 *Pseudostaffella* 带为界。赣西萍乡、莲花等地，底界划在含 *Lithostrotion* 的大埔组中部，而在赣中、南地区大致通过梓山组上部。

大埔组按时代层位，大致分两部：相当德坞阶产 *Lithostrotion*，时代早石炭世晚期，相当滑石板阶产 *Pseudostaffella antiqua posteria*，时代为晚石炭世早期，可与苏、皖等地的老虎洞组对比。而且，赣西北瑞昌洪家泉于老虎洞组上部发现有 *Fusulinella*，说明这里老虎洞组尚可能包括部分达拉阶之沉积。

（五）达拉阶

本阶在我省发育齐全、生物丰富，底以出现䗴带 *Profusulinella* 为界，顶以 *Fusulinella-Beedeina* 带的消失为界。相当岩石地层为黄龙组、马平组下部及藕塘底组中下部。

（六）马平阶

本阶地层包括马平组中部，藕塘底组上部。以 *Fusulinella-Beedeina* 带的消失，*Triticites-Montiparus* 带的出现为底界，以 *Eoparafusulina-Sphaeroschwagerina* 带的消失为顶界。

赣北修水、武宁、瑞昌一带缺失马平阶或船山组。瑞昌铁石洼至彭泽镜子山只保留船山组下部的一部分，*Triticites* 的出现作为马平阶的底界。

三、二叠系

根据江西省二叠系生物化石、延伸范围结合区域对比，自下而上大致可归纳四阶（表 4-3）。

（一）栖霞阶

江西省栖霞阶划分为两种类型：

（1）赣北型：包括梁山组和栖霞组。主要分布于赣北修水、武宁、瑞昌、彭泽及乐平一带。

（2）赣中、南型：只有栖霞组，可分Ⅰ、Ⅱ段。分布于赣中、赣南广大地区。

本阶底以出现䗴 *Misellina claudiae* 带或珊瑚 *Wentzellophyllum volzi* 带为界。如属Ⅰ型，以梁山组的底为界。

朱正刚（1988）研究本省石炭—二叠系界线，于上高南港等地 *M. claudiae* 带或 *W. volzi* 带之下，*Shaeroschwagerina* 带之上栖霞组Ⅰ段，建立了 *Darvasites ordinatus - Schwagerina cushmani* 组合带。并将其与张遴信（1983）在宁镇山脉所建臭灰岩组（或镇江组）*D. ordinatus* 带及周祖仁（1982）湘东南所建栖霞组Ⅰ、Ⅱ段 *Staffella vulgaris* 带；*Schwagerina cushmani* 带进行对比。本省栖霞组Ⅰ段生物过渡色彩十分浓厚。有从石炭系延续上来的䗴类，如 *Eoparafusulina*，*Pseudofusulina*，*Schwagerina*，*Staffella* 等，亦有旋脊发育的新生分子 *Darvasites* 及独特的 *S. cushmani*。它代表一个新时期的开始是合适的。如是，则Ⅰ段栖霞阶的底界则应置于 *D. ordinatus-S. cushmani* 组合带底面。

（二）茅口阶

与本阶相当的地层包括茅口组、鸣山硅质岩、车头组及小江边组或其一部分。

本阶与栖霞阶的界线划分在䗴 *Neoschwagerina* 带或珊瑚 *Ipciphyllum* 带之下，䗴 *Parafusulina* 带或珊瑚 *Polythecalis yangtzeensis*，*Hayasakaia elegantula* 之上。小江边组的年代，胡世中（1983）建立了 *Urushtenoidea chaoi - Hadenella chianensis* 腕足类组合，时代归于栖霞期末时至茅口期初时。朱正刚、刘亚光[17]（1980）研究了小江边组层型剖面，

---

[17] 朱正刚、刘亚光，1980，江西小江边灰岩的时代问题。江西区测，第1期（内刊）。

以腕足类、䗴化石建立了 *U. chaoi – Chusenella* 组合，时代归于茅口期初时。由此说明小江边组在不同地点时代不同。因此，在该组中茅口阶的底界确定，应根据生物化石的时代确定。

（三）吴家坪阶或乐平阶

相当本阶的地层为吴家坪组和乐平组。前者以含 *Codonofusiella* 带为特征，并含牙形刺 *Neogondolella liangshanensis – N. biltter* 组合带，以该二带的丰富出现作为本阶底界。后者在新余阜化、莲花西云先后在乐平组之官山段下部采获茅口期的䗴，如 *Neomisellina*，*N. multivoluta*，并在上饶南部乐平组原彭家段、童家段下亚段采到 *Altudoceras*，*Schochangceras*，*Paratongluceras* 等早二叠世晚期的菊石。因此，其底界应据这些化石的消失而确定。

（四）长兴阶

相当本阶的地层为长兴组和大隆组，前者为碳酸盐岩相，后者以硅质岩相为主。根据这两种岩相和下伏乐平阶或吴家坪阶的界线确定，有以下两种情况：当下伏为七宝山组或乐平组，上为长兴组，则以菊石 *Sanyangites* 带的消失、䗴 *Palaeofusulina* 的出现，为本阶底界。此种情况分布于修水、上高、高安、宜春、乐平及赣南信丰等地。如果下伏为吴家坪组，上为大隆组，则以䗴 *Codonofusiella* 带的消失、菊石 *Tapashanites* 带或 *Pseudotirolites – Pleuronodoceras* 带的出现为其底界。此种情况见于武宁、瑞昌、德安、彭泽，以及赣南龙南、崇义等地区。

关于 *Palaeofusulina* 之下 *Gallowaiinella meitienensis* 带的层位，目前尚有争议。芮琳（1981）将扬子地层区长兴阶䗴类划分为 *Palaeofusulina* 带，包括两个亚带：下亚带 *P. minima – Gallowaiinella*；上亚带 *P. sinensis*。盛金章、芮琳（1984）将江西乐平鸣山矿区长兴阶䗴类划分为下、上两带：下带 *G. meitienensis* 带，上带 *P. sinensis* 带。但罗新民、张尊启（1988）将本省上高七宝山长兴组下部所产 *G. meitienensis* 划入乐平阶枧溪段，并与菊石 *Sanyangites* 共生。此现象说明 *Gallowaiinella* 可以延入乐平阶或吴家坪阶。因此，本书以 *Palaeofusulina* 带的出现作为长兴阶底界。如牙形刺，则以 *Neogondolella subcarinata* 带的出现作为本阶底界。

四、三叠系

江西下、中三叠统含较丰富的底栖生物和菊石化石。根据不同门类化石与国际年代地层或区域对比，拟将下、中三叠统初步建立若干时间带，归纳两统四阶（表 4 – 4）。

下三叠统，自下而上：

（一）格里斯巴赫阶（Griesbachian）

系据加拿大北极地区资料所建。大致相当于我国常用的下统印度阶（Indian）的下部 Otoceratan。我国代表这个阶的菊石带是以藏南聂拉木色龙西山剖面，自下而上为 *Otoceras* 和 *Ophiceras* 两个菊石带。本省崇义佐溪剖面，在长兴阶 *Pseudotirolites* 菊石带之上，产 *Otoceras*，其上是大量的 *Ophiceras*，*Lytophiceras*，且广见于全省殷坑段下部及铁石口组下部。另在信丰铁石口组底部含本阶的牙形刺 *Anchignathodus parvus* 带化石；铁石口组底部和殷坑组下部，普遍含杨遵仪等（1984）所建的华南下三叠统 Grieshachian 阶之双壳类化石 *Pteria ussurica variabilia*，*Towapteria scythicum*，*Claraia wangi* 等。综上所述，相当本阶的地层本省分布广泛，发育齐全。其底以 *Pseudotirolites* 菊石带或 *Palaeofusulina* 䗴带的消失，*Otoceras* 菊石带或 *Claraia wangi* 双壳类带或 *Anchignathodus parvus* 牙形刺带的出现作为本阶底界。

（二）亭纳尔阶（Dienerian）

该阶相当于传统印度阶（Indian）的上部 Gyronitan。在本省信丰、新余等地铁石口组下部产有本阶的带化石 *Neospathodus dieneri* 及其伴生分子 *Prionolobus*，*Flemingites*，无疑可与 Dienerian 阶对比。其底界即 *N. dineri* 带的底界。

（三）奥伦尼克阶（Olenekian）

本阶名源自西伯利亚北部奥仑尼克河一带的奥仑尼克层，是以菊石划分的。省内莲花石背、信丰铁石口组上部，均含 *Tirolites* 菊石带和 *Neospathodus homeri*，与其共生的有本阶的双壳类带化石 *Pteria* cf. *murchisoni*，因此归于本阶。底界以 *P. murchisoni* 出现为划分标志。

（四）中三叠统安尼阶（Anisian）

位于印度阶（Indian）之上，拉丁阶（Ladinian）之下的一个阶，阶名源于奥地利安尼西河。我国以贵州青岩剖面的菊石为标准与该阶进行对比。省内杨家组连续于下统之上，在万载、高安、上高和铅山等地本组中、下部产丰富的双壳类化石：*Elegantarca subareaca*，*Unionites spicatus*，*Eumorphotis*（*Asoella*）*pardoxica*，*E.*（*A.*）*illyrica*，*E.*（*A.*）cf. *subillyrica*，*Posidonia* cf. *ussurica*，*Mytilus eduliformis praecursor*，*Volsella* cf. *triquetra* 等，多为 Anisian 阶的重要化石。其底界以 *E. subareaca* 出现为标志。上述化石在苏南、贵州等地与安尼阶（Anisian）的菊石 *Lenotropites* 和 *Ussurites* 共生，说明安尼阶（Anisian）在江西存在，上部是否存在拉丁阶（Ladinian）之沉积存疑。

第四节　区域地层对比及沉积环境

一、区域地层对比

加里东运动使华南板块与扬子板块拼接，形成统一的稳定陆块。从此，进入了稳定型沉积阶段。属于同一陆块的邻省泥盆纪—中三叠世地层，其岩性、岩相一致，虽因环境差异、名称不同，但均在相同的地层位置上，因而可以对比。为表明这种对比关系，见表 4－5。

二、沉积环境

加里东运动后，进入华力西-印支构造旋回。此期承袭了加里东期的古地理格架，总的沉积基底地形，仍然是北、东两面高，西南低，形如向东北收敛，向西南撒开的“马蹄形”构造。在此基础上，北东东向、北东向及北西向断裂带造成的差异升降，以致形成的隆坳相间的指状海湾，共同控制着该断代的沉积。

（一）泥盆纪

总观，泥盆纪江西处于华南海域的滨岸地带。该纪曾出现两个海侵旋回，两个海退旋回，并相应的形成退积和进积两类层序。

早泥盆世四排期至中世应堂期。加里东运动使早古生代地层由东而西褶皱回返，省内东部武夷区暴露于地表，因斜坡侵蚀作用加强，由河流携带侵蚀物向西南运移至桂、湘海盆边缘，在平行海岸线的陆架斜坡地带，以重力流形式于全南—崇义—井冈山一带，沉积了丫山

表 4－5　江西省泥盆纪—中三叠世与邻省地层对比表

地质年代（纪）	地质年代（世）	扬子地层区 湖北	湖南 湘西北	湖南 湘中	江西 赣西北	江西 赣东北	安徽	浙江	东南地层区 湖南 湘中	湖南 湘东	广东 粤中	广东 粤东	江西 赣西	江西 赣东	福建
三叠纪	中世	巴东组			杨家组		黄马青组				黄坌组		杨家组		安仁组
	早世	嘉陵江组（周冲村组）							石镜组		四望峰组		周冲村组		溪口组
		大冶组			青龙组			政棠组	三宝坳组 管子山组 张家坪组		大冶组		青龙组	铁石口组	
二叠纪	晚世	吴家坪组 大隆组	大隆组 吴家坪组	大隆组	长兴组　大隆组 七宝山组　吴家坪组	长兴组 乐平组：王潘里段、狮子山段、老山段、官山段	大隆组	长兴组	大隆组		九陂组 格里组	翠屏山组	长兴组 乐平组（七宝山组、王潘里段、狮子山段、老山段、官山段）	大隆组 乐平组（雾林山组）	长兴组 罗坑组 翠屏山组
		龙潭组					龙潭组								
	早世	茅口组　孤峰组	茅口组	孤峰组	茅口组	鸣山硅质岩	孤峰组				童子岩组 孤峰组		茅口组　鸣山硅质岩	车头组	文笔山组 鸣山组
			小江边组										小江边组		泉上组
		栖霞组													
		梁山组						梁山组				梁山组			
石炭纪	晚世	壶天群 马平灰岩				船山组			壶天群 马平组		船山组		马平组		船山组
		大埔白云岩			黄龙组 老虎洞组	藕塘底组	老虎洞组	藕塘底组	大埔白云岩（组）		黄龙组				经余组
	早世	和丹组 高丽山组 金陵组	梓门桥组 测水组 石磴子组 天鹅坪组			叶家塘组	和州组 高丽山组 金陵组	叶家塘组	梓门桥组 测水组 石磴子组 天鹅坪组		大赛坝组	曲江组 忠信组 大湖组	上西坑组 梓山组 杨家源组		林地组
泥盆纪	晚世	毛湖埫组 写经寺组 黄家磴组	马栏边组 孟公坳组 欧家冲组 锡矿山组 长龙界组 佘田桥组		擂鼓台组 观山组	五通群：珠藏坞组 西湖组	擂鼓台组 观山组	珠藏坞组 西湖组	马栏边组 孟公坳组 欧家冲组 锡矿山组 长龙界组 佘田桥组	岳麓山组 吴家坊组	长垑组 帽子峰组 天子岭组 东坪组	春湾组	吴家坊组（洋湖组、麻山组、佘田桥组）	嶂东组 三门滩组	安砂群：桃子坑组 天瓦岽组
	中世	云台观组	龙口冲组 棋梓桥组 易家湾组 跳马涧组						龙口冲组 棋梓桥组 易家湾组 跳马涧组	黄公塘组	棋梓桥组 老虎头组	杨溪组	龙口冲组 棋梓桥组 中棚组 云山组	罗段组 灵岩寺组	
	早世		源口组												

组和灵岩寺组。前者以复成分砾岩为主，砾石磨圆度高，砾径大小不等，一般 5～20 cm。常由砾岩—含砾砂岩或粉砂岩组成基本层序。下与寒武系呈不整合，上与灵岩寺组呈平行不整合。后者在全南、崇义一带覆于丫山组之上，而向北、向东多超覆于前泥盆系之上。其下部多由紫红色复成分砾岩—砂岩—粉砂质泥岩组成基本层序；上部过渡到砂、粉砂岩及泥岩组成韵律互层，具有斜坡浊积相特征。此二组由西而东厚度、岩石粒级逐渐减小，以至尖灭，呈一大型楔形体（图 4-3），属进积型沉积。

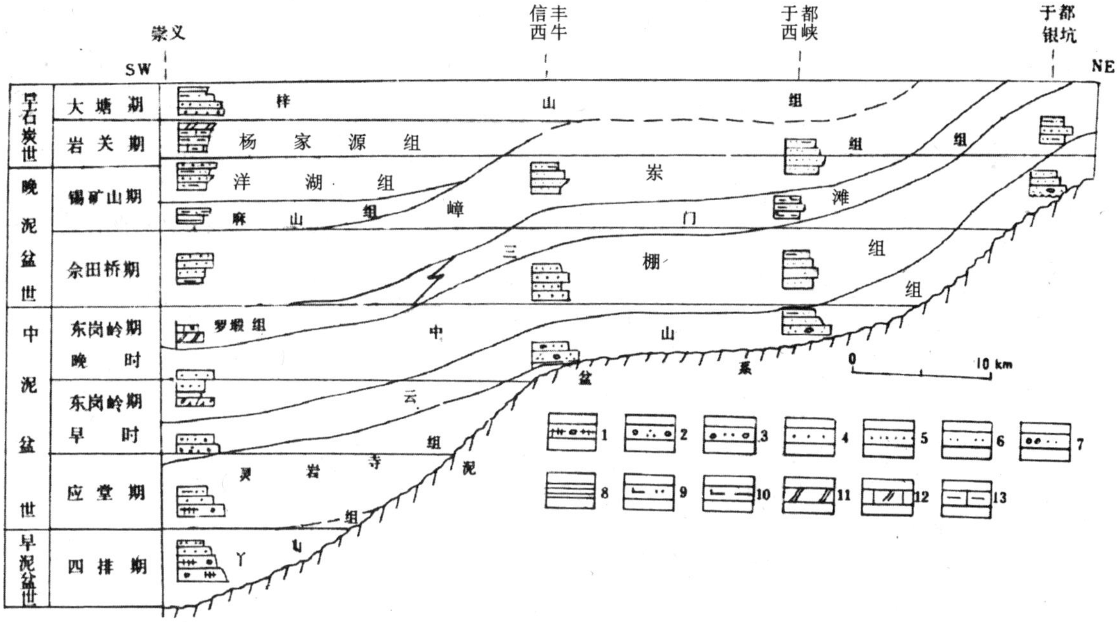

图 4-3　江西南部泥盆纪—早石炭世地层穿时横剖面图

1. 复成分砾岩；2. 石英砾岩；3. 含砾砂岩；4. 砂岩；5. 细砂岩；6. 粉砂岩；7. 粉砂质泥岩；8. 页岩；9. 钙质粉砂岩；10. 钙质页岩；11. 白云岩；12. 白云质灰岩；13. 泥灰岩

退积型始于中泥盆世 Givetian 期或东岗岭期初时。由于海水沿斜坡向东北进侵，随着海岸线向东推移，沉积物侧向加积，逐渐上超于加里运动面上，致使海侵的底层及其以上各组由东而西穿时（图 4-3）。

海侵的底层，即云山组。初期，海侵首先到达赣西、粤赣、湘赣边境。其海岸线北从高安，南至安福—泰和—赣州—信丰—龙南，呈一“S”形。滨岸环境下的海侵底层，照例由石英质砾岩、含砾石英砂岩、石英砂岩组成。

云山组沉积之时，海平面持续上升，中、晚期继承初期的海域连续沉积。中期中棚组，常由灰、灰绿色砂岩—紫红色粉砂岩—粉砂质泥岩组成韵律互层。韵律的下部含槽状或板状层理，上部含沙纹交错层理、水平层理，含鱼、植物，反映为潮坪特征。

晚期海侵扩大，湘赣交境以低能潮坪和泻湖环境为主，由白云岩、白云质灰岩及纹理泥晶灰岩，组成罗段组。含少量腕足类、双壳类。北部萍乡—高安受海湾控制，西部与湘中浅海陆架相连，以生物碎屑灰岩为主，富含腕足类、珊瑚，东部高安一带为局限台地相或泻湖相，以白云质灰岩夹白云岩，产腕足类，共同组成棋梓桥组。此时的赣南信丰西牛、于都峡山等地，处于海岸边缘，因云山组穿时，为海滩相石英砾岩、含砾石英砂岩、砂岩夹页岩，含植物、鱼，而超覆于前泥盆系之上。

至晚泥盆世 Frasnian 期或佘田桥期，因差异升降，处于扬子陆块斜坡地带上高-高安地层小区，早期发生了阵发性浊积相沉积，由钙质细砂岩—粉砂岩—粉砂质泥灰岩等组成鲍马序列的龙口冲组，富含竹节石化石。晚期随水体变浅，形成了以泥灰岩、灰岩为主的佘田桥组，内含珊瑚、腕足类化石，表明为浅水陆架相。而赣南地区水体相对为浅，几乎全为碎屑岩，但因指状海湾的控制，遂川-东乡大断裂之北，常含腕足类，并见鲕状赤铁矿，以南多以植物、胴甲类鱼化石为主，前者可能以浅水陆架相为主，后者主要为滨岸相的产物。至本期末，海平面上升，沉积体的上部于湘赣边境多见腕足类，而向东至于都峡山、信丰西牛及兴国一带仍以产植物、鱼类化石为主。此期的海岸线大致在信丰—于都—兴国—峡江—高安一线。与其相当的地层，为扬子区五通群西湖组或观山组，主要是以砂砾岩、砂岩等组成的河流相沉积。

Famennian 期或锡矿山期早时，是晚泥盆世海侵的高潮。赣西边境的麻山组是本期的代表。其在遂川-宜黄大断裂之北的萍乡、莲花、永新等地，为含碳页岩夹泥质灰岩。南部全南等地，为黄色钙质泥岩、粉砂岩夹泥质灰岩，崇义、大余以生物碎屑灰岩为主，夹泥质、白云质灰岩及钙质砂岩。南、北均富含腕足类化石，属海湾—泻湖相。东至信丰、于都峡山、兴国狮子潭等地，多变为黄绿色钙质砂、泥岩，组成三门滩组。含腕足类、双壳类等海相化石。岩层中见凸镜状、脉状、鱼骨状等潮汐层理，应为潮下环境。

麻山组、三门滩组沉积之后，水体相对变浅。因差异升降，萍乡、永新仍保持海湾环境，洋湖组下部为夹含“宁乡式”铁矿砂、泥岩组合，产腕足类、珊瑚和植物、鱼。其他地区，如崇义洋湖组及赣南嶂岽组、赣中丰城、吉水、峡江一带的云山组，以及赣北擂鼓台组等各组的下部，均为滨岸相碎屑岩，含植物、鱼化石。其时代为 Famennian 期晚时。

（二）*石炭纪*

泥盆纪末期，地壳一度上升，早石炭世岩关期初时，于湘赣边境沉积了洋湖组上部陆源碎屑岩，含腕足类、植物，属滨岸相。丰城—吉水—兴国—于都一带，处于滨岸平原环境，因地层穿时，赣中沉积了中棚组（图 4－4）；赣南相当于嶂岽组上部，皆以紫红色为主的陆源碎屑岩，含植物等。

岩关期中、晚时，海面复又上升，湘中处于浅海陆架环境，而其东湘赣边境为潮下低能地带，沉积了杨家源组中、下部灰黑色泥灰岩、页岩夹灰岩，富含腕足类及少量珊瑚、三叶虫。此时于都以东为海滩相碎屑岩夹钙质砂岩。

岩关期末时，柳江运动发生海平面下降，至大塘期初时，湘赣边境沦为泻湖环境，沉积了杨家源组上部白云岩、白云质灰岩夹泥岩，含石膏层。此时，全省其他地区处于停积时期。

大塘期中时，海平面持续下降。此时气候温暖，植物茂盛，沉积了滨海沼泽相之梓山组含煤建造。但由于赣西为继承式沉积，连续于杨家源组之上，东部为上叠式沉积，普遍平行不整合于下伏地层之上，由此地层时代由西而东穿时（图 4－5）。

大塘期晚时至德坞期，海平面复又上升，除赣北修水—德安—彭泽一带，此时缺乏沉积外，赣中、南广大地区，几乎全被海水淹没。但因地壳差异升降，萍乡一带沉积了台盆相的硅质岩夹硅质页岩，称上西坑组。莲花杨家源为泻湖相或局限台地相，以白云岩为主，组成大埔组下部层序。赣中、南其他地区为潮坪或潮下低能环境，沉积了砂、泥岩，含腕足类、苔藓虫等，组成梓山组上部层序。

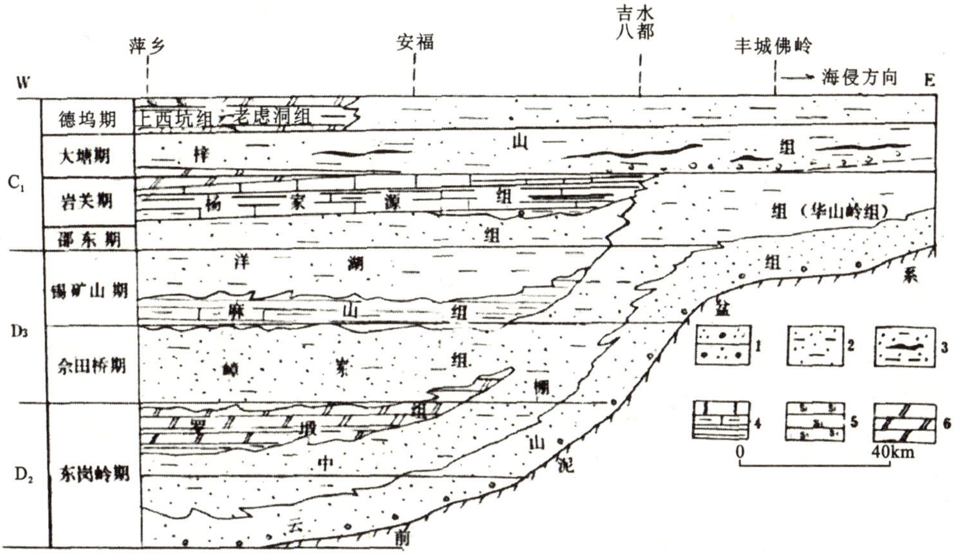

图 4－4　赣中泥盆纪—早石炭世地层格架图

1. 石英砾岩；2. 砂泥岩建造；3. 砂泥质含煤建造；4. 灰岩、泥灰岩、页岩；5. 硅质岩；6. 白云岩

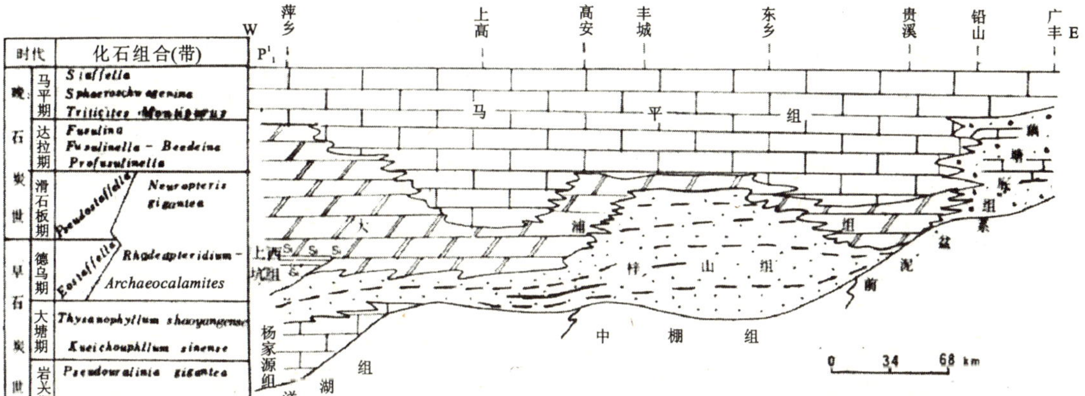

图 4－5　江西省萍乡—广丰石炭纪岩石地层单位穿时横剖面图

1. 含煤碎屑岩；2. 碎屑岩夹灰岩；3. 白云岩；4. 灰岩；5. 硅质岩夹页岩

晚石炭世开始，海水从西南泛及全省。初时，处于局限台地环境，接受了白云岩沉积，组成老虎洞组或大埔组。因海水咸化，生物化石稀少。

中、晚期（达拉期至马平期），海平面迅速上升。除铅山—广丰一带处于古陆的边缘地带，沉积了潮坪或海滩相陆源碎屑岩夹灰岩凸镜体，组成藕塘底组。其他广大地区皆从局限台地相转变为开阔台地相，沉积了浅灰、灰白色生物碎屑灰岩、灰岩，富含䗴、珊瑚等，组成赣南的马平组及赣北的黄龙组、船山组。

（三）二叠纪

石炭纪末，海水一度退缩，栖霞期初时，赣北修水—瑞昌—彭泽，以及乐平等地，成为滨海沼泽环境，形成了梁山组含煤建造。岩性为石英细砂岩、含碳粉砂岩、碳质页岩，夹灰岩凸镜体及煤层，产腕足类、珊瑚及植物。此时以南广大地区，为内陆海潮下低能环境，以灰黑色薄层含碳泥灰岩为主，夹碳质页岩。

栖霞期中时，海侵扩大，海水几乎泛及全省。但因沉积底面凹凸不平，水流不畅，广泛出现台地—海湾环境。栖霞组普遍为深灰色、灰黑色中、薄层状含燧石结核灰岩、沥青质灰岩夹硅、碳质页岩，含珊瑚、䗴及腕足类化石。晚时或至茅口期初时，海平面下降，以斜坡—海湾环境为主，沉积了含碳泥、页岩夹瘤状、凸镜状泥灰岩，富含腕足类，以及少量的珊瑚、䗴、苔藓虫等，组成小江边组。

茅口期是早二叠世最大的海侵期，同时构造环境发生差异性变化。赣北修水—彭泽，南至萍乡—高安一带，以碳酸盐岩开阔台地相，沉积了灰、浅灰色生物碎屑灰岩、厚层灰岩的茅口组，含䗴、珊瑚等化石。以南广大地区早时沦为盆地相，皆以硅质岩为主，形成鸣山硅质岩，晚时因受遂川-东乡大断裂的控制，断块抬升，水体变浅，逐渐由硅质岩相向碎屑岩相过渡，由细砂岩、粉砂岩、粉砂质页岩组成韵律互层的车头组，其中普遍夹含磷、锰、菱铁矿结核，水平、小型交错层理发育，内含腕足类、双壳类、菊石等化石，应为盆地斜坡相至浅水陆架相。

茅口期末时，海水退缩，上高一带变成海湾，沉积物为深灰色含钙质泥页岩夹硅质页岩、灰岩凸镜体，内含腕足类等，组成南港组。以南广大地区为潮下低能环境，深灰色泥、页岩夹薄层细粒砂岩组成乐平组下部层序，产菊石、腕足类、偶在灰岩凸镜体夹层中含䗴。

晚二叠世早期——吴家坪期，构造环境又发生新的变化。赣北龙潭组平行不整合于茅口组之上，经短暂的滨海沼泽阶段，形成含煤建造之后，随之海平面上升，形成了生物碎屑灰岩、燧石灰岩的吴家坪组。其南上高—高安形成碳酸盐岩台地斜坡相的七宝山组。赣中南广大地区几乎全部沦为滨海沼泽环境，但因地壳振荡不定，水体时深时浅，并相继沉积了官山段、老山段、狮子山段及王潘里段，组成乐平组含煤建造（图 4－6）。

晚二叠世长兴期，因受断块差异升降的控制，出现两类沉积环境：一类是碳酸盐岩台地相，分布于修水—武宁、上高—乐平、莲花、信丰铁石口等地，沉积了生物碎屑灰岩、灰岩、含䗴、珊瑚及牙形刺等，组成长兴组；另一类是台盆相，分布于赣北瑞昌、德安、莲花马邦山，饶南铅山，赣南龙南、崇义等地，沉积了一套以硅质岩、硅质页岩为主的地层，产菊石、腕足类及双壳类，组成大隆组。与长兴组为同期异相。

（四）早、中三叠世

早、中三叠世承袭了二叠纪的古地理轮廓，自北向南由台地向盆地过渡。因此，北为碳酸盐岩，南为细碎屑岩。由赣北至赣南为碳酸盐岩台地相—台地前缘斜坡相—深水陆架相（图 4－7）。

台地相，是二叠纪末期地壳上升，大规模海水退缩之后形成的。主要分布于扬子地层区及东南地层区北部萍乡—高安坳陷带。这一地区早三叠世 Griesbachian 期处于潮下低能环境，沉积了黄色、黄绿泥、页岩、粉砂岩，内含双壳类及菊石化石，组成青龙组殷坑段。至 Dienerian 期和 Smithian 期，海平面迅速上升，先期以浅水陆架相为主，后期发展为陆架斜坡相，其岩性组合下部为灰、深灰色薄层状泥灰岩夹中层状泥质灰岩；上部泥灰岩普遍出现强烈地滑塌褶曲构造。共同组成青龙组高安灰岩段。

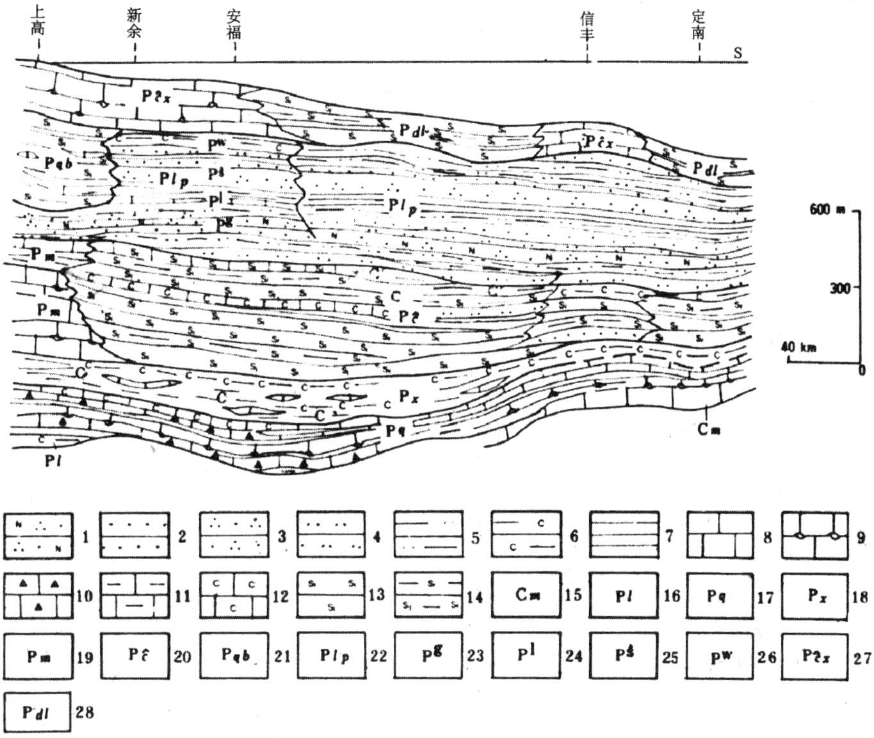

图 4-6　江西省上高—定南二叠纪岩石地层横剖面图

1. 长石石英砂岩；2. 砂岩；3. 石英砂岩；4. 粉砂岩；5. 粉砂质页岩；6. 碳质页岩；7. 页岩；8. 灰岩；9. 含燧石结核灰岩；10. 沥青质灰岩；11. 泥质灰岩；12. 碳质灰岩；13. 硅质岩；14. 硅质页岩；15. 马平组；16. 梁山组；17. 栖霞组；18. 小江边组；19. 茅口组；20. 车头组；21. 七宝山组；22. 乐平组；23. 官山段；24. 老山段；25. 狮子山段；26. 王潘里段；27. 长兴组；28. 大隆组

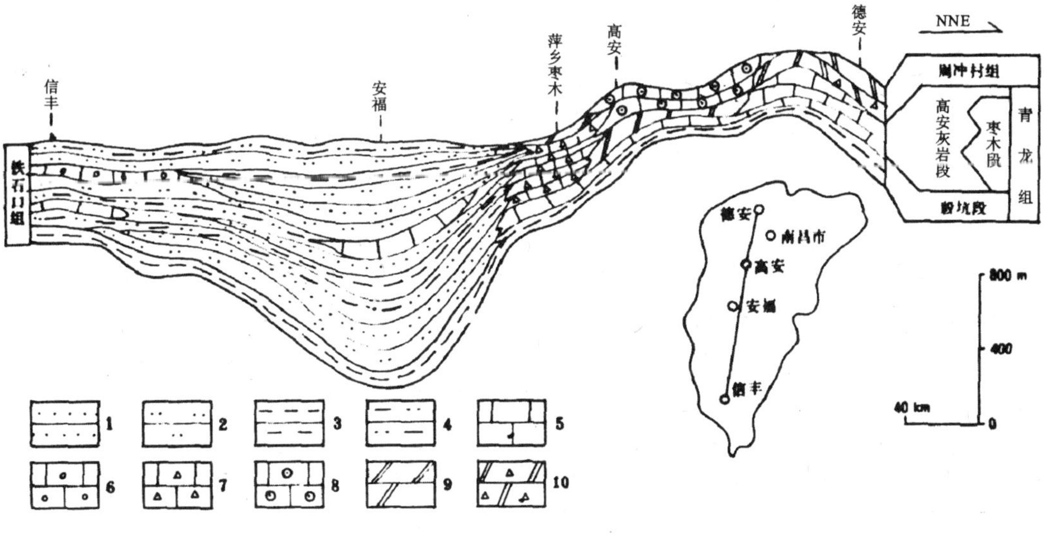

图 4-7　江西省早三叠世岩石地层横剖面图

1. 砂岩；2. 粉砂岩；3. 泥岩；4. 粉砂质泥岩；5. 灰岩；6. 砾状灰岩；7. 角砾状灰岩；8. 鲕状灰岩；9. 白云岩；10. 角砾状白云岩

时至早三叠世晚期，即 Spathian 期，斜坡坡度增大，周冲村组下部，出现大量的滑塌角砾岩或砾屑灰岩，角砾成分复杂，砾径大小悬殊，分选性极差，为典型的斜坡重力流沉积。

滑塌角砾岩沉积之后，其上多处出现鲕粒灰岩，说明地壳动荡，水体相对变浅，水体能量增强，形成台地边缘浅滩。

此时，赣南广大地区，以深水陆架相为主，发育以灰色、灰黄色泥岩、粉砂质泥岩、粉砂岩组成的铁石口组。岩层普遍发育水平层理，富含双壳类、菊石化石。

Spathian 期末时，地壳抬升，大规模海水退却，水域缩小，仅在赣中低凹地带，如万载、高安至铅山一带，沉积了杨家组紫红色砂泥岩互层，含咸水、半咸水双壳类。岩性层序由下而上粒度变粗，应属滨海三角洲相。该组沉积之后，印支运动发生，从而结束此一断代的历史。

第五章
晚三叠世—第三纪

印支运动的发生，结束了我省大范围的海侵，亦改变了运动之前的构造格局。隆起扩展、坳陷缩小，断裂活动加剧，岩浆活动增强，成为此一时期的突出特点。

由于此期初始阶段处于构造发展的转化时期，即印支运动结束和燕山运动发生的过渡时期，限于构造基础以及深源地热效应强弱不同，出现了继承和新生两种构造作用，在南北形成不同的构造景观。

横贯赣中的萍乐坳陷带和吉饶坳陷带是古生代以来东西向、北东向构造发育的地带。晚三叠世至第三纪沉积继承先期构造，覆盖于华力西—印支期沉积之上。而吉饶坳陷以南的广大地区，则是另一种构造景观，印支运动所形成的北东至北北东向的断裂，成为内陆盆地发生、发展的基础。反映了以新生作用为主。

构造的形成和发展与地壳运动密切相关。地壳运动在发生、发展的过程中，虽然在时、空两方面往往不平衡，但却显示一定的周期性。这种周期性表现在这一地质时期发展过程中，出现若干个构造幕：第一幕发生在晚三叠世与早侏罗世之间；第二幕发生在早侏罗世（或至中侏罗世初期）与中侏罗世（中、晚期）之间；第三幕发生在中、晚侏罗世之间；第四幕发生在侏罗纪与白垩纪之间。

但是，须强调说明的，由于地壳强度不仅在较大区域间有差异，而在较小范围亦有不同，因而赖以存在的构造空间不同，同一构造幕，往往显示出两种接触关系，一种发生在坳陷或断陷内，呈继承关系，如三叠系、侏罗系在萍乐坳陷带之锦江流域多与安源群或多江组为连续过渡；下、中侏罗统在萍乐、吉饶坳陷带之东段也多呈整合接触，而在其他地区常超覆不整合于不同时代地层之上，出现所谓上叠形式。而在不同构造幕中，岩性岩相不同，晚三叠世时系以陆相为主的海陆交替相含煤建造；早侏罗世以冲积相为主的河、湖相建造；中侏罗世时系以湖泊相为主的河、湖沉积；晚侏罗世至早白垩世早期火山活动强烈，形成一套中酸性火山岩系，晚期以湖泊相为主，形成一套杂色碎屑岩；晚白垩世，气候干旱，红色碎屑岩所组成的盆地，散布于全省各地；第三系继承白垩纪的沉积，多以湖泊相为主，晚期一些地方由湖泊演化成沼泽，形成泥炭矿。本断代地层分布、分区及不同分区的地层划分见图5-1、表5-1。

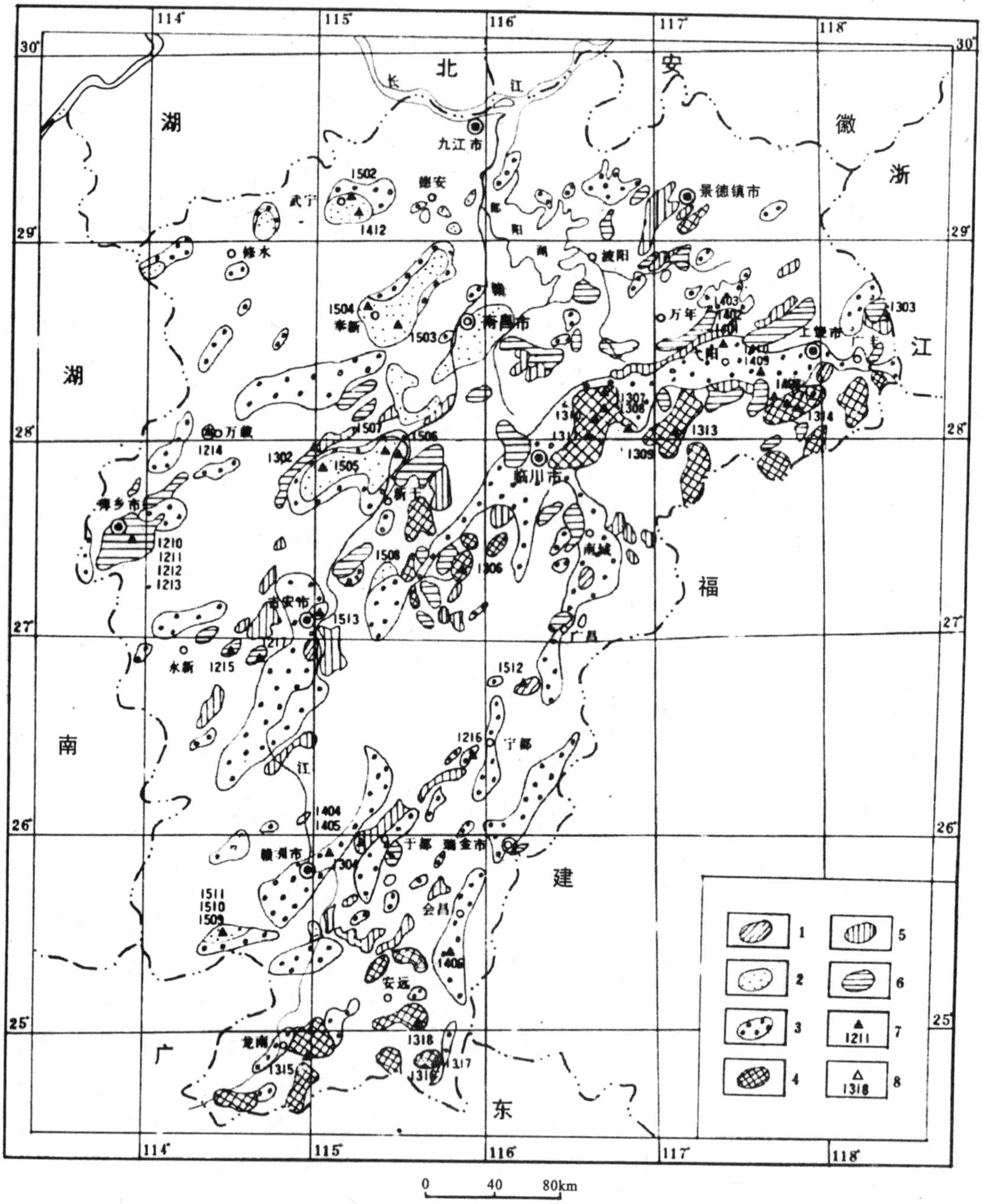

图 5-1　江西省晚三叠世至新第三纪地层分布及剖面位置略图

1. 上第三系露头区；2. 下第三系露头区；3. 白垩系露头区；4. 上侏罗统火山岩系露头区；
5. 下、中侏罗统露头区；6. 上三叠统露头区；7. 正层型剖面位置及编号；8. 次层型剖面位置及编号

表 5-1 江西省晚三叠世—第三纪岩石地层单位序列对比表

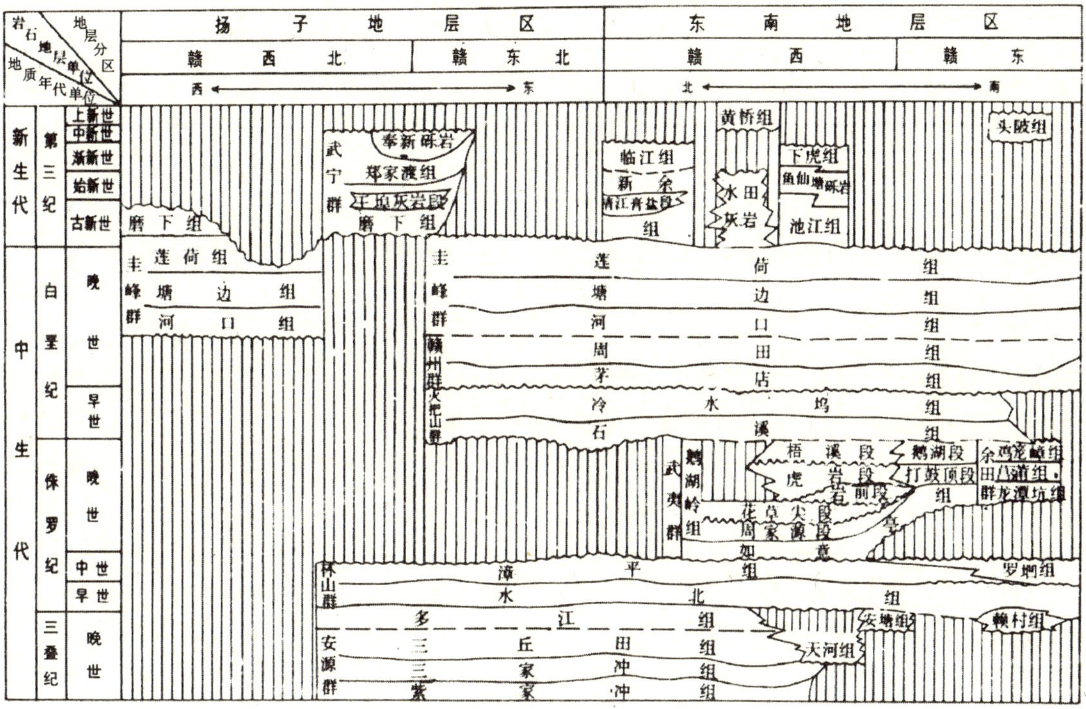

第一节 岩石地层单位

安源群 TA (06-36-1210)

【创名及原始定义】 最早调查萍乡安源地区煤系者为黄汲清、徐克勤（1936），当时称“安源地区侏罗系煤系”，所指系萍乡市安源镇一带的含煤地层。原始定义：萍乡地区的侏罗纪地层，含四个分层，自下而上划分为：(1) 紫家冲主要含煤组；(2) 天子山砂岩；(3) 三家冲页岩；(4) 三丘田统上煤组。产植物化石，总厚度约 660 m。其中三丘田统与三家冲页岩之间视为不整合接触，谓之“三湾运动”。

【沿革】 陈国达、夏湘蓉（1938）和高平、徐克勤（1940）在赣西进行地质调查时，将侏罗纪煤系地层，称安源煤系，沿用黄氏等（1936）所建的四个岩性分层。江西区测队（1964）通过对宜春地区的地质调查，以所获双壳类和植物化石资料，将安源煤系时代归属晚三叠世—早侏罗世，称安源群。

安源群不仅是我国南方重要含煤地层之一，而且产有丰富的多门类古生物化石，故对其研究者颇多。郭伯康、张友明（1959）将三湾运动界面以下诸层统称安源统，并在“紫家冲煤组”中分出“底部砾岩”。界面以上称水北统，并划分为“爱波里煤组”、“三丘田煤组”和“水北砂岩”。同年，李英鉴、吴荣楠在“三家冲页岩”与“天子山砂岩”之间又划分出“老虎冲砂页岩”。湖南区测队（1965）在《1∶20万株洲幅区域地质测量报告》中，将“三湾运动”界面以上称三丘田组，划分上、下段。煤炭部西安煤田地质勘探研究所（1976）将上段改称造上组，下段为三丘田组，本书复用后一名称。江西区调队[①]（1980）在《江西省三叠系》断代总结中，将我省中生代煤系统称“安源组”，并将其自下而上分为“紫家冲段”、“三家冲段”、“三丘田段”、“安塘段”和“多江段”，后两者为同期异相。本次对比研究，将紫家冲段和三家冲段，改升为组。前者包括前人所称的“底部砾岩”和“紫家冲段”两个岩性段，而“天子山砂岩”、“老虎冲砂页岩”和“三家冲页岩”合称三家冲组。

【现在定义】 指不整合覆于前晚三叠世地层之上、平行不整合于多江组之下的一套海陆交互相含煤碎屑岩建造，上、下部夹煤层，中间为海相层。其地层三分，自下而上是：紫家冲组、三家冲组和三丘田组，产丰富的植物和双壳类化石。各组间均为整合接触。

紫家冲组　Tz*j*　**(06－36－1211)**

【创名及原始定义】 该组系黄汲清、徐克勤（1936）所创的“紫家冲统”演绎而来，命名地萍乡市安源。原指萍乡地区的侏罗系下部的主要含煤组。其主要岩性，下部由砾岩及砂岩组成，上部是页岩与砂岩，含煤不少于13层，其中大部可采。平均厚度160 m。产丰富的植物化石。下与三叠系呈不整合接触。

【沿革】 见安源群沿革。

【现在定义】 系指不整合于前晚三叠世地层之上、整合覆于三家冲组之下的一套含煤碎屑岩系。底部为砾岩，向上是砂岩、粉砂岩和页岩，间夹煤层或煤线，构成多韵律地层。产丰富的植物化石及双壳类化石。该组隶属于安源群的下部，故其底界以区域上不整合为界，上以三家冲组底部厚层砂岩出现为界。

【层型】 选层型为萍乡市安源镇紫家冲剖面（113°55′，27°36′），由湖南区测队1955年测制。

上覆地层：**三家冲组**　灰白色石英砂岩

——————— 整　合 ———————

紫家冲组	总厚度 139.2 m
7. 黑色砂质页岩夹碳质页岩、石英砂岩及煤五层。富含植物化石：*Anthrophyopsis crassinervis*，*Pterophyllum ptilum*，*Taeniopteris* sp.，*Baiera* cf. *minuta*，*Cladophlebis* sp.	45.1 m
6. 灰白色厚层状燧石砾岩	8.0 m
5. 灰黑色薄层状细至中粒石英砂岩，中夹砂质页岩、碳质页岩和煤两层。富含植物化石：*Anthrophyopsis crassinervis*，*Pterophyllum ptilum*，*Otozamites* sp.，*Carpolithus* sp.，cf. *Stachyotaxus elegans*	27.9 m
4. 灰黑色粉砂岩、砂质页岩夹碳质页岩和煤四层，上部为钙质页岩。含植物化石：*Ctenopteris* sp.，*Anthrophyopsis crassinervis*	23.6 m
3. 灰黑色细粒石英砂岩，下部为灰白色厚层状燧石砾岩	7.4 m
2. 灰黑色中、厚层状细砂岩，上部为砂质页岩夹煤一层。含植物化石：*Anthrophyopsis crassinervis*，*Ptilozamites chinensis*，*Pterophyllum* sp.，*Carpolithus* sp.	6.4 m
1. 灰白色厚层状石英燧石砾岩，底部有厚1.3 m杂色砾岩，砾石成分以板岩为主，石英次之	20.8 m

---

① 江西区调队，1980，江西省三叠系（内部印刷）。

～～～～～～～～～～ 不 整 合 ～～～～～～～～～～

下伏地层：**铁石口组**　青灰色薄层状灰岩

【地质特征及区域变化】　本组在安源剖面上，以碎屑岩系含可采煤层为特征。底部为厚层复成分砾岩，其上是由燧石砾岩、砂岩、粉砂岩、页岩和煤层（线）等组成规模不等的正韵律层。产有植物、双壳类及介形虫化石。砂岩和泥岩中具水平及缓波状层理，反映湖泊沼泽环境的沉积特点。厚度 139.2 m。

本组以富产植物化石为特色，主要为：*Anthrophyopsis crassinervis*，*Ptilozamites chinensis*，*Pterophyllum ptilum* 等，故该组时代归于 Carnian 期。

本组广布于赣中萍乡—乐平一带，由各种粒级的碎屑岩组成数量、规模不等的韵律层。一般每个韵律的中部含煤，是安源群的主要含煤岩段。由于各地沉积的起始时间不一，因此，其岩性、厚度和含煤性都不尽一致。从安源向东至宜春吞塘，其下部不仅含煤且夹有油页岩，厚度大于 118 m。新余花鼓山，本组上部的泥、页岩中含菱铁矿结核。产双壳类化石：*Bakevellia* sp.，*Volsella* sp.。厚 96.1 m。高安县灰埠，本组底部出现多层紫红、灰白色豆状铝土矿及粘土矿层，代表风化壳的沉积。乐平涌山，本组夹有多层中、厚层状变余中、细粒凝灰质石英砂岩，产丰富的植物化石，厚约 300 m。底部与乐平组或青龙组呈不整合接触。波阳县洪门口，底部夹铝土质页岩，产 *Ptilozamites chinensis* 及 *Myophoriopsis* sp.。厚度 85 m。在赣东，崇仁礼陂，本组颇为发育，厚度 659 m，所赋存的煤层质量较好。

三家冲组　*Ts*　（06－36－1212）

【创名及原始定义】　原名三家冲页岩，系黄汲清、徐克勤（1936）创立，创名地萍乡市安源。其含义是指侏罗纪煤系地层中一个分层，介于三丘田统和天子山砂岩之间，岩性为灰黑色页岩，层理不明显，但显示出很好叶理（叶状剥离）特征，产淡水瓣鳃 *Unio* 与 *Cyrena*，靠近顶部为黑色页岩与砂岩互层，并有薄煤一层，最大厚度 200 m。其下与天子山砂岩为整合接触，上与三丘田统为不整合接触，谓之“三湾运动”。

【沿革】　李金华、蓝善先、孙存礼（1964）在安源大田“三家冲页岩”中，首次发现大量海相双壳类化石，如 *Bakevellia* sp. 及 *Bakevelloides*，佐证其时代为晚三叠世。湖南区测队（1965）在《1：20 万株洲幅区域地质测量报告》中，将黄氏等（1936）的“天子山砂岩”和“三家冲页岩”合并，称“三家冲段”，时代为 Carnian 期。此划分方案，完全符合岩石地层单位划分的原则，故本书采用此名，但将段升为组。

【现在定义】　指整合覆于紫家冲组之上、整合伏于三丘田组之下的一套灰黑色泥岩和页岩为主，间夹少量粉砂岩和细砂岩，底部为厚层砂岩。以盛产海相双壳类化石和不含煤为特征。在上部页岩、泥岩中，含大量菱（黄）铁矿结核及条带。底以厚层砂岩与紫家冲组分界，上以三丘田组底部砾岩或含砾砂岩出现为界。

【层型】　选层型为萍乡市安源镇三家冲剖面（113°55′，27°36′），由湖南区测队 1955 年测制。

上覆地层：**三丘田组**　灰白色细粒石英砂岩

———————— 整　合 ————————

三家冲组　　　　总厚度 285.0 m

10. 黑色泥板岩，具球状风化特征，夹少量砾岩、白云岩凸镜体或结核。富含海相双壳类化石：*Bakevelloides* cf. *hekiensis*，*Cardinia misawensis*，*Cuspidaria*? sp.，*Cardinioides* cf. *splendidlls*，*Codostylina* sp. 86.0 m

9. 灰黑色砂质页岩、浅变质粉砂岩夹砂岩，含少量黄铁矿和白云岩结核。富含海相双壳类化石：*Bakevellia* cf. *monobensis*，*B.* cf. *araiensis*，*Anodontophora*? sp.，*Nuculana*? sp. 121.4 m

8. 灰白色中至厚层状细、中粒石英砂岩，夹少量砂质页岩。含植物化石：*Dictyophyllum* cf. *nathorsti*，*Equisetites* sp. 77.6 m

—————— 整　合 ——————

下伏地层：**紫家冲组**　黑色砂质页岩夹碳质页岩

【地质特征及区域变化】　从选层型剖面可知，本组三分明显，下部为黄白色砂岩，致密坚硬，常形成山脊可作为填图标志。中部砂、页岩呈互层出现，韵律清楚。上部以泥（页）岩为主，夹少量白云岩。泥岩具特殊的球形风化。中、上部产大量海相双壳类化石及少量植物化石。厚度 285 m。与上覆的三丘田组整合接触。据其岩性以泥质、粉砂质碎屑岩为主，夹有少量白云岩及菱铁矿结核，双壳类多属广盐型，故本组应属滞流海湾—淡化泻湖之沉积。

三家冲组海相双壳类较为丰富，观其组合面貌，以 *Bakevelloides* cf. *hekiensis*，*Bakevellia* cf. *monobensis*，*Bakevelloides* 等分子的大量出现为特征，故本组时代定为 Carnian 期—Norian 期。

本组以萍乡一带最为发育，向东至新余花鼓山，其上部以砂质页岩为主，下部为长石石英砂岩，厚度为 82.9m。再向东至崇仁礼陂，岩性为页岩夹砂岩，产双壳类 *Jiangxiella* sp. 及 *Bakevelloides*? sp.。厚度 94.6 m。乐安仲溪，主要岩性为粉砂质页岩、粉砂岩，间夹细砂岩及煤线。产丰富的双壳类：*Bakevelloides* cf. *hekiensis*，*B. subquadratus*，昆虫：*Lufengnecta* sp.，*Ademosynoides* sp. 等。厚度 86.5 m。

三丘田组　Tsq　(06－36－1213)

【创名及原始定义】　本组系黄汲清、徐克勤（1936）所创的“三丘田统”演变而来。创名地萍乡市安源。原含义系指萍乡地区侏罗系的上部，即上煤组。岩性为砾岩、砂岩与页岩，夹不规则的可采煤层，厚度不小于 300 m。产植物化石。与下伏三家冲页岩为角度不整合接触。

【沿革】　见安源群沿革。

【现在定义】　指三家冲组和多江组之间的一套碎屑岩含煤岩系。由砾岩、砂砾岩、石英砂岩、粉砂岩和泥岩等构成规模不等的韵律层，间夹煤多层。产双壳类和植物化石。底部以砾岩、砂砾岩整合于三家冲组之上，其上与多江组石英、硅质砾岩呈平行不整合接触。

【层型】　创名人未指定层型，本书指定选层型为萍乡市安源三丘田剖面（113°55′00″，27°36′00″），由湖南区测队 1965 年测制。

紫家冲组　砂质页岩和煤层

════════ 断　层 ════════

安源群　　　　总厚度>821.3 m

三丘田组　　总厚度＞397.1 m

18. 灰白色浅变质粉砂岩、砂质页岩。产海相双壳类化石：*Bakevellia* cf. *araiensis*, *B.* cf. *oyogiensis*, *Bakevelloides* cf. *hekiensis*, *Cardinia*? sp., *Cardinioides*? sp., cf. *C. subtrigonalis*, *Neoschizodus* cf. *okunominetaiensis*, cf. *N. umenokiensis*, cf. *N. dienerilonga*, cf. *N. tokyoensis*, *Trigonucula*? sp., *Schafhaeutlia*? sp.　　44.3m

17. 灰白色浅变质粉砂岩，下部夹石英燧石砾岩。含植物化石 *Equisetites* sp., *Pterophyllum* sp., *Sagenopteris* sp., *Taeniopteris* sp.　　79.2 m

16. 灰白色浅变质粉砂岩、砂质页岩，下部夹燧石砾石。富含植物化石：*Ptilozamites chinensis*, *Pterophyllum ptillum*, *Cladophlebis* cf. *denticulata*, *Podozamites lanceolatus*, *Taeniopteris* sp., *Carpolithus* sp., *Equisetites* sp.　　99.3 m

15. 黑色砂质页岩夹碳质页岩和煤一层，含植物化石：*Neocalamites carreri*, *Cladophlebis* sp.　　29.0 m

14. 灰白色燧石砾岩夹粉砂岩、页岩、碳质页岩和煤一层。含植物化石：*Pterophyllum nathorsti*, *P. aequale*,　　15.0 m

13. 灰黑色砂质页岩夹细砂岩、碳质页岩和煤一层。富含植物化石：*Anthrophyopsis crassinervis*, *A. leeiana*, *Dictyophyllum nathorsti*, *Ptilozamites chinensis*, *Clathropteris meniscoides*, *Podozamites lanceolatus*, *Cladophlebis* cf. *denticulata*, *Anomozamites minor*, *Thaumatopteris* sp.　　32.6 m

12. 灰白色厚层状燧石石英砂岩夹长石石英砂岩　　32.6 m

11. 灰白色薄至中层状细粒石英砂岩，上部为黑色砂质页岩、碳质页岩夹煤一层。含植物化石：*Anthrophyopisis crassinervis*, *Ctenis* sp., *Pterophyllum* sp., *Cladophlebis* sp.　　37.8 m

———— 整　合 ————

下伏地层：**三家冲组**　黑色泥板岩

【地质特征及区域变化】　上列选层型剖面上部未出露齐全，而在层型北部万载多江上与多江组为平行不整合关系。本组岩性由燧石石英砾岩、石英砂岩、粉砂岩、页岩及煤层等组成正韵律层，多次出现。煤层一般赋存于韵律的中、上部。产植物及双壳类化石。厚度大于 397 m。底部与三家冲组整合接触。

本组主要分布于赣中萍乡—乐平一带，其主体岩性为碎屑岩且含煤，产植物及双壳类化石，仍以海陆交互相沉积为特点。在区域上厚度变化较大，选层型剖面的东北方向万载四里亭厚度为 179.2 m，向北至宜丰棠浦 775 m。而新余花鼓山为 184.8 m，乐平涌山大于 520 m，崇仁礼陂 576 m。

本组植物化石属 *Ptilozamites* - *Anthrophyopsis* - *Lepidopteris* 组合，时代属 Norian 期。双壳类 *Bakevelloides* cf. *hekiensis*, *Bakevellia* cf. *araiensis*，常见于我国南方诸省 Carnian 期—Norian 期地层中，尤以后者为盛。因此，本组时代主要属 Norian 期。

应说明的是本组与下伏三家冲组之接触关系，长期以来认识不一。黄汲清等（1936）在“江西萍乡煤田之中生代造山运动”一文中，据两者之间不整合，创建“三湾运动”一名。后人则众说纷纭，有人认为是轻微褶皱运动，有人认为是平行不整合。本次对比研究，根据区域地层构造、岩层产状及古生物群的分析，本书认为是整合接触，所谓“三湾运动”可能是幅度不大的升降运动，而非造山运动。

天河组　Tth　(06－36－1215)

【创名及原始定义】　原称天河系，为王竹泉（1920）所创，创名地吉安县天河。指不整合覆于前侏罗纪地层之上的煤系地层。原始定义：中间为页岩，含有煤层，上、下皆为硅质砂岩所组成，厚度变化甚大。页岩中往往含有植物化石，已得两种，故知此系属侏罗纪。

【沿革】　江西煤炭管理局195队（1967）将其称安源煤系。江西区测队（1966）在《1：20万永新幅区域地质测量报告》中改称安源组，时代为晚三叠世。《江西省区域地质志》（1984）将其划分为安源组三丘田段。《江西岩石地层统编》（1991）改称天河组，时代属晚三叠世—早侏罗世。本书从之。

【现在定义】　指不整合于洋湖组之上、水北组之下的陆相碎屑岩含煤岩系。岩性为灰、灰黑色及紫红色砾岩、砂岩、泥岩及碳质泥岩夹煤层，上部灰钙质砂岩。产植物化石。上、下均以不整合面分界。

【层型】　创名人未指定层型，本书指定选层型为吉安县天河煤矿封山恒剖面(114°30′00″,27°03′00″)，由江西煤管局195队1963年测制。

上覆地层：**水北组**　灰色砾岩

～～～～～～ 不 整 合 ～～～～～～

天河组	总厚度 215.2 m
14. 浅紫、灰绿色细砂岩、页岩，夹一层劣质煤	7.0 m
13. 紫红色钙质砂岩，夹大量砂质页岩	12.5 m
12. 浅紫红色页岩、砂质页岩	48.0 m
11. 浅灰绿色石英砂岩	27.0 m
10. 灰黑色砂质页岩与页岩互层，间夹薄层细砂岩	16.0 m
9. 煤层及夹矸	2.4 m
8. 灰色砾岩	5.0 m
7. 深灰色砂质页岩与页岩互层，夹细砂岩。产植物化石：*Anthrophyopsis leeiana*，*Dictyophyllum nathorsti*，*Podozamites distans*，*Phoenicopsis* sp.，*Cladophlebis* sp.	52.2 m
6. 煤层夹黑色页岩及夹矸数层	9.1 m
5. 灰色角砾岩，粗砂岩	10.0 m
4. 灰黑色页岩及砂质页岩，上夹薄煤两层，下夹细砂岩。产植物化石：*Podozamites distans*，*Clathropteris meniscoides*	15.0 m
3. 煤层及夹矸	1.0 m
2. 黑色页岩	2.0 m
1. 灰色砾岩	8.0 m

～～～～～～ 不 整 合 ～～～～～～

下伏地层：**洋湖组**　砂岩

【地质特征及区域变化】　本组分布不广，以吉安天河发育最全，为一套由冲积相至沼泽相的含煤沉积，由四个不完整的沉积旋回构成。主要岩性为砾岩、砂岩、砂质页岩、页岩及碳质页岩，夹煤层，均呈半韵律叠覆出现。产植物化石。厚度215.2 m。上部被水北组砂岩不整合覆盖。从选层型剖面向东至吉水螺田，岩性基本相似，由砾岩、砂岩、泥岩和煤层组成五个沉积旋回，下部四个韵律均夹煤层。底部砾岩，致密坚硬，厚度较大，常形成小山脊，可作填图标志层。不整合于前震旦纪变质岩系之上。厚度 185 m。再向东至南城里塔，厚度大于 401.5 m。赣南于都利村，本组底部不整合于马平组之上，顶部出露不全，厚度大于 201 m。

本组植物化石：*Anthrophyopsis leeiana*，*Dictyophyllum nathorsti*，*Clathropteris meniscoides*，可与安源植物群可以对比，其时代属 Carnian—Norian 期，主要是 Norian 期。

赖村组　TJ*l*　(06－36－1216)

【创名及原始定义】　原名“砂砾岩扇”，系赣州地质学校（1992）开展 1∶5 万青塘幅创立，创名地宁都县赖村。指位于水北组之下的一套含陆相淡水双壳类化石的杂色砾岩、砂砾岩，夹少量岩屑砂岩和泥质粉砂岩。底砾岩不整合于前晚三叠世地层之上，上以灰白色厚层状含砾石英砂岩的出现与水北组分界。当时是作为非正式岩石地层单位，归属早侏罗世林山组。

【沿革】　本次对比研究（1994）认为“砂砾岩扇”为非正式岩石地层单位，而该套地层岩性独特，具有一定延展性，特命名“赖村组”，作为正式岩石地层单位。

【现在定义】　同原始定义。

【层型】　正层型为宁都县赖村乡牵牛石剖面（115°48′，26°22′），由赣州地质学校 1992 年测制。

上覆地层：**水北组**　灰白色厚层状含砾石英砂岩

═══════ 断　层 ═══════

赖村组	总厚度＞409.6 m
27. 灰黄色厚层复成分砾岩，夹灰绿色厚层泥质粉砂岩	32.0 m
26. 紫红色厚层细粒岩屑杂砂岩，微细层理发育	40.7 m
25. 灰紫色中—厚层复成分砂砾岩	2.8 m
24. 紫红色厚层泥铁质粉砂岩，夹岩屑杂砂岩，偶见 2～3 mm 砾径的岩屑砾石	19.0 m
23. 灰黄色厚层复成分砾岩，夹灰紫色中、薄层岩屑杂砂岩	1.9 m
22. 浅灰绿色中—厚层细粒岩屑杂砂岩	16.6 m
21. 灰黄色厚层复成分砾岩，夹似层状或凸镜状细粒岩屑杂砂岩	6.5 m
20. 灰黄色厚层粉砂岩	14.5 m
19. 灰绿色厚层复成分砾岩，夹灰黄色凸镜状细粒岩屑杂砂岩	4.7 m
18. 灰绿色厚层含砾细粒岩屑杂砂岩，产双壳类 *Ferganoconcha* sp.；植物 *Nilssonia tenuicaulis*，*Anomozamites* cf. *minor*，*Podozamites lanceolatus*，? *Sphenobaiera* sp.	11.8 m
17—3. 灰黄、灰紫色厚层复成分砾岩、灰褐色细粒岩屑杂砂岩和灰绿色泥铁质粉砂岩等交互出现	152.4 m
2. 土黄色厚层—巨厚层复成分砾岩，间夹多层杂砂岩及粉砂岩，且漂砾、砾石平行层面排列	61.2 m
1. 灰黄色厚层复成分砾岩	45.5 m

～～～～～～ 不 整 合 ～～～～～～

下伏地层：**马平组**　灰岩或白云质灰岩

【地质特征及区域变化】　在赖村牵牛石剖面，本组未见顶，主体岩性是由杂色厚层砾岩、杂砂岩和粉砂岩等组成韵律层，反复出现。中、上部杂砂岩中产双壳类及植物化石。底与马平组呈不整合接触。以所含动、植物化石及区域内所在地层位置，推测其时代归于晚三叠世至早侏罗世。

本组主要见于宁都一带，另在吉水螺田、南城等地也见及。由于为扇体，各地变化较大。宁都赖村桃树排，本组发育较全，岩性主要是紫红色厚层状复成分砾岩，夹少量砂岩和粉砂岩，上部与水北组呈整合接触，厚度 561.6 m。在宁都磨岭下，下部被断层破坏，可见厚度387.9 m，岩性是以紫红色复成分砾岩为主，夹少量粉砂岩。

本组所产的双壳类 *Ferganoconcha* sp.，为非海相化石，分布时代为晚三叠世（?）—侏罗纪，跨时较长。而植物 *Anomozamites* cf. *minor*，*Podozamites lanceolatus*，*Nilssonia* sp. 等，均系晚三叠世至早侏罗世水北组常见分子。故本组确切时代难于肯定，暂将其归属晚三叠世至早侏罗世。

安塘组　TJ*a*　(06－36－1217)

【创名及原始定义】　该名系江西区测队（1966b）开展 1∶20 万永新幅区调时创立，创名地在吉安县登龙乡项家（安塘之东）。系指早侏罗世含有火山岩之陆相碎屑岩含煤地层。岩性为砾岩、砂岩、泥岩及碳质泥岩，间夹煤层。岩石中含多量凝灰物质，上部发育凝灰岩，并夹基性熔岩。产植物及硅化木化石。厚度 429 m。下与茅口阶等老地层，呈不整合接触；上与林山组多为假整合。

【沿革】　江西区调队（1983）在“江西省三叠系”断代总结中，将安塘组修订为段，归属安源组最上部一个层段，时代改为晚三叠世，与多江段为同期异相。《江西岩石地层统编》(1991）仍沿用安塘组一名，时代为晚三叠世至早侏罗世。本书从属这一意见。

【现在定义】　指不整合于石炭系或二叠系之上、整合或平行不整合于水北组之下的一套杂色陆相含煤地层。以发育火山岩、火山碎屑岩及含煤为特征。岩性为凝灰质砂砾岩、长石石英砂岩、凝灰质泥岩、沉凝灰岩，间夹煤层（线）。中、上部夹玄武岩。产植物及硅化木化石。底以不整合面为界，顶以水北组底部石英砂岩出现为界。

【层型】　正层型为吉安县登龙乡项家剖面（114°40′54″，27°01′00″），由江西区测队 1966 年测制。

上覆地层：**水北组**　巨厚层石英砂岩

——————　整　合　——————

安塘组　　总厚度 429.19 m

19—18. 灰色、灰黄色沉凝灰岩、铁质粉砂岩，间夹灰色页岩。产植物：? *Otozamites* sp.，*Sagenopteris* sp.　　30.90 m

17—16. 黄褐、灰绿色沉凝灰岩夹褐黄色蜂窝状铁质粉砂岩。产植物：*Cladophlebis* cf. *denticulata*，*C.* cf. *asiatica*，*Anomozamites* cf. *minor*，*Otozamites* cf. *neagalensis*，*Podozamites* sp.，*Neocalamites* sp.，*Phoenicopsis* sp.，cf. *Baiera* sp.，*Solenites* sp.，? *Raphaelia* sp.，*Czekanowskia* sp.，*Zamites* sp.，*Dictyophyllum* sp.，*Phlebopteris* sp.，*Desmiophyllum* sp.　　51.30 m

15. 暗绿色安山玄武质凝灰岩，底部为灰色细砂岩　　55.98 m

14. 浮土，其中见黑色橄榄玄武岩　　27.52 m

13. 灰黄色厚层长石石英砂岩，顶部夹灰紫色薄层粉砂质泥岩。产植物根部化石　　27.40 m

12—11. 黄褐色凝灰质砾岩、砂砾岩，夹灰白色长石石英砂岩 36.40 m

10—5. 灰白色巨厚层中、细粒长石石英砂岩、褐黄色石英细砂岩及灰紫色凝灰质泥岩交互出现。砂岩中具交错层理。产植物化石：*Neocalamites* cf. *carrerei*, *Cladophlebis* sp. 110.66 m

4. 褐黄色凝灰质砂砾岩，产硅化木 60.53 m

3. 暗灰色水云母凝灰质泥岩夹碳质页岩，产植物化石 *Cladophlebis* sp. 及根部化石 10.00 m

2. 浅灰黄色中、细粒石英砂岩夹长石石英细砂岩 7.70 m

1. 灰白色厚层—巨厚层含砾砂岩，局部变为石英粗砂岩 10.80 m

～～～～～～ 不 整 合 ～～～～～～

下伏地层：**小江边组** 页岩夹灰岩

【地质特征及区域变化】 正层型剖面所示，岩性三分明显。下部以厚层凝灰质砾岩、砂砾岩为主，夹少量粉砂岩、泥岩及不稳定的煤层，发育斜层理。产植物叶部及根部化石。属河床相和牛轭湖相沉积；中部主要是火山碎屑堆积相，岩性为凝灰质砂砾岩，产硅化木化石；上部是以灰、黄褐色细屑岩为主，夹不稳定的煤层，并含中、基性火山熔岩。产丰富的植物化石。系湖沼相和河漫滩相沉积。其下与小江边组为不整合接触。厚度 429.19 m。

本组仅见于吉安、永新一带，横向变化较大。安塘附近，其地层最为发育，煤层厚、煤质优。向西至敖城茶园及永新等地，出露厚度较小，仅数十米，未见上部之火山熔岩。在茶园夹数层油页岩。

本组所产的植物化石，既不含安源群十分繁盛的 *Lepidopteris ottonis*，*Ptilozamites chinensis*，也不产早侏罗世的 *Coniopteris* 化石，多为晚三叠世—早侏罗世的跨时植物，因此，安塘组的时代归属于晚三叠世至早侏罗世。

多江组 TJ*d* (06-36-1214)

【创名及原始定义】 系江西区调队（1977）在 1∶20 万铜鼓幅区调中所创，创名地在万载县多江。指介于早侏罗世门口山组与晚三叠世安源组之间一套砂、泥质碎屑岩夹碳质页岩及煤线，底部为数米厚的细砾岩。岩层韵律性明显，含丰富的植物和双壳类化石。厚度 641 m。与下伏安源组为假整合接触，或超覆于更老地层之上。时代属早侏罗世早期。

【沿革】 江西区调队（1983）在《江西省三叠系》断代总结中，根据岩性组合及生物群面貌，对多江组进行肢解，其下部称多江段，即创名剖面第 1—17 层，隶属安源组的上部层位，时代为晚三叠世；上部（第 18 层以上）为林山组。本次对比研究，基本上沿用这一划分方案，所不同的是将“段”改为“组”，时代修订为晚三叠世至早侏罗世。

【现在定义】 指整合于水北组之下，平行不整合于安源群之上的一套含咸水、半咸水双壳类及植物化石的灰白、黄褐、灰紫、深灰色砂、泥质碎屑岩夹碳质页岩及煤线。下以细砾岩与安源群呈平行不整合接触或超覆更老地层之上；上以灰白色巨厚层石英砂岩的出现与水北组整合分界。

【层型】 正层型为万载县多江剖面（114°24′00″，28°09′00″），由江西区调队 1975 年测制。

上覆地层：**水北组** 灰白色巨厚层中、粗粒石英砂岩

———— 整 合 ————

多江组 总厚度 193.8 m

17. 浮土 27.8 m

16. 黑色薄层状粉砂岩夹碳质页岩及石英细砂岩，产植物：*Neocalamites hoerensis*，*Cladophlebis* sp.；双壳类：*Myophoriopis* cf. *acyrus*，*M.* cf. *incrassata*，*Jiangxiella* sp. 30.6 m

15—9. 黄褐色中、厚层石英细砂岩与灰色薄层粉砂岩呈互层出现，产植物：*Czekanowskia* sp.，*Phoenicopsis* sp.，cf. *Sphenobaiera spectabilis* 58.7 m

8. 灰紫、灰白色薄层粉砂岩，含植物化石碎片 4.0 m

7. 黑色薄层含碳、粉砂质泥岩，产植物：*Thinnfeldia* cf. *alethoperoides*；双壳类：*Lilingella* cf. *simplex*，*Unionites*? sp. 2.6 m

6. 浅紫、灰白色薄层细粒杂砂质石英砂岩，产双壳类：*Lilingella simplex*，*Myophoriopis* cf. *acyrus*，*Unionites* cf. *minimus* 8.1 m

5—3. 浅灰色薄层石英细砂岩夹浅灰色薄层细粒杂砂质石英砂岩 21.3 m

2. 浮土 33.5 m

1. 浅灰色厚层细砾岩，砾石成分为硅质岩及石英 7.2 m

——————— 平行不整合 ——————

下伏地层：**三丘田组** 砂岩及泥岩

【地质特征及区域变化】 正层型所示，本组底部为砾岩，向上则变为石英细砂岩和粉砂岩呈互层出现，间夹少量碳质页岩或煤线。产双壳类和植物化石。厚度 193.8 m。

本组主要分布于赣中的浙赣铁路线两侧地区。万载四里亭与多江剖面，岩性、厚度和古生物群基本相似，所不同的是四里亭化石较多，植物还有 *Dictyophyllum* sp.，*Marattiopsis orientalis*，*Thaumatopteris brauniana*，*Sagenopteris* cf. *spatulata*，*Glossophyllum* sp.；双壳类有 *Bakevelloides* sp.。正层型剖面向东南至新余花鼓山，主要岩性是砂岩、粉砂岩和页岩，底部是砾岩。产双壳类：*Waagenoperna lilingensis*，*W. mytiloides*，*W. triangularis*，*Lilingella cuneata*，*L. robusta*，*L. simplex*，*L. xinyunensis*，*Hunanella guanyintanensis*，*H. oblongiformis*，*H. ovata*，*H. longa*；介形虫：*Gomphocythere*? *yubacunensis*，*G.*? *longa*，*Naevicythere huangshanensis* 等。厚度 300 m。赣东北铅山新安埠，产双壳类：*Jiangxiella sabovata*，*J.* cf. *datianensis*，*L. simplex*；植物：*Coniopteris*? sp.，*Desmiophyllum* sp.，*Phlebopteris* cf. *brauni* 等。厚度 113.3 m。底部与安源群呈平行不整合接触。

本组以细碎屑岩沉积为主，发育水平层理，产植物、介形虫及半咸水的双壳类化石。属局限、低能的淡化泻湖相沉积。

本组古生物，大部分是安源群的延续，其中双壳类 *Bakevelloides*，*Unionites*，*Waagenoperna* spp. 等，具有浓厚的晚三叠世色彩。植物均为晚三叠世—早侏罗世，显示过渡色彩，但也出现了早侏罗世的特征分子 *Coniopteris* sp.。根据其总体面貌，将本组时代归属于晚三叠世至早侏罗世。

林山群 JL (06-36-1301)

【创名及原始定义】 原称林山统，系张祖廉[②]（1960）调查吉安地区煤田时，以永新

---

② 张祖廉，1960，吉安地区煤田地质。吉安地区论文集（内部印刷）。

县澧田镇林山剖面为代表首创。指不整合于攸洛组或上三叠统及更老地层之上的厚层白砂岩。岩性为一套白色厚层花岗质长石石英粗砂岩，具斜层理及交错层理，产植物，时代属中晚侏罗世。

【沿革】 林山群地层的研究历史悠久，最早是谭锡畴、王绍文（1930）调查崇仁礼陂煤田时，将与侏罗系联带而生的白色砂岩及红棕、灰绿色页岩，命名为荣山层，时代为侏罗纪。郭伯康、张友朋、李英鉴、吴荣楠（1959），将原“安源煤系”的最上部砂岩，单独划出，分别称“水北统”，“门口山统”，并置于早侏罗世。张祖廉、廖永璋③（1962）据永新澧田林山附近不整合于泥盆系之上的一套巨厚冲积相砂岩，将张氏（1960）命名的中、晚侏罗世的林山统，修订为林山组，归属中侏罗世，并认为林山组在宜春、新余和丰城等地，不整合于“安源煤系”之上。嗣后，江西区测队（1966）对林山剖面重新进行了研究，在该剖面下部获 *Coniopteris* sp. （*C.* cf. *hymenophylloides*），因而将林山组归于早侏罗世晚期。从此，其名称为广大地质工作者所采用。本次对比研究仍沿用此名，将组改为群，时代为早、中侏罗世。

【现在定义】 指整合于多江组或安塘组或赖村组之上，或不整合于前安源群之上，而不整合于武夷群或其他新地层之下的一套河湖相碎屑岩沉积建造。自下而上包括水北组和漳平组。在江西省境内，分布广泛。

水北组 $J\hat{s}$ （06-36-1302）

【创名及原始定义】 原称水北砂岩，为郭伯康、张友朋（1959）创立，创名地在新余市水北镇。指整合于三丘田煤组之上的一套花岗质砂岩，隶属于水北统上部。厚度 237 m。

【沿革】 水北组系郭伯康、张友朋（1959）的水北砂岩演化而来。创名时主要考虑岩石特点独异，以砂岩为主，故在《江西岩石地层统编》（1991）中重新起用水北砂岩一名。对比研究中为扩展其地层的含义，改称水北组。

【现在定义】 指整合于多江组、安塘组或赖村组之上，或超覆于更老地层之上；整合于漳平组之下的一套浅色砂岩为主的碎屑岩系。隶属于林山群下部。岩性为灰白、灰绿色厚层长石石英砂岩夹粉砂岩、泥岩。下部砂岩中常含砾石。发育斜层理、交错层理、水平层理，产双壳类、植物。

【层型】 正层型为新余市水北禁山剖面（115°01′30″，28°00′15″），由江西区测队 1964 年重测。

上覆地层：**漳平组** 白色厚层长石石英粗砂岩及细砂岩。产粗大硅化木化石

——— 整 合 ———

水北组	总厚度 1 188.0 m
45. 薄层细砂岩夹页岩	104.0 m
44. 灰白色厚层细砂岩夹碳质页岩。产植物：*Cladophlebis* cf. *denticulata*	55.0 m
43—42. 黄绿色砂质页岩与薄层细砂岩互为夹层	90.0 m
41. 黄绿色页岩	8.0 m
40. 细砂岩夹砂质页岩	20.0 m
39. 厚层长石石英粗砂岩	15.0 m

③ 张祖廉、廖永璋，1962，赣西中生代含煤地层时代划分的初步意见。地质科技情报，第1期（内刊）。

38. 厚层砂岩夹砂质页岩　40.0 m

37. 棕黄色薄层砂质页岩。产植物：*Equisetites* sp.，*E.* cf. *sarrani*，*Recidites* sp.　10.0 m

36. 白、米黄色砂岩夹砂质页岩　23.0 m

35. 白、米黄色长石石英粗砂岩夹页岩　63.0 m

34. 黄绿色砂质页岩夹粉砂岩。产植物：*Equisetites* sp.，*E. sarrani*　36.0 m

33. 白色长石石英细砂岩　26.0 m

32. 白色长石石英粗砂岩，下部含石英砾岩。产硅化木化石　70.0 m

31. 黑色碳质页岩夹砂质页岩及煤线。产植物：*Equisetites* sp.，*Desmiophyllum* sp.　18.0 m

30. 白、黄色细砂岩夹砂质页岩　36.0 m

29—28. 黄绿色页岩、灰白色细砂岩，偶夹黄绿色砂质页岩　30.0 m

27. 白色长石石英粗砂岩　52.0 m

26. 砂质页岩夹细砂岩，有时夹黑色页岩及煤线　51.0 m

25. 白色长石石英粗砂岩　45.0 m

24. 黄绿色细砂岩夹黑色页岩。产植物化石碎片　15.0 m

23. 白色厚层长石石英粗砂岩，底部含石英砾岩。产粗大硅化木　180.0 m

22. 白色长石石英细砂岩夹黑色页岩及煤线。产植物：*Cladophlebis denticulata*，*C. shansiensis*，*Neocalamites carcinoides*，*Podozamites lanceolatus* 等　22.0 m

21. 黄绿色砂质页岩夹粉砂岩　25.0 m

20. 白色厚层长石石英砂岩　20.0 m

19. 黑色页岩、煤线，有时变为砂质页岩。产植物化石碎片　13.0 m

18. 黄绿色厚层砂质页岩　26.0 m

17. 棕褐色粉砂岩　10.0 m

16. 白色厚层长石石英粗砂岩　12.0 m

15. 黄褐色粉砂岩夹黄绿色页岩。产植物：*Czekanowskia* sp.　26.0 m

14. 白色厚层长石石英粗砂岩　47.0 m

———— 整　合 ————

下伏地层：**多江组**

13. 灰、灰白色页岩夹砂岩。产植物：*Cladophlebis* cf. *denticulata*，*Dictyophyllum* cf. *muensteri*，cf. *Sphenopteris modesta*；双壳类：*Acyrena* sp.，*Kija* cf. *elongata* 等

【地质特征及区域变化】　由正层型剖面可知，本组岩性以黄白色厚层长石石英砂岩为主，下部间夹黄绿色粉砂岩、黑色页岩及煤线，上部夹少量黄绿色页岩及砂质页岩。常由中粗粒砂岩、细砂岩、粉砂岩、页岩组成半韵律互层。砂岩发育斜层理及交错层理，粉砂岩、页岩发育水平波状或水平层理。产植物及硅化木化石。厚度 1 188 m。下以厚层中、粗粒砂岩与多江组页岩整合接触，上为漳平组整合覆盖。

本组广泛分布于省内中、南部广大地区。在萍乡至玉山一带，主要为河流相夹湖泊相沉积。西部万载多江，岩性与正层型剖面基本相似，不同的是局部夹有菱铁矿结核或条带。产双壳类：*Tutuella rotunda*，*Pseudocardinia* cf. *angulata*，*P.* cf. *sibirensis*，*Sphaerium* cf. *antiqum*，*Sibireconcha* cf. *jenissejensis*；植物：*Todites princeps*，*T. denticulata*，*Nilssonia* cf. *compta*，*N. pterophylloides*，*N. sinensis*，*Stenorachis* cf. *konianus*，*Baiera* cf. *manchurica*，*Zamites sinensis*，*Taeniocladopsis rhizomides*，*Ctenozamites sarrani*，*Ptilophyllum* cf. *exhibensis*，*P.* cf. *pecten* 等。厚度 1 046 m。东部德兴大塘，在中、上部粉砂岩、泥岩中，产双壳类化石 *Hunanella ovata*；植物：*Ferganiella* sp.，

Neocalamites sp. , *Ptilophyllum* sp. , *Otozamites minor* 及硅化木等。厚度 352 m。玉山溪湖，下部基本上仍是灰白色长石石英砂岩、砂砾岩，夹碳质页岩及煤线；上部为黄绿、紫红色泥岩、砂岩，夹少量含砾砂岩。产植物：*Pterophyllum aequale*，*Otozamites hsiangshiensis*，*Ptilophyllum hsiangshanensis*，*Coniopteris gaojiatianensis*，*Clathropteris* sp. ，*Equisetites koreanicus* 及大型硅化木等。厚 659 m。下与霞乡组呈不整合接触，上与漳平组渐变过渡。在江西中南部地区，本组主要为一套河流相沉积，厚度变化较大。永新林山，下部为绿褐色含砾砂岩、长石石英砂岩，夹碳质页岩及煤线，局部夹层凝灰岩，具斜层理；上部为黄褐色夹灰紫色泥岩、粉砂岩夹细砂岩。产植物：*Coniopteris* sp. （*C.* cf. *hymenophylloides*），*Pterophyllum ptilum*，*P. decurrens*，*Nilssonia* cf. *linearis*，*N.* cf. *pterophylloides*，*Clathropteris* sp. ，*Todites* cf. *goeppertianus*，*Equisetites* cf. *lateralis* 等。厚 542 m。在吉安项家，底部厚层长石石英砂岩与安塘组顶部的层凝灰岩呈整合接触。在宁都赖村，底部与下伏的赖村组呈整合接触。再向南至安远县南坑，岩性为灰白、黄绿色长石石英砂岩夹少量紫色泥岩、砂砾岩凸镜体。具交错层理。产植物有节类化石。厚度 3 408 m。下与桃溪岩组呈不整合接触，上与漳平组整合接触。

本组所产的植物：*Todites princeps*，*Pterophyllum aequale*，*P. ptilum*，*Clathropteris* sp. ，*Coniopteris* cf. *hymenophylloides*，*C. gaojiatianensis* 等，广泛分布于我国晚三叠世—中侏罗世地层中。而双壳类 *Hunanella* sp. ，*Tutuella* sp. ，*Pseudocardinia* sp. ，*Sibireconcha* sp. 等，均系淡水双壳类，其研究程度低，在鉴定上尚有不同认识。但就上述双壳类化石的时代分布分析，主要产于早侏罗世至中侏罗世。据此并结合本组的地层层位，将其时代归于早侏罗世至中侏罗世早期。

漳平组　$J\hat{z}$　(06－36－1303)

【创名及原始定义】　系福建区测队（1965）创名于福建省漳平市城郊。原义：为梨山群之继承性盆地沉积，整合覆于梨山群之上，不整合于晚侏罗世火山岩系之下，以淡水瓣鳃类 *Tutuella*—*Pseudocardinia* 动物群大量出现的一套细碎屑岩沉积。岩性为以紫红色为主的杂色砂质岩，厚达 1 000 m 以上。

【沿革】　漳平组一名系本次对比研究引入我省。张祖廉、廖永璋③（1962）在永新县林山调查时，将其划归第三系。江西区测队（1964）《1∶20 万东乡幅区调报告》，以岩性对比为依据称砚岭组，时代归属晚侏罗世。嗣后，该队（1966）《1∶20 万永新幅区测报告》，将其归属林山组上部，时代早侏罗世。江西区调队④（1983）通过对江西省侏罗系总结，在余江县石港剖面发现大量双壳类 *Tutuella*，*Pseudocardinia*，将其划归罗坳组下段，时代属中侏罗世。本次对比研究，一方面考虑地层命名的优先权，另一方面为便于省际间地层对比，故引用漳平组一名。

【现在定义】　省内漳平组的现在定义：指整合于水北组之上、不整合于如意亭组之下一套以紫红色为主之杂色碎屑岩系，隶属林山群上部。岩性是以紫红色为主之杂色泥岩、粉砂岩夹砂岩、砂砾岩，底部为含砾砂岩。产双壳类、叶肢介、植物及硅化木等化石。下以含砾砂岩与水北组连续过渡；上与如意亭组以不整合面分界。

【层型】　正层型为福建省漳平市城郊剖面。省内次层型为玉山县下镇溪湖剖面

---

④　江西区调队，1983，江西省侏罗系（内部印刷）。

(118°21′,28°42′)，由赣东北地质大队 1988 年测制。

上覆地层：**如意亭组** 灰白色厚层含砾长石石英粗砂岩

~~~~~~~~~~ 不 整 合 ~~~~~~~~~~

漳平组	总厚度 715.91 m
49. 灰白、紫红色中薄层泥岩夹灰白色薄层硅质泥岩	74.49 m
48. 紫红、灰紫色中厚层长石石英细砂岩与紫红色中层粉砂质泥岩互层	25.22 m
47. 灰白色中薄层粉砂质泥岩与黄白色薄层泥岩互层	13.9 m
46. 灰白色厚层含砾长石石英砂岩夹薄层泥岩	19.19 m
45. 浮土	147.17 m
44. 紫红色薄层粉砂岩夹浅红色中薄层细砂岩	15.23 m
43. 紫红色块状泥岩，顶、底夹紫红色薄层细砂岩，中部夹紫红、浅灰绿色钙质细砂岩凸镜体	134.97 m
42. 浮土	27.38 m
41. 紫红色块状泥岩夹紫红色中薄层细砂岩。产叶肢介：*Euestheria* sp.	18.40 m
40. 浮土	33.60 m
39. 紫红色中薄层泥岩夹灰紫色中厚层钙质细砂岩，顶部夹黄绿色薄层细—中粒长石石英砂岩	152.56 m
38. 紫红色中薄层粉砂质泥岩	38.20 m
37. 灰绿色中薄层泥质粉砂岩夹浅黄色中层细砂岩	18.60 m
36. 灰白色含砾中粗粒长石石英砂岩	11.78 m
35. 灰白色中厚层含砾石英长石细砂岩	8.64 m
34. 灰白色厚层长石石英细砂岩	5.99 m
33. 灰色厚层含砾中粗粒岩屑石英长石砂岩	1.91 m
32. 灰白色薄层粉砂岩	2.45 m
31. 黄绿色中厚层中粒岩屑长石石英砂岩	10.82 m
30. 土黄色厚层含砾中细粒石英砂岩。产大型硅化木化石	178.68 m

———— 整 合 ————

下伏地层：**水北组**

29. 黄绿、紫红色中厚层泥岩夹黄绿色薄层石英细砂岩及细砂岩凸镜体

【地质特征及区域变化】 本组主要分布于我省中、南部广大地区，以一套含紫红等杂色河流—湖泊相泥砂质碎屑岩为特征。玉山县下镇溪湖剖面所示，下部为灰白、黄绿色厚层含砾长石石英砂岩夹砂岩、粉砂岩；中、上部是紫红色泥岩夹杂色细砂岩，含砾砂岩、硅质泥岩。具斜交层理。产叶肢介 *Euestheria* sp. 及大型硅化木。厚度 720 m。下部以厚层含砾砂岩与水北组之泥岩整合接触；上与如意亭组呈不整合接触。向西至铅山县长坞垄，岩性为紫红、灰绿和黄白等色长石石英砂岩、凝灰质砂岩和凝灰质泥岩等，呈互层出现，间夹少量含砾砂岩。产植物：*Desmiophyllum* sp.，*Cladophlebis* cf. *raciborskii*，*Equisetites* cf. *sarrani*，*Podozamites lanceolatus* 等。厚度 1 224 m。下与水北组整合接触，上未见顶。西至余江石港，为紫红色砂岩、粉砂岩、泥岩，夹砂砾岩。产双壳类：*Tutuella* sp.，*Pseudocardinia* sp.，厚度 296 m。再向西至永新林山，下部为黄褐、灰白色砂砾岩、砂岩；上部为灰绿、灰紫色泥岩、粉砂质泥岩夹砂岩，具斜层理，产硅化木。厚度大于 64 m。赣南宁
~~~~~~~~~~

都木杓背，岩性为杂色砂岩、凝灰质砂岩、粉砂岩、泥质粉砂岩和泥岩互层，夹凝灰质砂岩，底部为含砾砂岩。产双壳类：*Ferganoconcha* sp.，*Pseudocardinia minuta* 及腹足类等。厚度 890 m。下与水北组呈断层接触，上未见顶。再向南至安远南坑，为紫红色砂砾岩夹黄绿色砂岩，厚度 301 m。下与水北组整合接触，上被茅店组不整合覆盖。

本组化石以双壳类为主，主要有 *Pseudocardinia*，*Tutuella*，为中侏罗世的代表属，故本组时代属中侏罗世。

罗坳组 *Jla* (06－36－1304)

【创名及原始定义】 原称罗坳系，为徐克勤、丁毅（1943）调查赣南钨矿时创立，创名地在于都县罗坳圩。原义：全体以深紫红色夹绿、浅黄等诸色砂页岩交互层；局部夹泥质灰岩，底部为砾岩。产斧足类。不整合于各种古生代地层之上，上与于都红色砂岩呈不整合接触。时代为始新世。

【沿革】 江西区测队（1967）重新研究了罗坳剖面，获得 *Lamprotula*（*Eolamprotula*）cf. *cremeri* 等，将其改称罗坳群，时代属中—晚侏罗世。后来，该队在《江西省侏罗系》（1983）中，改称罗坳组，时代属中侏罗世。江西调研队（1991）通过《江西岩石地层统编》，进一步明确了罗坳组为中侏罗世岩石地层单位，在地层位置应限于“水北砂岩”之上、“武夷火山岩系”之下，两个区域性剥蚀面之间的一套河流—湖泊相之杂色碎屑岩地层。本次对比研究同意这一认识。

【现在定义】 指一套以紫红色为主之杂色砂岩、页岩夹砂砾岩。常夹凝灰物质，局部夹层凝灰岩、泥灰岩，底部为砾岩。产双壳类、腹足类及植物化石。区域上不整合于水北组或更老地层之上，顶部与赣州群底部砾岩、砂砾岩呈不整合接触。

【层型】 正层型为于都县罗坳镇罗坳圩剖面（115°18′，25°56′），由江西区测队 1969 年重测。

上覆地层：**茅店组** 砖红色厚层砂砾岩

～～～～～～ 不 整 合 ～～～～～～

罗坳组	总厚度 752.28 m
29. 顶部一层厚 0.5 m 左右黄色石英长石细砂岩；上部紫红色中薄层泥质粉砂岩夹薄层粉砂质页岩；下部米黄色中薄层细粒石英长石砂岩	27.26 m
28. 上部紫红色中层粉砂质页岩及杂色泥质粉砂岩；下部土黄、青灰色中厚层中粗粒石英长石砂岩，向上变为薄层长石石英细砂岩	9.49 m
27. 顶部细砂岩与页岩互层；上部紫红、灰绿色中层粉砂质页岩夹灰紫红色细砂岩凸镜体；中部黄灰色巨厚层中粒长石石英砂岩；下部青灰色中厚层长石石英砂岩	14.77 m
26. 上部灰绿色薄层细砂岩、泥质粉砂岩与紫红色薄层粉砂质页岩互层，并含蓝色斑点；下部砖红色中厚层长石石英细砂岩	21.46 m
25—23. 灰紫、砖红、青灰、灰白色中薄层—块状细、中粗粒长石石英砂岩、石英长石砂岩与杂色中—中厚层泥质粉砂岩及粉砂质页岩互层夹灰紫色细砂岩	44.35 m
22. 上部灰紫色中层二云长石石英细砂岩及紫红色中层粉砂质页岩夹紫红、灰绿色钙质细砂岩；下部青灰色巨厚层中粒长石石英砂岩。产植物：*Otozamites* sp.，*O.* cf. *obtusu*	37.11 m
21—19. 杂色中—厚层细粒长石石英砂岩及紫色中层粉砂质页岩夹紫灰、灰绿色泥	

质粉砂岩及黄灰、砖红色长石砂岩 65.39 m

18. 上部紫红色中层泥质粉砂岩夹中层含钙长石石英砂岩及含钙质结核；下部青灰色厚层中粒长石石英砂岩 14.5 m

17—16. 紫红色薄层粉砂质页岩及紫灰、灰白色中层中粒长石石英砂岩夹黄绿、紫红色薄层粉砂岩及薄层细砂岩 80.12 m

15. 上部紫红色中层含钙粉砂质页岩与紫红色含泥钙质粉砂岩互层；下部灰紫色中厚层中粒长石石英砂岩 15.91 m

14. 上部紫红色薄层含钙质粉砂质页岩，含灰绿色钙质结核及紫红色钙质细砂岩凸镜体；下部暗紫色中层长石石英砂岩 17.46 m

13. 上部紫红色厚层中粒长石石英砂岩及紫红色粉砂质泥岩；中部紫红、灰绿色泥质粉砂岩及铅灰色粉砂质页岩夹中薄层中粒长石石英砂岩，含钙结核及炭屑；下部灰白色厚层中粒长石石英砂岩夹灰紫色砂质页岩及紫红、灰绿色泥质细砂岩。含孢粉：*Alisporites* sp.，*Pityosporites* sp. 61.47 m

12. 砖红、紫红及暗紫色薄—厚层细—中细粒长石石英砂岩夹紫红色粉砂质页岩 37.00 m

11. 上部紫红色中层粉砂质页岩夹灰绿色泥灰岩一层；下部灰、紫红色细—中粒长石石英砂岩与暗紫、猪肝色粉砂质页岩互层。含孢粉：*Classopollis pflug*，*Spheripollenites* sp.；双壳类：*Lamprotula* cf. *cremeri*，*Psilunio* cf. *giganteus*，*Unionelloides globitriangularis*；腹足类化石 30.00 m

10. 上部紫红色厚层长石石英细砂岩与粉砂质页岩互层；下部灰紫色薄层长石石英细砂岩夹同生砾岩。产植物化石碎片 34.88 m

9. 紫红色厚层长石石英细砂岩夹粉砂质页岩 18.60 m

8. 青灰色中层砾岩 8.24 m

7. 蓝灰色厚—巨厚层中细粒长石石英砂岩，下部夹紫红色粉砂质页岩 51.22 m

6. 顶部紫色页岩；上部灰黑色碳质页岩含深灰色结晶灰岩凸镜体；下部灰紫色厚层砾岩 11.25 m

5. 上部紫红色中厚层中细粒含砾砂岩夹细砂岩及泥质粉砂岩；中部紫红色厚层泥质粉砂岩；下部砖红色厚层长石石英细砂岩夹砾岩 25.90 m

4. 紫红色厚层泥质粉砂岩、中层含燧石及灰岩细砾粉砂质页岩、厚层长石石英细砂岩夹砂砾岩凸镜体 55.92 m

3. 上部紫红色泥质粉砂岩；中部紫红色中层中细粒长石石英砂岩；下部紫红色砂砾岩 49.71 m

2. 紫红色中厚层长石石英细砂岩，下部夹紫红色薄层粉砂质泥岩 19.63 m

1. 暗灰色厚层砾岩 0.64 m

═══════ 断 层 ═══════

下伏地层：梓山组　灰黑色薄层含碳粉砂质页岩，含灰岩凸镜体

【地质特征及区域变化】　上列正层型剖面岩性：下部为紫红、青灰色厚层砾岩、含砾砂岩、砂岩，夹粉砂岩及粉砂质泥岩；上部为灰紫、紫红、灰绿色砂岩、凝灰质粉砂岩和层凝灰岩互层。局部岩石中含钙质结核。发育水平层理。产双壳类、植物及孢粉化石。厚752.28 m。下未见底，上与茅店组呈不整合接触。东北方向延展至于都岭背，下部岩性为紫红色厚层砂砾岩、凝灰质砂岩，夹泥岩及页岩；上部岩性是紫红、黄褐色长石石英砂岩、凝灰质砂岩、泥质粉砂岩和粉砂质泥岩互层。产双壳类：*Cuneopsis sichuanensis*，*Lamprotula* (*Eolamprotula*) *subguadrata*，*Psilunio sinensis*，*P. ovalis*，*P. jiangyouensis*，*P. trigonus*，*P. rostrus* 等。厚754 m。下与车头组不整合接触，上未见顶。再东至于都仙下

麻铿，岩性与岭背相似，亦产大量双壳类：*Cuneopsis sichuanensis*，*Psilunio* cf. *chaoi*，*P. ovalis*，*P. sinensis*，*Lamprotula*（*Eolamprotula*）*cremeri*，*L.*（*Eol.*）*huizhouensis*。厚 1 980 m。未见顶、底。在于都县曲洋乡山字口，下部为灰白色砾岩、含砾砂岩、紫红色泥质粉砂岩和凝灰质泥岩互层；上部为紫红、灰白、黄褐等杂色砂岩、凝灰质粉砂岩、泥质粉砂岩，间夹层凝灰岩、晶屑凝灰岩。产植物化石碎片。厚度达 3 208 m。北面吉水施家边，岩性为砖红色砾岩、砂砾岩、砂岩、粉砂岩和凝灰质粉砂岩互层，上部夹杂色凝灰质砂岩、层凝灰岩和粉砂质页岩。产双壳类：*Cuneopsis* sp.，*Psilunio* cf. *ovalis* 及硅化木。下与漳平组（?），上与赣州群均为不整合接触。厚度 2 672 m。

本组所产的双壳类化石属 *Cuneopsis* - *Lamprotula* - *Psilunio* 组合，因此，其时代属中侏罗世晚期。

【其他】 关于罗坳组与漳平组是水平相变关系，还是上下关系？尚存在不同的认识。本书倾向于相变关系。

漳平组源于福建省漳平县，正层型剖面位于城郊。福建省区域地质测量大队⑤（1976）在论述该地层曾述：“本组多为下侏罗统梨山组继承性盆地的沉积，二者常为整合过渡关系……。其岩性为一套紫红色为主的杂色（灰、灰白、灰绿、紫红、黄白）砂页岩为主，间夹粗砂岩或含砾砂岩……。各地岩性近似，生物群面貌基本相同，以含大量的 *Tutuella* - *Pseudocardinia* 淡水瓣鳃类动物群为特征”。

江西与福建毗邻，现指的漳平组，系原划分的林山组或水北砂岩上部以紫红色为主的杂色碎屑岩。主要出露于遂川-宜黄大断裂之北的萍乐坳陷带和吉饶坳陷带内，在余江县石港剖面其下部亦含丰富的 *Tutuella*，*Pseudocardinia*。所以，不论岩性组合、化石以及下伏的接触关系皆可与层型地漳平组对比。而在遂川-宜黄大断裂以南的广大地区，是罗坳组分布的地区，除吉水施家边本组不整合于水北组之上，其他大都不整合于前侏罗系之上，所含化石也以双壳类为主，各地所见组合分子相同，且均产于本组上部，计有：*Lamprotula*（*E.*），*Psilunio* 及 *Cuneopsis*，其下部岩石粒度偏粗，由灰白、砖红色砾岩、砂砾岩及砂岩所组成，未见化石。以此，将罗坳组与漳平组对比可以认为，产 *Tutuella* - *Pseudocardinia* 组合的漳平组下部与罗坳组下部大致相当，而产 *Lamprotula*（*Eol.*）- *Cuneopsis* - *Psilunio* 组合的罗坳组上部与漳平组上部对比。只是因为沉积空间不同，导致与下伏地层接触性质、岩性组合之差异，故采用不同的地层单位名称。

武夷群 JW (06-36-1305)

【创名及原始定义】 原称武夷层，系王恒升、李春昱（1930）调查京粤铁路地质矿产时所创。原指浙西火山岩系，由上部流纹岩及下部建德系并而为武夷层。岩性为流纹岩、粗面岩、安山岩、集块岩、凝灰岩及砂岩、页岩等，一应俱全。时代归属白垩纪。

【沿革】 关于中生代火山岩的研究，刘辉泗、王超翔（1939）和陈国达、刘辉泗（1939）将此火山-沉积建造与北武夷地区的“武夷层”对比，统称武夷群。北京地质学院（1961）在上饶地区开展 1∶20 万上饶幅区测时，将此火山岩系划分为打鼓顶组、鹅湖岭组和石溪组，分别属中侏罗世、晚侏罗世和早白垩世。江西区测队（1964）《1∶20 万东乡幅区测报告》，仍袭用打鼓顶组和鹅湖岭组，时代为晚侏罗世；在鹅湖岭组与石溪组间又建

---

⑤ 福建省区域地质测量大队，1976，福建省地层会议文件汇编（内部印刷）。

“西岭组”一名，代表晚侏罗世最高层位；在打鼓顶组底部划出“砚岭组”，时代为晚侏罗世。江西区调队（1978）在进行1∶5万黎圩积幅地质调查时，按火山喷发旋回自下而上划分为：周家源组、花草尖组、虎岩组和梧溪组。前三者即原来打鼓顶组，后者即原鹅湖岭组。《江西省区域地质志》(1984)，关于晚侏罗世火山岩系，除沿用上列周家源组等四个地层名称外，并将原石溪组中火山熔岩部分，并入鹅湖岭组。《江西岩石地层统编》(1991）按火山盆地划分地层，将乐安-东乡盆地，自下而上划分为如意亭组、周家源组、花草尖组、虎岩组、刘家组和梧溪组；贵溪-铅山盆地，自下而上划分为思溪组、打鼓顶组、上清安山岩、白水源流纹岩、鹅湖岭组和火把山组。除后者时代为晚侏罗世—早白垩世外，其余地层均属晚侏罗世。本次对比研究是以火山岩带建群；以岩石组合类型分组；以盆地为基础，按喷发旋回形成不同的岩性组合划分段。将峡江—广丰一带的沉积火山岩系，统称武夷群。

【现在定义】 系指不整合于前中侏罗世地层之上、平行不整合于早白垩世石溪组之下的中生代早期不同火山喷发演化序列所构成的一套中酸性、酸性火山岩系。包括如意亭组和鹅湖岭组。主要分布于峡江至广丰一带。

如意亭组 Jr (06-36-1306)

【创名及原始定义】 系江西地矿局江西调研队所著《江西岩石地层统编》(1991）所创，创名地在乐安县如意亭。原义为乐安—东乡—广丰一带，位于中生代火山岩系最下部，岩石以细碎屑沉积岩为主，夹少量火山碎屑岩类。主要有薄层或厚层（泥质）粉砂岩、含砾砂岩及沉凝灰岩等。以角度不整合形式覆于变质岩基底之上。厚度40～91.3 m。

【沿革】 如意亭组在40年代前及50年代初期，一般归属武夷层，置其于武夷层下部。北京地质学院（1961）《1∶20万上饶幅区域地质测量报告》将其归于打鼓顶组下部。江西区测队（1964）开展1∶20万东乡幅地质调查时，引用浙江省砚岭组一名，时代为晚侏罗世。该队（1977，1978）将该层位分别隶属周家源组下岩段、打鼓顶组之底部层位。《江西岩石地层统编》(1991）根据火山-沉积建造特点，在乐安-东乡盆地创如意亭组一名；在贵溪-铅山盆地建立“思溪组”。两者层位相当，均是碎屑岩为主，夹少量火山碎屑岩。故本省停用“思溪组”，用如意亭组一名代表两盆地相应地层。

【现在定义】 系指不整合于前晚侏罗世地层之上、整合于鹅湖岭组火山岩之下的一套沉积-喷发相之堆积。岩性以正常碎屑岩为主，夹沉凝灰岩或少量火山碎屑岩，底部为砂砾岩或花岗质碎屑岩。

【层型】 正层型为乐安县公溪镇如意亭剖面（115°54′，27°34′），由江西调研队1991年测制。

上覆地层：**鹅湖岭组** 暗紫红色流纹质斑状英安岩

—————— 整 合 ——————

如意亭组	总厚度 36.6 m
4. 暗紫红色薄层含砾泥质粉砂岩夹少量砂砾岩	5.8 m
3. 浅绿色中薄层含砾凝灰质粗砂岩夹少量流纹质沉凝灰岩，上部浅绿色薄层含钙泥质粉砂岩	9.5 m
2. 浅绿色薄层含饼状体流纹质熔结凝灰岩	6.4 m
1. 暗紫红色中薄层粉砂岩，上部夹紫红色凸镜状沉凝灰岩	14.9 m

~~~~~~~~ 不整合 ~~~~~~~~
~~~~~~~~

下伏地层：**震旦系**　变质砂岩

【地质特征及区域变化】　正层型剖面所示，本组由暗紫、浅绿色粉砂岩、含砾凝灰质砂岩、层凝灰岩及少量熔结凝灰岩组成。厚 36.6 m。

本组分布于峡江—广丰一带。岩性稳定，以细碎屑岩为主，夹少量火山碎屑岩。层型向东北至东乡南部，岩性为紫红色偶夹浅黄色粉砂质泥岩、层凝灰岩组成，厚度大于 91.3 m。向东至贵溪上清宫打鼓顶，厚度仅 29 m。底部为花岗质碎屑岩，向上为含砾沉凝灰岩及含砾凝灰岩。下不整合于加里东期花岗岩之上，上被鹅湖岭组整覆。在贵溪思溪，岩石粒度变粗，以砖红色砾岩、砂砾岩为主，夹少量粉砂岩及凝灰岩。再往东至铅山附近，岩性仍以红色砂砾岩为主，间夹少量凝灰质砂岩。但各地厚度变化较大，石溪厚度 439 m，六都厚度 167.4 m。

鹅湖岭组　*Je*　(06－36－1312)

【创名及原始定义】　系北京地质学院赣东北区测队[⑥]（1961）所创，创名地在铅山县鹅湖岭（山峰名）。原义为：信江盆地打鼓顶组或更老地层之上，白垩系石溪组之下的酸性熔灰岩、流纹岩为主，夹有凝灰质砂砾岩，底部发育有巨厚层底砾岩及凝灰质砂砾岩。与打鼓顶组或更老地层不整合接触，上与石溪组为平行不整合。

【沿革】　鹅湖岭组一名自创立以来广为沿用。本次对比研究，为了便于与省际中生代火山岩对比，以成因类型及其所组成岩石组合为划分依据，将其含义扩大，指峡江-广丰火山岩带晚侏罗世不同火山盆地以火山岩为主的火山岩系。包括：江西区测队（1964）所采用的打鼓顶组中部及上部、鹅湖岭组和西岭组；江西区调队（1978）1∶5 万黎圩积幅，按火山喷发旋回划分的周家源组上岩段、花草尖组、虎岩组、梧溪组；《江西岩石地层统编》（1991）划分的打鼓顶组、上清安山岩、虎岩组、刘家组、白水源流纹岩及鹅湖岭组。同时，以岩石组合特征为依据，划分为三个区段：第一区段包括相山、东乡及玉华山等三个火山岩区，以黎圩积幅原划分的五个组降为五个段，并在花草尖段与虎岩段之间增创岩前段；第二区段包括上清宫及思溪两个火山岩区，将原打鼓顶组、鹅湖岭组降为段，为避免鹅湖岭组与鹅湖岭段重名，将原鹅湖岭组以铅山鹅湖村为创名层型，创称鹅湖段；第三区段系指上清宫、思溪岩区以东以熔结凝灰岩为主的堆积，统称鹅湖段。

【现在定义】　指整合于如意亭组之上，平行不整合于火把山群之下一套以酸性为主的中酸性火山岩建造。其在第一区段自下而上包括周家源段、花草尖段、岩前段、虎岩段、梧溪段；第二区段包括打鼓顶段和鹅湖段。

周家源段　J^z　(06－36－1307)

【创名及原始定义】　原称周家源组，由江西区调队[⑦]（1978）创立，江西地质矿产局（1984）在《江西省区域地质志》一书中介绍。创名地在东乡县虎形山乡周家源村。指东乡晚侏罗世火山岩系下部。岩性由一套流纹质英安岩、英安质集块角砾岩和凝灰熔岩组成，底部为粉砂质泥岩、凝灰质粉砂岩及沉凝灰岩。上与花草尖组呈喷发沉积不整合接触；下与赛

---

⑥　北京地质学院赣东北区测队，1961，1∶20 万上饶幅区域地质测量报告（油印本）。

⑦　江西区调队，1978，1∶5 万黎圩积幅地质图说明书（内部印刷）。

阳关岩体呈侵入接触。厚度大于百米。

【沿革】 江西区测队（1964）在《1∶20万东乡幅地质报告》将其置于打鼓顶组的下部，时代隶属晚侏罗世。《江西岩石地层统编》（1991）沿用周家源组一名，含义仅相当于创名周家源组的中上部，时代为晚侏罗世。本次对比研究采用这一观点，所不同的是降组为段。

【现在定义】 指整合覆于如意亭组之上、喷发不整合伏于花草尖段之下的熔岩溢流亚相堆积。岩性中、下部为少斑流纹岩夹球泡流纹岩，上部为粗面安山质角砾或集块熔岩。下以如意亭组顶部含砾泥质粉砂岩或沉凝灰岩出现为界，上以花草尖段底部的含砾沉凝灰岩出现分界。

【层型】 正层型为东乡县虎圩乡周家源剖面（116°36′，28°08′），江西区调队1978年测制。

上覆地层：**花草尖段** 含砾沉凝灰岩

^^^^^^^^^^ 喷发-沉积不整合 ^^^^^^^^^^

周家源段	总厚度 100.9 m
7. 灰紫红、灰白色粗面安山质角砾熔岩	13.8 m
6. 灰白色少斑安山岩	18.4 m
5. 灰白、灰紫色薄层状流纹岩	56.8 m
4. 灰紫色少斑粗安岩	1.1 m
3. 灰紫色薄层状霏细岩，底部一层凝灰角砾岩	10.8 m

———— 整　合 ————

下伏地层：**如意亭组**

2. 灰紫色沉凝灰岩

【地质特征及区域变化】 段之正层型所示，本段岩性及上下划分标志同于现在定义。其厚度100.9 m。

本段仅分布于相山和东乡火山岩区中。相山岩区其岩性为暗紫色流纹质英安岩夹火山角砾岩和少量集块角砾岩，以及含砾泥质或凝灰质粉砂岩，表明历经几次喷发。厚度230.67 m。东乡岩区岩性同正层型，正层型剖面厚度100.9 m，北至东乡县花草尖，厚702 m，东至王桥松林，厚523 m。时代为晚侏罗世。

花草尖段 J^h (06－36－1308)

【创名及原始定义】 原称花草尖组，系江西区调队⑦（1978）创名。江西地矿局（1984）在《江西省区域地质志》一书中介绍。创名地在东乡县花草尖。系指晚侏罗世灰流相的熔结凝灰岩，其底部为含砾的晶屑凝灰岩、沉凝灰岩。厚294.5 m。

【沿革】 本组创立之后一直沿用。本次对比研究将组降为段，称花草尖段。

【现在定义】 指位于周家源段和虎岩段、岩前段间的爆发灰流相熔结凝灰岩类。主要岩石为流纹质熔结凝灰岩，其次有英安质熔结凝灰岩，底部有时为灰紫色中层角砾凝灰岩、凝灰岩、凝灰质粉砂岩和粉砂岩等。

【层型】 正层型为东乡县花草尖剖面（116°36′，28°08′），由江西区调队1978年测制。

上覆地层：**虎岩段** 流纹质集块岩

^^^^^^^^^^ 喷发不整合 ^^^^^^^^^^

花草尖段	总厚度 471.66 m
16. 流纹质熔结凝灰岩	162.10 m
15. 灰紫色英安质熔结凝灰岩	10.80 m
14. 灰白、黄白色流纹质熔结凝灰岩	39.46 m
13. 灰白色块状流纹质强熔结凝灰岩	164.10 m
12. 灰白、灰绿色熔结凝灰岩	3.90 m
11. 灰黄色含角砾熔结凝灰岩	11.20 m
10. 灰白色块状流纹质熔结凝灰岩	63.90 m
9. 灰紫色中层状凝灰岩	10.50 m
8. 灰紫色含砾沉凝灰岩	5.70 m

^^^^^^^^^^ 喷发-沉积不整合 ^^^^^^^^^^

下伏地层：**周家源段** 含角砾流纹岩

【地质特征及区域变化】 由正层型剖面可知，其岩性为灰白、灰紫、深灰色流纹质熔结凝灰岩，底部为角砾凝灰岩。上下界线清楚，易于划分。厚度 471.7 m。本段岩性各地变化不大，但其厚度不一，东乡王桥厚达 587.7 m；层型向西厚度变薄，在肖家庄附近厚 140 m；再往西至乐安相山，本段厚度仅 52.5 m。时代为晚侏罗世。

岩前段 J^y (06－36－1309)

【创名及原始定义】 由江西调研队（1994）在本次对比研究中创立，创名地在余江县岩前。其定义是指喷发沉积不整合于花草尖段之上、虎岩段之下晚侏罗世一套溢流相为主的酸性熔岩。岩性以少斑流纹岩、流纹岩为主，夹角砾熔岩或凝灰岩。厚 1 037 m。

【沿革】 江西区测队（1964）将其划归所创之西岭组，时代归于晚侏罗世。江西区调队（1978）归于梧溪组。《江西岩石地层统编》（1991）划归花草尖组上部。本次对比研究进一步明确本段是介于花草尖段（旋回）和虎岩段（旋回）之间的一个独立层段（旋回）。以余江县岩前剖面为单位层型，创称岩前段。

【现在定义】 同于原始定义。

【层型】 正层型为余江县岩前剖面（116°56′，28°08′），由江西区调队 1978 年测制。

上覆地层：**虎岩段** 流纹质集块岩

^^^^^^^^^^ 喷发不整合 ^^^^^^^^^^

岩前段	总厚度 955.8 m
38. 灰、紫灰色流纹岩	33.8 m
37. 灰、浅灰及紫红色硅化角砾熔岩	5.3 m
36. 浅灰紫色火山凝灰角砾岩	4.5 m
35. 紫灰、灰白、黄褐及猪肝色流纹岩	151.2 m
34. 灰白、黄褐等色斑状流纹岩	11.5 m
33. 黄白、灰白等色角砾流纹岩	34.8 m
32. 灰白色熔岩角砾岩	7.1 m
31. 灰、灰白及褐色角砾流纹岩	32.1 m

30. 灰白色熔岩角砾岩	49.2 m
29. 灰、灰白色流纹岩	96.1 m
28. 灰、灰白色硅化流纹角砾岩	6.9 m
27. 灰白、紫红色流纹岩	146.3 m
26. 灰白色熔岩角砾岩	10.0 m
25. 灰、灰白色流纹岩	60.5 m
24. 灰白、黄褐色斑状流纹岩	51.0 m
23. 灰白色角砾熔岩	60.3 m
22. 黄褐、灰白色流纹岩	131.8 m
21. 灰白色流纹岩	47.9 m
20. 顶部灰、灰白、紫红色凝灰质粉砂岩和凝灰岩；中上部紫红色凝灰质角砾岩、粗凝灰岩、砂状砂岩与粉砂岩互层；下部灰紫红色凝灰岩及凝灰质粉砂岩	5.5 m

\^\^\^\^\^\^\^ 喷发不整合 \^\^\^\^\^\^\^

下伏地层：**花草尖段** 流纹质熔结凝灰岩

【地质特征及区域变化】 正层型剖面所示，本段岩性以灰紫色流纹岩为主，间夹灰白色角砾熔岩，底部为紫红色凝灰岩、凝灰质粉砂岩。层型剖面以及东乡王桥以东见其底部以层凝灰岩覆于花草尖组之上，二者为喷发-沉积不整合。厚度大于 955.8 m。区域上分布不广，仅见于东乡王桥至余江县岩前一带。

虎岩段 J^{hy} (06－36－1310)

【创名及原始定义】 原称虎岩组，为江西区调队⑦（1978）所创。江西省地矿局（1984）在《江西省区域地质志》中介绍。创名地在东乡县虎岩（山峰名）。系指位于花草尖组之上、梧溪组之下的一套火山碎屑岩堆积。岩性为集块岩、含集块凝灰角砾岩、角砾凝灰岩、熔结集块岩、含集块熔结角砾岩、角砾熔结凝灰岩、熔结凝灰岩及凝灰岩等火山碎屑岩。属强烈爆发亚相至爆发灰流亚相。

【沿革】 江西区测队（1964）在《1：20 万东乡幅区测报告》中，划归打鼓顶组上部至鹅湖岭组下部。江西区调队（1983）在《江西省侏罗系》中用打鼓顶组代替本队（1978）所创之虎岩组。《江西岩石地层统编》（1991）复称虎岩组一名，但将其一分为二，下部以集块岩、火山角砾岩为主者称虎岩组，上部以熔结凝灰岩为主者创称刘家组。时代均归于晚侏罗世。

【现在定义】 同于原始定义。其不同点是将组降为段。

【层型】 正层型为东乡县虎岩剖面（116°38′，28°05′），由江西区调队 1978 年测制。

上覆地层：**梧溪段** 沉凝灰岩

\^\^\^\^\^\^\^ 喷发-沉积不整合 \^\^\^\^\^\^\^

虎岩段	厚度 991.2 m
49. 灰白色英安熔结凝灰岩	12.4 m
48. 灰白、灰紫色流纹凝灰熔岩	12.2 m
47. 浮土	18.9 m
46. 灰紫色含饼状体熔结凝灰岩	3.1 m
45. 灰紫色凝灰角砾岩与流纹质含角砾熔结凝灰岩互层	287.6 m

44. 灰绿、黄褐色沉凝灰岩	8.7 m
43. 浮土	2.9 m
42. 灰紫色凝灰角砾岩	25.8 m
41. 灰紫色岩屑—晶屑凝灰岩	43.6 m
40. 灰紫色集块流纹质火山角砾岩，上部夹灰白色流纹质熔结凝灰岩一层	205.7 m
39. 灰紫色流纹质集块岩	370.3 m

^^^^^^^^^^^ 喷发不整合 ^^^^^^^^^^^

下伏地层：**花草尖段** 流纹质熔结凝灰岩

【地质特征及区域变化】 本段仅见于东乡岩区之岗上积至大塘一带。呈北东东向展布，构成一个长达20余公里的喷发带。该带由西而东分布着7个既有区别又有联系的“破火山口构造”。每个构造均呈盆形倾斜。共同特点，是组成的主要岩石均以爆发灰流亚相熔结岩石为主。因喷发起始时间不同，强度不一，喷发韵律数有多有少，一般2～3个，多至4～5个。韵律的组成，多由熔结集块岩或集块熔结角砾岩始，至流纹质至安山质熔结凝灰岩终。其厚度的大小随不同火山构造的变化而变化，变化在500～1 500 m之间。

梧溪段 J^w (06－36－1311)

【创名及原始定义】 原称梧溪组，系江西区调队（1978）创立。江西省地矿局（1984）在《江西省区域地质志》一书中介绍。创名地在东乡县梧溪。指位于虎岩组之上的一套流纹质英安岩、英安岩、英安质流纹岩、安山岩夹凝灰熔岩。

【沿革】 江西区测队（1964）开展1∶20万区测时，将其创称西岭组。江西区调队（1983）在《江西省侏罗系》中划归鹅湖岭组。本次对比研究恢复其原名，改称梧溪段。

【现在定义】 同原始定义，将组降为段。

【层型】 正层型剖面为东乡县梧溪剖面（116°38′，28°05′），由江西区调队1978年测制。

梧溪段	总厚度 326.85 m
54. 灰黑色厚层状英安岩（未见顶）	58.91 m
53. 风化呈黄褐、黄绿色薄—厚层状少斑流纹岩	169.24 m
52. 灰黑色厚层状英安岩	17.24 m
51. 黄白色薄层状流纹质英安岩	51.16 m
50. 灰黄、灰绿色沉凝灰岩，上部灰绿、紫红色凝灰质粉砂岩	30.23 m

^^^^^^^^^^^ 喷发-沉积不整合 ^^^^^^^^^^^

下伏地层：**虎岩段** 灰白色英安质熔结凝灰岩

【地质特征及区域变化】 本段层型剖面所示，主要岩性为火山溢流相之中酸性熔岩，如英安岩、少斑流纹岩。底部是火山活动间隙期的沉积岩系，多为粉砂岩和沉凝灰岩。沉积-喷发不整合于虎岩段熔结凝灰岩之上。

本段见于东乡火山岩区中、南部之东乡江下、梧溪、高岭、上池、瑶圩；金溪陈坊积、黄联桥、琉璃岗等地。分别形成一些分散孤立的小型盆地。皆为中心式喷发所形成熔岩堆积。其岩性除东乡上池明珠峰为安山质熔结角砾岩和辉石安山岩，其余以流纹岩或含球泡流纹岩、英安岩为主。常由沉凝灰岩、角砾凝灰岩至英安岩或流纹岩组成韵律。厚度正层型为326.9 m；南至金溪吴牛岭为1 204.7 m，白水源724.4 m，前山173.1 m；再往西南至临川梅岗上被白垩系石溪组平行不整合覆盖，厚118.2 m。

上列各岩段位于东乡火山岩区之中。各段分布从北而南，由老至新，包括由流纹岩组成的周家源段，以流纹质或英安质熔结凝灰岩组成的花草尖段，流纹岩夹熔岩角砾岩组成的岩前段，由流纹—英安质集块岩、火山角砾岩至熔结凝灰岩组成的虎岩段，以及由流纹岩夹英安岩组成的梧溪段。其岩石组合类型表明，喷发强度由北而南由弱—强—弱。而喷发型式，实地观察周家源段—岩前段为裂隙式，虎岩段为裂隙中心式，梧溪段为中心式。段与段之间，即在每段底部，均以沉积碎屑岩至沉凝灰岩组成喷发间歇，与下伏层形成所谓“喷发或喷发-沉积不整合”关系。总厚度约3 000 m。时代为晚侏罗世。

打鼓顶段　J^d　(06－36－1313)

【创名及原始定义】　原称打鼓顶组，系北京地质学院赣东北区测队(1961)创建，创名地在贵溪县西南上清(宫)附近打鼓顶(山峰名)。指位于信江盆地火山-沉积岩系的下部层位，其岩性为：上部以安山岩、英安岩为主，中部以酸性火山岩为主，下部为紫红色砂砾岩，底部具底砾岩。以角度不整合覆于老地层之上，其上与鹅湖岭组呈不整合关系。时代定为中侏罗世。

【沿革】　“打鼓顶组”创名后在省内外广泛使用，但其含义因地区不同常有变化。江西区测队（1964）在1∶20万东乡幅区调时，在其下部划出砚岭组，上部称打鼓顶组，时代改为晚侏罗世。江西区调队（1983）《江西省侏罗系》总结中，打鼓顶组广泛应用于上清盆地、贵溪盆地及其以西的东乡盆地、相山盆地，但后二者岩性层序与打鼓顶组标准剖面存在差别。《江西岩石地层统编》（1991）根据打鼓顶组的标准剖面，进一步厘定其含义，限于贵溪-铅山火山盆地之原打鼓顶组顶部安山岩之下、底部沉积岩之上的以爆发性灰流相为主的地层体。原打鼓顶组顶部安山岩，新创“上清安山岩”一名。本次对比研究将上清安山岩和打鼓顶组合二为一，称打鼓顶段。其层位大致与东乡岩区虎岩段对比。

【现在定义】　整合于如意亭组碎屑岩之上，整合或喷发-沉积不整合于鹅湖段底部含砾细砂岩夹沉凝灰岩之下；岩性下部以流纹质熔结凝灰岩、角砾凝灰岩为主，上部以安山岩为主。

【层型】　正层型为贵溪县上清镇蔡家桥剖面（117°04′，28°01′），由江西区调队1976年重测。

上覆地层：**鹅湖段**　紫红色细砂岩夹沉凝灰岩，含安山岩砾石

——————　整　合　——————

打鼓顶段	总厚度 418.24 m
17. 暗紫、灰黑、暗绿色安山岩（粗安岩）	38.86 m
16. 杂色凝灰质细砂岩及灰绿、紫红色安山质含砾沉凝灰岩	7.28 m
15. 杂色含砾晶屑、玻屑凝灰岩（熔结凝灰岩）	18.20 m
14. 青灰色角砾凝灰岩	28.94 m
13. 灰紫色角砾凝灰岩	18.13 m
12. 灰紫、深灰色球泡流纹岩（球泡状熔结凝灰岩）	31.94 m
11. 灰紫色熔结凝灰岩	10.65 m
10. 灰紫色流纹质含砾熔结凝灰岩	38.69 m

9. 灰紫色流纹质熔结凝灰岩	90.45 m
8. 灰紫、紫红色流纹质熔结凝灰岩，局部含角砾	31.17 m
7. 灰紫色熔结凝灰岩	22.49 m
6. 灰紫、暗紫色流纹质熔结凝灰岩	12.94 m
5. 黄绿、暗绿色凝灰质角砾岩	13.74 m
4. 灰绿色凝灰熔岩夹白、灰黄色流纹岩	27.46 m
3. 灰白、灰黄色流纹岩	5.06 m
2. 灰绿、灰白色含砾熔结凝灰岩、凝灰岩	23.54 m

——————— 整　合 ———————

下伏地层：**如意亭组**

1. 浅灰、灰绿色细粒花岗质碎屑岩

【地质特征及区域变化】　在正层型剖面，本段岩性：上部为安山岩；中部是杂色凝灰岩、角砾凝灰岩夹球泡流纹岩；下部为熔结凝灰岩、流纹岩夹凝灰角砾岩。在中、上部间夹少量凝灰质细砂岩、安山质含砾凝灰质细砂岩及含砾凝灰岩。厚度 420 m。正层型剖面向东北至贵溪思溪、美元，厚 385.94 m，岩性上部为斑状安山岩，下部是晶屑凝灰岩、流纹质凝灰岩、流纹质含角砾熔结凝灰岩。上、下部夹正常细碎屑岩。南部金溪白水源，厚达 596.48 m，下部为中、厚层安山岩，同位素年龄值 158.2 Ma，上部是流纹质熔结凝灰岩、安山质凝灰熔岩及流纹岩，底部为粉砂岩、粗砂岩及砂砾岩，不整合覆于加里东期花岗岩之上。

鹅湖段　J^e　(06-36-1314)

【创名及原始定义】　原称鹅湖岭组，由北京地质学院赣东北区测队（1961）所创，创名地在铅山县鹅湖岭。系指位于信江盆地打鼓顶组或更老地层之上，白垩系石溪组之下的酸性熔灰岩、流纹岩为主，夹有凝灰质砂砾岩沉积夹层，底部发育有巨厚层砾岩及凝灰质砂砾岩。与打鼓顶组或更老地层呈不整合接触，上与石溪组呈平行不整合关系。时代归属晚侏罗世。

【沿革】　江西区调队（1983）在《江西省侏罗系》中，遵循原始定义仍称鹅湖岭组，但据火山岩新的研究和鉴定成果将原始定义中“熔灰岩”改称熔结凝灰岩。《江西岩石地层统编》（1991）将上清盆地和贵溪盆地的上清安山岩之上、火把山组之下的火山岩系，上称鹅湖岭组，下称白水源流纹岩。本次对比研究，为便于东南诸省中生代火山岩系对比，将上、下合并，称鹅湖段。

【现在定义】　系指在贵溪上清宫、思溪岩区整合或喷发-沉积不整合打鼓顶段安山岩之上，在铅山-广丰岩区整合于如意亭组红色碎屑岩之上、平行不整合于石溪组砾岩等之下的一套流纹质熔结凝灰岩或流纹质角砾熔结凝灰岩、角砾凝灰岩及英安质熔结凝灰岩，间夹流纹岩、正常沉积碎屑岩、沉凝灰岩之堆积。

【层型】　正层型为铅山县石溪鹅湖岭剖面（117°56′，28°15′），由北京地质学院赣东北区测队 1961 年测制。

上覆地层：**石溪组**　砾岩

——————— 平行不整合 ———————

鹅湖岭组

鹅湖段	总厚度 1 735 m
16. 浅紫色晶屑熔结凝灰岩	84 m
15. 红色凝灰质砂岩	124 m
14. 紫红色流纹质熔结凝灰岩	261 m
13. 红色砂砾岩	293 m
12. 灰白色流纹质晶屑熔结凝灰岩	15 m
11. 含长石晶屑凝灰岩	18 m
10. 灰绿色蚀变晶屑熔结凝灰岩	51 m
9. 流纹岩	75 m
8. 紫褐色粗粒流纹质晶屑熔结凝灰岩	153 m
7. 浅灰紫色较细粒晶屑熔结凝灰岩	112 m
6. 深紫色含岩屑熔角砾岩	174 m
5. 紫色角砾状凝灰岩	375 m

———————— 整　合 ————————

下伏地层：**如意亭组**

4. 红色砂砾岩及砾岩

【地质特征及区域变化】 据正层型剖面其岩石以流纹质晶屑熔结凝灰岩和熔角砾岩为主，夹有少量流纹岩及碎屑沉积岩，底部砾状凝灰岩，厚达 1 735 m。鹅湖段一般形成分散孤立的盆地，在贵溪县上清、铅山县大脚岭等地，多与打鼓顶段相伴出现。正层型向西至铅山六都—河口，岩性变化不大，厚度为 1 011.7 m。底部整合覆于如意亭组之上。正层型剖面以东上饶县苧圳，张利民（1991）在该上部取流纹英安岩之透长石斑晶测得 $^{40}Ar/^{39}Ar$ 准年龄值（148.9±0.1）Ma；于顶部流纹岩之透长石斑晶测得 $^{40}Ar/^{39}Ar$ 准年龄值（141.8±0.3）Ma。在本段中、下部见淡水灰岩夹层，含有丰富化石，有昆虫 *Rhipidoblattina* sp.；叶肢介 *Yanjiestheria sinensis*，*Y. suichangensis*，*Y. oblonga*；植物 *Pseudofrenelopsis* sp.，*Cupressinocladus* sp.，*Otozamites* cf. *linguifolius*，*Cladophlebis elegantissima*，*Onychiopsis* sp. 及核形石等。在贵溪上清宫一带，厚度大于 318.9 m，岩性为灰黑、棕灰色粗面质熔结凝灰岩、粗面质少斑熔岩夹角砾凝灰岩，底部为紫红色细砂岩夹沉凝灰岩，沉积呈喷发不整合覆于打鼓顶段安山岩之上。

根据本段生物化石、同位素年龄值以及上下接触关系，时代划归于晚侏罗世为宜。

余田群　*JY*　（06－36－1315）

【创名及原始定义】 系江西区调队(1970)开展 1：20 万龙南幅地质调查时创立。创名地在龙南县余田。原指早侏罗世火山岩系，依其火山喷发-沉积旋回及主要熔岩特征分为 4 个火山岩段：第一段以中基性熔岩为主；第二段由玄武岩、流纹质安山质凝灰岩、流纹斑岩及层凝灰岩构成；第三段为凝灰质砂岩、页岩；第四段是流纹斑岩、流纹质凝灰岩和角砾凝灰岩。

【沿革】 陈国达、刘辉泗（1936）调查贡水流域地质时，将中生代火山岩称武夷层。江西区调队（1973）开展 1：20 万寻乌幅调查时，将安远、寻乌一带火山岩，立名“菖蒲群”，并据岩性组合进一步划分为上、下两个亚群，时代统归为晚侏罗世。嗣后，该队（1980）重新研究了菖蒲群创名剖面，将下亚群改称为菖蒲组，以岩性划分为两段，下段为花岗质砂砾岩含砾凝灰岩、凝灰质页岩等，上段以玄武岩为主；上亚群改称为鸡笼嶂组，岩性以流纹质熔结凝灰岩为主。

本次对比研究认为，原菖蒲群和余田群同处于全南-寻乌火山岩带上，所在层型地毗邻，地层位置和上、下岩性组合基本一致，故两者对比无疑。按创名优先权取余田群代表此区的火山岩系，而菖蒲群降群为组后重新厘定其含义，上述江西区调队（1980）所划分的菖蒲组下段引称龙潭坑组，上段称菖蒲组，原上亚群沿称鸡笼嶂组。

【现在定义】 是指龙南—安远—寻乌一带晚侏罗世不同喷发旋回构成的一套由基性—酸性火山岩间夹碎屑岩的火山岩系。依岩石组合分为三个组，即底部砂砾岩、凝灰质砂、页岩称为龙潭坑组；中部玄武安山岩夹火山碎屑岩或正常沉积岩称菖蒲组；上部流纹熔结凝灰岩夹砂岩为鸡笼嶂组。下呈不整合覆于前中侏罗世地层之上，上与石溪组为平行不整合接触。

【层型】 见本群各组之层型描述。

龙潭坑组 *Jlt* (06-36-1316)

【创名及原始定义】 此名系广东省地矿局区调大队（1991）首创，创名地在广东省普宁市龙潭坑。其含义是指位于蓝塘群或桥源组正常沉积岩之上，热水洞组正常火山碎屑岩之下的火山碎屑岩沉积岩。岩性下部为紫红、黄白色沉集块岩、沉凝灰岩、花岗质砂砾岩，其中夹流纹质凝灰岩；上部为灰、灰白色流纹质凝灰岩夹紫红、黄白色沉集块角砾岩、砂岩。

【沿革】 参见群的沿革。

【现在定义】 系指全南-寻乌火山岩带，不整合于前晚侏罗世地层之上、整合于菖蒲组玄武岩之下一套由含砾凝灰岩、凝灰质粉砂岩、凝灰质页岩，底部为花岗质砾岩等组成的地层体。

【层型】 正层型为广东省普宁市龙潭坑剖面。省内次层型为寻乌县菖蒲剖面（115°31′，24°44′），由江西区调队 1983 年测制。

上覆地层：**菖蒲组** 深灰、灰绿色玄武岩

——————— 整 合 ———————

龙潭坑组	总厚度 420.7 m
8. 紫灰、灰黄色含砾凝灰岩，下部夹凝灰质页岩	70.8 m
7. 灰黑、浅灰色凝灰质页岩、板岩夹凝灰质粉砂岩。产植物化石碎片	6.5 m
6. 浮土	85.6 m
5. 浅紫色凝灰质粉砂岩夹凝灰质页岩	25.0 m
4. 灰黑、浅灰绿色凝灰岩，向上变为凝灰质页岩夹含砾凝灰岩。产植物化石碎片	24.2 m
3. 紫灰、灰白色含砾凝灰岩	9.4 m
2. 灰黄、浅黄紫色凝灰质页岩夹凝灰质粉砂岩	67.7 m
1. 中、上部为浮土；下部为花岗质砾岩	131.5 m

~~~~~~~~~~ 不 整 合 ~~~~~~~~~~

下伏地层：**桃溪(岩)组** 均质混合岩

【地质特征及区域变化】 次层型剖面岩性主要为喷发-沉积相之碎屑岩组成。岩石中普遍含有凝灰质，底部为花岗质砾岩，不整合覆于前寒武系均质混合岩之上。厚度 420.7 m。
~~~~~~~~~~

本组仅分布于龙南-临江和寻乌莒蒲两个火山岩区中，在龙南县里仁乡水头迳上部为凝灰质板岩、沉凝灰岩及磁铁绢云千枚岩，下部是砂砾岩夹砂岩。底部不整合于泥盆系（?）之上，厚度 234.2 m。

莒蒲组　Jĉ　(06－36－1317)

【创名及原始定义】　原称莒蒲群，为江西区调队（1973）1∶20 万寻乌幅所创，创名地在寻乌县莒蒲。系指江西寻乌县莒蒲盆地喷发-沉积相的凝灰质粉砂岩、凝灰质页岩与玄武岩、流纹质熔结凝灰岩共同组成的喷发旋回。

【沿革】　参见群的沿革。

【现在定义】　指整合于龙潭坑组碎屑岩之上，鸡笼嶂组酸性凝灰岩或熔结凝灰岩之下的一套玄武岩、玄武安山岩组成的地层体。

【层型】　正层型为寻乌县莒蒲剖面（115°31′，24°44′），由江西区调队 1973 年测制。

上覆地层：**鸡笼嶂组**　灰褐、灰白、黄绿色流纹质角砾凝灰岩

——————　**整　合**　——————

莒蒲组	总厚度 887.42 m
15. 浅灰黑色英安岩	121.62 m
14. 浮土	52.40 m
13. 深灰绿色玄武岩	50.00 m
12. 浮土，下部见玄武岩	204.80 m
11. 上、下部为浮土，中部灰绿色玄武岩	144.60 m
10. 浮土	107.70 m
9. 深灰、灰绿色玄武岩	206.30 m

——————　**整　合**　——————

下伏地层：**龙潭坑组**

8. 紫灰、灰黄色含砾凝灰岩，下部夹凝灰质页岩

【地质特征及区域变化】　正层型剖面主要岩性为玄武岩间夹英安岩，厚度 887.4 m。本组在寻乌县河岭南部，以灰黑色玄武岩为主，“夹凝灰质细砾岩和凝灰质页岩等沉积夹层”，厚度 1 318.2 m（?）。正层型剖面向西至龙南县临江、东坑一带，岩石仍以玄武岩、安山玄武岩为主，并伴有少量流纹质熔岩，　“间夹砂岩、粉砂岩及板岩”。厚度大于 4 985.6 m（?）。

鸡笼嶂组　Jj　(06－36－1318)

【创名及原始定义】　江西区调队⑧（1980）创名，江西省地矿局（1984）在《江西省区域地质志》一书介绍，创名地在安远县鸡笼嶂（山峰名）。当时因地形复杂、植被厚未测得完好剖面，因鸡笼嶂一峰挺拔于众峰之上，故以得名。以其组成的岩石并结合同岩区同层位之岩石组合特征及上下地层关系，定其含义整合（喷发不整合）于莒蒲组玄武岩之上的一套酸性火山碎屑岩，以流纹质熔结凝灰岩为主。夹角砾凝灰岩、凝灰岩，偶夹流纹岩。上未

⑧　江西区调队，1980，江西南部龙南火山岩盆地（1∶10 万）普查简报（手抄本）。

见顶。时代定为晚侏罗世。

【沿革】 参见群的沿革。

【现在定义】 同原始定义。

【层型】 创名人未指定层型，本书指定选层型为寻乌县留车乡石马剖面（115°36′28″，24°44′51″），由江西区调队1983年测制。

上覆地层：**茅店组** 紫红色砾岩

～～～～～～ 不 整 合 ～～～～～～

鸡笼嶂组	总厚度559.05 m
8. 灰黄、灰绿、肉红色流纹质熔结凝灰岩夹紫红、灰绿、灰黄色流纹质岩屑玻屑凝灰岩和角砾凝灰岩	212.34 m
7. 灰绿、紫红色流纹质熔结凝灰岩	31.52 m
6. 灰绿、灰黄色流纹质玻屑凝灰岩，底部暗紫色砂岩	24.82 m
5. 灰黄、褐红色流纹质熔结凝灰岩	78.04 m
4. 灰白、灰绿、灰红色含砾凝灰岩夹凝灰岩	34.44 m
3. 灰黄、棕红、灰紫色流纹质熔结凝灰岩，下部夹紫红色粉砂质泥岩	114.62 m
2. 紫黑色薄层凝灰质粉砂岩、粉砂质泥岩	1.14 m
1. 紫灰色安山质晶屑-玻屑凝灰岩，下部夹紫灰色安山质角砾凝灰岩	62.13 m

———— 整 合 ————

下伏地层：**菖蒲组** 玄武岩或安山质玄武岩

【地质特征及区域变化】 选层型剖面以流纹质熔结凝灰岩为主，夹含砾凝灰岩、凝灰岩、砂岩、粉砂岩及粉砂质泥岩等，底部为安山质角砾凝灰岩且整合（喷发不整合）于菖蒲组玄武岩之上。厚度559.05 m。本组在横向上变化较大，龙南县城—临江一带，由灰白色流纹粗面质晶屑熔结凝灰岩、晶屑凝灰岩及英安质流纹岩、安山岩和粗面安山岩等组成。厚度不一，局部可达3 000 m。安远县城—鸡笼嶂，其地层发育最全，但出露较差，为流纹质熔结凝灰岩、粗面英安质熔结凝灰岩，夹角砾凝灰岩、砂砾岩及沉凝灰岩等。厚度约2 700 m。安远版石附近，其下部多为火山碎屑岩，厚约500 m；上部是熔结凝灰岩、流纹岩及凝灰熔岩，厚度2 700余米。安远县车头，在本组中部凝灰质粉砂岩中产有植物 *Elatocladus* sp.，*Frenelopsis* sp.；叶肢介 *Bairdestheria* sp. 和脊椎动物蜥蜴类。在菖蒲一带，为流纹质熔结凝灰岩夹角砾凝灰岩和安山质晶屑凝灰岩、流纹质凝灰角砾岩等。厚度1 877 m。

【其他】 上述余田群从基性至酸性构成一完整的喷溢旋回。但值得提及的是，这套火山岩的产出状态，是侵出还是喷发尚有不同认识。刘亚光等④（1983）在编写《江西省侏罗系》一书时，根据实地观察，提出如下认识：

（1）龙南-临江火山岩区和寻乌菖蒲火山岩区之余田群是发育良好，出露完整的地区。前者多处见流纹（斑）岩或流纹质熔结凝灰岩（碎斑熔岩）侵入于玄武岩或安山质玄武岩之中。后者见玄武岩侵入于所谓“夹层”的粉砂岩、碳质页岩及前寒武系变质岩中。这不仅证明玄武岩类早于流纹岩类，而且表明二岩类的产出状态是以侵出相（侵入-溢流相）为主。

（2）认为火山岩中所谓“夹层”，是先于火山岩的盆地沉积。其理由：①沉积碎屑岩沿走向常被火山岩截切中断或呈残留顶盖于火山岩之上；②沉积碎屑岩从盆地边缘向盆地中心由粗而细，由砾岩、砂砾岩至沉凝灰岩、凝灰质粉砂岩、页岩构成一完整的沉积旋回；③无论碎屑岩呈所谓“夹层”产出，还是成残留顶盖于火山岩之上，均可见烘烤挤压现象。基于这三点并结合区域对比，进而认为此套先期盆地沉积应与中侏罗世罗坰组对比，所谓火山岩“夹层”实为被火山岩侵出分割而成的假象。

火把山群　KH　(06－36－1401)

【创名及原始定义】　系江西地矿局（1984）在《江西省区域地质志》中创名，创名地在弋阳县火把山。泛指江西省早白垩世地层。岩性为灰绿、灰黄、棕紫、紫红及灰紫等杂色厚层砂岩、含砾砂岩、粉砂质泥岩、粉砂岩及泥岩，夹凝灰质砂岩及砾岩，底部具砾岩。富含双壳类、腹足类、叶肢介、介形虫及植物等化石。下与鹅湖岭组呈整合或平行不整合或不整合于更老地层之上，上与赣州组呈角度不整合接触。

【沿革】　江西早白垩世地层发育良好，出露齐全，散布于全省。先后调查者较多，但对该地层的确认，主要是解放后的工作。

1961年，江西石油普查大队黎中虹等⑨将赣东北中生代火山岩之上的一套杂色碎屑岩系创称冷水坞组和周家店组，分别归于下、上白垩统。同年，北京地质学院赣东北区测队进行1∶20万上饶幅区测时，将相当冷水坞组的地层创称石溪组，划归于早白垩世；相当周家店组的地层袭用浙江的衢江组，划归于其上部，时代为第三纪。此后，江西区测队（1966）在1∶20万永新幅区测时，将相当冷水坞组或石溪组的沉积创称铁牯岭群，而对赣南的相当地层，江西区调队（1973）在1∶20万寻乌幅又创版石组，时代均归于早白垩世。总之，该地层名称较多，其中用之较广者赣北为石溪组或冷水坞组，赣南为版石组。石溪组之地名石溪为铅山县管辖，位于信江盆地南侧，因所在地剖面出露不好，创名者当时以信江盆地北部弋阳火把山剖面为代表。因此，江西地矿局（1984）在《江西省区域地质志》中，舍石溪组一名不用，以火把山剖面为代表创立火把山群，代表江西早白垩世地层。本次对比研究认为赣北至赣南该世地层皆可对比，故统用火把山群一名概之，其下部以火山碎屑岩与沉积岩相互成层的地层体，采用石溪组，而上部以杂色碎屑岩为主包括原周家店组，以火把山群正层型西侧的冷水坞剖面为代表，采用冷水坞组。

【现在定义】　指位于武夷群火山岩系之上，赣州群红色岩系之下的一套以河流-湖泊相碎屑岩与火山岩及少量中、酸性火山熔岩互层的地层。富含双壳类、叶肢介、介形类、鱼类和植物等化石。赣北下与鹅湖岭组、赣南下与余田群呈平行不整合接触，或与更老地层呈不整合接触；上与赣州群均呈不整合接触。以上下岩性差异下分为石溪组、冷水坞组。

【层型】　见石溪组、冷水坞组之层型。

石溪组　$K\hat{s}$　(06－36－1402)

【创名及原始定义】　系北京地质学院赣东北区测队（1961）创名，创名地在铅山县石溪，而所指代表性剖面是弋阳县葛溪乡火把山剖面。原始定义：指火山岩系之上，第三系衢江组红色砂砾岩之下的一套杂色砂页岩系。时代为早白垩世。与下伏鹅湖岭组，上覆衢江组均呈不整合接触。

【沿革】　参见群之沿革。

---

⑨　黎中虹等，1961，江西省“旧红岩系”地层划分对比及其含油性的初步研究。江西地质局石油普查大队（内部印刷）。

【现在定义】 指鹅湖岭组或余田群之上，冷水坞组之下的一套杂色砂岩、泥岩、火山碎屑岩、酸性火山熔岩，底部常为砾岩之地层。含双壳类、叶肢介、介形虫、腹足类、昆虫、植物化石等。下与鹅湖岭组或余田群火山岩呈平行不整合接触或与更老地层呈不整合接触，以其火山碎屑岩或熔岩与冷水坞组分界，二者呈整合关系。

【层型】 选层型为弋阳县葛溪乡火把山剖面（117°27′48″，28°31′18″），由江西区调队1983年重测。

上覆地层：**冷水坞组** 紫红色泥岩夹凝灰质砂岩、凝灰岩，底部为凝灰质泥岩

——————— 整 合 ———————

石溪组	总厚度 274.0 m
5. 灰紫色流纹质岩屑熔结凝灰岩	20.0 m
4. 浅肉红、灰紫、灰绿色角砾凝灰岩、火山角砾岩	160.0 m
3. 灰紫、黄绿色流纹质熔结角砾凝灰岩夹少量灰白色中层状凝灰岩，底部产硅化木	50.0 m
2. 上部紫红色中层凝灰质粉砂岩；中部黄灰、灰色中厚层沉凝灰岩夹凝灰质砂岩、角砾沉凝灰岩；下部淡黄、灰紫、灰白色含角砾安山质玻屑凝灰岩	26.0 m
1. 黄绿色厚层砾岩夹紫红色薄及厚层凝灰质细砂岩、凝灰质页岩。产植物：*Otozamites* sp.，cf. *Otozamites klipsteinii*，*Cupressinocladus* sp，*C. elegans*，*Elatocladus* sp.，*Coniopteris* sp.，*Cladophlebis* sp. 及硅化木	13.0 m

~~~~~~~~~~ 不 整 合 ~~~~~~~~~~

下伏地层：**张村群** 砖红、黄绿色厚层千枚状砂质板岩

【地质特征及区域变化】 选层型剖面岩性主要是中、酸性熔结凝灰岩、角砾凝灰岩和凝灰岩，夹凝灰质粉砂岩和凝灰质砂岩，底部为砾岩夹凝灰质细砂岩和页岩。产植物及硅化木化石。厚 274 m。下与元古代张村群呈不整合接触；上以流纹质岩屑熔结凝灰岩与冷水坞组分界。石溪组主要分布于铜鼓—景德镇市一线以南地区。选层型剖面向西至新建樵舍，下部主要是砾岩、长石石英砂岩、粉砂岩和泥岩，夹少量凝灰岩，产双壳类 *Sphaerium* sp. 和腹足类 *Amplovolvata* sp.；上部为凝灰岩和层凝灰岩；底部为风化壳——锰土。下不整合于中元古代双桥山群之上。上未见顶。厚度大于 715 m。向东至上饶东岸，下部为砖红色砾岩、凝灰质砂岩、粉砂岩、泥岩；上部为灰绿、紫灰色流纹质熔结凝灰岩、粗面质熔结凝灰岩夹砂岩、粉砂岩和泥岩。产双壳类 *Nakamuranaia* sp.；昆虫 *Ephemeropsis* sp.，cf. *Notocupes* sp.；介形虫 *Rhinocypris* cf. *jurassica*，*Darwinula* sp.，*Cypridea* sp.；叶肢介 *Yanjiestheria ehulinensis*；植物 *Manica* sp.，*Onychiopsis* sp.，*Ptilophyllum* sp.，*Otozamites klipsteinii*，*Brachyphyllum* sp. 等。厚度 1 051.6 m。底部不整合覆于鹅湖岭组之上，上部与冷水坞组整合接触。南至安远版石，下部为砾岩、角砾岩和角砾熔岩，间夹灰黑色页岩、油页岩，产叶肢介 *Yanjiestheria chekiangensis*，*Y. sinensis*，*Orthestheria* cf. *intermedia*；上部为流纹岩、流纹斑岩，夹流纹集块岩。厚度 1 104 m。底部以巨厚层砾岩与余田群凝灰熔岩呈平行不整合接触；上与冷水坞组整合接触。

本组产有早白垩世的代表性生物 *Yanjiestheria*，*Manica*，故其时代为早白垩世。

冷水坞组 K*l* (06-36-1403)

【创名及原始定义】 黎中虹等⑨（1961）创名，创名地在弋阳县中畈乡冷水坞。原义
~~~~~~~~~~

指火山岩系之上，周家店组之下一套内陆湖相碎屑岩系，时代属早白垩世。与下伏晚侏罗世熊家村组及上覆晚白垩世周家店组均呈不整合接触。

【沿革】 张利民（1979）在研究上饶苧圳剖面时，将与之相当的地层复称石溪组。江西区调队（1985）1∶5万德兴幅调查时称火把山组。赣东北地质大队（1988）1∶5万紫湖口幅地质调查时，以岩性组合划分两组：下部仍称冷水坞组，上称周家店组。本次对比研究所称冷水坞组包括原周家店组。

【现在定义】 指位于石溪组之上，茅店组之下一套内陆河流、湖泊相碎屑岩系。岩性为杂色砂岩、粉砂岩、泥岩，夹含砾砂岩、砾岩，局部夹薄层凝灰岩，具交错层理。产双壳类、叶肢介、介形类、腹足类、昆虫、植物、鱼及其他脊椎动物等。下与石溪组为整合接触，上与茅店组呈不整合接触。

【层型】 正层型为弋阳县中畈乡冷水坞剖面（117°22′42″，28°32′30″），由江西石油普查大队1961年测制。

上覆地层：**茅店组** 灰褐色厚层凝灰质砂砾岩

～～～～～～ 不 整 合 ～～～～～～

冷水坞组	总厚度 1 345.9 m
50. 灰白色含砾粗砂岩、长石粗砂岩与灰绿色钙泥质粉砂岩不等厚互层	59.6 m
49. 灰白色含砾长石粗砂岩	72.2 m
48—46. 上部灰绿色含钙粉砂质泥岩；中部肉红色长石粗砂岩；下部灰白色中厚层含砾粗砂岩夹灰绿色薄层泥质粉砂岩	94.6 m
45—44. 上部紫红色粉砂岩；下部灰白色砂砾岩	34.5 m
43. 灰白色含砾粗砂岩夹砂砾岩	23.5 m
42—40. 上部灰绿色泥质粉砂岩、粉砂质泥岩与灰褐、猪肝色泥质粉砂岩互层；中部砖红色粉砂岩；下部砂砾岩	93.9 m
39. 灰绿色粉砂质泥岩	26.5 m
38—37. 灰绿、猪肝色泥质粉砂岩、含钙泥质粉砂岩、粗粉砂岩，上部灰绿色长石细砂岩	10.7 m
36. 灰绿色泥质粉砂岩与灰白色粗砂岩不等厚互层	15.6 m
35—34. 灰白、肉红色长石粗砂岩、细砂岩	19.6 m
33. 灰褐色、灰白色粗砂岩与灰绿色粉砂质泥岩、泥质粉砂岩互层	12.8 m
32—29. 灰绿、棕褐、猪肝色含钙泥质粉、粗砂岩及粉砂质泥岩夹灰白色薄层或凸镜状细、粗砂岩	67.7 m
28. 灰白色含砾粗砂岩与猪肝色粉砂质泥岩及泥质粉砂岩不等厚互层	82.8 m
27—26. 上部灰绿色粉砂质泥岩夹泥质粉砂岩及灰白色粗砂岩；下部肉红色粉砂岩	84.0 m
25. 灰绿色粉砂质泥岩，中上部夹灰绿色泥质粉砂岩。产叶肢介：*Bairdestheria* cf. *sinensis*，*B.* cf. *chekiangensis*	27.6 m
24. 肉红色粉砂岩	30.7 m
23. 灰绿色含钙粉砂质泥岩，底部泥质粉砂岩夹灰白色薄层细砂岩	19.4 m
22—20. 上部肉红、灰黄绿色粉砂岩；下部浅灰绿色泥质粉砂岩与猪肝、灰绿色粉砂质泥岩不等厚互层	76.6 m
19. 灰黄色粗粒长石石英砂岩	1.4 m
18—17. 浅灰绿色泥质粉砂岩和肉红、黄绿色粉砂质泥岩，局部夹灰白色细砂岩。产前扁甲科（Cupidae）	53.7 m

16. 灰绿、灰黑色泥岩，中部夹一层紫红色粉砂质泥岩　10.6 m

15. 肉红、灰黄色粉砂岩夹灰白色薄层粗粒砂岩　64.3 m

14. 肉红色粉砂岩与灰绿色粉砂质泥岩、泥质粉砂岩互层。产植物：*Brachyphyllum* sp.，*Podozamites* sp.　56.8 m

13. 灰白色含砾粗砂岩　0.8 m

12—11. 上部肉红色粉砂岩与灰绿、黄色粉砂质泥岩不等厚互层；下部灰白、浅灰绿色含砾粗砂岩　74.9 m

10—9. 上部黄褐色细粉砂岩；下部灰绿、灰黄色粉砂岩与灰绿色粉砂质泥岩互层　30.0 m

8. 灰黄绿色含砾粗砂岩、砂岩与灰绿、灰黄绿色粉砂质泥岩互层。产叶肢介：*Bairdestheria chekiangensis*　6.9 m

7. 灰紫、棕红、肉红色含砾砂岩、砂砾岩及细砂岩夹灰绿色薄层泥质粉砂岩。产叶肢介：*Brachygrapta intermedia*　41.4 m

6—4. 上部灰绿、灰黄色泥质粉砂岩；中部紫、棕、灰褐色含砾砂岩、砂砾岩夹灰白色细砂岩及粉砂岩；下部灰褐、灰白色砂砾岩　128.6 m

3—2. 上部浅灰绿色中—厚层泥质粉砂岩；下部灰白、浅灰黄色砾岩夹紫红色粉砂岩　21.5 m

1. 紫红色粉砂岩（未见底）　2.7 m

【地质特征及区域变化】　正层型剖面未见底。其下部由灰白、浅灰黄色砾岩、砂砾岩、砂岩、紫红色粉砂岩及灰绿色粉砂质泥岩等构成下粗上细的基本层序反复出现；中部是灰黄色粗砂岩、肉红色粉砂岩和灰绿色粉砂质泥岩等呈不等厚互层；上部主要为灰白色砂砾岩、紫红色粉砂岩和少量灰绿色钙质、泥质粉砂岩。下部未见底，而在其东侧火把山剖面下与石溪组呈整合关系，顶部与茅店组呈不整合接触。产叶肢介 *Yanjiestheria chekiangensis*，*Y. sinensis*；植物 *Brachyphyllum* sp. 等。正层型剖面向东延展至弋阳火把山，岩性变化不大，但化石相当丰富，计有双壳类：*Trigonioides* (*Trigonioides*) *kodairai*，*Nakamuranaia chingshanensis*，*Sphaerium jeholense*，*S. pujiangense*；叶肢介：*Yanjiestheria kyongsangensis*，*Y. sinensis*，*Migransia* sp.，*Orthestheria intermedia*，*Migransia* sp.，*Neodiestheria* sp.；介形类：*Mongolianella palmosa*，*Cypridea yiyangensis*，*Damonella* cf. *ovata*，*D.* cf. *contracta*，*Darwinula* aff. *leguminella*，*D.* cf. *contracta*，*Rhinocypris jurassica*，*Clinocypris* cf. *scolia*；腹足类：*Probaicalia* aff. *vitimensis*，*Gyraulus* cf. *dongcunensis*；植物：cf. *Ruffordia goepperti*，*Gleichenites* cf. *giesekianus*，*Pseudofrenelopsis* sp.，*Cupressinocladus* cf. *elegans*，*Brachyphyllum* cf. *brikae*；昆虫：*Jiangxicoleus yiyangensis*，*Yiyangia houbashanensis*，*Yumenocoleus*? *tenuous*；孢粉以 *Classopollis* 花粉为主，占 39.3%，伴有少量 *Exesipollenites* 及 *Cicatricosisporites*，占 2.4%，莎草蕨科中 *Schizaeoisporites* 孢子含量占 1.6%，另外被子植物花粉占 0.9%等。该处地层发育齐全，化石丰富，是研究我省早白垩世地层较理想的地区。在赣东北玉山县周家坞，岩性主要为紫红色含砾中粗粒砂岩、粉砂岩、凝灰质砂岩、钙质粉砂岩及含钙泥岩，下部夹少量灰绿色含钙泥岩，中部夹杂色熔结凝灰岩和凝灰岩。产双壳类：*Solenaria pujiangensis*，*Sphaerium jeholense*，*S. selenzinensis*，*Nakamuranaia chingshanensis*，*N. subrotunda*，*Corbicula* (*Mesocorbicula*) *yumenensis*；叶肢介：*Yanjiestheria wannanensis*；介形类：*Mongolianella* sp.；鱼：*Mesoclupea showchangensis*；植物：*Sagenopteris* sp.，*Brachyphyllum* cf. *ningshiaensis*，*Gleichenites gladiatus* 等。下与石溪组整合接触，上与赣州群呈不整合接

触。厚度 1 544.7 m。赣中泰和县石山乡铁牯岭，本组岩性以猪肝、紫红色砂砾岩、粉砂岩和粉砂质泥岩为主，上部夹少量灰绿色钙质细砂岩及泥灰岩。产脊椎动物龟甲碎片和肉食恐龙（Carnosourus）的牙齿碎片，并含鱼化石 *Mesoclupea* sp. 及 Sinomiidae 鳞片。底部与下伏的峡山群，上部与上覆的圭峰群河口组均呈不整合接触。厚度 164.9 m。赣南安远版石，下部为灰绿色泥岩夹粉红色泥岩及粘土岩；上部为杂色砂砾岩、砾岩、粉砂岩和泥岩。产双壳类：*Nakamuranaia chingshanensis*；叶肢介：*Yanjiestheria chekiangensis*；植物：*Brachyphyllum obesum*，*Sagenopteris shouchangensis*，*Cladophlebis browniana*，*Otozamites linguifolius* 和 *Zamiophyllum* cf. *buchianum* 等。下与石溪组呈整合接触；上与茅店组为不整合接触。

本组化石丰富，其中双壳类 *Trigonioides*（*T.*）*kodairai* 是早白垩世地层常见化石，叶肢介 *Yanjiestheria kyongsangensis* 和 *Migransia*，一般被视为早白垩世的代表性化石。故本组时代属早白垩世无疑。

赣州群　KG　(06－36－1404)

【创名及原始定义】　原称赣州组，系江西区调队（1969）在进行 1∶20 万赣州幅区域地质调查时所创，创名地在赣县茅店陈坑。原义指岩性为紫红、棕红色砂岩、砂砾岩，间夹灰绿色泥岩、粉砂岩，局部夹玄武岩及灰紫色中酸性火山碎屑岩之地层。产双壳、脊椎动物和植物等化石。不整合于古生代地层之上，上与南雄组呈角度不整合接触，时代属晚白垩世。

【沿革】　江西晚白垩世地层，散布于全省大小不等 30 余个所谓“红色盆地”中，由一套巨厚的红色碎屑岩系组成。虽然研究较早，但因盆地形成时间不同，岩性变化大，化石又少，因而较长时间对地层划分意见纷纭，莫衷一是。早年，陈国达、刘辉泗（1939）研究赣南此套红色岩系时，提出“旧红岩系”和“新红岩系”，前者归于晚侏罗世至早白垩世，后者归于第三纪。刘辉泗（1940）调查赣北玉山、贵溪间地质，将相当旧红岩系的称武夷层，归于白垩纪，上部仍称新红岩系，划归第三纪初期。解放后，黎中虹⑨等（1961）对旧红岩系及其含油性进行了系统研究，将冷水坞组之上的周家店组划归于上白垩统，而把相当新红岩系的改称圭峰组，时代仍归于老第三纪。此后，随着 1∶20 万区域地质调查大面积开展，新资料不断发现，地层划分对比趋向合理。但地层名称的使用和时代的归属仍未统一。江西区调队（1969）在 1∶20 万赣州幅调查时，将测区赣州、南康、信丰等盆地的红层划分上、下两组：下部创称赣州组，归于下白垩统，上部引用粤北的南雄组，归于上白垩统。该队（1973）调查 1∶20 万广昌幅时，下部引用赣州组，时代仍归于早白垩世，上部划归于下第三系。江西 909 地质大队⑩（1974）调查会昌周田盐矿时，由下而上划分并创立白埠组、周田组和石坝组，前二者大致相当赣州组，其时代置于晚白垩世早、中期，后者置于晚期。江西区调队（1978）调查 1∶20 万铜鼓幅，将相当赣州组的沉积称潭埠组，1982 年修测 1∶20 万上饶幅，又创罗塘组，时代均归于早白垩世，上部引称南雄组，仍归于晚白垩世。根据以上成果，该队⑪（1983）在《江西省白垩系》一书中，提出在全省采用 1∶20 万赣州幅划分

---

⑩　江西 909 地质大队，1974，江西省会昌县周田矿区普查报告（油印本）。

⑪　江西区调队，1983，江西省白垩系（内部印刷）。

方案，下称赣州组，上称南雄组，其时代根据姚星堂[12]（1980）在赣州组发现恐龙蛋以及其他脊椎动物化石资料，将赣州组归于晚白垩世早期，南雄组归于晚白垩世晚期。这一意见，得以广泛应用。本次对比研究将赣州组升级为群，以上下岩性差异进一步划分为两组：下部创称茅店组，上部沿用周田组。

【现在定义】 现指的赣州群，是位于火把山群之上、圭峰群之下的一套红色碎屑岩系。下部以粗粒碎屑岩为主，下夹玄武岩或中、酸性火山碎屑岩；上部以细粒碎屑岩为主，上夹含膏盐层，产脊椎动物、恐龙蛋、叶肢介、植物及孢粉等化石。下以砾岩或砂砾岩不整合于火把山群之上，上以细碎屑岩与圭峰群底部砾岩或含砾砂岩呈平行不整合接触。

【层型】 见茅店组及周田组之层型。

茅店组　K*m*　(06－36－1405)

【创名及原始定义】 由江西调研队（1994）在本次对比研究中创名，创名地在赣县茅店乡陈坑。其含义指冷水坞组之上，周田组之下一套红色粗碎屑岩系。岩性以紫红色砾岩、砂砾岩为主，夹少量粉砂岩、泥岩，局部夹玄武岩及中酸性凝灰岩。产恐龙蛋及轮藻化石。下与冷水坞组或更老地层不整合接触，上与周田组整合接触。

【沿革】 参见赣州群沿革。本组即江西区调队（1969）1∶20万赣州幅所创赣州组及其相当地层的下部层段。

【现在定义】 同原始定义。

【层型】 正层型为赣县茅店乡陈坑剖面（115°00′18″，25°55′12″），由江西区调队1969年测制。

上覆地层：**周田组**　灰白、灰、灰黄色页岩与粉砂质页岩互层，底部为灰绿色细砾岩。产植物：*Cercidiphyllum* sp.，*Quercus* sp.，*Sabalites mortana*；脊椎动物：*Conicodontosaurus kanhsienensis* 等

——————— 整　合 ———————

茅店组	总厚度 1 213.07 m
13. 砖红色巨厚层砾岩，偶夹砖红色厚层钙质长石细砂岩	387.00 m
12—11. 砖红色巨厚层砂砾岩，上部夹砖红色含钙长石细砂岩，下部与砖红色厚—巨厚层细砂岩互层	62.00 m
10. 上部砖红色巨厚层砂砾岩与同色厚层含钙长石细砂岩互层；中部砖红色厚层细砂岩夹同色厚层砂砾岩；下部砖红色厚层砂砾岩、长石细砂岩、粉砂岩组成韵律层	156.00 m
9. 砖红色厚层含钙粉砂岩，产恐龙长型蛋	6.12 m
8. 砖红色厚—巨厚层长石细砂岩夹同色巨厚层中粗粒含砾长石砂岩	84.00 m
7. 砖红色厚层含砾中粗—粗粒长石砂岩、长石细砂岩及粉砂岩组成3个韵律层	91.00 m
6. 砖红色厚层长石细砂岩	26.00 m
5. 中上部灰红色含砾长石粗砂岩、砖红色砂岩、粉砂岩组成韵律层；下部砖红色厚层长石细砂岩夹两层含砾长石粗砂岩	151.00 m
4. 紫灰色安山质凝灰岩夹一层砖红色含砾砂岩	69.00 m

[12] 姚星堂，1980，论江西赣州盆地“赣州组”的地质时代（油印本）。

3. 砖红色厚层砂砾岩，其上、下为墨绿色伊丁橄榄玄武岩	2.00 m
2. 紫灰色安山质凝灰岩	16.95 m
1. 上部墨绿色伊丁橄榄玄武岩；下部砖红色巨厚层砾岩	162.00 m

~~~~~~~~~~ 不 整 合 ~~~~~~~~~~

下伏地层：**高滩组** 灰色厚层中粗粒变余长石石英砂岩夹少量浅紫色中薄层板岩

【地质特征及区域变化】 上述正层型剖面为一套砖红色砾岩、砂砾岩、长石砂岩及含钙粉砂岩，下部夹安山质凝灰岩及伊丁橄榄玄武岩。厚度 1 213.07 m。下与高滩组不整合接触，上与周田组整合接触。正层型剖面向北至吉安赤山，岩性为砖红、灰紫色砾岩、砂砾岩，夹粉砂岩及砂质泥岩，厚度 87 m。下与罗坳组呈不整合接触，上与周田组为整合接触，以粗、细碎屑岩分界。再向北至波阳徐家坞，岩性变化不大，厚度为 661 m。东北至贵溪毫纲山，岩石中普遍含有凝灰质。产有丰富的轮藻化石 *Flabellochara hangzhouensis*，*Peckisphaera* cf. *verticillata*，*Atopochara trivolvis*，*Sphaerochara raricostata*，*Songliaochara*? sp. 等。厚度大于1 839 m。东至会昌周田，其底部夹玄武岩，厚 395 m。下部与晚侏罗世火山岩系不整合接触，上与周田组呈整合接触。南至龙南县程龙，岩性为紫红色厚层砾岩、砂砾岩、含砾砂岩及长石石英砂岩。厚度 640 m。下与上施组呈不整合接触，上与周田组整合接触。

正层型剖面第 9 层所产的恐龙长型蛋（*Elongatoolithus* sp.），目前一般公认为晚白垩世的代表性化石，故茅店组的时代归属晚白垩世无疑。

周田组 Kẑ (06-36-1406)

【创名及原始定义】 系江西 909 大队（1974）创名。孙存礼、周琴宜（1989）在《江西白垩系的划分与对比》一文中介绍。创名地在会昌县周田。原义指白埠组之上，石坝组之下一套杂色含石膏、盐岩之泥岩夹粉砂岩。产叶肢介、介形虫类、双壳类及植物等化石。时代属晚白垩世。

【沿革】 江西石油普查大队黎中虹等（1961）曾将其划为周家店组上部，时代属晚白垩世。江西区调队（1969）在《1∶20 万赣州幅区域地质矿产调查报告》中，则归属为赣州组上部，时代为早白垩世。当时主要据剖面内含有脊椎动物 *Manchurodon simpliciden*（满州兽）定其时代为早白垩世。杨钟健（1973）重新研究了该化石，将其订正为 *Conicodontosauras kanhsienensis*（赣县锥龄蜥），从此将含上述化石地层时代改为晚白垩世。这一意见沿用至今。

【现在定义】 指位于茅店组之上，河口组之下一套杂色内陆湖相细碎屑岩。隶属赣州群上部。岩性以杂色粉砂岩、泥岩为主，夹薄层细砂岩、石膏层、盐岩层，局部夹薄层砾岩、砂砾岩。岩石普遍含芒硝、钙质。产蜥蜴、叶肢介、双壳类、介形类、腹足类和植物等化石。下与茅店组紫红色砂岩整合接触，上与河口组含砾砂岩或砾岩呈平行不整合接触。

【层型】 正层型为会昌县周田乡寨脚下剖面（115°46′，25°20′），由江西区调队 1983 年重测。

上覆地层：**河口组** 紫红色含砾粉砂岩夹砂砾岩、薄层粉砂岩及泥岩。产恐龙蛋 *Spheroolithus* 及肉食类恐龙牙齿

——————— 平行不整合 ———————
~~~~~~~~~~

周田组　　总厚度 2 069.0 m

14. 紫红色含粉砂质泥岩夹灰色薄层页岩　　120.0 m

13. 上部灰色薄层泥岩夹紫红色薄层泥岩及含钙粉砂岩；下部灰色薄层泥岩、含钙芒硝及泥砾岩凸镜体。产叶肢介：*Dimorphostracus* sp.，*Opsipolygrapta* sp.，*Nemestheria*? sp.　　1 000.0 m

12. 灰、紫红色薄层含钙泥岩，上部夹 2～3 层似层状粘土岩，产介形类化石碎片　　103.0 m

11. 灰色薄层含钙质泥岩。产植物化石碎片　　45.0 m

10. 上部紫红色薄层含钙质泥岩夹灰色薄层泥岩；下部灰紫红色薄层泥岩。产植物：*Brachyphyllum* sp.　　185.0 m

9. 浅灰、暗灰色薄层钙质泥岩、含钙芒硝和石盐，近底部灰白色粘土岩。产叶肢介：*Opsipolygrapta* sp.，*Dimorphostracus* sp.，*Dictyestheria elongata*；植物：*Brachyphyllum* sp.；孢粉：Schizaeaceae，*Woodsia*，*Chomotriletes*，*Cingulatisporites*，*Exesipollenites*，*Cycadopites*，*Classopollis*，Cupressaceae，*Ephedra*，*Elytranthe* 等　　195.0 m

8. 浅灰、紫红色薄层含钙泥岩　　46.0 m

7. 灰、暗灰色薄层泥岩。产叶肢介：*Opsipolygrapta* sp.，*Bairdestheria* cf. *distincta*，*Dictyestheria elongata*；植物：*Manica* sp. 等　　65.0 m

6. 上部灰色薄层含钙质泥岩；下部紫红色含粉砂质泥岩夹浅灰色薄层泥岩　　80.0 m

5. 紫红、灰色含钙泥岩　　90.0 m

4. 上部灰、紫红色薄层泥岩；下部薄层含钙粉砂质泥岩夹灰色泥岩　　140.0 m

——————整　合——————

下伏地层：**茅店组**

3. 上部浮土；下部紫红色中薄层细粒长石石英砂岩夹薄层钙质粉砂岩

【地质特征及区域变化】　正层型剖面其岩性以灰色薄层泥岩、含钙泥岩为主，夹紫红色泥岩及粉砂质泥岩，上部夹泥砾岩凸镜体。同时以含钙芒硝及盐岩为标志。富含叶肢介、介形类、植物及孢粉化石。厚度 2 069 m。正层型剖面西北的吉安赤山，岩性为紫红色夹灰绿色粉砂岩、泥质粉砂岩及页岩互层。产叶肢介 *Neodiestheria* sp.；植物 *Frenelopsis parcermosa*，*Pagiophyllum* sp.，*Cupressinocladus* sp.，*Elatocladus* sp.，*Pityophyllum* sp.，cf. *Strobilites* sp. 等。厚度 1 846.1 m。下与茅店组整合接触，上与河口组呈平行不整合接触。东北方向的贵溪毫纲山，本组岩性为紫红色细砂岩、粉砂岩和泥岩为主，夹灰绿色泥质粉砂岩及粉砂质泥岩，局部夹石膏层。产叶肢介 *Tenuestheria tenuis*，*T.* cf. *hejiaensis*，*Nemestheria* sp.，*Plectestheria* sp.，*Sinoestheria*? aff. *producta*，*Ellipsograpta subquadrata*，*E. ovata*，*E. elongata*；介形类 *Mongolocypris viriosa*，*M. longiquadrata*，*Darwinula contracta*，*Ziziphocypris simakovi*，*Rhinocypris jurassica*，*Cyprois guexiensis*，*Eucypris* sp.；腹足类 *Galba* sp.，*Hydrobia* sp.；植物 *Pseudofrenelopsis* cf. *parceramosa*，*P.* cf. *papillosa*；轮藻 *Songliaochara jiadianensis*，*Peckisphaera verticillata*，*P. tujiaensis*，*Sphaerochara raricostata*，*Mesochara voluta*，*M. biacuta*，*Amblyochara* sp. 及孢粉等。厚度 425 m。下与茅店组整合接触，上与河口组呈平行不整合接触。西南至龙南程龙，岩性以紫红色碎屑岩为主，夹少量灰绿色薄层粉砂质泥岩。产叶肢介 *Orthestheria rhombca*，*O. daijiatunensis*，*Halysestheria guantonnensis*，*Nemestheria* sp.，*Ganestheria longnaensis*；介形类 *Mongolianella laevigata*，*Cypridea* sp.；腹足类 *Pityolepis sphaeroidalis*；植物 *Brachyphyllum obesum*，*Pagiophyllum* sp.，*Cupressinocladus elegans*，*Gleichenites nipponensis* 等。厚度 312 m。正层型剖面西部的赣县茅店，岩性为灰白、黄绿色页岩及粉砂质页岩互层，发育水平层理。产脊椎动物 *Conicodontosaurus kanhsienensis*；植物 *Quercus* sp.，*Onychiopsis* cf. *psilotoides*，*Coniopteris* cf. *onychioides* 等。

本组化石丰富，其中 *Conicodontosaurus kanhsienensis*，广泛分布于晚白垩世地层中，因此，周田组时代属晚白垩世无疑。

圭峰群　KEGF　(06－36－1407)

【创名及原始定义】　原称圭峰组，系黎中虹等（1961）调查信江盆地“旧红岩系”时，以弋阳城南由“丹霞地貌”形成而享有盛名风景区之圭峰，创立圭峰组。指位于周家店组之上、杨梅岭组之下一套红褐色砾岩，夹少量砂砾岩及砂岩，顶部为含砾砂岩，具交错层理。下与周家店组呈不整合接触，上与杨梅岭组整合接触。时代属古新世。

【沿革】　圭峰群即系黎中虹⑨等（1961）所创的圭峰组。层位大致相当于陈国达、刘辉泗（1939）所指的“新红岩系”。同时也相当于江西区测（调）队（1966，1969）所测1∶20万永新幅、赣州幅，以及该队（1980，1983）所编著的《华东地区区域地层表·江西省分册》和《江西省白垩系》等所指的南雄组。由于自 1964 年后陆续在全省各地这一地层发现恐龙蛋等化石，因此将其时代均改归于晚白垩世。本次对比研究考虑我省白垩系用名的完整性、系统性，均采用本省地方性名称，将原引用粤北的南雄组以圭峰组代替，并升级为群。

【现在定义】　指位于周田组之上、新余组之下一套巨厚的陆相红色碎屑岩系，以产恐龙蛋为特征。根据岩石序列粗—细—粗由下而上划分为河口组、塘边组和莲荷组。

河口组　K*h*　(06－36－1408)

【创名及原始定义】　由江西调研队（1994）在本次对比研究中新创河口组，正层型为铅山县福惠乡朱家岭—河口镇剖面。其含义指位于周田组之上，塘边组之下一套红色陆相粗碎屑岩系。岩性以紫红、砖红色砾岩、砂砾岩及砂岩为主体。岩石经风化淋蚀，常形成岩溶地貌。产恐龙蛋化石。下与周田组呈平行不整合或不整合接触，上与塘边组整合接触。时代为晚白垩世。

【沿革】　早年徐克勤、丁毅（1943）在调查赣南钨矿时，将本书相当河口组的地层划归于都红色砂砾岩的下部，时代属第三纪。江西石油普查大队黎中虹等⑨（1961）对信江凹陷调查时，将其归属圭峰组下部，时代为老第三纪。江西区测（调）队（1964—1984）在省内进行 1∶20 万区域地质调查时，一般将其归属南雄组（群）或新余群的下部，时代为晚白垩世或老第三纪。《江西岩石地层统编》（1991）将其划归圭峰组的下部，时代归为晚白垩世。

【现在定义】　同原始定义。

【层型】　正层型为铅山县福惠乡朱家岭—河口镇剖面（117°41′，28°16′），由江西区调队 1982 年测制。

上覆地层：**塘边组**　砖红色厚—巨厚层状细砂岩

———————— 整　合 ————————

河口组	总厚度 2 074.00 m
14. 砖红色厚—巨厚层砂砾岩夹中厚层含砾砂岩	33.40 m
13. 砖红色厚—巨厚层中细粒砂岩夹中薄—厚层细砂岩及少量粉砂岩，底部砂砾岩	109.71 m
12. 浮土	150.23 m
11. 紫红、灰黄色厚—中厚层含砾砂岩夹砾岩	29.00 m
10. 紫红、灰黄色中薄层砂砾岩夹砾岩、含砾粉砂岩	551.21 m
9. 紫红色中薄层砂砾岩夹薄层砾岩、含砾砂岩。含砾粉砂岩	80.70 m
8. 紫红、黄褐色中薄层砂砾岩夹砾岩	426.92 m
7. 紫红色厚—巨厚层砾岩与砂砾岩互层	222.15 m
6. 上部以砂砾岩为主，夹含砾砂岩；下部紫红色厚—巨厚层含砾砂岩夹不稳定砂砾岩、砾岩	81.00 m
5. 紫红色厚—巨厚层砾岩	34.76 m
4. 紫红色厚—巨厚层砂砾岩	16.50 m
3. 上部含砾砂岩夹薄层砾岩、砂砾岩；下部紫红色砂砾岩夹含砾砂岩	151.10 m
2. 浮土	84.68 m
1. 紫红、灰黄色厚—巨厚层砂砾岩及含砾砂岩夹薄层砾岩	103.16 m

~~~~~~~~~~ 不 整 合 ~~~~~~~~~~

下伏地层：**冷水坞组**　紫红色薄—中厚层泥质粉砂岩、粉砂质泥岩夹灰绿色薄层粉砂质泥岩、泥质粉砂岩，产叶肢介：*Yanjiestheria* sp.

【地质特征及区域变化】　正层型所示，本组岩性以砖红色厚、巨厚层块状砾岩、砂砾岩为主，夹少量砂岩及粉砂岩。厚度 2 074 m。下与冷水坞组呈不整合接触，上与塘边组均呈整合接触。层型向西至永新怀忠，岩性为紫红、棕红、棕黄色巨厚层砾岩、砂砾岩，夹泥铁质粉砂岩、粉砂质泥岩。产恐龙蛋 *Oölithes* sp.。厚度 1 195 m。向南至广昌城郊，为紫红色厚层砾岩夹粉砂岩，厚度 628 m。在泰和县石塘，岩性为棕红、砖红色巨厚层砾岩、砂砾岩、含砾砂岩、砂岩及钙质粉砂岩呈不等厚互层。厚度 2 046 m。下与周田组呈平行不整合接触，上与塘边组整合接触。南至信丰小河，该组岩性为紫红色厚层砾岩、砂砾岩、砂岩、粉砂岩和泥岩等，呈互层出现。厚度 671 m。不整合于加里东期二长岩体之上。修水三都的河口组为紫红色厚层状含巨厚层砾岩、砂砾岩，夹泥铁质粉砂岩、粉砂质泥岩。厚度 2 506 m。上与塘边组整合接触，下与宁国组呈不整合接触。赣南广昌县城郊，岩性是紫红色厚层砾岩夹粉砂岩，厚度 628 m。泰和县石塘，为棕红、砖红色巨厚层砾岩、砂砾岩、含砾砂岩、砂岩及钙质粉砂岩呈不等厚互层。厚度 2 046 m。下与周田组呈平行不整合接触，上与塘边组整合接触。

塘边组　K*t*　(06－36－1409)

【创名及原始定义】　由江西调研队（1994）在本次对比研究中创塘边组，命名地在横峰县莲荷乡塘边。指位于河口组之上，莲荷组之下一套红色细屑岩。岩性为紫红色夹灰绿色砂岩、粉砂岩和泥岩，局部夹砂砾岩。个别地段相变为粗碎屑岩。有时夹石膏层及玄武岩。岩石中普遍含钙质。产恐龙蛋、介形类和轮藻等化石。下与河口组，上与莲荷组均呈整合接触。

【沿革】　徐克勤、丁毅（1943）调查赣南钨矿时，曾将其划归“于都红色砂砾岩”中部，时代属第三纪。江西石油普查大队黎中虹等⑨（1961）调查信江盆地时，称其为杨梅岭
~~~~~~~~~~

组，时代属古新世—始新世。江西区调队（1964—1989），一般将其归属南雄群（组）中部或新余群的中部，时代为晚白垩世或老第三纪。《江西岩石地层统编》（1991）将其归属圭峰组中部，时代为晚白垩世—第三纪。

【现在定义】 同原始定义。

【层型】 正层型为铅山县河口镇—横峰县莲荷乡塘边剖面（117°41′，28°16′），由江西区调队 1982 年测制。

上覆地层：**莲荷组** 砖红色厚—巨厚层状含砾中细粒砂岩

——————— 整 合 ———————

塘边组	总厚度 240.20 m
16. 砖红色厚—巨厚层细砂岩夹少量中粗粒砂岩及含钙细砂岩	135.11 m
15. 砖红色厚—巨厚层细砂岩夹少许粉砂岩	105.09 m

——————— 整 合 ———————

下伏地层：**河口组** 砖红色巨厚层状砂砾岩

【地质特征及区域变化】 正层型剖面所示，岩性为砖红色厚—巨厚层细砂岩夹粉砂岩及含钙细砂岩，发育泥裂纹及龟裂纹。厚度 240 m。向西至永新怀忠，为紫红色巨厚层泥质粉砂岩、粉砂质泥岩，偶夹泥铁质含砾细砂岩，厚度 508 m。上与莲荷组、下与河口组均呈整合接触。在永新澧田镇蓑衣岭，产石膏。南至广昌城郊，为紫红色粉砂质泥岩、泥质粉砂岩，夹少量砾岩，厚度 279 m。赣中泰和石塘，岩性为砖红色泥质粉砂岩、凝灰质砂岩和泥岩，间夹薄层砂砾岩、页岩、石膏层及软锰矿层，厚 3 060 m。在泰和县冠朝乡小河附近，塘边组产恐龙蛋 *Elongatoolithes elongatus*。在万安县韶口乡西岗山，本组中部夹深灰色橄榄玄武岩。南至赣州凹头，为紫红色夹灰绿色泥质粉砂岩、粉砂岩，夹少量钙质粉砂岩、砂岩及含砾砂岩。具水平层理及斜交层理，产介形类。厚 1 570 m。在赣县茅店，本组产介形类 *Cypridea* sp.，*Cyprinotus* sp.，*Pontocypris* sp.，*Candona* sp.，*Candoniella* sp.，*Iliocypris*? sp.，*Pseudococypris* sp.。在信丰小河，岩性为紫红色粉砂岩、粉砂质泥岩和细砂岩互层，间夹灰绿色细砂岩、粉砂岩。局部含石膏细脉、方解石脉及钙质结核。其下部尚见两层中薄层状泥灰岩。下与河口组、上与莲荷组均呈整合接触。厚度 1 727 m。赣西北修水三都一带的红层过去一直被归于第三系。现据中国地质大学江西区调队修水图组⑬（1995）在本组上部获一窝（4 枚）完整的恐龙蛋，而将时代改归于晚白垩世。本组岩性主要为紫红色钙质细砂岩、钙质粉砂岩及粉砂质页岩，间夹砂砾岩，产恐龙蛋化石 *Spheroolithus*。厚度 236.78 m。上未见顶，下与河口组呈整合接触。

塘边组内恐龙蛋（*Oolithes*），不仅分布普遍，且类型亦多，包括圆形蛋科、长形蛋科等一些属种。这些蛋化石都是晚白垩世中、晚期的产物。因此，其时代归属晚白垩世无疑。

莲荷组 KE*lh* (06-36-1410)

【创名及原始定义】 黎中虹等⑨（1961）创名，创名地在横峰县莲荷。原义指位于杨梅岭组之上，姜家垅组之下一套粗碎屑岩系。岩性底部为砾岩，下部是砖红色块状粗砂岩、

---

⑬ 中国地质大学江西区调队修水图组，1995，1∶5 万修水幅、三都幅野外验收汇报提纲（打印本）。

含砾粗砂岩，中部为砂岩、砾岩互层，顶部为砖红色交错层砂岩。厚度959 m。时代属始新世。

【沿革】 早年徐克勤、丁毅（1943）在调查赣南钨矿时，曾将其归划“于都红色砂砾岩”上部，时代属第三纪。江西区测队（1966）在1∶20万永新幅区域地质调查时，将其归属南雄群上部，时代属晚白垩世。江西区调队（1973）在1∶20万广昌幅地质调查时，将其划归新余群上部。时代属老第三纪。《江西岩石地层统编》（1991）将其划归圭峰组上部，时代属晚白垩世—第三纪。

【现在定义】 指隶属圭峰群上部，位于塘边组之上、新余组之下的一套红色粗碎屑岩系。岩性以砖红色砾岩、砂砾岩为主，夹少量砂岩、粉砂岩和泥岩。产恐龙蛋、腹足类及孢粉。下与塘边组整合或超覆于更老地层之上，上与新余组或池江组整合接触。

【层型】 正层型为铅山县河口镇—横峰县莲荷乡塘边剖面（117°41′，28°16′），由江西区调队1982年测制。

莲荷组	总厚度＞2 631.25 m
49. 砖红色中薄—厚层砂砾岩夹含砾砂岩及细砂岩（未见顶）	27.11 m
48. 砖红色厚—巨厚层含钙细砂岩夹少量同色粉砂岩	266.67 m
47. 砖红色中薄—厚层中细粒砂岩夹含砾粗砂岩及少量不稳定砂砾岩	45.40 m
46. 砖红色厚—巨厚层细砂岩夹粉砂岩及少量长石石英粗砂岩	58.08 m
45. 砖红色中厚层状少许中薄层状细砂岩夹少量同色粉砂岩与泥岩互层	111.31 m
44. 砖红色厚层砂砾岩夹中层（少量薄层）状细砂岩、含砾砂岩及粉砂质泥岩，向上细砂岩及粉砂质泥岩逐渐增多	105.00 m
43. 砖红色中厚—厚层细砂岩夹少量泥质粉砂岩	41.05 m
42. 砖红色厚—巨厚层中细粒砂岩夹少量中厚层状不稳定砂砾岩	73.17 m
41. 紫红—砖红色中厚—厚层含砾粗砂岩夹砂砾岩，局部夹不稳定砾岩及泥岩	468.49 m
40. 砖红色厚—巨厚层含钙细砂岩夹中薄层含砾砂岩和砂砾岩	223.09 m
39. 砖红色厚层砂砾岩夹中厚层细砂岩及少量薄层云母细砂岩、含砾粗砂岩	279.34 m
38. 浮土	56.00 m
37. 砖红—暗紫红色、部分灰绿—灰白色中厚层含砾中细粒砂岩，长石石英砂岩夹少量砂砾岩	43.00 m
36. 暗紫红色中薄层含钙粉砂岩或泥质粉砂岩夹泥岩及少量细砂岩	20.50 m
35. 砖红—暗紫红色含钙细砂岩夹少量薄层不稳定砂砾岩	24.00 m
34. 砖红色薄—中薄层中粗粒含钙含砾长石石英砂岩夹细砂岩	25.00 m
33. 紫红—砖红色厚层粉砂质泥岩或泥质粉砂岩	5.00 m
32. 砖红色含钙泥质细砂岩	24.98 m
31. 砖红色巨厚层含钙中细粒砂岩，局部为砂砾岩	11.00 m
30. 砖红色厚—巨厚层中细粒砂岩夹含砾细砂岩及少量薄—中厚层不稳定砂砾岩	132.36 m
29. 上部砖红色巨厚层砂砾岩夹中薄层含砾细砂岩、粗砂岩、条带状砂岩及少量中薄层不稳定砾岩；下部砂砾岩、含砾砂岩及细砂岩组成韵律	109.92 m
28. 上部含砾细砂岩与细砂岩互层；下部砂砾岩夹砾岩、含砾砂岩及粉砂岩	16.80 m
27. 砖红色中厚—厚层条带状砂砾岩夹薄层不稳定中细粒砂岩及厚层不稳定砾岩，上部为厚度15 m含钙质结核细砂岩	22.50 m
26. 砖红色中厚—厚层砂砾岩、细砂岩及不稳定砾岩	30.60 m
25. 砖红色中厚—厚层少量薄层细砂岩及中粗粒砂岩，间夹中薄层砂砾岩及少量不	

稳定砾岩　14.60 m

24. 砖红色中厚层含钙含砾细砂岩夹少量不稳定薄层砂砾岩　114.40 m

23. 砖红色厚—巨厚层含钙砂砾岩夹砾岩，上部夹细砂岩、含钙泥质粉砂岩和泥岩　121.68 m

22. 砖红色巨厚层细砂岩夹少量含砾细砂岩及砂砾岩　46.15 m

21. 砖红色巨厚层含钙细砂岩　63.05 m

20. 砖红色巨厚层含钙细砂岩夹巨厚层砂砾岩，局部砾石聚集成砾岩　18.58 m

19. 砖红色巨厚层部分为中层含钙细砂岩，夹少量中薄—中层粉砂岩　32.42 m

18. 砖红色厚—巨厚层含砾砂岩夹不稳定砂砾岩　13.05 m

17. 砖红色厚—巨厚层含砾中细粒砂岩及砂砾岩夹不稳定砾岩　53.37 m

———— 整　合 ————

下伏地层：**塘边组**　砖红色厚—巨厚层状细砂岩

【地质特征及区域变化】　正层型剖面岩性主要为砖红色厚、巨厚层状砾岩、砂砾岩与厚层钙质砂岩、粉砂岩且构成基本层序，韵律式出现，局部含有钙质结核。厚度大于2 631 m。上未见顶，下部与塘边组整合接触。向西至新余长坑，下部岩性为紫红色砾岩、砂砾岩；上部是紫红、砖红色细砂岩和粉砂岩，产恐龙蛋 *Elongatoolithus elongatus*；腹足类 *Trancatella maxima*，*Rubeyella carinata*，*Viviparus* sp. 及 *Reesidella* sp. 等。厚度544.26 m。下与水北组不整合接触，上与新余组整合接触。再向西至永新怀忠，岩性主要为棕红色厚层、巨厚层砂砾岩、砾岩、砂岩及粉砂岩。岩石中普遍含有泥铁质。下部与塘边组整合接触，上部出露不全。厚度大于 1 630.9 m。南至广昌城郊，岩性为砖红色厚层砾岩、砂砾岩、砂岩及粉砂岩。岩石中普遍含有钙质。上部钙质砂岩中产孢粉：其中蕨类孢子占 25.5%，主要有 *Leiotriletes*，*Botrychium*，*Osmunda*，*Polypodium* 等；裸子花粉占42.5%，主要为 *Ginkgo*，*Podocarpus*，*Pinus*，Cupressaceae 等；被子植物花粉占 32%，主要有 *Salix*，*Pterocarya*，*Quercus* sp.，*Morus* sp.，*Ilex* 及 *Nothobogus* 等。厚度大于4 644 m。下与塘边组整合接触，上未见顶。信丰县正平，岩性为紫红色厚层砂砾岩与紫红色钙质砂岩及钙质粉砂岩等，交互出现。产恐龙蛋 *Macroolithus rugustus*，*Elongatoolithus elongatus* 及 *Spheroolithus* 等。厚度大于 827 m。上部被断层破坏，出露不全，下部与塘边组整合接触。

本组产恐龙蛋化石，就其蛋化石所指示的时代，应为晚白垩世。但是化石的分布极不平衡，一般在莲荷组剖面的顶部无化石控制；有的地方厚度较大，其上限难以确定，则不排除有第三系存在的可能，因此，莲荷组的时代归属晚白垩世至老第三纪为宜。

武宁群　EW　(06－36－1411)

【创名及原始定义】　系王竹泉（1930）在调查修水流域地质时，所创的“武宁红色岩层”演变而来，创名地在武宁县城郊。所指岩性三分。底部为砾岩，中部是砂砾岩与红土相间，上部多为红土。红色岩层为古河床沉积物或为湖泊沼泽沉积物。下与元古宙至侏罗纪地层，呈不整合接触。时代主要为第三纪。

【沿革】　李毓尧（1933）在修水流域进行地质调查时，称其为“红色层”，时代为第三纪。江西区测队（1964）在 1∶20 万修水幅区域地质调查时，划归新余群，时代为老第三纪。《华东地区区域地层表·江西省分册》（1980）称其为武宁群，时代亦为早第三纪。《江西岩石地层统编》（1991）将赣北地区的下第三系，自下而上划分为：磨下组、杨梅山组

(含王埠灰岩段)、郑家渡组和奉新砾岩等 4 个组级岩石地层单位。本次对比研究将磨下组和杨梅山组（含王埠灰岩段）合并为一，称磨下组。郑家渡组和奉新砾岩仍沿用。另外将上述三个组合并为群，称武宁群。

【现在定义】 指圭峰群之上、上第三系之下的一套红色碎屑岩系，自下而上，由磨下组（含王埠灰岩段)、郑家渡组及奉新砾岩等三个组级岩石地层单位组成。为山麓洪积—河湖相沉积。在王埠一带夹灰岩，局部见有玄武岩夹层。灰岩及细碎屑岩中产介形类、腹足类、轮藻化石。上未见顶，其下不整合于早古生代地层之上。时代老第三纪古新世至渐新世。

【层型】 见下述磨下组、郑家渡组及奉新砾岩等的层型。

磨下组 E*m* (06-36-1412)

【创名及原始定义】 该名系江西调研队（1991）在《江西岩石地层统编》中创名，创名地在武宁县磨下—王埠。原指修水—武宁一带红色地层最下部一个地层单位。岩性主要为紫红色、灰绿色钙质粉砂岩和紫红色砂岩、砂砾岩等，中上部有时夹灰岩凸镜体。属河流—湖泊相。与上覆杨梅山组以出现砾岩、砂砾岩为界。时代为古新世。

【沿革】 早年王竹泉（1930)、盛莘夫（1942）将其划归第三系武宁红色岩层的下部。江西区测队（1964)《1：20 万修水幅区域地质测量报告》将其归属老第三纪新余群下部。《华东地区区域地层表·江西省分册》(1980）将现磨下组置于武宁群的下部，时代为老第三纪。《江西岩石地层统编》(1991）按照岩石地层划分的原则，创磨下组一名。其分布于武宁一带，时代为老第三纪。本次对比研究沿用磨下组一名，但其含义有所扩大，即相当《江西岩石地层统编》(1991）的磨下组和杨梅山组（含王埠灰岩段)，时代为古新世—始新世。

【现在定义】 是武宁群最下部一个组级岩石地层单位，指位于莲荷组之上、郑家渡组之下一套河流—湖泊相碎屑岩地层，其中部含王埠灰岩段。据沉积结构特点，该组可分三个单元。底部是紫红色砾岩、砂砾岩；向上变为紫红、灰绿色钙质粉砂岩及钙质砂岩；中部夹有一套紫红、灰色的陆屑灰岩，如砂质隐晶灰岩、含砾灰岩等。灰岩中产有腹足类、介形类、轮藻及虫管化石。上部为紫红色砾岩夹含砾钙质砂岩。厚度 1 768.0 m。上部与郑家渡组整合接触，下部不整合于早古生代地层之上。

【层型】 正层型为武宁县磨下—王埠剖面（115°07′，29°14′)，由江西区调队 1973 年测制。

上覆地层：**郑家渡组** 紫红色中层状钙质粉砂岩

——————— 整 合 ———————

磨下组	总厚度 1 767.97 m
28. 紫红色砾岩夹中层状含砾钙质砂岩	8.00 m
27. 紫红色砾岩	126.72 m
26. 紫红色中厚层状含砾钙质粉砂岩及含灰岩团块泥岩	9.40 m
25. 紫红色砾岩	170.67 m

——————— 整 合 ———————

王埠灰岩段	厚 147.27 m
24. 紫红色砾岩夹紫红色中层状隐晶质灰岩	14.70 m
23. 紫红、灰红色砾岩夹少量紫红色中层状含细砾钙质砂岩	23.57 m

22. 灰色粉砂质隐晶质灰岩 3.60 m

21. 紫红色粉砂质隐晶质灰岩夹少量砂岩 15.80 m

20. 灰色含砾隐晶质灰岩夹灰色含砾钙质粗砂岩 5.40 m

19. 上部灰红色粉砂微粒灰岩，下部灰色含砾隐晶质灰岩，产虫管化石 6.70 m

18. 紫红色厚层状含砾粉砂灰岩、粉砂质灰岩 21.60 m

17. 灰色中厚层状隐晶质灰岩，其中有一层呈灰褐色，锤击后有浓厚汽油味。产腹足类：*Australorbis*? sp.，*Bithynia* sp.，*Physa*? sp.，*Hydrobis* sp.，*Parhydrobia* sp.，Planorbidae，Hydrobidae；介形类：*Candona paracompressa*，*C. combibo*，*Candoniella* aff. *albicans*，*Cypris* spp.，*Cyprinotus* spp.，*C.* cf. *macronefandus*，*Cypris decaryi*，*Eucypris stagnalis*，*Eucypris* sp.，*Metacypris* sp.；轮藻：*Obtusochara* sp. 12.10 m

磨下组

16. 紫红色厚层含砾、含粉砂灰岩夹紫红色厚层砾岩 43.80 m

15. 紫红色砾岩为主，下部夹少量紫红色含砾粗砂岩 45.81 m

14. 紫红色厚层砾岩 121.35 m

13. 紫红色厚层砾岩 329.10 m

12. 紫红色钙质粉砂岩夹灰绿色钙质粉砂岩 124.83 m

11. 紫红、灰绿色钙质粉砂岩、钙质细砂岩 42.30 m

10. 紫红色、灰绿色钙质粉砂岩及钙质细砂岩 57.83 m

9. 紫红色厚层状钙质粉砂岩、含砾粗砂岩，中粗粒杂砂质长石石英砂岩夹凸镜状砾石 63.88 m

8. 紫红色厚层含砾砂岩夹紫红色钙质粉砂岩、砾岩及长石石英砂岩 179.11 m

7. 紫红色含砾中粗粒杂砂岩夹少量紫红色含钙粉砂质泥岩 30.24 m

6. 上部为紫红色钙质粉砂岩夹紫红色含砾粗砂岩，底部为砾岩 57.46 m

5. 上部为紫红色厚层钙质粉砂岩，中部为灰褐色含钙中细粒杂砂岩，下部为红褐色砾岩 13.10 m

4. 褐红色厚层状含砾中粗粒杂砂岩 131.35 m

3. 紫红色砾岩夹紫红色厚层砾质细砂岩 31.00 m

2—1. 紫红色砾岩，夹少量紫红色中层状含砾砂岩 37.80 m

~~~~~~~~~~ 不 整 合 ~~~~~~~~~~

下伏地层：**殿背组**

0. 灰黄色泥质粉砂岩

【地质特征及区域变化】 正层型剖面地层发育齐全，主要由一套紫红色砾岩、砂砾岩夹钙质粉砂岩、细砂岩组成。在上部夹有不稳定的碳酸盐岩（即王埠灰岩段），产有丰富的腹足类、介形类、轮藻及虫管化石。底部不整合于殿背组之上。厚度 1 767.97 m。该组主要分布于武宁、瑞昌、安义、奉新一带。层型之东北方向瑞昌市桂林桥，地层出露不全，仅见紫红色细砂岩，间夹猪肝、黄绿色玄武岩。厚度大于 27 m。在安义县罗庄附近，岩性为紫红色砾岩、含砾砂岩，夹紫红色砂岩、粉砂岩。上与郑家渡组整合接触，下与双桥山群不整合接触。该组时代主要根据王埠灰岩段化石资料，归属古新世至始新世。

王埠灰岩段 E^w (06-36-1502)

【创名及原始定义】 江西调研队（1991）在《江西岩石地层统编》中创名，创名地在武宁县王埠。原属杨梅山组中一个单独的灰岩段。产介形类、腹足类及虫管化石。厚度
~~~~~~~~~~

147 m。

【沿革】 20世纪80年代之前，前人一般将武宁附近红层中的陆屑灰岩夹层，归属老第三纪的“武宁红色岩层”、“新余群”（组）、武宁群（组）中，视作夹层。《江西岩石地层统编》（1991）依据岩石地层划分的原则，强调岩石的宏观特征，将该灰岩段单独划出，创名“王埠灰岩段”，时代属古新世—始新世。本次对比研究，沿用其名，作为磨下组的中部一个段级单位。

【现在定义】 指磨下组中部的一个特殊的岩性段。岩性为紫红、灰色砂质灰岩、含砾灰岩、隐晶灰岩，间夹少量砾岩和钙质砂岩。产腹足类、介形类、轮藻及虫管化石。与组内的上、下层位岩层呈连续沉积，且以灰岩消失、大套砾岩的出现为分界。

【层型】 正层型为武宁县王埠剖面，详见磨下组层型剖面。

【地质特征及区域变化】 该段分布较局限，目前仅在武宁县王埠附近见及。岩性主要是紫红、灰色砂质灰岩、含砾灰岩和隐晶质灰岩，上部夹少量紫红色砾岩、含砾砂岩。产腹足类、介形类、轮藻及虫管化石。厚度147.27 m。该段化石丰富，其中腹足类、轮藻化石的地质历程较长，确定地质时代意义不大。剖面中的介形类较为重要，从总的生物组合面貌分析，它反映新生代的特征。其中*Cypris*，*Candoniella*和*Cyprinotus*三个属的地史分布是第三纪至现代，是始新世较常见的属群。*Candona combibo*主要繁盛于古新世至早始新世。*Cyprinotus* cf. *macronefandus*，*Candoniella* aff. *albicans*一般层位偏高，它们是江汉地区荆河镇组及潜江组的常见分子，多见始新世晚期。*Eucypris stagnalis*则是晚古新世至早始新世的重要分子。因此，介形类所指示的时代，主要是晚古新世至始新世。化石所赋存的王埠灰岩段时代，也只能是晚古新世至始新世。灰岩中的虫管化石，据同济大学海洋地质系（1975）鉴定此化石时指出：“虫管化石属海相产物，从环境等时线考虑，在地层对比意义较大”。目前已知这类化石，在苏北的阜宁组，山东的沙河街组，广东三水的㘵心组及我省清江盆地的第三纪地层中均有见及，其层位亦应大体相当。所以该段时代，从含虫管化石的层位对比，其时代归属晚古新世至始新世为妥。

郑家渡组 $E\hat{z}$ (06-36-1503)

【创名及原始定义】 系江西调研队（1991）在《江西岩石地层统编》中所创，层型剖面位于奉新县郑家渡。原义为：以紫红色泥岩、粉砂岩为主，夹少量紫红色砂砾岩、砾岩，有时含有薄层石膏。富产介形类化石。与上覆地层奉新砾岩间不整合面明显。厚度180～2 680 m。时代为古新世至始新世。

【沿革】 王竹泉（1930）、盛莘夫（1942），在调查江西西北部地质时，将其时代归属老第三纪武宁红色岩层。江西区测队（1964）在《1∶20万修水幅区域地质测量报告书》中划归老第三纪新余群中部。江西区调队[14]（1982）又将其归属古新世—渐新世武宁群的中部。《江西岩石地层统编》（1991）将该套地层，创名为郑家渡组，时代为渐新世。本次对比研究沿用郑家渡组一名，但其时代改为始新世至渐新世，而倾向于始新世。

【现在定义】 指整合于磨下组之上、奉新砾岩之下一套代表武宁—安义盆地相对稳定时期的湖泊相细碎屑岩沉积。岩性以紫红色泥岩、粉砂岩为主，可夹少量砾岩、砂砾岩和薄层石膏。产腹足类、介形类和轮藻化石。与上、下地层呈沉积过渡关系。

---

⑭ 江西区调队，1982，江西省第三系（内部印刷）。

【层型】 正层型为奉新县郑家渡—安义县前埠剖面（115°25′，28°41′），由江西区调队1973年测制。

郑家渡组　总厚度 2 680.0 m

10. 紫红色泥岩、粉砂岩夹灰绿色薄层长石质粉砂岩（未见顶）　288.0 m

9. 紫红色泥岩夹紫红、灰绿色中薄层粉砂岩，底部紫红色薄层钙质粉砂岩　306.0 m

8. 紫红色泥岩夹紫红、灰绿色薄层泥页岩，含多层薄层石膏。产介形类：*Cypris* spp.，*Cyprinotus* spp.，*C.* cf. *macronefandus*，*Eucypris* spp.，*E. stagnalis*，*Herpetocypris* sp.　364.0 m

7. 浅红色含砾长石石英砂岩夹浅红色薄—中层砂砾岩　170.0 m

6. 紫红色粉砂质泥岩　104.0 m

5. 紫红色粉砂质泥岩、粉砂岩夹紫红色长石石英砂岩及紫红色薄层砂砾岩　680.0 m

4. 紫红色泥岩与紫红色粉砂岩互层　336.0 m

3. 紫红色泥岩夹少量紫红色泥质粉砂岩　286.0 m

2. 紫红色泥岩夹灰褐色似层状凸镜状花岗质碎屑岩　146.0 m

———————— 整　合 ————————

下伏地层：**磨下组**

1. 灰褐色厚层含钙粗砂质砾岩

【地质特征及区域变化】 正层型剖面所示岩性以紫红色夹灰绿色泥岩、粉砂岩为主，中部夹少量砂岩、砂砾岩。上部产有丰富的介形类 *Cypris* sp.，*Cyprinotus* sp.，*C.* cf. *macronefandus*，*Eucypris stagnalis*，*Herpetocypris* sp. 等，和王埠灰岩段的介形类组合面貌相似，均是始新世至渐新世较繁盛的属群，故该组时代置于始新世至渐新世为宜。需说明一点，与上覆地层奉新砾岩，在局部地方可见明显的"不整合面"，是盆地封闭作用所形成的沉积侵蚀面，而不是一般褶皱运动所造成的，故本次对比研究仍视为整合接触。其与下伏的磨下组为整合接触。在安义县龙头山，本组中夹有薄层石膏，应是山间湖泊相沉积。在武宁县王埠，本组厚度仅20余米。南至南昌市老福山厚度大于351.0 m。岩性以紫红色泥岩为主，夹有少量粉砂岩及团块状石膏。

奉新砾岩　E*f*　(06-36-1504)

【创名及原始定义】 原称奉新群，为江西区调队（1973）进行1∶20万永修幅区域地质调查时创名。创名地位于奉新县新塘。原义为：奉新群分布于安义盆地之西部奉新—石壁—仁首一带。岩性单调，为一套紫红色砾岩为主，夹砂砾岩的沉积，属山间盆地之磨拉石建造。厚达4 223.8 m。与下伏地层呈区域性不整合接触，超覆于本群四段之不同地层上。时代为始新世至渐新世。

【沿革】 王竹泉（1930）、盛莘夫（1942）在调查江西西北部地质时，将其归属老第三纪武宁红色岩层之上部。江西石油普查大队（1980）⑮ 对武宁盆地所划分的"丹霞组"，则相当于本单位，时代为晚始新世—渐新世（?）。江西区调队（1982）将其归属武宁群上部，时代为渐新世。《江西岩石地层统编》（1991）将该群改称奉新砾岩，时代归属始新世晚期。

---

⑮ 江西石油普查大队，1980，江西省第三系（内部印刷）。

本次对比研究，沿用其名，时代暂归属晚始新世—渐新世。

【现在定义】 指位于郑家渡组之上的一套山麓—河流相粗屑、块、砾沉积物。岩性以紫红色厚层状砾岩、砂砾岩为主，夹少量细屑岩所组成。未见顶，与下伏郑家渡组为整合接触。

【层型】 正层型为奉新县新塘剖面（115°20′，28°46′），由江西区调队1973年测制。

奉新砾岩	总厚度＞3 637.67 m
13. 红色砾岩（未见顶）	186.32 m
12. 红、褐红色砾岩夹少量含砾砂岩、砂砾岩	659.51 m
11. 红色砾岩，偶夹中薄层砂砾岩	556.22 m
10. 黄褐、褐红色砾岩，偶夹褐红色似层状—凸镜状含砾砂岩	256.39 m
9. 上部红色砾岩，偶夹少量鲜红色含砾长石石英砂岩；下部红色砾岩夹玫瑰色似层状、凸镜状含砾长石石英砂岩	533.76 m
8. 深红色偶含细砾泥岩	2.96 m
7. 红色厚层砾岩夹红色厚层砂砾岩、似层状含砾长石石英砂岩，顶部砾岩中夹红色含细砾泥岩、含砾砂岩	913.29 m
6. 砖红色泥岩夹薄层状、似层状、凸镜状泥质粉砂岩	3.54 m
5. 红色砾岩	104.85 m
4. 红色砾岩夹红色薄—中厚层砂砾岩，偶夹少量红色中薄层泥岩及长石石英砂岩	288.48 m
3. 深红色泥质粉砂岩偶夹薄层细砂岩	7.34 m
2. 红色中—厚层砾岩、砂砾岩夹薄层含砾砂岩、含砾长石石英砂岩，偶夹红色泥质粉砂岩	108.55 m
1. 红色砂岩夹似层状砂砾岩，偶夹薄层粉砂岩	16.46 m

——————— 整 合 ———————

下伏地层：**郑家渡组** 深红色厚层粉砂岩、砂岩，其中偶含细砾

【地质特征及区域变化】 奉新砾岩仅分布于安义盆地奉新县西北方向，以红、深红色厚层状砾岩、砂砾岩为主，夹少量含砾砂岩、砂岩及薄层泥岩、泥质粉砂岩。厚度大于3 637 m。沉积环境属山麓洪积、河床相。该套地层未获任何化石，根据层位，将其时代暂归属始新世—渐新世。

新余组 Ex (06-36-1505)

【创名及原始定义】 周明镇等（1959）创名于新余市姚墟乡宁家山。原指：上部为砖红色砂质泥岩，夹有灰白、灰绿色砂质泥灰岩；中部为暗红、砖红色泥岩，含有钙质结核；下部为暗红色砾岩夹粘土。在红色砂砾岩中产龟及钝脚类化石。根据 *Coryphodon*（冠齿兽），*Anosteira*（无盾龟），其时代为始新世。

【沿革】 高平、徐克勤（1940），夏湘蓉（1940）在清江盆地进行地质调查时，曾将含有该组的红色岩系分别统归入老第三纪衢江红砂岩和新红岩系之中。江西区测队（1961）将其改称为新余群，置于早第三纪。张玉萍、童永生（1963）亦称新余群。根据化石，其时代属早始新世—中始新世。《江西岩石地层统编》（1991）复称新余组，并将其中下部含膏盐的层位命名为清江膏盐段；时代为古新世—中始新世。本次对比研究从之。

【现在定义】 仅指清江盆地，整合于莲荷组之上、平行不整合于临江组之下一套河湖

相细碎屑岩为主的地层。盆地边缘以紫红色粉砂岩、泥岩及细砂岩为主，夹少量砂砾岩，常含钙质；盆地中心发育一套膏盐地层（称清江膏盐段）。产介形类、脊椎动物等化石。

【层型】 创名人未指定层型，本书指定选层型为新余市姚墟乡宁家山剖面（115°13′，27°50′），由张玉萍、童永生1963年测制。

新余组 总厚度＞42.5 m

4. 紫红色泥岩（未见顶） 26.0 m

3. 砾状砂岩与紫红色薄层状砂质泥岩互层。产脊椎动物化石 1.5 m

2. 紫红色砂质泥岩，顶部有灰白色薄层泥灰岩。产恐角类 *Probathyopsis sinyuensis*，钝脚类 cf. *Coryphodon* sp. 4.0 m

1. 紫红色砂质泥岩，含钙质结核（未见底） ＞11.0 m

【地质特征及区域变化】 选层型剖面，顶、底出露不全，可见厚度42.5 m。为一套紫红色砂质泥岩，产钝脚类、恐角类、鳄类、龟鳖类化石。属盆地边缘河湖相沉积。在新余马洪乡长坑，本组与下伏莲荷组为连续沉积，岩性以紫红、砖红色粉砂质泥岩、粉砂岩及粉砂质细砂岩为主，常含钙质结核，中下部夹砾岩、砂砾岩，显示盆地曾有过隆升和沉降。在永丰县旺田，岩性为紫红、猪肝色细屑岩，其下部夹灰白色粉砂质页岩，产植物：*Elatocladus* sp.，*Equisetites* sp.；腹足类：*Plaectophyloides* sp.，*Gyraulus* sp.，*Ganeselloides* sp.；介形类：*Limnocythere* sp.，*Eucypris* sp.；叶肢介：*Orthestheria* sp.，*Paraleptestheria* sp. 等。厚180 m。下与莲荷组整合接触。

根据地层层序及化石 *Anosteria* 及 *Coryphodon*，该组时代应为古新世—始新世。

清江膏盐段 E^q (06-36-1506)

【创名及原始定义】 江西调研队（1991）在《江西岩石地层统编》中所创，层型剖面位于清江县洋湖清9井。系指清江盆地中心的清江—临江一带，据钻井所知，岩性主要为灰黑、灰绿色夹少许紫红色薄层泥岩、粉砂岩，其中富含膏盐层。产介形类 *Cypris* sp.，*Eucypris* sp. 等。为突出其膏盐层，特单独命名清江膏盐段。

【沿革】 江西915队⑯（1973）曾将其划为清江组第二段，时代为古新世—始新世。何月明、孙湘君（1977）据孢粉组合划为古新世清江组第一段。江西区调队⑭（1982）及《江西省区域地质志》（1984）均划归老第三纪新余群。本次对比研究沿袭《江西岩石地层统编》（1991）意见，将其独立建段，归属新余组中，含义不变。

【现在定义】 位于新余组中下部，岩性以深灰、灰黑色泥岩为主，间夹少量粉砂岩、泥灰岩。产大量钙芒硝、硬石膏及盐岩层。含腹足类、轮藻和孢粉化石。与新余组中的上、下层位呈连续过渡关系，且以含膏盐的大量减少而与之分界。

【层型】 正层型为清江盆地清9井柱状剖面（115°32′，27°59′），由江西石油队1980年测制。

上覆地层：**新余组**

---

⑯ 江西915队，1973，江西清江盆地下第三系介形类化石初步研究（内部印刷）。

7. 灰、灰黑色泥岩与紫红色中厚层粉砂岩呈不等厚互层，向下部灰色层增多，石膏、钙芒硝等盐类矿物大量增加，自上而下粒度稍变粗。下部产介形类 *Sinocypris triangulata*，泥岩尚产孢粉化石 136.16 m

——————— 整 合 ———————

清江膏盐段 总厚度 774.26 m

6. 深灰色薄层，含大量钙芒硝、硬石膏及黄铁矿晶体。产腹足类 *Pupoides* sp.，轮藻 *Rhabdochara* sp. 及孢粉化石 37.38 m

5. 灰、深灰色薄层含钙芒硝、硬石膏泥岩与灰黑、乳白色晶质盐岩层组成的韵律层多层出现。在含膏盐的泥岩中，产孢粉化石 429.2 m

4. 灰、深灰色薄层泥岩夹细粉砂岩条带，含大量团块、薄层钙芒硝、硬石膏。产孢粉化石 45.87 m

3. 深灰色泥岩、含盐泥岩夹紫红色薄层泥岩，局部夹少量含钙泥岩及薄层泥灰岩，普遍含团块状硬石膏、钙芒硝 125.92 m

2. 灰、深灰色薄—中厚层状细粉砂岩与棕红、紫红色粉砂质泥岩呈略等厚互层。普遍含硬石膏、钙芒硝。产孢粉化石 135.89 m

——————— 整 合 ———————

新余组

1. 紫红色泥岩与深灰色泥岩、细粉砂岩呈不等厚度互层 132.00 m

——————— 整 合 ———————

下伏地层：**莲荷组**

0. 紫红色砂砾岩夹含砾粉砂岩

【地质特征及区域变化】 本段岩性为深灰、灰黑色含钙芒硝、硬石膏泥岩、粉砂岩与盐岩层互层，间夹紫红色泥岩、粉砂岩。化石丰富，有孢粉（下部为 *Ulmipollenites*－*Nanlingpollis* 组合，上部称 *Ephdripites* 组合）、腹足类 *Pupoidus* sp. 及轮藻 *Rhabdochara* sp. 等。故含化石的地层时代为晚古新世为宜。本段以含石膏、盐岩为主的细屑岩沉积，显示为内陆湖的蒸发环境。

临江组 *El* （06－36－1507）

【创名及原始定义】 原称临江群，为江西石油普查大队[17]（1961）创名于清江县临江镇。原始定义：为内陆湖相沉积，岩性细致，富含有机质，主要岩性为灰黑、灰绿色泥页岩夹砂质岩，并夹有数层劣质油页岩，为一组适于生油的层系。

【沿革】 张玉萍、童永生（1963）在对清江、新余一带“红层”调研后，将其改称临江组，时代置于晚始新世。此后，该组名一直沿用至今。本次对比研究仍沿用此名，但时代归入晚始新世至渐新世。

【现在定义】 指清江盆地发展至晚期进入萎缩阶段沉积的一套富含劣质油页岩之细屑岩地层。平行不整合于新余组之上，岩性以黄绿、灰绿、灰黑色泥岩、页岩为主，夹粉砂岩、细砂岩及劣质油页岩。产丰富的介形类、轮藻、腹足类、鱼类及孢粉化石。上未见顶，底部以一层灰色中—细砾岩与新余组分界。该组仅分布于清江盆地。

【层型】 创名人未指定层型，本书指定选层型为清江县临江镇谢村口—渚塘剖面

---

[17] 江西石油普查大队，1961，江西省石油地质普查工作总结（内部印刷）。

（115°22′,28°00′），由江西区测队 1963 年测制。

临江组	总厚度 232.45 m
18. 黄绿、灰绿色绢云页岩夹粉砂岩、细砂岩、油页岩及钙质长石石英砂岩（未见顶）	18.30 m
17. 黄绿色泥岩	0.81 m
16. 黑、棕灰黑色劣质油页岩及绢云碳质页岩。含介形类 *Candoniella* sp.	1.08 m
15. 黄绿、灰绿色绢云页岩，间夹黄色薄层绢云粉砂岩及细砾岩	8.87 m
14. 黄绿色绢云页岩夹薄层泥铁质绢云条带状长石石英细砂岩或粉砂岩	3.05 m
13. 黄白色细砂岩与棕色油页岩互层。产介形类化石	1.93 m
12. 黄绿、棕灰色绢云页岩，上部夹绢云粉砂质页岩或粉砂岩，下部夹一层黄白色含铁质绢云长石石英细砂岩	69.07 m
11. 灰色绢云页岩，上部偶夹黄灰色薄层石英长石细砂岩及油页岩。产腹足类：*Planorbis* sp.，*Baicalia* sp.，*B. duthiersicides*，*Physa* sp.	10.74 m
10. 灰白色绢云页岩	1.84 m
9. 灰绿色绢云页岩间夹油页岩及粉砂岩，顶部为浅灰、灰色薄层含石英粉砂灰岩，含介形类化石	11.32 m
8. 灰绿、浅灰色泥质、钙质条带粉砂质页岩、石英粉砂岩。产腹足类：*Planorbis* sp.，*P. chihriensis*，*Australorbis* sp. 及介形类化石	47.90 m
7. 灰色绢云页岩夹薄层含石英粉砂灰岩	4.10 m
6. 灰、灰绿色页岩及页片状含泥质灰岩间夹少量薄层粉砂岩，底部含石英粉砂灰岩。产介形类 *Cypris* sp. 及腹足类化石	33.32 m
5. 暗绿色泥岩。产腹足类及介形类化石	1.85 m
4. 浅绿灰色绢云夹灰色薄层泥灰岩	4.02 m
3. 紫、暗紫色泥铁质钙质长石石英粉砂岩。产腹足类 *Planorbis* sp. 及龟化石	3.70 m
2. 紫红色泥岩及页岩，底部夹黑色薄层沥青质页岩	6.58 m
1. 灰色砾岩	4.02 m

——————— 平行不整合 ———————

下伏地层：**新余组**　紫红、棕红色中—厚层泥岩及页岩夹紫红、黄灰色中厚层细砂岩、粉砂岩及钙质细（粉）砂岩、泥灰岩，上部石膏层与页岩互层；中部紫红色厚层泥铁质灰岩。产介形类：*Cypris* sp.，*Eucypris* cf. *stagnalis*，*Candona* sp. 等

【地质特征及区域变化】　选层型剖面岩性为灰绿、黄绿色页岩为主，间夹粉砂岩、油页岩、泥灰岩及细砂岩，底部为一层灰色中、细砾岩。厚度 232 m。综合介形类、腹足类、植物、鱼及孢粉化石，将其时代归为始新世—渐新世。根据大量灰色细屑岩、泥灰岩和鱼、介形类、腹足类化石，本组应以湖泊相沉积为主，间有河流相沉积。

水田灰岩　Eŝ　(06－36－1508)

【创名及原始定义】　江西调研队（1991）在《江西岩石地层统编》中所创，创名地在吉水县水田乡杜下村。原义：岩性以紫红色中厚层砂质微晶灰岩为主，夹少量粉砂岩、石英砂岩和砾岩凸镜体，水平层理发育，斜层理少见。厚度 453 m。属静水湖泊沉积。下与圭峰群以粗碎屑岩为界。与上覆地层以不整合为界。

【沿革】　层型剖面是江西调研队（1988）进行 1∶5 万谷村幅地质调查时所测，划归新

余组，时代为古新世—始新世。《江西岩石地层统编》（1991）将其中、上段（第5—12层）划出，新建水田灰岩。时代为古新世。本次对比研究从属这一意见，将其时代放宽为古新世—始新世。

【现在定义】　指位于莲荷组之上一套浅水湖泊相灰岩夹少量碎屑岩地层。岩性以黄褐、紫褐、紫红色中厚层状砂质微晶灰岩为主，夹少量（含钙）粉砂岩、砂岩、砾岩。下部产少量孢粉化石。下与莲荷组呈连续过渡关系，以微晶灰岩的出现与其分界。上未见顶。

【层型】　正层型为吉水县水田乡杜下村剖面（115°06′，27°25′），由江西调研队1988年测制。

水田灰岩	总厚度＞453.2 m
12. 黄褐、紫褐色厚层含粉砂微晶灰岩及含砂微晶灰岩，向上过渡为黄褐、褐紫红色中层含砂钙质粉砂岩及黄色凸镜状、团块状含砾中细粒岩屑石英杂砂岩（未见顶）	51.59 m
11. 浅紫红、褐紫红色厚层砂质微晶灰岩及含砂微晶灰岩	68.27 m
10. 浅紫红色厚层状、结核状及砾石状含砂微晶灰岩，底部偶见中层状复成分砾岩	69.43 m
9. 紫红色厚层砾砂质微晶灰岩、砂质微晶灰岩，向上过渡为含钙岩屑石英砂岩，底部灰岩中偶夹砾岩凸镜体	73.93 m
8. 紫红色厚层含砂钙质粗粉砂岩，向上为紫红色厚层钙质不等粒岩屑石英砂岩	26.86 m
7. 紫红色厚层含砾砂质微晶灰岩夹紫红色细微粒岩屑石英杂砂岩，偶夹砾岩凸镜体	69.56 m
6. 紫红色块状、结核状砂质微晶灰岩夹紫红色中薄层凸镜状复成分砾岩	68.74 m
5. 紫红色中薄层复成分岩屑砾岩夹紫红色块状砂质微晶灰岩。产孢粉化石	24.82 m
———— 整　合 ————	
下伏地层：**莲荷组**	
4. 紫红色厚层复成分砾岩，顶部偶见紫红色含铁钙质细砂屑杂砂岩及含钙粉砂岩	81.24 m

【地质特征及区域变化】　水田灰岩仅分布于吉泰盆地外缘吉水县水田乡一处。其岩性大致可分上下两段。下段（第5—9层），底部为复成分砾岩夹砂质微晶灰岩，中上部为厚层状含砾砂质微晶灰岩与钙质岩屑石英砂岩呈不等厚互层，偶夹砾岩凸镜体。厚度264 m；上段（第10—12层）主要为砂质微晶灰岩，底部偶夹砾岩，近顶部为钙质粉砂岩、含砾岩屑石英杂砂岩组成逆粒序层。厚度189 m。下段岩石中水平层理发育，偶见砂砾岩凸镜体及层间底冲刷构造，应属河床—河漫—湖泊相交互沉积；上段岩性多为陆屑灰岩及含钙粉砂岩，水平层理发育，属湖泊相沉积。在下段中获孢粉化石，组合中以被子植物花粉为主，占总量的73%，裸子植物花粉占18%，蕨类植物孢子占9%，其中被子植物中的栎属、三沟、三孔沟类花粉较多，裸子植物中见有杉科粉，蕨类植物孢子见有桫椤孢、哈氏水龙骨单缝孢等。从其组合面貌，将水田灰岩时代归属古新世—始新世。

池江组　$E\hat{c}$　（06-36-1509）

【创名及原始定义】　系郑家坚、童永生、计宏祥、张发（1973）所创，创名地位于大余县池江乡新村里。原义：在新城—小溪岭一带，本组主要由紫红色砂质泥岩夹灰黄、灰绿色钙质泥岩组成，紫红色层厚，灰绿色层薄。向西至凤凰城一带，以紫红色泥岩为主，夹灰紫红砂砾岩，含多量钙质结核。在新城附近厚164 m。与下伏南雄组之间呈平行不整合接触。时代属中古新世至晚古新世。

【沿革】 陈国达等（1939）在贡水流域进行地质调查时，将该区红层统称“新红岩系”，时代属老第三纪。徐克勤、丁毅（1943）在赣南钨矿调查时，曾称“于都红色砂砾岩”，时代为渐新世至中新世。童永生、张玉萍等（1976）将池江组划分为滥泥坑段及王屋段，时代为中古新世—早始新世。《江西岩石地层统编》（1991）以原池江组为主体，包括原狮子口组和坪湖组，统称池江组，时代为晚白垩世—老第三纪。

【现在定义】 指整合于莲荷组之上、鱼仙塘砾岩之下一套河流—湖泊相细屑岩为主的地层。岩性为紫红色夹灰绿、灰黑色泥岩、粉砂岩夹少量砂岩、砂砾岩。盆地中心并见有灰岩、泥灰岩。产丰富的介形类、轮藻、腹足类及脊椎动物等多门类化石。下以出现大套粗碎屑岩或见恐龙蛋化石与莲荷组分界。上以出现粗碎屑岩与鱼仙塘砾岩分界。

【层型】 创名人未指定层型，本书指定选层型为大余县池江乡新村里剖面（114°31′，25°28′），由童永生、张玉萍等1976年测制。

池江组	总厚度 678.8 m
6. 上部砖红色泥质粉砂岩夹黄、灰绿色泥质粉砂岩；下部紫红色砂质泥岩夹黄色薄层泥质砂岩。（未见顶）	87.8 m
5. 上部紫红色泥岩夹灰红色砂岩及灰绿色薄层钙质泥岩；下部紫红色泥岩夹灰红色、灰绿色砂岩。产哺乳类：*Archaeolambda* sp.，*Allostylops periconitus*	118.2 m
4. 紫红色泥岩夹灰红色中层状砂岩	38.5 m
3. 紫红色泥岩夹灰红、灰绿色薄层砂岩、粉砂岩	159.7 m
2. 紫红色厚层泥岩夹砖红、灰绿色砂砾岩。产哺乳类：*Archaeolambda dayuensis*，*A.* cf. *planicanina*，*Archaeoryctes notialis*?，*Ganolophus lanikenensis* 等	156.6 m
1. 砖红色砂质泥岩夹灰绿色钙质泥岩和砂岩。（未见底）	118.0 m

【地质特征及区域变化】 选层型剖面岩性为紫红、砖红色泥岩、泥质粉砂岩、粉砂质泥岩，夹灰红、灰绿色钙质泥岩、砂岩、砂砾岩等，未见顶、底。厚度大于679 m。产哺乳类化石：*Archaeolambda* cf. *planicanina*，*A. dayuensis*，*Archaeoryctes notialis*，*Allostylops periconitus*，*Ganolophus lanikenensis* 等。在大余县青龙乡狮子口，本组与下伏莲荷组、与上覆鱼仙塘砾岩均为整合接触。于本组下部层位中获哺乳类化石：*Harpyodus decorus*，*Bemalambda shizikouensis*?，*Hapalodectes* sp. 及 Archaeolambdidae indet。在大余县鱼仙塘附近，相当于本组上部获恐角类化石 Dinocerata，*Ganatherium austrialis*。在大余县池江坳本组厚度达1 389 m，岩性以紫红色夹灰黑、灰绿、灰褐色粉砂岩、泥岩为主，间夹钙质细砂岩、含砾砂岩，并含钙质结核。与上覆的鱼仙塘砾岩及下伏的莲荷组均为整合接触。产介形类：*Eucypris chijiangensis*，*Sinocypris excelsa*，*Parailyocypris changzhouensis*；轮藻：*Harrisichara* sp.，*Stephanochara breviovalis*，*S. funingensis*，*Peckichara subsphaerica*，*Obtusochara lanpingensis*，*Neochara* sp.，*Amblyochara* sp.；腹足类：*Assiminea* sp.，*Dentellaria* sp. 等。在信丰西牛一带，本组以紫红色粉砂岩为主，间夹砂砾岩，厚达900余米。产孢粉，属 *Quercoidites* - *Ulmipollenites*（栎粉-榆粉）组合，其特征以栎粉和榆粉为主，被子植物花粉占绝对优势，裸子植物花粉和蕨类孢子的含量均低。

综上所述，池江组主体岩性以细屑岩为主，夹少量砂岩、砾岩，局部夹灰岩、泥灰岩，有些钻孔中尚见石膏、硬石膏和芒硝等盐类矿物，其沉积环境应属湖盆沉积，间有河流沉积。

池江组根据脊椎动物化石 *Phenaceras acustris*，*Bemalambda shizikouensis*，其时代应为古新世—早始新世。

鱼仙塘砾岩 Ey **(06-36-1510)**

【创名及原始定义】 系江西调研队（1991）在《江西岩石地层统编》中所创。创名地在大余县京州乡鱼仙塘。原指池江盆地封闭阶段粗屑块砾组成的岩石地层单位。

【沿革】 陈国达、刘辉泗（1939）在赣南进行地质调查时，将其归属老第三纪新红岩系。郑家坚、童永生（1973）根据池江盆地古脊椎动物化石研究，将老第三纪地层称“新城群”，并进一步划分为池江组和坪湖组（早始新世），后者的上部大致相当本书的鱼仙塘砾岩。江西石油普查大队（1980）将其划分为丹霞组，时代为晚始新世—渐新世。

【现在定义】 指位于下虎组和池江组之间一套代表池江盆地封闭阶段沉积的粗屑块砾岩石地层。岩性为紫红色复成分砾岩、砂砾岩及含砾砂岩。下以出现紫红色细碎屑岩与池江组分界，上以出现深灰、灰黑色细碎屑岩与下虎组分界。均呈整合接触。厚度百余米至数百余米。

【层型】 正层型为大余县京州乡鱼仙塘剖面（114°34′，25°31′），由江西调研队1988年测制。

鱼仙塘砾岩 总厚度＞322.59 m

3. 紫红色块状复成分巨砾岩与厚层状复成分粗砾岩互层，偶夹紫红色含砾不等粒砂岩、粗砂岩（未见顶） 202.04 m

2. 紫红色中—厚层状复成分砾岩、砂砾岩与含砾砂岩不等厚互层，中部夹薄层状钙质粉砂岩及泥岩 120.55 m

——————— 整　合 ———————

下伏地层：**池江组**

1. 紫红色厚—巨厚层状含砾岩屑砂岩与中厚层砂质泥岩及粉砂岩不等厚互层

【地质特征及区域变化】 正层型剖面岩性以一套紫红色中厚层、块状复成分巨、粗砾岩、砂砾岩为主，夹含砾砂岩、薄层状钙质粉砂岩、泥岩。厚323 m。上未见顶，下与池江组整合接触。在大余县新城乡下虎山，岩性为一套紫红色厚层、块状复成分中、粗粒砾岩为主，夹巨砾岩凸镜体。发育大型板状、槽状交错层理，具底冲刷面构造和韵律层。厚187 m。

鱼仙塘砾岩中砾石成分复杂，分选性差，发育大型板状、槽状交错层理，具底冲刷现象，故其沉积环境，可能属湖盆环境下的水下冲积扇或山麓洪积砂砾岩相。

本组未获化石，根据上、下地层时代，推测其时代为晚始新世—渐新世。

下虎组 **Exh** **(06-36-1511)**

【创名及原始定义】 为江西调研队（1991）在《江西岩石地层统编》中所创，创名地为大余县新城乡下虎山。原始定义：仅分布在池江盆地，整合于鱼仙塘砾岩之上，以泥、砂质细碎屑岩为主的岩系。岩石为紫红、灰黑色泥页岩和碳质页岩夹砂岩、砂砾岩、灰岩等，产丰富的介形类、腹足类及孢粉化石。

【沿革】 该套地层出露面积较小，在以往地质资料中未见论述，直至1988年江西调研队进行1∶5万南康幅地质调查时，将其连同其下一套砂砾岩沉积（即鱼仙塘砾岩）统称为“丹霞组”，时代归始新世—渐新世。《江西岩石地层统编》（1991）按照岩石地层划分的原则，将其上部细屑岩系称下虎组，时代为晚始新世，本次对比研究同意此种意见，但将其时代上延，暂定为晚始新世—渐新世。

【现在定义】 指位于鱼仙塘砾岩之上的一套代表池江盆地发展晚期沉积的细屑岩地层。岩性为紫红色夹灰黑色（含碳）泥页岩夹砂岩、砂砾岩和灰岩等。产丰富的腹足类、介形类、藻类及孢粉化石。上未见顶，下与鱼仙塘砾岩之间的紫红色复成分巨粗砾岩呈整合接触。

【层型】 正层型为大余县新城乡下虎山剖面（114°34′，25°33′），由江西调研队1987年测制。

下虎组　　总厚度＞63.29 m

15. 紫红色岩屑石英细砂岩与粉砂质泥岩互层夹复成分砂砾岩（未见顶）	5.69 m
14. 浮土	23.97 m
13. 紫红色细砂质泥岩与含钙含碳页岩互层	6.41 m
12. 灰黑色薄层含钙含碳页岩。产介形类 *Eucypris* sp. 及腹足类、植物化石碎片	2.20 m
11. 紫红、紫灰色细粒岩屑石英杂砂岩夹紫红色薄层页岩	12.04 m
10. 深灰、灰黑色薄层碳质页岩夹薄层凸镜状泥晶灰岩。产动植物化石碎片	3.02 m
9. 紫红色细粒岩屑石英杂砂岩、粉砂岩及页岩组成粒序层理	0.50 m
8. 灰黑色含碳粉砂岩、含碳粉砂质页岩及碳质页岩组成粒序层，顶部有薄层凸镜状泥晶灰岩。产动植物化石碎片及孢粉	1.34 m
7. 浅灰色细砾岩及含砾岩屑长石石英杂砂岩与灰绿色粉砂岩互层	1.61 m
6. 深灰—灰黑色碳质页岩及碳质粉砂质页岩。产腹足类 *Discostrorilops* sp.；介形类 *Eucypris* sp.，*Cyprois*? sp.；藻类 *Granodiscus granulatus* 及孢粉 *Ulmoideipites*-*Quercoidites*-*Tricolporopollenites* 组合	4.03 m
5. 深灰色含砾岩屑杂砂岩、岩屑细砂岩、粉砂岩及碳质页岩组成粒序层理。产植物化石碎片及孢粉	2.48 m

——————整　合——————

下伏地层：**鱼仙塘砾岩**

4. 紫红色中层状复成分砾岩

【地质特征及区域变化】 正层型剖面中、上部为紫红色与灰黑色粉砂岩、细砂岩与碳质页岩、粉砂质页岩互层，夹薄层状凸镜状灰岩，上部夹复成分砂砾岩；下部深灰、灰黑色碳质页岩、含碳粉砂岩、粉砂质页岩夹薄层灰岩、含砾砂岩、细砾岩。厚度63 m。上未见顶，与下伏的鱼仙塘砾岩为整合接触。本组岩性以泥岩、页岩、粉砂岩为主，岩石中碳质较多，并含有少量灰岩，产丰富的介形类、腹足类化石，另外发育水平、粒序、波状和包卷层理，故其沉积环境属浅湖相，间有河流冲积物之夹层。

本组产第三纪常见的介形类、腹足类化石及孢粉，其组合特征是以被子植物花粉占优势（占70%～90%），以榆栎科及三孔、三沟、三孔沟等类型花粉最为丰富；裸子植物花粉次之（占8.5%～27%），以粉、杉科为主；蕨类植物孢子很少，不足10%，可纳入 *Ulmoideipites*-*Quercoidites*-*Tricolporopollenites* 组合。个别样品则以裸子植物花粉占优势（占

58.8%～75.6%)，以松科花粉为主，被子植物花粉次之，蕨类植物很少。出现了一定量的草本植物。被子植物大量出现中温落叶植物，热带、亚热带成分减少，但尚有一定量的木兰、漆树、枫香属等属种，反映了华中地区有渐新世或有跨入中新世沉积的可能，故将本组时代划归始新世—渐新世。

头陂组 N*t* (06－36－1512)

【创名及原始定义】 原名头陂群，系江西区调队(1973)进行 1∶20 万广昌幅地质调查时所创，创名地在广昌县头陂镇附近。原始定义：下部为杂色砂岩，中部为灰白色粘土、砂砾岩及砾岩，上部是灰白、灰绿色凝灰质粉砂岩、凝灰质砂岩夹少量中层状砂砾层。产丰富的植物及孢粉化石。厚 188 m。底与老第三纪新余群呈不整合接触。时代为新第三纪。

【沿革】 头陂群自创名，一直沿用至今。代表新第三纪湖泊相沉积，至 1991 年《江西岩石地层统编》降群为组，但其时代不变。

【现在定义】 指位于圭峰群之上的一套山间湖泊相碎屑岩沉积。岩性为灰、灰白色凝灰质粉砂岩、泥岩、砂岩、含砾砂岩、砂砾岩。上部含硅藻粘土，底部为灰色、杂色砂砾岩、砾岩。上部产植物、硅藻及孢粉化石。与下伏圭峰群或前白垩系地层，与上覆进贤组均呈不整合接触。

【层型】 正层型为广昌县头陂剖面(116°10′，26°46′)，由江西区调队 1973 年测制。

头陂组	总厚度＞188.24 m
5. 灰色薄层粉砂质泥岩及凝灰质粉砂岩(未见顶)	12.49 m
4. 灰、灰绿、灰白色凝灰质粉砂岩及粉砂质泥岩夹少量含钛铁矿砂砾岩凸镜体，底部为砂砾岩。产植物：*Acer borsodense*，*A. miofranchettii*，*Hamamlis miomollis*，*Castanea* sp.，*Castanopsis* sp.，*Tripetaleia* cf. *almquisti*，*Aesculus miochinensis*，*Quercus glauca*，*Liquidambar* sp. 等	29.96 m
3. 浮土	27.73 m
2. 上部灰色厚层钙质粉砂质砾岩；中部浅灰色粘土岩间夹砾岩、砂砾岩；下部灰色砾岩夹浅灰色粘土岩	21.86 m
1. 灰色厚层砾岩	96.20 m

～～～～～～～ 不 整 合 ～～～～～～～

下伏地层：**桃溪(岩)组** 灰紫色二云片岩夹云母石英片岩及碳质千枚岩

【地质特征及区域变化】 正层型剖面岩性大致二分：下部以杂色砾岩、砂砾岩为主；上部则以灰、杂色泥岩(粘土岩)、凝灰质粉砂岩为主，夹少量砂砾岩凸镜体。厚度大于 188 m。底部不整合于中元古代变质岩系之上，上未见顶。头陂为一山间小型湖盆，其下部为山麓洪积-河流冲积相，上部则以湖泊沉积为主，局部沉积有硅藻土矿层。头陂组分布比较局限，另在南丰县东坑和广昌县城郊亦有少量出露，前者厚度 8.2 m，后者厚度 4.0 m，两者均不整合于莲荷组之上。在东坑尚获植物 *Quercus alieac*，*Fagus langipatiolata*，*F. lucida* 及孢粉栎粉-山毛榉粉组合化石。

该组化石十分丰富，其中槭、篓三瓣、栗等化石系欧亚新第三纪地层中重要的植物化石，故头陂组时代为新第三纪。

黄桥组　NQ_ph　(06－36－1513)

【创名及原始定义】　系江西901队于1979年勘探泥炭矿床时所创，层型剖面位于吉水县城西北12 km的黄桥。原始定义：含泥炭矿地层中上部为白、灰白色粘土与黑色腐殖泥炭互层；下部以粉砂质粘土、粘土、细砂、含砾砂层、砾石层夹薄层有机质粘土和厚层泥炭。底部为砾石层。组成盆地基底是上白垩统南雄群砂砾岩层和中上石炭统灰岩，盖层为下更新统具二元结构的砂砾石层不整合覆盖。时代为新第三纪。

【沿革】　江西901队（1979）在吉水县黄桥泥炭矿区进行勘探时，定其时代为早更新世，称赣县组。胡功追[18][19]（1980，1984）称黄桥组，时代为新第三纪。江西石油普查大队[15]（1980）、江西区调队[14]（1982）将与其相当层位归入头陂群，时代亦为新第三纪。《江西岩石地层统编》（1991）沿用黄桥组，时代归于新第三纪和第四纪之交。本次对比研究同意此种意见。

【现在定义】　指不整合于马平组之上，平行不整合于第四系进贤组之下的一套湖泊相含泥炭细屑岩为主地层。岩性为灰、褐灰黑色泥炭、有机质粘土、砂质粘土互层，局部地区在底部可见灰白色砂、砾石层。岩质疏松，含丰富的孢粉和植物残体及炭质物。

【层型】　正层型为吉水县黄桥乡黄桥泥炭矿区ZK 004钻孔柱状剖面（115°02′，27°18′），由江西901地质大队1979年测制。

上覆地层：**进贤组**　棕黄色砂砾石层

－－－－－－－ 平行不整合 －－－－－－－

黄桥组	总厚度 102.97 m
19. 粉红、灰白、土黄色含砂粘土	3.20 m
18. 粉红、灰白色粘土	0.80 m
17. 浅灰色、局部略带粉红色含砂粘土	2.65 m
16. 浅灰、灰白色含砂粘土	4.29 m
15. 浅灰色含有机质粘土	0.20 m
14. 黑、棕褐色、局部略带浅灰色腐殖质泥炭，局部含较多的粘土。产孢粉：*Quercoidites microhenrici*，*Cyclobalanopsis* sp.，*Ostryoipollenites* sp.，*Alnipollenites* sp.，*Rhus* sp.，*Rhamnacidites* sp.，*Salixipollenites* sp.，*Liquidambarpollenites* sp.，*Abietineaepollenites* sp.，*Podocarpidites* sp.，Liliaceae，*Lygodium* cf. *microphyllum*，*Laevigatosporites* 等	20.06 m
13. 灰褐、灰白色含有机质粘土	1.80 m
12. 灰白色含粘土砂层	2.20 m
11. 灰白色略带灰褐色微含有机质粘土	0.50 m
10. 灰白色略带黑色腐殖质泥炭	2.70 m
9. 灰白色略带灰褐色含有机质粘土夹腐殖质泥炭。产孢粉：*Quercoidites microhenrici*，*Cyclobalanopsis* sp.，*Ostryoipollenites* sp.，*Ilex* sp.，*Abietineaepollenites* sp.，*Ericipites* sp.，*Angiopteris* sp.，*Laevigatosporites* sp.，*Lygodium* cf. *microphyllum* 等	1.20 m

---

⑱　胡功追，1980，赣中地区两个泥炭类型简介。江西地质科技，第2期（内刊）。

⑲　胡功追，1984，黄桥型泥炭成矿地质背景及形成机理。赣西地质，第1—2期（内刊）。

8. 灰褐、黑、棕色腐殖质泥炭。产孢粉：*Quercoidites microhenrici*，*Ostryoipollenites* sp.，*Quglanspollenites* sp.，*Pinuspollenites* sp.，*Labiatae* sp.，*Laevigatosporites* sp. 等 11.00 m

7. 灰白色局部淡黄、紫红色粉砂质粘土 1.10 m

6. 灰白色砂砾石层 6.19 m

5. 紫红色亚砂土 0.35 m

4. 灰白色粘土砂砾石层。产孢粉：*Quercoidites microhenrici*，*Cyclobalanopsis* sp.，*Rhus* sp.，*Salix* sp.，*Pinuspollenites* sp.，*Abietlneaepollenites* sp.，*Labiatae* sp.，*Laevigatosporites* sp.，*Pteris* sp. 等 12.63 m

3. 灰白、黄白、粉红色砂层 6.22 m

2. 灰白色略带浅紫红色含粉砂质砾石层 19.68 m

1. 紫红色局部土黄色含砾亚粘土 6.20 m

～～～～～～ 不 整 合 ～～～～～～

下伏地层：**马平组** 灰白色致密块状灰岩

【地质特征及区域变化】 正层型剖面厚度 102.97 m。岩性可三分：下部为紫红、灰白色含砾粘土、砂砾石层；中部为泥炭、粘土与砂层互层；上部则以含砂粘土为主，偶含小砾。中部为泥炭赋存部位，为腐殖质泥炭，总腐殖质含量一般 15%～20%。一般泥炭矿层下部分布范围小，上部分布范围大，比较稳定。

该组孢粉化石丰富，其组合以阔叶木本植物花粉为主，又以栎属占优势，反映温暖湿润的亚热带气候。再结合同位素年龄值在 2.48～3.00 Ma，因此，黄桥组的时代暂置于新第三纪一更新世之间，但倾向于上新世。层位位于赣县组之下，较头陂组稍晚。

本组在吉水县枫江乡功德坑、吉安县山南以及九江市白石嘴等地均有分布，只是分布范围及泥炭层厚度不及黄桥矿区。

第二节 生物地层特征

一、晚三叠世至早侏罗世初期

印支运动发生，江西境内大范围海水退却。至晚三叠世，一些坳陷地区，如萍乐坳陷带和信江坳陷保留海湾环境，海水时进时退，使这些地区晚三叠世以海陆交替沉积为主，生物化石既有丰富的海相壳类并伴有介形类，又有丰富的植物。晚三叠世末地壳再度上升，海水几乎全部退出省境，除位于万载一宜丰一带多江组残留半咸水双壳类之外，早侏罗世初期以河流湖泊相沉积为主，植物仍较丰盛，与晚三叠世的植物共同组成闻名于世的“安源植物群”。现综合以往成果，将此一地质时期生物组合列于表 5－2 中。

1. 双壳类

现自下而上分述如下：

(1) *Bakevelloides hekiensis*－*Jiangxiella* 组合带（A. －Z.）

该带系本次对比研究建立，据萍乡市安源剖面第 8—10 层命名，适用于萍乐坳陷带。其广泛分布于三家冲组上部，在三丘田组、紫家冲组也有少量出现。它以 *Bakevelloides hekiensis* 和 *Jiangxiella* spp. 的大量富集为特征，共生分子有：*Bakevelloides liuyangensis*，

表 5-2 江西省晚三叠世生物地层单位划分表

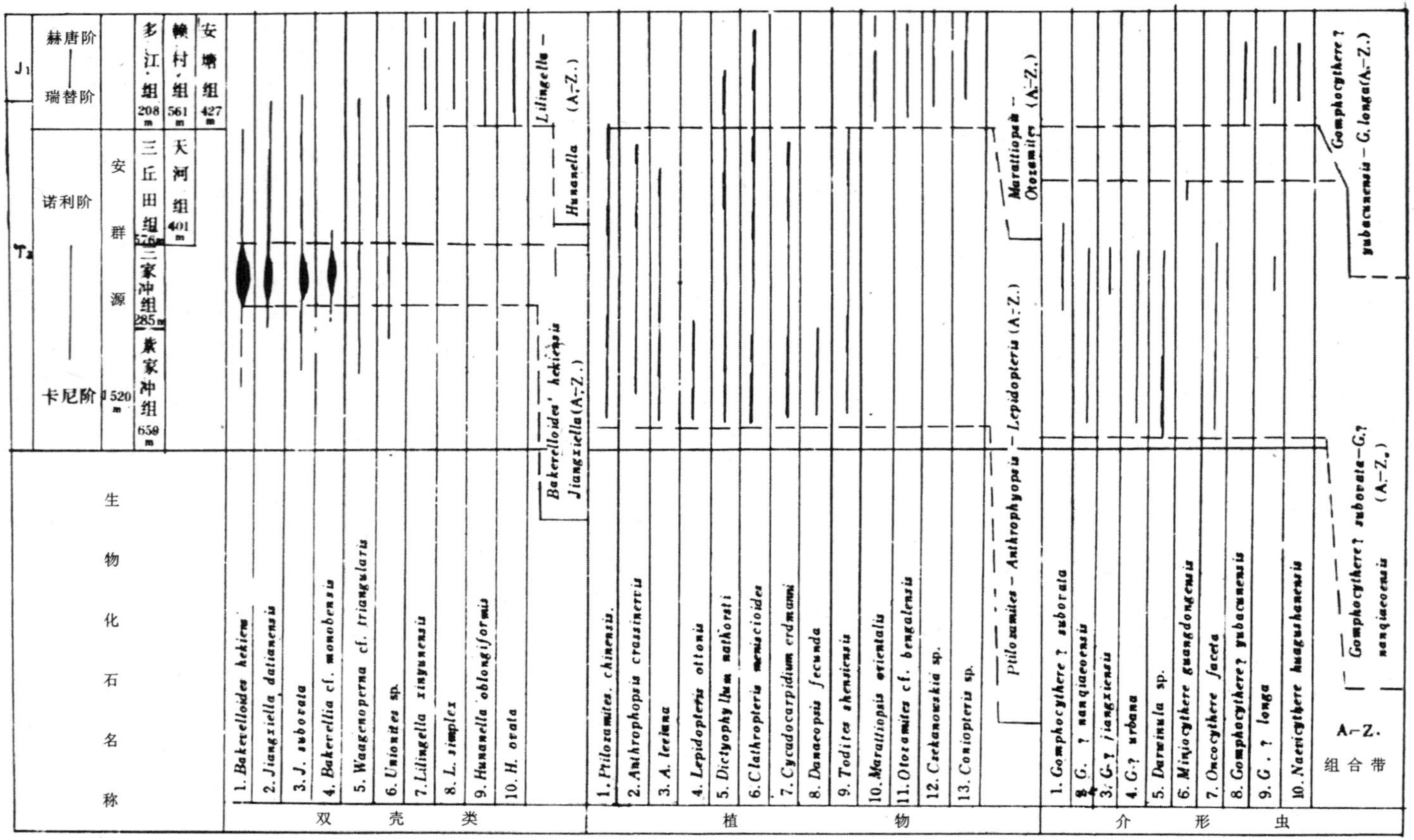

B. subquadratus, *Jiangxiella subovata*, *J. plana*, *J. datianensis*, *J. elliptica*, *Bakevellia* cf. monobensis, *B.* cf. *araiensis*, *Unionites* sp. 等。该带与三家冲组的上部页岩发育成正比，在省内以安源最为发育。其组合面貌以正常的海相双壳类为主，次为半咸水的双壳类，显示为海湾泻湖相沉积环境。组合带中的主要分子与日本国山口县大岭地区佐川阶的双壳类基本一致，而佐川阶含有欧洲 Carnian 期菊石 *Cyrotopleurites* sp.，*Paratrachyceras* aff. *hofmani*，故其时代亦为晚三叠世（Carnian）期。

（2）*Lilingella*－*Hunanella* 组合带（A.－Z.）

本次对比研究命名，建带剖面为万载县多江剖面第 1—17 层，适用于萍乡至乐平地区。主要分子有：*Lilingella xinyunensis*，*L. simplex*，*L. obusta*，*Hunanella ovata*，*H. oblongiformis*，*H. guangyitangensis*，*Waagenoperna* sp.，*Myophoriopis* cf. *acyrus* 等，属种单调，丰度较高，主要繁盛于多江组，以 *Hunanella* 和 *Lilingella* 大量出现为特征。分布于万载、宜丰、新余和铅山等地。*Lilingella*，*Hunanella* 是近几年新命名的半咸水双壳类，难于佐证地质时代，但组合中 *Waagenoperna* 是广布于华南地区上三叠统中的一个常见的属，反映时代为晚三叠世。与之共生的植物有 *Coniopteris*，*Margaritifera*，显示浓郁的早侏罗世色彩。综合上述，该组合带时代暂定为晚三叠世 Rhaetian 期至早侏罗世 Hettangian 期。

2. 植物

现自下而上分述如下：

（1）*Ptilozamites*－*Anthrophyopsis*－*Lepidopteris* 组合带（A.－Z.）

该带系煤炭科学院地质勘探研究所（1980）所建，因适用本省而引用。原称其为古植物组合，本次对比研究修订为组合带。它适用于江西晚三叠世各岩石地层单位。主要分子有 *Ptilozamites chinensis*，*P. nilssoni*，*Anthrophyopsis crassinervis*，*A. leeiana*，*Lepidopteris ottonis*，*Dictyophyllum nathorsti*，*D. nilssoni*，*Clathropteris menniscioides*，*Neocalamites carrerei*，*N. carcinoides*，*Todites denticulata*，*Anomozamites minor*，*Pterophyllum aequale*，*P. ptilum*，*P. sinense*，*Cycadocarpidium erdmanni*，*Danaeopsis fecunda*，*Nilssonia furcata*，*N. compta*，*Todites shensiensis* 等。它以含有大量双扇蕨科和本内苏铁目植物以及较多的种子蕨为特征，属于温暖湿润的热带—亚热带气候的产物。组合带中的 *Danaeopsis fecunda*，*Lepidopteris ottonis*，*Anthrophyopsis crassinervis* 等均是欧洲晚三叠世 Rhaetian 期的重要化石或带化石。但它又与 *Bakevelloides hekiensis*－*Jiangxiella* 组合带共生，故其时代归属晚三叠世中、晚期。

（2）*Marattiopsis*－*Otozamites* 组合带（A.－Z.）

该带系周志炎(1984)命名的 *Marattiopsis*－*Otozamites* 组合演化而来，适用于省内多江组、安塘组和赖村组。常见分子：*Marattiopsis orientalis*，*Otozamites* cf. *bengalensis*，*Phlebopteris* cf. *brauni*，*Baiera* sp.，*Sphenobaiera spectabilis*，*Czekanowskia* sp.，*Sagenopteris* cf. *spatulata*，*Nilssonia* cf. *complicatis*，*N.* cf. *orientalis*，*N.* cf. *pterophylloides*，*Thaumatopteris brauniana*，*Dictyophyllum* sp.，*Pterophyllum decurrens*，*Podozamites lanceolatus*，*Glossphyllum* sp.，*Zamites* sp.，*Cladophlebis denticulata*，*C. asiatica*，*Anomozamites* cf. *minor*，*Desmiophyllum* sp.，*Coniopteris* sp. 等，该组合中缺少晚三叠世重要分子 *Anthrophyopsis crassinervis*，*Lepidopteris ottonis*，*Cycadocarpidium erdmanni*，*Ptilozamites chinensis*，*Danaeopsis fecunda*，但仍存在一些晚三叠世至早侏罗世的常见分子 *Clathropter-*

is, *Dictyophyllum* sp. , *Glossophyllum* sp. 等。另外尚出现了侏罗纪植物群的特征分子 *Coniopteris* sp. , *Marattiopsis orientalis*, *Otozamites* sp. , *Nilssonia* sp. 等。它既显示了晚三叠世植物群的继承性，又具早侏罗世植物群面貌的新生性。与其共生的有三叠纪的双壳类 *Waagenoperna* sp. , *Unionites* sp. 。据上述资料，暂将其时代归属晚三叠世至早侏罗世早期。组合带中虽然保持了以本内苏铁类和真蕨类为主的基本面貌，但其中苏铁类、松柏类和银杏类的出现，说明古植物门类已趋向多样化，说明当时气候温润。

3. 介形类

介形类化石资料不多，据方进添、徐茂钰（1981）的研究资料，江西境内的中生代煤系地层的介形类化石自下而上可划分为两个组合带（表 5－2）：

（1）*Gomphocythere? subovata*—*G. nanqiaeoensis* 组合带（A. －Z.）

该带原称介形虫组合，本次称组合带。适用于萍乡安源、新余花鼓山和萍乡枫桥等剖面，主要富集在紫家冲组和三家冲组。以 *Gomphocythere? nanqiaeoensis* 和 *G. subovata* 为代表，其他主要分子：*Gomphocythere? anyuanensis*，*G.? jiangxiensis*，*G.? urbana*，*G.? mirifica*，*G.? larga*，*G.? sublonga*，*Darwinula* sp.，*Miniocythere guangdongensis*，*M. subovata*，*Oncocythere faceta* 和 *O. hunanensis* 等。就其个体数量，以 *Gomphocythere? nanqiaeoensis*，*G.? subovata*，*G.? urbana* 和 *Miniocythere subovata* 最多；从分布而言，紫家冲组下部以 *Darwinula* 为主，开始出现 *Gomphocythere?*，*Oncocythere* 部分种，紫家冲组上部以 *Gomphocythere? nanqiaeoensis*，*G.? guangdongensis*，*G.? donlingensis*，*Miniocythere guangdongensis*，*Oncocythere* 大量发育，到三家冲组 *Gomphocythere?* 最繁盛，种类和数量均达高峰，三丘田组介形虫稀少，仅见少量 *Miniocythere guangdongensis*。该带化石可与我国西南地区的四川峨眉 Norian 期的须家河组、云南渡口龙洞 Norian 期晚时的大菁组介形虫化石对比，因此该带的时代亦应为 Norian 期。

（2）*Gomphocythere? yubacunensis*－*G.? longa* 组合带（A. －Z.）

原称组合，本书改为组合带。适用于新余市花鼓山剖面。主要分布于浙赣铁路沿线附近的多江组中、上部。以 *Gomphocythere? yubacunensis* 和 *G.? longa* 为主，尚有 *Naevicythere huagushanensis*，上述分子多出现在早侏罗世，但考虑有三叠纪双壳类 *Unionites*，*Myophoriopis* 共生，故本带置于 Rhaetian—Hettangian 期为宜。

二、早侏罗世—中侏罗世

江西早、中侏罗世地层零散分布于赣中、赣南各地，主要为河流相沉积，其次为湖泊相沉积环境。产有较多的动物、植物化石。水北组中植物及双壳类较为丰富，漳平组和罗坳组主要是淡水双壳类，少量植物及孢粉化石，列于表 5－3 中，现将其生物特征分述于下：

1. 植物

Todites princeps－*Coniopteris* 组合带（A. －Z.）

该带本次建立，是根据万载县多江剖面、新余市花鼓山剖面和玉山县下镇溪湖剖面命名，适用于本省水北组。主要分子：*Todides princeps*，*T. williamsoni*，*T. denticulata*，*Thaumatopteris*，*Phlebopteris brauni*，*Hausmannia ussuriensis*，*Dictyophyllum nathorsti*，*Clathropteris meniscioides*，*Coniopteris* cf. *hymenophylloides*，*C. gaojiatianensis*，*Cladophlebis shansiensis*，*C. raciborskii*，*C. asiatica*，*Neocalamites carcineoides*，*N. carrerei*，*N. hoerensis*，*Equisetites lateralis*，*E. sarrani*，*Nilssonia compta*，*N.* cf.

表 5-3 江西省侏罗纪生物化石分布表

地质年代单位				岩石地层单位					生物化石组合				
代	纪	世	期						植物	双壳类	叶肢介	介形虫	腹足类
									Marattiopsis–Otozamites (A.-Z.); Todites princeps–Coniopteris (A.Z.); Ruffordia–Onychiopsis (A.-Z.)	Lilingella–Hunnanella (A.-Z.); Lamprotula (Eol.)–Psilunio (A.-Z.); Pseudocardinia–Tutuella (A.-Z.); Sphaerium–Nakamuranaia (A.-Z.)	Palaeolimmadia; Xiangxiellinae; yanjistheria–Ort hest heria (A.-Z.); Euest heria	Darwinula–Cypridea	Amnicola–Liratina
中生代	侏罗纪	晚世	提塘期	余田群	鸡笼嶂组	鹅湖岭组	梧溪段	鹅湖段					
			基末利期		菖蒲组		虎岩段	打鼓顶段					
					龙潭坑组		岩前段						
							花草尖段						
			牛津期				周家源段						
		中世	卡洛期	林山群	漳平组	罗坳组							
			巴通期										
			巴柔期										
			阿林期										
		早世	土阿辛期		水北组								
			普林斯巴期										
			辛涅缪尔期		多江组	天河组	赖村组						
			赫唐期										
	三叠纪	晚世	瑞替期										

ptarophylloides，*Ptilophyllum pecten*，*P. hsiangshanensis*，*Otozamites* sp.，*Baiera* cf. *gracilis*，*Czekanowskia* sp.，*Pityophyllum* sp.，*Ferganiella* sp. 等。据其组合分子，大部分为 *Marattiopsis-Otozamites* 组合带的上延分子，说明是上组合带的延续和发展，就其属种数量及个体丰度却更为丰富，如早、中侏罗世较具代表性的 *Coniopteris* 化石，在上一个组合带仅是零星出现，延至该组合带中其所占比例增大，说明其发育旺盛的时代比上一组合要晚。再结合多江、新余花鼓山剖面，与该组合带共生的尚有常见的少量早、中侏罗世双壳类 *Tutuella*，*Hunanella* 及 *Pseudocardinia* 等化石。经综合分析，该组合带的时代为早侏罗世，部分可上延至中侏罗世早期。其层位大致相当 Pliensbachian 阶至 Aalenian 阶。

漳平组含植物化石较少，仅在铅山县新安埠乡仓屋垄剖面见有：*Podozamites lanceolatus*，*Desmiophyllum* sp.，*Swedenborgia cryptomerioides*，*Equisetites* cf. *sarrani*，*Cladophlebis* sp. 等，其分布时代多为晚三叠世至中侏罗世，跨时较长，但具有浓厚的早、中侏罗世色彩。

罗坳组植物极少，仅在罗坳剖面的上部见有保存不太好的 *Otozamites* cf. *obtusus*，该化石的时代为早侏罗世，但其下部有大量的中侏罗世双壳类（*Lamprotula* cf. *cremeri*，*Psilunio sinensis*，*Cuneopsis sichuanensis* 等），因此，植物化石所示时代仅供参考。

2. 双壳类

现自下而上，分述如下：

(1) *Pseudocardinia-Tutuella* 组合带（A. -Z.）

该组合带系顾知微(1959)由中侏罗世的四川动物群肢解而来。本次对比研究将原四川动物群划分为两个组合带，下称 *Pseudocardinia - Tutuella* 组合带，上部为 *Lamprotula* (*Eolamprotula*)- *Psilunio* 组合带。

下组合带是根据余江县石港剖面命名的，分布于余江、德兴、玉山和安远等地漳平组中。主要分子：*Pseudocardinia* cf. *angulata*，*P.* cf. *sibiriensis*，*Tutuella rotunda* 等，属种的分异度较低，但丰度较高。上述化石始现于早侏罗世中、晚期，主要繁盛于中侏罗世，是俄罗斯亚洲部分及我国中侏罗世双壳类动物群较典型的属种，其时代置于中侏罗世早期亦应无疑。

（2）*Lamprotula*（*Eol.*）－*Psilunio* 组合带（A.－Z.）

该组合带据罗坳剖面建立，分布于吉水县施家边、于都县罗坳、仙霞、岭背和宁都县赖村等地罗坳组的中部，主要分子：*Lamprotula*（*Eol.*）*cremeri*，*L.*（*Eol.*）*huizhouensis*，*L.*（*Eol.*）*subquadrata*，*Psilunio* cf. *giganteus*，*P. ovalis*，*P. sinensis*，*Unionelloides globitriangularis*，*Psilunio jiangyuanensis*，*P. trigonus*，*P. rostrus*，*P.* cf. *chaoi* 等，其中 *Lamprotula*（*Eol.*）*cremeri*，*Psilunio sinensis*，*Cuneopsis sichuanensis* 为组合带的首要分子，广布于全国各地中侏罗世地层中，是一个有效的对比地层的化石层位。四川的自流井组含有该组合带化石最为丰富，研究最早，已确证为中侏罗世中—晚期。在滇西中侏罗世和平乡组，系海、陆交互相沉积，既产淡水双壳类 *Lamprotula*（*Eol.*），*Cupeopsis*，又含有海相中侏罗世的双壳类 *Lophasella namtuensis*，从而证明该组合带为中侏罗世中—晚期，当属无疑。

3. 叶肢介

叶肢介化石资料较少，但所发现者多为不同世期具有代表性的化石，如见于早侏罗世地层中的 *Xiangxiellinae*，中侏罗世地层中的 *Euestheria*。

4. 孢粉

仅在于都县罗坳，罗坳组的中部获少量孢粉：*Alisporites* sp.，*Pityosporites* sp.，*Classopollis*，*Spheripollanites*，其中 *Classopollis pflug* 型占总量的 90%，据闫永奎意见，其时代应属晚侏罗世。由于孢粉含量较少，难以提出确切的时代意见。

三、晚侏罗世

江西晚侏罗世总体上为一套陆相火山喷发岩系，以强烈的火山喷发为特征。在火山岩的沉积岩夹层中，保存有生物化石，主要有双壳类、植物、叶肢介，其次尚有少量昆虫、介形类及孢粉等。

1. 双壳类

分布不广，仅在北武夷山区资溪县斗源的鹅湖段见及，主要为：*Sphaerium pujiangense*，*S.* cf. *jeholense* 及 *Nakamuranaia* sp.，其中前者为晚侏罗世晚期特征的种，但总面貌显示晚侏罗世—早白垩世的色彩，与中侏罗世繁盛于亚洲大陆的假铰蚌、图土蚬、丽蚌、楔蚌和裸珠蚌组合迥然不同。

2. 植物

上侏罗统，已知的植物化石资料不多，在信江盆地南部，上饶县苧镇附近鹅湖段下部细碎屑岩中产：*Pseudofrenelopsis* sp.，*Cupressinocladus* sp.，*Onychiopsis* sp.，*Brachyphyllum* sp.，*Otozamites* cf. *linguifolius*，*Cladophlebis elegantissima*，*Sphenopteris* sp.，*Pagiophyllum* sp.，*Carpolithus* sp.，*Strobilites* sp.，*Zamites* sp.，*Ptilophyllum* sp. 等。在寻乌县石马菖蒲组获植物 *Podozamites* sp.，*Elatocladus* sp.，*Taeniopteris* sp.，*Klukia* sp.，*Otozamites* sp.。在安远东头，于鸡笼嶂组的下部，产 *Elatocladus* sp.，*Frenelopsis* sp. 等。其中 *Frenelopsis* sp.，*Pseudofrenelopsis*，以早白垩世最盛，它与

Onychiopsis 同为我国南方晚侏罗世至早白垩世 *Ruffordia -Onychiopsis* 植物群的重要组成分子。其时代属晚侏罗世至早白垩世初期。

3. 叶肢介

叶肢介主要分布于铅山县苧圳、资源县斗源鹅湖段及安远东头鸡笼嶂组及龙潭坑组沉积岩夹层中，主要有：*Yanjiestheria sinensis*，*Y. suichangensis*，*Y. oblonga*，*Orthosteria* cf. *intermedia*等，可称 *Yanjiestheria -Orthosteria* 组合。这一组合上延至早白垩世地层中，故其时代为晚侏罗世—早白垩世。

4. 孢粉

在东乡县王桥梧溪段的下部获孢粉化石，主要有：*Schizaeoisporites*（希指蕨粉），*Aranuariacites*（阿里粉），*Sphaeripollenites*（球粉）和 *Classopollis*（内环粉）等，组合以裸子植物花粉最盛，占组合总量的 99.5%，其中又以 *Classopollis pflug* 型花粉含量最高，占组合的 97.5%；蕨类植物孢子仅见到少量莎草蕨孢，其含量低于 0.5%。上述组合分子属种单调，绝大多数是裸子植物花粉。*Classopollis pflug* 型花粉，在晚侏罗世至早白垩世早期最盛。闫永奎（1978）通过对华东区晚侏罗世孢粉组合的研究，认为晚侏罗世孢粉组合中的裸子植物花粉占 90%以上，*Classopollis pflug* 型花粉，通常达到 69%～90%。因此，王桥的孢粉化石，归属晚侏罗世较为合适。

5. 其他

在资溪县斗源等鹅湖段中，产少量的介形类，如 *Darwinula*，*Cypridea* cf. *shouchangensis*；腹足类 *Amnicola*，*Liratina*，*Viviparus onogoensis* 等，时代主要限于晚侏罗世—早白垩世。

四、早白垩世

白垩世早期的生物基本上是晚侏罗世生物群的延续和发展，仍以淡水双壳类、叶肢介、介形类和植物为主；晚期开始出现了被子植物，真骨鱼类等（表 5 - 4）。

1. 植物

早白垩世植物是以蕨类、苏铁类和松柏类为主要特征，此外尚保留少量银杏类植物。据植物群面貌，可建如下组合带。

Onychiopsis -Klukia browniana 组合带(A. - Z.)[表 5 - 4(1)]

本次对比研究建立该带，据南丰县莱溪、铅山县苧圳剖面的石溪组和冷水坞组中植物化石命名，适用于全省早白垩世地层。分布于铅山县石溪、玉山县周家坞、铅山县苧圳、弋阳县火把山、安远县版石及会昌县筠门岭等地。它以 *Onychiopsis*，*Klukia browniana* 和 *Brachyphyllum obesum* 发育为特征，其他分子有：*Otozamites linguifolius*，*Ptilophyllum boreale*，*Cupressinocladus* cf. *elegans*，*Pseudofrenelopsis papillosa*，*Frenelopsis* sp.，*Pachypteris lanceolata*，*Pagiophyllum* sp.，*Carpolithus* sp.，*Equisetites* sp.，*Cladophlebis* cf. *shouchangensis*，*Gleichenites gladiatus*，*Sagenopteris* sp.，*S. shouchangensis*，*Nilssonia* sp. 等，可归属 *Ruffordia -Onychiopsis* 植物群。对该植物群，斯行健、周志炎（1962）归为晚侏罗世至早白垩世。组合带中的 *Pseudofrenelopsis*，*Frenelopsis* 是西欧、北美、北非和朝鲜早白垩世的常见分子，近年来，我国南方早白垩世地层中也屡有所见，且常与 *TPN* 蚌化石群共生，故该植物组合带应属早白垩世。

表 5-4 江西省白垩系古生物分布表

年代地层单位 系	年代地层单位 统	年代地层单位 阶	岩石地层单位	
		65Ma		
白垩系	上统	马斯特里赫特阶	圭峰群	莲荷组
		坎潘阶		塘边组
		三冬阶		
		康尼亚克阶		河口组
		土仑阶	赣州群	周田组
		赛诺曼阶		茅店组
		97Ma		
	下统	阿尔比阶	火把山群	冷水坞组
		阿普第阶		
		巴列姆阶		
		欧特里阶		
		凡兰吟阶		石溪组
		贝里阿斯阶		
		140Ma		

古生物分布

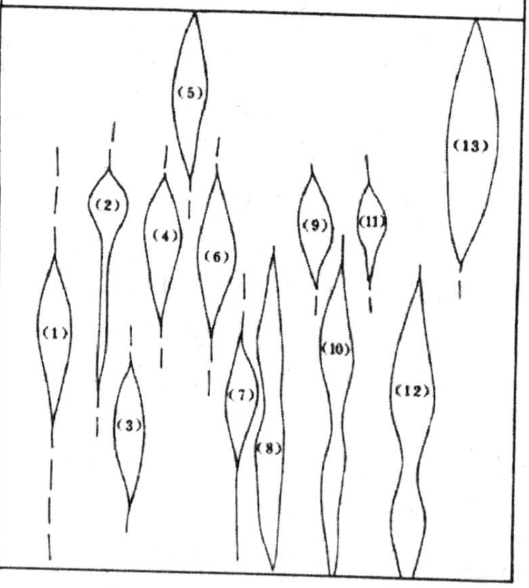

(1) *Onychiopsis–Klukia browniana* 组合带；(2) *Frenelopsis parceramosa–Manica tholistoma* 组合带；(3) *Cicatricosisporites–Pterisisporites–Classopollis–Pinuspollenites* 组合带；(4) *Schizaeoisporites–Exesipollenites–Ephedripites* (*E.*) –*Tricolpites* 组合带；(5) *Schizaeoisporites–Ephedripites* (*E.*) –*Ulmoideipltes* 组合带；(6) *Flabellochara hangzhouensis–Mesochara biacuta* 组合带；(7) *Nakamuranaia–Trigonioides* (*T.*) *kodairai–Sphaerium* 组合带；(8) *Yanjiestheria–Orthestheria* 组合带；(9) *Nemestheria–Ellipsograpta* 组合带；(10) *Cypridea–Darwinula–Mongolianella–Damonella* 组合带；(11) *Cypridea–Lycopterocypris–Ziziphocypris–Darwinula* 组合带；(12) *Sinamia–Mesoclupea shouchangensis* 组合带；(13) *Macroolithus rugustus–Elongatoolithus elengatus*

2. 双壳类

Nakamuranaia–Trigonioides (*T.*) *kodairai–Sphaerium* 组合带 (A.–Z.)〔表 5-4 (7)〕

该带系江西区调队⑩ (1983) 所建，本次对比研究沿用。原称其为组合，现改为组合带。适用于江西早白垩世地层。以弋阳县火把山剖面最为发育，其次分布于德兴县黄柏乡、乐平县十里乡南山里、上饶县茶亭、玉山县周家坞、南城县上塘、安远县版石等地冷水坞组地层中。主要分子：*Nakamuranaia chingshanensis*，*N. elongata*，*N. subrotunda*，*N. showchangensis*，*Trigonioides* (*T.*) *kodairai*，*Sphaerium jeholense*，*S. pujiangense*，*S. yanbianense*，*Corbicula* (*Mesocorbicula*) *tetoriensis*，*C.* (*Me.*) *yumenensis*，*C. tetoriensis*，*C. zhuyunjianensis* 等。*Nakamuranaia*，*Sphaerium*，*Corbicula* 属的上述各个种的时代由晚侏罗世至早白垩世，未见有晚白垩世记载。*Trigonioides* 属，仅分布于白垩纪，而以早白垩世中、晚期最为丰富。该属在冷水坞组中，只出现少数代表，故本组合带的时代较之闻名中外的浙江永康群以盛产 TPN (*Trigonioides–Plicatounio–Nippononaia*) 化石组合的时间稍早，大致相当早白垩世 Hauterivian 期至 Barremian 期。

3. 叶肢介

Yanjiestheria–Orthestheria 组合带 (A.–Z.)〔表 5-4(8)〕

本次对比研究命名，建带剖面为弋阳火把山冷水坞组，适用全省早白垩世地层。主要分布于玉山县双明乡周家坞、德兴县黄柏、弋阳县火把山、贵溪县、南丰县莱溪和安远县版石等地冷水坞组，以 *Yanjiestheria* 的大量出现为特征，其主要分子有：*Yanjiestheria sinensis*，*Y. chekiangensis*，*Y. kyongsangensis*，*Y. yumenensis*，*Y. wannanensis*，*Y. simplica*，*Y. ehulingensis*，*Y. gondola*，*Eosestheria* sp.，*Orthestheria intermedia*，*Orthestheriopsis* sp.，*Neodiestheria* sp. 和 *Euestheria* sp. 等，其中绝大多数为 *Yanjiestheria*。延吉叶肢介群广泛分布于环太平洋西岸及沿古地中海北岸地区早白垩世地层中。其中庆尚叶肢介是朝鲜下白垩统庆尚群、日本九州福冈县下白垩统胁野群的重要化石。在我国各地，一般将其视为早白垩世的标准化石。吉林早白垩世的大拉子组、浙江省的寿昌组、福建的坂头组和安徽省早白垩世的岩塘组中均有分布。虽然这一组合在晚侏罗世地层开始出现，但该组合带的分子主要繁荣于早白垩世。

4. 介形类

Cypridea - *Darwinula* - *Mongolianella* - *Damonella* 组合带（A. - Z.）〔表 5 - 4(10)〕

该带系刘继顺(1982)所建，本书引用。原作者称组合，本次对比研究改称组合带。适用于江西早白垩世地层。主要分子有：*Cypridea yiyangensis*，*C. anhuaensis*，*C.* cf. *shouchangensis*，*C.* cf. *kleinbergi*，*Darwinula oblonga*，*D. zhejiangensis*，*D. leguminella*，*D.* cf. *leguminella*，*D.* cf. *contracta*，*Mongolianella palmosa*，*M. zerussata*，*Damonella* cf. *ovata*，*D. houbashanensis*，*Rhinocypris jurassica jurassica* 和 *Clinocypris* cf. *scolia* 等。主要见于乐平市十里岗、玉山县周家坞、弋阳火把山、铅山县新安埠和南城县上塘等地。其中 *Cypridea* 数量较丰，多系内模标本。该属为一绝灭的属，晚侏罗世只有个别的种，早白垩世时方大量出现。*Darwinula contracta*，*D. simplus* 在晚侏罗世至白垩纪较为常见，特别是 *D. leguminella* 的大量出现，是代表早白垩世中、晚期的产物；*Mongolianela* 是亚洲特有的属，常见于蒙古国早白垩世的准巴音群，浙江的寿昌组、横山组和福建的坂头组。因此，该介形类组合带的时代归属早白垩世为宜。

5. 腹足类

石溪组、冷水坞组中的腹足类化石有：*Amplovolvala* sp.，*Gyraulus* sp.，*Viviparus* sp.，*Helix* sp.，*Mesoneritina* sp. 和 *Probaicalia* sp. 等。分布于铅山石溪、弋阳火把山、新建樵舍和南城上塘等地。上述化石的分布时代较长，但一般常见于早白垩世地层中。

6. 鱼类

Sinamia - *Mesoclupea shouchangensis* 组合带（A. - Z.）〔表 5 - 4(12)〕

本次对比研究建立，建带剖面为泰和县铁牯岭和弋阳县箭竹剖面，适用于全省早白垩世地层。分布于玉山县周家坞、弋阳箭竹、临川市梅岗和泰和铁牯岭等地。主要分子有：*Sinamia poyangica*，*Mesoclupea shouchangensis*，*Paraclupea* sp.，*Holostei* sp. 等。以上化石，经张弥曼和周家健(1973，1977)研究，统称其为寿昌中鲚鱼群。中鲚鱼和欧洲晚侏罗世至早白垩世的 *Thrissops* 非常相似，其时代亦应相近。中华弓鳍鱼(*Sinamia*)是东亚特有的鱼化石，常见于山东蒙阴群、吉林大拉子组和浙江的寿昌组、馆头组。因此，该组合带的时代暂定为晚侏罗世至早白垩世。

7. 孢粉

Cicatricosisporites - *Pterisisporites* - *Classopollis* - *Pinuspollenites* 组合带（A. - Z.）〔表 5 - 4(3)〕

该带为赣西地质调查大队、中国地质科学院地质研究所（1983）《江西白垩纪孢粉化石》

一书中所建，本次对比研究同意其观点，只是将原组合改为组合带。适用于江西早白垩世地层。主要分布于信江盆地及抚州盆地的冷水坞组及石溪组地层中。组合中以裸子植物花粉为主，占总量的60%～83%，蕨类植物孢子次之，含量占总量的16%～24%，另外出现了少量被子植物花粉如三沟型被子植物花粉 *Cupuliferoidaepollenites*。据韩秀萍、蒋秋琴（1983）的研究，该组合带的时代应为早白垩世 Valanginian 期至 Barremian 期。

8. 其他古生物

在铅山县石溪组的正层型剖面，产昆虫 cf. *Noloupes*，*Ephemeropsis* 等。其时代为晚侏罗世至早白垩世。

五、晚白垩世

1. 恐龙蛋

江西迄今发现恐龙蛋20余处，散布于全省各红色盆地，无论蛋体的保存状态，还是蛋的形态特征，均可与河南西峡的恐龙蛋相媲美。就现有资料可命名为：

Macroolithus rugustus - *Elongatoolithus elongatus* 组合带（A. - Z.）〔表 5 - 4(13)〕

该带为本次对比研究建立，据信丰县城郊及信丰小河剖面的恐龙蛋化石命名，适用全省晚白垩世地层。主要分子有：*E. elongatus*，*M. rugustus*，*Spheroolithus* sp. 等。董枝明（1979）在《华南中、新生代红层》一书中，对华南白垩系的恐龙化石研究，认为恐龙蛋化石一般可是晚白垩世的标准化石，可与山东晚白垩世的王氏组和内蒙古的二连组对比，因此，该带时代应为晚白垩世。

2. 脊椎动物化石

在崇仁县城郊及广昌县城郊的赣州群中上部产有蜥脚亚目（Sauropoda）的巨龙科化石，与印度巨龙非常相似。赣县茅店的周田组中产有赣县锥齿蜥（*Conicodontosaurus kanhsienensis*），它与蒙古国的晚白垩世早期牙道赫达层的 *Conicodontosaurus* 很相像。据杨钟健（1973）鉴定，此化石时代为晚白垩世。另在赣州城郊、寻乌留东和玉山县横街等地，于圭峰群的中部发现龟鳖类化石，由于保存欠佳，未能详细鉴定，但该类的地史分布较长，一般从白垩纪至现代。

3. 叶肢介

Nemestheria - *Ellipsograpta* 组合带（A. - Z.）〔表 5 - 4(9)〕

本次对比研究命名，建带剖面为贵溪县毫纲山剖面，适用于全省赣州群，分布于贵溪毫纲山、波阳县徐家坞、吉安县值夏、会昌县周田和龙南县程龙等地。主要分子有：*Nemestheria* sp.，*Ellipsograpta jiangxiensis*，*Tenuestheria tenus*，*Sinoestheria*? aff. *producta*，*Dimorphostracus* sp.，*Opsipolygrapta* sp.，*Dictyostheria elongata*，*Orthestheria rhombca*，*O. daijiatunensis*，*Halysestheria guangtonensis* 和 *Ganestheria longnanensis* 等。上述化石，绝大部分地质时代属晚白垩世早期，是陈丕基（1979）在《华南中、新生代》一书中所建立的晚白垩世 *Euestherites* 群的重要分子。因此，该带时代为晚白垩世早期。

4. 介形类

Cypridea - *Lycopterocypris* - *Ziziphocypris* - *Darwinula* 组合带（A. - Z..）〔表 5 - 4(11)〕

该带系刘继顺(1982)建立，当时称组合，本书改称组合带。建带剖面为信江盆地赣州组剖面。适用于全省赣州群地层，分布于万载县株潭、宜丰县芳溪、贵溪县新田、赣县茅店、会昌县周田等地。主要分子有：*Cypridea*（*Cypridea*）sp.，*C.*（*C.*）*cavernosa*，*Cyprinotus guexiensis*，*Ziziphocypris simakovi*，*Darwinula contracta*，*Ziziphocypris simakovi*，*Lycopterocypris* sp.，*Candona* sp.，*Candoniella* sp. 及 *Rhinocypris jurassica jurassica* 等，其时代为晚白垩世早期。

5. 轮藻

Flabellochara hangzhouensis - *Mesochara biacuta* 组合带（A. - Z.）〔表 5 - 4(6)〕

该带为本次对比研究建立，根据贵溪新田剖面命名，适用于全省赣州群地层，见于宜丰县芳溪、万戴县潭埠、德兴县城郊、贵溪县新田及赣州市区等地。主要分子有：*Flabellochara hangzhouensis*，*Mesochara voluta*，*M. biacuta*，*Euaclistochara manolula*，*Atopochara* sp.，*Charites guanpingensis*，*Obtusochara brevicylindrica*，*Maedlerisphaera sanshuiensis*，*Songliaochara jiadianensis*，*Peckisphaera verticillata*，*Sphaerochara raricostata*，*Amblyochara* sp. 等。其中 *Mesochara biacuta* 见于松辽盆地上白垩统嫩江组至明水组和秘鲁东部上白垩统 Arenisca de Azucar 组等地层中；*Sphaerochara raricostata* 见于松辽盆地早白垩世泉头组、青山口组；*Flabellochara hangzhouensis*，产自杭州的“朝川组”、江苏的葛村组，与美国落基山地区早白垩世 Aptian 阶的 *Flabellochara harrisi* 较为相似；*Charites guanpingensis* 和 *Maedlerisphaera sanshuiensis* 常见于广东晚白垩世南雄组地层中。据化石鉴定者张捷芳(1992)意见，根据化石总体特征，晚白垩世的色彩较浓。综上所述，该组合带归属早白垩世晚期至晚白垩世早期为宜。

在赣州城郊圭峰群中部获少量晚白垩世的常见轮藻化石：*Latochara curtula*，*L. brevis*，*Gyrogona xindisnensis*，*Croftiella* cf. *eschevi*，*Obtusochara* cf. *cylindrica*，*Peckchara* sp.，*Granbastichara commnis*，*Latochara palaconcinus* 等。

6. 植物

晚白垩世植物主要产于周田组，以 *Manica* 及 *Frenelopsis* 为主，可称为 *Frenelopsis parceramosa* - *Manica tholistoma* 组合带（A. - Z.）〔表 5 - 4(2)〕

该带为本次对比研究建立，主要根据赣县茅店及会昌县周田剖面命名。适用全省周田组、茅店组，分布于万载县株潭、贵溪县新田、吉安值夏、兴国县高兴、赣州市郊茅店、于都县小溪和会昌县周田等地。主要分子有：*Manica tholistoma*，*Frenelopsis parceramosa*，*F. papillosa*，*Manica dolatzeensis*，*Brachyphyllum obesum*，*B. ningshiaense*，*Pagiophyllum* sp.，*Onychiopsis* cf. *psilotoides*，*Coniopteris* cf. *onychioides*，*Elatocladus* sp. 及 *Trapa* sp. 等。其中 *Manica tholistoma* 发现于浙西衢江群三段，闽西沙县组上部及江苏浦口组，其时代为晚白垩世早期；*Frenelopsis parceramosa* 是北美早白垩世中、晚期波多马克群的重要分子；*Trapa* sp. 常见于国内、外晚白垩世至第三纪地层中，因此，该组合带归属早白垩世的晚期至晚白垩世的早期。

7. 孢粉

赣西地质调查大队和中国地质科学院地质研究所（1985）通过对鄱阳、信江、吉泰、宁都、瑞金、会昌、寻乌及留东等八个盆地白垩纪地层中的孢粉资料研究，将江西晚白垩世的孢粉化石，自下而上划分为两个组合，本书改为两个组合带。

(1) *Schizaeoisporites* - *Exesipollenites* - *Ephedripites*（*E.*）- *Tricolpites* 组合带（A. - Z.）[表 5 - 4(4)]

该带主要分布于鄱阳、信江、吉泰、宁都、瑞金、会昌和留车等盆地的周田组地层中，以富含 *Classopollis* 和多类型的 *Schizaeoisporites*，*Exesipollenites*，*Ephedripites*（*E.*）及被子植物花粉的含量少于10%为特征。自下而上，蕨类植物孢子平均含量由15.1%增至18.3%～33.8%；裸子植物花粉的平均含量由83.5%减至72.7%～61.6%；被子植物花粉的平均含量由0.7%增至2.0%～4.8%。根据孢粉组合的面貌及区域对比，本组合带的时代，大致相当于Albian（阿尔比）期至Turonian（土仑）期。

（2）*Schizaeoisporites*-*Ephedripites*（*E.*）-*Ulmoideipites* 组合带（A.-Z.）[表5-4(5)]

该组合带资料贫乏，主要根据分布于鄱阳盆地及上犹县董公庙圭峰群地层中的孢粉资料所建立，其组合特征：蕨类植物孢子含量为54.6%，裸子植物花粉11.9%，被子植物花粉32.4%，主要由*Ulmipollenites minor*，*Ulmoideipites krempii*，*U. tricostatus* 组成。被子植物花粉成为组合中居第二位的类群，使本组合带赋有白垩纪晚期的色彩。据原作者的意见，该组合带的时代应为晚白垩世晚期。

六、老第三纪

第三纪生物界是以哺乳动物的大发展和被子植物的极度繁盛为特征。江西老第三纪时期，既有脊椎动物的哺乳类、爬行类、鱼类和无脊椎动物的腹足类、节肢动物、介形类等动物化石，又有藻类、孢粉和植物化石。现据省内几个主要老第三纪盆地的生物化石综合于表5-5中。

1. 哺乳类

主要见于池江盆地及清江盆地的池江组、新余组。池江盆地池江组下部产*Bemalambda shizikouensis*（狮子口阶齿兽），是我国下、中古新统的常见化石，在上古新统中未曾见及；中部产*Archaeolambda*（古脊齿兽）、*Hsiuannania*（宣南兽）、*Pseudictops*（假古猬）、*Allostylops*（异柱兽）、*Asiostylops*（亚洲柱齿兽）、*Ganolophus*（南方赣脊兽）、*Jiangxia chaotoensis*（桥头江西中兽）等，为亚洲晚古新世地层常见属。这一动物群与蒙古国晚古新世晚期格沙头（Gashata）动物群相近，时代亦应相当；上部产*Phenaceras acustris*（湖泊伪角兽）、*Ganatherium austrialis*（南方赣南兽），它们的特征与北美早始新世的*Prouintatherium* 和 *Probathyopsis* 相似，故池江组的时代置于古新世—早始新世是毋庸置疑的。

清江盆地新余市姚圩附近的新余组中部产*Coryphodon ninchiashanensis*（钝角兽类的宁家山冠齿兽）、? *Probathyopsis sinyuensis*（新余厚深颌兽?）、*Xinyuictis tenuis*（细巧新余兽），是国内、外各地早至中始新世地层常见的种类，故新余组中部的哺乳类化石反映的时代亦应为早—中始新世。

2. 爬行类

在新余市姚圩附近的新余组中部产爬行类动物：*Crocodylus* sp.（鳄）、*Emys* sp.（水龟）、*Anosteria* sp.（无盾龟）和 *Trionyx* sp.（鳖）等，经周明镇（1959）研究认为，产化石层位的时代不超过始新世中期。

3. 鱼类

清江盆地的下第三系产鱼化石，主要赋存于临江组中，经鉴定有cf. *Leuciscus* sp.（相似雅罗鱼）、*Osteochilus* sp.（骨唇鱼）、*Aoria* sp.（剑危鱼）、*Lingchiangus* sp.（临江鱼）和*Tungtingichthys gracilis*（秀丽洞庭鳜）等。其中洞庭鳜、剑危鱼是亚洲晚始新世地层中常见分子。故鱼化石所示时代倾向于晚始新世。

4. 腹足类

该类化石分布较广，见于清江盆地的新余组、临江组，池江盆地的池江组，尤以临江组中最丰富。吴乃琴(1989)将临江组的腹足类建立一个组合，本书改称组合带。

Australarbis cf. *pseudommanius junxianensis* - *Brachyspira asperella* 组合带(A. -Z.)

为一个由水生前螺类、水栖肺螺类和陆生肺螺构成的组合带。自下而上依次为：①*Australarbis* cf. *pseudommanius junxianensis* - *Gyraulus* cf. *gaoyouensis*，全部由水生肺螺组成，为临江组腹足类第一个繁盛时期；②*Bithynia yuanshuiensis* - *Amnicola zhangshuensis*，以水生前鳃类为主，为临江组中腹足类最繁盛时期；③*Brachyspira asperella* - *Polycirsus gracilicostata*，为陆生肺螺类与淡水前鳃类混生的腹足类群，是临江组中第三个繁盛期。上述腹足类的面貌与广东三水盆地的坃心组、宝月组等早、中始新世地层所获的腹足类群相似，故该带归属早、中始新世为宜。

在武宁盆地的磨下组上部及池江盆地的池江组，获少量腹足类：*Australarbis*，*Bithynia* sp.，*Physa*，*Hydrobia* sp.，*Assiminea* sp.，*Parhydrobia* sp. 等属，常见老第三纪地层中。

5. 介形类

老第三纪时介形类较为繁盛，据江西石油普查大队(1980)⑮资料，自下而上可划分下述介形类组合带。

(1) *Sinocypris* - *Parailyocypris* - *Cypris* - *Eucypris* 组合带(A. -Z.)

主要分布于池江盆地的池江组中下部，以 *Sinocypris excelsa*，*S.* aff. *funingensis*，*Cypris jiangxiensis*，*Parailyocypris changzhouensis*，*Eucypris* 占优势。介形类组合可与湖南的霞流市组、广东的浓山组、坃心组的介形类组合对比，其时代为晚古新世至早始新世。

(2) *Sinocypris* - *Limnocythere* - *Eucypris* - *Cypris* 组合带(A. -Z.)

分布于清江盆地新余组，主要化石有 *Sinocypris triangulata*，*Limnocythere hubeiensis*，*Eucypris nitela*，*Cypris decaryi*，*C. favosa* 等。该组合与湖南粟木坪组介形类组合相似，其时代属早始新世。

(3) *Cypris* - *Pseudoeucypris* - *Limnocythere* 组合带(A. -Z.)

该带见于清江盆地的临江组，其主要分子有 *Cypris reticulata*，*Limnocythere subhubeiensis*，*L. jiangsuensis*，*L. yanghuensis*，*Pseudoeucypris*? *midsimos* 等。组合特征与苏北晚始新世戴南组的介形类化石相似，时代定为晚始新世。

在奉新县郑家渡组获少量介形类化石：*Cypris* sp.，*Cyprinotus* sp.，*C.* cf. *macranefundus*，*C. decaryi*，*Eucypris stagnolis*，*Condona cornbibo*，*Candoniella* aff. *albicans* 等古新世—始新世常见分子。

6. 轮藻类

(1) *Peckichara longa* - *Stephanochara jiangsuensis* - *Obtusochara lanpingensis* 组合带(A. -Z.)

该带主要分布于池江盆地池江组和清江盆地新余组的下部，主要化石有 *Peckichara longa*，*P. subspherica*，*P. zoumalingensis*，*Gyrogana qianjiangica*，*G. wubaoensis*，*Neochara squalida*，*N. huananensis*，*Stephanochara jiangsuensis*，*S. breviovalis*，*S. hukouensis*，*Obtusochara lanpingensis* 等。其组合面貌与我国南方霞流市组、浓山组、坃心组等介形类面貌相似，时代为晚古新世。

(2) *Gyrogona qianjiangica* - *Pseudolatochara* 组合带 (A. -Z.)

分布于清江盆地新余组上部及池江盆地池江组上部，属种较单调，主要分子有 *Gyrogona qianjiangica*，*Pseudolatochara multiconvoluta*，*P. biconrexusa* 等，时代属始新世。

（3）*Hornichara*－*Grovesichara*－*Amblyochara* 组合带（A.－Z.）

该带分布于清江盆地临江组，以不具瘤状装饰的大型藏卵器者为主。主要化石有 *Hornichara lingjingensis*，*H. jintanensis*，*Amblyochara taixiaensis*，*Grovesichara changzhouensis*，*Croftiella jinhuensis*，*Tectochara* sp.，*Sphaerochara granulifera*，*Nemegtichara prima* 等。据化石组合带的面貌及主要分子的地史分布，可确定为晚始新世。

7. 植物

江西下第三系植物化石资料较少，仅在清江盆地有少量发现。在新余组下部，产 *Palibinia angustifolia*，是我国华南诸省早、中始新世地层中常见分子，为亚热带干旱气候的指示植物。临江组中产 *Popolus* sp. 和 *Myrica* sp.。

8. 孢粉

据江西石油普查大队[15]（1980）资料，本省下第三系可建立 6 个孢粉组合，本次对比研究改称 6 个组合带，由下至上简述如下：

（1）*Quercoidites*－*Ulmipollenites* 组合带（A.－Z.）

见于清江盆地、永丰盆地的新余组，其组合带特征很相似于南雄盆地上湖组的榆粉-栎粉-栗粉（*Ulmipollenites*－*Quercoidites*－*Cupuliferoipollenites*）组合特征，组合中的分子有 66%以上均分布于古新世或更老的地层中，且高含量的分子多见晚白垩世—古新世地层中，故该组合带应为早、中古新世为宜。

（2）*Ulmipollenites*－*Nanlingpollis* 组合带（A.－Z.）

分布于清江盆地新余组中部及池江盆地、留车盆地的池江组中部，组合特征与南雄盆地浓山组下部的孢粉组合特征一致，时代为晚古新世。

（3）*Ulmipollenites*－*Pterisispora* 组合带（A.－Z.）

仅见于池江盆地池江组中部，位于第 2 组合带之上。其中裸子植物花粉含量为 7.9%，被子植物含量占 65.6%，蕨类孢子占 25.1%。优势分子：凤尾蕨科孢子占 17.2%，榆科花粉占 13.4%。时代为晚古新世。

（4）*Ephedripites* 顶峰带（Ac.－Z.）

该带分布于池江盆地、清江盆地和鄱阳盆地的池江组和新余组中上部，位于第 2、3 组合带之上。其中裸子植物花粉占 30.2%，被子植物花粉占 57.9%，蕨类孢子占 11.5%。麻黄粉以种类多、含量高为特点。膨胀带时代为晚古新世。

（5）*Quercoidites minor*－*Tricolporapollenites minuta* 组合带（A.－C.）

分布于池江盆地和清江盆地的池江组及新余组上部。其中，古老的被子植物花粉如鹰形粉、孢形粉、球形粉等和白垩纪繁盛的蕨类孢子大量减少或消失，而与热带、亚热带被子植物有亲缘关系的种类大量出现，同时出现了大量始新世特征分子如铁青树粉和五角粉等。时代属早始新世。

（6）*Taxodiaceaepollenites* 顶峰带（Ac.－Z.）

仅见于清江盆地临江组中，本膨胀带中出现了如香蒲、浮萍属及水生草本植物花粉。莎草蕨科孢子几乎绝迹，海金沙科及凤尾蕨科、桫椤科有零星分布，且出现了一些水生满江红和泥炭藓科的孢子。时代归属晚始新世。

9. 虫管（栖管）

在清江盆地新余组、临江组和武宁盆地的王埠灰岩段见有虫管化石（*Sinoditruta* sp.）。据唐天福等（1979）分析，第三纪初期，膏盐沉积之后，曾有过海侵过程，这类虫管化石可能是海水通过古长江进入本区。

不同盆地下第三系岩石地层、生物化石对比，见表 5－5。

表 5－5 江西省第三纪生物化石分布表

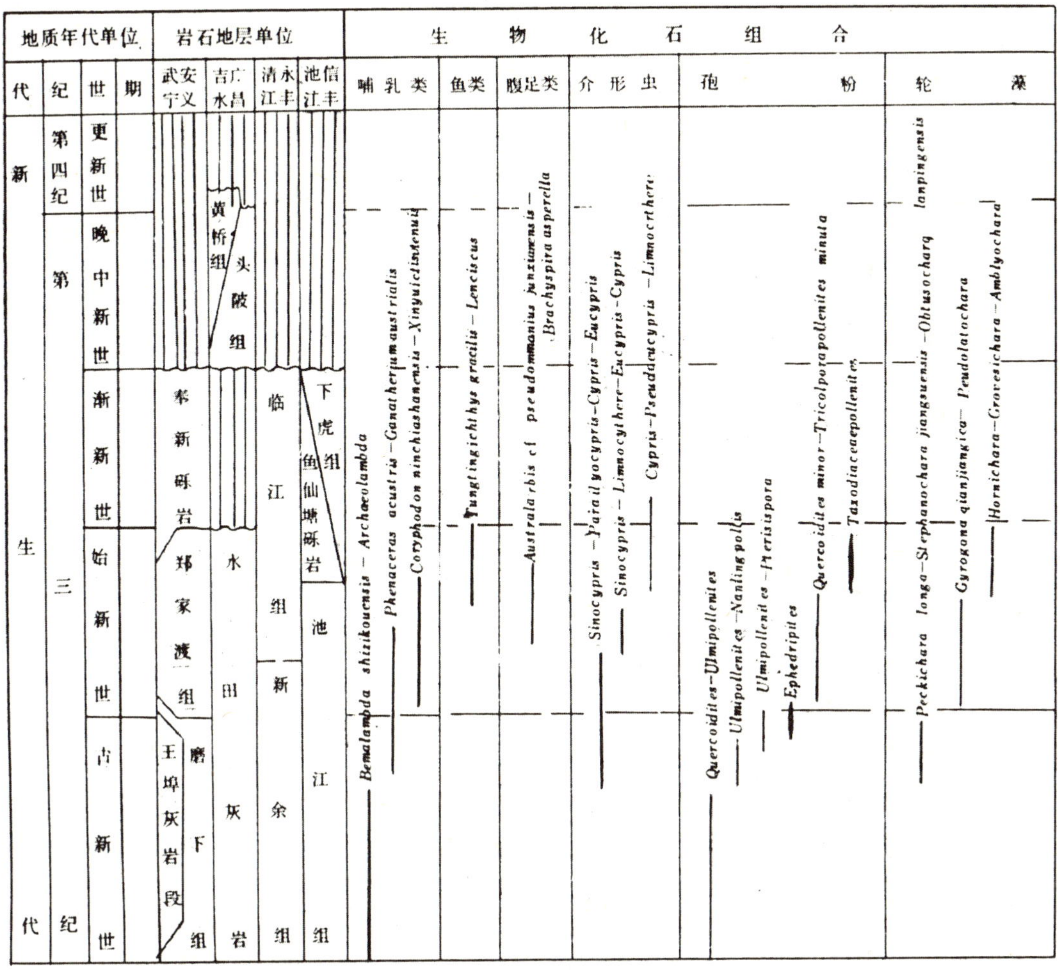

七、新第三纪

江西上第三系出露零星，仅在赣南及江西中部地区有少量露头。生物化石有植物、孢粉和硅藻类等。分述如下：

1. 植物

主要见于广昌县头陂、南丰县东坑及吉安县凤凰圩等地的头陂组中，常见植物化石：*Acer* sp.，*Hamamelis* sp.，*Quercus* sp.，*Ficus* sp.，*Diosphyros*，*Juglaus* sp.，*Rhus* sp.，*Cinnamomum* sp. 等，多为山东中新世山旺组和浙江新第三纪嵊县组中植物群的常见分子。故头陂组植物群时代为新第三纪。

2. 孢粉

新第三纪地层中的孢粉化石相当丰富，不同盆地的组合面貌，略有差异。现分盆地概述如下：

（1）头陂盆地

该盆地头陂组所含孢粉化石，可建立两个孢粉组合带，自下而上是：①*Chenopodipollis*－*Quercoidites* 组合带（A. －Z.）；②*Quercoidites*－*Liquidambarpollenites* 组合带（A. －Z.）。

（2）南丰盆地

头陂组中的孢粉组合称 *Quercoidites*－*Faguspollenites* 组合带。

（3）吉水盆地

在黄桥石狮滩，黄桥组中产孢粉化石，称为 *Quercoidites*－*Cyclobalanopsis* 组合带。

上述孢粉组合的共同特点是：被子植物花粉占绝对优势（约 74%～90%），其中又以栎粉占优势（占总量的 32%～50%）；裸子植物花粉占 7%～15%；蕨类孢子占 3%～15%。几个组合中均出现了一定量的草本植物花粉，如黎粉、禾木科和菊科等。带中多数属种出现于中、上新世，它有别于老第三纪的孢粉组合，其时代归属新第三纪为妥。

3. 硅藻

据张祖廉（1990）报道，在广昌头陂硅藻土矿区，产有大量硅藻化石，计有 13 类 23 种，常见有：*Cestodiscus* sp.，*Soephauadiscus astraea* var. *minatala*，*Rhopalora martyi*，*Fragillaria breristriata*，*F. constuens* 和布纹藻等。其中星冠盘藻为吉林永吉三官地及浙江嵊县浦桥中新世硅藻植物群分子；而脆杆藻属，两个种均为吉林省浑江市岗头村上新世硅藻植物群的优势种。由此分析，头陂组硅藻的时代为中新世至上新世。

新第三纪几个小盆地的岩石地层单位的生物化石特征一如上述。

第三节　同位素年龄值

前人在江西省晚侏罗世至白垩世地层的火山岩中，进行了较多的同位素测试工作，为确定其地层的时代提供了佐证。现将一些样品的同位素年龄值，汇集成表（表 5－6），供参考。

表 5－6　江西省侏罗纪、白垩纪地层同位素年龄值一览表

岩石地层单位	岩　性	地　点	采样单位或人（时　间）	样　品	测试方法	年龄值（Ma）
打鼓顶段	安山岩	金溪县白水源	江西区调队（1983）	全　岩	K－Ar	158.2
鹅湖段	流纹质熔结凝灰岩	贵溪县蔡家桥	912 队（1983）	全　岩	U－Pb	141.0
鹅湖段	英安岩	铅山县石溪	张利民（1991）	透长石	$^{40}Ar/^{39}Ar$	148.9±1.0
鹅湖段	粗面岩	铅山县石溪	张利民（1991）	透长石	$^{40}Ar/^{39}Ar$	141.8±0.3
石溪组	凝灰岩	弋阳县灵范	刘继顺（1979）	全　岩	K－Ar	135.0
石溪组	凝灰岩	铅　山	张利民（1989）	黑云母	快中子活化法	132.5±0.8
石溪组	粗面岩	铅　山	张利民（1989）	透长石	快中子活化法	128.3±0.4
石溪组	流纹岩	弋阳县葛溪	江西区调队（1989）	全　岩	K－Ar	119.1
茅店组	玄武岩	赣县茅店	李坤英（1989）	全　岩	K－Ar	101.8±3.2
茅店组	玄武岩	铅山县新塘尾	张利民（1989）	全　岩	K－Ar	96.0
茅店组	玄武岩	会昌县城郊	刘　训（1986）	全　岩	K－Ar	107.12

第四节　区域地层对比及形成环境

一、区域地层对比

印支运动后，我国东南部普遍褶皱成陆。从晚三叠世—第三纪各地古地理条件相差不大，因此岩性岩相基本一致。晚三叠世邻省区均为海陆交替相含煤建造；早侏罗世—中侏罗世为河流湖泊相碎屑岩建造；晚侏罗世—早白垩世均不同程度发生了火山喷发，组成中生代火山岩建造；晚白垩世—第三纪地壳处于拉张松弛环境，形成一套巨厚的复陆屑红色碎屑岩建造。由于研究历史原因，同一地层位置，相同的岩石特征，名称往往不同，为便于了解区域延展而地层名称的变更情况，特列与邻区对比表（表 5-7）。

二、形成环境

印支运动的发生，结束了我省大范围的海侵，亦改变了晚古生代以来的构造格局。自晚三叠世至第三纪地质构造的发展进入了一个新的阶段，纵贯全省的北东向、北东东向隆起扩展，其间的坳陷缩小，为这一断代的沉积基础。这种沉积古地理的重大变化，使此一时期岩性岩相、沉积特征与印支期的沉积有着明显差异。

（一）晚三叠世

经过印支运动，地壳处于相对松弛或稳定时期。此时气候温湿，植物繁盛，为本世成煤提供了有利条件，形成著称的安源煤系。根据古生物所反映的时代，地质历程主要是 Carnian—Norian 期。

Carnian 期以安源群紫家冲组为代表。主要分布在赣北九岭—鄣公山隆起带与赣中武功山—怀玉山隆起带之间的萍乡-乐平坳陷带。西段萍乡安源的剖面结构，是由石英、燧石质砾岩—灰黑色细粒石英砂岩—粉砂质页岩—碳质页岩夹煤层叠加的三个基本层序组成，厚度 139 m。其东部新余花鼓山，以相似的岩性组合组成一个基本层序，厚 20 余米。而东段乐平涌山桥，由灰色砂岩—深灰色细砂岩—粉砂岩或粉砂质页岩—碳质页岩夹含煤层、煤线叠置 6 个基本层序，厚度 283.5 m。以上表明，本期初时在印支运动褶皱上升的基础上，不惟隆起扩展、坳陷缩小，同时在坳陷带内可能因隆坳之间的边界断裂与北西向断裂叠加共轭，致使沉积基底凹凸不平，形成大小不等、深浅不一的构造洼地。这些洼地被来自周围的山麓河流注入，先后形成湖泊。湖泊发展的晚期，因碎屑物沉积、湖面缩小而过渡为沼泽。沼泽内水生植物迅速生长，而周围植物又因泥砂淤积向沼泽内蔓延繁殖，致使阳光难以透入水面，光合作用缺乏，在缺氧并富含 H_2S 气的环境下，形成泥炭堆积而成煤。因而剖面上出现泥炭沼泽相直接连续覆于湖泊相之上，组成湖泊-沼泽相含煤韵律，成为安源群主要含煤层位(图 5-2)。

Norian 期沉积包括安源群三家冲组和三丘田组。早期三家冲组，以灰、灰黑色砂岩、钙质粉砂岩、泥岩为主，以不含或少含煤为特征。泥岩中常见菱铁矿结核，萍乡安源还夹白云岩凸镜体。其上下富含海相双壳类和少量植物化石，双壳类主要有 *Bakevelloides*, *Bakevellia*, *Myophoriopsis*, *Unionites* 等。从组合面貌看，这个动物群与云南、贵州等西南地区面貌不同，而与日本的日置（Heki）和难波江（Nabae）动物群非常相似，所以推测这时的海侵主要来自东方。可能由皖南或浙西北侵入我省，首先到达萍乐坳陷带，而后随海

表 5－7　江西省晚三叠世至第三纪岩石地层与邻区对比简表

地质时代		江西	安徽省江南分区	浙江省西北部	闽西	粤北	湘中南区
第三纪	上新世	黄桥组			佛昙组		
	中新世	头陂组					
	渐新世	武宁群：邦家渡组、奉新砾岩、临江组；下虎组				古城村组（罗佛寨群）	枣市组、茶山坳组
	始新世	王埠灰岩段、磨下组、清江膏盐段、新余组；鱼仙塘砾岩				浓山组	
	古新世	池江组					
白垩纪	晚世	圭峰群：莲荷组、塘边组、河口组；赣州群：周田组、茅店组	赤山组、浦口组	桐乡组；衢江群：衢县组、金华组、中戴组	崇安组、沙县组	上湖组（罗佛寨群）；南雄群：丹水组、主田组、大凤组	车江组、红花套组、神皇山组、会塘桥组
	早世	火把山群：冷水坞组、石溪组	葛村组	建德群：横山组、寿昌组	均口组、坂头组	马梓坪组、伞洞组	东井组
侏罗纪	晚世	武夷群：鹅湖岭组；梧溪段、虎岩段、岩前段、花草尖段、周家源段；鹅湖段、打鼓顶段；余田群：鸡笼嶂组、菖蒲组、龙潭坑组；如意亭组	石岭组、黄尖组；红花桥组、劳村组	建德群：黄尖组、劳村组	兜岭群：下渡组、园盘组		
	中世	林山群：漳平组、罗坳组	罗岭组	同山群：渔山尖组	漳平组		沙溪庙组、千佛岩组
	早世	水北组；多江组、安塘组、赖村组	钟山组	同山群：马涧组	梨山组	桥源组、金鸡组	高家田组、茅仙岭组、石康组、心田门组、造上组、唐垄组
三叠纪	晚世	安源群：三丘田组、三家冲组、紫家冲组；天河组	安源组	乌灶组	文宾山组、焦坑组、大坑组	艮口群：头木冲组、小水组、红卫坑组	三丘田组、杨梅垄组、三家冲组、杨梅山组、紫家冲组、出炭垄组

侵扩大而波及到吉饶坳陷的东段之上饶、崇仁及乐安等地，形成海湾泻湖环境。

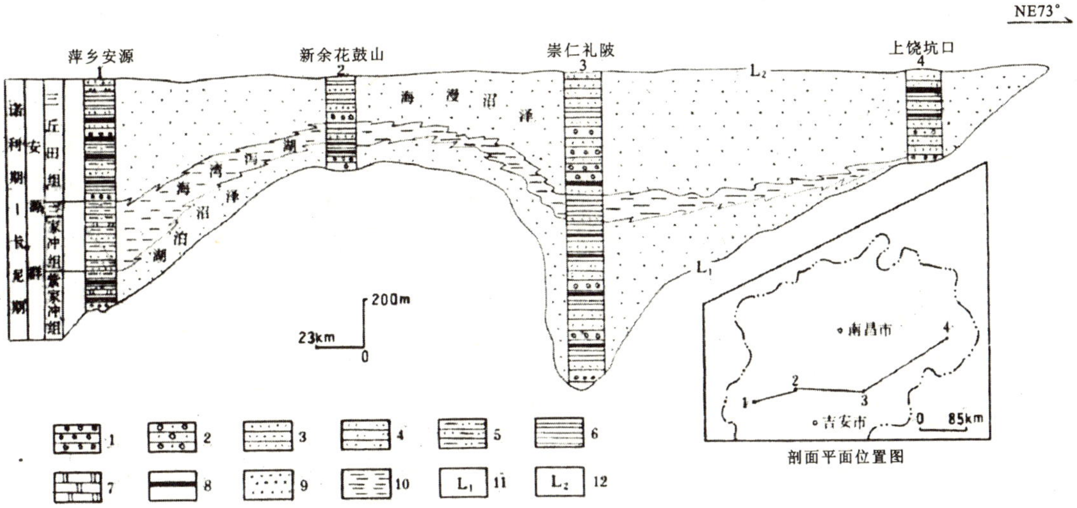

图 5-2　赣中萍乐盆地晚三叠世安源群横剖面图

1. 砾岩；2. 砂砾岩；3. 砂岩；4. 粉砂岩；5. 粉砂质泥岩；6. 页岩；7. 白云岩；8. 煤；9. 海漫沼泽；10. 海湾泻湖；11. 安源群与下伏地层不整合面；12. 安源群与上覆地层平行不整合面

Norian 晚期，海侵继续扩大，盆地范围扩展，除在盆地中心部位保留潮坪泻湖相，其两侧沦为海漫沼泽地带，使本期三丘田组常超覆于前安源群之上，成为安源群第二个主要含煤岩组。其岩性常由灰白色砾岩或砂岩—灰色粉砂岩或含碳粉砂岩—碳质泥岩夹煤层组成韵律。其中的双壳类除下部延续而来的 *Bakevellia*，*Bakevelloides* 等属群外，*Modiolus*，*Myophoriopsis*，*Neoschizodus*，*Permophorus*，*Waagenoperina*，*Unionites*，*Utschamiella*，*Trigonucula* 等成为该组合的主要成员，并出现了多量的 *Jiangxiella* 新属类。这些化石多系半咸水环境生活的动物。表明沉积区，海水漫入的同时，山区径流发育，海水淡化，致使生物群的面貌和性质发生明显变化。

Norian 末期，地壳活动增强，地壳上升，海水向西退却，至 Rhaetian 期，萍乐坳陷带西段之万载一带堆积形成了多江组。底部为石英、燧石质细砾岩，平行不整合于三丘田组之上，向上常由灰白色石英砂岩—细砂岩—深灰色粉砂岩组成韵律。根据沉积组合特征，以内陆湖泊相为主，沼泽相不发育，所以一般无可采煤层。其中产丰富的植物和双壳类化石。双壳类中正常海相者几乎绝灭，代之而起的是出现了 *Lilingella*，*Hunanella* 等新属类，并有 *Jiangxiella* 伴生。表明此时的沉积以湖泊相为主，偶有海水漫入。

此时，赣中吉安、吉水等地，主要为河流—湖泊沉积。下部常由灰白色长石石英砂岩或含砾砂岩—细砂岩—凝灰质泥岩组成韵律。韵律下部砂岩可见板状、槽状层理，上部多为波状层理至水平层理，底部具冲刷构造，反映了河流相特征。上部多为细砂岩—粉砂岩、沉凝灰岩、凝灰质泥岩。夹含橄榄玄武岩，局部夹薄煤层和油页岩。说明在盆地断陷沉积时，伴有火山喷发、侵入活动。

（二）侏罗纪

三叠纪末地壳变动，经一度剥蚀夷平，开始了早侏罗世的沉积（图 5-3）。省境以宜丰-景德镇大断裂和宜春-铅山大断裂为界大致可划分为三种沉积类型，分别构成三个沉积区。

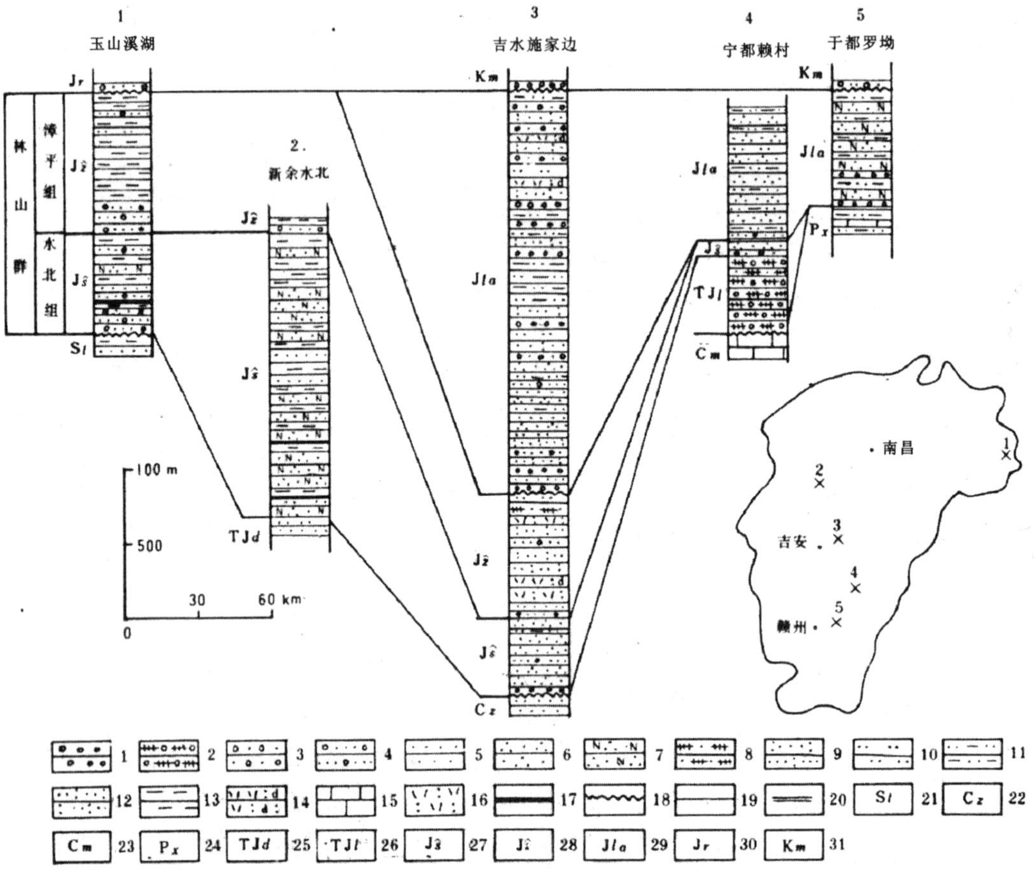

图 5-3 江西省早、中侏罗世岩石地层单位柱状对比图

1. 砾岩；2. 复成分砾岩；3. 砂砾岩；4. 含砾砂岩；5. 砂岩；6. 石英砂岩；7. 长石石英砂岩；8. 复成分砂岩；9. 凝灰质砂岩；10. 粉砂岩；11. 泥质粉砂岩；12. 凝灰质粉砂岩；13. 泥岩；14. 流纹质沉凝灰岩；15. 灰岩；16. 凝灰岩；17. 煤线；18. 不整合；19. 整合；20. 断层；21. 唐家坞组；22. 梓山组；23. 马平组；24. 小江边组；25. 多江组；26. 赖村组；27. 水北组；28. 漳平组；29. 罗坳组；30. 如意亭组；31. 茅店组

北区以永修河桥剖面为代表，属山间湖盆沉积类型。剖面底部为灰白色厚层砾岩，砾石主要为石灰岩砾石，分选性、磨圆度均差。这是盆地形成之初所形成的山麓洪积相沉积。其上由灰至灰黑色泥灰岩、碳质页岩—灰黑色粉砂岩—细砂岩夹粉砂岩—中、细粒杂砂岩组成剖面结构。泥灰岩中产双壳类 *Sibireconcha* aff. *shensiensis*，*S.* cf. *lingwuensis*，碳质页岩产植物 *Brachyphyllum* sp. 等。剖面结构表明为次深湖亚相至滨浅湖亚相。

从生物化石反映的时代看，双壳类为晚三叠世至早侏罗世，而植物以松柏类为主，这是侏罗纪开始繁盛的类别。将动、植物的时代特征统一分析，湖盆形成的时间大致相当于 Hettangian（赫唐期）至 Sinemurian（辛涅缪尔期）。

中区以萍乐坳陷带为主。这一地区继安源群沉积之后，成为山间平原地带。由于古地理环境相似，各地岩性及其组成的剖面结构基本相同（图 5-3）。以新余县水北雷家—禁山剖面为代表，这里的水北组可明显地划分为上、下两段。下段常由灰白色厚层长石石英粗砂岩或含砾砂岩—黄绿色细砂岩或粉砂岩—砂质页岩，偶夹碳质页岩和煤线，组成近十次韵律的基本层序。韵律底部具冲刷构造，下部砂岩多具标志性大型槽状或板状交错层理，是河流相边滩沉积的重要特征。细砂岩具小型交错层理，粉砂岩、页岩具水平层理或波状层理。砂岩中常见硅化木，粉砂岩、页岩含植物。基本层序厚度变化在 60～106 m 之间。上列特征表明这一地区主要为曲流河道沉积。下部主要为河床亚相，以边滩沉积为主，滞流沉积不发育。上部主要为堤岸亚相或河漫滩亚相，故以粉砂岩、泥岩为主，产少量植物及根茎化石。因天然堤围限和沉积作用使河床抬高，洪水漫溢，所以在河漫滩上低洼地区形成河漫湖泊，其中含植物、菱铁矿结核或条带。后期发展成河漫沼泽，因而在一些韵律内出现碳质粉砂质页岩或碳质页岩夹煤线。

上段岩性组合为黄绿色细砂岩、粉砂岩、页岩偶夹碳质页岩，厚 280 m。层理一般不发育，所见者为水平纹理，产少量植物。这是河流发育后期，在冲积平原上形成的湖泊相沉积。

南区系指宜春-铅山大断裂以南的广大地区。这一地区早侏罗世基本上是个隆起地带。根据现存下侏罗统露头看，多具一定方向的带状分布，并且与地史上断裂带的位置和方向极为一致。说明其沉积受断裂控制。因此，这里的早侏罗世沉积多夹含火山凝灰物质，有的剖面如南城包坊、吉安项家等，间夹含玄武岩或安山质玄武岩。岩性组合中砾岩、含砾砂岩、凝灰质长石砂岩极为发育，底界可超覆于前中生界或前泥盆系之上。沉积韵律多由砾岩—含砾砂岩—中、细粒砂岩组成。有的上部常夹凝灰岩、凝灰质粉砂岩，偶见碳质页岩夹煤线，中下部夹玄武岩。砾岩、含砾砂岩之砾石成分较杂，有石英、砂岩、千枚岩等。磨圆度较好，分选性中等。韵律底层冲刷构造发育，粗粒岩石以大型交错层理为特征，细粒岩石可见小型交错层理及至水平层理。内含植物或植物根茎化石。上述特征表明，这一地区主要为网状或辫状河流沉积。其韵律层下部粗粒碎屑岩应为心滩沉积为主，其中局部出现碳质页岩夹煤线，应为网状河道之间的河漫沼泽所形成。

从生物化石组合所反映的时代，以及韵律的序数看，从中区至南区沉积起始时间有更新的趋向，中区可能起始于辛涅缪尔（Sinemurian）初期，南区起始于中期。

中侏罗世地层散布于赣中、赣南区。在燕山运动第二幕影响下，地壳由松弛转为挤压，断裂活动加强，隆坳之间的边界断裂围限所形成的断隆和断陷，以及这些断裂与北西向断裂的共轭而控制该世的沉积（图 5-4）。所以该世沉积以湖泊环境为主。

在断陷内中侏罗世漳平组继承于早侏罗世水北组之上，两者呈连续过渡关系。漳平组下段岩性为灰白色、偶为紫红色含砾长石石英砂岩夹凝灰质砂岩、粉砂岩、页岩及凝灰岩、沉凝灰岩等。岩层中常含钙质结核。由下而上，由粗而细形成十余次粒度韵律。含砾砂岩中砾石成分复杂，除石英砾石外，尚有砂岩、板岩、页岩、凝灰岩及花岗岩等。磨圆度、分选性较好，砂岩中常见斜层理，粉砂岩内见小型交错层理及页岩中见水平层理。韵律类型、岩性及其沉积构造表明属滨湖三角洲至滨湖相。

上段岩性随地点略有差异，但总的以细碎屑岩为主。赣中以次层型剖面为代表，以紫红、灰绿色粉砂岩、粉砂质泥岩、泥岩为主，间夹钙质细砂岩；赣南多为紫红色夹灰绿色凝灰质粉砂岩、沉凝灰岩、粉砂质页岩，偶夹碳质页岩。岩层中以水平层理为主，表明为浅湖环境。

罗坳组仅见于赣南之大余-宜黄隆起带上。该隆起带上普遍缺失早侏罗世地层，罗坳组不整合于古生代或更老地层之上，呈“上叠式”接触。这说明，中侏罗世沉积前该带为隆起剥蚀区，沉积起始时地形复杂，故使本组底部为复成分砾岩、砂砾岩，砾石磨圆度，分选性均差，反映山麓洪积相特点。其上由含砾砂岩或砂岩、粉砂岩、粉砂质页岩组成韵律互层，

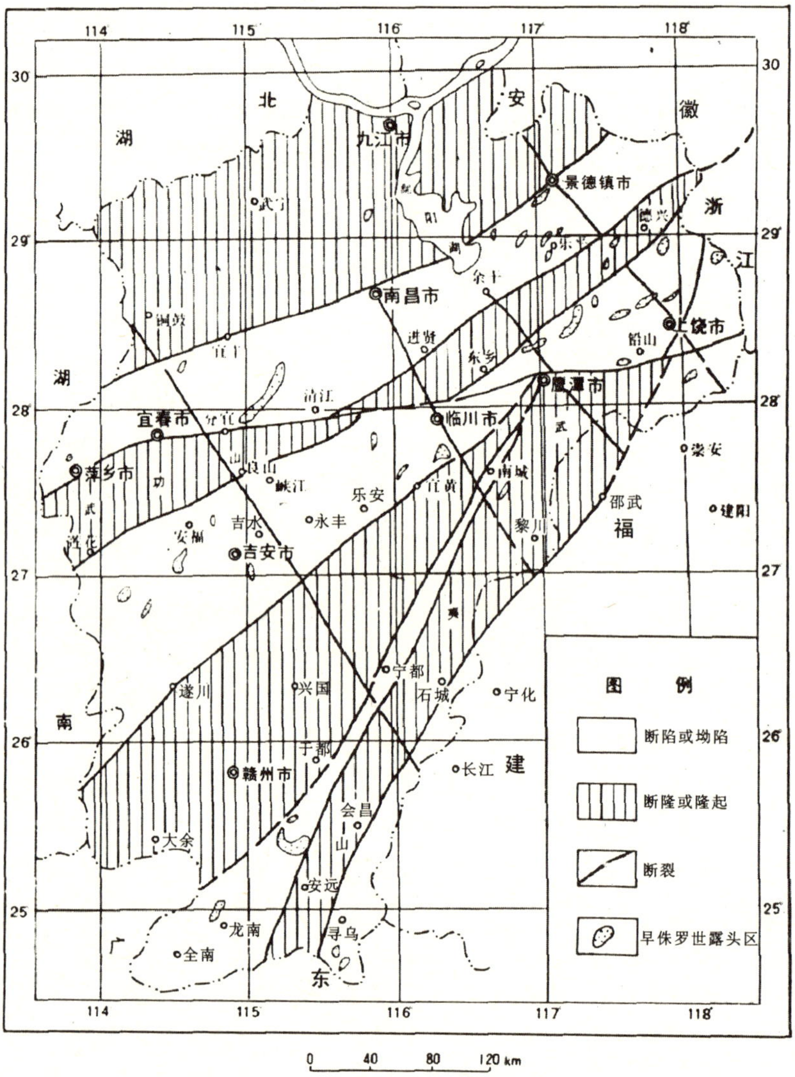

图 5-4　中侏罗世沉积前断块构造略图

韵律底面常见有冲刷构造，应属滨湖相或滨湖三角洲相。其上粒度明显变细，由灰绿、紫红、灰、黄绿色细砂岩、粉砂岩、泥页岩组成韵律层，中、上部常为深灰色页岩，水平层理发育，产双壳类、介形类等化石，表明以浅湖亚相为主。与断陷区剖面结构对比，显然由下而上，由粗而细，但沉积厚度、韵律序数一般均超过了断陷，而且以粉砂质、泥质岩石占优势。这有力说明，断陷区在早侏罗世沉积过程中，随着断隆区剥蚀和断陷区沉积相互消长，在早侏罗世末燕山运动第二幕的影响下，断陷和断隆发生新的调整，相对断陷区沉积充填，断隆相对下降，故而形成了较断陷区为厚（厚度最大达 1 500～2 500 m），且在罗坳组上部出现具晚侏罗世色彩的孢粉组合，说明下降持续到晚侏罗世早期。

中侏罗世沉积过程中，干旱—半干旱气候占优势。主要表现在化石少，岩石以紫红色为主，岩石中多含凝灰物质，以及多层含钙质结核等加以证明。

中侏罗世之后燕山运动进入强烈活动时期，从而导致晚侏罗世发生了强烈的火山活动

(图 5-5)。以北东东向断裂为基础，以北北东向断裂为主导，分别在赣中、赣南形成南北呼应的两个火山岩带。赣中称峡江-广丰火山岩带，赣南称全南-寻乌火山岩带。

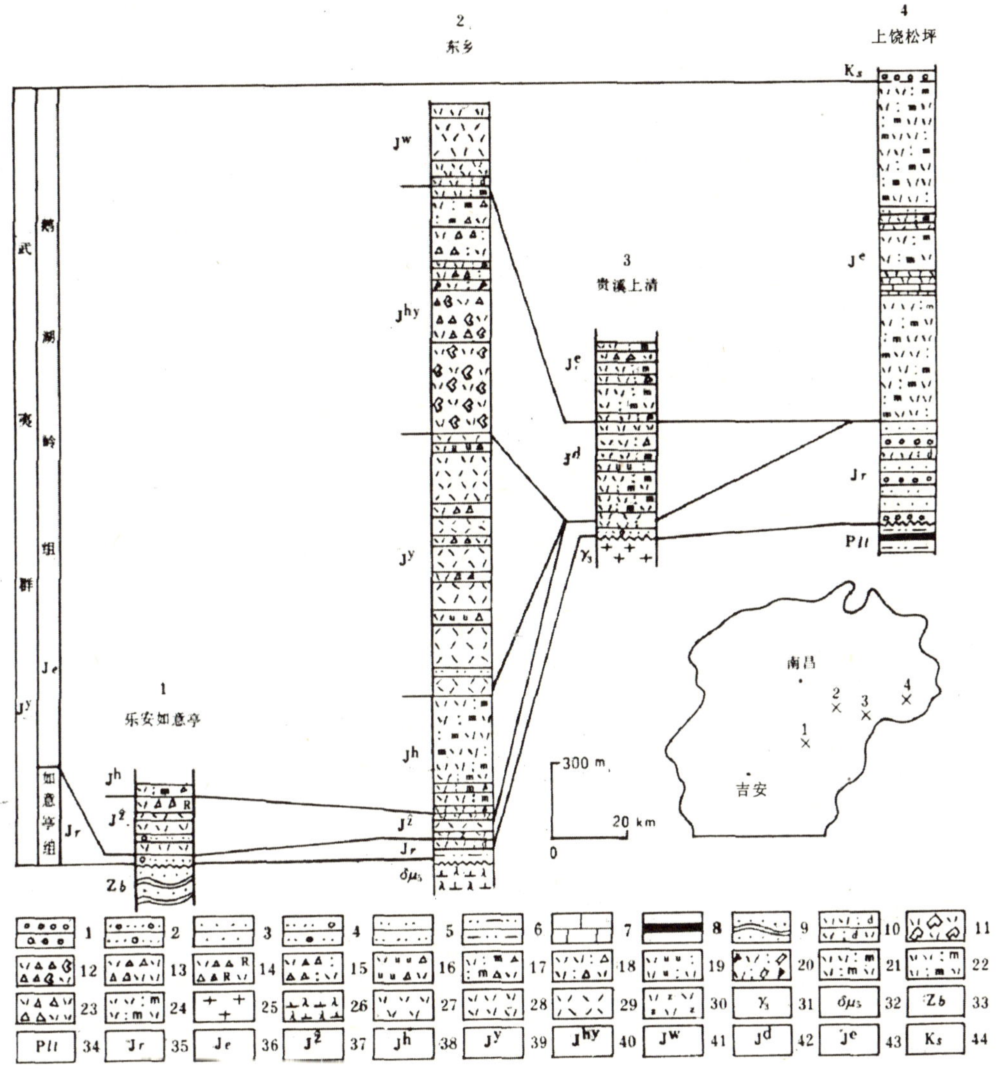

图 5-5　江西省武夷群柱状对比图

1. 砾岩；2. 含砾砂岩；3. 砂岩；4. 含砾粉砂岩；5. 粉砂岩；6. 泥质粉砂岩；7. 灰岩；8. 煤层；9. 变质砂岩；10. 流纹质沉凝灰岩；11. 流纹质集块岩；12. 流纹质集块角砾岩；13. 流纹质火山角砾岩；14. 流纹质熔角砾岩；15. 流纹质凝灰角砾岩；16. 流纹质角砾熔岩；17. 流纹质熔结角砾凝灰岩；18. 流纹质角砾凝灰岩；19. 流纹质凝灰熔岩；20. 流纹质岩屑晶屑凝灰岩；21. 流纹质熔结凝灰岩；22. 英安质熔结凝灰岩；23. 安山质火山角砾岩；24. 安山质熔结凝灰岩；25. 花岗岩；26. 闪长玢岩；27. 安山岩；28. 英安岩；29. 流纹岩；30. 霏细岩；31. 加里东期花岗岩；32. 燕山期闪长玢岩；33. 坝里组；34. 龙潭组；35. 如意亭组；36. 鹅湖岭组；37. 周家源段；38. 花草尖段；39. 岩前段；40. 虎岩段；41. 梧溪段；42. 打鼓顶段；43. 鹅湖段；44. 石溪组

根据火山岩的岩性岩相及其形成的喷发旋回，大致可划分三个喷发阶段。第一阶段约从周家源期至岩前期。此一时期处于中侏罗世松弛期至晚侏罗世挤压期、过渡期，虽然在燕山运动第三幕的影响下地壳挤压上隆，喷出与隆起有关的酸性岩类，可能因挤压上升不强，故喷发开始以熔岩溢流为主，由流纹岩或英安质流纹岩组成周家源段。周家源期喷溢之后，一度转入平静阶段，其上形成了厚达 10～42 m 喷发沉积相含砾沉凝灰岩、凝灰质粉砂岩段等，组成花草尖段底部层序。沉积间歇孕育着更强烈的喷发。随运动增强，开始了强烈喷发，初期爆发了以灰流亚相为主的流纹质熔结集块岩、熔结角砾岩，继之爆发了流纹质或流纹—英安质熔结凝灰岩，组成了花草尖段的主体。而后经短暂的间歇，在东乡王桥—余江岩前喷溢了流纹岩为主的岩前段。此后为熔岩—熔结凝灰岩—熔岩，反映此阶段的喷发由弱—强—弱。

第二阶段为虎岩期或打鼓顶期、菖蒲期。虎岩期的喷发主要分布于东乡火山岩区。这是继岩前期或花草尖期喷发之后，构造运动转入相对稳定阶段，经过一段湖盆相沉积之后而发生的。可以想象，此时控制火山喷发的断裂紧闭，在间歇期间饱和气体的岩浆不断聚集上涌，当其聚压力大于上覆静压力时，气体突然释放，粘稠的岩浆携带基底岩块夺口而出，形成了强烈爆发亚相流纹质集块岩、熔结集块岩、含集块熔结角砾岩等。这些集块成分复杂，既有基底岩层的混合岩、花岗岩、伟晶岩、变余砂岩和板岩，又有前期喷发间歇湖盆相沉凝灰岩及凝灰质砂、泥岩，还有前期喷发的流纹岩、熔结凝灰岩等，大小混杂，块度最大者达 2～5 m，一般 0.2～1.0 m，组成虎岩段底部层段。由此向上，因气体释放，喷发强度相对减弱，形成了以熔结凝灰岩为主的层段。

由于构造发展的不均衡性，该阶段其他岩区，如赣南龙南、寻乌岩区，可能因为继承于早、中侏罗世沉积盆地之上，则以拉张作用为主，喷出或侵出玄武岩、玄武安山岩，组成菖蒲组。赣中东乡、贵溪等地上叠于隆起带之上，早期以挤压为主，仍以流纹质熔结凝灰岩为主，晚期由挤压转为相对稳定，喷溢出安山岩、安山质凝灰熔岩，共同组成打鼓顶段。

第三阶段为梧溪期或鹅湖岭期、鸡笼嶂期。由于该阶段不同地区赖以存在的构造基础不同，形成的岩性岩相亦不一致。

东乡岩区经过虎岩期喷发之后，转入了较长时间的间歇，沉积了厚达数十米至百米以上湖盆相碎屑岩组成的梧溪段底部层段。此后，因火山喷发的强度总体减弱，加之处于断陷或坳陷带内，不仅以溢流亚相的少斑流纹岩、流纹质英安岩为主，而且喷发型式亦由虎岩期的裂隙—中心式转为中心式。

东乡岩区以东，从贵溪至广丰，以及赣南龙南、安远、寻乌，此期主要为爆发灰流亚相的熔结凝灰岩或侵出亚相的碎斑凝灰熔岩。赣中组成鹅湖段，赣南组成鸡笼嶂组。

三、白垩纪

侏罗纪末燕山运动第四幕发生。自此地壳由挤压变为拉张，所以白垩纪地层主要在拉张裂陷盆地中形成。现存的白垩纪盆地纵横交错、星罗棋布，呈北东东向、北东向、北北东向，尤其北北东向展布于先期形成的断裂带上，总体形成一套巨厚的复陆屑碎屑岩建造（图 5-6）。与下伏侏罗系呈平行不整合接触，与上覆第三系多为连续过渡关系。

早白垩世初期属山间盆地沉积，因处于挤压、拉张的过渡时期，石溪组杂色碎屑建造中夹中酸性火山熔岩或火山碎屑，其底部，如上饶茶亭、峡江上肖、安远版石等地砾岩厚度均超过百米以上，厚度多变化在 170～300 m 之间。砾石成分复杂，磨圆度、分选性较差，泥砂质胶结。其在走向上变化较大，常呈大型透镜体展布于盆地边缘。从而说明属于山麓泥石流扇体堆积。

石溪组在信江盆地铅山、上饶等地以杂色（灰、灰绿、黄绿、紫红色）细碎屑岩夹火山岩为特征。常由细砂岩—粉砂岩或粉砂质泥岩—泥岩组成基本层序，砂岩见小型斜层理，粉

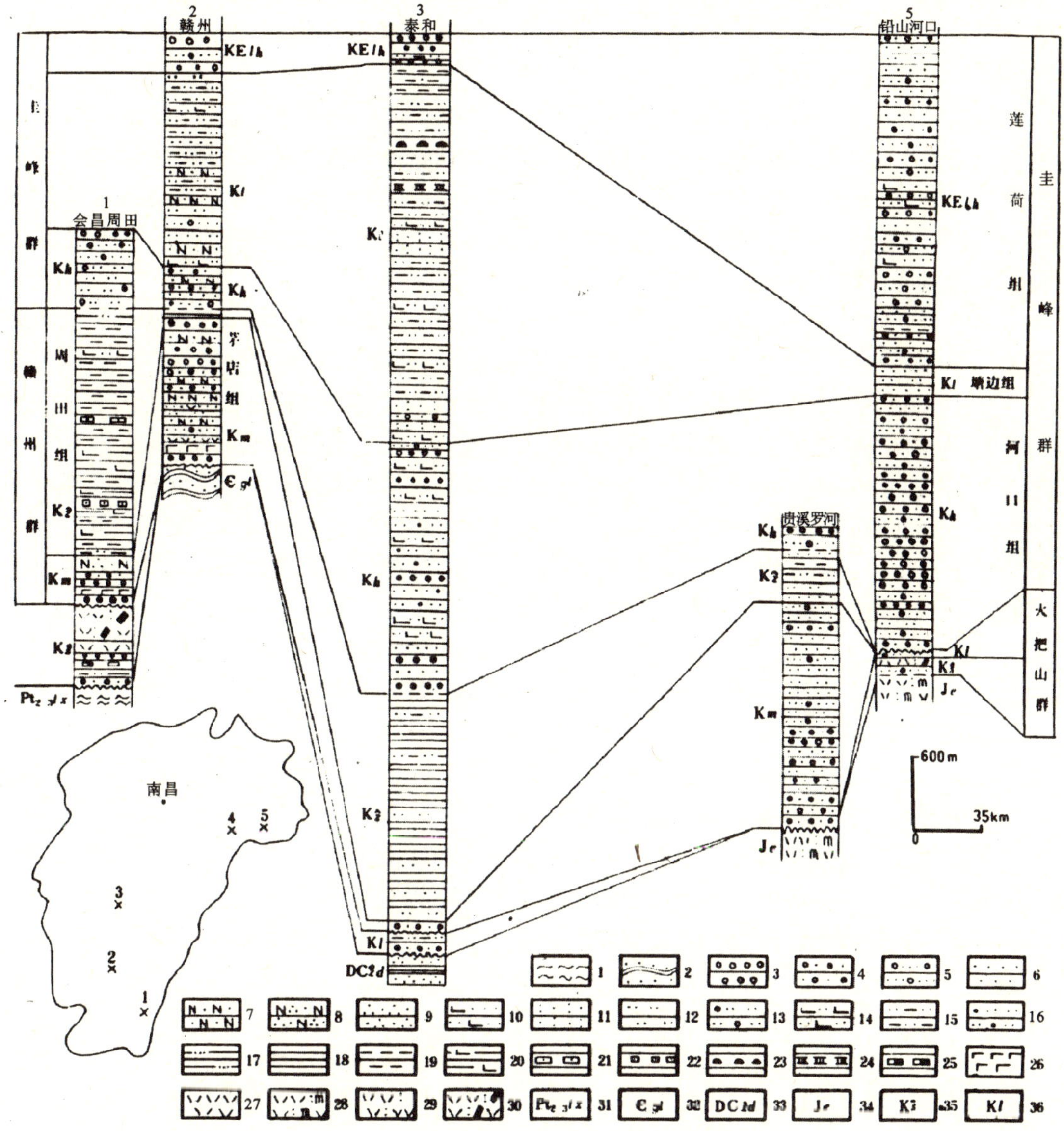

图 5-6　江西省白垩纪岩石地层单位柱状对比图

1. 混合岩；2. 变质砂岩；3. 砾岩；4. 砂砾岩；5. 含砾砂岩；6. 砂岩；7. 长石砂岩；8. 长石石英砂岩；9. 石英砂岩；10. 钙质砂岩；11. 凝灰质砂岩；12. 粉砂岩；13. 含砾粉砂岩；14. 钙质粉砂岩；15. 泥质粉砂岩；16. 含砂粉砂岩；17. 粉砂质页岩；18. 页岩；19. 泥岩；20. 钙质页岩；21. 芒硝；22. 石盐；23. 锰矿；24. 石膏；25. 油页岩；26. 玄武岩；27. 流纹岩；28. 流纹质熔结凝灰岩；29. 安山质凝灰岩；30. 流纹质晶屑凝灰岩；31. 桃溪(岩)组；32. 高滩组；33. 嶂崇组；34. 鹅湖岭组；35. 石溪组；36. 冷水坞组

砂岩见断续水平层理或微波状水平层理；在粉砂岩、泥岩中常夹含钙质结核，并含双壳类、介形类、叶肢介及植物等。纵向叠置在山麓洪积相岩石之上，属于滨湖亚相。而在东部南丰莱溪、南城上塘南至安远版石石溪组沿宜黄-全南大断裂带分布，由于差异升降或基底性质不同，岩性岩相明显不同。南城、南丰下部为灰白、黄褐色砂砾岩、粗砂岩夹粉砂岩组成基本层序，层序底部常见冲刷构造，砂岩见板状、槽状层理，化石罕见，仅见硅化木，反映为河流冲积相；安远版石、会昌小梓脑，粉砂岩、泥岩中夹多量含碳黑色泥岩、油页岩和硅质岩，水平层理发育，常见黄铁矿。生物化石有双壳类、叶肢介及植物叶片，应属静水还原环境下的浅湖亚相至深湖亚相。

早白垩世晚期，即冷水坞期继承早期石溪组沉积，赣中德兴苏家、弋阳火把山西至临川梅岗、南城上塘、南丰莱溪、安远版石，以及泰和铁牯岭等地继续接受湖泊相沉积。此时沉积物以杂色粉砂岩、泥岩为主，间夹砂岩、灰黑色泥页岩、油页岩等。富含叶肢介、介形类、双壳类、腹足类、鱼类等。在某些地区，如信江盆地弋阳西至临川成为中生代主要生油层。各地厚度不等，变化在150～1 700 m之间。

早白垩世末期地壳褶皱上升，经过一度剥蚀、夷平，开始了晚白垩世沉积。赣北、赣中继承先期坳陷，沉积物多呈北东向、北北东向展布，赣南多呈北东—北北东向。因基底差异，有的盖覆于早白垩世地层之上，有的超覆于其他沉积之上。均呈明显的不整合接触。

赣州群茅店组下部普遍夹含玄武岩或安山质凝灰岩等。这是盆地边缘断裂拉张切割较深的产物。其上由紫红色砂砾岩、砂岩、粉砂岩组成半韵律剖面结构，砂岩含板状、槽状斜层理，粉砂岩见小型槽状层理或波状层理，属河流冲积相。至周田组沉积时地壳下降，多数地区形成河漫湖泊，组成的岩性以粉砂岩、泥岩为主，含盐岩、石膏、钙芒硝等。产典型的热带植物孢粉，如希指蕨、海金沙、山龙眼、棕榈、南美杉、麻黄等。因此，晚白垩世早期应属干旱炎热气候。

晚白垩世早期之末地壳再度上升，致使圭峰群与赣州群普遍呈平行不整合接触。故此上下两套地层的分布、盆地展布方向基本一致。但二者岩性、岩相和整体剖面结构却存在明显差异。

圭峰群的剖面结构呈现粗—细—粗的变化规律，代表三个不同的发展阶段。

第一阶段：初期伴随山地上升，剥蚀加强，季节性山洪或山间径流冲积，形成洪冲积扇体，扇体相互连接或叠加构成洪冲积扇裙，堆积于盆地边缘。这些扇体广见于各个盆地中，常由砾岩、砂砾岩组成扇根，常夹有片流形成的砂岩透镜体；由砂砾岩、砂岩组成扇中；由砂岩、粉砂岩或粉砂质泥岩组成扇顶，而又由扇顶过渡到由粉砂质、泥质组成的洪泛平原。随后经过向源侵蚀，山麓径流汇聚成网状河流，形成由含砾砂岩、砂岩组成的心滩沉积，砂岩中常见大型的槽状层理。这一特征在信江盆地、吉泰盆地等一些大型盆地中尤为明显。网状河流发展至晚期多数地区转变为曲流河道，常由长石石英砂岩或含砾长石石英砂岩、粉砂岩或粉砂质泥岩组成韵律互层。韵律层底部具底冲刷构造，砂岩板状、槽状层理发育，粉砂岩、粉砂质泥岩多为水平波状或水平层理。这一发展过程所形成的沉积物组成圭峰群河口组。

第二阶段：处于地壳相对稳定时期。河流发展晚期形成大面积冲积平原，其上发育着河漫盆地。由于盆地边缘断裂拉张，山地上升侵蚀，盆地下沉，且使盆地沉积中心向断裂一侧迁移，沉积物出现叠瓦式退覆序列，愈近沉积中心粒度愈细，而时代偏新。这种单向迁移其代表性盆地，赣北有宜丰盆地，由北而南迁移；赣中为信江盆地，主要由南而北迁移；赣南吉泰盆地、赣州盆地等，多由北而南迁移。各盆地的沉积物大体一致，主要由紫红色或夹灰色、灰绿色砂岩、粉砂岩、泥岩组成，有的盆地如吉泰盆地夹有泥灰岩、黑色页岩，反映不同盆地所处部位及下降幅度深浅不一，沉积相类型不尽一致，但总的看这一阶段以湖盆沉积为主，伴有河流冲积相。沉积物中常含丰富的恐龙蛋化石，多保存于含砾砂岩、砂岩中，表明主要为滨湖环境。这一时期的沉积物组成塘边组。

第三阶段：塘边组沉积之后，盆地发生不均衡的上升。多数盆地衰亡萎缩，伴随上升山麓侵蚀形成一套以砾岩、砂砾岩为主的洪冲积相堆积物，组成莲荷组。

综上所述，圭峰群是一套由山麓洪冲积相—河流冲积相—湖盆相—洪冲积相堆积物。岩层的颜色普遍呈紫红色，上下层中常含石膏、芒硝及钙质结核，指示当时的气候干旱炎热。但是从其中保存有恐龙骨骼化石和保存完好的恐龙蛋化石看，该期间的气候并非恒定不变。因为恐龙属于非恒温动物，过热或过冷都难以生存，更不能繁衍生息。所以可以认为晚白垩世晚期气候是干热和温湿相间的亚热带气候。

四、第三纪

省境第三纪沉积主要见于燕山运动以来先后形成的断陷盆地之中，所以常继承于晚白垩世圭峰群之上。其中以赣北的武宁、安义盆地，赣中的清江盆地，赣南的池江盆地发育最好，具有代表性。

由于这些盆地赖以存在的构造基础性质及蚀源区不同，不同盆地岩性岩相及厚度多有变化，而共同点是沉积最大厚度往往偏于断裂一侧，表现单向迁移特点。

武宁盆地由幸福山平缓开阔向斜所组成。其下部以砾岩、砂砾岩、含砾中粗粒杂砂岩、钙质粉砂岩组成韵律。底部砾石成分以砂岩、板岩、灰岩为主，磨圆度、分选性均差。沿走向断续呈透镜体分布，反映为洪冲积相的扇体堆积。向上由砂岩夹钙质粉砂岩过渡到钙质粉砂岩夹粉砂质泥岩，由下而上，随着粒度变化由斜层理向波状、水平波状层理至水平层理，反映由滨湖亚相向浅湖亚相过渡。深湖亚相沉积在该盆地代表地层为王埠灰岩段，为灰、紫红色隐晶质灰岩，局部夹砾屑灰岩，含介形类、腹足类等化石。灰岩具水平纹层理，砾屑灰岩的出现，表明水体动荡，沉积过程中时有滑坡。王埠灰岩沉积之后，地壳一度上升，致使磨下组上部又出现砾岩夹含砾钙质砂岩，而后过渡到郑家渡组泥岩、粉砂质泥岩夹长石石英砂岩，含石膏多层，产介形类化石，周而复始，形成另一个由滨湖亚相向浅湖亚相过渡。

从沉积时序看，由武宁盆地向东南部至安义盆地，最后在安义盆地的西南部随喜马拉雅运动的强烈活动形成一套以砾岩、砂砾岩为主的山麓洪冲积相堆积，组成奉新砾岩。从而结束了武宁—安义一带的第三纪沉积历史。

赣中清江盆地明显受控于断裂制约，断裂位于盆地的东南侧。因其影响，湖盆不对称，东南侧濒临山岳，湖岸陡峭，则见有山麓洪冲积相砾岩、砂砾岩，呈扇体展布于山麓边坡或盆地边缘，西北侧湖滨周边主要为滨湖砂质相—浅湖粉砂质泥质相，组成新余组下部相序。深湖亚相由清江膏盐段和新余组上部层段组成。前者韵律为泥岩—钙芒硝泥岩—石膏—膏盐。后者以灰绿、灰色页岩为主夹泥灰岩、油页岩，上夹数层石膏层，偶夹粉砂岩，含介形类等。

新余组沉积之后，地壳上升，上覆临江组底部的砾岩平行不整合于其上。临江组之沉积韵律常由钙质长石细砂岩、粉砂岩—页岩—泥灰岩或油页岩组成韵律互层，总体反映由浅湖亚相至深湖亚相。

池江盆地和清江盆地形成时代与形成机理大致相同。主要断裂位于盆地西北侧。池江组总体倾向北西，最大厚度位于盆地中心池江附近，厚达 1 300 余米。下部砂岩、泥岩夹砂砾岩；中部为砂岩、泥岩互层；上部泥岩、钙质泥岩夹泥灰岩，反映湖盆由浅向深过渡。池江组沉积之后，地壳上升，湖盆面积缩小，堆积了山麓洪冲积相鱼仙塘砾岩。从而结束了该盆地的沉积史。

第六章 第四纪

江西第四系分布广泛，成因类型繁多，有冰川、河湖、残坡积及洞穴堆积等。其中庐山第四纪冰川，早已闻名于世，为中外地质学者所关注。

第四系研究始于30年代初期。著名地质学家李四光（1931，1947，1975）先后发表了多篇著作，他第一个提出庐山存在着第四纪冰川。嗣后，朱庭祜（1934）、陈国达、刘辉泗（1939）、高平、徐克勤（1940）、方鸿琪（1961）、黄德彭①（1976）、陆志达（1979），以及江西区测队（1963，1970）、江西水文地质大队（1983—1986）等，先后在不同地区对第四系进行了不同程度的调研，从而丰富了我省第四系的研究资料。

众所周知，第四系是个特殊的地层，如规模小，纵、横向变化大，形成时间短，成因类型繁多，且与地形、地貌关系密切。鉴于此种情况，加之目前资料有限，所以未按上述沉积岩同样编写。只据现有的资料，参照岩石地层单位的划分原则，按照成因类型，将全省第四纪堆积，划分为冰川型、河湖型及残坡型进行对比研究（表6-1）。

第一节 庐山第四纪冰期划分

早在30年代，著名地质学家李四光首次提出庐山存在第四纪冰川，并划分出鄱阳冰期、大姑冰期、庐山冰期及其相应的间冰期，为我国第四纪冰川研究奠定了基础。解放后，范庭兴（1962）②、江西区测（调）队（1963，1978）、江西水文地质大队（1986）、姚庆元（1984）、张兰庭等（1982）、赵良政（1987）、段万倜、何培元（1990）等相继提出一些划分意见。其中江西水文地质大队（1986）通过进一步工作，认为在鄱阳冰期之下存在着另一个冰期，称“大排岭冰期”。本次对比研究采纳此意见，将庐山地区的冰期分为4期：大排岭冰期、鄱阳冰期、大姑冰期和庐山冰期。

冰期包括冰碛和冰水相沉（堆）积物。大排岭冰期和庐山冰期仅见冰碛泥砾，而鄱阳冰期和大姑冰期除见冰碛泥砾外，尚有冰水相的沉（堆）积物，故本次对比研究，参照岩石地

① 黄德彭，1976，论庐山第四纪地层划分问题。江西水文工程地质勘察，第2期。

② 范庭兴，1962，江西庐山—鄱阳湖区第四纪调查。江西区域地质，第2期。

表 6-1　江西省第四纪岩石地层与冰期划分对比表

地质年代			庐山冰期划分		岩石地层单位		
			冰期及间冰期	古地磁测年(Ma)	九江—庐山冰川区	全省河湖区	残坡积
第四纪	全新世		冰后期	<0.012	鄱阳湖组、赣江组；圌里组、联圩组；柘机砂层	赣江组、鄱阳湖组；联圩组、圌里组；柘机砂层	山背组
	更新世	晚期	芦林冰缘期(?)		芦林碎石粘土；新港粘土	新港粘土；莲塘组	
			庐山冰期	0.20－0.40	庐山泥砾		望城岗组
		中期	大姑—庐山间冰期		叶家垄红土；进贤组	进贤组	
			大姑冰期	0.91－1.10	大姑组 (1)冰碛泥砾 (2)冰水砂砾		
		早期	鄱阳—大姑间冰期		赛阳红土；九江组	赣县组	
			鄱阳冰期	1.50－1.80	鄱阳组 (1)冰碛泥砾 (2)冰水砂砾		
			大排—鄱阳间冰期				
			大排冰期(?)	2.50－3.00	大排岭泥砾(?)		

层单位的含义和命名原则，将前两者称大排岭泥砾、庐山泥砾，后两者称鄱阳组和大姑组。并据冰期、间冰期的沉积物，拟定 9 个组级单位。

大排岭泥砾　$Q_p dp$

江西水文地质大队（1986）在《江西省鄱阳湖地区第四纪地质研究报告》中首创大排岭泥砾，创名地为庐山海会镇大排岭。为本区最早的一次冰期堆积物。岩性为棕黄、棕红色泥砾，砾石大小混杂，多呈棱角状、次棱角状，砾石成分为长石石英砂岩、石英砂岩。厚度 12～18 m。不整合于中元古代双桥山群之上。

该泥砾仅见于庐山大排岭，海拔 284 m。孢粉分析反映属于干冷冰期气候的沉积物。其时代据古地磁测年值为 2.50～3.00 Ma，大致与云南元谋的龙川冰期相当，为早更新世早期。

九江组　$Q_p j$

原称“九江砾石层”，系方鸿琪（1961）创立，创名地位于九江市。江西水文地质大队（1986）改称九江组，以代表该区河湖型为主的沉积。本次对比研究沿用此名。岩性为棕黄、浅灰、浅黄色砂砾石、粘土砾石、亚砂土、亚粘土互层，底部棕黄、灰（杂）色砾卵石层，间夹 1～2 层富含黑色锰质砂砾石层。层中见斜交、水平波状层理。沉积韵律明显，具多旋回沉积特征。系冲积相为主的沉积。粘土层中产孢粉化石 *Quercus*，*Liquidambar*，*Plantago*，Amarantsaceae，*Fothergilla* 等。厚度一般 5～30 m。底部与第三系武宁群呈不整合接触，上与进贤组呈平行不整合接触。

选层型为九江市锁江楼 ZK21－4 钻孔柱状剖面（116°00′，29°42′），由江西水文地质大队 1986 年钻测。

上覆地层：**进贤组**　网纹红土、砂砾石层

——————— 平行不整合 ———————

九江组	总厚度 17.04 m
12. 肉红、棕红色粘土砾石	0.22 m
11. 浅黄色细砂层	0.98 m
10. 肉红、棕红色粘土砾石	0.48 m
9. 灰、浅灰砂砾石	0.52 m
8. 浅黄、灰白色细砂	0.52 m
7. 浅灰色砂砾石，砾径细小	0.70 m
6. 浅棕黄色含砾亚砂土	0.93 m
5. 浅灰色砂砾石层	2.27 m
4. 浅红、浅黄色亚砂土	0.80 m
3. 黄色粉细砂	0.20 m
2. 浅灰、灰白色砂砾石	2.00 m
1. 棕黄、灰（杂）色砾卵石层，间夹 1～2 层肉红色或富含黑色锰质砂砾石层	7.62 m

~~~~~~~~~~ 不 整 合 ~~~~~~~~~~

下伏地层：**武宁群**　红色泥岩

本组分布零星，在庐山北麓多埋藏于地下，钻孔资料见于九江十里铺、星子五里牌等地。厚度 30 m 以内。孢粉资料显示出温暖偏干燥的气候环境。砂砾石古地磁测年 1.0～1.8 Ma，时代归于更新世早期。它是大排岭冰期至大姑冰期之间同期异相之沉积。

鄱阳组　$Q_p p$

李四光（1947）在《冰期之庐山》中创立“鄱阳冰期”。创名地在九江市姑塘东北鄱阳湖畔。《江西岩石地层统编》（1991）所称“鄱阳泥砾”就由此得名。本次对比研究考虑冰期泥砾与同时沉积的冰水砂砾相关系密切，故改称鄱阳组。
~~~~~~~~~~

冰碛泥砾：绛红—酱红色泥砾。砾石由细砂粘土物质填隙胶结。砾石成分复杂，常以不同角度横卧、竖立于细砂中，无分选，无层次，但固结紧密。砾石表面具冰川擦痕和冰蚀面。厚度数米至数十米不等。

冰水砂砾：黄白、棕黄色粘土砂砾层为主。砾石成分复杂，分选性差。有的砾石表面见冰川擦痕。砂砾层发育微褶皱和冰裂楔，砾石排列局部具一定的规则。厚度一般仅数米。

选层型为九江市甘棠湖南西畔剖面（116°07′，29°38′），由江西区调队1978年测制。

上覆地层：**大姑组**　冰碛泥砾

——————— 平行不整合 ———————

鄱阳组　　总厚度 2.70 m

3. 棕黄色含粘土砂砾石层。以砂为主，次为砾石。砂以石英、长石为主，次少量云母及暗色矿物。砾石成分较复杂，有石英、石英砂岩、硅质岩、板岩、灰岩等，砾径大者 13 cm×8 cm，小者 0.5 cm×0.4 cm，一般 3 cm×5 cm，磨圆度较差，呈半棱角—半滚圆状。含灰白色粘土，以上部为多，并含铁锰质，局部富集成块。剖面附近可见砂砾石层发育微褶皱及冰裂楔，楔内充填有网纹红土　　1.10 m

2. 灰白色粘土砾石层。砾石成分有石英砂岩、硅质岩、脉石英、长石石英砂岩、碳质板岩、灰岩，砾径大小同上，呈次棱角状—半滚圆状。有的砾石具有冰蚀面，有的见有冰川擦痕。砾石分选性差，胶结物为粘土或高岭土质　　0.80 m

1. 棕黄色砾石层，砾石成分及特征同上，胶结物主要为砂质，另有少量泥质，较坚硬　　0.80 m

~~~~~~~~~~ 不 整 合 ~~~~~~~~~~

下伏地层：**武宁群**　紫红色砂砾岩

本期冰碛物分布于九江市姑塘、高龙白石嘴、蛇头岭—定山、金锭山等地，多分布于海拔 150～300 m 之间的山顶及鞍部。一般冰水沉积分布高度较冰碛沉积低。

古地磁测年值在 1.50～1.80 Ma 之间。另据化学、氧同位素及孢粉分析，反映当时属于干冷气候环境。为本区早更新世第二冰期，可与云南元谋的马头山冰期相当，时代为早更新世晚期早时。

赛阳红土　Q_ps

本次对比研究创赛阳红土，创名地在九江市赛阳大路熊家。其岩性下部为棕红色条纹状亚粘土、亚砂土层，不整合于第三系武宁群之上；上部为棕红色网纹红土，含少量砾石，砾径 2～3 cm，磨圆度好，成分为长石石英砂岩。上与大姑组冰碛泥砾呈平行不整合接触。正层型剖面厚度 2.87 m。其成因可能为洪泛沉积。

与此同期的河流冲积相砂层、砂砾石层，曾称“十里铺砾石层”，统归于九江组中，而残坡积型红土，统归望城岗组（表 6-1）。

本组正层型为九江市赛阳乡大路熊家剖面（115°53′，29°35′），由江西调研队1992年测制。

上覆地层：**大姑组**　冰碛泥砾

——————— 平行不整合 ———————

赛阳红土　　总厚度 2.87 m
~~~~~~~~~~

2. 棕红色网纹红土。灰白色蠕虫状网纹连结成网状，网纹长 10～15 cm，宽 0.5～1.0 cm，上部含少量砾石，砾径 2～3 cm，滚圆状，成分长石石英砂岩　1.80 m

1. 棕红色条纹状亚粘土、亚砂土层。条纹灰白色，长 12～15 cm，宽 0.3～0.15 cm，呈定向排列，且密集分布，间隔 1～1.2 cm　1.07 m

~~~~~~~~~~ 不　整　合 ~~~~~~~~~~

下伏地层：**武宁群**　砖红色中层状粉砂岩

上列剖面主要岩性为棕红色亚粘土及少量亚砂土，普遍具灰白色条纹或网纹。其成因可能为洪泛沉积。

大姑组　Q_p*d*

李四光（1947）创立“大姑冰期”，创名地在庐山姑塘大姑山。本次对比研究称大姑组，包括与冰碛泥砾大致同时的冰水沉积，可分别称之大姑组冰碛泥砾和大姑组冰水砂砾。

冰碛泥砾：为赭色—褐红色，砾石成分复杂，无分选性，砾石表面具冰蚀面和擦痕，填隙物为亚粘土、亚砂土。厚度数米至数十米。

冰水砂砾：黄白、棕黄色粘土砂砾石为主。厚度数米至十余米。

本组选层型为九江市甘棠湖南西畔剖面（115°49，29°42'），由江西区调队 1978 年测制。

上覆地层：**叶家垄红土**　褐红色网纹红土

——————— 平行不整合 ———————

大姑组　总厚度 0.4～2.0 m

4. 褐红色泥砾层。砾石成分较复杂，计有砂岩、石英砂岩、长石石英砂岩、硅质岩、石英等。砾径大者 12 cm×8 cm，小者 0.5～1.0 cm，一般 3×4 cm，呈半棱角—半滚圆状，有的砾石表面具网纹，有的砾石具网纹构造。充填物为泥、铁质，铁质在局部富集成胶体状，有的具蜂窝状构造。　0.4～2.0 m

——————— 平行不整合 ———————

下覆地层：**鄱阳组**　冰水砂砾

本期冰碛物主要分布于庐山山谷、丘陵低地及坡麓。分布高度低于鄱阳冰碛层。姑塘、甘棠湖畔、妙智铺新桥、白石嘴等地，常组成冰碛、冰水阶地或冰水扇体等。岩石矿物及孢粉分析，反映气候偏冷。古地磁测年在 0.91～1.10 Ma 之间，相当于更新世中期。

叶家垄红土　Q_p*y*

本次对比研究（1994）创名，创名地位于星子县叶家垄。岩性为一套棕—棕黄色粘土，网纹红土为主，局部地方见其下部为砂砾石层或红土砂砾石层。厚度 1 m 至数米。

本组正层型为星子县叶家垄剖面（115°55′，29°28′），由江西水文地质大队 1986 年测制。

上覆地层：**新港粘土**　棕褐色亚粘土

——————— 平行不整合 ———————
~~~~~~~~~~

叶家垄红土　总厚度35.48 m

11. 赫色含铁锰质蠕虫状亚粘土　0.71 m

10. 棕褐色含锰质亚粘土　0.36 m

9. 赭褐色蠕虫状亚粘土，中夹三层含铁锰质或铁锰质结核的亚粘土层　9.82 m

8. 棕黄、桔黄色网纹状亚粘土　15.89 m

7. 棕红色蠕虫状亚粘土　0.93 m

6. 赫色蠕虫状亚粘土，含孢粉松属、藜科、蒿属、禾本科等　7.79 m

——————— 平行不整合 ———————

下伏地层：**大姑组**　紫红、棕红色泥砾

分布于星子县叶家垄及星子县城外湖滨、九江市南湖、妙智铺、甘棠湖等地。其成因为冲—洪积相。所获孢粉组合，反映气温偏暖；古地磁测年为0.73 Ma左右。时代归于更新世中期，可与河湖区进贤组中、上部相对应。单位地层序列位于大姑组与庐山泥砾之间。如果具典型的二元结构，可纳入进贤组之中。与之同期的残坡积成因的红土和网纹红土，可纳入望城岗组。

庐山泥砾　Q_pl

李四光（1947）所创“庐山冰期”之堆积物。创名地在庐山牯岭王家坡。《江西岩石地层统编》（1991）称庐山泥砾，本次沿用。岩性棕黄、褐黄色泥砾，由砾石和粘土组成。砾石成分随地而异，多呈棱角状，少量次圆—次棱角状，大小混杂，无分选性，砾石与粘土互为嵌生，结构松散。有的砾石表面具冰蚀面和冰川擦痕，有时其下部还见有纹泥。正层型不整合于震旦纪莲沱组之上。厚度1～5 m不等。

本套泥砾主要分布于海拔800 m以上的庐山山上的冰斗及“U”字形谷中。庐山王家坡、大校场、芦林溢口等地见其分布。单位地层序列位于芦林碎石粘土或新港粘土之下，叶家垄红土之上。厚度0.3～5.0 m，古地磁测年0.20～0.40 Ma。在大校场泥砾中含孢粉，反映寒冷偏湿的气候环境。

芦林碎石粘土　Q_pll

江西区调队（1983）③ 创名“芦林冰缘相”，创名地庐山芦林湖东北边缘，大校场谷地出口处。本次对比研究采用其含义，改称为岩石地层单位“芦林碎石粘土”。其岩性为黄褐色粘土岩块碎石层。以岩块碎石组成的块砾为主，粘土充填。岩块碎石成分有长石石英砂岩、板岩、含砾石英砂岩等，块度大小不等，混杂，无层次，呈次棱角至尖棱角状。粘土矿物以伊利石、蒙脱石为主，少量为绿泥石、高岭石。粘土中含孢粉：以草本植物花粉为主，占总量50%，其中Compositae占绝对优势，Gramineae也有相当数量。木本植物花粉占总量17%左右，以*Pinus*为主，次为*Quercus*和Cupressaceae。孢子占总量的30%～40%，以*Pteridium*为主，次为Polypodiaceae，并有一定数量的苔藓等。正层型剖面其下平行不整合于庐山泥砾之上，其上平行不整合于垴里组之下。

该碎石粘土在正层型剖面上，厚0.2～0.5 m。零星露头尚见分布于海拔1 000 m以上的汉口峡、大月山侧、筲箕洼和红石崖等地。花粉和孢子显示干凉—寒冷的气候环境，故江

③ 江西区调队，1983，江西省第四系（内部印刷）。

西区调队（1983）认为属于“冰缘气候条件下的融冻岩屑堆积”。时代相当于更新世晚期。

第二节　河湖区岩石地层划分

江西地调研队在《江西岩石地层统编》（1991）中，将全省河湖区划分为7个组级单位，本次对比研究沿用，仅做某些修改和补充。

赣县组　$Q_p g$

由陈国达、刘辉泗（1939）创立，原“赣县砾石层”演变而来。现以赣县江口乡三团剖面为选层型，其岩性为棕黄、桔红色砾石层、含砾砂层、砂层，中夹亚砂土、亚粘土，组成两个沉积韵律。砾石、砂砾石层或砂层胶结紧密，有时见斜层理，砾石磨圆度较好。下不整合于白垩纪周田组之上，上未见顶。厚度变化较大，变化在2～20 m之间。

本组选层型为赣县江口乡三团剖面（115°09′，25°27′），由中国科学地质研究所1964年测制。

赣县组

5. 桔红色含砾砂层，为石英和细砾石混杂，松散，分选性差，具清晰斜层理，夹砾石凸镜体。（未见顶）　3.2～4.5 m
4. 桔红色砾石层，砾石成分为石英岩和石英碎块，充填物为石英砂。其与下伏网纹红土之间具明显侵蚀面　0.8～2.0 m
3. 棕黄、灰黄色网纹红土层（亚粘土）。上部较细，网纹构造明显；下部较粗，网纹构造不清楚，局部见细砾凸镜体　6.0～8.0 m
2. 浅棕红色、黄绿色粗粒砂层，砂之成分主要为石英，含细砾或夹细砾凸镜体，分选性差，层理不清　0.47～1.3 m
1. 棕黄色砾石层，砾石成分有脉石英、石英岩、砂岩、砾岩和变质岩，砾径一般2～4 cm，磨圆度较好，滚圆状。砾石层见清晰交错层，并夹砂层凸镜体。结构松散，填隙物为泥砂

～～～～～～～～～ 不　整　合 ～～～～～～～～～

下伏地层：**周田组**　紫红色页岩夹砂岩

本组为河流相沉积。分布于全省主要河流水系两岸，构成Ⅳ～Ⅴ级基座阶地。在鄱阳湖地区则组成Ⅲ级基座阶地，伏于进贤组之下。赣抚平原则为埋藏阶地。赣县组为第四纪最底部的一个地层单元，层序列于第三纪地层之上，更新世进贤组之下。

进贤组　$Q_p jx$

江西区调队（1983）创立，创名地位于进贤县城郊煤炭仓库附近。《江西岩石地层统编》（1991）改称“进贤网纹红土”。本次对比研究为避免其与残积型网纹红土（望城岗组）相混淆，复称其为进贤组。其岩性下部为棕红、棕黄色网纹红土砾石层；中部为棕红色网纹红土层；上部为棕红色均质粘土层。平行不整合于赣县组粗砂层、砂砾石层之上，上未见顶，出露厚度8.78 m。

正层型为进贤县城郊剖面（116°14′，28°22′），由江西区调队1979年测制。

进贤组　　总厚度>8.78 m

3. 棕红色均质粘土层，含丰富的孢粉化石。(未见顶)　　3.77 m

2. 棕红色网纹亚粘土层，夹石英小砾，网纹由黄白色粘土质“蠕虫体”组成，含丰富孢粉化石　　2.79 m

1. 棕黄褐色及棕红色网纹红土砾石层　　2.22 m

——————— 平行不整合 ———————

下伏地层：**赣县组**　黄白色含粘土粗砂层

正层型剖面下部为棕红、棕黄色网纹红土砾石层。砾石以石英为主，少量板岩、细砂岩等。砾径大者7～8 cm，一般2～3 cm，磨圆度较好，呈磨圆—次磨圆度，多见扁平砾石。砾石为棕红色亚粘土所包裹。亚粘土质细、粘性好，具发育的网纹，有的砾石表面有斑纹。一般含铁较高，常见铁壳层，风化呈蜂窝状。平行不整合于赣县组之上。厚度2.22 m。

中部为棕红色网纹粘土层，夹石英小砾。网纹发育，由黄白色粘土质“蠕虫体”组成，坚实致密。含有丰富的孢粉，以裸子植物花粉为盛，占32.74%。其中*Pinus*占23.89%，还有少量的*Juniperus*，*Cedrus*，*Taxodium*，*Cupressus*，*Podocarpus*；被子草本植物占30.97%，其中以Gramineae为主，占16.81%，另有少量*Decaisneae*，Cruciferae，*Alysum*等。被子木本植物花粉含量甚少，占总量10.64%，以*Castanea*为主，占4.42%，个别有*Populus*，*Symplocos*，*Betula*，*Rosa*，Oleaceae，*Quercus*，*Engeihardtia*等；蕨类孢子占25.66%，以*Microlepia* cf. *caudiformis*为主，占11.5%，次为*Polypodium*等；苔藓*Sphagnum*。厚度2.79 m。

上部为棕红色均质粘土层。由粉砂质粘土组成，质细而均匀，略有砂感，含丰富的孢粉，其组合特征：以被子木本植物花粉为主，占总量41.55%，其中以*Symplocos*占优势，为39.71%，还有少量的*Salix*和个别的*Morus*，*Rhamnus*，*Hesperia* cf. *matermlis*；被子草本植物花粉占总量的29%，其中以*Alyssum* cf. *lenense*含量最高，占20.22%；裸子植物花粉占总量的6.99%，其中以*Pinus*为主，占6.62%；蕨类孢子占22.43%，以*Microlepia* cf. *caudiformis*为主，占8.82%，次为*Polypodium*，另有少量*Gleichenia*，*Adiantum*，Osmundaceae，*Osmunada*等，苔藓*Sphagnum*等。厚度3.77 m。

本组为河流冲积相，因此二元结构明显。如果为洪积成因，多形成洪积扇，岩性则为红土砂砾石层或含砾网纹红土。厚度由数米至50 m。

本组广布于省内各水系两岸或低山丘岗，一般组成Ⅲ～Ⅳ级基座阶地，赣抚平原则为埋藏阶地。地层序列于赣县组或九江组之上，呈整合或平行不整合接触，莲塘组或新港粘土之下，多呈平行不整合接触。时代为更新世中期，为湿热高温气候环境下形成的冲洪积物。

莲塘组　$Q_p lt$

方鸿琪（1961）创名莲塘层，创名地为南昌县莲塘。江西区调队（1983）③改称莲塘组，江西水文地质大队（1986）又称华溪组，江西调研队（1988）曾创“罗村组”。按创名优先权，本书采用莲塘组。其岩性组合：下部为黄色砾石层；上部为黄色粗砂层，顶部为灰白色粘土。由下而上构成一个完整的旋回。厚2～20 m不等。

本组选层型为莲塘镇高坊CK8钻孔柱状剖面（115°56′，28°33′），由江西水文地质大队1986年钻测。

上覆地层：**柘矶砂层**　淡黄色细砂层

——————— 整　合 ———————

莲塘组　　总厚度 10.88 m

3. 灰白色粘土　　3.19 m

2. 乳白、青黄色粗砂层，成分为石英砂，粒径 0.1～4.0 mm，无分选性，棱角状含量 95%　　4.19 m

1. 乳白、黄色砾石层夹粗砂层，砾石成分为石英，椭圆状，砾径 1～1.5 cm　　3.50 m

～～～～～～ 不 整 合 ～～～～～～

下伏地层：**圭峰群**　褐红色泥质石英砾岩

本组广布于省内各河流水系两岸，常组成Ⅰ、Ⅱ级基座阶地。层位序列位于柘矶砂层之下、进贤组之上，与新港粘土大致同期或稍早，两者呈斜线交叉关系。

新港粘土　$Q_p x$

张兰庭等（1982）创立，创名地在九江市新港。方鸿琪（1961）曾称“长江泛溢层”，范庭兴（1962）曾称“下蜀粘土”，江西水文地质大队（1986）又创梅村组，均属该沉积。《江西岩石地层统编》（1991），改称新港粘土，本对比研究沿用。主要岩性为棕褐色亚粘土、粘土为主，夹亚砂土，含铁锰质结核或薄膜，偶夹石英小砾。平行不整合于进贤组之上。厚度大于 4.75 m。

正层型剖面为九江市新港（炼油厂）YL18 钻孔柱状剖面（116°04′，29°44′），由赣西北地质大队 1976 年钻测。

新港粘土　　总厚度＞4.75 m

3. 褐黄色粉砂粘土，致密，有植物根，含孢粉 *Pinus* sp.，Cupressaceae，*Larix* sp.，*Humutus* sp. 及同心纹藻　　2.32 m

2. 淡黄色粘土、粉砂土　　1.28 m

1. 黄褐色亚粘土，裂隙中有铁锰质薄膜，含孢粉 Cupressaceae，*Pinus* sp.，*Humutus* sp.，Gramineae　　1.15 m

－－－－－－ 平行不整合 －－－－－－

下伏地层：**进贤组**　蠕虫状红土

本组除见于省内长江南岸外，还见于赣江下游、赣抚平原，常组成Ⅰ、Ⅱ级基座阶地、上叠阶地或埋藏阶地。为河泛湖泊相沉积。时代大致为更新世晚期。

柘矶砂层　$Q_p - Q_h \hat{z}$

黄德彭（1976）① 创名“柘矶层”，创名地在湖口县柘矶。方鸿琪（1961）曾称湖口层，范庭兴②（1962）称老爷庙层，并包括原认为全新世的风飏砂层在内。《江西岩石地层统编》（1991）改称柘矶砂层。岩性为浅黄、棕红、黄褐色细砂层，偶夹少量亚砂土、亚粘土。底部层偶见灰岩和石英小砾。下部不整合于二叠纪茅口组之上。厚度 51.83 m。

正层型为湖口县三里乡柘矶砂山剖面（116°15′，29°45′），由黄德彭 1976 年测制。

柘矶砂层　总厚度>51.83 m

7. 浅棕、浅棕黄色含粉砂质细砂，含泥质粉砂，结构松散。含少量孢粉 *Selaginella* sp.，*Pinus* sp.，*Lavix*? sp.，*Alisma* sp.，*Lygodium* sp.，*Polygodium* sp.，Polypodiaceae，*Pteris* sp.。（未见顶）　11.0 m
6. 棕褐色与浅棕黄色细砂互层，具水平或水平波状层理，产孢粉 *Pinus* sp.，*Adiantum* sp.　5.0 m
5. 浅黄色细砂与棕黄色细砂层相间互层，具水平波状层理　18.0 m
4. 浅棕黄色亚砂土　2.0 m
3. 灰、青灰色（风化呈灰白色）粘土层，顶部为一层厚 0.48～0.53 m 棕褐色含铁锰质亚粘土，上部产孢粉 *Pinus* sp.，*Liquidanbar* sp.，*Polygodium* sp.　5.73 m
2. 棕黄色细砂夹褐色中细砂，层面常具波状构造，上部含孢粉，以木本植物花粉为主，占总量的 79%，中以 *Quercus* sp. 为主（占 54%），其余依次为 *Castanea* sp.，*Cepharotaxus* sp.，Cupressaceae，*Pinus* sp.，*Alnus* sp.，*Ostrya* sp.，*Castanopsis* sp.，*Liquidambas* sp.，*Cycas* sp.，*Corylus* sp.，*Carya* sp. 等；草本植物花粉为 19.9%，以 *Alisma* sp. 为主（占 9.6%），次为 Thymedaceae，*Caragana* sp.，*Daphne* sp.，*Mallotus* sp. 等；蕨类植物孢粉极微，仅有 *Angiopteris* sp. 和 *Spirogyra* sp.　9.95 m
1. 棕黄褐色含砾泥质中细砂层，砾为灰岩、石英，砾径 4～6 mm，含孢粉 *Pinus* sp.，*Quercus* sp.，*Liquidambas* sp.，*Adiantum* sp.，Athyriaceae，Polypodiaceae，*Gramineae* sp. 等，并见有大量菌孢和疑源类化石　0.15 m

～～～～～～ 不 整 合 ～～～～～～

下伏地层：**茅口组**　灰白色灰岩

本组零星分布于长江南岸和鄱阳湖平原。地貌上常组成垄状岗丘或小孤山。层位序列于莲塘组或新港粘土之上，联圩组之下。对其成因存在不同意见，有的认为属河湖相沉积，也有认为可能以风飏沉积为主。地质时代大致为更新世晚期—全新世早期。

联圩组　$Q_h l$

江西区调队（1983）创立，创名地在新建县联圩。《江西岩石地层统编》（1991）沿用此名。本组下部为灰白、浅黄色砾石、砂砾石层；中上部为棕褐、黄褐色砂土、亚砂土、亚粘土层。组成由粗而细的河流冲积相二元结构韵律层。在层型剖面地不整合于第三系新余组之上。厚度大于 41.77 m。

正层型为新建县联圩 F11 钻孔柱状剖面（116°03′，28°55′），由江西水文地质大队 1980 年钻测。

联圩组　总厚度>41.77 m

9. 棕褐夹浅黄色亚粘土。（未见顶）　1.70 m
8. 浅黄夹棕褐色粘土质粉砂，含铁质结核　2.10 m
7. 灰黑色淤泥质粉砂　2.40 m
6. 灰黑粘土砂砾石层　0.78 m
5. 灰白色粗砂砾石层　1.42 m
4. 灰白色含砾粗砂夹灰黑、黑色淤泥　8.10 m
3. 灰白、白色砂卵砾石层　8.69 m

2. 灰白、浅黄色砂卵砾石层夹灰黑、浅黄色淤泥粘土	9.70 m
1. 橙黄色粗砂砾卵石层	6.84 m

~~~~~~~~~~ 不 整 合 ~~~~~~~~~~

下伏地层：**新余组** 紫红色粉砂岩

本组广泛分布于赣江、抚河、信江、鄱江、修水等五大水系的河谷地区和鄱阳湖平原三角洲地带。在河谷区常呈高漫滩或Ⅰ级阶地，而在湖滨则常组成河口三角洲的高漫滩阶地。层位序列位于新港粘土或莲塘组之上，赣江组或鄱阳湖组之下。区域厚度变化在 5～45 m 之间。

㘭里组 $Q_h a$

江西调研队《江西岩石地层统编》(1991) 创名，创名地在安福县枫田乡㘭里。岩性为杂色粘土、亚粘土夹黑色淤泥或泥炭层。正层型上与山背组呈平行不整合接触，下未见底。厚 5.4 m。

正层型为安福县枫田乡㘭里泥炭矿区 BJ1 井剖面 (114°43′，27°23′)，由江西 901 地质大队 1977 年钻测。

上覆地层：**山背组** 黄褐色碎石层，含少量粘土

——————— 平行不整合 ———————

㘭里组	总厚度＞5.40 m
9. 棕红—棕黄色亚砂土及亚粘土	0.35 m
8. 棕黄及黄褐色亚粘土，往下颜色渐变黑	0.45 m
7. 灰黑色亚粘土及粘土层，含大量螺壳，底部见少量植物根基	1.10 m
6. 棕黑色泥炭，产鹿角和陶器	0.90 m
5. 灰白色粘土，含植物根茎及螺壳	0.50 m
4. 灰褐色亚粘土，产大量未腐烂之植物根、茎及螺壳，含少量腐殖质	0.40 m
3. 黑色淤泥层，具塑性，不具流态	0.60 m
2. 黑色劣质泥炭，含大量未腐烂之植物根茎，含泥砂较多	1.10 m
1. 灰绿色粘土，可塑性强（未见底）	＞0.20 m

本组为全新世湖泊沼泽相沉积，分布于安福县㘭里、新干县七琴等地。区域厚度 0.5～10.0 m。层位序列常位于柘矶砂层或芦林碎石粘土之上，鄱阳湖组或赣江组之下。

赣江组 $Q_h gj$

黄第藩等 (1962) 创立，创名地在鄱阳湖畔之赣江三角洲地带。江西调研队 1∶5 万南昌图组 (1988) 引用此名，但含义主要指南昌地区赣江河床心滩、边滩沉积。本次对比研究综合二者涵义。其下部为含砾粗砂、含砾中砂及砾石层，上部为泥质细砂或亚粘土。下不整合于第三系郑家渡组之上。厚度 20.26 m。

选层型为南昌市新洲 ZK3－1 钻孔柱状剖面 (116°15′，28°55′)，由江西水文地质大队 1986 年钻测。
~~~~~~~~~~

赣江组	总厚度 20.26 m
5. 灰褐色亚粘土。(未见顶)	2.60 m
4. 泥质细砂，分选性好	4.35 m
3. 砾石层，砾石含量 70%，成分石英、长石、硅质岩，砾径 2～5 mm，次棱角—半滚圆状	3.44 m
2. 含砾中砂层，砾石含量约 5%，成分石英、硅质岩，砾径 2～10 mm，次棱角状	2.30 m
1. 含砾粗砂，砾石含量约 10%，成分石英、硅质岩、砂岩，砾径 0.2～11.5 cm，一般 1～3 cm，次棱角状—半滚圆状	7.57 m

～～～～～～～～～～ 不 整 合 ～～～～～～～～～～

下伏地层：**郑家渡组**　紫红色砂岩

区域上分布于较大河流，如赣江、信江、抚河等河床、心滩、边滩及近代河口三角洲等处。层位序列上叠于联圩组之上。其为全新世晚期以来仍在沉积的河流冲积物单元。

鄱阳湖组　$Q_h py$

本次对比研究（1994）所创，创名地区为鄱阳湖畔。以其代表与赣江组大致同期的近代湖泊沼泽相沉积。为灰褐—灰黑色粉质粘土、淤泥粉质粘土，间夹粉砂土或粉砂、细砂层。厚度 1～15 m。

正层型为新建县玉丰农场 B1-6 钻孔柱状剖面（116°18′，28°52′），由江西水文地质大队 1970 年钻测。

鄱阳湖组	总厚度＞4.61 m
7. 棕黄、棕红及褐红色粘土。(未见顶)	6.20 m
6. 青灰、黄色细砂，具铁锈斑色	1.80 m
5. 浅灰淤泥质粘土	1.73 m
4. 蓝灰色淤泥质粘土，顶部见贝壳	0.30 m
3. 棕黄、浅灰色粉砂夹少量粘土	0.20 m
2. 浅灰色粘土	0.30 m
1. 浅灰、浅褐色粉砂土夹少量粘土	0.08 m

－－－－－－ 平行不整合 －－－－－－

下伏地层：**新港粘土**

主要分布于鄱阳湖地区的湖叉港湾处。不整合或平行不整合于下伏不同时代地层之上，为全新世最新的湖泊相沉积单元。

第三节　残坡积型岩石地层单位

江西省残坡积成因的第四纪沉积相当发育，分布极为广泛。其堆积物的形态、结构组分及其厚度等各地变化很大。江西区调队（1983）曾将残坡积型沉积物分为三类：即早—中更新世“红色风化壳”；晚更新世的“黄色风化壳”以及全新世的“灰褐色风化壳”。《江西岩石地层统编》(1991) 统称为“山背风化壳”。本次对比研究纳入岩石地层系统，起用望城岗组和山背组，以代表更新世和全新世残坡积成因的岩石类型。

望城岗组　Q_pw

原称“望城岗红土层”，系朱庭祜（1934）创立，创名地在新建县望城岗。江西调研队（1988）1∶5万南昌图组改称望城岗组，时代归第四纪。其岩性下部为棕红、紫红色含基岩岩屑的网纹红土，中部过渡为网纹或蠕虫状红土，上部为均质红土。

正层型为新建县望城岗剖面（115°45′，28°40′），由江西调队1988年重测。

望城岗组	总厚度＞2.1 m
3. 棕红色网纹状亚粘土，微具砂感。（未见顶）	0.5 m
2. 棕黄色网纹状亚粘土，含石英颗粒	1.3 m
1. 棕黄色粘土质岩块碎屑层，岩块主要为石英、千枚岩等	0.3 m

～～～～～～～ 不 整 合 ～～～～～～～

下伏地层：**双桥山群**　黄褐色千枚岩

本组堆积物的成分、结构及网纹发育程度可因基岩的成分、性质的变化而异。因此，可分为花岗岩型、粘土-碎屑岩型和灰岩型，常分布于山麓周边，形成残坡积裙，构成丘陵、岗丘，覆于各类基岩的风化剥蚀面上。局部可见伏于新港粘土、莲塘组或进贤组之下。据研究，典型网纹状红土是高温多雨的副热带气候条件下的产物。时代主要为更新世中期。

山背组　$Q_p-Q_h\hat{s}$

江西调研队（1991）在《江西岩石地层统编》中创立，原称“山背风化壳”，创名地在修水县上奉山乡山背跑马岭，代表全省残坡积层。本次对比研究改称山背组，代表较望城岗组为新的残坡积物。其岩性为不具典型的网纹结构的灰褐、黄褐、棕黄色粘土、亚粘土、粉砂土，夹含岩块岩屑。厚度1～30 m不等。

本组广布于全省各地。见于山麓周边及丘陵地区，覆于不同时期、不同岩石类型的基岩之上，上可为全新世河湖型沉积所覆盖，但绝大部分暴露地表，因生物作用，有的表层发育为腐殖土。层位序列位于望城岗组或进贤组之上，为第四纪更新世晚期以来至今仍在继续进行风化作用的残坡积层。

第四节　关于洞穴堆积层

江西区调队（1983）及江西省地矿局（1984）在《江西省第四系》及《江西省区域地质志》中，将本省洞穴堆积分为四期：即“早更新世红岩洞期”、“中更新世牛心岭期”、“上更新世涌山洞期”和“全新世仙人洞期”。在此基础上，《江西岩石地层统编》（1991）划分为两个地层单位：即“更新世涌山洞洞穴堆积”和“全新世仙人洞洞穴堆积”。

据有关资料，本省洞穴堆积较多，不少洞穴堆积可含数个文化层，而其岩性特征和所含化石常有所不同，如按岩石地层划分尚存在一定问题。故本次未进行系统划分，仅按以往成果做如下介绍。

红岩洞洞穴堆积

位于龙南县城北2 km玉石岩，为晚石炭世马平组灰岩溶蚀而成。洞穴堆积物自下而上可分为 6 层，最下部一层为浅黄、浅棕黄色含砾亚粘土组成，底部含石灰岩块，厚 0.90～1.75 m。在其上岩洞本层见有残破牛牙和动物骨骼碎块。原将其归属红岩洞期，为本省最早的洞穴堆积，时代为早更新世。与其相当的堆积层见于分宜县洪阳洞、瑞昌观音洞等。

牛心岭洞穴堆积

位于信丰县极富乡南约 400 m 处，洞体为早二叠世栖霞组。溶洞内堆积物由下而上分七层，下部两层为棕黄色亚粘土、亚粘土碎石层。厚 3.2 m。产哺乳动物化石：印度象、野猪、猕猴、豪猪、水牛、鹿、麂等骨骼。原将其归于牛心岭期，时代为中更新世。相当于本期的洞穴堆积有分宜的洪阳洞、弋阳鲁山岩洞、龙南玉石岩等。

涌山洞洞穴堆积

位于乐平县涌山西南0.5km处，洞体为马平组灰岩组成。洞穴内堆积物由下而上可分为 4 层，其中第 2 层为黄色砂土层，含少量灰岩、石英等碎屑和砾石，并含有铁锰质结核。厚度 0.75 m。产丰富的哺乳动物化石：长鼻类剑齿象、奇蹄类犀牛、偶蹄类水牛、羊科和水鹿、啮齿类箭猪、黑鼠等。这些类别的化石与我国南方晚更新世大熊猫-剑齿象动物群组合近似。故归于晚更新世。其上部层序归于仙人洞期堆积。与其相似的堆积尚见于龙南玉石岩、信丰牛心岭、萍乡棉花洞、瑞昌观音洞、弋阳鲁山岩洞等。

仙人洞洞穴堆积

位于万年县大源西南 1.5 km 处，为马平组灰岩溶蚀而成。堆积物由下而上可分 7 层，除第 1 层为时代不明的生砂土（亚沙土?）外，其余 6 层均归于全新世仙人洞期。岩性为灰褐、灰白、棕褐色含砂粘土、细砂土、灰烬及角砾岩块等。产大量动物化石：斑鹿、野猪、獐、獐獾、中国小灵猫、猕猴、野兔、雕、鸡及龟鳖类、螃蟹等；文化遗物有陶片、鼎足、骨器、蚌器、石器等，还有人头残骨和股骨。厚度 1～3 m。人骨和贝壳经^{14}C测定，年龄值为（8 575±235）～（10 875±240）a，相当于全新世早期。与本期相似的堆积见于乐平涌山、弋阳鲁山岩、信丰牛心岭和龙南玉石岩等洞穴中。

第七章 结 语

“江西省地层多重划分对比研究”（江西省岩石地层），是地矿部重点项目“全国地层多重划分对比研究”（地直科专 92－01；DZ92－01 号）的组成部分。在部项目办直接领导下，按照《全国地层多重划分对比研究项目总体设计》的目的、任务和要求，自 1992 年以来，循序渐进，逐步深入，获得了若干新的进展，取得了系统、客观、新的研究成果。

（1）地层单位及其名称的全面清理。江西地层发育齐全，出露良好，自元古宇至第三系皆有分布，第四系松散堆积物存在着不同成因类型。通过搜集江西自有地质研究史以来的资料，综合分析和重点实地核查，以《中国地层指南及中国地层指南说明书》和《国际地层指南》为准则，系统地建立了地层层序，统一了岩石地层单位的划分和对比。共划分出正式岩石地层单位（包括第四系）220 个，其中群级单位 20 个、组级单位 182 个、段级单位 18 个。阐明了各岩石地层单位的出处、演化历史、层型，厘定了含义，包括岩石特征、划分标志、接触关系、古生物组合及纵、横向岩性、古生物、厚度变化等。同时，查明了一些同物异名或异物同名者，清理出不采用的地层名称 215 个。通过延展对比研究，引进了邻省邻区地层名称，从而消除了混乱，完善了我省岩石地层系统。

（2）划分了生物地层和年代地层单位。岩石、生物和年代地层单位，是诸类地层单位中最基本、最常用的单位。通过对以往大量生物地层和年代地层资料的全面清理和区域对比，以现代生物和年代地层的含义和划分准则，划分了生物带的垂向演化序列，确定了某些生物带性质及其延展范围，并结合其他有关资料，划分了年代地层单位的界线。从而理顺了岩石、生物和年代单位三者的对应关系。

（3）选择性地编绘了某些时代横剖面图，进行了沉积或形成环境的分析。横剖面图是沉积盆地分析重要的基础资料之一。通过同时代的地层对比，展示不同地区的岩石、古生物等变化，从而对震旦纪、寒武纪、奥陶纪、志留纪、泥盆纪、石炭纪、二叠纪、三叠纪等时代的沉积环境及沉积古地理做了探讨性的分析，为区域地质矿产研究、区域地质填图起了一定的指导作用。

（4）省区北部“双桥山群”的研究取得了重要的进展。双桥山群的划分和时代确定，长期以来众说纷纭，莫衷一是。此次清理综合以往成果资料，邀请有关专家座谈指导，对《江西岩石地层统编》（1991）认为“序列不明”的此套厚度巨大、由泥砂质和火山碎屑岩等组成的复理石建造，建立了令人信服的岩石地层序列，由下而上划分了鄣公山组、横涌组、计林组、安乐林组和修水组。其中计林组以含紫红色岩层为表征，成为划分此套岩系的区域标志层。其下伏横涌组和上覆安乐林组均夹黑色或灰黑色板岩，三者构成“两黑夹一红”岩石组合序列。底部鄣公山组为变质较深的千枚岩、片岩，顶部修水组底部为砾岩，由含砾凝灰质板岩、含砾层凝灰岩与砂、板岩组成斜坡重力流沉积。上下五组，各具特征，易于划分，具可填图性。为进一步研究此套变质岩系和区域对比奠定了良好的基础。

（5）震旦系与邻省的对比取得了共识。江西震旦系分布全省，由扬子地层区至东南地层区存在着不同的岩石组合。往日以冰碛层作为对比标志，将扬子地层区的硐门组（莲沱组）与东南地层区现归于青白口纪的上施组对比，因而与湖南对比一直存有争议。经过清理认为上施组应为青白口系，大致与湖南板溪群上部多益塘组或至牛牯坪组对比，东南地层区震旦系的底界，应为古家组的底界。下坊组或莲沱组及休宁组与湖南的富禄组对比。大沙江组及其之上夹含锰白云质灰岩之碳质板岩、千枚状板岩组合，以及扬子地层区南沱组冰期、间冰期沉积，均属于上冰期，分别与湖南的古城组、大塘坡组及南沱组（狭义）对比。如此则理顺了对比关系。同时说明我省震旦纪地层，由东南地层区向扬子地层区递变超覆。

（6）依据岩性、岩相与湘中对比，对上高-高安地层小区泥盆系的划分和名称使用做了修正。以湘中泥盆系组级层型向此区的延伸，由下而上划分了跳马涧组、易家湾组、棋梓桥组、龙口冲组、佘田桥组、吴家坊组等，从而纠正了长期存在的异物同名的错误。

（7）泥盆系、石炭系是江西晚古生代重要的地层。通过不同组级单位的延展过程中生物化石内容及其时代的变化，揭示了此二系由西而东的穿时性。

（8）晚中生代“红色盆地”散见于全省，出露面积约三万余平方公里。往昔以时代对比代替岩石对比，忽略了同一地层位置岩石组合特征。在对比研究中，根据不同盆地同一发展阶段所形成的岩石组合和不同发展阶段所形成的岩石组合序列，全省统一划分了两群七组，并综述了各组古生物组合特征，查明不同盆地的相互对比关系。

（9）通过岩石地层单位的登记建卡并录入微机，首次建立了江西地层数据库，为我省不同时代不同单位的名称、含义、沿革及其层型的检索、查询、监控等提供了方便。从而纳入了科学的、现代化的管理系统。

存在的主要问题：

（1）星子（岩）群位于双桥山群之下，同位素年龄值表明，相当于晚太古代至早元古代。可否是中元古代沉积基底或早前寒武纪“微型地块”，值得研究。这一问题的解决，有助于了解扬子陆块的基底特征及其发展演化。

（2）双桥山群修水组在修水城北观音阁，存有一套以石英砾石为主，含有板岩碎块的砾岩层。江西区调队（1980）在《江西省前震旦系》总结中，认为砾岩与下伏地层间有一个不整合面存在。由于修水地区比较典型，命名为“修水运动”。此后，对该运动面的认识一直难以统一。最近，经中国地质大学江西区调队 1∶5 万修水图幅组张泽军等调查证实，修水组之下不存在不整合面，因之认为修水运动不存在。近年区调工作证明，该层砾岩分布广泛，西自修水，东至波阳，南至德兴、万年、东乡均有出露。尽管走向上连续性较差，但层位稳定。在德兴一带该砾岩成分复杂，有石英、砂岩、板岩、硅质岩、火山岩等多种砾石组成。其中以砂岩砾石为主，磨圆度高。常由砾岩—砂砾岩—砂岩—板岩组成基本层序。依德兴富家坞所见，砾岩之上逐渐过渡为含砾板岩、板岩夹细碧岩，说明该砾岩为张村群韩源组底部的砾岩层。从成因上分析，修水组属于边缘海之滨岸-陆架相，韩源组属于裂陷槽沉积。

两种不同相的沉积其地质时代是否一致尚存异义。一般认为前者可能为晚元古代，后者因获全岩 Rb－Sr 等时线年龄值为 1 401 Ma，时代为中元古代。而本书认为两者均为中元古代，并在地层位置上二者为同期异相，可以对比。是非定论，有待进一步研究。

(3) 近知张村群之层型地所属韩源组和椰树底组之间存在一套复成分砾岩，与下伏韩源组呈平行或微角度不整合。按层位可和浙西的河上镇群之骆家门组底部砾岩对比，后者在浙西北不整合于双溪坞群之上，代表蓟县纪和青白口纪之间的神功运动。如是，现存的张村群需得解体，下部的韩源组为中元古代，上部的椰树底组为晚元古代。按层序与浙西北的河上镇群对比，椰树底组对比骆家门组，而位于德兴小浮溪组之上的原"枫坡岭组"，自应和其上的虹赤村组对比。因本次清理对比对资料认识不足，未能确立该组。现作为问题提出，以便今后工作注意。

(4) 最近，中国地质大学江西区调队 1：5 万上饶图幅组，在现归于青白口纪的登山群，首次发现了放射虫、瓶形虫、球蛋等微体化石，认为其时代为早古生代，登山群为该时代的洋壳残片。这一发现已引起省内地质界的广泛关注。尚待进一步工作证实。

(5) 北部德兴小浮溪—九都杨梅岭原视为"登山群"所谓拔竹坑之沉积，为一套紫红色砾岩、砂泥岩夹砾岩含砾砂板岩，位于椰树底组之上，按岩性组合难以和层型地的拔竹坑组对比。如上所述，如果椰树底组与骆家门组比较，按层位自然与虹赤村组比较。南部玉山地层小区与拔竹坑组相比较者称"翁家岭组"，据最近中国地质大学江西区调队 1：5 万上饶图幅组薛重生等研究，发现本组在层型地不仅超覆于田里（岩）组之上，同时还证明平行不整合于上墅组之上，故此认为属罗村组下部层序，并改称罗村组翁家岭段。由此说明，登山群拔竹坑组分布仅限于弋阳登山至德兴饶二一带。在登（丁）山群层型剖面，祝家组、拔竹坑组与下伏"椰树底组"为断层接触，拔竹坑组与上墅组之间在丁山村河道内出露一套紫红色含石英砾的碎屑岩。如果祝家组之下伏椰树底组与骆家门组对比，上墅组下部的红色碎屑岩与虹赤村组比较，而夹于其中的祝家组，尤其是拔竹坑组，自然与区域剖面难以对比。可否为加里东期地壳拉张，早古生代洋壳侵位的产物呢？

(6) 铁沙街（岩）组现归于中元古代，因其岩性为砂、板岩夹碳酸盐岩，按岩性层位可与湘北板溪群马底驿组或湘中高涧群黄狮洞组对比，故有人认为其时代应归于晚元古代青白口纪为宜。这亦待解决。

(7) 石炭纪、二叠纪一些生物带性质，只是根据以往剖面资料而确定的。因原剖面分层粗略，不同性质带的化石混在一起，现在所划分的顶峰带，不排除有延限带的可能。因此，仅供参考。

(8) 省外某些单位层型延入我省，因沉积相位的差异、岩性及岩相变化，一些名称的引用确有牵强附会之处，如下扬子地层分区的莲沱组，层型剖面为一套紫红色凝灰质砂岩、凝灰岩及凝灰质页岩组成，而我省主要为灰、灰白色中、粗粒石英砂岩和含砾石英砂岩（原称硐门砂岩）；陡山沱组，正层型剖面为灰、深灰色中厚层状白云岩与粉砂质、钙质页岩互层，而我省以泥岩或页岩为主，《江西岩石地层统编》(1991) 称潭坪页岩；休宁组，层型剖面为紫红色与灰绿色砂岩、粉砂岩、页岩互层，而我省江南地层分区玉山地层小区主体为灰绿色薄层状凝灰质砂岩、粉砂岩夹凝灰质页岩、沉凝灰岩、硅质页岩；周冲村组，正层型剖面为白云岩夹膏盐层，而我省下部为滑塌角砾岩，中部为白云岩、白云质灰岩，上部为薄层灰岩夹中厚层灰岩。因此，上述地层单位名称的使用，尚有待商榷。

(9) 中生代火山岩系，按大区清理意见将赣中，原周家源组、花草尖组、虎岩组、梧溪组以及打鼓顶组、鹅湖岭组，均由组改称段级单位。由于原每个组均为一个大的喷发旋回，岩性组合不同，厚度数百米，且旋回中常常包含以沉积岩夹层划分的若干喷发韵律，所以在使用中作为段级地层单位不太适宜，建议仍恢复组级地层单位。

（10）此次以岩石地层单位为基础进行的多重划分对比研究，只是一个阶段性的成果。今后随着工作的深入、新资料的出现，尚需不断检验、修正、补充和完善。在地层研究的深度上，如何将沉积学和地层学有机地结合，以及与层序地层学的理论和研究方法结合，并从整体盆地分析，建立区域地层格架等，仍是亟待解决的问题。

以上诸点，说明了地层清理是一项系统而复杂的工作。它是我省继《江西省区域地质志》（1984）之后又一次系统总结。通过大量生物地层资料的综合研究，使其得以系统化和深化，对区调、地质矿产研究、教学、科研等将起到积极的作用。

本书是通过项目组全体人员坚持不懈地努力而完成的。因时间仓促，水平所限，谬误之处，在所难免。敬请批评、指正。

最后，谨向为完成本项成果给予指导、帮助的“全国地层多重划分对比研究”项目办公室、东南大区领导小组、中国地质大学出版社等表示由衷的谢意。

参考文献

蔡培荣、郑雪阶、陈烈，1979，江西新余门口山组的时代。地层学杂志，3（4）：312—316。

陈国达，1940，新淦、峡江间地质矿产。前江西地质调查所地质汇报，第5号：8—31。

陈国达、夏湘蓉，1938，记安源煤系中一膝状褶曲。地质论评，3（4）：405—409。

陈国达、刘辉泗，1939，江西贡水流域地质。前江西地质调查所地质汇报，第2号：8—33。

陈思本，1987，赣东北地区超基性岩的侵位方式和成岩时代。中国区域地质，（2）：178—181。

陈旭、韩乃仁，1964，江西玉山早奥陶世笔石地层。地质论评，22（2）：81—91。

陈旭、王建华，1983，广西宜山地区晚石炭世马平组䗴类。北京：科学出版社。

陈旭、杨达铨，1988，江西玉山早奥陶世笔石动物群分带及分异。地层学杂志，12（2）：112—124。

陈旭、肖承协、陈洪冶，1987，华南五峰期笔石动物群的分异及缺氧环境。古生物学报，26（3）：326—344。

陈旭、戎嘉余、丘金玉、韩乃仁、李罗照、李守军，1987，江西玉山祝宅晚奥陶世地层、沉积特征及环境初探。地层学杂志，11（1）：23—24。

邓光先、李象林，1981，江西新余龙潭组官山段发现早二叠世䗴类。地层学杂志，6（2）：158—159。

段万倜、何培元，1990，庐山第四纪冰期研究的新认识。中国地质科学院院报。北京：地质出版社。

方鸿琪，1961，长江中下游地区第四纪沉积。地质学报，41（3—4）：354—366。

方进添、徐茂钰，1981，湘赣地区中生代含煤地层化石（介形类化石）。北京：煤炭工业出版社。

方一亭、冯洪真、俞剑华，1989，安徽省宁国县胡乐地区胡乐组。地层学杂志，13（4）：269—278。

方一亭、王海峰、冯洪真、边立曾、俞剑华，1991，论宁国组和胡乐组。地层学杂志，15（3）：226—229。

冯景兰，1950，江西鄱乐煤田。清华大学科学学报（三种），2（1）：1—9。

符鹤琴、李武显，1991，江西东北部德兴绿岩带地质特征。江西地质科技，18（3）：120—130。

高平，1933，江西玉山广丰二县地质矿产。前中央研究院地质研究所地质汇报，第23号：1—16。

高平，1941，江西之鸣山层。地质论评，6（3—4）：231—236。

高平、徐克勤，1940，江西西部地质志。前中央研究院地质研究所地质专报，甲种，第16号：1—33。

关伊文、丘元禧、顾宝荣，1959，浙西、皖南上奥陶系复理石建造的发现。地质学报，39（2）：188—212。

郭双兴，1979，两广南部晚白垩世和第三纪植物群及其地层意义。见：郑家坚等著，华南中、新生代红层。北京：科学出版社。

郭伯康、张友明，1959，赣西地区中生代含煤地层。地质学报，39（1）：85—93。

黄第藩，1962，长江下游三大淡水湖泊地质及其形成与发展。海洋与湖沼，7（4）。

黄汲清，1932，中国南部之二叠纪地层。前中央研究院地质研究所地质专报，甲种，第10号：1—16。

黄汲清、徐克勤，1936，江西萍乡煤田之中生代造山运动。中国地质学会志，第16卷（丁文江先生纪念册）：177—193。

黄万波、计宏祥，1963a，江西乐平"大熊猫-剑齿象"化石及其洞穴堆积。古脊椎动物与古人类，7（2）：182—185。

黄万波、计宏祥，1963b，江西万年仙人洞全新世洞穴堆积。古脊椎动物与古人类，7（3）：263—271。

黄枝高、肖承协、夏天亮，1988，崇义—永新地区中上奥陶统重要笔石动物群。北京：地质出版社。

何德长、沈襄鹏，1980，湘赣地区中生代含煤地层化石（植物化石）。北京：煤炭工业出版社。

侯鸿飞，1962，湘中早石炭世孟公坳组腕足类的研究并讨论下石炭统的下界。见：石永泰等著，第10届古生物年会论文集。北京：科学出版社。

赫德伯格（H D Hedberg），1976，国际地层指南。张守信译，1979。北京：科学出版社。

胡世忠，1983，赣南小江边灰岩的腕足类及其时代的讨论。古生物学报，22（3）：338—343。

江苏省地质矿产局，1984，江苏省及上海市区域地质志。北京：地质出版社。

江西省地质矿产局，1984，江西省区域地质志。北京：地质出版社。

江西915队，1979，江西池江盆地早第三纪地层划分。见：郑家坚等著，华南中、新生代红层。北京：科学出版社。

江西省区域地层表编写组，1980，华东地区区域地层表·江西省分册。北京：地质出版社。

蒋声治、程先跃、葛彦，1963，对浙西中石炭纪地层分层的初步意见。见：全国地层委员会，全国地层会议学术报告汇编。北京：科学出版社。

鞠天吟，1966，赣东北"玉山页岩"、"大南岭灰岩"和秦村系时代的厘定。地层学杂志，1（2）：200—203。

李富玉，1986，江西上饶以南的上饶组。地层学杂志，10（4）：297—303。

李四光，1924，峡东地质及长江之历史。中国地质学会志，3（3—4）。
李四光，1931，庐山地质志略《庐山志》上函。北平：前中央研究院地质研究所。
李四光，1937，冰期之庐山。前中央研究院地质研究所专刊，乙种，第2号。
李四光，1975，中国第四纪冰川。北京：科学出版社。
李四光、朱森，1930，栖霞灰岩层及其有关地层。中国地质学会志，9（1）：37—43。
李四光、朱森，1932，南京龙潭地质指南。北平：前中央研究院地质研究所。
李四光、陈旭、朱森，1930，黄龙灰岩与其所含生物群。前中央研究院地质研究所集刊，第9号。
李晓池、丁梅华，1987，华南上二叠统长兴阶有孔虫与牙形石（组合）的对比分析。地质论评，33（5）：395—401。
李文恒，1975，论江西“鸣山层”。地质科学，（1）：49—55。
李文恒，1981，江西铅山“龙潭组”发现早二叠世蜓类。地层学杂志，5（2）：156。
李星学，1963，中国晚古生代陆相地层。全国地层委员会，全国地层会议学术报告汇编。北京：科学出版社。
李星学、蔡重阳，1979，中国泥盆纪植物群。地层学杂志，3（2）：90—95。
李星学、蔡重阳，1982，中国泥盆纪陆相地层的划分与对比。见：中国科学院南京地质古生物研究所，中国各纪地层对比表及说明书。北京：科学出版社。
李英鉴、吴荣楠，1959，赣西中生代含煤地层的划分及时代。地质学报，39（3）：293—303。
李毓尧，1933，江西北部修水流域地质。前中央研究院地质研究所丛刊，第3号：20—36。
李毓尧、李捷、朱森，1935，宁镇山脉地质。前中央研究院地质研究所集刊，第11号：1—29。
李云通等著，1984，中国地层（13）·中国的第三系。北京：地质出版社。
黎泉水，1983，江西萍乡坳陷早二叠世的藻类组合及其环境意义。地层学杂志，7（4）：280—284。
廖士范，1954，湘赣边境茶陵永新莲花地层概要。地质学报，34（1）：65—71。
林宝玉，1960，江西玉山晚奥陶世床板珊瑚化石。古生物学报，8（1）：55—64。
林宝玉、邹鑫祜，1977，浙赣地区晚奥陶世床板珊瑚、日射珊瑚及其地层意义。见：赖才根等著，地层古生物论文集。北京：地质出版社。
林宝玉等著，1984，中国地层（7）·中国的志留系。北京：地质出版社。
林联盛，1992，赣北威宁期蜓类动物群及其分带。地层学杂志，16（2）：120—126。
凌联海，1992，赣东北青白口纪地层及构造古地理。地球科学进展学术讨论会论文摘要汇编。武汉：中国地质大学出版社。
刘宝珺，1980，沉积岩石学。北京：地质出版社。
刘鸿允、汤加富、符鹤琴，1987，江西震旦系划分与有关问题商榷。地质科学，（2）：161—172。
刘鸿允等，1991，中国震旦系。北京：科学出版社。
刘辉泗，1940，永丰吉水间地质矿产。前江西地质调查所地质汇报，第6号。
刘辉泗、王超翔，1939，南昌进贤间地质矿产。前江西地质调查所地质汇报，第2号。
刘季辰，1926，江西鄱乐煤矿公司矿区及乐平县地质矿产简报。前中央地质调查所。
刘季辰、赵亚曾，1927，浙江西部之地质。前中央地质调查所地质汇报，第9号：62—63。
刘继顺、韩秀萍、吴越生，1982，江西冷水坞组及其地质时代。地层学杂志，6（4）：189—197。
刘庆民，1965，赣中上二叠统的新认识。地质论评，23（2）：122—126。
刘亚光，1963，湘赣边境晚泥盆世地层。地质论评，21（1）：53—57。
刘亚光，1980，江西峡山群的新认识。江西地质，（2）（总3期）：1—12。
刘亚光，1993，江西峡山群的划分命名及其穿时性。中国区域地质，（4）：328—334。
刘义仁、傅汉英，1989，中国奥陶系韩江阶、石口阶候选层型剖面——祁东双家口剖面。地层学杂志，3（2）：161—193。
卢星华，1987，赣中安塘组的时代。煤田地质与勘探，（3）：23—25。
卢衍豪，1956，汉中梁山区二叠纪并论中国南部二叠纪分层和对比。地质学报，36（2）：159—196。
卢衍豪，1962，中国的寒武系。全国地层委员会，全国地层会议学术报告汇编。北京：科学出版社。
卢衍豪、林焕令，1983，浙江西部寒武纪动物群分带和对比。地质学报，57（4）：317—324。
卢衍豪、张日东、葛梅钰，1963，浙江西部下古生代地层。全国地层委员会，全国地层会议学术报告汇编。北京：科学出版社。
卢衍豪、穆恩之、侯祐堂、张日东、刘第墉，1955，浙西古生代新见。地质知识，（2）：1—6。

罗惠麟，1984，滇东南寒武系的划分与对比。地质学报，58 (2)：87—96。
罗新民、张尊启，1988，江西上高地区 *Gallawaiyinlla* 的发现及其地层意义。见：中国地质科学院地层古生物论文集编委会，地层古生物论文集。北京：地质出版社。
马长信、刘荣桂、吕桂德等著，1992，赣东北前震旦纪地质。北京：地质出版社。
闵庆魁、周光新、姜立富、陈楚震、文世宣、张作铭，1981，南京地区三叠系的再研究。地层学杂志，5 (1)：1—9。
穆恩之，1974，正笔石及正笔石式树形笔石的演化、分类和分布。中国科学，(2)：174—183。
穆恩之、潘江，1955，南京汤山奥陶纪地层新知。地质知识，(1)：1—6。
潘江，1956，宁镇山脉古生代地层的新认识。地质学报，36 (1)：1—17。
潘江，1979，中国胴甲类鱼化石生物地层意义。地层学杂志，3 (2)：131—134。
裴文中、周明镇、郑家坚，1963，中国的新生界。全国地层委员会，全国地层会议学术报告汇编。北京：科学出版社。
彭作荣、韩仲仁，1994，赣中西部的潭头群。江西地质科技，(1—2)：60—63。
钱义元、李积金、李莉秾、江纳言、毕治国、高永珍，1964，安徽南部震旦系及下古生界的新认识。中国科学院南京地质古生物研究所集刊，第 1 号。北京：科学出版社。
全国地层委员会，1981，中国地层指南及中国地层指南说明书。北京：科学出版社。
戎嘉余、陈旭，1987，华南晚奥陶世的动物群分异及生物相、岩相分带模式。古生物学报，26 (5)：507—535。
芮琳，1981，扬子区的二叠系。地层学杂志，5 (4)：263—275。
芮琳，1987，贵州罗甸、罗苏一带石炭系间界线附近的䗴类。古生物学报，26 (4)：367—391。
芮琳、赵嘉明，1979，陕西汉中梁山吴家坪灰岩的新认识。中国科学院南京地质古生物研究所地层论文摘要集。北京：科学出版社。
邵卫根、万红，1992，关于江西九瑞地区五通组的几个问题。江西地质，6 (2)：153—157。
邵卫根、万红，1993a，关于江西西北部志留系的几个问题。江西地质，7 (3)：184—190。
邵卫根、万红，1993b，赣西三叠系研究的新进展。中国区域地质，(2)：121—124。
盛金章，1955，长兴灰岩中䗴科化石。古生物学报，3 (4)：287—308。
盛金章，1956，陕西梁山二叠纪的䗴科化石。古生物学报，4 (2)：175—227。
盛金章，1963，广西、贵州及四川二叠纪的䗴类。北京：科学出版社。
盛金章，1964，中国的二叠系。全国地层委员会，全国地层会议学术报告汇编。北京：科学出版社。
盛金章，1976，江苏南京金丝岗黄龙灰岩剖面及䗴类分带。古生物学报，15 (2)：196—200。
盛金章、李星学，1974，近年来中国二叠纪生物地层学的进展。见：盛金章等著，中国科学院南京地质古生物研究所集刊，第 5 号。北京：科学出版社。
盛金章、芮琳，1984，江西乐平鸣山矿区上二叠统长兴阶的䗴类。中国微体古生物学报，1 (1)：30—45。
盛莘夫，1942，江西西北部地质。前江西地质调查所地质汇报，第 7 号：68—82。
舒文博，1930，浙江西北部地质报告。前中央研究院地质研究所集刊，第 10 号：85—96。
宋炜，1989，论赣西北地区石炭系的几个问题。江西地质，3 (2)：147—159。
孙存礼，1981，江西晚第三纪地层的发现。地质论评，27 (3)：256—259。
孙存礼，1988，江西早三叠世地层。地层学杂志，12 (1)：39—47。
孙存礼、黄冬保，1995，赣西南"阳岭砾岩"微古植物的发现及其时代的探讨。中国区域地质，(1)：32—35。
孙存礼、周琴宜，1989，江西白垩系的划分与对比。见：中国古生物学会等编，中国南方白垩系会议论文选集。南京：南京大学出版社。
谭锡畴、王绍文，1930，昌福路线地质矿产简报。前中央地质调查所地质汇报，第 14 号。
谭正修、董振常、唐晓珊，1987，论棋梓桥灰岩。地层学杂志，1 (2)：78—89。
唐天福、薛耀松、周仰康，1979，中国东部沿海第三系生物灰岩的形成环境及地层意义。见：郑家坚等著，华南中、新生代红层。北京：科学出版社。
田奇瑰，1928，湖南长沙湘潭泥盆纪地层之研究。前湖南地质调查所报告，第 2 号；地质志，第一册：1—14。
田奇瑰、王晓青，1932，湖南湘乡梓门桥煤田地质研究。前湖南地质调查所报告，第 13 号。
田奇瑰、王晓青、许原道，1933，湖南长沙、湘潭、衡山、邵阳、衡阳、湘乡六县地质志。前湖南地质调查所报告，第 15 号；地质志，第二册：59—68。
田奇瑰、徐瑞麟，1936，湖南邵阳保和田煤田地质。前湖南地质调查所报告，第 17 号。

田奇㻪，1938，中国之泥盆纪。地质论评，3（4）：355—404。
童永生，1979，池江盆地早始新世恐角类化石。见：郑家坚等著，华南中、新生代红层。北京：科学出版社。
童永生，1989，中国始新世中晚期哺乳类动物群。古生物学报，28（5）：663—679。
童永生、张玉萍、王伴月、丁素因，1976，南雄盆地和池江盆地早第三纪地层。古脊椎动物与古人类，14（1）：23—24。
童永生、张玉萍、郑家坚、王伴月、丁素因，1979，江西池江盆地下第三系及哺乳动物群的探讨。见：郑家坚等著，华南中、新生代红层。北京：科学出版社。
王超翔，1939，赣江上游沙金。前江西地质调查所地质汇报，第3号。
王成源、殷保安，1984，华南浮游相区早石炭世早期牙形刺分带与泥盆系、石炭系的分界。古生物学报，23（2）：224—238。
王根贤、夏志芬，1983，湘东、赣西 *Cystophrentis* 的发现及岩关阶地层划分。地层学杂志，7（3）：191—200。
王根贤、夏志芬，1984，湘东赣西晚泥盆世地层划分。地层学杂志，8（4）：286—295。
王恒升、李春昱，1930，京粤铁路地质矿产报告。前中央地质调查所地质汇报，第14号。
王鸿祯，1985，中国古地理图。北京：地图出版社。
王鸿祯、李光岑，1990，国际地层时代对比表。北京：地质出版社。
王俊卿，1984，我国泥盆纪鱼类分布、组合和性质。古脊椎动物与古人类，22（3）：179—224。
王曼华，1985，江西赣江中游地区网纹红土的孢粉组合与古气候探讨。见：施雅风等著，中国第四纪冰川冰缘学术讨论会文集。北京：科学出版社。
王绍文，1930，闽西、赣南地质矿产报告。矿冶，4（3）：41—86。
王钰、俞昌民，1962，中国的泥盆系。见：全国地层委员会，全国地层会议学术报告汇编。北京：科学出版社。
王钰、俞昌民，1974，中国南方泥盆纪生物地层研究的新进展。中国科学院南京地质古生物研究所集刊，第6号。
王钰、俞昌民、许汉奎、廖卫华、蔡重阳，华南泥盆纪生物地层。地层学杂志，3（2）：81—89。
王云慧、陈华成、覃兆松，1989，江西上高、高安地区早二叠世地层。地层学杂志，13（2）：133—138。
王治平，1987，湘中地区晚石炭世四射珊瑚。古生物学报，26（4）：471—485。
王竹泉，1920，江西吉安安福永新一带煤田地质。前中央地质调查所地质汇报，第2号：1—7。
王竹泉，1930，江西修水流域地质矿产报告。前中央地质调查所地质汇报，第14号。
魏家庸、卢重明、徐怀艾等，1991，沉积岩区1：5万区域地质填图方法指南。武汉：中国地质大学出版社。
魏秀喆、肖承协、陈胜高、俞韬，1966，江西永新、宁冈一带奥陶纪笔石地层。地层学杂志，1（1）：65—75。
巫建华，1992，江西贵溪南部周家店组的化石新材料及其时代意义。江西地质，6（1）：47—51。
吴乃琴，1989，江西清江盆地临江组非海相腹足类化石及时代讨论。古生物学报，28（6）：751—762。
吴乃琴，1991，江西清江盆地临江组的沉积环境。地层学杂志，15（4）：302—307。
吴其切，1980，南京附近黄马青群的进一步划分和地质时代的研究。中国地质科学院南京地质矿产研究所分刊，1（1）：66—90。
吴望始、赵嘉明，1981，华南地区邵东组的珊瑚化石及其地质时代。古生物学报，20（1）：1—14。
夏邦栋，1959，关于宁镇山脉中石炭纪黄龙灰岩下部白云岩的几个问题。地质论评，19（5）：212—215。
夏湘蓉，1940，丰城临川间地质矿产。前江西地质调查所地质汇刊，第4号：38—50。
项礼文等，1981，中国地层（6）·中国的寒武系。北京：地质出版社。
肖承协，1986，赣西南奥陶纪五峰期笔石地层。江西地质，（1—2）：8—15。
肖承协、黄学涔，1975，江西崇义早奥陶世笔石地层。地质学报，49（2）：122—124。
肖承协、陈洪冶，1991，江西玉山古城一带早奥陶世笔石地层。地层学杂志，15（2）：174—183。
肖承协、夏天亮，1984，江西崇义早奥陶世早期笔石地层。地层学杂志，8（3）：220—224。
肖承协、陈洪冶、谢文伟，1988，赣西南下奥陶统樟木曲组笔石带修正和补充。华东地质学院学报，11（3）：207—214。
肖承协、夏天亮、王昭雁，1982，对江西崇义地区奥陶系的新观察。地层学杂志，6（1）：64—71。
肖承协、夏天亮，1988，江西梓山组的划分及其地质时代。江西地质，2（1）：26—30。
谢文伟，1992，江西梓山组的再划分。江西地质，6（3）：257—263。
熊存卫、王赛仪，1980，湘赣地区中生代含煤地层化石（双壳纲化石）。北京：煤炭工业出版社。
徐克勤、丁毅，1943，江西南部钨矿地质志。前中央地质调查所地质专报，甲种，第17号：1—26。
徐馨，1983，长江中下游网纹层问题的讨论。见：张义勋等著，第四纪冰川与第四纪地质论文集（第一集）。北京：地质出版社。
许杰，1934，长江下游之笔石化石。前中央研究院地质研究所地质专刊，甲种，第4号。
许杰，1937，浙江之上奥陶纪及下志留纪。中国地质学会志，17（1），59—64。
阎峻峰、尚冠雄、汪曾荫，1964，江西中、晚二叠纪地层初步研究。地质论评，22（3）：165—177。
杨恒仁、王振、李曼英、黄宝玉，1979，华南中生代晚期至早第三纪生物群及地层划分和对比。见：郑家坚等著，华南中、新生代红层。北京：科学出版社。
杨明桂、吴安国、钟南昌，1988，华南中晚元古代地层划分、沉积建造特征及其地壳构造演化。江西地质，2（2）：112—121。
杨绳武、肖伟民、王洪第、董文兰、龙家荣、董卫平，1981，贵州栖霞组与茅口组界线讨论。地层学杂志，5（2）：118—127。
杨遵仪、程裕淇、王鸿祯，1989，中国地质学。译自：李四光，1983，中国地质学（英文版）。武汉：中国地质大学出版社。
杨遵仪、殷鸿福、吴顺宝、杨逢清，1984，华南二叠系—三叠系界线及生物地层分带。见：王东方等著，国际交流地质学论文集。北京：地质出版社。
姚庆元，1984，庐山地区第四纪沉积物及冰期问题。见：张义勋等著，第四纪冰川与第四纪地质论文集。北京：地质出版社。
尹道垣、邵卫根、陈思英，1992，江西德安北部地区嘉陵江组地质时代新认识。江西地质，6（1）：40—43。
尹赞勋主编，1966，中国地层典（七）·石炭系。北京：地质出版社。
俞昌明，1960，中国奥陶纪珊瑚化石。古生物学报，8（2）：65—102。
俞剑华、方一亭、刘怀宝，1982，江西武宁早奥陶世新厂期笔石地层。南京大学学报，（2）：478—487。
俞剑华、夏树芳、方一亭，1976，江西修水流域的奥陶系。南京大学学报，（2）：226—229。
余达淦，1990，闽浙赣地区变质基底研究综述。华东地质学院学报，13（2）：1—8。
张采繁、刘亚光，1964，试论江西梓山煤系的地质时代。地质学报，44（4）：371—381。
张敬礼，1990，江山地区的寒武系。华东地质学院学报，13（4）：10—15。
张兰庭，1984，庐山地区第四纪地层的研究。见：张义勋等著，第四纪冰川与第四纪地质论文集。北京：地质出版社。
张兰庭、王荣生，1982，江西鄱阳—吉泰地区第四纪地层特征及划分意见。见：李祺方等著，第三届全国第四纪研究学术论文集。北京：科学出版社。
张利民，1979，信江盆地中生代火山岩系地层划分初探。地层学杂志，3（4）：272—282。
张遴信，1962，安徽和县下石炭统和川段中的䗴类。古生物学报，10（4）：433—441。
张遴信，1983，论臭灰岩。地层学杂志，7（3）：184—186。
张鸣韶、盛莘夫，1958，川黔边境奥陶纪笔石地层。地质学报，38（3）：326—342。
张浅深、俞受鋆、黄建辉、卢华复、钱青，1964，江西南部前泥盆系初步认识。地质学报，44（4）：388—402。
张守信，1992，理论地层学——现代地层学概念。北京：科学出版社。
张文堂，1962，中国的奥陶系。见：全国地层委员会，全国地层会议学术报告汇编。北京：科学出版社。
张文堂、陈丕基、沈炎彬，1976，中国的叶肢介化石。北京：科学出版社。
张文佑（编译），1952，中国地质学。译自：李四光，1939，中国地质学（英文版）。上海：正风出版社。
张文佑、孙殿卿、吴磊伯，1942，广西地层上之不整合。中国地质学会志，21（2—4）：131—155。
张玉萍、童永生，1963，江西池江盆地“红层”时代的探讨。古脊椎动物与古人类，7（2）：177—180。
张祖廉、赵宝琛，1990，江西广昌硅藻土矿。江西地质，4（1）：3—7。
赵金科，1966，中国南部二叠系菊石层。地层学杂志，1（2）：170—181。
赵金科，1977，浙西、赣东北早二叠世晚期菊石。古生物学报，16（2）：217—252。
赵金科、张文佑，1958，广西地质（一）·地层概要。北京：科学出版社。
赵金科、梁希洛、郑灼官，1978，华南晚二叠世头足类。北京：科学出版社。
赵金科、盛金章、姚兆奇、梁希洛，1981，中国南部长兴阶和二叠系与三叠系之间的界线。见：赵金科等著，中国科学院南京地质古生物研究所丛刊，第2号。南京：江苏科学技术出版社。
赵良政，1987，九江—庐山地区鄱阳、大姑冰期冰川沉积的地层特征。见：张义勋等著，第四纪冰川与第四纪地质论文集。北京：地质出版社。

赵汝璇、张采繁、夏志芬、左自璧、柳祖权，1978，湖南泥盆系。见：中国地质科学院地质矿产研究所主编，华南泥盆系会议论文集。北京：地质出版社。
赵资奎，1979，我国恐龙蛋化石研究的进展。见：郑家坚等著，华南中、新生代红层。北京：科学出版社。
浙江省地质矿产局，1989，浙江省区域地质志。北京：地质出版社。
郑家坚、童永生、计宏祥，1975，江西袁水盆地 Miacidae 新科的发现和对有关地层划分的几点意见。古脊椎动物与古人类，13（2）：96—98。
郑家坚、童永生、计宏祥、张发，1973，江西池江盆地红层的初步划分。古脊椎动物与古人类，11（2）：203—209。
中国科学院南京地质古生物研究所，1982，中国各纪地层对比表及说明书。北京：科学出版社。
周殿超、朱正刚，1978，江西泥盆系简介。见：中国地质科学院地质矿产研究所主编，华南泥盆系会议论文集。北京：地质出版社。
周茂成，1957，论鸣山层层位与东吴运动。地质论评，17（3）：347—350。
周明镇，1959，江西新余始新世脊椎动物化石的发现。古脊椎动物与古人类，1（2）：79—80。
周志炎，1984，湘西南早侏罗世早期植物化石。中国古生物志，新甲种，第 7 号。北京：科学出版社。
周祖生，1982，湘东南早二叠世栖霞组早期的 *Schwagerina cushmani* 䗴类群。古生物学报，2（2）：225—248。
诸宝森，1985，江西莲花西云山乐平组官山段 *Neomisellina* 䗴类动物群。地质论评，31（3）：91—102。
诸宝森，1988，就乐平组的穿时论东吴运动。地质科学，(2)：137—246。
诸宝森、林联盛，1988，江西梓山组时代之再讨论。江西地质，2（1）：37—45。
朱相水，1987，*Neomisellina* 在江西宜春新塘的发现。地层学杂志，11（1）：60—64。
朱相水、赵嘉明，1991，江西宜春新塘早二叠世茅口组的四射珊瑚。古生物学报，30（1）：90—99。
朱正刚，1989，江西永新县翻下组四射珊瑚化石的发现及其地质意义。中国区域地质，(3)：233—236。
朱正刚、赵嘉明，1992，江西晚石炭世晚期及早二叠世早期的四射珊瑚。古生物学报，31（6）：652—677。

地质图说明书及区测（调）报告

安徽省区域地质调查大队，1971，1：20 万祁门幅区域地质调查报告。合肥：安徽地质局。
北京地质学院赣东北区域地质测量大队，1961，江西省上饶地区综合区域地质测量总结报告。南昌：江西地质局。
福建区域地质测量大队，1965，1：20 万永安幅区域地质测量报告。福州：福建地质局。
福建区域地质调查大队，1970，1：20 万长汀幅区域地质矿产调查报告。福州：福建重工业局。
福建冶金工业局 713 队，1972，1：20 万宁化幅区域地质调查报告。福州：福建冶金工业局。
湖南区域地质测量大队，1966，1：20 万攸县幅区域地质测量报告。长沙：湖南省地质局。
湖南区域地质测量大队，1967，1：20 万株州幅区域地质测量报告。长沙：湖南省地质局。
江西区域地质测量大队，1964a，1：20 万修水幅地质图说明书。南昌：江西地质局。
江西区域地质测量大队，1964b，1：20 万高安幅地质图说明书。南昌：江西地质局。
江西区域地质测量大队，1964c，1：20 万东乡幅地质图说明书。南昌：江西地质局。
江西区域地质测量大队，1964d，1：20 万宜春幅地质图说明书。
江西区域地质测量大队，1966a，1：20 万瑞昌幅区域地质测量报告书。南昌：江西地质局。
江西区域地质测量大队，1966b，1：20 万永新幅区域地质测量报告书。南昌：江西地质局。
江西区域地质调查大队，1969a，1：20 万赣州幅区域地质矿产调查报告书。南昌：江西重工业局。
江西区域地质调查大队，1969b，1：20 万于都幅区域地质矿产调查报告书。南昌：江西重工业局。
江西区域地质调查大队，1970a，1：20 万波阳幅区域地质矿产调查报告书。南昌：江西重工业局。
江西区域地质调查大队，1970b，1：20 万湖口幅区域地质矿产调查报告书。南昌：江西重工业局。
江西区域地质调查大队，1970c，1：20 万龙南幅区域地质矿产调查报告书。南昌：江西重工业局。
江西区域地质调查大队，1971，1：20 万南城幅区域地质调查报告。南昌：江西重工业局。
江西区域地质调查大队，1973a，1：20 万广昌幅区域地质调查报告。南昌：江西地质局。
江西区域地质调查大队，1973b，1：20 万寻乌幅区域地质调查报告。南昌：江西地质局。
江西区域地质调查大队，1973c，1：20 万永修幅区域地质调查报告。南昌：江西地质局。
江西区域地质调查大队，1974a，1：20 万吉水幅区域地质调查报告。南昌：江西地质局。
江西区域地质调查大队，1974b，1：20 万井冈山幅区域地质调查报告。南昌：江西地质局。

江西区域地质调查大队，1974c，1∶20万兴国幅区域地质调查报告。南昌：江西地质局。
江西区域地质调查大队，1977a，1∶20万铜鼓幅区域地质调查报告。南昌：江西地质局。
江西区域地质调查大队，1977b，1∶20万新干幅区域地质调查报告。南昌：江西地质局。
江西区域地质调查大队，1980a，1∶20万广丰幅区域地质调查报告。南昌：江西地质局。
江西区域地质调查大队，1980b，1∶20万乐平幅区域地质调查报告。南昌：江西地质局。
江西区域地质调查大队，1982，1∶20万上饶幅区域地质调查报告。南昌：江西地质局。
浙江省区域地质调查大队，1969，1∶20万衢县幅区域地质矿产调查报告。杭州：浙江省地质局。

附录Ⅰ：江西省地层数据库的建库情况及功能介绍

一、前言

地层数据库的研制和建库工作是随地矿部“八五”期间设立“全国地层多重划分对比研究”项目同时开展的，其指导思想和研究内容与全国地层清理工作的有关文件要求基本一致，建立地层数据库的目的就是要为全国区域地质调查和基础地质研究工作服务，巩固地层清理的成果，避免今后使用地层单位的混乱现象。使我国地层研究和管理走向科学化、信息化，并与国际地层学研究工作接轨。

省级地层数据库是地矿部专项地勘科技项目（编号：DZ1992-01）“全国地层数据库”的一个重要组成部分，它既是全国地层数据库的一个基本子库，同时又是一个独立、完整的省级地层数据库。

省级数据库按照全国地层数据库的统一要求，以岩石地层单位为基本单元建库，以全国地层清理项目办统一制定的5张地层剖面数据卡片为数据采集源。其数据采集、数据库信息管理、检索及查询软件是以“全国地层数据库”项目组提供的软件和标准进行的。有关全国地层数据库的概况，请参见“全国地层数据库”专题报告。

二、地层数据库的建库情况

1. 组织管理

负责建立本省地层数据库的单位：江西省地质矿产局区域地质调查研究大队

使用的机型：AcerPower 486/33 主机、LQ-1600K 打印机

本省地层数据库建库人员名单：温健、程惠娟、蒋虹、张维吉

本省地层数据库数据卡片审核校对人员名单：

卡片审核：刘亚光、凌联海

卡片校对：周殿超、陈胜高、朱正刚、凌联海、孙存礼、诸宝森、文子才、宋志瑞、张贤祥、李中兰、吴洁

2. 工作过程

卡片录入工作始于1994年1月，至1994年9月中旬结束。同年9月19日完成数据的备份工作。

3. 完成录入工作量（不包括第四系）

200个建议使用的岩石地层单位

其中：群级20个

组级162个（新建13个）

段级18个（新建2个）

其中各断代（纪）岩石地层单位数：N+E14、K10、J18、T15、P18、C11、D21、S10、O23、∈12、Z19、Qn14、Pt15

670条剖面（其中：93条正层型；9条副层型；14条选层型；554条参考剖面。621条剖面以长剖面形式录入）

215个建议省内停用的岩石地层单位

累计打印输出：386张封面；386张卡片Ⅰ；241张卡片Ⅱ；887张卡片Ⅳ（文字描述表格）；670张卡片Ⅳ（柱状图）；168张卡片Ⅴ

4. 提交数据磁盘清单

占用外存空间约7兆，分放6张1.44M软盘（3.5 inch）。

三、地层数据库功能介绍

地层数据库主要由三部分组成。（1）数据采集系统：包括对原始数据的录入、编辑、查错及地层信息检索、数据库字典查询、文献检索、地层单位数据文件管理等功能；（2）数据处理系统：包括地层卡片的

输出、地层数据库各类信息的查询检索及汇总制表、岩石地层单位的监控等功能；(3) 扩充部分接口，为地层数据库以后的进一步开发留有接口。

1. 系统运行环境

(1) DOS版本

软件支撑环境：DOS 3.30以上　　Microsoft C 6.0

PTDOS 2.0　　FoxPro 2.0

硬件运行环境：286以上主机　　VGA显示器

LQ-1600K或其他24针打印机

(2) Windows版本

软件支撑环境：Windows 3.1　　Borland C++ 3.1

中文之星1.2　　FoxPro for Windows 2.5

MS-DOS 5.0以上

硬件运行环境：386、486主机（内存≥4M，硬盘≥100M）　VGA显示器

LQ-1600K或其他24针打印机

2. 数据采集模块功能

(1) 选择"省份"、"地层单位"

(2) 地层单位数据录入情况查询

(3) 卡片Ⅰ数据录入与修改（可选择按编号、创名时间、汉语拼音等顺序）

(4) 卡片Ⅱ数据录入与修改

(5) 卡片Ⅲ数据录入与修改

(6) 卡片Ⅳ剖面信息数据录入与修改

(7) 卡片Ⅳ剖面文字描述数据录入与修改

(8) 卡片Ⅳ柱状图数据录入与修改

(9) 卡片Ⅳ化石数据录入与修改

(10) 卡片Ⅳ分布特征数据录入与修改

(11) 卡片Ⅳ数据检查整理

(12) 卡片Ⅴ数据录入与修改

(13) 地层单位数据文件备份

(14) 地层单位数据文件入库

(15) 地层单位数据文件转换

(16) 省级库数据检索

(17) 数据库字典查询

(18) 省级文献库查询与修改

3. 卡片输出模块功能

(1) 选择省份

(2) 选择输出的地层单位

(3) 卡片封面输出

(4) 卡片Ⅰ输出：屏幕或打印机输出卡片Ⅰ

(5) 卡片Ⅱ输出（图形）

(6) 卡片Ⅲ柱状对比图输出（图形）

(7) 卡片Ⅲ岩石地层单位分布图输出

可选择绘制地名级别（在地理底图上将标出地名）：

1——省会　　2——地市以上　　3——县级以上

可选择绘制图框类型：

1——经纬框（地理底图上加画经纬框）

2——方框（地理底图上只画图框）

3——不加框（地理底图上不画图框）

图中各剖面的分布位置采用不同的符号表示其层型：三角形代表次层型；方形代表新层型剖面；方形中央的“十”代表正层型、“一”代表副层型、“×”代表选层型。

(8) 卡片Ⅳ剖面文字描述表格输出

(9) 卡片Ⅳ剖面图输出（图形）

(10) 卡片Ⅴ输出

4. 地层信息检索模块功能

4.1 检索条件（一级）

(1) 选择省份——选择检索的区域范围

(2) 选择大区——选择检索的区域范围

(3) 选择经纬度——选择检索的区域范围

(4) 选择断代〔纪〕——选择检索的时间范围

(5) 地质年代数码转换——地质年代数据进行数码转换，是进行时间范围检索的必要条件

(6) 输出方式选择

1——显示方式：将检索结果显示在屏幕上

2——打印方式：将检索结果在打印机上输出

3——文件方式：将检索结果表格文件以用户给定的文件名记盘

(7) 输出栏目选择

1——地层单位表格

2——地层剖面表格

3——文献表格

选择以上表格的输出栏目，依使用者的要求挑选所需的制表栏目序号，及表格每页的行数。

4.2 地层单位信息检索（二级检索条件）

(1) 所有地层单位：检索出满足选定时间和区域条件的地层单位

(2) 正式地层单位：检索出满足选定时间和区域条件的正式地层单位

(3) 停用地层单位：检索出满足选定时间和区域条件的停用地层单位

(4) 地层单位名称：检索出与指定地层单位名称相同的地层单位

(5) 地层单位名称（拼音）：检索出与指定拼音相同的地层单位

(6) 地层单位编号：检索出与指定地层单位编号相同的地层单位

(7) 地层单位代号：检索出与指定地层单位代号相同的地层单位

(8) 同物异名：检索出与指定名称相同的同物异名地层单位

(9) 同名异物：检索出与指定名称相同的同名异物地层单位

(10) 同物异名/同名异物：检索出有同物异名或同名异物的地层单位

(11) 输出剖面分布图：输出当前检索内容的地层单位的剖面分布图

4.3 剖面信息检索（二级检索条件）

(1) 所有剖面：检索出满足选定时间和区域条件的地层剖面

(2) 所有正层型：检索出满足选定时间和区域条件的正层型

(3) 所有副层型：检索出满足选定时间和区域条件的副层型

(4) 所有选层型：检索出满足选定时间和区域条件的选层型

(5) 所有新层型：检索出满足选定时间和区域条件的新层型

(6) 所有次层型：检索出满足选定时间和区域条件的次层型

(7) 剖面名称：检索出与指定剖面名称相同的地层剖面

(8) 剖面编号：检索出与指定剖面编号相同的地层剖面
(9) 剖面化石名称（中文）：检索剖面上化石分类的中文名称
(10) 剖面其他信息：检索剖面图上已录入的下列信息：
化石（拉丁文）：检索指定化石名称所在的剖面
生物地层带：检索指定生物地层带所在的剖面
颜色：检索含有指定颜色的剖面
磁极性：检索含有磁极性内容的所有剖面
化学特征：检索含有化学特征内容的所有剖面
矿物：检索含有矿物内容的所有剖面
矿产：检索含有矿产内容的所有剖面
变质相：检索含有变质相内容的所有剖面
（注意：不对文字描述的内容进行检索）
(11) 某地层单位正层型：检索出指定地层单位的正层型
(12) 输出剖面分布图：输出当前检索内容的剖面分布图
4.4 参考文献目录检索（二级检索条件）
(1) 作者：按指定作者检索文献目录
(2) 时间：按指定发表时间检索文献目录
(3) 书名（论文题目）：按指定书名检索文献目录
(4) 作者＋时间：按指定作者及发表时间检索文献目录
(5) 断代〔纪〕：按选定的地质年代范围，检索有关地层单位所涉及的文献目录
(6) 某地层单位文献：按地层单位检索文献目录
(7) 文献引用情况：指定某一文献所在的省码及文献库的记录号，检索该文献在本省的引用情况（创名或引用）

5. 地层单位监控模块功能

对新建地层单位进行命名监控。
(1) 同名的监控：检索出与指定地层单位名称相同的地层单位
(2) 同音的监控：检索出与指定地层单位名称（拼音）相同的地层单位
(3) 同编号的监控：检索出与指定地层单位名称相同的地层单位
(4) 同代号的监控：检索出与指定地层单位名称相同的地层单位
(5) 有效性的监控：检索出与新建地层单位的经纬度邻近的剖面，供科研人员进行对比研究

四、地层数据库的维护与功能扩充

省级数据库是全国地层数据库的基础，随着地质工作的深入，必须对地层数据库进行扩充与维护，并及时与全国库进行信息交流，以保证省库与全国库的数据一致性。

今后负责管理维护地层数据库的单位：江西省地质矿产局区域地质调查研究大队。

附录Ⅱ　江西省采用的岩石地层单位

附录Ⅱ-1

序号	岩石地层单位名称		编号	代号	地质时代	创名人	创建时间	所在省	在本书页数
	英文	汉文							
1	Anlelin Fm	*安乐林组	36-0302	Pt_2a	Pt_2	江西区测队	1964	江西省	16
2	Antang Fm	安塘组	36-1217	TJa	$T_3—J_1$	江西区测队	1966	江西省	262
3	Anyuan Gr	*安源群	36-1210	TA	T_3	黄汲清、徐克勤	1936	江西省	255
4	Bacun Gr	八村群	36-0608	$\in B$	$\in_1$	广东省地质局761队4分队	1959	广东省	76
5	Bazhukeng Fm	*拔竹坑组	36-0405	Qnb	Qn	江西区调队 （陈思本）	1985 (1987)	江西省	32
6	Bali Fm	*坝里组	36-0523	Zb	Z_{1-2}	江西区调队	1969	江西省	67
7	Bankeng Fm	*半坑组	36-0724	Ob	O_3^1	江西区调队	1985	江西省	112
8	Changpu Fm	*菖蒲组	36-1317	$J\hat{c}$	J_3	江西区调队	1973	江西省	282
9	Changkengshui Fm	长坑水组	36-0722	$O\hat{c}k$	O_2	南颐	1962	广东省	110
10	Changwu Fm	长坞组	36-0715	$O\hat{c}$	O_3^2	卢衍豪、穆恩之、侯祐堂、张日东、刘第墉	1955	浙江省	98
11	Changxing Fm	长兴组	36-1119	$P\hat{c}x$	P_2	A W Grabau	1924	浙江省	216
12	Chaoyang Fm	"朝阳组"	36-0513	$Z\hat{c}$	Z_2	江西调研队	1994	江西省	60
13	Chetou Fm	*车头组	36-1109	$P\hat{c}$	P_1	江西调研队	1991	江西省	208
14	Chijiang Fm	*池江组	36-1509	$E\hat{c}$	E_{1-2}	郑家坚、童永生、计宏祥、张发	1973	江西省	305
15	Chuanshan Fm	船山组	36-1008	$C\hat{c}$	C_2	丁文江	1919	江苏省	196
16	Daguding Mem	*打鼓顶段	36-1313	J^d	J_3	北京地质学院赣东北区测队	1961	江西省	278
17	Dalong Fm	大隆组	36-1120	Pdl	P_2	张文佑、陈家天	1938	广西省	217
18	Dapu Fm	大埔组	36-1010	Cd	C_2	张文佑	1941	广西省	197
19	Dashajiang Fm	大沙江组	36-0520	Zd	Z_1	江西调研队	1994	江西省	64
20	Dengying Fm	灯影组	36-0514	$Z\in dy$	$Z_2—\in_1$	李四光	1924	湖北省	55
21	Dengshan Gr	*登山群	36-0403	QnD	Qn	江西区调队 （陈思本）	1985 (1987)	江西省	30
22	Dianbei Fm	*殿背组	36-0802	Sd	S_1	江西区测队	1964	江西省	118
23	Doushantuo Fm	陡山沱组	36-0511	$Zd\hat{s}$	Z_2	李四光	1924	湖北省	54
24	Dulanqiao Fm	*独栏桥组	36-0811	Sdl	S_1	江西调研队 （孙存礼等）	1993 (1995)	江西省	127
25	Duiershi Fm	*对耳石组	36-0718	Od	$O_1^2—O_3^1$	江西区测队魏秀喆等 （江西省地质矿产局）	1966 (1984)	江西省	102
26	Duojiang Fm	*多江组	36-1214	TJd	$T_3—J_1$	江西区调队	1977	江西省	263
27	Ehu Mem	鹅湖段	36-1314	J^e	J_3	江西调研队	1994	江西省	279
28	Ehuling Fm	*鹅湖岭组	36-1312	Je	J_3	北京地质学院赣东北区测队	1961	江西省	273

注：*代表该岩石地层单位原始定义已查阅原始文献。
创名人栏（　）内为介绍人；创建时间栏（　）内为介绍时间。

序号	岩石地层单位名称		编　号	代　号	地质时代	创　名　人	创建时间	所在省	在本书页　数
	英　文	汉　文							
29	Fentou Fm	坟头组	36-0805	S*f*	S_{2-3}	潘江	1956	江苏省	120
30	Fengxin Conglomerate	*奉新砾岩	36-1504	E*f*	E_{2-3}	江西区调队	1973	江西省	300
31	Ganzhou Gr	*赣州群	36-1404	KG	K_{1-2}	江西区调队	1969	江西省	288
32	Gaoan Limestone Mem	*高安灰岩段	36-1204	T^g	T_1	江西调研队	1991	江西省	220
33	Gaotan Fm	*高滩组	36-0611	∈*gt*	$∈_{2-3}$	江西区测队魏秀喆等（江西省区域地层表编写组）	1966（1980）	江西省	78
34	Gufeng Fm	孤峰组	36-1105	P*g*	P_1	叶良辅、李捷	1924	安徽省	205
35	Gujia Fm	*古家组	36-0518	Z*g*	Z_1	魏秀喆等（江西省地质矿产局）	1964（1984）	江西省	62
36	Guting Fm	*古亭组	36-0725	O*g*	O_3^1	张浅深等	1964	江西省	113
37	Guanshan Mem	*官山段	36-1113	P^g	P_{1-2}	冯景兰	1950	江西省	212
38	Guanshan Fm	观山组	36-0923	D*g*	D_3	李星学	1963	江苏省	166
39	Guanyintang Fm	观音堂组	36-0602	∈*g*	$∈_1$	李四光	1931	江西省	71
40	Guifeng Gr	圭峰群	36-1407	KEGF	$K_2—E_1$	黎中虹等	1961	江西省	292
41	Hanyuan Fm	韩源组	36-0305	Pt_2*hy*	Pt_2	江西调研队	1994	江西省	21
42	Hekou Fm	河口组	36-1408	K*h*	K_2	江西调研队（凌联海）	1994（1996）	江西省	292
43	Helixi Fm	河沥溪组	36-0808	S*h*	S_{1-2}	安徽省地质局317地质队	1965	安徽省	124
44	Hetang Fm	荷塘组	36-0603	∈*h*	$∈_1$	卢衍豪、穆恩之、侯祐堂、张日东、刘第墉	1955	浙江省	72
45	Hengyong Fm	*横涌组	36-0203	Pt_2*h*	Pt_2	江西区调队	1970	江西省	14
46	Honghuayuan Fm	红花园组	36-0702	O*h*	O_1	张鸣韶、盛莘夫（张鸣韶、盛莘夫）	1940（1958）	贵州省	84
47	Hongshan Fm	*洪山组	36-0525	Z*h*	Z_1	江西区调队（江西区调队）	1978（1982）	江西省	68
48	Hutian Gr	壶天群	36-1009	C*H*	C_2	田奇瑪、王晓青	1932	湖南省	197
49	Hule Fm	胡乐组	36-0710	O*hl*	$O_1^4—O_2^1$	许杰	1934	安徽省	92
50	Huling Fm	*浒岭组	36-0409	Qn*h*	Qn	江西调研队	1991	江西省	37
51	Huyan Mem	*虎岩段	36-1310	J^{hy}	J_3	江西区调队（江西省地质矿产局）	1978（1984）	江西省	276
52	Huacaojian Mem	*花草尖段	36-1308	J^h	J_3	江西区调队（江西省地质矿产局）	1978（1984）	江西省	274
53	Huamianlong Fm	*花面垄组	36-0720	O*hm*	O_3^2	肖承协	1986	江西省	107
54	Huashan Silicalite Mem	*华山硅质岩段	36-0609	$∈^h$	$∈_1$	江西调研队	1991	江西省	78
55	Huayansi Fm	华严寺组	36-0605	∈*hy*	$∈_{2-3}$	卢衍豪、穆恩之、侯祐堂、张日东、刘第墉	1955	浙江省	74
56	Huanglong Fm	黄龙组	36-1007	C*h*	C_2	李四光、朱森	1930	江苏省	195
57	Huangnigang Fm	黄泥岗组	36-0713	O*hn*	O_3^1	卢衍豪、穆恩之、侯祐堂、张日东、刘第墉	1955	浙江省	95

序号	岩石地层单位名称		编　号	代　号	地质时代	创　名　人	创建时间	所在省	在本书页数
	英　文	汉　文							
58	Huangqiao Fm	*黄桥组	36-1513	NQ_ph	$N\text{-}Q_p$	江西901队	1979	江西省	310
59	Huangzhudong Fm	*黄竹洞组	36-0726	$Oh\hat{z}$	O_3^2	江西区调队	1985	江西省	114
60	Huobashan Gr	*火把山群	36-1401	KH	K_1	江西省地质矿产局	1984	江西省	284
61	Jilongzhang Fm	*鸡笼嶂组	36-1318	Jj	J_3	江西区调队 (江西省地质矿产局)	1980 (1984)	江西省	282
62	Jilin Fm	*计林组	36-0301	Pt_2j	Pt_2	马长信 (马长信等)	1984 (1992)	江西省	15
63	Jueshangou Fm	*爵山沟组	36-0716	Oj	O_1^1	魏秀喆、肖承协、陈胜高、俞韬	1966	江西省	99
64	Kangshan Fm	康山组	36-0809	Sk	S_{2-3}	浙江省煤炭工业厅科学研究所	1961	浙江省	125
65	Kuli Fm	库里组	36-0412	Qnk	Qn	江西调研队 (宋志瑞)	1994 (1996)	江西省	40
66	Laicun Fm	赖村组	36-1216	TJl	$T_3—J_1$	江西调研队	1994	江西省	261
67	Lantian Fm	蓝田组	36-0512	Zlt	Z_2	丁毅	1935	安徽省	59
68	Langshudi Fm	榔树底组	36-0306	Pt_2l	Pt_2	江西调研队	1994	江西省	23
69	Laohudong Fm	老虎洞组	36-1006	Cl	C_{1-2}	夏邦栋	1959	江苏省	195
70	Laohutang Fm	*老虎塘组	36-0524	Zlh	Z_2	江西区测队	1964	江西省	68
71	Laoshan Mem	*老山段	36-1114	P^l	P_2	冯景兰	1950	江西省	213
72	Lechangxia Gr	乐昌峡群	36-0522	ZL	Z_{1-2}	广东省地质局761队4分队	1959	广东省	66
73	Leping Fm	*乐平组	36-1112	Plp	$P_1^2—P_2^1$	黄汲清	1932	江西省	211
74	Leigutai Fm	擂鼓台组	36-0924	DCl	$D_3—C_1$	李星学	1963	江苏省	167
75	Lengshuiwu Fm	*冷水坞组	36-1403	Kl	K_1	黎中虹等	1961	江西省	285
76	Lishuwo Fm	*梨树窝组	36-0801	Sl	S_1	江西区测队	1964	江西省	117
77	Lianhe Fm	莲荷组	36-1410	$KEl h$	$K_2—E_1$	黎中虹等	1961	江西省	294
78	Liantuo Fm	莲沱组	36-0501	Zl	Z_1	刘鸿允、沙庆安	1963	湖北省	50
79	Liangshan Fm	梁山组	36-1101	Pl	P_1	赵亚曾、黄汲清	1931	陕西省	200
80	Linshan Gr	*林山群	36-1301	JL	J_{1-2}	张祖廉 (江西区测队)	1960 (1966)	江西省	264
81	Linjiang Fm	*临江组	36-1507	El	E_{2-3}	江西石油普查大队	1961	江西省	303
82	Lingyansi Fm	灵岩寺组	36-0903	Dl	D_2	江西调研队	1994	江西省	169
83	Longkouchong Fm	龙口冲组	36-0915	Dlk	D_3	田奇㻪、王晓青、许原道	1933	湖南省	183
84	Longtan Fm	龙潭组	36-1110	Plt	P_2	丁文江	1919	江苏省	209
85	Longtankeng Fm	龙潭坑组	36-1316	Jlt	J_3	广东省地矿局区调大队	1991	广东省	281
86	Longtouzhai Gr	龙头寨群	36-0723	OL	O_3	广东省地质局761队4分队	1959	广东省	111
87	Lunshan Fm	仑山组	36-0701	$\in Ol$	$\in_3—O_1^1$	李希霍芬(F V Richthofen)	1912	江苏省	83
88	Luoao Fm	*罗坳组	36-1304	Jla	J_2	徐克勤、丁毅	1943	江西省	269

序号	岩石地层单位名称		编号	代号	地质时代	创名人	创建时间	所在省	在本书页数
	英文	汉文							
89	Luocun Fm	*罗村组	36-0408	Q*nlc*	Qn	赣东北地质大队 (杨明桂、吴国安、钟南昌)	1977 (1988)	江西省	36
90	Luoduan Fm	*罗坰组	36-0907	D*ld*	D_2	周殿超 (周殿超、朱正刚)	1974 (1978)	江西省	174
91	Luokedong Fm	*落可岽组	36-0401	Qn*l*	Qn	江西区测队	1964	江西省	28
92	Mashan Fm	麻山组	36-0910	D*m*	D_3	江西调研队	1994	江西省	178
93	Majianqiao Fm	*马涧桥组	36-0402	Qn*m*	Qn	刘鸿允、汤加富、符鹤琴	1987	江西省	29
94	Maping Fm	马平组	36-1011	C*m*	C_2	丁文江	1928	广西省	198
95	Maodian Fm	茅店组	36-1405	K*m*	K_1	江西调研队	1994	江西省	289
96	Maokou Fm	茅口组	36-1104	P*m*	P_1^2	乐森玥	1929	贵州省	203
97	Maoping Fm	*茅坪组	36-0717	O*m*	$O_1^1—O_1^2$	江西区测队魏秀喆等 (肖承协、夏天亮)	1966 (1984)	江西省	100
98	Maoshan Fm	茅山组	36-0806	SD*m*	$S_3—D_1$	李毓尧、李捷、朱森	1935	江苏省	121
99	Mingshan Silicalite	*鸣山硅质岩	36-1107	P*mŝ*	P_1	刘季辰	1926	江西省	207
100	Moxia Fm	*磨下组	36-1412	E*m*	E_{1-2}	江西调研队	1991	江西省	297
101	Nangang Fm	*"南港组"	36-1106	P*n*	P_1	江西调研队	1991	江西省	206
102	Nantuo Fm	南沱组	36-0510	Z*n*	Z_1	E Blackwelder	1907	湖北省	53
103	Ningguo Fm	宁国组	36-0709	O*n*	$O_1^1—O_1^4$	许杰	1934	安徽省	90
104	Niujiaohe Fm	*牛角河组	36-0610	∈*n*	$\in_{1-2}$	江西区测队魏秀喆等 (江西省区域地层表编写组)	1966 (1980)	江西省	76
105	Outangdi Fm	藕塘底组	36-1005	C*o*	C_2	卢衍豪、穆恩之、侯祐堂、张日东、刘第墉	1955	浙江省	192
106	Piyuancun Fm	皮园村组	36-0515	Z*p*	Z_2	李捷	1930	安徽省	61
107	Qixia Fm	栖霞组	36-1102	P*q*	P_1	李希霍芬(F V Richthofen)	1912	江苏省	201
108	Qibaoshan Fm	七宝山组	36-1117	P*qb*	P_2	岳文浙 (诸宝森)	1978 (1988)	江西省	214
109	Qiziqiao Fm	棋梓桥组	36-0914	D*q*	D_2	田奇㻪、王晓青、许原道	1933	湖南省	182
110	Qinglong Fm	青龙组	36-1202	T*q*	T_1	刘季辰、赵汝钧	1924	江苏省	218
111	Qingjiang Gypsum Salt Mem	*清江膏盐段	36-1506	E^q	E_{1-2}	江西调研队	1991	江西省	302
112	Qingshui Fm	*清水组	36-0803	S*q*	S_{1-2}	江西区调队 (江西省地质矿产局)	1981 (1984)	江西省	119
113	Ruyiting Fm	*如意亭组	36-1306	J*r*	J_3	江西调研队	1991	江西省	272
114	Sanjiachong Fm	*三家冲组	36-1212	T*s*	T_3	黄汲清、徐克勤	1936	江西省	257
115	Sanmentan Fm	*三门滩组	36-0908	DC*s*	$D_3—C_1$	刘亚光等 (周殿超、朱正刚)	1966 (1978)	江西省	175
116	Sanqiutian Fm	*三丘田组	36-1213	T*sq*	T_3	黄汲清、徐克勤	1936	江西省	258
117	Sanqushan Fm	三衢山组	36-0714	O*sq*	O_3^2	盛莘夫	1951	浙江省	96

序号	岩石地层单位名称		编号	代号	地质时代	创名人	创建时间	所在省	在本书页数
	英文	汉文							
118	Shabahuang Fm	* 沙坝黄组	36-0521	Zŝ	Z_1	江西区调队	1969	江西省	65
119	Shangshi Fm	* 上施组	36-0414	Qnŝŝ	Qn	江西区测队	1964	江西省	41
120	Shangshu Fm	上墅组	36-0406	Qnŝ	Qn	浙江省地质局区域地质测量大队	1969	浙江省	33
121	Shangxikeng Fm	* 上西坑组	36-1003	Cŝ	C_1	江西调研队	1991	江西省	190
122	Shetianqiao Fm	佘田桥组	36-0916	Dŝ	D_3	田奇瑪、王晓青、郭昭仪	1929	湖南省	185
123	Shenshan Fm	* 神山组	36-0410	Qnŝ	Qn	江西区测队	1964	江西省	39
124	Shizishan Mem	狮子山段	36-1115	P^s	P_2	冯景兰	1950	江西省	213
125	Shikou Fm	石口组	36-0719	Oŝ	O_2^2—O_3^2	魏秀喆、肖承协、陈胜高、俞韬	1966	江西省	105
126	Shixi Fm	* 石溪组	36-1402	Kŝ	K_1	北京地质学院赣东北区测队	1961	江西省	284
127	Shuangqiaoshan Gr	双桥山群	36-0201	$Pt_{1-2}\hat{S}$	Pt_{1-2}	王竹泉	1930	江西省	12
128	Shuibei Fm	* 水北组	36-1302	Jŝ	J_1	郭伯康、张友朋	1959	江西省	265
129	Shuishi Fm	* 水石组	36-0612	∈ŝ	∈$_3$	江西区测队魏秀喆等（江西省区域地层表编写组）	1966 (1980)	江西省	80
130	Shuitian Limestone	* 水田灰岩	36-1508	Eŝ	E_{1-2}	江西调研队	1991	江西省	304
131	Tantou Gr	* 潭头群	36-0411	Qn*T*	Qn	韩仲仁（彭作荣、韩仲仁）	1987 (1994)	江西省	39
132	Tangshan Fm	汤山组	36-0705	O*t*	O_2	李毓尧、李捷、朱森	1935	江苏省	85
133	Tangtou Fm	汤头组	36-0706	O*tt*	O_3	穆恩之、潘江	1955	江苏省	86
134	Tangjiawu Fm	唐家坞组	36-0810	S*t*	S_3	舒文博	1930	浙江省	126
135	Tangbian Fm	塘边组	36-1409	K*t*	K_2	江西调研队	1994	江西省	293
136	Taoxi Fm	桃溪(岩)组	36-0310	Pt_2tx	Pt_2	李兼海	1994	福建省	27
137	Tianhe Fm	* 天河组	36-1215	T*th*	T_3	王竹泉	1920	江西省	260
138	Tianli Fm	* 田里(岩)组	36-0204	Pt_2t	Pt_2	余达淦	1990	江西省	24
139	Tiaomajian Fm	跳马涧组	36-0912	D*t*	D_2	田奇瑪	1928	湖南省	180
140	Tieshajie Fm	* 铁沙街(岩)组	36-0307	$Pt_2t\hat{s}$	Pt_2	江西区调队（江西区调队）	1979 (1982)	江西省	25
141	Tieshikou Fm	* 铁石口组	36-1208	T*t*	T_1	徐克勤、丁毅	1943	江西省	223
142	Tingmen Fm	* 听门组	36-0507	Z*t*	Z_1	赣东北地质大队（杨明桂、吴安国、钟南昌）	1977 (1988)	江西省	56
143	Toubei Fm	* 头陂组	36-1512	N*t*	N	江西区调队	1973	江西省	309
144	Waiguankeng Fm	外管坑组	36-0526	Z∈*w*	Z_2—∈$_1$	江西调研队	1994	江西省	70
145	Wanyuan Fm	万源(岩)组	36-0413	Pt_3Zw	Pt_3—Z_1	江西调研队	1994	江西省	43
146	Wangbu Limestone Mem	* 王埠灰岩段	36-1502	E^w	E_{1-2}	江西调研队	1991	江西省	298
147	Wangpanli Mem	* 王潘里段	36-1116	P^w	P_2	冯景兰	1950	江西省	214

序号	岩石地层单位名称		编号	代号	地质时代	创名人	创建时间	所在省	在本书页数
	英文	汉文							
148	Wangyinpu Fm	*王音铺组	36-0601	$\in w$	$\in_1$	李毓尧	1933	江西省	71
149	Wengjialing Fm	*翁家岭组	36-0407	Qnw	Qn	赣东北地质大队（杨明桂、吴安国、钟南昌）	1977 (1988)	江西省	35
150	Wuxi Mem	*梧溪段	36-1311	J^w	J_3	江西区调队（江西省地质矿产局）	1978 (1984)	江西省	277
151	Wujiafang Fm	吴家坊组	36-0917	DCw	D_3—C	赵汝旋、张采繁、夏志芬、左自璧、柳祖汉	1978	湖南省	186
152	Wujiaping Fm	吴家坪组	36-1111	Pw	P_2	卢衍豪	1956	陕西省	210
153	Wuning Gr	*武宁群	36-1411	EW	E_{1-3}	王竹泉	1930	江西省	296
154	Wuyi Gr	*武夷群	36-1305	JW	J_3	王恒升、李春昱	1930	江西省	271
155	Wutong Gr	五通群	36-0922	DCW	D_3—C_1	丁文江	1919	浙江省	162
156	Xihu Fm	西湖组	36-0920	Dxh	D_3	舒文博	1930	浙江省	162
157	Xiyangshan Fm	西阳山组	36-0606	$\in$Ox	$\in_3$—O_1	卢衍豪、穆恩之、侯祐堂、张日东、刘第墉	1955	浙江省	75
158	Xiashan Gr	*峡山群	36-0901	DCX	D_2—C_1	陈国达、刘辉泗	1939	江西省	170
159	Xiaxiang Fm	霞乡组	36-0807	OSx	O_3—S_1	安徽省地质局317地质队	1965	安徽省	123
160	Xiafang Fm	*下坊组	36-0519	Zxf	Z_1	江西区测队	1964	江西省	63
161	Xiahu Fm	*下虎组	36-1511	Exh	E_{2-3}	江西调研队	1991	江西省	307
162	Xiahuangkeng Fm	下黄坑组	36-0721	Ox	O_{1-2}	广东省地质局761队4分队	1959	广东省	108
163	Xiaojiangbian Fm	*小江边组	36-1103	Px	P_1	王竹泉	1920	江西省	202
164	Xinkailing Fm	*新开岭组	36-0707	OSxk	O_3^2—S_1	俞剑华、夏树芳、方一亭	1976	江西省	87
165	Xinyu Fm	*新余组	36-1505	Ex	E_{1-2}	周明镇等	1959	江西省	301
166	Xingzi Gr	*星子(岩)群	36-0101	Pt_1X	Pt_1	江西区测队	1966	江西省	9
167	Xiushui Fm	*修水组	36-0303	Pt_2x	Pt_2	康育义	1962	江西省	18
168	Xiuning Fm	休宁组	36-0504	Zx	Z_1	李毓尧	1936	安徽省	57
169	Yashan Fm	*丫山组	36-0902	Dy	D_1	重工业部中南地质局长沙地质勘探公司220普查队	1955	江西省	168
170	Yanqian Mem	岩前段	36-1309	J^y	J_3	江西调研队	1994	江西省	275
171	Yanwashan Fm	砚瓦山组	36-0712	Oyw	O_2^2	刘季辰、赵亚曾	1927	浙江省	94
172	Yanghu Fm	*洋湖组	36-0911	DCyh	D_3—C_1	江西调研队	1991	江西省	178
173	Yangling Conglomerate Mem	*阳岭砾岩段	36-0812	S^y	S_1	重工业部中南地质局长沙地质勘探公司220普查队	1956	江西省	126
174	Yangjia Fm	*杨家组	36-1209	Ty	T_2	江西区测队	1964	江西省	225
175	Yangjiaqiao Gr	杨家桥群	36-0517	ZY	Z_1	颜美钟等（刘鸿允等）	1962 (1991)	江西省	62
176	Yangjiayuan Fm	杨家源组	36-1001	Cy	C_1	江西调研队	1994	江西省	187
177	Yangliugang Fm	杨柳岗组	36-0604	$\in y$	$\in_{1-2}$	卢衍豪、穆恩之、侯祐堂、张日东、刘第墉	1955	浙江省	73
178	Yejiatang Fm	叶家塘组	36-1004	Cyj	C_1	蒋声治、程先跃、葛彦	1963	浙江省	191

序号	岩石地层单位名称		编号	代号	地质时代	创名人	创建时间	所在省	在本书页数
	英文	汉文							
179	Yifeng Fm	*宜丰(岩)组	36-0308	Pt_2y	Pt_2	江西区调队	1977	江西省	19
180	Yijiawan Fm	易家湾组	36-0913	Dyj	D_2	田奇㻪	1938	湖南省	181
181	Yinkeng Mem	殷坑段	36-1203	T^y	T_1	安徽省贵池地区地层研究队	1965	安徽省	219
182	Yinzhubu Fm	印渚埠组	36-0708	Oy	$O_1^1—O_1^2$	朱庭祜	1924	浙江省	89
183	Yutian Gr	*余田群	36-1315	JY	J_3	江西区调队	1970	江西省	280
184	Yuxiantang Conglomerate	*鱼仙塘砾岩	36-1510	Ey	E_{2-3}	江西调研队	1991	江西省	307
185	Yunshan Fm	*云山组	36-0904	DCy	$D_2—C_1$	刘亚光等 (周殿超、朱正刚)	1966 (1978)	江西省	171
186	Zaomu Mem	枣木段	36-1206	T^z	T_1	江西调研队	1994	江西省	220
187	Zhangping Fm	漳平组	36-1303	$J\hat{z}$	J_2	福建区测队	1965	福建省	267
188	Zhanggongshan Fm	*鄣公山组	36-0202	$Pt_{1-2}\hat{z}$	Pt_{1-2}	皖浙赣三省地层专题研究队 (马长信)	1962 (1985)	江西省	12
189	Zhangcun Gr	*张村群	36-0304	$Pt_2\hat{Z}$	P_{t2}	符鹤琴、李武显	1991	江西省	21
190	Zhangdong Fm	*嶂岽组	36-0909	$DC\hat{z}d$	$D_3—C_1$	徐克勤、丁毅	1943	江西省	176
191	Zhengjiadu Fm	*郑家渡组	36-1503	$E\hat{z}$	E_{1-2}	江西调研队	1991	江西省	299
192	Zhongpeng Fm	*中棚组	36-0905	$DC\hat{z}$	$D_3—C_1$	刘亚光等 (周殿超、朱正刚)	1966 (1978)	江西省	172
193	Zhouchongcun Fm	周冲村组	36-1205	$T\hat{z}$	T_1	江苏地质一队	1972	江苏省	222
194	Zhoujiayuan Mem	*周家源段	36-1307	$J^{\hat{z}}$	J_3	江西区调队 (江西地质矿产局)	1978 (1984)	江西省	273
195	Zhoutan Fm	*周潭(岩)组	36-0309	$Pt_{2-3}\hat{z}t$	Pt_{2-3}	江西区调队 (江西区调队)	1978 (1982)	江西省	26
196	Zhoutian Fm	*周田组	36-1406	$K\hat{z}$	K_{1-2}	江西 909 大队 (孙存礼、周琴宜)	1974 (1989)	江西省	290
197	Zhucangwu Fm	珠藏坞组	36-0921	$DC\hat{z}c$	$D_3—C_1$	蒋声治、程先跃、葛彦	1963	浙江省	165
198	Zhujia Fm	祝家组	36-0404	$Qn\hat{z}$	Qn	江西区调队	1985	江西省	31
199	Zishan Fm	*梓山组	36-1002	Cz	C_{1-2}	王绍文	1930	江西省	188
200	Zijiachong Fm	*紫家冲组	36-1211	Tzj	T_3	黄汲清、徐克勤	1936	江西省	256

附录Ⅲ 江西省不采用的地层单位

附录Ⅲ-1

序号	地层单位名称 英文	地层单位名称 汉文	编号	地质时代	创名人	创建时间	所在省	不采用的理由
1	Anzhou Fm	安州组	36-1156	P_1	江西区调队	1982	江西省	与车头组同物异名
2	Aocheng System	敖城系	36-1061	C_1	王竹泉	1920	江西省	少为沿用，与梓山组同物异名
3	Baibu Fm	白埠组	36-1456	K_2	赣南地调队 909 探矿队	1972	江西省	沿用甚少，与现茅店组同物异名
4	Baimaogang Slate	白茅港板岩	36-0563	Z_1	江西调研队	1991	江西省	层型剖面因断层为不同时代地层混杂体
5	Baisha Phyllite	白沙千枚岩	36-0460	Pt_3	江西调研队	1991	江西省	与志留系白沙阶同名异物
6	Baishuiyuan Rhyolite	白水源流纹岩	36-1365	J_3	江西调研队	1991	江西省	创名晚于梧溪组，二者同物异名
7	Bangang Mem	半岗段	36-1462	K_2	赣南地调队 909 探矿队	1974	江西省	少为沿用，相当田组中部
8	Beiling Coal Measure	北岭煤系	36-1256	T_3^3	刘辉泗、王超翔	1939	江西省	创名晚于梓山组，二者同物异名
9	Beishan Limestone	北山石灰岩	36-1163	P_2	王竹泉	1930	江西省	与长兴组同物异名
10	Bijiashan Limestone	笔架山灰岩	36-1153	P_1	高平、徐克勤	1940	江西省	与栖霞组同物异名
11	Caoshang Fm	槽上组	36-0365	Pt_2	江西调研队	1991	江西省	创名晚于修水组，二者同物异名
12	Chating Fm	茶亭组	36-0756	O_2	江西区测队	1966	江西省	沿用少，与对耳石组同物异名
13	Chenglang Gr	程浪群	36-0454	Pt_3	马长信等	1990	江西省	属双桥山群上部层序
14	Chengyuan Mem	程源段	36-0373	Pt_2	江西调研队	1993	江西省	归并到修水组上部
15	Chengting Fm	程亭组	36-0371	Pt_2	徐　备	1986	江西省	归并到修水组中部
16	Chiyansi Limestone	赤颜寺灰岩	36-1155	P_1	李毓尧	1933	江西省	划分笼统，可分为栖霞组和茅口组
17	Chongren Bed	崇仁层	36-1356	J	谭锡畴、王绍文	1930	江西省	沿用较少，为安源群之一部
18	Chongyi Sandstone	崇义砂岩	36-0955	$D_3—C_1$	徐克勤、丁毅	1943	江西省	沿用不广，包括不同岩性、岩相的麻山组、洋湖组
19	Ciyinting System	慈茵亭系	36-1251	T	高平，徐克勤	1940	江西省	少为沿用，与杨家组同物异名
20	Dajishan Bed	大吉山层	36-0752	O—S	徐克勤、丁毅	1943	江西省	原层序不明，现归于牛角河组
21	Dakeng Fm	大坑组	36-0355	AnZ	朱圣清	1980	江西省	与安乐林组同物异名
22	Dakeng Gr	大坑群	36-0654	$\in_{1-2}$	魏秀喆等	1963	江西省	原层序不清，现分解为牛角河组、高滩组
23	Dananling Limestone	大南岭石灰岩	36-0764	O_{1-2}	高平	1933	江西省	与三衢山组同物异名
24	Daqiao Purple Shale	大桥紫色页岩	36-1255	T	盛莘夫	1942	江西省	沿用甚少，与杨家组同物异名

序号	地层单位名称		编号	地质时代	创名人	创建时间	所在省	不采用的理由
	英文	汉文						
25	Dongliukeng Fm	东流坑组	36-0374	Pt_2	徐　备	1986	江西省	归并到修水组上部
26	Dongkeng Fm	东坑组	36-0354	Pt_2	张家泉、褚高山	1981	江西省	相当韩源组上部
27	Doushui Fm	陡水组	36-0960	D_{2-3}	周殿超	1979	江西省	分解为云山组、中棚组
28	Ducun Fm	杜村组	36-0369	Pt_2	宋福增等	1981	江西省	划分标志不明，相当韩源组下部
29	Dukou Gr	渡口群	36-0651	∈	魏秀喆等	1963	江西省	引用人少，大致相当水石组
30	Eipoli Mem	爱坡里段	36-1262	T_3	郭伯康、张友明	1959	江西省	归并为三丘田组下部
31	Fenglin Fm	枫林组	36-1054	C_1	谢文伟	1992	江西省	属于梓山组上部层序
32	Fengpoling Fm	枫坡岭组	36-0555	Z_1	张家泉、褚高山	1981	江西省	属上墅组下部层序，与浙江虹赤村组对比
33	Fengtian System	枫田系	36-1160	P_2	王竹泉	1920	江西省	沿用甚少，与乐平组同物异名
34	Fenkeng System	汾坑系	36-0551	Z—O	徐克勤、丁勤	1943	江西省	研究欠详，现分解为震旦纪、寒武纪等各组
35	Foling Fm	佛岭组	36-1056	C_1	张采繁、刘亚光	1964	江西省	为梓山组下部层序
36	Fuxikou Fm	浮溪口组	36-0353	Pt_2	马长信等	1990	江西省	层型构造复杂，主要部分属休宁组
37	Gaocaodi Fm	高草地组	36-0766	O_3	江西区调队	1985	江西省	为黄竹洞组下段
38	Gaofeng Mem	高峰段	36-1359	J_1	蔡培荣等	1979	江西省	沿用甚少，与漳平组同物异名
39	Guanshanling Sandstone	官山岭砂岩	36-1059	C_1	江西调研队	1988	江西省	创名晚于云山组，二者同物异名
40	Guanyinge Fm	观音阁组	36-0455	AnZ	朱圣清	1980	江西省	属修水组下部层序
41	Guniuling Fm	牯牛岭组	36-0462	AnZ	李四光	1931	江西省	为莲沱组之一部
42	Guobu Gr	过埠群	36-0552	Z_2—O_1	江西调研队	1991	江西省	与八村群同物异名
43	Guxian Fm	古县(岩)组	36-0557	Z_1	江西调研队	1988	江西省	创名晚于神山组，二者同物异名
44	Hangbu Bed	航埠层	36-1555	E	谭锡畴、王绍文	1930	江西省	无层型，相当于圭峰群
45	Hanjiang Fm	韩江组	36-0755	O_2	魏秀喆等	1966	江西省	与石口组同物异名
46	Hankeng Fm	韩坑组	36-0368	Pt_2	马长信等	1990	江西省	划分标志不清，大致相当于横涌组上部
47	Haoshan Fm	浩山组	36-0456	AnZ	朱圣清	1980	江西省	属修水组上部层序
48	Hebachong Mem	禾巴冲段	36-1362	J_2^2	张祖廉、廖永璋	1962	江西省	沿用甚少，现归于水北组上部
49	Hengludongmen Sandstone	横路洞门砂岩	36-0658	∈	李毓尧	1933	江西省	与莲沱组同物异名
50	Huamen Fm	花门组	36-0364	Pt	江西区调队	1977	湖南省	无层型，湖南称冷家溪群
51	Huanghou Fm	皇后组	36-0152	Pt_1	马长信等	1990	江西省	与鄣公山组同物异名
52	Hutang Fm	湖塘组	36-1158	P_1	赣东北地质大队101队	1963	江西省	含义不清，现归入车头组
53	Huashanling Fm	华山岭组	36-1062	C_1	江西区测队	1964	江西省	与中棚组同物异名

序号	地层单位名称		编号	地质时代	创名人	创建时间	所在省	不采用的理由
	英文	汉文						
54	Huaxi Fm	华溪组	36-1621	Qp	江西水文大队	1986	江西省	与莲塘组同物异名
55	Huoshichong Mem	火石冲段	36-1363	J_2^3	张祖廉、廖永璋	1962	江西省	研究欠详，沿用较少，大致相当漳平组
56	Jiangjiating Sand Shale Bed	姜家亭砂页岩层	36-1257	T	刘辉泗，王超翔	1940	江西省	沿用甚少，大致相当于杨家组
57	Jiaotang System	交塘系	36-0751	O	高平	1933	江西省	层型为寒武系，沿用人少
58	Jianxi Mem	枧溪段	36-1166	P_2	江西区测队	1967	江西省	与七宝山组同物异名
59	Jiangjialong Fm	姜家垄组	36-1553	E_3—N	江西石油普查队	1961	江西省	沿用较少，大致相当塘边组
60	Jigongling Fm	鸡公岭组	36-1151	P_1^1	王云慧等	1989	江西省	属马平组上部层位
61	Jishui System	吉水系	36-1258	T_3	刘辉泗	1940	江西省	沿用甚少，大致相当于林山群
62	Jinxian Bed	进贤层	36-1052	C_1	谭锡畴，王绍文	1930	江西省	沿用甚少，与梓山组同物异名
63	Jiudu Fm	九都组	36-0362	AnZ	朱圣清	1980	江西省	层型层序混乱，划分标志不明，大致包含韩源组和椰树底组
64	Jiuling Schist	九岭片岩	36-0357	Pt	李四光	1939	江西省	与双桥山群同物异名
65	Kuangding Slate	匡顶板岩	36-0463	AnZ	李四光	1931	江西省	与双桥山群同物异名
66	Langkou Fm	朗口组	36-0566	Z_2	张家泉、褚高山	1981	江西省	统归于南沱组
67	Lannikeng Mem	滥泥坑段	36-1562	E_1	章永生，张玉萍	1976	江西省	划分标志不明，现归池江组
68	Laohuchong Shale	老虎冲页岩	36-1261	T_3	李英鉴、吴荣楠	1959	江西省	归并到三家冲组上部
69	Leguan Fm	乐观组	36-0655	$\in_3$	江西区调队	1970	江西省	层型可分为华严寺组和西阳山组
70	Lian Fm	利安组	36-0359	Pt	江西区调队	1970	安徽省	与安乐林组同物异名，安徽不用
71	Libeiqiao Bed	澧陂桥层	36-1351	J	谭锡畴、王绍文	1930	江西省	与安源群同物异名
72	Likeng Fm	里坑组	36-0653	$\in_1$	江西区测队	1961	江西省	大致相当牛角河组
73	Linchuan System	临川系	36-0464	Pt	谭锡畴、王绍文	1930	江西省	含义不明，少为沿用，现划归于双桥山群
74	Liujia Fm	刘家组	36-1366	J_3	江西调研队	1991	江西省	与虎岩段同物异名
75	Liukuangcao Fm	流矿槽组	36-0962	D_3	地质部驻江西办事处	1958	江西省	沿用少，归并到洋湖组
76	Liuyuan Fm	流源组	36-0568	Z_1	赣东北地质大队	1977	江西省	与休宁组同物异名
77	Lixi Fm	澧溪组	36-0855	S_3	江西区调队	1981	江西省	与坟头组同物异名
78	Longnan Fm	龙南组	36-1161	P_2	江西调研队	1991	江西省	与大隆组同物异名
79	Longpiling Mem	龙皮岭段	36-1361	J_2^1	张祖廉、廖永璋	1962	江西省	相当水北组下部
80	Longxi Fm	陇溪组	36-0754	O_2	魏秀喆等	1966	江西省	与对耳石组同物异名
81	Luotang Fm	罗塘组	36-1452	K_1	江西区调队	1982	江西省	与赣州群同物异名
82	Luotian Fm	螺田(岩)组	36-0558	Z	江西调研队	1988	江西省	可划分为库里组及上施组
83	Lushan Schist	庐山片岩	36-0151	Pt_1	李四光	1931	江西省	与星子(岩)群同物异名

序号	地层单位名称		编号	地质时代	创名人	创建时间	所在省	不采用的理由
	英文	汉文						
84	Lushanlong Fm	庐山垄组	36-0371	AnZ	李四光	1931	江西省	为双桥山群之一部分
85	Maichailing Fm	卖柴岭组	36-0854	S_1	赣东北地质大队	1986	江西省	可划分为霞乡组、河沥溪组、康山组、唐家坞组
86	Mantoushan Mem	馒头山段	36-1465	K_2	赣南地调队 909 探矿队	1974	江西省	沿用甚少，大致相当于河口组
87	Maoling Fm	毛岭组	36-0652	$\in_1$	江西区测队	1961	江西省	沿用较少，现为牛角河组
88	Meitiandong Limestone	梅田洞灰岩	36-1057	C_2	高平、徐克勤	1940	江西省	与马平组同物异名
89	Meicun Fm	梅村组	36-1622	Qp	江西水文大队	1986	江西省	与新港粘土同物异名
90	Menghushan Fm	猛虎山组	36-0567	Z_2	张家泉、褚高山	1981	江西省	现统归于南沱组
91	Menkoushan Series	门口山统	36-1353	J_1	李英鉴、吴荣楠	1959	江西省	与水北组同物异名
92	Modaokeng Fm	磨刀坑组	36-0954	D_2	南京大学地质系	1960	江西省	可划分为中棚组及罗塅组
93	Nancheng Bed	南城层	36-1458	K	谭锡畴、王绍文	1930	江西省	与赣州群同物异名，无代表性
94	Nanshan Fm	南山组	36-0155	Pt_1	马长信等	1990	江西省	为鄣公山组之一部
95	Nengwu Fm	能坞组	36-0565	Z_2—$\in_1$	江西调研队	1991	江西省	层型构造复杂，现归于朝阳组
96	New Red Rock System	新红岩系	36-1556	E—N	陈国达、刘辉泗	1939	江西省	研究欠详，大致相当于圭峰群
97	Niupiwan Fm	牛皮湾组	36-0759	O_1	肖承协、黄学涔	1974	江西省	相当于宁国阶，属对耳石组之一部
98	Niutouling Fm	牛头岭组	36-0376	Pt_2	江西 912 队	1993	江西省	归并到修水组下部
99	Pengshan Fm	彭山组	36-0561	Z_1	邹文学	1984	江西省	分布局限，层序不清，大致与横涌组对比
100	Piku Mem	皮库段	36-0372	Pt_2	江西调研队	1993	江西省	归并到修水组中部
101	Pinghu Fm	坪湖组	36-1560	E_2	郑家坚等	1973	江西省	与池江组分界不清，并入池江组
102	Pishanqiao Fm	皮山桥组	36-0453	Pt_3	马长信等	1990	江西省	与横涌组同物异名
103	Pulong Fm	蒲陇组	36-0769	O_3	江西省地质矿产局	1984	江西省	可划分为石口组及花面垄组
104	Qiancun Fm	前村组	36-0762	O_1	鞠天吟	1966	江西省	与印渚埠组同物异名
105	Qiaotou Fm	桥头组	36-0856	S_2	江西区测队	1963	江西省	与清水组同物异名
106	Qigong Fm	漆工组	36-0556	Z_1	江西区调队	1980	江西省	层型为构造蛇绿混杂岩带
107	Qiping Gr	七坪群	36-0657	$\in_{1-2}$	魏秀喆等	1963	江西省	研究欠详，大致相当水石组
108	Qiping Fm	棋坪组	36-0366	AnZ	朱圣清	1980	江西省	与修水组同物异名
109	Qincun System	秦村系	36-0761	O_2	高平	1933	江西省	沿用较少，大致相当于宁国组
110	Qinghua Fm	清华组	36-0156	Pt_1	马长信等	1990	江西省	分界标志不清，大致相当于安乐林组及横涌组之一部分
111	Qixiling Fm	七溪岭组	36-0757	O_1	魏秀喆等	1966	江西省	可划分为对耳石组及茅坪组

序号	地层单位名称		编号	地质时代	创名人	创建时间	所在省	不采用的理由
	英文	汉文						
112	Qiufang Gr	丘坊群	36-1561	E	江西区调队	1973	江西省	与鱼仙塘砾岩同物异名
113	Rongshan Bed	荣山层	36-1357	J	谭锡畴，王绍文	1930	江西省	沿用甚少，与水北组同物异名
114	Sanchagang Fm	三叉港组	36-0452	Pt_2	马长信等	1990	江西省	与安乐林组同物异名
115	Sandstone Conglomerate Fan	砂砾岩扇	36-1354	J_1	赣州地质学校	1992	江西省	命名不规范，现称赖村组
116	Shafan Fm	沙畈组	36-0564	Z_1	江西调研队	1991	江西省	与洪山组同物异名
117	Shangqiaoshan Bed	上樵山层	36-0375	Pt_2	王竹泉	1930	江西省	双桥山群同音之误
118	Shankouyan Bed	山口岩层	36-0958	D	高平、徐克勤	1940	江西省	创名后，沿用甚少，大致相当紫家冲组
119	Shangba Mem	上坝段	36-1464	K_2	赣南地调队 909 探矿队	1974	江西省	沿用甚少，相当于周田组上部
120	Shangpanhe Fm	上泮河组	36-0760	O_3	江西区测队	1966	江西省	层型顶底不全，为石口组之一部
121	Shangqing Andesite	上清安山岩	36-1368	J_3	江西调研队	1991	江西省	为打鼓顶段上部
122	Shangrao Fm	上饶组	36-1157	P_1	李富玉	1986	江西省	岩性复杂，划分过粗，大致包括鸣山硅质岩、车头组等
123	Shangyuan Gr	尚源群	36-0559	Z	江西区调队	1971	江西省	研究欠详，大致相当于周潭(岩)组和万源(岩)组
124	Shangzhuling Bed	上株岭层	36-0952	D	高平、徐克勤	1940	江西省	分解为麻山组、洋湖组
125	Shiba Fm	石坝组	36-1457	K_2	赣南地调队 909 探矿队	1972	江西省	沿用甚少，大致相当圭峰群下部河口组
126	Shibei Fm	石背组	36-1254	T_1	江西调研队	1991	江西省	与铁石口组同物异名
127	Shibei System	狮背系	36-0959	D	高平、徐克勤	1940	江西省	研究欠详，大致包括晚泥盆世各组
128	Shicheng Fm	石城组	36-0459	Pt	江西区调队	1970	安徽省	与修水组同物异名，安徽不用
129	Shihuichong Limestone	石灰冲灰岩	36-0953	D	高平、徐克勤	1940	江西省	创名后，沿用甚少，与罗瑕组同物异名
130	Shixingbei Mem	狮形背段	36-1460	K_2	赣南地调队 909 探矿队	1974	江西省	沿用甚少，相当周田组下部
131	Shizikou Fm	狮子口组	36-1559	E_1	童永生等	1976	江西省	划分标志不明，并入池江组
132	Shizixing Limestone	狮子形灰岩	36-1159	P_1	高平、徐克勤	1940	江西省	与茅口组同物异名
133	Shuixin Fm	水心组	36-1060	C_1	江西调研队	1988	江西省	与中棚组同物异名
134	Sixi Fm	思溪组	36-1367	J_3	江西调研队	1991	江西省	与如意亭组同物异名
135	Songshan Gr	松山群	36-0560	Z	江西区测队	1964	江西省	与杨家桥群同物异名
136	Suyuan Tuff	苏源凝灰岩	36-0461	Pt_3	江西调研队	1991	江西省	大致相当于上墅组
137	Tanbu Gr	潭埠群	36-1451	K_1	江西区调队	1977	江西省	与赣州群同物异名
138	Tangkeng Fm	塘坑组	36-0153	Pt_1	马长信等	1990	江西省	与横涌组同物异名
139	Tangpan Fm	塘畔组	36-0765	O_1	俞剑华等	1976	江西省	为西阳山组之一部

序号	地层单位名称		编号	地质时代	创名人	创建时间	所在省	不采用的理由
	英文	汉文						
140	Tanping Shale	潭坪页岩	36-0570	Z_2	江西调研队	1991	江西省	与陡山沱组同物异名
141	Taoyuan Fm	桃源组	36-0458	Z_1	赣东北地质大队	1977	江西省	与上墅组同物异名
142	Tengtian Coal Measure	藤田煤系	36-1051	C_1	刘辉泗	1940	江西省	与梓山组同物异名
143	Tengyan Shale	滕岩页岩	36-0852	S	李毓尧	1933	江西省	研究欠详，沿用较少，现归于殿背组等
144	Tianban Gr	田坂群	36-1453	K_1	江西区调队	1970	江西省	与赣州群同物异名
145	Tianzishan Sandstone	天子山砂岩	36-1260	T_3	黄汲清、徐克勤	1936	江西省	归并到三家冲组下部
146	Tieguling Gr	铁牯岭群	36-1454	K_1	江西区测队	1966	江西省	与冷水坞组同物异名
147	Tieluoshan Fm	铁罗山组	36-0351	Pt_2	马长信等	1990	江西省	研究欠详，现归于韩源组
148	Tieshanguan System	铁扇关系	36-0957	D_{1-2}	陡水水电站普查队	1954	江西省	研究欠详，现分解为云山组、中棚组等
149	Tongchang Gr	铜厂群	36-0352	Pt_2	马长信等	1990	江西省	与贵州铜厂组同名异物
150	Tongyuan System	通远系	36-0859	S_{2-3}	李四光	1931	江西省	现分解为梨树窝组至茅山组等五组
151	Tuochuan Fm	沱川组	36-0154	Pt_1	马长信等	1990	江西省	与横桶组同物异名
152	Tuohuling Limestone	拓湖岭灰岩	36-1252	T	高平、徐克勤	1940	江西省	引用较少，现与高安灰岩段同物异名
153	Wanan System	万安系	36-0851	S	徐克勤、丁毅	1943	江西省	含义不明，少为沿用，大致相当于灵岩寺组等
154	Wangjiapu Coal Bed	王家铺煤层	36-1152	P_1	李毓尧	1933	江西省	与梁山组同物异名
155	Wangwu Mem	王屋段	36-1563	E_1	童永生、张玉萍	1976	江西省	归并到池江组
156	Wengjialing Schist	翁家岭片岩	36-0360	AnZ	赣东北地质大队	1977	江西省	与田里(岩)组同物异名，与上覆翁家岭组同名异物，容易混淆
157	Wugongshan Gneiss	武功山片麻岩	36-0157	Ar	高平、徐克勤	1940	江西省	属震旦系变质岩
158	Wulaofeng Sandstone	五老峰砂岩	36-0465	AnZ	李四光	1931	江西省	与莲沱组同物异名
159	Wulinshan Coal Measure	雾林山煤系	36-1162	P_2	江西调研队	1991	江西省	与乐平组同物异名
160	Wumaling Limestone	五马岭灰岩	36-1154	P_1	高平、徐克勤	1940	江西省	与小江边组同物异名
161	Wushijian Fm	乌石尖组	36-0451	Pt_3	马长信等	1990	江西省	与修水组同物异名
162	Wushimen Limestone	乌石门石灰岩	36-0656	∈—O	王竹泉	1930	江西省	可划分为杨柳岗组、华严寺组、西阳山组
163	Wutou Yellow Shale Bed	坞头黄色页岩层	36-1459	K—E	刘辉泗、王超翔	1940	江西省	研究欠详，为侏罗纪地层
164	Wuyuan Fm	婺源组	36-0363	AnZ	朱圣清	1980	江西省	沿用较少，大致相当横涌组
165	Xiajiapu Fm	夏家铺组	36-0768	O_1	江西916地质大队	1990	江西省	含义不明，包括奥陶系不同岩性岩相的多个地层单位
166	Xiajiaqiao Fm	夏家桥组	36-0858	S_3	江西区测队	1966	江西省	与坟头组同物异名

序号	地层单位名称		编号	地质时代	创名人	创建时间	所在省	不采用的理由
	英文	汉文						
167	Xiangcheng Dolomite	相城白云岩	36-1253	T_1	江西调研队	1991	江西省	与周冲村组同物异名
168	Xianguling Coal Measure	仙姑岭煤系	36-1053	C_1	陈国达	1940	江西省	创名后少为沿用，与梓山组同物异名
169	Xianhetang Fm	仙鹤塘组	36-0573	Z_2	江西区调队	1985	江西省	分解为坝里组、老虎塘组
170	Xiaruan Fm	下阮组	36-0356	AnZ	朱圣清	1980	江西省	研究欠详，包含计林组及安乐林组
171	Xiaobenpo Fm	小崩坡组	36-0961	D_3	地质部驻江西办事处	1958	浙江省	归并到洋湖组
172	Xiaofuxi Fm	小浮溪组	36-0554	Z_1	张家泉等	1981	江西省	现归于椰树底组
173	Xiaotian Mem	小田段	36-1461	K_2	赣南地调队909探矿队	1974	江西省	划分标志不明，沿用较少
174	Xiayabu Fm	下涯埠组	36-0569	Z_1	施少峰、蒋传仁	1983	浙江省	归并到南沱组
175	Xijiang Fm	西江组	36-0367	Pt_2	江西区调队	1977	江西省	属宜丰(岩)组下部层位
176	Xikeng Fm	西坑组	36-0857	S_3	江西区测队	1964	江西省	与茅山组同物异名
177	Xiling Fm	西岭组	36-1364	J_3	江西区测队	1964	江西省	与梧溪段同物异名
178	Xincheng Gr	新城群	36-1558	E	郑家坚等	1973	江西省	现划归池江组
179	Xinmin Fm	新民组	36-0358	Pt	江西区测队	1964	江西省	与安乐林组同物异名
180	Xintang Mem	新塘段	36-1168	P_2	江西区测队	1967	江西省	与七宝山组同物异名
181	Xinxu Mem	新墟段	36-1463	K_2	赣南地调队909探矿队	1974	江西省	划分标志不明，沿用较少
182	Xishanjie Fm	西山界组	36-0753	O_2	江西区调队	1969	江西省	可划分为石口组及花面垄组
183	Xiashu Clay	下蜀粘土	36-1623	Qp	范庭兴	1961	江苏省	与新港粘土同物异名
184	Yangmeiling Fm	杨梅岭组	36-0466	Qn	凌联海	1992	江西省	创名晚，属于上墅组下部，可与浙江虹赤村组对比
185	Yangmeiling Fm	杨梅岭组	36-1552	E_{1-2}	江西石油普查队	1961	江西省	沿用较少，大致相当于塘边组
186	Yangmeishan Fm	杨梅山组	36-1554	E_{1-2}	江西调研队	1991	江西省	与湖南杨梅山组同名异物，现划归塘边组
187	Yangfujian Sandstone	阳扶尖砂岩	36-0951	S	李毓尧	1933	江西省	研究欠详，现划归茅山组
188	Yangtianping Shale	仰天坪页岩	36-0467	AnZ	李四光	1931	江西省	属双桥山群之一部
189	Yaofeng Coal Measure	尧峰煤系	36-1355	J_1	刘辉泗、王超翔	1939	江西省	与安源群同物异名
190	Yanling Fm	砚岭组	36-1466	K_2	浙西地层队	1964	浙江省	与河口组同物异名
191	Yashan Shale	崖山页岩	36-0853	S_1	王竹泉	1930	江西省	研究欠详，沿用较少，现归于殿背组、清水组等
192	Yejia Fm	叶家组	36-0457	Pt_3	江西区调队	1985	江西省	与上墅组同物异名
193	Yejiawan Fm	叶家湾组	36-1058	C_2	陈胜高，程安善	1981	江西省	与藕塘底组同物异名
194	Yifeng Coal Measure	宜丰煤系	36-1352	J	王竹泉	1930	江西省	与安源群同物异名

序号	地层单位名称		编号	地质时代	创名人	创建时间	所在省	不采用的理由
	英文	汉文						
195	Yongxin System	永新系	36-0568	Pt	王竹泉	1920	江西省	研究欠详，包含寒武-奥陶系各组
196	Youluo Fm	攸洛组	36-1360	J_1	张祖廉、廖永璋	1962	江西省	研究欠详，沿用较少，包括安源群和林山群
197	Yuankeng System	袁坑系	36-0956	D_{2-3}	徐克勤、丁毅	1943	江西省	分解为云山组、中棚组、麻山组、洋湖组
198	Yuanxi Fm	源溪组	36-1259	T_1	孙存礼	1988	江西省	归并为铁石口组上部
199	Yudu Red Sandstone Conglomerate	于都红色砂砾岩	36-1551	E_3—N_1	徐克勤、丁毅	1843	江西省	研究欠详，沿用较少，现划归于圭峰群
200	Yushan Shale	玉山页岩	36-0763	O_1	高平	1933	江西省	可划分为宁国组至黄泥岗组
201	Zhaizixia Fm	寨子下组	36-0572	Z_1	江西区调队	1985	江西省	与沙坝黄组同物异名
202	Zhanggongmiao Fm	张公庙组	36-1055	C_1	张采繁、刘亚光	1964	江西省	为梓山组上部层序
203	Zhangjiashan Silicalite	张家山硅质岩	36-0553	Z_2—$\in_1$	江西调研队	1991	江西省	包含荷塘组和皮园村组两个单位
204	Zhangmuqu Fm	樟木曲组	36-0758	O_1	江西区测队	1966	江西省	为年代地层，现归于对耳石组
205	Zhangyuan Limestone	章源灰岩	36-0767	O	李毓尧	1933	江西省	研究欠详，与乌石门石灰岩相当，包括杨柳岗组、华严寺组和西阳山组
206	Zhaolin Fm	昭林组	36-0569	Z_1	张家泉、褚高山	1981	江西省	与休宁组同物异名
207	Zhenqiao Fm	镇桥组	36-0370	P_t	宋福增等	1981	江西省	层位不清，大致相当韩源组下部
208	Zhonglingqiao Limestone Bed	钟陵桥灰岩层	36-1164	P	谭锡畴，王绍文	1930	江西省	为壶天群同物异名
209	Zhongxi Fm	重溪组	36-0562	Z_1	刘鸿允等	1987	江西省	沿用甚少，现与登山群同物异名
210	Zhoucun Limestone	周村灰岩	36-0571	Z_2	赣东北地质大队	1991	江西省	与灯影组同物异名
211	Zhonggu Mem	钟古段	36-1167	P_2	江西区测队	1967	江西省	与七宝山组同物异名
212	Zhoujiadian Fm	周家店组	36-1455	K_2	江西石油普查队	1961	江西省	划分标志不明，归并冷水坞组上部
213	Zhujia Fm	诸家组	36-0361	AnZ	朱圣清	1980	江西省	与修水组同物异名
214	Zhuyuan Mem	竹元段	36-1358	J_1	蔡培荣等	1979	江西省	与水北组同物异名
215	Zuoshan Limestone	凿山石灰岩	36-1165	P_1	王竹泉	1930	江西省	包含晚石炭世（黄龙组）及早二叠世栖霞组和茅口组

我省曾用外省地层单位名称而现在停用的有：浙江的志棠组、雷公坞组、仕阳群、西峰寺组、衢江红砂岩；安徽的漳前组、板桥组、木坑组、牛屋组；湖南的板溪群、当冲组；广东的桂头组、老虎坳组、天子坪组、帽子峰组、丹霞组；广西的龙山群等。